国防电子信息技术丛书

军事信息系统
（第2版）

张传富　于　江　主编

苏锦海　郭义喜　孙万忠　参编

张　斌　主审

电子工业出版社
Publishing House of Electronics Industry
北京·BEIJING

内 容 简 介

本书以适应军队信息化建设，提升基于信息系统的体系作战能力为指导，从信息系统的基本原理入手，以各类军事信息系统为主体，重点呈现多种类型军事信息系统的组成、结构、原理及发展趋势。本书内容分为三个部分，共 10 章。第一部分包括第 1 章和第 2 章，主要介绍军事信息系统相关的基础知识，军事信息系统的发展、地位和作用，并对军事信息系统的结构组成和系统分类进行归纳和总结；第二部分包括第 3 章至第 8 章，主要介绍不同类型、不同功能的军事信息系统的结构组成、工作原理、现状和发展趋势，包括预警探测系统、情报侦察系统、导航定位系统、军事通信系统和数据链、指挥控制系统、综合保障系统等；第三部分包括第 9 章和第 10 章，主要介绍军事信息系统中相关军事领域的主要关键技术，以及目前国外军队及我国台湾地区军队的典型军事信息系统。

本书较为全面地呈现了各种类型军事信息系统的概貌和最新发展动向，可为读者了解和认识军事信息系统，从而进一步深入学习做好充分准备。本书适合作为军事院校与信息系统相关专业大中专学生、研究生教材和教学参考书，也可以作为军事信息领域相关科研、工程和管理人员的参考书。

未经许可，不得以任何方式复制或抄袭本书之部分或全部内容。
版权所有，侵权必究。

图书在版编目（CIP）数据

军事信息系统/张传富，于江主编．—2 版．—北京：电子工业出版社，2017.8
（国防电子信息技术丛书）
ISBN 978-7-121-32232-7

Ⅰ. ①军… Ⅱ. ①张… ②于… Ⅲ. ①军事—信息系统 Ⅳ. ①E919

中国版本图书馆 CIP 数据核字（2017）第 170093 号

策划编辑：谭海平
责任编辑：谭海平　　　特约编辑：王　崧
印　　刷：河北虎彩印刷有限公司
装　　订：河北虎彩印刷有限公司
出版发行：电子工业出版社
　　　　　北京市海淀区万寿路 173 信箱　邮编：100036
开　　本：787×1 092　1/16　印张：24.75　字数：665 千字
版　　次：2010 年 10 月第 1 版
　　　　　2017 年 8 月第 2 版
印　　次：2025 年 7 月第 13 次印刷
定　　价：75.00 元

凡所购买电子工业出版社图书有缺损问题，请向购买书店调换。若书店售缺，请与本社发行部联系，联系及邮购电话：(010) 88254888, 88258888。
质量投诉请发邮件至 zlts@phei.com.cn，盗版侵权举报请发邮件至 dbqq@phei.com.cn。
本书咨询联系方式：88254552，tan02@phei.com.cn。

第1版前言

进入21世纪以来，随着信息技术的飞速发展，信息化战争成为军事作战的主要战争形态。胡锦涛主席进一步指出："基于信息系统的体系作战能力成为战斗力生成的基本形态，要把信息化建设的着眼点放在提高基于信息系统的体系作战能力上。"

信息化战争，离不开军事信息系统，基于信息系统的体系作战能力，就是以各种类型的军事信息系统为支撑，利用信息技术的渗透性和连通性，把预警探测、情报侦察、导航定位、军事通信、指挥控制、火力打击和综合保障等要素融为一体，形成整体作战能力，获取信息优势，并将其转化为决策优势。因此，了解和掌握军事信息系统的基本知识及其相关技术，是从事相关军事领域研究和工作的各级指挥人员、管理人员和技术人员的必备基础知识。

本书在分析战争中信息作用的基础上，结合信息系统原理，较为全面地介绍和分析了各种类型军事信息系统的结构组成、工作原理、现状及最新发展动向，可为读者了解和认识军事信息系统，并进一步深入学习做好充分准备。

本书共分为三个部分，共10章。

第一部分包括第1章和第2章。第1章，由张传富、刘建国编写，是军事信息系统的基础，主要介绍和分析战争中信息的作用，信息和系统的基本知识，信息系统的结构及功能，军事信息系统的发展历程、地位和作用，等等；第2章，由苏锦海、张传富、于江编写，主要介绍军事信息系统的结构组成、体系结构技术等，并在此基础上对军事信息系统分类进行归纳和总结。

第二部分包括第3章至第8章，主要呈现不同类型的军事信息系统，分别对不同类型系统的结构组成、工作原理、现状及发展趋势等方面进行阐述。第3章，由张传富、于江、姜涛编写，主要介绍预警探测系统的预警探测方式、工作原理及不同类型的预警探测系统；第4章情报侦察系统，与预警探测系统一起构成了战争中的信息传感系统，由于江、孙万忠编写，重点分析情报侦察系统的结构组成及工作流程，并在此基础上主要介绍多种典型的情报侦察系统；第5章导航定位系统，由张传富、姜涛编写，在导航定位系统基本原理的基础上，主要介绍自主式导航定位系统、陆基无线电导航定位系统、卫星导航定位系统、组合导航定位系统及其他导航定位系统等；第6章军事通信系统和数据链，是军事信息系统的神经中枢，由张立朝、张传富、于江编写，主要介绍多种战略通信系统和战役/战术通信系统，以及数据链的组成、特征和典型类型的数据链；第7章指挥控制系统，是在现代作战理论指导下，与作战指挥人员紧密结合的人机系统，由于江、孙万忠、张立朝编写，主要介绍系统的结构组成、功能，以及国家指挥控制中心、军（兵）种级指挥控制系统、战区联合指挥控制系统、战役战术指挥控制系统等多种类型；第8章综合保障系统，是战争中的专业保障信息系统，由刘建国、张立朝、姜涛编写，主要介绍测绘保障、气象保障、后勤保障、装备保障、工程保障、防化保障、运输保障、无线电频谱管理等多种类型的信息系统。

第三部分包括第 9 章和第 10 章。第 9 章，由张传富、于江编写，主要介绍军事信息系统中相关军事领域的主要关键技术，包括侦察监视技术、信息融合技术、辅助决策技术以及信息安全技术等；第 10 章，由姜涛、张传富、刘建国编写，主要对国外军队及我国台湾地区军队的典型军事信息系统进行介绍，包括美军、俄军、印军、日军和我国台湾地区军队等的多种典型的军事信息系统。

本书由苏锦海、张传富和刘建国确定编写要求、编写内容和指导思想，并组织编写工作。主要编写人员包括张传富、于江、刘建国、张立朝、姜涛、孙万忠等。全书由苏锦海、张传富负责统稿，于江、刘建国、姜涛、张立朝等负责全书校对工作，研究生李洪鑫、范超、刘军伟、陈韬、岳云天、段九州完成了书中大部分插图的绘制和部分文字校对工作，苏锦海和刘建国完成了本书的最后审核。

本书强调了军事信息系统的基本原理，并将这些原理融合在一起，以相互联系、易于理解的方式表现出来，试图呈现整个军事信息系统领域的概貌和最新发展动向。本书是在编写人员多年教学实践经验的基础上，查阅了大量的书籍、论文和网络文献资料编写而成的。有些参考资料未能在参考文献中一一列出，在此，对所有参考文献的作者及相关人员表示衷心的感谢。编写过程中，我们深切感受到在短时间内完成这样一本内容广泛、技术门类众多的书籍并非易事。由于知识水平所限，特别是军事信息系统及相关信息技术一直处于飞速发展的过程，本书可能存在很多不足之处，错误和疏漏在所难免，敬请读者批评指正。

编著者
2010 年 1 月

第 2 版前言

本书第 1 版自 2010 年初发行以来，经历了近七个年头。随着信息技术的快速发展，军事信息技术也取得了长足的发展，军事信息系统也在各个作战应用领域快速地更新换代。第 2 版在第 1 版的基础上，对知识体系和技术内容及其涉及的装备等进行了补充和更新，使原理分析和系统应用结合更加合理，读者能够透过技术发展了解和学习军事信息系统的基本知识；在系统组成结构和工作过程分析的基础上，突出了军事特色；知识体系更加符合现役装备，通过多种军事应用展现了军事信息系统的作用、意义和价值。

第 2 版是在第 1 版的基础上对主体章节进行修订后完成的，仍然由 10 章构成。主要修订内容包括：第 1 章增加了信息的层次结构定义、军事信息的效能度量分析，梳理了军事信息系统发展阶段等内容；第 2 章梳理了军事信息系统的体系结构技术，增加了体系结构的概念、多视图建模方法，以及 DoDAF V1.0、DoDAF V1.5 和 DoDAF V2.0 等方面的内容；第 3 章增加了预警探测系统的结构和组成、预警信息处理的基本流程，梳理了天基预警探测系统中 SBIRS 系统和空基预警探测系统等内容；第 4 章增加了情报系统的相关概念、情报处理的基本流程和情报信息综合处理，梳理了航天侦察系统中成像侦察卫星和雷达侦察卫星等相关内容；第 5 章梳理了导航定位系统的发展历程、航空和航海导航定位系统、卫星导航定位系统，增加了惯性导航原理、地形辅助导航系统的原理和典型系统，以及 GLONASS、Galileo、北斗导航定位系统等内容；第 6 章增加了军事通信系统的基本概念和特点，重新梳理了光纤通信系统、军用数据网、战术互联网等通信系统，补充了新的通信技术及其应用等内容；第 7 章增加了指挥控制系统的产生和发展、指挥控制模型、指挥控制过程以及系统与过程之间的关系等内容。

全书由张传富、于江负责统稿，苏锦海、郭义喜、孙万忠等参与了全书的编写和校对工作，研究生杨峻楠完成了书中部分插图的绘制和部分文字校对工作，张斌完成了本书的最后审核。

第 2 版是编写人员在近几年教学实践经验的基础上，根据教学和读者反馈，通过查阅大量书籍和文献资料，更新大量知识和数据后形成的。有些参考资料未能在参考文献中一一列出，在此对所有参考文献作者及相关人员表示衷心的感谢。由于知识水平所限，本书仍存在不足之处，错误和疏漏在所难免，敬请读者批评指正。

张传富　于江
2017 年 7 月

目录

第1章 概述 ... 1
1.1 战争中的信息 ... 1
- 1.1.1 信息的概念 ... 1
- 1.1.2 信息在战争中的作用 ... 3
- 1.1.3 信息优势原理 ... 6
- 1.1.4 战争中的信息效能度量 ... 7

1.2 军事信息系统的相关基础知识 ... 12
- 1.2.1 系统概念 ... 12
- 1.2.2 系统模型 ... 13
- 1.2.3 系统性能 ... 13
- 1.2.4 信息系统概念 ... 13
- 1.2.5 信息系统功能 ... 14

1.3 军事信息系统发展历程 ... 15
- 1.3.1 术语演变 ... 15
- 1.3.2 系统发展阶段 ... 18

1.4 军事信息系统的地位和作用 ... 20
- 1.4.1 对军事的影响 ... 20
- 1.4.2 地位和作用 ... 24

第2章 军事信息系统的结构组成 ... 26
2.1 军事信息系统的功能及性能 ... 26
- 2.1.1 系统功能 ... 26
- 2.1.2 系统性能指标 ... 27

2.2 军事信息系统结构及组成 ... 28
- 2.2.1 功能结构 ... 28
- 2.2.2 系统组成 ... 29

2.3 军事信息系统的体系结构技术 ... 30
- 2.3.1 体系结构的概念和特点 ... 30
- 2.3.2 体系结构的发展历程 ... 32
- 2.3.3 基于多视图的体系结构建模方法 ... 33
- 2.3.4 体系结构框架 ... 34
- 2.3.5 体系结构开发过程 ... 42

2.4 军事信息系统的分类 ... 43
- 2.4.1 按军兵种分类 ... 43
- 2.4.2 按指挥层次分类 ... 44
- 2.4.3 按系统规模分类 ... 45
- 2.4.4 按应用领域分类 ... 45

第3章 预警探测系统 ... 47
3.1 概述 ... 47
- 3.1.1 任务和作用 ... 47
- 3.1.2 探测方式 ... 47
- 3.1.3 主要性能指标 ... 50

3.2 预警探测原理 ... 51
- 3.2.1 目标特征 ... 51
- 3.2.2 影响预警探测的外部因素 ... 54

3.3 预警探测系统结构和组成 ... 55
- 3.3.1 系统结构和组成 ... 55
- 3.3.2 预警信息处理基本流程 ... 57

3.4 预警探测系统类型 ... 57
- 3.4.1 天基预警探测系统 ... 58
- 3.4.2 空中预警探测系统 ... 62
- 3.4.3 陆基预警探测系统 ... 74
- 3.4.4 海基预警探测系统 ... 75

3.5 预警探测系统的发展趋势 ... 78

第4章 情报侦察系统 ... 79
4.1 概述 ... 79
- 4.1.1 军事情报的含义 ... 79
- 4.1.2 军事情报的特性 ... 80
- 4.1.3 军事侦察 ... 81

4.2 情报侦察系统的结构和组成 ... 81
- 4.2.1 系统结构及组成 ... 81
- 4.2.2 系统工作流程 ... 83
- 4.2.3 情报处理基本流程 ... 84
- 4.2.4 情报信息综合处理 ... 85

4.3 情报侦察系统类型 ... 88
- 4.3.1 航天侦察系统 ... 88
- 4.3.2 航空侦察系统 ... 99
- 4.3.3 海上及水下侦察系统 ... 111
- 4.3.4 地面侦察系统 ... 123

4.4 主要发展趋势 ... 129

第5章 军事导航定位系统 ……131

- 5.1 概述 …… 131
  - 5.1.1 产生与发展 …… 131
  - 5.1.2 在作战中的作用 …… 137
  - 5.1.3 性能指标 …… 138
  - 5.1.4 系统类型 …… 139
- 5.2 自主式导航定位系统 …… 139
  - 5.2.1 惯性导航定位系统 …… 140
  - 5.2.2 多普勒导航定位系统 …… 144
  - 5.2.3 地形辅助导航定位系统 …… 145
- 5.3 陆基无线电导航定位系统 …… 149
  - 5.3.1 无线电定位原理 …… 150
  - 5.3.2 航海导航定位系统 …… 152
  - 5.3.3 航空导航定位系统 …… 153
  - 5.3.4 陆基无线电导航系统的现状 …… 158
- 5.4 卫星导航定位系统 …… 158
  - 5.4.1 基本原理 …… 159
  - 5.4.2 GPS 系统 …… 160
  - 5.4.3 GLONASS …… 167
  - 5.4.4 Galileo 系统 …… 169
  - 5.4.5 北斗导航系统 …… 171
- 5.5 组合导航系统 …… 179
  - 5.5.1 无线电组合导航系统 …… 179
  - 5.5.2 惯性/卫星组合导航系统 …… 179
- 5.6 其他军事导航定位系统 …… 180
  - 5.6.1 联合战术信息分发系统/多功能信息分发系统 …… 180
  - 5.6.2 定位报告系统 …… 182
- 5.7 导航系统的应用及发展 …… 182

第6章 军事通信系统与数据链 …… 185

- 6.1 军事通信系统概述 …… 185
  - 6.1.1 军事通信系统的基本概念 …… 185
  - 6.1.2 军事通信的发展历史 …… 189
  - 6.1.3 通信系统的军事需求 …… 192
- 6.2 战略通信系统 …… 193
  - 6.2.1 光缆通信网 …… 194
  - 6.2.2 军用电话网 …… 197
  - 6.2.3 军用密话网 …… 198
  - 6.2.4 军用数据网 …… 199
  - 6.2.5 军事卫星通信系统 …… 200
  - 6.2.6 最低限度应急通信系统 …… 207
- 6.3 战役/战术通信系统 …… 215
  - 6.3.1 区域机动通信系统 …… 215
  - 6.3.2 军事移动通信系统 …… 218
  - 6.3.3 战术互联网 …… 225
- 6.4 数据链 …… 230
  - 6.4.1 数据链发展历程 …… 231
  - 6.4.2 数据链组成 …… 233
  - 6.4.3 标准体系 …… 237
  - 6.4.4 数据链的特征 …… 238
  - 6.4.5 典型数据链 …… 241
  - 6.4.6 军事通信系统及数据链的发展趋势 …… 246

第7章 指挥控制系统 …… 252

- 7.1 产生和发展 …… 252
- 7.2 指挥控制过程 …… 253
  - 7.2.1 指挥控制模型 …… 253
  - 7.2.2 指挥控制过程 …… 258
  - 7.2.3 指挥控制系统与指挥控制过程的关系 …… 260
- 7.3 指挥控制系统的组成与功能 …… 261
  - 7.3.1 指挥控制系统结构 …… 261
  - 7.3.2 系统组成 …… 263
  - 7.3.3 主要功能 …… 267
  - 7.3.4 系统分类 …… 268
- 7.4 国家作战指挥中心 …… 269
  - 7.4.1 主要任务 …… 269
  - 7.4.2 美国国家作战指挥中心的实例分析 …… 269
- 7.5 军（兵）种级作战指挥中心 …… 270
  - 7.5.1 空军作战指挥中心 …… 271
  - 7.5.2 陆军作战指挥中心 …… 271
  - 7.5.3 海军作战指挥中心 …… 271
  - 7.5.4 导弹部队作战指挥中心 …… 272
  - 7.5.5 典型的军种级指挥控制系统 …… 272
- 7.6 战区联合作战指挥系统 …… 274
  - 7.6.1 系统任务 …… 274
  - 7.6.2 系统组成 …… 275
- 7.7 战役战术级指挥控制系统 …… 275
  - 7.7.1 航空母舰指挥控制系统 …… 276
  - 7.7.2 海上编队指挥控制系统 …… 277
  - 7.7.3 歼击航空兵师指挥控制系统 …… 278
  - 7.7.4 特种兵指挥控制系统 …… 279
- 7.8 指挥控制系统的发展趋势 …… 280

第8章 综合保障信息系统 …… 282

- 8.1 概述 …… 282
  - 8.1.1 地位和作用 …… 282

	8.1.2	基本任务·················283
	8.1.3	系统结构·················284
	8.1.4	系统组成·················285
8.2	测绘保障信息系统···············285	
	8.2.1	地位和作用···············285
	8.2.2	基本任务·················286
	8.2.3	系统组成·················287
	8.2.4	发展趋势·················288
8.3	气象保障信息系统···············288	
	8.3.1	系统作用·················288
	8.3.2	系统分类·················290
	8.3.3	系统组成·················291
	8.3.4	发展趋势·················291
8.4	后勤保障信息系统···············292	
	8.4.1	地位和作用···············293
	8.4.2	系统的组成···············293
	8.4.3	发展趋势·················295
8.5	装备保障信息系统···············296	
	8.5.1	系统分类·················296
	8.5.2	系统组成·················296
	8.5.3	发展趋势·················297
8.6	工程保障信息系统···············298	
	8.6.1	系统分类·················298
	8.6.2	系统组成·················299
	8.6.3	发展趋势·················300
8.7	防化保障信息系统···············300	
	8.7.1	系统分类·················300
	8.7.2	系统组成·················301
	8.7.3	发展趋势·················302
8.8	运输保障信息系统···············303	
	8.8.1	系统功能·················303
	8.8.2	美军运输保障系统组成·····303
	8.8.3	美军运输保障信息系统·····305
	8.8.4	发展趋势·················306
8.9	军用无线电频谱管理系统···········306	
	8.9.1	军用无线电管理···········306
	8.9.2	战场频谱管理系统·········307
	8.9.3	战场频谱管理系统的 体系及分类·············308
	8.9.4	发展趋势·················308

第9章 军事信息系统主要关键技术···311

9.1 侦察监视技术··················311

	9.1.1	雷达技术·················311
	9.1.2	信号情报侦察技术·········325
	9.1.3	声学探测技术·············335
	9.1.4	辐射计探测技术···········338
	9.1.5	光电侦察技术·············341
	9.1.6	遥感探测技术·············342
	9.1.7	地面战场传感器技术·······343
9.2	信息融合技术··················344	
	9.2.1	信息融合过程和方法·······344
	9.2.2	数据融合模型·············345
	9.2.3	数据融合结构·············350
9.3	辅助决策技术··················352	
	9.3.1	军事运筹·················352
	9.3.2	专家系统·················354
	9.3.3	神经网络·················355
9.4	信息安全技术··················357	
	9.4.1	信息安全面临的主要威胁···357
	9.4.2	主要安全保密技术·········358

第10章 外军及台军的典型军事信息系统···359

10.1	美军军事信息系统···············359	
	10.1.1	战略指挥自动化系统·······360
	10.1.2	战术指挥自动化系统·······364
10.2	俄军军事信息系统···············374	
	10.2.1	战略指挥自动化系统·······375
	10.2.2	战术指挥自动化系统·······377
10.3	日军军事信息系统···············378	
	10.3.1	日本防卫厅 C^4ISR 系统···378
	10.3.2	陆上自卫队 C^3I 系统······378
	10.3.3	海上自卫队 C^3I 系统······379
	10.3.4	防空指挥自动化系统·······379
10.4	印军军事信息系统···············380	
	10.4.1	情报预警系统·············380
	10.4.2	指挥与控制系统···········381
	10.4.3	通信系统·················382
10.5	台军军事信息系统···············382	
	10.5.1	"衡山"系统·············383
	10.5.2	"陆资"系统·············383
	10.5.3	"大成"系统·············384
	10.5.4	"强网"系统·············384
	10.5.5	通信系统·················385
	10.5.6	"博胜"专案·············386

参考文献···························387

第 1 章 概 述

信息技术的发展,使战争形态发生了巨大的变化。人类战争在经过徒手作战、冷兵器战争、热兵器战争、机械化战争几个阶段之后,正在进入信息化战争阶段。随着信息时代战争形态和战争环境的变化,信息化建设成为了军队现代化建设的主要发展方向。特别是自海湾战争以来,信息化程度越来越高的战争陆续搬上了人类历史的舞台,以"信息化"为核心的新军事变革浪潮席卷全球,夺取信息优势成为各国军队竞相追求的目标。运用信息技术,融合多种信息资源,建设满足信息化战争需要的军事信息系统,已成为军队信息化建设的当务之急。军事信息系统不仅是实施信息作战的必要基础,而且是夺取信息优势的重要手段。通过军事信息系统的建设,提高信息能力,获取信息优势,夺取制信息权,已经成为打赢信息化战争的首要目标。

为了能够深刻地认识军事信息系统在战争中的作用,本章在总结战争中信息所发挥作用的基础上,介绍军事信息系统的相关基础知识及发展历程,并着重分析军事信息系统在战争中的地位和作用。

1.1 战争中的信息

自古至今,信息一直是军事冲突和战争中的核心资源,信息的重要性及其在战争中的决定性作用已经被无数次战争所证明。

1.1.1 信息的概念

信息一词在英文中为 Information,最早源于拉丁文 Informatio,意思是通知、报导或消息。在我国的文史资料中,信息一词最早出自南唐诗人李中的《暮春怀故人》的诗句"梦断美人沉信息,目穿长路倚楼台"中,在此"信息"是音信、消息的意思。自那以后,"信息"一词一直沿用至今。直到 1948 年美国数学家香农首先将"信息"作为一个科学的概念引入到通信领域后,信息的科学含义才被逐渐揭示出来。

香农开创了信息论的先河,香农的信息论提供了一种具有广泛性、渗透性和实用性的科学方法——信息方法:所谓信息方法,就是运用信息的观点,把对象抽象为一个信息变换系统,从信息的获取、传递、处理、输出、应用、反馈的过程来研究对象的运动过程,是从信息系统的活动中揭示对象运动规律的一种科学方法。

这种方法被日益广泛地应用于社会各个领域,促进了社会信息化,加速了信息社会的来临。然而,随着信息理论的迅猛发展和信息概念的不断深化,信息的内容早已超越了狭义的通信范畴。信息作为科学术语,在不同的学科具有不同的含义。在管理领域,认为信息是提供决策的有效数据;在控制论领域,认为"信息是信息,既不是物质,也不是能量";在通信领域,认为信息是事物运动状态或存在方式的不确定描述;在数学领域,认为信息是概率论的扩展,是负熵；在哲学领域，认为信息就是事物的运动状态和方式……可以看出信息的概念相当宽泛，很难用一个简单的定义将其完全准确地描述出来。到目前为止，关于信息的科学定义，国内外已有百余种流行说法，都是从不同的侧面和不同的层次来尝试揭示信息的本质。由于对信息的本质认识还不够充分，国际上尚未形成一个普遍公认、完整、准确的定义。有关信息定义和信息度量问题的研究还在不断地深入研究中。

为了便于理解军事信息系统，在此我们引入我国信息理论研究的专家——钟义信教授从不同的层次给出的信息定义。

钟义信教授认为：信息概念十分复杂，在定义信息时必须十分注意定义的条件。不同条件限定下的信息，可以有不同的定义表述。最高的层次是普遍的层次，没有约束条件的层次，属"本体论层次"，在这个层次上定义的信息，适用范围最广。如果在此基础上，引入一个约束条件，则最高层次的定义就变成为次高层次的定义，而次高层次的信息定义适用范围也就越窄。所引入的约束条件越多，定义的层次就越低，它所定义的信息的适用范围也就越窄。在此基础上，钟义信的信息定义体系内容主要包括：

本体论层次的信息定义：某事物的本体论层次信息，就是该事物运动的状态和状态变化方式的自我表述/自我显示。

认识论层次的信息定义：主体关于某事物的认识论层次信息，是指主体所感知或表述的关于该事物的运动状态及其变化方式，包括状态及其变化方式的形式、含义和效用。

全信息定义：同时考虑事物运动状态及其变化方式的外在形式、内在含义和效用价值的认识论层次信息称为"全信息"。

在全信息定义的基础上，把其中的形式因素的信息部分称为"语法信息"，把其中的含义因素的信息部分称为"语义信息"，把其中的效用因素的信息部分称为"语用信息"。也就是说，认识论层次的信息是包括语法信息、语义信息和语用信息的全信息。

在信息的应用过程中，信息的概念常常与"数据"、"消息"、"信号"、"知识"和"情报"等概念等同起来。但是信息的含义更加深刻，与这些概念的含义不同。

信息不能等同于数据。数据是原始事实的描述，是可以通过多种形式记录在某种介质上的数字、字母、图形、图像和声音等。单纯的数据并无意义，当通过一定的规则和关系将数据组织起来，表达现实世界中事物的特征时，才成为了有意义、有价值的信息。例如，"数学"、"成绩"和"90"这几个数据并没有特殊的意义，但是如果将这些数据组织起来，说某位同学的"数学成绩为90分"，就具有了确定的意义。因此，可以说数据是信息加工的原材料，信息是数据加工的结果。

信息不能等同于消息。人们常常错误地把信息等同于消息，认为得到了消息就得到了信息。确切地说，信息是事物运动的状态和方式，消息是对这种状态和方式的描述。例如，气象预报将有"中到大雨"，收听到的这条消息反映了某地的气象状态，而"中到大雨"只是对这条消息的具体描述。因此，可以说消息是信息的外壳和载体，是信息的具体反映形式；信息是消息的核心，通过获得消息，来获得它所包含的信息。

信息不能等同于信号。信号是用来承载信息的物理载体和传播方式，同一种信息可以用不同的信号来表示，同一种信号也可以表示不同的信息。

信息不能等同于知识。知识是事物运动的状态和方式在人们头脑中有序的规律性表述或理解，是一种具有普遍性和概括性的高层次信息。因此，知识是信息加工后的产物，是一种高级形式的信息。知识是信息，但不等于信息的全部。如果把知识的概念加以拓展，也可以认为，信息是关于事物运动状态和方式的广义化知识。

信息也不能等同于情报。信息是事物的运动状态和方式，情报则是特指某类对观察者有特殊效用的事物的运动状态和运动方式。根据情报学中对于"情报"一词的定义："情报是人们对于某个特定对象所见、所闻、所理解而产生的知识"。因此，情报是一类特殊的信息，是一类特殊的知识，是信息集合的一个子集。任何情报都是信息，但信息并非都是情报。

随着科学技术的进步和人类认识水平的提高，信息概念正在不断地深化与发展，并且以其不断扩展的内涵和外延，渗透到人类社会和科学技术的诸多领域，衍生出许多新的样式与内容。

信息是物质的属性，但不是物质本身，具有相对独立性，这使得它可以被传递、复制、存储、加工和扩散，并且具有无限共享性。只要无干扰和全部传递，共享的信息就是完全等同的，不会因为被共享后而使原来的占有者损失信息。正是由于这种共享性，使得信息成为军事作战中的重要组成部分，使军事信息系统成为信息化战争中的重要基础设施。

1.1.2 信息在战争中的作用

根据克劳塞维茨关于战争的定义：战争是迫使敌人服从我方意志的一种暴力行为。现代战争却由大的和小的相继发生的或同时发生的无数战斗构成，而每一个战斗又由多个作战单元之间具体的搏斗构成。如果从战争的要素——搏斗入手来进行讨论，战争无非是扩大了的搏斗。如果把构成战争的无数个搏斗作为一个整体来考虑，类似于两个人搏斗的情景，每方都企图通过暴力迫使对方服从自己的意志，他们的直接目的都是打垮对方，使对方不能再做任何抵抗。

在克劳塞维茨关于战争理论的基础上，为了能够清楚地了解信息在战争中的作用，引入战争双方的基本单向冲突模型，通过模型中的信息流动过程，说明信息在战争中的作用。模型既适用于冲突中的两个个体，也适用于交战中的两个国家。

模型中，假定 A 为攻击方，B 为防御方。在战争冲突中，A 方的目的就是通过多种攻击方式，影响并迫使 B 方的行为顺应 A 方的意志，按照 A 方所期望的方式行动（包括投降、犯错、失败、撤兵、停止敌对行为等）；B 方根据受攻击的情况决定如何采取行动或做出反应进行防御。B 方在防御过程中，影响其决定和行动方式的主要因素包括：B 方的行动能力、采取行动的意志和感知能力。

B 方的行动能力是一个物理因素，可用军队的实力和指挥能力来衡量，由诸多因素决定。主要因素包括战略部署、武器装备作战性能、军队作战能力、士气及战斗意志等。

B 方采取行动的意志是一种人为因素，是对 B 方的作战决心、作战决策以及作战方案优劣的度量，也是攻击方最难衡量、模拟和影响的。采取行动的意志力强度可以超过"客观的"决定标准，面对可能失败的战斗结果，无论存在多大危险，决策者的意志可能导致采取非理性（军事上或是经济上）的对策。

B 方的感知能力是通过观察而形成的对形势认知的抽象能力。可以用准确度、全面性、可信度、不确定性和及时性进行度量。B 方做出的决策是基于对受攻击形势的感知，以及对 B 方自身行动能力的感知。正是基于这些感知，B 方才能制定各种可能的应对方案，预测作战结果，形成决策者的意志力。

作战过程中，A 方基于上述因素可以使用多种方法对 B 方的应对行动产生影响。A 方可直接对 B 方的行动能力进行攻击，减少 B 方可能的应对方案数量，从而间接影响 B 方的意志；也可影响 B 方对形势的感知（通过对传感设施与通信的攻击间接实现）和行动约束条件的判断，或影响 B 方对行动可能后果的预期。

通过冲突模型，可以详细地描述出 A 方对 B 方进行攻击和影响的各种手段，以及 B 方判断冲突形势的信息流，如图 1.1 所示。

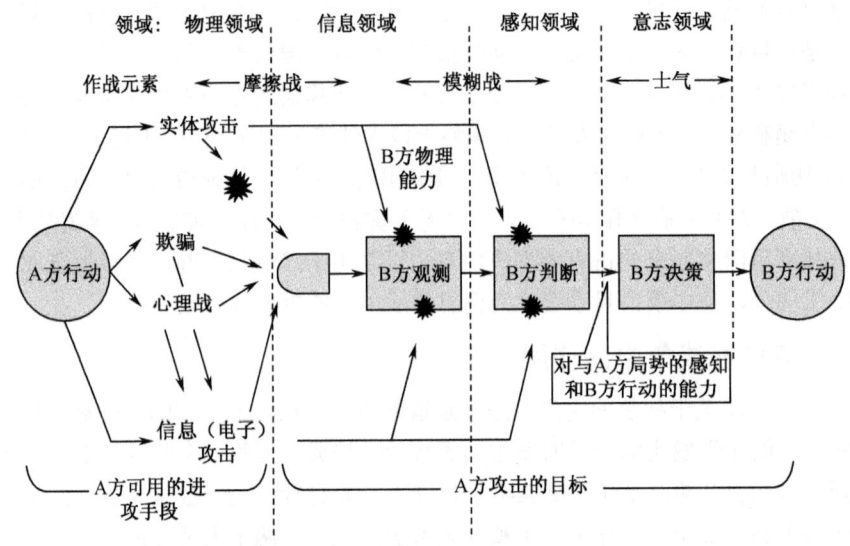

图 1.1 战争冲突形势的信息过程模型

从模型中可以看出，信息从 A 方开始，经过物理领域、信息领域、感知领域和意志领域四个领域，达到 B 方，从而形成了决策与应对行动的流向图。

物理领域指的是 B 方实施行动的能力，包括人力、资源储备、能源生产、武器平台、通信链路、指挥与控制能力等。信息领域包括 B 方战场态势的观察、对 A 方进攻的监视、对自己军队状态的度量、作战环境的变化等。感知领域是 B 方对所有观测的综合分析，对形势感知并适应形势，包括：获知 A 方的目的、意志以及能力等情况，同时对己方军队状态报告进行观察处理并对自己的能力做出评价，比较各种可能产生的作战后果等。在感知领域中，尽管信息技术在决策上提供了各种帮助，但人的大脑仍然是其核心元素，对下一个领域的主要影响来自于对局势的洞察以及对洞察结果的相信程度。意志领域指的是人的决心与意志，在该领域内，B 方将依据对形势、可能采取的行动以及对行动可能结果的感知，采取行动或做出应对决策。在意志领域中，决策者在判断的过程中既要运用经验，也要顺应民意与士气。决策者的决心、决策和意志等是该领域的核心元素。

模型表明，A 方通过攻击迫使 B 方改变决策的基本进攻方式包括：实体攻击、欺骗、心理攻击和信息攻击四种方式，A 方会选择采取一种或多种方式实施攻击。

实体攻击（Physical Attack）首先攻击的是物理领域中的对象，攻击 B 方防御攻击的物理能力（如作战武器、部队、基地、工业生产设施、桥梁和其他资源等），是实施威慑的基本组成部分，也是摩擦战的传统作战形式，包括火力攻击、爆炸或杀伤等；攻击目的是对 B 方的观察、定位、指挥等防御能力进行摧毁或使之丧失功能，对观察（传感器、通信）或定位处理（指挥节点）的攻击可以消匿有价值的信息或破坏决策者的感知能力。欺骗（Deception）是指采取欺骗行动以实现突然性进攻或者诱使 B 方采取无效或易受攻击的行动，通过降低 B 方攻防效率来提高己方的攻击效果。心理攻击（Psychological Attack）是对 B 方感知能力的攻击，通过操纵（至少是影响）B 方对冲突详情的感知，导致 B 方采取 A 方希望的错误决策。信息攻击（Information Attack）的目标是信息基础设施（如传感器、通信链路和处理网络）的信息处理设备及内容，通过攻击直接影响 B 方感知和处理冲突的能力与效率。

信息攻击与心理攻击和必须经过 B 方传感器欺骗的方式不同，信息攻击可以直接攻击 B 方的信息观察和推理判断过程，具有插入欺骗性消息与心理战消息、破坏乃至摧毁对方观察和推理判断过程的能力。信息攻击可以在物理领域产生一连串的叠加效果，对计算机或对诸如发电厂、管道、机械加工等控制物理进程的链路进行攻击，甚至可以导致对自然环境的破坏。

值得注意的是，图 1.1 中的模型是一个时序模型，时间是决策者进行决策的重要因素，感知过程实际上是决策信息及其时间的函数。实际的作战过程中，所有攻击形式都会对模型中各领域间流动的信息内容和流动时间产生影响，并且"观察→判断→决策→行动"是一个不断循环的过程，随着信息技术的发展和应用，这个循环过程的时间也越来越短。

在 1991 年爆发的海湾战争中，"多国部队"使用了上述所有攻击手段，以期征服伊拉克领导人的意志，使他们按照多国部队的意愿行动，最终从科威特撤军。首先，空军的战略行动达到了消耗伊拉克军事能力的目的，包括对其防空、军品生产、指挥与控制节点、地面部队和武器系统能力在内的摧毁和消耗，增强了多国部队在空域、信息领域和最终地域上的优势。随后进行的地面战进一步消耗了伊拉克的军事能力，包括实体和信息打击在内的感知攻击，贯穿整个战争始末。感知攻击对传感器和数据链进行打击以摧毁或破坏伊拉克部队的指挥能力，保持多国部队对战斗行动、各自部署及状况的准确感知。通过广播和传单，使伊拉克军队在心理感知上更加相信多国部队拥有无法抵抗的情报能力与军事能力，这些消息同时也使伊拉克感到多国部队已经发出了警告，将对已经精确辨识的伊拉克地面部队发动不可避免的致命打击。通过主动暴露准备实施两栖进攻的行动对伊军进行欺骗，使其对多国部队的地面策略产生错觉，从而隐藏大规模的地面进攻行动。其他的政治行动也影响着伊拉克对其行动可能产生结果的判断。例如，美国声称将使用大规模杀伤性武器作为应对措施，对遏止伊拉克使用其可能拥有的生化武器产生了影响。综上所述，"多国部队"通过对伊拉克核心力量采取多种手段的联合攻击彻底征服了伊拉克军队战争意志。

对信息技术的日益依赖以及信息本身日益增长的价值，使信息成为有价值的作战武器和双方争夺的重点，也使信息在战争中的作用和行为方式发生了重大改变。从第二次世界大战开始，信息的获取、处理、传输和应用等信息技术的发展进一步提高了信息在战争中的重要地位。

首先，情报监视与侦察（ISR）技术拓展了对敌方进行观察和确定目标的深度与广度，扩大了军事力量介入的范围。其次，计算机技术和通信技术对指挥与控制功能的支援，加速了信息到达指挥员手中的速度和战斗进行的速度。最后，信息技术与武器结合的领域加速发展，提高了武器发射的精度并使打击效果更具毁灭性。

从海湾战争起，军事分析家以及未来学家都公认，军事冲突已经实现了从大规模物理破坏向精确破坏乃至无物理破坏的重大转变，这一转变将冲突的核心资源从物理武器转变到了抽象的信息把握及其处理能力，它可以从信息的层面对战争进行控制与驾驭。这一转变使战争目标从实际领域转向抽象领域，从物质目标转向了非物质的信息目标。还将战争的领域从战时对敌对目标明显的物理存在，转变为贯穿整个"和平时期"包括军事目标和非军事目标的信息争夺。

战争中，信息在作战行动中的作用和效率由冲突的环境决定，信息的实用性、信息的价值以及信息的数量之间关系呈非线性的复杂状态，不能用简单的函数关系描述。信息是数据潜能、内容以及知识对现实世界影响的函数，从数据到知识影响之间的功能关系更为复杂。为了深入理解信息在战争中的作用，需要从信息优势原理和信息效能度量等方面深入分析，以确定信息在战争中的地位和作用。

1.1.3 信息优势原理

信息化战争的目的就是通过对信息资源的有效运用，实现全维主宰，达到最终的军事目标。全维主宰（Full-Spectrum Dominance）是指，通过信息计划与相应的军事力量有效地运用，取得制信息权，夺取信息优势。信息优势（Information Superiority）是指我方具有不受干扰地获取、处理、分发和利用信息流的能力，同时能够利用或剥夺敌人的类似能力。信息优势是对信息控制程度的一种描述，获得信息优势的一方，在军事行动中能对信息进行有效的控制。

战争中，信息流的目标主要是提供对作战空间的主宰性感知和认知。对作战空间的主宰性感知（Dominant Battlespace Awareness，DBA）主要是指基于传感器的观察和人工情报源来理解当前作战态势；对作战空间的主宰性认知（Dominant Battlespace Knowledge，DBK）主要是指通过分析（如数据融合或模拟）理解当前态势的意义。通过主宰性作战空间感知和认知（DBA/DBK）能够对指定作战空间中所有与决策有关的因素形成综合感知，具有对敌人近期行动和战斗结果的可信预测能力。信息优势主要是从这两个方面对信息进行有效控制，高度协同作战部队，通过远距离高精度武器实施精确打击。

作战过程中，信息优势主要体现在主导机动能力、精确交战能力、集中后勤能力以及全维防护能力上。主导机动能力（Dominant maneuver）是通过获取优势信息，灵活组织高度机动的武器系统，在整个作战空间内快速高效地打击敌人重心；并通过信息网络，集中分散的军事力量，实现同步、持续的打击；精确交战能力（Precision engagement）是指通过接近实时的目标信息，使指挥与控制系统反应更加精确，在空间和时间上使部队具有精确打击和再次打击能力；集中后勤能力（Focused logistics）是通过获取信息优势，优化后勤程序，在整个作战空间中有效地保障后勤物资供给；全维防护能力（Full-dimension protection）是指在进行兵力部署、机动和交战过程中的作战防护，通过信息优势提供连续的威胁预警，使部队能够自由地实施攻击行动，如图1.2所示。

信息优势必然会创造有利条件以有利于军事力量的运用，信息优势是军事行动的前提条件。在信息优势的前提下，集成上述四种作战行动能力并产生"倍增"的效果。

对信息优势的认识，常常有人错误地认为，信息优势只是部队在信息和通信能力方面相对于敌人的优势。这种观点过分地强调了信息的获取、处理和分发过程，忽视了信息的利用在战争中的作用。作战过程中，真正重要的是哪一方能够更好地满足自身的信息需求，而不是哪一方拥有更强的信息能力；能否获取优势取决于哪一方满足其信息需求的能力更强。因此，信息优势与部队的信息需求的满足能力有关，具体来说，作战方针、指挥方法、组织形式、编制体制、条令、战术、技术与规程、交战规定、教育与训练水平和武器系统特性等因素，都决定了部队获取信息优势的能力。

因此，只有当指挥人员及其部队能以敌人来不及做出反应的速度，制定出更好的决策并将之付诸实施之时，信息优势才能有效地转化为决策性优势。在战斗条件下，决策优势能够转化为快速决策的能力，使部队能够快速形成态势感知，对态势变化及时地做出反应。决策优势由信息优势产生，然而，信息优势并不能自动形成决策优势。在决策优势的形成过程中，编制和条令的调整、相关的训练和经验、适当的指挥控制机制和手段也同样重要。

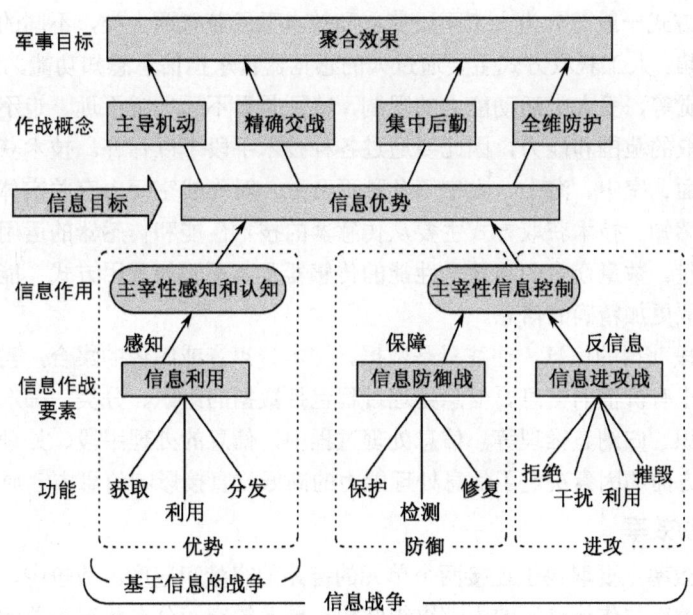

图 1.2 信息优势原理示意图

1.1.4 战争中的信息效能度量

信息必须有价值，并且要被用来处理、分析和支持决策，因此信息绝不能被曲解或包含风险。通常信息的质量标准包括以下几个方面：

① 准确性：信息反映出的状态。
② 及时性：信息不滞后于事件。
③ 有用性：信息易于被理解并以一种能够被直接感知的方式显示。
④ 完整性：信息必须包含所有必要的要素。
⑤ 精确度：描述细节的程度。
⑥ 可靠性：必须确定信息未被篡改、失真，同时是准确的。

在军事信息系统中，信息是系统输入、输出和处理的核心要素。系统中信息的价值也可用信息系统中的信息性能（Performance）、效率（Effectiveness）以及对用户的终极信息影响等进行分析。通常在战争中，使用信息效能对信息在作战中的价值进行度量。效能是指事物所蕴藏的有利作用，使用信息效能作为度量指标，可以衡量军事信息的利用程度。

在战争中，影响信息发挥作用的相关因素很多，军事信息获取、处理、分发和利用过程的每个环节都可能影响到信息的效能。在军事作战的信息作用过程中，可以从信息内容质量、信息流动效率和信息利用效能等方面对信息的整体效能进行度量。

1．信息内容质量

信息的内容质量主要由人员的信息需求、信息获取的方式方法和信息的处理能力等因素决定。

对不同的人员而言，信息需求只能由相关用户根据决策目标的需要、现有信息掌握情况，综合多方面因素提出。人员的信息需求的主要衡量标准是相关性，即信息需求必须与决策或控制需要的信息相关。在战争中，准确的军事信息需求，不仅可以保证将有限的资源用于获取有价值相关的信息，而且是确保获得正确、完整信息的一个重要前提。

信息获取的方式一般可分为人工手段获取和技术手段获取两大类，不同的获取方式对信息的质量有重要影响。人工获取方式主要通过人的感觉器官承担信息感知功能，包括视觉、听觉、嗅觉、味觉、触觉等，受人类活动能力的限制，特别是看不远、听不远、走不远等局限，大大地限制了信息获取的范围和能力，因此要通过各种技术手段予以弥补。技术获取方式是将各种传感器配置在地面、空中、海上、太空等各种平台上，对作战空间内有关实体的运动状态和变化方式进行实时感知。技术获取方式主要从传感器的技术性能和传感器的运用方式两个方面影响信息的内容质量。数量众多的高技术性能的传感器及其不同的运用方式，能够提高观测数据的精度，从而获取更加精确的信息。

运用不同手段获得的信息，往往只是数据、文本、声音或图像的集合，需要对其进行综合处理，从中挖掘出有价值的信息。信息处理过程包括数据的组织、分类、筛选、存储、索引和信息的判断、辨识、归纳、推理等。信息处理过程中，信息的处理手段、处理方式及信息处理人员的素质三个方面的因素决定了信息处理能力的高低，直接影响信息内容质量。

2. 信息流动效率

信息流动的效率主要取决于连接两个单元的链路的容量和速度。战争中，不同的作战单元之间的信息流动效率与作战单元的内部组织结构、单元的空间分布状况、单元间的相互关系及连接关系等因素有关。

任何作战单元内部都有一定组织和结构，单元内部的组织构成状况对信息的流动会产生阻碍或推动作用。组织结构合理，分工明确，则会信息流动顺畅，反之则会阻碍信息流动。军队组织理论研究表明，单元内部一般按照作战职能专业进行分工和职能区分，通过不同方式进行组合，形成相应的部门，具体包括职能组合（如作战、情报、侦察、通信等）、任务组合、区域组合等。从总体上看，职能组合、任务组合、区域组合等组织结构是等级制领导关系的结构。然而，随着信息技术的发展，一些正式等级制的重要性已经下降，而非正式组织结构或灵活的组织结构日益成为一种提高组织效率的重要途径。这种新的组织结构形式是由传统的"命令和控制"组织向"以信息为基础"的组织的重大转变。新的组织结构形式适合利用不确定性，而不是减少不确定性，这种结构中的人员、决策权限、角色和领导关系是临时根据特定的项目或事件组成的，一旦需要，可随时改变，具有快速反应的优势，能对变化的事件做出迅速响应。

作战单元的空间分布是由作战目的和任务、作战行动的样式、指挥所的性质和分布、指挥对象的构成、指挥技术的水平等多方面因素共同决定的。作战单元的空间分布状况，对信息的流动效率有重要影响。在其他条件相同的情况下，向机动、多维、非线式、前方的单元传输信息相对困难，而向固定、单维、后方、线式分布的单元传输信息相对容易。

作战单元之间的相互关系是在体制编制设置和调整过程中，人为地确定的一种关系，直接决定了相互之间是否会发生信息流动，以及信息流动必须经过的途径和程序。单元之间的相互关系受多方面因素的影响，主要包括组织层次设置、权力分配、关系确定及法规制度、作战条令等。在单元相互关系之中，最重要的是指挥体制。组织体系理论研究表明，指挥体制有多种形式，但是指挥层次和指挥跨度、纵向和横向信息交流方式是所有指挥体制的基本要素，是作战单元信息流动的重要影响因素。对任一单元而言，单元之间的相互关系，主要是明确其权力、职责以及与外部的信息交流方式。

作战单元之间的连接关系，主要是指单元之间的物理连接。物理路径的种类、长度、容量和速度等，对信息的流动效率具有根本性的影响。从理论上看，一般会根据各单元之间的逻辑路径建立相应的物理路径，但实际上，逻辑路径并不一定完全对应物理路径。影响物理路径的基本要素包括链路的性质、数量和质量等。

3. 信息利用效能

信息的运用实效最终决定着信息效能的高低。各类军事人员及时获得正确信息后，还需要高效地运用信息，利用信息做出科学的决策，实现运用信息调控兵力和火力，顺利完成作战行动。

决策过程是一个复杂的过程，正确的信息对于不同的军事人员而言，可能会得出不同的判断和不同的决策。因此，军事信息的运用与决策者的个人素质以及决策方式的运用有密切关系。影响决策者信息利用效能的因素主要包括决策者的决策权力、决策规则、决策者的素质、决策方式的运用等。只有根据决策者的素质合理确定指挥员的权力，根据作战原则、作战条令、指挥原则等科学合理地制定决策规则，综合运用多种决策方法，进行规范化的决策，才可能提高信息的利用效能。

4. 信息效能度量实例

为了对战争中的信息效能进行度量，我们以典型的几种作战信息为例，分析信息的军事效能，这些信息中包含有与传输信息载体的消息大小或长短相关的作战空间数据、信息和知识，如图1.3所示。从图中可以看出，消息的大小和其效用没有直接关系。例如，描述某一目标精确位置与身份识别的信息，可能包含在100比特的消息中。对于这条消息来说，既可描述士兵的地理位置，也可描述将军的地理位置，所有消息是等长的，但它们的军事效能差距却很大。

尽管信息效能和消息的大小没有直接关系，但是通过某种规则对多个消息进行组织，可以形成描述某种组织组成与行为的信息库。通过对信息库的数据挖掘和逻辑推理，可以形成描述战争中敌方战略与企图的信息，此时承载信息的消息容量可能仍然不大，但效能却高了很多。在这个过程中，从短小的数据消息处理开始，通过庞大的信息库，得到知识，然后用短小的消息来表达知识。从图1.3中的描述可以看出，对诸如单个目标的战术信息，可以用小于1000比特的消息描述；对一个区域收集的图像和信号数据可能组成兆比特级的数据库；描述作战序列、作战活动、战区环境的战略情报数据库则可能会需要千兆比特的存储量；作战区域地理空间数据库的存储量可达吉比特级。所有这些数据集都是从短小的独立报告逐步形成大型信息库的，从这些大型数据库可以导出关于敌方的战略计划、单个战役计划或战略意图等知识，这些知识都可用较短的消息描述。

在信息效能的度量过程中，需要对信息进行量化，并且需要将信息与军事效果或效能相关起来考虑。例如，增加有关目标位置的信息，可以影响武器目标杀伤概率，从而对军事效果产生直接影响；增加部队间协同信息，可以增强对作战行动的理解，提高进攻的杀伤力和军事效果。随着信息在战争中价值的增大，需要通过各种军事信息系统将原始数据转化为情报，并对增大信息价值的过程进行度量与比较。例如，指挥人员需要采用效用/效果度量标准，对作战过程中投入的兵力、武器及可能取得的作战效果进行投入/效益比分析，以对不同的作战方案进行评估；而系统工程技术人员需要性能度量标准对系统进行比较。

在实际系统应用中，通常可以通过获取正确的数据（Acquire the right data）、使知识提取最优化（Optimize the extractions of knowledge）、准确及时地分发与应用知识（Distribute and apply the knowledge）、确保对信息的安全防护（Ensure the protection of information）等手段，提高信息和导出知识的效能。

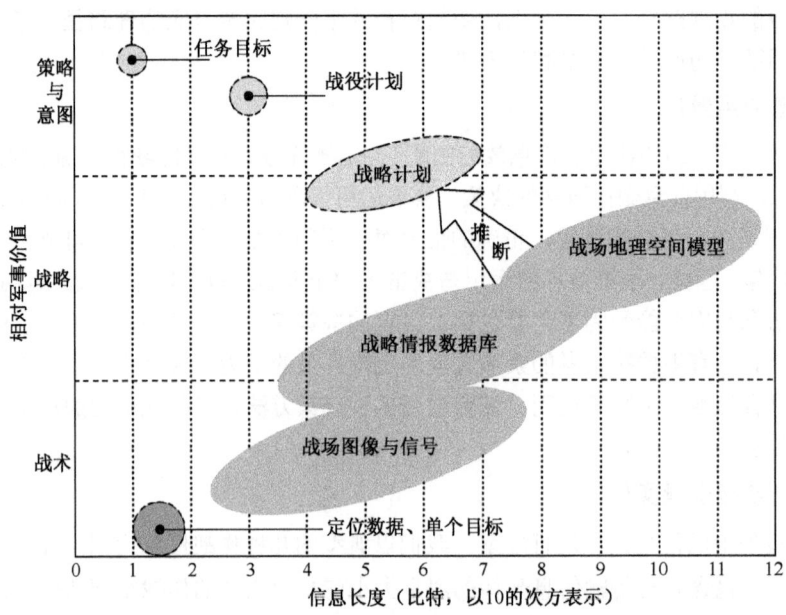

图 1.3　信息的军事效能与消息容量的关系

在作战过程中战争中，根据决策论的效用函数，在经典文献 *Measures of Merit for Command and Control* 中，已经为指挥与控制系统等定义了信息系统的度量标准。具体方法如下。

① 根据信息性能度量标准确定描述数据的维度参数。典型的信息性能度量标准包括精度、变量、检测/虚警统计、覆盖范围等。数据的维度参数包括像素、脉冲、误码率、时延和信噪比等。信息性能度量标准将对产生情报的筛选、校准、关联、组合等处理阶段产生影响。

② 根据信息系统的功能效率确定信息系统的度量标准。功能效率是对信息效率的度量（MOEs），可直接与所支援的系统（防御指示和告警系统或是进攻性武器系统）相关。

③ 战争作战方的总军事效能是信息的多种功能特性及其对所支援系统产生影响的函数。

利用决策论中的效用函数可分别对信息的性能、效率、军事效用进行度量。表 1.1 中列举了某种典型军事指挥控制系统中若干具有代表性的度量标准。

表 1.1　军事指挥控制系统性能的典型度量标准

度量的类型	度量标准	度量数据	说明
性能	检测 （发现目标、事件能力）	检测概率	单次观测的检测概率
		虚警率	每次覆盖的虚警率
		丢失概率	单次观测的检测失败概率
	状态评估 （运动状态关联与估计能力）	状态精度	三维坐标(x, y, z)及其导数的精度
		跟踪精度	导数估值精度
		跟踪的持续时间	持续评估、动态目标
		相关出错概率	错误相关概率
	识别 （目标、事件分类能力）	识别概率	正确识别概率
		识别精度	识别决策的累积精度

(续)

度量的类型	度量标准	度量数据	说明
性能	及时性 (传感器/处理过程时间响应)	观察速率	对观察目标的再访速率
		探测时延	从观察到给出报告的时延
		处理时延	从传感器报告到决策的时延
		决策速率	输出决策更新的刷新速率
效率	容量 (处理信息流大小与信息流速的能力)	流通量	将数据转换成情报的速率
		瞬态处理速率	最大的短周期速率
		相关速率	数据单元的相关速率
		数据泄露率	非相关数据项的丢失率
		存储（回放能力）	存储历史数据报告的能力
	感知质量 (戒备程度和对可用数据的使用程度)	相关精度	数据集间关联的精度
		检测	检测概率/虚警概率工作特性
		识别	正确识别概率－类型识别精度
		地理定位精度	对目标的空间定位精度
		预测精度	时间/空间行为预测精度
		计划正确度	各种方案的可行性
	及时性 (处理信息和向用户分发信息处理产品的速度)	积累时间	认知决策的累积时延
		产生预案的时间	产生各种解释的时间
		设计时间	筹划的推测时间
		计划与选择时间	综合响应计划的时间
		决策时间	进行组织决策的时间
效用	收集 (所需的监视和侦察资源)	需要的收集装置	需要的收集资源数量
		收集任务	加载收集资源
		带宽利用	使用的链路带宽的百分比
		需要的处理	需要的处理资源
	确定目标 (达到目的所需武器资源)	需要的武器	所需的武器数量与种类
		确定目标的功效	正确目标决策的百分比
		飞机出动架次率	形成可以出动架次的速率
		需要的出动架次	达到目的所需要的架次
		易损性	资源的易损程度
	指挥与控制 (指挥与控制的效用)	观察—判断—决策—行动环路	累积决策周期
		决策正确度	累积的指挥决策正确度（%正确）

分层标准之间的功能关系，可以通过一个简单的告警系统说明，如图1.4所示。进行攻击时，系统将两个传感器与一个累计人工报告数据库相关联以进行演绎推理。数据层的传感器检测性能影响着与传感器数据相关联的性能，进而影响对探知敌方行动（事件）的推理过程；事件探知性能（及时性与精度）对评估事件含义的推理过程的效率产生影响；评估对军事目标攻击效率、对指挥官决策产生影响，进而对响应结果产生影响。在对整个信息处理效能的度量过程中，最后通过评估将知识与军事决策、军事效用有机地结合起来。

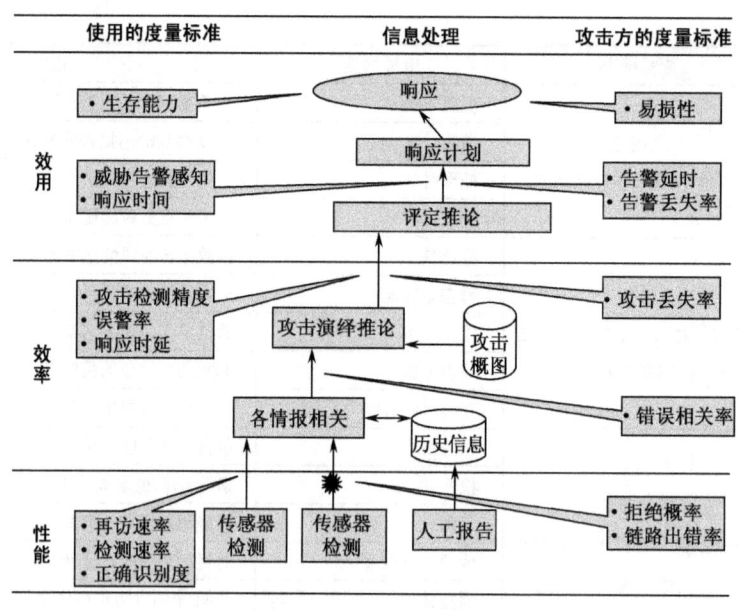

图 1.4 信息利用过程中的信息处理度量

1.2 军事信息系统的相关基础知识

信息的重要性依赖于作战过程中对信息的获取、处理、传输和应用所产生的综合影响。时至今日，这种对战争的影响都没有改变，改变的只是信息获取、处理、传输和应用的手段。军事信息系统就是通过获取战争中的信息，并对信息进行处理、分发和使用，满足军事作战需求，形成信息优势的系统。

1.2.1 系统概念

系统的概念是信息系统基础概念之一，也是认识军事信息系统的前提。从不同角度，可以对系统做不同的理解，给出不同的定义。

我国著名科学家钱学森认为：通常，系统指的是极其复杂的研究对象，是由相互作用和相互依赖的若干组成部分结合成具有特定功能的有机整体。而且，这个系统本身可能又是所从属的更大系统的组成部分。

系统功能是系统要达到的目标或要发挥的作用，是系统的基本属性。不同的系统一般具有不同的系统功能。系统内部相互作用的基本组成部分称为要素，它是完成系统某种功能无须再细分的最小单元。系统要素由系统的目的及所应具备的功能确定。系统要素及其要素之间的相互作用和相互依赖关系称为系统结构，系统结构是系统要素在时间与空间上有机联系与相互作用的方式或秩序，是决定系统功能的内因。系统要素间的相互关联、制约和作用，是通过物质、能量和信息形式实现的。具有相同组成部分的系统，由于它们的制约、作用关系不同而可能具有不同的系统功能。与系统及系统要素相关联的其他外部要素的集合称为系统环境。系统与系统环境的分界称为系统边界。

一个大的系统往往是复杂的，常常可按其复杂程度分解成一系列小的系统，这些小的系统称为大系统的子系统（或称分系统），也就是说，这些子系统有机地组成了大的系统。

1.2.2 系统模型

从宏观上看，系统由输入、处理和输出三部分组成，如图 1.5 所示。环境对系统的作用称为系统输入，系统对其环境的作用称为系统输出，把系统输入根据需要变换产生有效输出的过程称为系统处理机制。系统的环境是为系统提供输入或接受系统输出的场所，即与系统发生作用而又不包括在系统内的总和。系统边界是指一个系统区别于环境或另一系统的界限。有了系统边界，就可以把系统从所处的环境中分离出来。可以说，系统边界由定义和描述系统的一些特征形成，边界之内是系统，边界之外是环境。

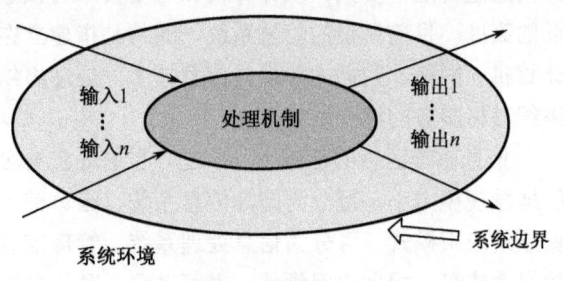

图 1.5 系统模型

研究具体系统时，必须把系统与环境区分开来，系统边界的划分从要素分析开始，而系统的要素则由系统目的和功能决定。系统每个时刻所处的状态称为系统状态，系统状态随时间的变化称为系统行为。

系统可用多种标准进行分类：根据系统的复杂程度，可分为简单系统、中等复杂系统、复杂系统和超复杂系统等；根据系统的抽象程度，可分为概念系统、逻辑系统和物理系统等；根据系统的自然特性，可分为自然系统和人工系统等；系统还可以分为线性系统与非线性系统、确定系统与随机系统、适应系统与非适应系统等。

1.2.3 系统性能

系统性能可以用多种方法衡量，常用的系统性能评价标准是效率和有效性。

效率是关于产能与消耗之比的度量，它的范围是 0%~100%。例如，电动机的效率是能量产能与能量消耗之比，一些电动机的效率低于 50%，是因为摩擦和产热造成了能量消耗。效率是用于比较系统的相对标准。例如，公司财务部门引入财务自动化系统后比原先手工劳动更有效率，这是因为财务自动化系统更节省人力、计算更加迅速准确，工作强度也大大降低。

有效性用于衡量系统完成目标的程度，通常采用"实际完成目标与预计总目标之比"表示。例如，一个公司的目标是降低成本 10 万元，为此引入了一个新的控制系统并安装使用，希望帮助完成这个目标。然而，使用后发现最终仅降低成本 8.5 万元。这个控制系统的有效性就是 85%。

1.2.4 信息系统概念

任何系统的输入、处理和输出，都同时伴随有物质、信息和能量。信息是事物的运动状态和方式，物质和信息是不可分割的。因此，在强调系统的物质构成和特性时，可以认为系统是物质系统；如果要强调系统的信息特性，也可以认为系统是信息系统。然而，随着现代信息技术的产生和发展，把信息的处理能力提高到了空前的水平。这样，在客观系统中就出现了许多以对信息进行收集、整理、转换、存储、传输、加工和利用为主要目的和特征的系统。在这些系统中，虽然伴随着一定的物质活动，但物质活动总是处于从属和条件位置，系统的主体是信息，信息活动则是系统的主要特征。例如，计算机、手机、网络等，它们以信息活动为主要特征，并能对信息进行复杂的加工和处理。此时，物质系统和信息系统逐渐成为两种不同类型的客观系统。物质系统是以物质活动为主要特征的系统，信息系统是以信息活动为主要特征的系统。

也就是说，信息系统是指以对信息进行收集、整理、转换、存储、传输、加工和利用为主要目的和特征的系统。信息系统的基本要素包括信息和物质，物质是信息系统中的条件性要素，而信息是功能性要素。以计算机和通信技术为核心的现代信息技术把信息处理能力提高到了空前的高度。目前所说的信息系统，通常是指建立在现代信息技术基础上的信息系统，是指利用计算机、网络、数据库等现代信息技术，处理组织中的数据、业务、管理和决策等问题，并为组织目标服务的综合系统。

信息系统涵盖的范围十分广泛，目前还没有公认的统一分类方法。实际应用中，根据系统的地域规模大小，可分为国际信息系统、国家信息系统、区域信息系统和局域信息系统等；根据系统应用模式，可分为信息处理系统、管理信息系统、决策支持系统、办公信息系统和主管信息系统等；根据应用领域，也可以分金融信息系统、商业信息系统、教育信息系统、医疗信息系统、科技信息系统、农业信息系统、工业信息系统、军事信息系统等。从这里可以推断出，军事信息系统是指，应用在军事相关领域中的专用信息系统，它也是一类典型的信息系统。

1.2.5　信息系统功能

信息系统具有多样性，即不同的信息系统具有不同的功能。但抽取其共性，信息系统是对信息进行采集、处理、存储、传输和管理，并向有关人员提供有用的辅助决策信息的系统。我们可以归纳出信息系统的六项基本功能。

① 信息采集。也就是获取信息的功能，信息系统首先需要把分布在各处的有关数据收集起来，并转化成信息系统所需形式。对于不同时间、地点、类型的数据需要按照信息系统需要的格式进行转换，形成信息系统中可以互相交换和处理的形式，如传感器得到的传感信号，需要转换成数字形式才能被计算机接收和识别。信息采集是信息系统的一个重要环节，直接关系到信息系统中传输和处理信息的质量，对信息系统的功能和作用效果有着直接的影响。

② 信息处理。就是对进入信息系统的数据进行检索、排序、分类、归并、查询、统计、预测以及各种计算等加工处理，这也是信息系统的最基本功能。现代信息系统都是依靠计算机来处理数据的，并且处理能力越来越强。

③ 信息存储。数据被采集进入系统之后，经过加工处理，形成对各种对管理和决策有用的信息。处理过程中，信息系统要保存大量的历史信息、处理的中间结果和最后结果，还要保存大量的外部信息。随着计算机的存储能力和数据库技术的发展，数据的存储已经变得十分灵活和方便。

④ 信息传输。从采集点采集到的数据要传送到处理中心，经加工处理后的信息要送到使用者手中，各部门要使用存储在中心的信息等，这时都涉及信息的传输问题，系统规模越大，传输问题越复杂。

⑤ 信息管理。通常，系统中要处理和存储的数据量很大，使用过程中需要对信息进行管理。信息管理主要包括：规定应采集数据的种类、名称、代码等，规定应存储数据的存储介质、逻辑组织方式，规定数据传输方式、保存时间等。

⑥ 辅助决策。通过信息系统对信息的处理，可以形成高度有序化、规律化的信息，形成决策的重要依据。信息系统可以提供与决策有关的系统内外部信息，收集和提供有关行为的反馈信息，存储、管理和维护各种决策模型和分析方法，运用模型及分析方法，对数据进行加工分析以

求得出所需的预测、决策及综合信息，并提供方便的人机交互接口，同时满足快速响应需求。

1.3 军事信息系统发展历程

军事信息系统是应用在军事领域中的一类特殊信息系统，是通过信息技术获取相关军事目标信息，并对信息进行处理和分发，为军队和武器装备的指挥控制以及决策提供服务的综合信息系统。随着信息技术的发展，军事信息系统在战场空间的预警探测、侦察监视、军事通信、导航定位、指挥控制以及综合保障等方面发挥着越来越重要的作用。高速发展的军事信息系统已经应用在了军事领域的方方面面，应用到不同级别、不同类型的指挥控制、武器平台和日常训练管理中，已经成为军事作战指挥中不可或缺的重要组成部分。

在形形色色的军事信息系统中，最具有代表性的一类军事信息系统就是指挥自动化系统，它是能够为军队作战、指挥、训练、管理、保障等提供支持的综合性军事信息系统，很多文献中，也将其称为"综合电子信息系统"。在军事应用中，经常有人将"指挥自动化系统"与"军事信息系统"等同起来，认为军事信息系统就是指挥自动化系统。这种说法是不确切的，军事信息系统是指应用在相关军事领域为军事目的服务的一类特殊信息系统，而指挥自动化系统仅仅是军事信息系统中的一种。除此之外，军事信息系统还包括很多种，例如，预警探测系统、情报侦察系统、导航定位系统等，此外，武器装备上的信息系统也属于军事信息系统的范畴。

虽然存在认识上的误区，但是军事信息系统的发展与指挥自动化系统的发展息息相关，军事信息系统的很多理论、技术、系统的发展历程都体现在指挥自动化系统的发展历程中，下面就以这种典型军事信息系统为例，来说明军事信息系统的发展历程。

1.3.1 术语演变

20世纪60年代，我军在积极吸收国外军事信息系统建设经验的基础上，提出了"指挥自动化系统"的概念，并将其内涵与美军的 C^3I 系统相等同。近年来，由于信息技术和信息系统的不断发展，指挥自动化系统的内容不断扩大，又增加了预警探测、情报侦察、导航定位、综合保障等系统。因此，现在更多地将指挥自动化系统称为"综合电子信息系统"。

指挥自动化系统的发展过程中，美军一直走在世界各国的前列。随着信息技术的发展，美军陆续提出了一系列具有指挥控制功能的军事信息系统，从 C^2、C^3、C^3I 一直发展到目前美军正在研制的全球信息网格（Global Information Grid，GIG），如图1.6所示。从本质上讲，各术语代表了不同年代不同指挥控制功能的军事信息系统。

20世纪50年代初期，美国首先提出指挥和控制 C^2 系统，将地面警戒雷达、通信设备、电子计算机和显示器连接起来，实现了目标航迹绘制和其他数据显示的自动化。系统建设在美国本土北部和加拿大境内，又称赛其（Semi-Automatic Ground Environment，SAGE）系统，是以第二次世界大战中英伦三岛防空系统为蓝本设计的。几乎在美国建成"赛其"系统的同时，前苏联也建成了本土防空半自动化的"天空一号"系统，其结构与"赛其"系统相似。C^2 系统有效地提高了军队指挥和武器控制的效率与质量，即由人工方式（口传手抄）转变为计算机辅助处理方式，但同时也暴露出该系统信息传递慢、互通能力差的弱点。

20世纪60年代，由于通信技术的飞速发展，通信在军事上得到了前所未有的重视。当时，随着远程武器的发展，特别是各种战略导弹和战略轰炸机大量地装备部队，出现指挥决策与作战行动执行单元之间可能彼此相隔数千千米甚至更远的局面，单一的指挥控制系统已无法完成现代战争的指挥与控制任务，无法实时地进行大量情报信息的传输。以至于前苏联提出了"没有通信就没有指挥"的观点。因此，通信作为新的要素首先被集成到指挥控制要素中，将 C^2 系统扩展为 C^3 系统，强调了通信在军事系统中的重要性，美军在 10 年左右的时间内相继建成了国家级、战略级、各军种战术级的多层次综合军事信息系统。

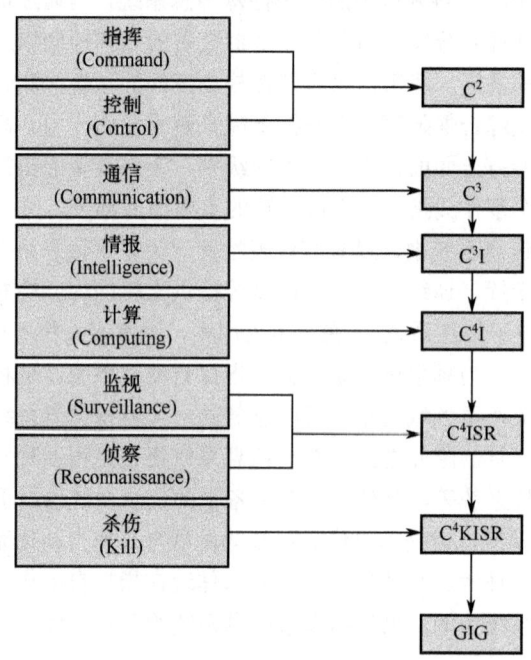

图 1.6　术语演变示意图

从 20 世纪 70 年代初到 80 年代末，处于美苏对峙的冷战时期，核战争虽未爆发，但局部战争连绵不断，情报和信息处理的作用受到充分重视。作战指挥对情报的依赖性增大，没有大量、及时、准确和可靠的情报信息，作战指挥和控制就失去了决策的依据。于是，1977 年美国国防部又在 C^3 系统中加入了情报的概念，提出了 C^3I 系统，将国防部中负责 C^3 和情报的两个部门合并为一个部门，并指定一位国防部长助理专管 C^3I 系统的研究、部署、建设和发展工作。此后，C^3I 系统也开始在多个国家陆续得到了推广。

20 世纪 80 年代以来，随着超大规模集成电路的飞速发展，美国军用电子计算机发展到了第四代并得到了广泛应用，大量微机用于军事装备中，计算机成为技术关键，计算机的地位和作用日益突出。各种大型、中型及微型计算机成为指挥控制平台的核心处理设施，为 C^3I 系统提供了强大的信息处理支持，计算作为一个新的要素出现。1989 年，美军把计算加入到 C^3I 系统，形成了 C^4I 系统。

20 世纪 90 年代以后，为了能实时地掌握战场态势，取得战场信息优势，情报（Intelligence）和监视（Surveillance）与侦察（Reconnaissance）之间的关系越来越紧密，代表这三个要素的缩写词 ISR 出现得越来越多。ISR 在战场上发挥着至关重要的作用，形成了"传感器就是战斗力"和"发现就是摧毁"的重要思想。在美国国防部中，常常把 ISR 作为一个整体单列建设项目。实际上，ISR 中有时还包括导航定位和敌我识别等更多的功能要素。在 C^4I 和 ISR 这两个概念形成和普遍应用的基础上，随着信息技术内部各个分支学科之间的交叉渗透，人们不可能把传感器网、情报网和计算机网分割开来，也不可能把指挥控制网和通信网分割开来，因此，将 C^4I 和 ISR 集成为了 C^4ISR。C^4ISR 系统是强调在传统的指挥、控制、通信、计算机、情报基础上，再加上监视、侦察和公共信息管理等，使得作战部队在任何时候、任何地点能从不同级别的系统获得作战所需的空间态势图像及决策信息，实现侦察预警与指挥控制一体化。

进入 21 世纪，随着新军事变革的推进和军队向信息化转型，对 C^4ISR 提出了新的要求。为了使 C^4ISR 系统的各个要素与主战武器的杀伤更紧密地结合在一起，实现最佳的作战效果，美国国防部先期研究计划局于 2001 年提出了 C^4KISR 概念，即将杀伤、摧毁能力嵌入到 C^4ISR 系统中，通过将地、海、空、太空的各种传感器、指挥控制中心和武器平台集成为一体化网络，实现侦察/监视→决策→杀伤→战损评估过程等的一体化。C^4KISR 将传统的 C^4ISR 系统的认知能力与新的杀伤能力紧密地结合起来，从而产生新的作战能力。无论何时何地，都可以对任何类型的目标实施发现、打击和杀伤，实现"发现即摧毁"。C^4KISR 系统的一个重要特征就是减少指挥层次，增加指挥跨度，缩短指挥周期，以最快的速度协同诸兵种联合行动，使复杂的作战协同变得易于组织和趋于简单，从而使联合作战行动更加协调一致。

尽管 C^4ISR 和 C^4KISR 在指挥控制上功能日趋完善，但是仍然存在不足之处，无法满足美军的军事战略需求。首先，信息网的建设并没有实现全球网络化，不能把信息网的触角延伸到全球的任何一个角落，无法实现全球范围的联网，原因在于 C^4ISR 系统本身的保密性，制约了其在全球范围内整体互联的发展，军事行动的高度机动性和野战化对 C^4ISR 系统也提出了更高的要求；其次，C^4ISR 系统还没有实现对大量战场信息的有效加工，美军提出，要谋求"全时、全维的信息优势"，实现在任意时间、任意地点将任意形式的信息送到任意人手中，从而消除"战场迷雾"，但实战却证明，战时官兵获得的信息并非越多越好，并不是战场上的所有信息都要共享，目前的系统也还缺少战场信息转化能力；再者，C^4ISR 系统无法实现设备有效兼容，目前，军兵种之间对 C^4ISR 系统大多是各自独立开发的"烟囱式结构"，技术体制不统一，互联互通能力差。

为了克服 C^4ISR 和 C^4KISR 系统的"先天不足"，美军于 1999 年首次提出了建立"全球信息网格"（很多文献中也将其称为"全球信息栅格"）的倡议，并于 2000 年 3 月，联合参谋部向国会正式提交了启动 GIG 项目的报告。GIG 将把世界各地的美军指挥员连接起来，在未来的信息化战争中，为他们提供联合作战所必需的数据、应用软件和通信能力，以获取信息优势和决策优势。GIG 是未来战争能否从以武器平台为中心转向以网络为中心的关键，堪称"网络中心战"的"大脑"。

根据设想，GIG 能够能根据作战人员、决策人员和保障人员的需求，适时地收集、处理、存储、分发和管理各种信息，这样就使原有的信息网络和 C^4ISR 系统发生了革命性的改变。GIG 能最大限度地实现由"谋求信息优势"向"谋求决策优势"转化，变"四个任意"为"四个正确"，即在正确的时间，将正确的信息以正确的形式传递到正确的接收者手中，同时压制敌方谋求同样能力的企图，从而将信息获取能力最大限度地转化为科学决策能力和作战能力。GIG 与 C^4ISR 的重要差异还在于，C^4ISR 主要是计算机与通信设施的联网，而 GIG 中既包含计算机网络、通信网络栅格，也包含传感器栅格和武器平台栅格，强调从传感器到射击武器的全程信息一体化兼容，实现任何能发送和接收"0"、"1"数字信号的设备均能与 GIG 相连，从而提升整体战斗力水平。安全性是 GIG 实施过程中不可忽视的环节，GIG 采用纵深防护、多层设置，在网络、链路、计算机环境和基础设施等每个环节、每个维度都建立一套最低限度的防护能力，提供了更加有效的安全保障。GIG 的出现将对军事信息系统的发展方向、模式和策略产生重大的具有里程碑意义的影响，使军事信息系统走向网络系统，并使信息的管理模式发生根本性的变化。

纵观以指挥自动化为代表的军事信息系统的发展史，不难发现，信息技术是军事信息系统产生、发展的前提和基础。正是美国信息技术的高速发展和具有的绝对优势，造就了现在美军先进的军事信息系统，使其得以在短短的50年里发展成为一个庞大的战争工具。

1.3.2 系统发展阶段

在军事信息系统由简单到复杂、由低级到高级的发展过程中，从系统的角度看，大致经历了单系统分散建设、各军兵种独立发展、系统综合集成和一体化发展四个阶段。

1．单系统分散建设阶段

从20世纪50年代至60年代，是军事信息系统建设的起步阶段。由于当时处于冷战期间，为了防止敌方的飞机突袭，美国和前苏联两国开始建设防空作战指挥控制系统，美国的半自动化防空指挥控制系统——赛其系统（SAGE）是世界上第一个指挥控制系统，前苏联在同期也建成了半自动化防空系统"天空一号"，我国的半自动化防空雷达情报处理系统也在20世纪60年代研制成功。20世纪60年代初，美国又首先建成并开始使用世界上第一批战略军事信息系统。如战略空军指挥控制系统、弹道导弹预警系统、战略空军核攻击指挥控制系统等。这一时期的信息系统之所以称为单系统，是由于：系统的功能单一，主要是指挥控制功能；任务单一，主要承担防空作战指挥任务；结构单一，系统直接与雷达和作战部队连接，不具有与其他信息系统协同交互的能力。

2．各军兵种独立发展阶段

从20世纪70年代到80年代，也是冷战全面升级时期。在这一阶段，各国军事信息系统建设呈现出由各军兵种主导的态势，各军兵种为提升自身的作战能力，根据使命任务需要，独立建设军兵种专用的信息系统。如美军全球军事指挥控制系统（Worldwide Military Command and Control System，WWMCCS）、陆军战术指挥控制系统（Army Tactics Command and Control System，ATCCS）、海军战术指挥系统（Navy Tactics Command System，NTCS）、战术空军控制系统（Tactics Air Force Control System，TACS）等。

这一时期各军兵种建设的大量军事信息系统已经具备了与其他系统一定的协同交互能力，依据编制序列的上下级关系，通过通信网络逐级互联，系统总体结构呈现"线"状特征。这里所谓的"线"，是指作战命令由上向下层层传递，情报信息由下至上层层上报，整体看就像一条"线"。由于采用"线"状结构，在军兵种内部具有一定的协同和信息共享能力，但跨军兵种和业务部门的信息共享能力弱，缺乏横向交互的机制和手段。因此，这样的系统也称为"烟囱式"信息系统。

3．系统综合集成阶段

从20世纪80年代末到90年代。美军通过海湾战争认识到，以往军兵种独立建设的"烟囱式"信息系统，存在纵向层次过多、技术体制不统一、跨军兵种互联、互通和互操作困难、不能适应多军兵种联合作战需要等一系列问题。为了解决这些问题，美国国防部首次提出了构建国防信息基础设施（Defense Information Infrastructure，DII），以此来实现跨军兵种信息系统的综合集成。

在这一时期，虽然各军兵种信息系统的功能和作用各不相同，但是各个信息系统的基础层存在大量的共性部分，这些共性部分的能力大致相同。可是由于采用不同的技术体制、由不同部门开发，使得各个信息系统无法互联、互通，造成信息系统综合集成困难。因此，建设军事信息基础设施的目的，就是统一技术体制，研制共性基础部分，从而在根本上解决综合集成难的问题。

综合集成后的军事信息系统由"线"状变为"树"状层次结构，军兵种内部各级指挥所，仍然依据编制序列的上下级关系，通过通信网络逐级互联，在横向上，通过上级指挥所实现跨军兵种和业务部门的信息交互。这种"树"状结构展现的是以指挥所为中心的系统层次化联网，不同作战平台通过指挥所进行信息的互联互通，但集成后的系统还不具备网络化信息系统的特征，系统能力生成局限于平台内部，不能通过网络将地域上分散的作战单元、作战要素、作战系统有机地连接在一起。

在综合集成阶段，我国也借鉴了美军国防信息基础设施建设思路，通过构建综合电子信息系统来支持各军兵种指挥控制系统的互联、互通，实现与预警探测、情报侦察、电子对抗等系统的综合集成。

4．一体化发展阶段

从20世纪90年代末至今。各国军队的目标是建设一体化军事信息系统，支持联合作战和多样化军事任务。这里的一体化军事信息系统，也被称为网络化军事信息系统，与综合集成阶段形成的层次化联网系统有着本质的差异，美国国防部将这种信息系统称为能够适应网络中心战的军事信息系统。

在系统综合集成阶段，虽然实现了系统联网，但其理念是"网络服务于系统"，也就是说，系统建设到哪，通信网络连接到哪，通信网络用于信息系统的互联；而在一体化发展阶段，信息系统的构建基于"网络"，各类应用基于"网络"，这里所指的"网络"不是通信网络，而是信息网络，即军事信息基础设施。系统能力生成不再仅仅依靠平台自身的资源，可以利用网络上部署的其他系统的信息、服务或应用，提升自身的作战使用能力。

网络化军事信息系统具有"网络中心、面向服务、即插即用、按需分发、柔性重组、协同运作"等技术特征。网络中心是指传感器、指控和武器平台组网，形成有机整体，具备基于信息系统的体系作战能力；面向服务是指采用面向服务的体系结构，实现系统能力的服务化，支持按需服务；即插即用是指采用标准的接口协议和框架，自动入网、自动识别，快速获取所需的资源或对外提供服务；按需分发是指能根据用户需要，在正确的时间，将正确的信息以正确的形式传递到正确的接收者手中；柔性重组是指能够快速进行系统裁剪或能力扩展，适应作战任务变化的需要；协同运作是指系统具有自适应能力，协同完成信息感知、信息收集、信息处理、信息交互、作战组织、作战指挥、作战协同、战场监视、作战评估等活动。

20世纪90年代初，以美国为代表的发达国家的指挥自动化系统已经成熟，进入了向综合性指挥自动化系统发展的过渡阶段。1992年美军提出"武士"C^4I计划，旨在建立一体化的C^4I系统。它将替代各军种独立建设的"烟囱式"的C^4I系统，采用可互操作的网络体系结构，能在任何地方、任何时间为指战员提供准确的、完整的、实时的作战空间图像、详细的作战任务以及清晰的敌方目标视图，最有效地发挥作战部队与各级指战员的作用。

进入21世纪后，军队指挥自动化处于大发展并趋于成熟的时期。一方面，各国相继制定了新的军队指挥自动化发展战略，并采取多种措施，投入大量资金，加快发展其一体化指挥自动化系统；另一方面，大部分旧系统通过引入高新技术而得到更新与改造，使其发挥更大的效益。目前，正在形成技术上新旧几代系统并存、结构上小系统与大系统结合的局面，指挥自动化系统的一体化程度不断提高，整体功能不断增强。

1.4 军事信息系统的地位和作用

在信息化战争中,军事信息系统的应用在多个方面产生了深远的影响,渗透到了军事作战相关的每一个领域,在军事中的地位和作用也越来越突出。

1.4.1 对军事的影响

军事信息系统的影响主要体现在对军事作战、武器装备、部队编制体制以及指挥人员素质要求提升等多个方面。

1. 对作战行动的影响

对军事作战行动的影响主要体现在以下几个方面。

① 作战行动更加隐蔽。利用多种隐蔽和伪装手段,通过多种军事信息系统的高效传输和处理,快速形成作战决策,实现部队间的协同配合,在敌人尚未知晓的情况下,形成战场态势感知,有利于采取隐蔽行动,进行突然性的军事打击。

② 作战行动更加快速。恩格斯说:"如果说在贸易上时间是金钱,那么在战争中时间就是胜利。"多种军事信息系统的综合运用,极大地缩短了收集、处理和提供情报的时间,缩短了下定决心和将决心形成电文传达到部队的时间。同时,军事信息系统能够对各种影响战斗行动的客观因素,如地形特点、敌人设施遭破坏的程度、我方运输工具、季节和天气等,进行综合分析,选择综合保障方案,做出最优决策等,从而进一步提高了作战行动的快速性。

③ 作战样式更加多样。军事信息系统的各类信息收集终端,密切地监视战场情况变化,以帮助指挥员及时修正作战方案,采取各种相应的作战样式,使部队能够迅速地从一种作战行动转变为另一种作战行动。如由进攻迅速转入防御,由次要方向迅速转为主要方向,由地面战迅速转为对空战,以及由非核条件下的作战迅速转为核条件下的作战等。

④ 作战行动更加联合化。在信息化战争中,陆、海、空等多军种联合作战,指挥人员通过各种军事信息系统,实现集中统一的指挥,及时协调各部队的行动,使陆空协同、陆海协同、海空协同等更加迅速、准确、可靠。同时,军事信息系统能协助周密地制定联合作战计划,制定联合作战的具体细节和下一步作战行动的程序。这样既保证了作战过程中协同动作的严密性,又保证了作战协同系统在遭到破坏后迅速恢复。

⑤ 作战范围更加广阔。军事信息系统的广泛应用,进一步促进了更先进的远程武器系统的发展。各种精确制导武器、大规模杀伤武器以及定向能武器(包括激光武器、粒子束武器、电磁脉冲武器等)、宇宙武器、气象武器等的出现,使战争半径大大增加。并且,战争空间的概念也发生很大变化,已没有了明显的前方和后方。另外,由于军事信息系统使信息传递范围增大,使作战的空间也比以往和现在更加广阔。

⑥ 作战行动更具破坏性和消耗性。有史以来,世界上进行过大量的战争,据挪威、英国、埃及、德国、印度等国历史学家在 1960 年联合撰写的一份材料中统计,从公元前 3600 年以来,全世界共发生战争 14531 次,造成 36.4 亿人的死亡,破坏的物质财富可环绕地球铺设一条宽 50km、厚 10m 的金带,可见战争损耗之巨大。近期发生的几场局部战争,也是如此。第四次中东战争只打了 18 天,双方就损失坦克 3000 多辆、飞机 600 多架、舰艇 59 艘,伤亡人数达 19300 余人,物资消耗和财产损失达 1000 多亿美元(平均每天达 6 亿美元)。英、阿马岛之战打了两个月,双方共消耗 85 亿美元,平均每天 1.3~1.4 亿美元。伊拉克战争,美军每天消耗 2 亿多美元。然

而，这仅是常规战争的情况。在未来高技术条件下的局部战争中，先进的军事信息系统用于作战指挥，将进一步提高作战行动的快速性和广阔性，必将造成空前的破坏和消耗。

⑦ 电子对抗将更加激烈。在高技术条件下局部战争中，无论是指挥、控制、通信、情报，都会依赖于先进的电子设备。而这些电子设备能否发挥作用，又日益依赖于电子对抗技术。作战飞机没有自己的电子对抗设备，就难以逃脱敌方防空体系中武器系统的攻击；作战舰艇没有自己的电子对抗设备，就无法躲避敌方雷达的搜索和岸对舰、舰对舰导弹的攻击；制导兵器若没有电子设备的导引，同样不能命中目标。因此，一方面要利用侦察、干扰、摧毁等手段，以降低和破坏敌方电子设备的性能，使其雷达迷盲、通信中断、制导兵器失控；另一方面又要实施反侦察、反干扰、反摧毁等手段，以保证己方雷达工作稳定、通信迅速准确可靠、制导兵器控制自如。可以预料，在现代战争中，随着军事信息系统功能的日趋完善，电子对抗将更加激烈。

2．对武器系统的影响

信息化战争中，任何先进的武器系统，如果没有信息系统的支持，既无法发挥个体作战能力，也不能增强总体作战威力。在当今武器系统信息化、信息系统武器化的发展趋势中，军事信息系统将充当作战的主角。武器系统与军事信息系统的关系极为密切，一方面军事信息系统可以大大增强部队的战斗力，最大限度地发挥武器系统的效能，成为"兵力倍增器"；另一方面，要发展研制新的更加有效的武器系统，必须有军事信息系统的支持。

（1）军事信息系统对陆军武器系统的影响

陆军武器装备依靠军事信息系统而逐步走向高技术化。现代化陆军武器装备的显著特点是高度机械化、电子化和自动化。例如，装甲车、坦克、步兵战车、自行火炮等，都装备有先进的军事信息系统，可以更好地发挥作战效能。同时，通过多个军事信息系统的综合，可以组成完整的装甲车辆体系，形成强大的装甲突击力量；精确制导武器和常规武器相结合，组成由军事信息系统连通的完整的武器装备体系，形成严密的火力配系；装备有各种新型弹头（炮弹、导弹、反坦克导弹、核炮弹等）的武器系统，通过军事信息系统的操纵和控制，可以大大提高其精度、威力和射程；通过军事信息系统，将陆军武器系统与海、空军武器系统结合成一体，使陆、海、空军联合作战，实施快速战略机动和进行空地一体化作战等成为可能。

（2）军事信息系统对空军武器系统的影响

空军武器装备的发展与军事信息系统密切相关。首先，由于现代作战飞机时速更快，飞行员仅凭个人的生理和心理能力无法对错综复杂的战斗情况做出及时、准确的判断，必须借助于计算机、雷达等信息化装备，帮助其发现目标、判断情况、做出决策和完成各种动作。其次，由于信息控制系统的使用，也可以极大地提高飞机的性能，使飞机实现超高空或低空、超低空飞行，保证全天候、全高度和远距离军事打击。从20世纪70年代以来，作战飞机战斗性能的提高，很大程度上依赖于信息系统水平的提升，机载信息设备的水平已成为衡量现代军用飞机先进程度的重要标志。

（3）军事信息系统对海军武器系统的影响

现代海军的武器装备已通过岸基、舰载信息系统连成一体，构成了综合的信息化指挥控制系统。如信息系统把潜艇上的动力系统、导航系统、通信系统、指挥控制系统、武器系统、探测预警系统、遥感器、传感器系统以及空中、海上、地面的交通管制系统连成了整体，形成战略或战役战术的进攻和防御力量。又如，把舰载目标探测器、通信设备、导航设备、火控设备和电子对抗设备等连成一体，组成舰载指挥控制系统，可以极大地提高水面舰艇的作战能力。

（4）军事信息系统对防空武器系统的影响

防空武器系统是根据空中威胁情况的变化、科学技术的发展和信息系统的日趋完善而逐步发展起来的。第二次世界大战后，空中的主要威胁是携带核弹头的亚音速飞机，相应的防空武器系统是由雷达预警网、截击机和高射炮组成的人工控制系统。20 世纪 50 年代末，出现了超音速喷气式飞机和弹道导弹，反应速度缓慢的人工控制防空系统已不能适应要求。20 世纪 70 年代初，许多发达国家的军队都利用计算机、通信和控制技术，先后建立了由雷达预警网、超音速截击机、防空导弹、高炮和计算机组成的半自动化防空武器系统和反导系统。20 世纪 80 年代后，军事信息系统的建立并投入使用，为了对付速度日益加快的空中目标，防空系统各个环节在采用了高速数据链路的基础上，还把预警雷达站、预警飞机、防空指挥控制中心、地空导弹、截击机、高炮等组成自动化武器控制系统，使从目标捕获、数据录入、敌我识别、拦截计算、拦截武器的选择、引导和控制，至摧毁目标和引导返航等整个过程实现高度自动化。同时，为了改善对低空目标的探测能力，增强防空武器系统的生存能力，提高系统的反应速度和引导精度，自动化系统中普遍装备了高性能的预警机，采用了新型地面雷达预警网，并进一步引进先进的数字信号处理技术和可见光、红外、声学、被动射频探测装置等综合手段，进一步提高雷达的预警能力和防空武器系统的防空效能。

（5）军事信息系统对战略导弹武器系统的影响

战略导弹武器系统包括陆基战略导弹、潜艇和战略轰炸机携带的（潜地、空地）战略导弹、核导弹、反弹道导弹以及战略导弹发射指挥控制中心等。发射指挥控制中心是控制和管理战略导弹武器，使之发挥巨大杀伤力的神经中枢，是对战略导弹及航天器发射实施指挥、监控和管理的机构。系统把各个作战要素，如发射控制室、指挥控制室、安全控制室、信息处理中心和设备保障室等，连接成为一个有机的整体。也就是说，没有现代化的军事信息系统，就无法构成现代化的战略导弹武器系统。

（6）军事信息系统对太空武器系统的影响

太空武器系统和宇航员队伍离不开航天信息系统的支持。没有航天信息系统，太空武器就不可能进入太空，宇航员也不可能进行太空活动。为了适应日益发展的太空军事活动和太空武器系统的需要，美国国防部于 1982 年、1983 年和 1985 年先后成立了空军、海军航天司令部和美国航天司令部（即联合军事航天司令部）。美国航天司令部统一指挥和控制弹道导弹预警系统、太空检测系统、军事航天飞机、军事航天站和军事通信、导航、侦察、气象、测地卫星等航天武器系统的活动，还要负责反弹道导弹、反卫星系统和卫星防御系统的指挥、控制与协调。

（7）军事信息系统对士兵武器系统的影响

士兵是军队中直接使用武器装备执行战斗（或保障）任务的人员，他们是军队的基础。士兵的数量和质量是关系军队战斗力强弱、影响战争胜负的最直接因素。目前，西方国家正在使战术 C^3I 系统一直向下延伸，为单个士兵研制成套的 C^3I 设备。例如，美军提出的"增强型综合士兵系统"计划，集夜视技术、微电子技术、激光技术、计算机技术、变色技术、信息技术、生物工程技术、缓冲技术等许多尖端技术于一身，形成一个微型 C^3I 系统。它为士兵提供通信、定位、数据和地图存储、敌我识别、告警和火力控制等多种功能。这种 C^3I 终端可随前线士兵渗入到作战过程的各个环节，成为其克敌制胜的重要装备。

3. 对部队编制体制及机关工作方式的影响

信息化战争形态的转变，使部队的指挥方式发生了重要变化。相应军事信息系统的应用，更进一步促进了部队编制体制的调整和机关工作方式的改变。

（1）指挥机关的人员构成将发生改变

随着军事信息系统在部队和指挥机关的进一步应用，指挥机关除了要有辅助首长决策的参谋人员外，还需有计算机方面的有关专家和维护、使用各种信息系统装备与软件的技术人员。这种参谋、专家和技术人员相结合的复合型人才，成为信息化战争中部队和指挥机关的急需军事人才。

（2）将产生相应的军事指挥机构和专业部（分）队

随着军事信息系统建设规模的不断扩大和普及运用，其在战争中的地位和作用也显得越来越重要。世界各国军队为了适应这一新的情况，近年来相继建立了军队指挥自动化管理机构与指挥机构，以及指挥自动化操作、使用与维护部（分）队。美国等西方国家也正在加快数字化战场和数字化部队、网络化部队的建设步伐，并相继成立网络司令部建设网络空间作战部队，以应对未来的大规模网络作战。

（3）指挥机关要改变一些原有的工作方式

军事信息系统的广泛应用，给军队指挥与控制带来了新的影响，也提出了新的要求。各级指挥机关必须改变原来的一些不适应现代化指挥控制手段的机关工作方式，简化指挥控制流程，调整指挥编组与结构。

4. 对指挥人员的素质将提出更高的要求

军事信息系统是利用现代化信息技术，对相关的军事信息进行收集、处理、分发和使用，为军事目标服务的信息系统。正确运用军事信息系统，使其在作战过程中充分发挥效能，需要指挥人员具有较高的专业素养。

（1）指挥员的知识结构需要从经验型变为知识型

现代战争要求指挥员必须熟悉作战指挥业务，懂得各类现代化兵器的战术技术性能和操作方法，懂得现代科学技术知识和信息论、系统论、控制论等基础理论；同时还必须熟悉并掌握所管辖业务范围内的信息化装备的运用与操作。一个缺乏现代科技知识、不熟悉信息装备、不会编制或修改各种作战软件程序的参谋人员，将不能胜任现代指挥员的工作。

（2）指挥员的思维方式应由定性型向定性定量综合型发展

随着军事信息系统运用水平的不断提高，完备的信息收集手段、先进的计算工具和方法，为作战指挥的定量分析创造了条件，而现代战争的剧烈性和复杂性又要求指挥员必须学会和熟练掌握定量分析的方法，通过定性和定量相结合的方法，分析战场态势，做出最佳决策。

（3）指挥员需要改变传统的工作习惯

军事信息系统的普遍应用，要求各级指挥人员掌握新的技术和操作技能，从以往手工作业的习惯中解脱出来，以适应新的指挥控制手段和新的编组要求。这不仅要求指挥员学习掌握新的工作方法，更重要的是他们还必须转变思想观念和工作作风，积极参与军事信息系统的设计、建设、使用和管理，成为军队信息化的自觉参与者。

总之，军事信息系统是现代科学技术广泛用于军事领域的必然结果。建设军事信息系统、实现指挥控制的现代化，是军队信息化建设的重要工作。顺应这一历史发展的必然趋势，未来军人的观念和素质，都必须有极大的更新和提高，才能适用信息化战争的需要，在未来的战争中取得胜利。

1.4.2 地位和作用

随着社会生产力的提高，科学技术的进步，军队武器、装备的迅速发展与更新，需要作战方法和指挥方式发生相应的变革。军事信息系统的出现，绝不是历史偶然或个人意志使然，而是客观事物的发展规律。前苏联军队把以军事信息系统为基础的军队指挥自动化视为第二次世界大战以来，继核武器和导弹武器之后的第三次革命；美国国防部的许多官员则认为"有没有一种高超的指挥控制本领，同有没有武装部队同等重要。"胡锦涛主席提出"基于信息系统的体系作战能力成为战斗力生成的基本形态，要把信息化建设的着眼点放在提高基于信息系统的体系作战能力上。"习近平主席也提出"运用诸军兵种一体化作战力量，实施信息主导、精打要害、联合制胜的体系作战。"综合各种情况，可以看出，对军事信息系统的建设，世界各国都极为重视。在军事信息系统中，利用人类的智慧和现代化技术的特长，可以大大提高指挥效率，更好地适应现代战争的需要。军事信息系统的作用具体表现在以下四个方面。

军事信息系统是国防力量的重要组成部分。任何一种在战场上起重大作用的武器或技术问世时，都会产生某种威慑效果。在现代战场上，军事力量各要素之间的紧密协调和各种武器系统威力的发挥，越来越明显地表现出对信息的依赖，信息优势已成为决定战争进程与结局的重要因素。因此，掌握信息优势的能力是当今世界军事领域正在强化的一种潜在的威慑力量，而建立高效的军事信息系统，则是掌握信息优势的关键。在各种军事信息系统的基础上，通过多种信息化手段，可以有效地指挥和控制己方的作战兵力，准确掌握敌方的作战行动，发挥各种武器系统的威力，并通过电子对抗使敌方无法了解己方的情况，通过掌握制信息权，达到"不战而屈人之兵"的目的。美国前国防部长温伯格曾经指出："美国威慑遏制核攻击领先的是：可靠的预警能力；强大而能保存下来的核力量；能保存下来并能充分发挥作用的指挥、控制、通信和情报支持等系统。"美军早已将 C^3I 系统作为其战略威慑力量的一个重要组成部分。

军事信息系统是军队战斗力的"倍增器"。在现代战场上，单一武器的作战效能正逐渐弱化，体系与体系的对抗已成为高技术战争的重要特点。武器系统特别是高技术武器系统，只有通过军事信息系统才能构成一个有机的整体，充分发挥其作战效能。军事信息系统的这种"聚合"作用，可以使各类武器系统形成配合密切、运转灵活的整体打击力量，从而充分发挥各种武器系统的最大效能。军事信息系统对作战兵力兵器的快速、合理分配，可以最大限度地减少作战消耗，使作战行动更加直接有效，使作战能力得到"倍增"。

军事信息系统是作战指挥的必备手段。早在 20 世纪 70 年代，邓小平就指出："现在当个连长，不是拿驳壳枪喊个冲就行了，给你配几辆坦克，配个炮兵连，还要进行对空联络、通信联络，你怎么指挥？一个连长是这样，更不用说营、团、师、军了。"进而要求我军："要逐步实现指挥系统的现代化"。在高技术战争中，参战军种增多，武器装备复杂，作战空间扩大，节奏加快，信息量剧增，战场情况瞬息万变，依靠传统手段已无法实施有效的指挥。军事信息系统作为一种先进的指挥手段，既能充分发掘技术潜力，在实战中体现现代科技的巨大优越性；又可以有效地发挥指挥员的聪明才智和创造性，在瞬息万变的战场情况下，有效地提高指挥与控制效能。可以说在现代战争中，指挥员若离开先进的军事信息系统，要想取得战争的胜利是不可能的。

军事信息系统是未来国际上军事对抗的重要领域。未来高技术条件下的局部战争，将是系统对系统、体系对体系的对抗。特别是在信息战的背景下，围绕军事信息基础的军事信息系统的对抗将异常激烈。首先，军事信息系统将成为最先被打击对象。在海湾战争中，多国部队在38天的空袭中，摧毁伊拉克军队的飞机、坦克、火炮等武器装备的数量未超过20%，而摧毁的指挥系统、通信与雷达系统则达80%～90%。美军认为，摧毁对方指挥系统或压制其指挥效能，使其不能做出及时、准确的反应，是夺取作战胜利的重要保证。其次，军事信息系统用得好是战斗力的"倍增器"，用不好则会成为"战斗力的倍减器"或"兵力破碎机"，会造成严重后果。海湾战争中由于伊军 C^3I 系统遭到严重破坏，使伊军指挥瘫痪，绝大多数防空武器失去了战斗力，同时也使号称实力居世界第六位的伊空军失去战斗力，成为伊军战败的关键因素之一。在伊军750余架战斗机中，324架被摧毁、被缴获或飞到国外，其余300多架因防空 C^3I 系统被破坏而无法投入作战。数千枚地空导弹在没有制导的情况下发射，结果只击落一架"多国部队"的飞机。防空军7500多门高炮失去了雷达引导，只能盲目射击。伊军副参谋长萨夫万在停火后三天仍不了解停火线的位置，不知伊军有多少人被歼和被俘。

正确认识军事信息系统的地位与作用，还在于正确认识人与军事信息系统的关系。

① 军事信息系统可以大大提高指挥效能。在军事信息系统中，计算机和先进的通信网络及侦察设备的大量使用，使情报信息的获取、传送和处理高度自动化，文电处理和判断决策方法更加科学迅速。指挥自动化作为一种先进的指挥手段，既能充分发掘技术潜力，体现现代科技的巨大优越性，又能有效地发挥技术人员的聪明才智和创造性，在战场情况捉摸不定、未知因素大量存在、决策精度要求很高的情况下，使指挥系统摆脱繁杂的非创造性工作的缠绕，高效利用各类情报和数据资料，显著提高作战指挥效能。

② 不能忽视人在指挥中的作用。应清醒地看到，军事信息系统的运用及其功能的发挥，不仅离不开人，而且必须在人的干预和控制下才能实现。从人机工程的角度看，整个 C^3I 系统需要靠人来主导。无论军事信息系统的自动化程度多高，人在指挥活动中始终占据主导的地位。指挥自动化的目的不是用机器来代替人，而是要使人从烦琐和重复性的劳动中解脱出来，集中精力从事作战谋划和指挥作战。只有把军事信息系统与人的无限创造力合理地结合起来，才能发挥出最大的作战指挥效能。在复杂的战争进程中，虽然各种作战方案的产生和优化计算可以借助计算机来完成，但对那些随时可能出现的意想不到的情况，只有靠指挥员随机应变、迅速果断地处置。指挥员的作战决心是指挥员创造性劳动的成果，是任何指挥自动化设备所不能代替的，最终的方案和决心仍须指挥员依靠经验和智能来决策。从这个意义上讲，军事信息系统的出现不仅没有降低人的作用，反而对作战指挥人员提出了更高的要求。在现代战争中，能取得战争最大胜利的，必将是善于运用军事信息系统的指挥人员。

第 2 章 军事信息系统的结构组成

在信息化战争中,军事信息系统已经成为重要的军事基础设施,在部队作战和武器装备效能发挥方面产生着深远的影响,甚至能够左右战争的胜负。军事信息系统也逐渐成为军队作战指挥中的重要装备,军事信息系统水平的高低,已经成为了衡量国家军事实力和军队整体作战能力的重要标志。在相关的应用领域中,军事信息系统的军事需求,决定了军事信息系统所具有的功能和性能,进而决定了系统的结构及组成。

2.1 军事信息系统的功能及性能

由于军事信息系统应用领域的不同,因此各种系统具有不同的功能。根据系统军事需求的不同,系统具有不同的性能指标要求。

2.1.1 系统功能

军事信息系统的多样性,决定了不同的系统具有不同的功能,抽取其共性,通常军事信息系统具有信息获取、信息处理、信息传输、信息存储、辅助决策、文电处理、安全保密以及系统对抗等功能。

信息获取功能。军事信息系统通过多种信息采集和接收设备从外界获取信息。信息获取可以通过信息采集和信息接收两种方式获得。信息采集是一种主动的信息获取方式,借助雷达、光电侦察、信号情报以及声呐等多种情报侦察装备,通过技术侦察、人员侦察、平时收集等多种形式获取信息。信息接收是一种被动的信息获取方式,常常通过相关部门以及上下级通报的形式获得信息。军事信息系统获取的信息需要进行识别、分类、存储、格式转换、时空转换等一系列处理,以便于信息的进一步处理。获取的信息种类包括敌情、我情、友情、气象、水文、地理等。

信息处理功能。根据军事信息系统的目标和需求,系统按一定规则和程序对信息进行加工处理。信息处理主要是通过相关数据的计算、统计、检索、汇总、排序、优化等操作,实现数据综合/融合、数据挖掘、威胁评估等的分析和处理。信息处理功能有助于定量地认识作战规律并指导作战活动,帮助指挥员及时、准确地把握作战力量的各种限制条件。信息化战争中,为了实现指挥员的决策,需要对各种情报和信息进行综合处理,以便于制订作战计划。信息化武器的速度快、威力大,更加要求信息的快速有效处理,从而合理选择和分配现有资源对目标进行打击。

信息传输功能。军事信息系统分布在部队的各个部门和各个作战单元,信息系统的子系统之间、信息系统外部与信息系统之间存在广泛的联系,要实现信息处理就需要信息的有效传输。通常军事信息系统的信息传输借助于多种军事通信系统和通信手段实现,包括军用电台、战术互联网、国防光缆、数据链、最低限度通信系统、军用卫星等。

信息存储功能。军事信息系统要保存大量的历史信息、处理的中间结果和最后结果，还要保存大量的外部信息。因此，信息系统需要提供信息存储功能。通过对各种数据、信息或知识的保存、编制和维护，便于信息的共享和检索。通常，军事信息系统的存储设施包括大容量数据存储、数据快速检索、数据可靠性保障和数据一致性维护等功能，满足呈现指数级增长的信息对高效存储和检索的需要，可有效提高整个战场上各个作战单元之间的信息共享和利用能力。

辅助决策功能。辅助决策功能就是在信息处理的基础上，形成对获取信息的规律性和有序性的认识，形成对相关军事目标的知识性感知，协助指挥人员分析判断情况、下定作战决心、制定作战计划、确定兵力和武器部署。辅助决策以人工智能、逻辑推理、综合归纳、数据挖掘、信息融合等信息处理技术为工具，基于多种决策模型、专家系统以及多种数据库，通过计算、推理等手段辅助指挥人员做出正确的决策。决策是一个创造性的思维过程。过去不少指挥员依靠经验、直觉和高超的指挥艺术，创造了无数光辉战绩。但是，信息化战争中，获取信息的手段越来越多，技术也越来越先进，指挥人员往往面对越来越多的海量信息。在这种情况下，单纯依靠直觉经验和直觉判断很难再做出正确的决策。因此，指挥员需借助军事信息系统强大的信息处理能力，提供辅助决策功能。将指挥员的聪明才智和创造性与军事信息系统结合起来，将静态的历史经验与动态的系统分析和测算结合起来，才能做出最佳的决策，避免决策失误。

文电处理功能。实际上文电处理功能是军事信息系统信息处理功能的一部分，但是军事信息系统与其他类型的信息系统不同，需要始终维持系统上传下达的直通和有效，并且能够与其他作战单元进行实时协同。因此，军事信息系统更加强调文电处理功能，需要具有各种密级军用电报、文件的处理能力。通常要求系统能方便地用终端或工作台起草、编辑、发送、注释和审批各类文电，对进出系统的各种文电进行格式化处理、自动分类、分发和存档，能够根据规定和要求检索文电，自动进行相关文电的加密与解密处理等。军事信息系统中所处理的文电主要是上级指示、命令、通知和通报等，对所属部队的指示、命令、通知和通报，与友邻部队之间的协同文电，以及下级的请示报告等。

安全保密功能。军事信息系统在整个系统运行过程中，需要采取必备的措施，确保其工作方式、性能参数和用户信息不被非法窃取，系统的安全保密通常涉及系统的物理安全、信息安全、系统防护、存取控制和安全管理等多个方面。

系统对抗功能。作战过程中，需要利用各种手段攻击和破坏敌方的军事信息系统，使其陷入瘫痪或难以发挥作用，同时利用各种方法保护己方的军事信息系统正常工作。系统对抗通常包括硬杀伤和软杀伤两类。硬杀伤主要是指敌对双方利用硬杀伤手段，包括使用直接摧毁或高能辐射攻击武器，对军事信息系统进行攻击；同时利用隐蔽、机动和防护等方法保护己方的系统。软杀伤主要是指敌对双方运用干扰、窃取、篡改或删除等软杀伤手段，攻击敌方的军事信息系统，使其软件系统瘫痪、数据损坏、运行效能降低；同时利用保密、欺骗和防护等手段保护己方军事信息系统的正常运行。作战过程中，系统对抗具有破坏效果显著、作用时间持久、作用范围广泛和攻击隐蔽性强等特点。

2.1.2　系统性能指标

军事信息系统的性能指标与系统的军事需求有关，同时系统的性能指标往往也会决定系统的体系结构及其组成。军事信息系统的性能指标有很多，甚至相同的系统在不同的应用领域也会有不同的指标，常用的系统性能指标包括：

① 作用范围：通常用系统的信息获取装备在某个地域、空域或海域的作用半径表示。

② 探测能力：通常指对系统作用范围内的目标，及时、连续地获取信息的能力及其置信水平的描述，常用"%"表示。

③ 系统容量：通常用系统同时作用对象的种类、数量的大小表示。

④ 实时处理能力：通常以接收处理的实时目标密度、数量，综合/融合后的数量以及计算、查阅、显示等时延的大小表示。

⑤ 任务成功率：通常指系统执行任务的成功概率，如情报的正确率、对飞机/军舰引导的成功率、弹射的命中率等。

⑥ 指挥周期：通常指从接受作战任务开始，经敌情分析、拟制方案、模拟推演、做出决策、制订计划等过程，最终将作战命令下达到所属作战部队的时间，可以用具有一定概率的时间参数表示。

⑦ 辅助决策能力：主要包括辅助决策方案的生成、推理、演进、评估能力，参谋业务计算能力等，通常以类型、数量、适用性、效率等指标衡量。

⑧ 系统工作能力：主要包括系统的可靠性、安全性、可维护性、保障性等指标，通常以系统有效度、系统安全等级、平均维修时间、环境条件等表示。

⑨ 系统生存能力：主要包括系统抗毁性、机动能力、可重组能力等。

⑩ 系统互操作能力：主要指系统之间相互提供各类服务的能力，通常以互操作等级表示。

2.2 军事信息系统结构及组成

军事信息系统结构是指信息系统中各部分的组成、相互作用和相互依赖的关系，它与系统的功能和军事性能需求有关。信息系统的复杂性决定了军事信息系统结构也具有多重性和多面性。因此，从不同的角度，军事信息系统呈现出不同的结构特征。从系统用户、应用层次、系统功能、装备组成等多个视角，可以对系统的总体结构和系统组成进行多种不同的描述。在此，我们主要从系统的功能层次和系统的装备组成两个方面介绍军事信息系统的结构及组成。

2.2.1 功能结构

从军事信息系统所具有的功能角度看，军事信息系统有多个部分组成，通过各部分之间的相互联系实现信息的获取、处理及分发。军事信息系统的基本构成包括输入、处理、输出、反馈和控制五个部分，如图 2.1 所示。

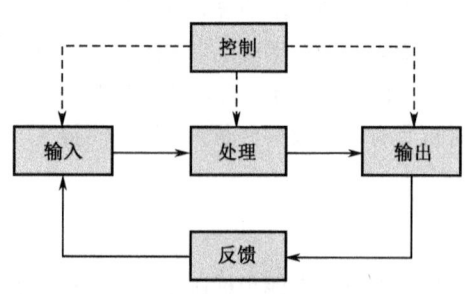

图 2.1 军事信息系统的基本构成

系统输入主要是指原始数据的收集和获取。输入方式有多种，可以是人工输入，也可以是自动化获取。不同的军事信息系统输入方式和输入数据也不同，例如，预警探测系统主要是收集战场环境中多种军事目标的信息，包括雷达信息、电子情报信息、情报部门信息等；指挥控制系统主要是收集战场感知信息、上下级部门情报及友邻部队的协同信息等。

信息处理是把输入的原始数据和信息转换成为系统需要的有用信息，主要对数据和信息实施加工、变换、传输和存储等处理。不同的军事信息系统对数据和信息的处理也不同，例如，雷达系统主要是将获取的目标回波信号转换成为目标的距离、方位以及属性特征等目标信息；导弹上的信息系统主要是将导弹的飞行状态信息、攻击目标信息等转换成为导弹的控制信息，控制导弹按照既定的路线飞行，并对目标实施打击；指挥控制系统主要是将战场感知信息和作战目标信息转换成为部队和武器的控制信息，以利于做出最佳的作战决策，从而获取最好的作战效果。

系统输出主要是将生成的有用信息，根据输出环境要求采用合适的方式输出。常用的输出方式包括文字、图表、声音、视频甚至是多种控制信号形式等。输出设备包括打印机、显示器、存储设备、网络终端等，一个系统的输出也可以被用做另一个系统或设备的输入。

系统反馈是系统将特定状态或结果信息返回至输入端。使系统根据输出满足要求的程度，调整系统的输入或内部处理方式以获得满足要求输出的过程。系统反馈并不是每个军事信息系统都必须具备的组成部分，如果能够准确地预测系统输出满足要求的程度，可以直接调整系统的输入，获得需要的输出。但是对系统输出的准确预测往往很难实现，因此，大多数系统都是通过系统的反馈机制实现系统的有效控制的。例如，雷达系统可以根据获取目标信息的精度及时地调整发射功率、波束大小、扫描方法和扫描速度等参数，以便更精确地获得目标信息；指挥控制系统也可以根据决策过程的要求，及时地调整侦察监视部门输入的情报信息，以便于做出最佳的决策。

系统控制是系统对各个组成部分的控制活动，使系统的各个组成部分能够正常工作，按照系统的既定目标运行和发展。系统的控制活动包括系统参数和运行状态的监测、控制指令的产生和传输、运行状态的控制等。

2.2.2 系统组成

任何一个军事信息系统，都是由硬件设备、系统软件和人员等实体，按一定形式、规则、标准和协议等连接成的一个有机整体。

1. 硬件设备

硬件设备主要是指构成军事信息系统的物理装备和设施。在所有的硬件设备中，计算机是军事信息系统的核心处理设备，对输入的各种格式化信息进行综合、分类、存储、更新、检索、复制和计算等，并能够根据军事信息系统的需求协助指挥员做出决策，拟定作战方案，对各种方案进行模拟、比较、选优。除了计算机以外，军事信息系统通常还包括通信设备、探测设备和显示设备等。

通信设备是军事信息系统运行过程中，联络各指挥中心及各种探测器、终端设备的桥梁和纽带，是军事信息系统的重要硬件设备。通信设备主要包括：交换设备，如电话、电报和数据交换机等；传输设备及传输线路，如各类无线电台、载波机、接力机、通信卫星、电缆、光缆等线路；通信终端设备，如电话机、电报机、传真机、图形显示器、无线电台、网络终端设备等。

探测器包括用来收集情报的遥感、传感器材。由它们组成地面、水面、水下、空中、太空的监视网，全方位、多层次地收集信息，生成实时情报和信息。探测器主要包括遥感设备和传感器两类。遥感设备通过远距离探测获取目标信息，遥感探测器与目标距离较远，只是接收目标发射或反射的某种能量和信息（如电磁波、声波），并把它转换成人们容易识别和分析的图像和信号，从而获取目标信息。传感器则利用一些敏感元件距目标位置较近，或与目标直接接触，依靠感受声、光、温、电、振动、压力、速度等信息，获取目标特性信息。

显示设备是人机交互和信息输出的重要手段，主要包括显示器和大屏幕显示设备。显示屏幕面积大于 1～4m² 的显示设备统称为大屏幕显示设备，一般包括投影型显示设备或平面显示设备。军用指挥所屏幕显示设备能为各类指挥决策者、指挥控制人员和作战会议室提供各类综合性战场态势信息显示，如文字、图表、图像等目标参数信息和相关地理环境等信息。一些大型指挥中心一般采用显示屏尺寸为 3m×4m 的多台大屏幕显示设备，分别显示不同区域或不同层面的战场态势、文字等战场信息。

2．系统软件

军事信息系统除信息收集、信息传输、信息处理与显示等设备之外，还必须配置大量的软件。军事信息系统的软件主要包括系统软件和应用软件两大部分。系统软件主要保障系统的正常运转、操作和管理，包括操作系统、数据库管理系统、语言编译程序、设备控制程序、检查诊断程序等；应用软件与军事信息系统的功能和性能需求有关，主要包括自动化情报分析、处理、检索软件、图形处理软件、通信软件、辅助决策专家系统、机关业务处理软件、军用加密软件、有关标准规范，还包括军训、装备、动员和后勤等专用业务处理软件等。

3．各类人员

军事信息系统运行过程中，各类人员是信息系统的主导因素。一方面需要各类操作人员维护系统的运行；另一方面军事信息系统的目的主要是，为作战人员和指挥人员提供需要的信息服务。军事信息系统的人员包括技术保障人员、操作人员以及相关的作战人员和指挥人员。技术保障人员主要是保障系统正常、高效地运转的人员，包括系统分析、程序编制和设备维护人员等，他们不参与信息处理过程，但与系统的运转、效率和适用范围有关。操作人员直接操作设备和软件，直接参与到信息处理的各个环节，是军事信息系统发挥作用必不可少的重要因素，包括各类设备操作人员和信息分析人员等。作战人员和指挥人员是信息的使用者，也是军事信息系统的服务对象，军事信息系统的功能和性能与他们的信息需求密切相关。

2.3 军事信息系统的体系结构技术

体系结构一词在英语中用 Architecture 表示，原意是"建筑学"，引申为"结构、组织"。体系结构的本义是指系统的顶层设计、基本构架。例如，楼房的体系结构，就决定着房屋的整个框架和基本组成，包括房子有几层，各层有多少个房间，各个房间怎样连接，门是怎样开的，等等。

如同建筑设计一样，美军在进行 C⁴ISR 等军事信息系统的建设时，会首先设计出系统的体系结构，并根据体系结构确定相应的建设计划，指导系统的研制和建设。随着信息技术的广泛应用，美军已将体系结构技术的适用范围从 C⁴ISR 领域扩展到国防部的各个任务领域，将其作为构建一体化武器装备体系、实现军事转型的重要技术手段。例如，不断完善体系结构的开发规范，大力推进体系结构的开发进程，加快研制体系结构的开发工具，积极探索提高体系结构开发效率和质量的方法与手段。综合起来，体系结构技术已经成为验证和评估新的军事信息系统，进行军事能力分析、制定投资决策、分析系统互操作性、拟制作战规划的重要手段和依据。

2.3.1 体系结构的概念和特点

体系结构一词在英语中最早用于建筑业，后来人们将体系结构的思想广泛应用到计算机硬件、系统工程等领域，提出了计算机体系结构、系统体系结构等概念。目前，在信息系统领域还没有一个能被学者们普遍接受的（系统）体系结构的定义。下面介绍几个由权威学者、组织提出的具有代表性的定义。

- 现代汉语词典中将体系结构定义为：若干有关事物或概念互相联系而构成的一个整体称为体系，整体中各个组成部分的搭配和排列称为结构，体系结构研究整体的内涵、外延、层次和关系。
- 扎克曼（J. A. Zachman）最早提出了信息系统体系结构的描述框架，他将体系结构定义为：与描述系统有关的一系列描述性表示，可用来开发满足需求的系统，作为系统维护的依据。
- 国际系统工程理事会（INCOSE）对系统体系结构的定义是：用系统元素、接口、过程、约束和行为定义的基本的和统一的系统结构。
- IEEE 标准 P1471—2000 中将软件密集系统的体系结构定义为：通过系统部件、部件之间的相互关系、与环境的关系以及指导系统设计和演化的原则体现出来的一个系统的基本构成。
- 美军 C^4ISR 体系结构框架中将体系结构定义为：系统各部件的结构、它们之间的关系，以及制约它们设计和随时间演化的原则与指南。

上述定义涵盖了系统部件、部件之间的交互关系、约束、行为，以及系统的设计、演化原则等方面的内容。尽管这些定义各不相同，但核心内容都是系统的基本结构。体系结构定义中的部件不仅包括软件、硬件等物理部件，还应包括数据、活动、人员等逻辑部件；部件之间的关系包括层次、布局、边界、接口关系等；体系结构所研究的系统结构通常在较高的抽象层次上，而不仅指系统的物理结构。

系统体系结构与静态的系统结构不同，前者主要有如下特点。

（1）体系结构是对复杂系统的一种抽象

研究体系结构的根本原因在于系统复杂性的不断提高，从而增加了人们理解系统的难度。体系结构通过在高层次上定义系统的组成结构及其交互关系，隐藏系统部件的局部细节信息，提供了一种理解、管理复杂系统的机制。这种高层次的系统抽象使得对系统的表述变得简单，具有很强的传递信息的能力。系统的用户、设计者、实现者和维护者等都可以把它作为理解系统的基础，就有关问题互相交流、沟通，从而容易形成统一认识。

（2）体系结构是系统设计意图及其最终用途的体现

信息系统的设计意图与后面的详细设计、实现、维护阶段的工作相比，要重要得多，对系统生命周期的影响范围最大，是整个系统开发成败的关键，决定了信息系统的最终用途。对于系统开发人员来说，体系结构给予系统一种实现的约束，在实现系统时必须以体系结构所体现的结构性设计决策为依据，开发规定的系统部件，并以规定的方式实现部件之间的交互。对于系统的最终用户来说，体系结构在很大程度上决定了系统能否达到其要求的功能、性能、可靠性、互操作性、可移植性、可复用性、可维护性等质量特性。体系结构中的设计决策，如部件的层次、功能的划分等，会影响系统的某些质量特性，对这些质量特性的权衡都将在体系结构中得到体现。

（3）体系结构在一定的时间内保持稳定

通常，任何系统都会随着用户需求的变化和技术的进步而不断地更新、升级和演化，这对军事信息系统来说是普遍存在的现象。系统体系结构随着时间的推移也会发生变化，但是这种变化比所实现的系统变化要缓慢得多。系统可能发生的变动可以分为三种类型：局部单部件级、非局部多部件级和体系结构级。前两种变动只是涉及部件的更新和升级，但不影响到基础体系结构；体系结构级是指影响各部件的相互关系，甚至要改动整个系统。一个设计良好的信息系统体系结构，可以在相当长的时间内保证系统可能发生的变动是局部还是非局部部件级变动。

（4）体系结构是系统可重用的关键

理想情况下，体系结构描述的各个组成部分都被独立地定义，因此可在不同的场合中得到重用。体系结构重用有两种：一种是体系结构级重用，即同一体系结构可被应用于有类似需求的其他系统，开发出多种不同的系统；另一种是部件级重用，即体系结构设计者利用体系结构，抽象经过实践证明有效的体系结构部件进行重用。通过重用可以节约研制时间和经费，提高设计的效率和可靠性。

2.3.2 体系结构的发展历程

在军事信息系统的发展过程中，体系结构的含义也在不断发展。由于美军 C^4ISR 系统体系结构框架中的体系结构概念在军事信息系统领域得到了广泛认可，大多数军事相关领域均采用了美军的体系结构定义。在此，以美军的体系结构为例分析体系结构的发展历程。

美国国防部在各军种 C^4ISR 体系结构实践的基础上，研究推出了国防部体系结构的系列技术和方法，采用结构化方法和面向对象方法，规范了国防部各个任务领域的系统综合集成工作。美国国防部先后发布了多个应用领域的体系结构框架版本，具有里程碑作用的包括：

① 1996 年 6 月发布的《C^4ISR 体系结构框架》V1.0，替代原有的信息管理技术体系结构，采用作战视图、系统视图和技术视图三视图结构，分别从作战需求和应用、系统设计以及技术三个视角描述 C^4ISR 系统体系结构。

② 1997 年 12 月发布《C^4ISR 体系结构框架》V2.0，进一步完善了体系结构相关规范和技术，在三视图的基础上定义了 26 种产品，其中包括 7 种基本产品和 19 种支持产品，给出了体系结构产品非规范化的描述，对描述内容没有详细的定义和解释。

③ 1998 年 2 月，负责采办和技术的国防部副部长（USD A&T）、负责 C^3I 的助理国防部长（ASD/C^3I）和联合参谋部 C^4 系统处处长（JS/J6）共同签署的题为《国防部体系结构框架的战略方向》的备忘录，要求"所有正在建设的或计划中的 C^4ISR 系统或相关系统的体系结构都将根据 2.0 版本开发"。

④ 2000 年 3 月，发布的备忘录扩大使用范围，将 C^4ISR 系统体系结构框架的适用范围扩大到整个 DoD 领域，使其不仅仅局限于 C^4ISR 领域，还能够应用于国防部的所有军事信息系统建设。

⑤ 2003 年 8 月发布《国防部体系结构框架》（DoD Architecture Framework，DoDAF）V1.0，重新调整、组织了《C^4ISR 体系结构框架》V2.0，更加强调体系结构数据。在体系结构产品上，DoDAF V1.0 放弃了基本产品和支持产品的概念，按照以数据为中心的方式描述体系结构，设计中强调数据，而不仅仅是产品。采用体系结构数据仓库（DARS）存储体系结构数据，保证了体系结构描述的一致性，便于各种体系结构描述之间的集成。

⑥ 2007 年 4 月发布 DoDAF V1.5，该规范是 DoDAF V1.0 的过渡版本，更加强调以体系结构数据为中心的开发和体系结构数据的管理，加强体系结构内部数据元素的一致性和各部门开发体系结构之间的集成性，增加了以网络为中心的相关体系结构描述。同时为了反映网络化作战（Network Centric Operation）概念和作战过程，首次引入了面向服务的思想，在体系结构框架中加

入服务元素，将原有的系统视图转变为系统和服务视图，并对原有的系统视图产品进行了扩展。

⑦ 2009 年 5 月发布 DoDAF V2.0，在 DoDAF V1.5 的基础上，将体系结构的视图进行补充和重新划分，扩展了体系结构视图种类和产品数量，深化了以产品为中心向以数据为中心的转变，扩展了网络为中心的体系结构内容，支持国防部的网络中心战略，提供了以服务为中心（Service-Oriented）的解决方案，能够进一步满足未来网络中心环境中的决策需求。

美军的体系结构框架广泛应用于美国国防部各个领域的军事信息系统开发，包括 C^4ISR、后勤、医疗和情报系统等。同时，美军的体系结构框架也被美国联邦部门、国际组织、其他国家和地区的军队用来作为开发体系结构框架的参考蓝本，例如英国国防部体系结构框架 MODAF V1.0、澳大利亚国防体系结构框架 DAF、挪威陆军体系结构框架 MACCIS 等。

在美军体系结构框架的指导下，美国国防部于 2000 年成功开发全球信息网格（GIG）体系结构。GIG 体系结构是完全按照美军体系结构框架进行开发的，它实际上是建立在参联会各联合任务域（JMAs）体系结构和国防部各业务功能域（PSAs）体系结构之上的一种集成体系结构，可用来指导 GIG 的研制、维护和使用。

在各种军事信息系统的建设过程中，美军采取了一系列加快体系结构应用进程、推进系统综合集成的措施，包括：加强体系结构顶层设计和信息基础设施开发，加强观念转变和组织结构调整，加强信息技术体制研究和人才培养，为系统综合集成采用科学的理论方法提供了有力的保证。

2.3.3 基于多视图的体系结构建模方法

多视图建模是人们在了解复杂事物时常用的一种方法，基本思想是"分而治之"，将一个复杂问题分解为反映不同领域人员视角的若干相对独立的视图，这些视图一方面反映了各类人员的要求和愿望，另一方面也形成了对体系结构的整体描述。在建筑设计上，建筑学的蓝图可以从主体结构、供水管路和供电管路等三个方面（即三个视图）进行设计，形成主体结构图、供水管路图和供电管路图，通过三种设计视图的结合完整地描绘出建筑的概貌。机械制图也采用了多视图建模方法，空间三维物体向三个不同的正交方向投影，形成空间三维物体的正视图、侧视图和俯视图。三个视图之间通过一定约束和规则，形成对三维物体的全面描述。

军事信息系统为满足信息化作战的需要，系统功能越来越多，规模越来越大，结构也越来越复杂，采用简单的模型很难将系统的组成、结构及相互关系等内容描述清楚。同时，军事信息系统涉及各种复杂的业务领域和技术领域，由于不同领域人员知识结构存在差异，相互之间的交流比较困难，难以形成一个全局的、统一的体系结构描述。

因此，采用多视图建模方法是信息系统体系结构描述的一种科学选择。在信息系统的整个生命周期，系统的用户、设计人员、实现人员、管理人员、维护人员等与系统的建设与使用密切相关，由于他们的职责和考虑问题的角度不同，导致他们关注的内容各有不同。采用多视图的体系结构描述方法，从不同的角度描述信息系统，能够较方便地反映各类人员的需求和意图，易于形成对信息系统整体的描述，也便于从不同的角度理解信息系统，促进各类人员对信息系统达成共识。

为规范和指导多视图体系结构描述的方法和过程，统一相关概念，IEEE 于 1996 年成立了体系结构工作组，在综合已有的体系结构描述实践工作基础上，制定了软件密集系统的体系结构描述标准，即 IEEE 1471—2000 给出了体系结构描述常用概念、术语和模型，并提出了对体系结构描述的基本要求。

体系结构描述视角是各类人员对信息系统关注点的体现，它是对信息系统不同角度的抽象。通过视角建立体系结构视图，表示系统各视角的具体内容，支持各类人员各自关心的问题，将系统集中表现在一个或多个关注点上，并通过分离关注点，降低对系统分析和设计的复杂性。体系结构描述包括一个或多个体系结构视图，每个视图与一个视角相对应。每个视图通常包括：标识符和其他介绍性信息，采用与视角相关的语言、方法和模型表示构建系统，以及构建信息等内容。

模型是系统一些方面的抽象或表示，一个体系结构视图可以包含一个或多个体系结构模型，通常利用图、定义和符号对模型进行描述。在各种体系结构框架中，体系结构产品（Products）对应于体系结构模型。构成体系结构产品的主要属性有：视图类型、系统/对象关联、角色、时间维、相关方法论、相关工具等。

由多个视图形成的体系结构描述是整个系统结构和行为的综合体现，体系结构描述中通常包括：系统的组成，系统的主要功能及功能分配，系统之间的关系和接口，系统的分布与部署，组成、结构、接口关系随时间的演化过程，系统实现的技术限制等。

2.3.4 体系结构框架

体系结构框架是一种规范化描述体系结构的方法，也称为体系结构描述规范。美国国防部体系结构框架是在美军《C^4ISR 体系结构框架》的基础上，不断修改完善的，历经 DoDAF V1.0 和 DoDAF V1.5，最终于 2009 年颁布美国 DoDAF V2.0。这些体系结构框架在美军军事转型期，对各种军事信息系统的建设发挥了重要作用。

1. DoDAF V1.0

2003 年 8 月，美国国防部制定的 DoDAF V1.0 体系结构框架是为应对 21 世纪国际局势，实现从"以威胁为基础"（Threat-Based）转向"以能力为基础"（Capabilities-Based）防务规划的部队转型，发展网络中心作战能力所采取的一项重大举措。通过 DoDAF V1.0 的实施指导国防部各任务领域军事信息系统的开发和建设，对美军武器装备的发展产生了重大影响。

DoDAF V1.0 为国防部信息系统的开发、描述和集成定义了一种通用的方法，以保证信息系统的体系结构描述能在不同的机构，包括多国系统之间，进行比较和关联。该框架为开发和表示信息系统提供了规则、指导和产品描述，保证了在理解、比较和集成信息系统时有一个公共的标准。

DoDAF V1.0 定义了三个相关的体系结构视图，即作战视图（Operational View，OV）、系统视图（System View，SV）、技术标准视图（Technical Standards View，TV）。每个视图的主要描述内容和目标用途如下：

① 作战视图用于描述作战的任务和行动、作战要素、作战组织间的相互关系，以及完成或支援作战任务或行动所需的信息流。作战视图的主要目的是，清楚、完整地描述作战任务对系统的需求，为系统总体设计奠定基础。

② 系统视图表明多个系统如何连接和互操作，并且可以描述在该体系结构中的特定系统的内部结构和运行原理。系统视图把系统的物理资源和它们的性能特征与作战视图及由技术标准视图所定义的标准提出的要求联系起来。系统视图主要关注多个系统的连接与互操作性，当然也可以用于描述单个系统及部件。

③ 技术标准视图是控制系统部件或元素配置、相互作用和相互依存的一组最小的规则集，

提供了系统实现的技术方针、指南和准则。技术标准视图包括技术标准、实现协议、标准选项、规则和准则的一个可选集合，形成了控制一个特定体系结构的系统和系统元素的配置文件，目的在于保证符合这些规则的系统能够满足规定的要求。

三个视图在逻辑上构成一个整体，共同描述一个完整的体系结构。每个视图描述体系结构的某几个特征，一些特征会横跨两个视图，并给集成的体系结构定义视图提供完整性、一致性、连贯性支持。每个视图都由一套通过图形、表格或文本产品来描述的体系结构信息组成。三个视图的相互关系如图 2.2 所示。

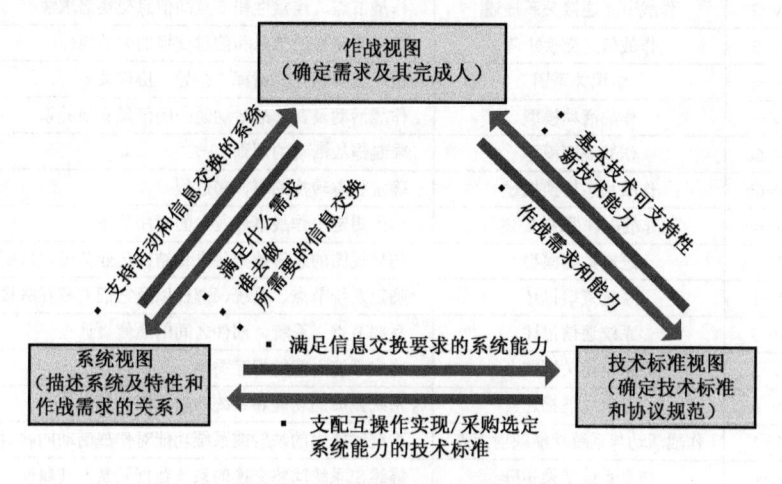

图 2.2 体系结构的三视图框架

作战视图确定了作战参与者之间的关系、信息需求和作战能力需求，提出了必须达到的需求、谁完成这些需求和为完成这些需求而要求的信息交换。系统视图建立了系统功能和性能与作战需求之间的关系，并提出了满足信息交换所要求的特殊能力。技术标准视图描述了标准和规范，提供了基本的技术支撑能力与新的技术能力，同时提出了实现选定系统能力的互操作性技术准则。

此外，在 DoDAF V1.0 中还提供了全视图（All Viewpoint，AV），用于限定要生成体系结构的范围、目的和背景，说明其采用的工具和格式，并给出了体系结构分析结论和综合词典。全视图是仅包含体系结构范围、背景和术语等顶层方面的一个视图，产品不属于作战视图、系统视图和技术标准视图。

体系结构产品（Products）是建立体系结构过程中开发的一系列图形、文本和表格的集合，描述了与该体系结构目的相关的特征。体系结构产品分为全视图产品、作战视图产品、系统视图产品和技术标准视图产品，框架中共定义了 26 种产品，如表 2.1 所示。

各个体系结构产品不是孤立的实体，而是通过某种规则，将作战视图产品、系统视图产品与技术标准视图连接起来，形成了相互联接、有逻辑关系的产品生成过程。因此，体系结构产品的数据元素之间的关系，决定了体系结构产品之间的关系。体系结构产品集是一个有机的整体，它们从各个不同的侧面描述体系结构。

DoDAF V1.0 的三个视图从三个不同的角度对体系结构进行了描述，虽然三个视图强调的重点不同，但视图之间存在逻辑上的联系，使视图与视图之间和产品与产品之间存在映射关系，从而保证基于该体系结构开发的各种信息系统之间的相关性和一致性，使得多种信息系统能够综合集成，能够满足任务使命和作战需求。不同视图产品之间的映射关系如图2.3所示。

表2.1 DoDAF V1.0 体系结构产品目录

应用视图	产品代号	产品名称	概要描述
全视图	AV-1	概述和摘要信息	说明体系结构的范围、目的、设想的用户和设计分析的结论
	AV-2	综合词典	定义所有产品中使用的术语
作战视图	OV-1	高级作战概念图	以图形和文本形式描述高级作战构想
	OV-2	作战节点连接关系描述	作战节点、连接性和节点间信息交换需求线
	OV-3	作战信息交换矩阵	节点间交换的信息和信息交换的有关属性
	OV-4	组织关系图	组织及其相互的指挥、指导、协作关系
	OV-5	作战活动模型	作战活动及其作战活动之间的信息交换关系
	OV-6a	作战规则模型	限制作战活动的规则
	OV-6b	作战状态转换描述	确定状态转换的事件和过程
	OV-6c	作战事件/跟踪描述	作战想定中作战事件发生的时序关系
	OV-7	逻辑数据模型	作战视图的系统数据要求和结构化业务过程规则
系统视图	SV-1	系统接口描述	确定系统节点、系统、部件以及它们的相互联接关系
	SV-2	系统通信描述	系统节点、系统、部件之间的通信设计
	SV-3	系统相关矩阵	确定系统之间的相互关系
	SV-4	系统功能描述	系统完成的功能和系统功能之间的信息流
	SV-5	作战活动与系统功能映射矩阵	系统对能力的映射或系统功能对作战活动的映射关系
	SV-6	信息系统交换矩阵	描述在系统间将交换的系统数据元素及其属性
	SV-7	系统性能参数矩阵	在适当的时段内，系统、部件、系统功能等的性能特性
	SV-8	系统演化描述	现有系统移植或扩展为未来系统的计划和步骤
	SV-9	系统技术预测	未来新技术对体系结构产生的影响
	SV-10a	系统规则模型	确定系统运行的规则
	SV-10b	系统状态转换模型	确定系统状态转化的过程
	SV-10c	系统事件跟踪描述	作战视图中特定系统事件发生的时序关系
	SV-11	物理模式	逻辑数据模型的实现方式
技术标准视图	TV-1	技术标准配置文件	体系结构中采用或遵循的技术标准列表
	TV-2	技术标准预测	描述在一个适当的时段内，正在出现的标准和它们对现有体系结构的潜在影响

OV-2中的作战节点与SV-1中的系统存在映射关系，系统通过提供自动化的支持功能来支持作战节点；作战节点和系统节点、需求线和系统接口之间存在多对多的关系；作战信息元素和系统数据元素之间存在映射关系。

SV-6中的数据交换与OV-3中的信息交换之间存在映射关系。作战信息交换和系统数据交换之间是多对多的关系。系统数据交换代表作战信息交换中的自动化部分。

SV-4中的系统功能承担了OV-5中作战活动的自动化部分。SV-5体现了系统功能与作战活动之间的关系。

SV-11细化并实现了OV-7中的数据元素，逻辑数据模型中的逻辑实体和数据元素与物理数据模型结构存在映射关系。

TV-1记录了约束SV-1、SV-6和SV-7的数据标准。如果SV-8中的系统、系统元素等用到了TV-2中的技术标准，时间表应该一致。

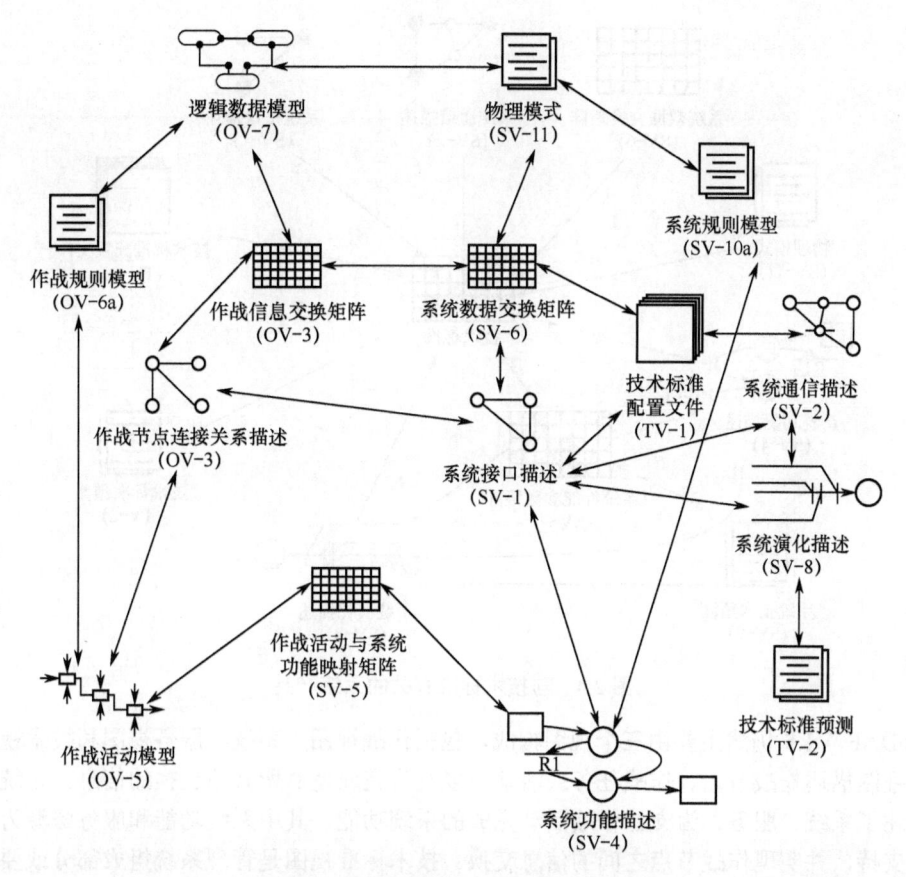

图 2.3　不同视图产品之间的映射关系

同时，许多系统视图产品由于涉及系统的实现问题，实际上都与技术标准相关联，如图 2.4 所示。

TV-1 反映了目前技术服务领域、服务及可应用的标准；TV-2 反映了未来一段时间内的技术服务领域、服务及可应用的标准；TV-2 反映的是 SV-8 中的未来系统技术，预测标准演进变化应当与 SV-8 和 SV-9 中提出的时间段相对应。

与技术标准有关的包括：SV-1 中的系统和系统组件（软件和硬件），SV-2 中的通信链接、路径、网络和通信系统，SV-6 中的系统数据交换，SV-11 中的系统实体，SV-4 中的系统功能等等。

SV-7 详细说明了每个系统、系统接口或系统功能的现有性能参数，以及在规定的未来时间段上预计的或要求的性能参数。如果未来的性能预期建立在预计的技术改进上，则需要把性能参数和它们的时间段与 SV-9 协调。如果性能改进与整个系统的演进或移植计划有关，则系统性能参数矩阵中的时间段应与 SV-8 中的里程碑相协调。

2. DoDAF V1.5

为了能够更加适应网络中心作战能力建设的要求，2007 年 4 月美国国防部颁布了 DoDAF V1.5。在体系结构框架的改进过程中，DoDAF V1.5 运用了基本的网络中心思想，吸收面向服务的体系结构（SOA）等新信息技术，更加强调体系结构数据，提出联合体系结构的概念，并把核心体系结构数据模型 CADM 作为 DoDAF V1.5 的组成部分。DoDAF V1.5 内容的更新，为更有效、更灵活地利用与重用体系结构数据铺平了道路。

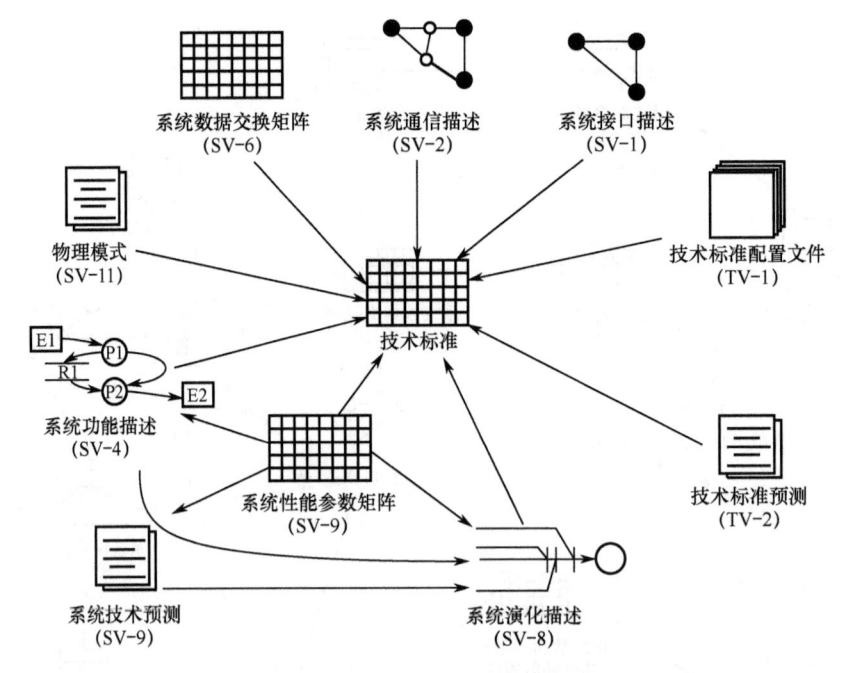

图 2.4 与技术标准有关的系统产品

DoDAF V1.5 仍然主要由三个视图构成，包括作战视图、系统与服务视图和技术视图。其中作战视图描述作战节点、作战任务或活动，以及为完成使命所必须交换的信息。系统与服务视图描述了系统、服务、为支持作战活动完成的系统功能，其中系统功能和服务资源为作战活动提供支持，并实现作战节点之间的信息交换。技术标准视图是管理系统组成部分或要素的配置、相互作用和相互依存的最小规则集。视图之间的关系如图 2.5 所示。

DoDAF V1.5 将原来的系统视图更新为系统与服务视图，在 DoDAF V1.0 的基础上，增加了系统和服务产品的相关描述，添加了三个服务相关的体系结构产品，如表 2.2 所示。DoDAF V1.5 的全视图产品、作战视图产品和技术标准视图产品与 DoDAF V1.0 类似，可参照表 2.1 所示的产品描述。

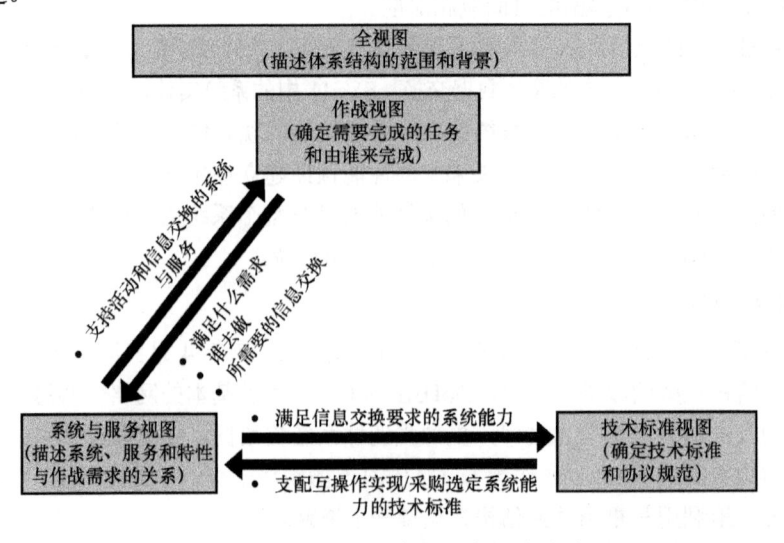

图 2.5 DoDAF V1.5 各视图之间的关系

表 2.2 DoDAF V1.5 体系结构增加的产品目录

应用视图	产品代号	产品名称	概要描述	DoDAF V1.0 的对应产品
系统与服务视图	SV-1	系统接口描述 服务接口描述	确定节点内和节点间的系统节点、系统、系统部件,服务、服务项目和它们的内部关系,节点之间相互联接关系	SV-1
	SV-2	系统通信描述 服务通信描述	系统节点、系统、系统部件,服务和服务项目与它们有关的通信设计	SV-2
	SV-3	系统相关矩阵 服务—系统矩阵 服务—服务矩阵	在一个体系结构中系统间的关系,系统与服务之间的关系以及服务与服务之间的关系	SV-3
	SV-4a	系统功能描述	系统完成的功能和系统功能之间的数据流	SV-4
	SV-4b	服务功能描述	服务执行的功能以及服务功能间的服务数据流	
	SV-5a	作战活动与系统功能映射矩阵	系统功能对作战活动的映射关系	SV-5
	SV-5b	作战活动与系统映射矩阵	系统对能力或作战活动的映射关系	
	SV-5c	作战活动与服务映射矩阵	服务对作战活动的映射关系	
	SV-6	系统数据交换矩阵 服务数据交换矩阵	详细描述在系统间或服务间将交换的系统数据元素以及这些交换的属性	SV-6
	SV-7	系统性能参数矩阵 服务性能参数矩阵	在适当的时段内,系统和服务视图元素的性能特性	SV-7
	SV-8	系统演化描述 服务演化描述	按规划的递增步骤过渡,将一组系统或服务演化到更有效的一组系统或服务,或者把现有系统或服务向未来的系统演化	SV-8
	SV-9	系统技术预测 服务技术预测	预计在给定的时段内,正在出现的技术及服务和可以得到的软硬件产品,并将对未来体系结构开发产生的影响	SV-9
	SV-10a	系统规则模型 服务规则模型	确定由于系统/服务设计或实现的某些原因,而对系统功能运行的限制	SV-10a
	SV-10b	系统状态转换模型 服务状态转换模型	确定系统/服务对事件的响应	SV-10b
	SV-10c	系统事件跟踪描述 服务事件跟踪描述	确定特定系统/服务中关键事件的时序关系	SV-10c
	SV-11	物理数据模型	逻辑数据模型实体的物理实现	SV-11

体系结构框架 DoDAF V1.5 和 DoDAF V1.0 相比,具有以下新特点。

① 首次提出框架的两层结构。DoDAF V1.5 体系结构框架由数据层和表现层两层组成,如图 2.6 所示。数据层主要描述体系结构数据元素及其属性和关系,表现层主要是体系结构产品和视图。产品将体系结构数据可视化为各种图形、文本和表格,视图则从某个角度对体系结构数据进行逻辑分组。

② 引入网络中心概念。在产品描述中增加了如何针对网络中心环境开发体系结构产品的内容,包括构建和利用网络中心环境、支持未知用户、增强相关群体应用及支持共享基础设施等。

③ 从以产品为中心转向以数据为中心。DoDAF V1.5 更加强调体系结构数据的重要性,以数据为中心,确保不同产品之间的数据一致性,能够实现数据可重用和灵活切割,支持不同部门之间体系结构数据的互操作,能够使用多种工具进行分析,便于实现与其他权威数据源的接口。

④ 初步引入服务和面向服务体系结构的概念。美国国防部认为，服务和面向服务体系结构是实现网络中心目标的关键。但在 DoDAF V1.5 中，只是初步涉及服务以及面向服务体系结构的相关内容，在原来的系统视图产品中，增加了一些描述服务的内容。

⑤ 向体系结构一体化和联合化转变。在 DoDAF V1.5 中，一体化的体系结构是指体系结构的全部视图和产品采用唯一确定的体系结构数据元素。利用一体化体系结构便于阐明大型复杂系统不同组成部分的作用、边界及它们之间的接口。通过综合集成不同的一体化体系结构的内容而形成的体系结构称为联合体系结构。联合体系结构扩展了单个一体化体系结构的范围，能够支持与联合能力和联合作战有关的活动。

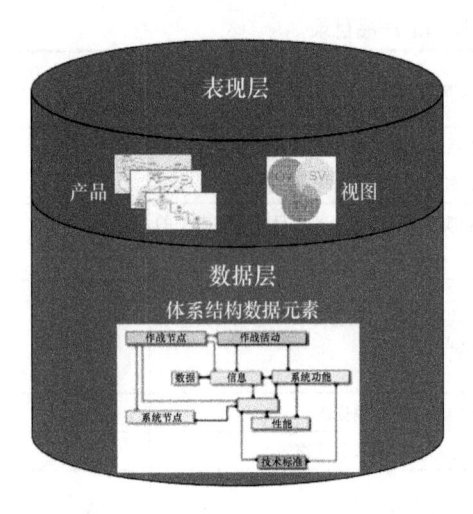

图 2.6 DoDAF V1.5 框架结构

为支持以数据为中心的体系结构设计，DoDAF V1.5 定义了一种网络中心数据策略。国防部的网络中心数据策略（DoD NCDS）提出一种新的数据管理方法，该方法的焦点是在网络中心作战环境（NCOE）中如何使数据可视、可用、可管理和可信任。该方法贯彻网络中心数据策略，能够管理国防部各作战司令部、军种及其下属部门（C/S/A）的体系结构数据。

3. DoDAF V2.0

2009 年 5 月美国发布了 DoDAF V2.0，它在 DoDAF V1.5 的基础上，扩展了体系结构视图种类和产品数量，深化了以产品为中心向以数据为中心的转变，进一步发展了体系结构设计方法。

DoDAF V2.0 在 DoDAF V1.5 三视图的基础上，定义了八个视图，分别是全视图、能力视图、数据与信息视图、作战视图、项目视图、服务视图、标准视图和系统视图。原来的技术标准视图就是现在的标准视图（Standards Viewpoint），原来的作战视图增加了新的功能，不仅能描述数据关系，还能描述规则和限制条件。此外，为了加强国防部内的资产管理（Portfolio Management，PfM）能力和对采购部门的监管，新增了能力视图（Capability Viewpoint）和工程视图（Project Viewpoint）。图 2.7 为 DoDAF V1.5 与 DoDAF V2.0 的关系图，图 2.8 为 DoDAF V2.0 体系结构图。

全视图（All Viewpoint，AV）是体系结构描述中与全部视图相关的所有方面的描述。全视图模型提供了与整个体系结构描述相关的信息，包括体系结构描述范围、前后关系等。

能力视图（Capability Viewpoint，CV）获取与特定行动过程相关的体系目标描述，在指定标准和约束条件下达到预期效果的能力以及完成指定任务的方法等。与作战概念视图中基于场景的范围描述不同，能力视图在体系结构描述中提供用于能力描述的战略环境，是体系结构描述中的高层描述。

数据与信息视图（Data and Information Viewpoint，DIV）获取体系结构描述中的信息需求和结构化的过程规则。在体系结构描述中，主要描述与信息交换关联的信息，包括属性、特征和内部关系等。

作战视图（Operational Viewpoint，OV）主要获取组织、任务、行动以及为了完成国防部任务必须交换的信息，包括交换信息的类型、交换频率等。

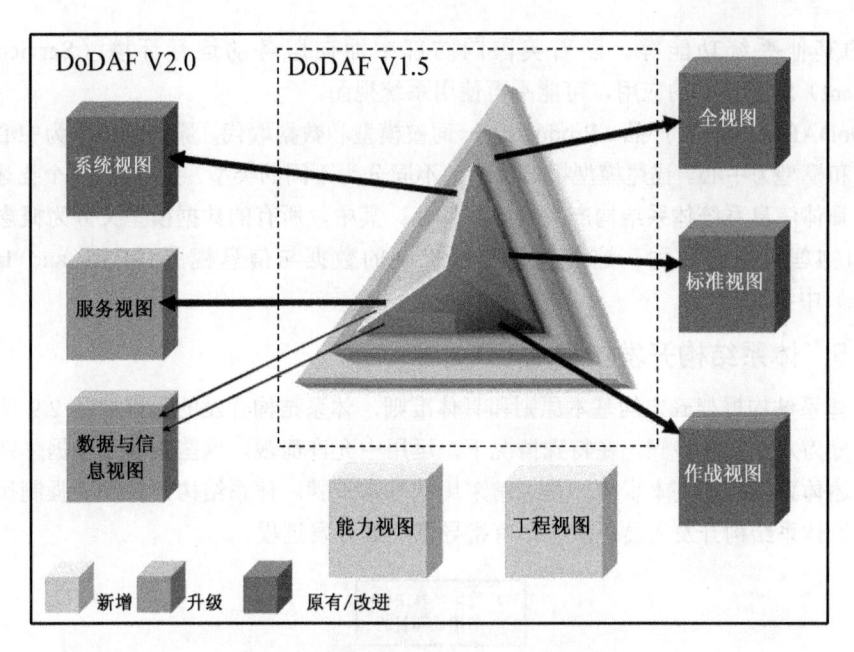

图 2.7 DoDAF V1.5 到 V2.0 的结构扩展

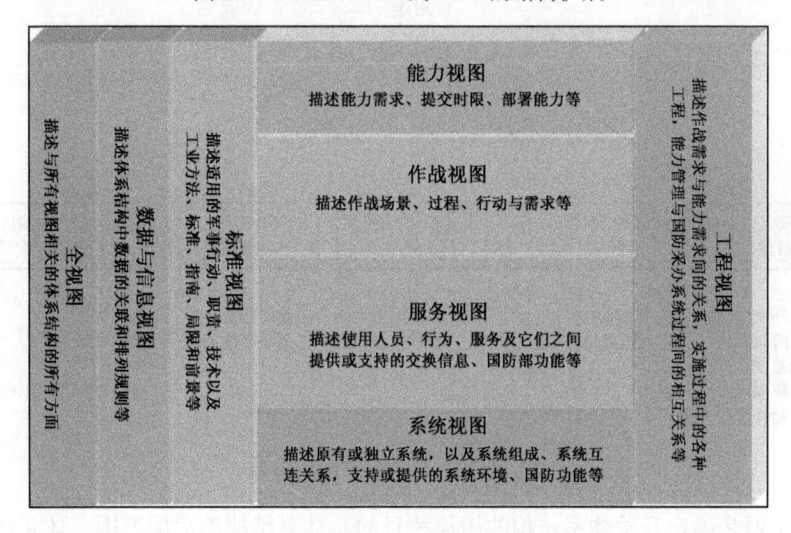

图 2.8 DoDAF V2.0 体系结构图

工程视图（Project Viewpoint，PV）主要获取程序的组织过程，在多个获取过程中提供组织关系的描述方法。

服务视图（Services Viewpoint，SvcV）主要获取系统、服务以及支持作战行动的内部互联功能特性，包括作战、商业、情报以及基础设施等功能特性。服务视图的功能、服务资源和组件可以在作战视图中与体系结构数据关联，支持作战行动，以便于信息的交换。

标准视图（Standards Viewpoint，StdV）是系统的组成部分或元素之间的排列、交互、依赖等控制规则的最小集合。标准视图的用途是使系统满足指定的军事行动需求集合，提供技术性的系统实现指南，包括各种组件、标准规范和开发流程等。

系统视图（System Viewpoint，SV）主要获取自动化系统的维护信息、互操作性、维护军事行动的其他系统功能等。随着美国国防部中面向服务的运行环境（Service Oriented Environment）和云计算的应用，可能不再使用系统视图。

在 DoDAF V2.0 中，产品（Products）一词被模型和数据取代，原来以产品为中心，转变成为以数据和模型为中心。描述模型根据视图的不同分为不同的类型，共包括 43 个描述模型，是开发各种具体信息系统体系结构产品的组成部分。其中，所有的数据模型又分为概念模型、逻辑模型和物理模型等三种，这些模型在新扩展的数据与信息视图（Data and Information Viewpoint）中描述。

2.3.5 体系结构开发过程

按照体系结构框架确定的基本原则和具体准则，体系结构开发的过程如图 2.9 所示。开发过程通常分为六个基本步骤，在特殊情况下，运用中允许剪裁。这些步骤是根据体系结构框架的要求描述体系结构的基本步骤，是经常采用的基本步骤。体系结构开发并不强制执行这些步骤，而是给体系结构开发人员提供一个有指导意义的开发过程。

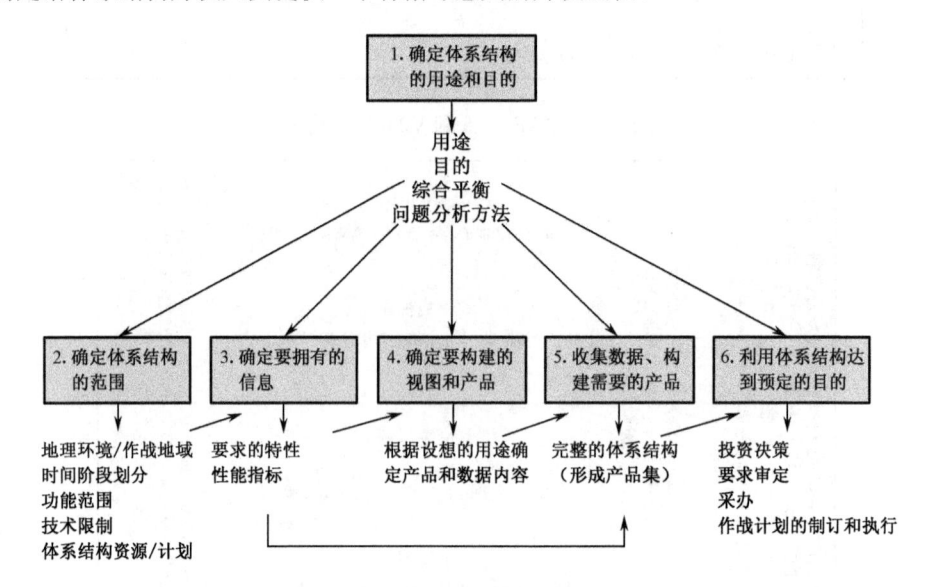

图 2.9　建立体系结构的步骤

前四步主要是确定开发体系结构的用途和目的、体系结构的适用范围、体系结构需要的描述信息以及确定要构建的视图与数据模型，使用部门和用户在这四步中起着决定性作用。后两步基本上是开发符合需求的体系结构视图和产品，主要由体系结构开发人员来完成。各步骤完成的工作如下。

第一步，确定体系结构的用途和目的。在开始描述体系结构之前，需要尽可能明确、详尽地描述体系结构需要解决的问题，以及用户关心的问题和基本视角，包括：投资决策、需求审定、系统采办、互操作性鉴定、作战评估等。这种以用户需求为目标的体系结构开发方法，有助于取得高效率，并使最终形成的体系结构更加符合需求。

第二步，确定体系结构描述的范围、背景、环境条件和其他约束条件。体系结构的描述范围包括：使命、活动、组织机构、时间跨度、工作粒度以及运行环境等。约束条件包括作战想定、态势、地理范围、经费数额以及在特定时间段的技术可用性等。此外，还包括计划管理因素、分析体系结构可用资源、专业资源以及体系结构数据的可用性等。

第三步，根据用途和范围，确定描述体系结构需要的数据和信息。预测体系结构未来的用途，在有限资源约束情况下，确定必需的信息和数据模型，构建能够适应未来需要的可裁剪、可扩展和可重用的体系结构。在体系结构描述中，度量标准是一个关键问题，开发者需要保证多个视图具有能够标识的度量指标，以便准确地确定需要构建的产品、产品的粒度以及产品属性。度量既可以是定量的，也可以是定性的。

第四步，确定要构建的视图、产品、模型和数据。依据从第一步到第三步获得的信息，确定体系结构中不同用途的视图和产品，以及产品的描述数据。

第五步，收集体系结构数据，构建所需的产品和模型。收集体系结构所必需的基本数据，并根据数据之间的关系，构建体系结构产品和模型。这一步的核心是确保构建的产品和模型相互一致，并能适当地综合集成。

第六步，利用体系结构达到预定的目的。体系结构描述的最终目标是支持投资决策、需求确定、系统开发与采办、互操作性鉴定、作战评估等，但体系结构本身并不能给出结论或答案，需要通过多种方法进行分析，确定开发的体系结构所要达到预定的目标。

按照上述六个步骤完成体系结构描述时，应该主动运用体系结构工具集，充分考虑体系结构的综合集成问题。体系结构工具集是辅助体系结构产品设计的软件系统，它可帮助我们按照体系结构产品的定义设计好有关内容。体系结构工具集根据开发视图的不同，分为不同的视图设计工具。在体系结构工具集的设计中，不仅要考虑单个体系结构产品的设计工具，而且应根据体系结构产品之间的关系，考虑体系结构产品工具集的集成运用。

体系结构的集成是将两个或更多独立运行的体系整合到一起，形成一个紧密衔接、相互配合的新体系的过程。这个新体系不仅可以替代多个能力较弱、范围较窄的体系，而且能在一个新的体系结构中无缝运行。

2.4 军事信息系统的分类

军事信息系统是应用在相关军事领域为军事目标服务的信息系统，是一类具有特殊用途的信息系统。随着信息技术的发展和信息化战争形态的变化，军事信息系统的应用范围越来越广，几乎涵盖了与军事作战相关的所有领域。从小到一个武器系统中的军事信息系统，大到具有预警探测、情报侦察、导航定位、指挥控制、军事通信、综合保障的综合电子信息系统；从平时的军队信息管理系统，到战时的自动化指挥信息系统；从各个军事作战单元的信息系统，到各个军兵种的综合信息系统；从局部作战单元的战术/战役信息系统，到集团军、国家的战略信息系统……无论是战时还是平时都发挥着极其重要的作用。

军事信息系统的涵盖范围十分广泛，目前对它还没有公认的统一分类方法。在本书中，主要是从应用的军兵种类别、指挥层次、系统规模、应用领域等几个不同的角度和层面进行军事信息系统的简单分类，虽然不能涵盖全部的军事信息系统，但力求反映主要的军事信息系统特征。

2.4.1 按军兵种分类

军事信息系统在不同的军兵种内都有重要的应用，根据应用的军兵种类别的不同，军事信息系统可分为陆军军事信息系统、海军军事信息系统、空军军事信息系统、火箭军军事信息系统、跨军种的军事综合服务信息系统等。

陆军军事信息系统，包括总部、战区、军区、陆军军、师（旅）、团、营、连等不同级别的军事信息系统。通常，高一级的军事信息系统由低一级的军事信息系统构成。

海军军事信息系统，包括舰队、编队和舰艇等不同级别的军事信息系统，根据系统使用环境不同，又可分为岸基军事信息系统和舰载军事信息系统。

空军军事信息系统，包括总部、空军的师、旅、团（联队）等不同级别的军事信息系统，根据使用环境的不同又可分为空中军事信息系统和地面军事信息系统。

有些国家装备有火箭军军事信息系统，包括总部、师、旅、团等不同级别的军事信息系统。

2.4.2 按指挥层次分类

根据作战指挥层次的不同，军事信息系统可分为战略军事信息系统、战役军事信息系统、战术军事信息系统和平台级军事信息系统等。

战略军事信息系统，是保障最高统帅部或各军种遂行战略指挥任务的军事信息系统，包括国家军事指挥中心、国防通信网、战略情报系统等。其中，国家指挥中心是战略军事信息系统中最重要的部分，一般管辖若干军种指挥部。另外，由于各军种指挥部可直接遂行战略指挥任务，一般也被认为是战略军事信息系统。国防通信网是军队信息传递和交换的基础，是军队传输指挥信息、管理信息以及情报信息的主要载体。它以国家军事指挥中心为核心，跨层次、跨军种、多军兵种共用，具有相当规模，是相对独立的军事通信系统。战略情报系统是运用预警探测、技术侦察、部队侦察以及电子对抗侦察手段组成的全方位的军事情报系统。例如，美国的北美防空防天司令部（North American Aerospace Defense Command，NORAD）军事信息系统，便是由指挥中心、防空作战中心、导弹预警中心、空间控制中心、联合情报中心、系统中心、作战管理中心和气象支援单元等组成。

战役军事信息系统，是保障遂行战役指挥任务的军事信息系统，包括战区军事信息系统、陆军战役军事信息系统、海军战役军事信息系统、空军战役军事信息系统和火箭军战役军事信息系统等。战役军事信息系统主要对战区范围内的诸军种部队实施指挥，或各军种对本军种部队实施指挥。战役军事信息系统既可遂行战役作战任务，又可与战略级军事信息系统配套。战役军事信息系统针对性强，各种战役军事信息系统既有相同的特征，也有各自的特点。

战术军事信息系统，是保障遂行战斗指挥任务的军事信息系统，包括陆军师、旅（团）军事信息系统，海军基地、舰艇支队、海上编队军事信息系统，空军航空兵师（联队）和空降兵师（团）军事信息系统，地地导弹旅军事信息系统等。战术军事信息系统种类繁多，功能不一，其共同特点是机动性强，实时性要求高。

平台级军事信息系统，主要是指各种作战平台和武器控制信息系统，包括坦克、飞机、舰艇等战役战术武器的信息系统。一个完整的武器控制信息系统通常包括目标探测或信息获取信息系统、信息处理系统、目标分配系统、武器控制系统等。武器控制信息系统的使用，实现了从目标发现、目标辨识、引导攻击到判明打击效果等全过程的自动化，从而使整个作战过程能在转瞬间完成。单兵军事信息系统也是典型的平台级军事信息系统，是保障单个士兵遂行作战任务的信息系统，包括整体式头盔子系统、单兵武器子系统、个人便携式电子计算机/通信子系统、全球导航定位系统（GPS）和生存子系统等。单兵军事信息系统是数字化士兵的主要武器装备，它的出现将大大提高士兵的杀伤力、防护力、保障力和信息处理能力。单兵军事信息系统将发展成为一个综合性的指挥自动化信息平台。

2.4.3 按系统规模分类

根据系统规模的大小，军事信息系统可分为平台级军事信息系统、小规模军事信息系统、中等规模军事信息系统、大型军事综合信息系统等。

平台级军事信息系统，主要是指各种作战平台和作战武器上的信息系统，通过信息获取、信息处理、信息分发、信息利用等信息处理流程实现作战平台和武器装备的控制，对军事目标实施有效的军事打击。例如，导弹上的军事信息系统、数字化高炮的军事信息系统、装甲车辆的军事信息系统、战斗机军事信息系统、预警机军事信息系统、警戒雷达军事信息系统等。

小规模的军事信息系统，主要是指以班、排、连等为单位的信息系统。这些信息系统通常由多个平台级信息系统集成为能力更强、功能更多的军事信息系统。例如，由多部雷达构成的雷达阵地信息系统，由坦克连构成的小型军事信息系统，由战机编队构成的空中军事信息系统等。

中等规模的军事信息系统，主要是指由多个小型信息系统构成的具有自动化指挥功能的综合性军事信息系统。这种军事信息系统通常具有预警探测、情报侦察监视、导航定位、军事通信、指挥控制、综合保障等多种功能，能够实现师、旅、团级的自动化指挥。

军事综合信息系统，也称为综合电子信息系统，是20世纪90年代研究武器装备体系建设规律时提出的电子信息装备发展模式，主要是指在信息时代的军事环境下，为满足诸军种联合作战任务，利用综合集成方法和技术将多种军事信息系统整合为一个有机的大型军事信息系统。军事综合信息系统是对各种武装力量的综合，是对各种信息系统的集成，其主要目的是全面提高军队的信息作战能力、信息业务支持能力、武器装备体系集成能力。建立整体最优的大型军事信息系统，可以显著提升整体作战效能，它是在军事信息系统技术交叉融合、集成创新基础上所产生的系统质变，而不仅仅是传统意义上的系统改进和量变过程。

目前，军事综合信息系统正处于动态发展过程中，其组成涉及指挥控制、情报侦察、预警探测、通信导航、电子对抗、综合保障等多个信息功能领域，涉及国家级、战区级、战术级等多个作战指挥层次，涉及各总部、诸军兵种各类军事信息系统；随着系统应用范围的拓展，国防信息基础设施建设和武器系统信息化建设也将逐步纳入其中。

2.4.4 按应用领域分类

军事信息系统在相关的军事领域中都有重要、广泛的应用。根据不同的应用领域，军事信息系统可分为预警探测系统、情报侦察系统、导航定位、指挥控制系统、军事通信系统、电子对抗系统、综合保障系统等多个类型。

预警探测系统，主要是指运用多种探测手段对敌方各种目标信息进行实时探测、收集、处理、存储和分发的信息系统。根据预警探测装备位置的不同，预警探测系统可进一步分为天基预警探测系统、空基预警探测系统、陆基预警探测系统、海基预警探测系统等；根据目标信息用途的不同，预警探测系统可分为战略预警探测系统、战役预警探测系统和战术预警探测系统；根据目标运动特性的不同，预警探测系统可分为空气动力目标预警探测系统和弹（轨）道目标预警探测系统等；根据预警探测技术的不同，预警探测系统可分为无线电预警探测系统、光学激光预警探测系统和红外预警探测系统等；根据预警探测监视范围的不同，预警探测系统可进一步分为空间预警探测系统、陆地预警探测系统和海洋预警探测系统等。

情报侦察系统，主要是指用多种侦察手段对敌方的各种情报进行收集、处理、分析、存储和分发的军事信息系统。根据情报侦察手段（平台）的不同，情报侦察系统可分为卫星情报侦察系统、空中情报侦察系统、地面情报侦察系统、海上情报侦察系统和谍报侦察系统等；根据情报用途的不同，情报侦察系统可分为战略情报侦察系统、战役情报侦察系统和战术情报侦察系统等；根据情报侦察技术的不同，情报侦察系统可分为信号情报侦察系统、光学情报侦察系统、雷达情报侦察系统以及振动、声音、磁敏和压敏战场情报侦察系统等。

军事导航定位系统，主要确定运载体的坐标位置，并引导其到达给定位置。根据导航定位方法和原理的不同，导航定位系统可以分为陆标定位、天文导航、推算航法、无线电导航、组合导航等不同的类型。根据导航定位系统应用领域的不同，导航定位系统可以分为航海、航空、陆地和天基导航定位系统。根据导航定位系统工作区域的不同，可以分为全球导航定位系统、区域导航定位系统等。根据用户使用时的相对依从关系进行分类，导航定位系统可分为自主式（也称自备式）导航定位系统和非自主式（也称他备式）导航定位系统。

指挥控制系统，主要是指在各级指挥所内，为指挥人员制订作战计划、指挥、协调和控制部队服务的军事信息系统。现代指挥控制系统已发展为包含作战管理和指挥控制（Battlefield Management/Command and Control，BM/C2）的信息系统，具有作战筹划、信息处理和融合、实时作战指挥控制、日常作战管理等功能。使用过程中，不同军兵种的指挥控制系统功能差别较大。

军事通信系统，主要是通过各种信息传送方法或手段实现军事信息高效、安全、实时地传输。根据通信用途的不同，军事通信系统可分为战略通信系统、战区通信系统和战术通信系统等；根据通信传输线路的不同，军事通信系统可分为有线通信传输系统和无线通信传输系统等；根据信息传送双方所在地点的不同，军事通信系统可分为地地、地空、地海、地天、空空、空海、空天、海海、海天、星际等通信系统。

综合保障信息系统，主要为作战过程提供测绘、气象、工程、防化、后勤、装备、频率管理等方面的综合保障支持。

由于应用领域的不同，系统具有不同的功能，本书主要是根据军事信息系统的不同应用领域进行介绍和分析，试图为读者呈现军事信息系统的全貌，使读者对军事信息系统在军事领域的作用形成更为深刻的认识。

第 3 章

预警探测系统

预警探测系统是一种用于信息获取的军事信息系统，也是指挥自动化系统的重要组成部分。预警探测系统和情报侦察系统同是指挥自动化系统的信息传感系统，但预警探测系统着重于对目标的实时探测，其探测信息用于实时指挥和控制。预警探测系统中属于各军兵种共用的部分可作为军事信息基础设施的组成部分。在现代高技术战争中，为了有效运用各种信息获取资源，预警探测系统需要一套完整统一规划，使各军兵种能共享及时获取、完整精确和可信的军事情报。

目前，美国在军事信息技术水平和装备部署方面总体上领先，某种程度上代表了国际先进水平。因此，本章主要对美国装备的预警探测系统及其前沿技术进行介绍和分析，借以从实用角度了解当前国际发展现状和未来发展的趋势。

3.1 概述

3.1.1 任务和作用

所谓"预警"（Warning），就是采用一系列传感、遥控探测手段，发现、定位和识别目标，发出警报信号，为打击敌方目标提供相应情报和反应时间保证。预警探测系统是指挥自动化系统中最重要的实时信息源，直接影响到探测、判断、决策、行动和整个军事行动的全过程。不论是和平时期，还是战争时期，预警探测系统都需要保持常备不懈，全天候监视，在尽可能远的警戒距离内，对目标精确定位，测定有关参数，并识别目标的性质，为国家决策和军事指挥系统提供尽可能长的准备时间，以有效地应对敌方的突然袭击。

预警探测系统的任务是探测、监视敌方各种目标的活动规律和动态情况，掌握敌对双方目标的分布态势，及时、准确地探测到任何威胁目标，迅速判断出目标的特性、种类等重要参数，并做出威胁度判断。系统探测信息是决策的重要依据，直接影响着决策的正确与否。预警探测系统要将敌方的战略行动置于自己的监视之内，使最高当局的决策人对战争做出正确的判断，进行正确的战略决策。目前，美国的战略预警系统可以在 1min 内判明敌方发射的弹道导弹性质，在 3min 内报告发射点和弹着点坐标以及飞行轨迹；对战役战术导弹可以提供 5~6min 的预警时间，对战略导弹可以提供 20~30min 的预警时间，对战略轰炸机可以提供 30~60min 的预警时间。

3.1.2 探测方式

未来战争中，目标的类型极其繁杂。从目标的位置上看，有高空、中空、低空、超低空、地面、海面以及水下等目标；从目标的速度上，有静止、低速、高速和超高速等目标；从目标的特性上看，有无线电信号、光学、红外、声音、振动和压力等目标。此外，目标袭击的方式通常是多批次（每批少量）、多方向、多层次的。因此，预警探测系统必须利用多种手段，按纵深层次配置各种不同性能的预警探测传感器。主要的探测方式包括雷达、无线电信号探测、光学探测、红外探测、声波探测以及其他探测方式。

1. 雷达

雷达是战场上最重要的传感设备，具有多种技术类别，如超视距雷达、相控阵雷达、多普勒雷达、脉冲压缩雷达、合成孔径雷达等，这些雷达能够捕捉远在数千千米以外的目标，并且能够同时跟踪数百个目标。预警探测系统中，可以按纵深层次配置各种不同性能的雷达。

第一个层次是远程监视雷达网。其主要任务是长年监视整个防御的空域，掌握整个空域内敌对双方飞行目标的动态，尤其是探测远程低空飞行的战略轰炸机、巡航导弹和隐身飞行器等目标，发现来袭目标，及时发出防空警报。这个层次的雷达要求覆盖范围大，探测距离远，并具有探测低空目标和隐身目标的能力。通常雷达网由超视距雷达、远程和超远程警戒雷达等组成，在频段上可以覆盖从短波到微波的分米波、厘米波和毫米波等多个波段，在体制上有单基地、双基地和多基地雷达等，构成全空域、多方向、多手段、多频段的覆盖。

第二个层次是引导雷达网。一旦警戒雷达网发现目标，其信息就会通过指挥控制中心，传输给引导雷达网对目标继续进行搜索和跟踪，进一步精确测定目标的一维、二维、三维甚至是四维参数，并将目标参数送至武器系统进行目标指示，或引导战斗机进行拦截。这个层次的雷达，通常需要部署测量精度较高的三坐标雷达。

第三个层次则是近程防空火控雷达系统，这个层次雷达的主要任务是火控与制导。引导武器系统对威胁目标进行有效的拦截和打击。

2. 光学探测

利用目标对光波的反射或自身辐射，通过光电和电光转换处理，获取目标信息，具有分辨率高、抗干扰能力强的特点。通常使用的光学仪器工作于可见光波段，一般不需要经过光电转换，在军事上运用最早，技术也比较成熟，具有扩大和延伸人的视觉、发现人眼看不清或看不见的目标、测定目标的位置和对目标瞄准等功能。除了工作在可见光波段，预警探测设备也可以利用红外、紫外、微光和激光等多种手段进行探测。

光学仪器品种繁多，从仅含有光学元件的简单镜筒，到光、机、电技术相结合的跟踪测量仪器，不一而足。光学仪器可分为观察、测角、测距、瞄准、测量、记录等不同类型。主要的探测设备包括望远镜、潜望镜、照相机等多种可见光学探测设备。

电视探测设备一般由摄像机、传输设备和监视器组成，其主要特点是目标显示形象直观，图像易于存储、处理和传输。摄像机可安置在阵地前沿，也可以由直升机、车辆或单兵携带深入前沿摄取目标图像，然后通过无线或有线实时传输到远距离的指挥所或实时显示。

传统的无线电预警雷达在现代战争中依然处于主导地位，然而在探测过程中易受地杂波、海杂波及多径效应的影响，使其目标探测能力降低，应用具有较大局限性。此外，雷达往往以较大发射功率工作，在电子战环境中易于成为反辐射攻击的目标，其战场生存能力受到严重挑战。在这种背景下，红外预警探测系统应运而生，并得到迅速发展。红外预警探测系统可以采用被动和主动两种工作方式。尤其是被动方式工作时，通过接收目标和背景固有的红外辐射，获取目标特性和航迹，为指挥控制系统提供目标情报信息，具有隐蔽性好、抗电子干扰能力强、可昼夜工作等特点。因而可在电子战环境下雷达静默时执行任务，也可与无线电预警雷达同时工作，弥补其低角探测能力的不足。随着隐身技术的发展，导弹和各类作战飞机平台的雷达反射截面积呈现显著减小的趋势，增大了无线电探测的难度。与此形成对比的是，这类目标运动时与空气的摩擦及其发动机的尾焰,均会产生强烈的红外辐射,有利于红外系统对目标的探测。此外,随着国际上对太空争夺的愈演愈烈,借助于 2.7μm 和 4.3μm 红外波段对地球大气层的良好穿透能力,天基红外预警系统成为新的研究和应用领域。

微光夜视器材是先将目标反射的微弱辐射光信号(如月光、星光、银河系的亮光和大气辉光等)转换成电信号,然后再将电信号放大,将电信号转换成人眼看得见的光信号。微光夜视仪器作用距离可由几十米至上千米,多用于战术侦察,可手持或安装在车辆、舰船、飞行器等载体上实施侦察,但其作用距离和观察效果受天气影响较大,雾、雨、雪天不能正常工作。

激光探测设备是利用激光束照射目标并接收目标反射回波的方法来获取目标信息的。现有的激光工作物质有几千种,波长范围从 X 射线到远红外波。激光探测设备可分为激光测距机、激光测速仪、激光雷达、激光扫描相机、激光电视、激光目标指示器等。由于激光具有亮度高、方向性强、单色性好、相干性强等特点,使得激光探测设备探测速度快、抗干扰能力强,所获得的目标信息丰富、精度高。激光探测设备的缺点是,作用距离受大气纯度和气象条件如尘、烟、雾、雨、雪、云层等影响较大。

3. 无线电信号探测

无线电信号探测是指从敌方无线电电子设备(如雷达、通信电台、导航设备、敌我识别器、导弹制导设备等)所辐射的电磁信号中获得所需的信息,为己方提供足够的预警时间。

无线电信号探测设备通常包括通信信号探测设备和非通信信号探测设备两类。通信信号探测设备利用侦收及测向定位设备,搜索、截获敌方的各种无线电通信信号,分析辐射源的技术参数和特征,测定辐射源位置,解译通信信息,从而获取敌方通信信息内容和信息装备及其搭载平台的技术参数、威胁程度、部署情况、行动企图等信息。非通信信号探测设备利用非通信信号侦收及测向定位设备,搜索、截获敌方的雷达、敌我识别、导航、遥测、信标、询问器等无线电信号,分析其技术参数和特征,从而查明辐射源及其载体的类型、用途、分布状态、配置变化、活动情况,进而判断其装备水平、作战能力、威胁等级以及行动企图等信息。

无线电信号探测是预警探测系统的重要组成部分,无论是平时还是战时,均能全面收集掌握敌方及有关方面的政治、军事、经济、科技等各方面的情报信息,为决策层提供战略情报。在战时,及时为各级指挥员提供敌方战术企图、作战预案、战场态势、战场环境、打击效果等作战信息,为正确指挥决策提供情报依据。

4. 声学探测

声学探测是根据被探测目标在声波传播介质(大气或水)中发出的声频振动,利用电子装置处理获取的声波信息,实现对目标的探测、识别和定位,是现代预警探测系统中的重要组成部分。

按照声波传播介质的不同,声学探测可分为声探测和水声探测两大类:声探测是利用声音在大气中传播的物理特性而获取目标信息,水声探测是利用声音在水中传播的物理特性来获取目标信息。由于声音在大气和水中的传播特征明显不同,因此,声探测和水声探测也表现出鲜明的不同特征。按探测方式的不同,声学探测又可分为主动和被动两种方式,其中被动式声学探测由于具有较高的隐蔽性,在军事上受到了极大的重视。声测侦察采用的几乎都是被动方式,而水声探测则是被动方式和主动方式并存。

声探测首次在战场上出现是在第一次世界大战时,但没有得到广泛应用。第二次世界大战期间,在双方炮兵的斗争中,为了对付在炮兵中占有很大比重的迫击炮和隐蔽的炮兵阵地,在光学探测几乎失去作用、雷达探测也比较困难的情况下，声探测却显示出其独特的侦察能力，获得了广泛应用，并在战争中发挥了重要作用。但由于其布设时间长、测量精度低、反应速度慢，已经逐渐被其他探测手段所取代。20世纪90年代以来，随着声探测器的改进和电子计算机、现代通信技术的应用，声探测扩展了应用范围，以其特有的优点再次获得了军事部门的青睐。现在，声探测技术在军事上除了主要用于炮兵的声测侦察，还用于对低空目标的声预警以及单兵的监听和警戒任务。

在空中，电磁波作为主要的信息载体，其功能显示出神奇的作用。然而，在茫茫大海之中，由于海洋是一个巨大的导电体，具有吸收电磁波的特性，电磁波几乎无用武之地，难以在水下进行电磁波信号的传播与探测，同时海水对一般的可见光和红外线、紫外线等不可见光，也同样具有很强的吸收作用。然而，声波却可以在水下获得良好的传播特性，它在水中的传播速度比在空气中增加大约4.5倍，且衰减较小。因此，可以利用目标在水下发出的声频振动而发现、识别目标，并测定其位置。水声探测在军事行动中主要是保障对潜艇、鱼雷等水下目标的探测。自从潜艇问世以来，以水声探测为基础发展起来的声呐就成为反潜探测的重要工具。第二次世界大战期间，在被击沉的潜艇中，有60%是靠声呐探测到目标而攻击成功的。第二次世界大战之后，由于潜艇的性能、攻击力和隐蔽性大大提高，特别是出现了下潜深度大、能长期潜航和隐蔽攻击的核潜艇，致使人们对声呐探测能力不断提出新的要求。现代声呐技术已经具备了探测距离远、定位精度高、搜索速度快、监视目标多、敌我属性识别准、自动化处理能力强的特点，并进一步呈现出低频化、精确化、主动化、多样化、智能化发展趋势。在今后很长一段时期内，水声探测仍将是海洋中最有效的预警探测手段。

5．其他探测方式

压力、磁场、声响和振动探测在某些方面也可以作为预警探测手段对战场环境中的目标进行探测，并将其转换成易于识别和分析的图像及信号，从而确定战场中目标的类型、位置、规模、运动方向和速度等。

具有一定质量的物体在地面运动时，必然会引起地面的震动。利用振动探测设备拾取地表层振动信号，并通过处理就可探测和识别运动中的人体和车辆等。振动监控技术能够探测到强度低于广岛和长崎核弹爆炸的地下核试验（强度约为2万吨当量）释放的信号，可以估算试验的能量。

任何地面运动目标、低空飞行目标或炮弹爆炸，都会发出各种不同的声响。利用声测系统可以侦察直升机和低空飞行的固定翼飞机、火炮和狙击手的位置；利用声响传感器可以探测地面机动目标；利用声呐系统可以实现对水下目标的探测和识别。

铁磁或带铁磁金属的目标体（武装人员、轮式车、履带车等）在地磁场中运动时会造成磁畸变，磁敏探测设备正是利用这个原理来探测带磁的运动目标体的。适当配置的磁敏传感器组能判别目标的运动方向，鉴别徒手人员和武装人员、轮式车和履带车。

在战场上，凡具有一定质量的目标体沿地面运动时，总会对地面产生压力。因此，把压力传感器埋入地表下面就可探测从它上面通过的运动物体。常见的压力传感器有应变钢丝传感器、平衡压力传感器、驻极体电缆传感器、光纤压力传感器等。

3.1.3 主要性能指标

预警探测系统往往综合运用多种探测手段进行目标探测，有别于单个传感器的能力特性。根据预警探测系统的能力和组成，衡量预警探测系统的性能指标主要包括如下8个方面。

① 探测方向和范围。在保证最大预警时间的前提下，根据目标的方向、位置和运行轨迹，系统能够探测到的方向和最远的探测范围。

② 预警时间。指从预警探测系统发现并确认目标时刻到它飞临被保卫目标的时间差。

③ 预警概率。预警探测正确确认来袭目标为危险目标的概率，等于 1 减去漏警概率。漏警概率是在真实目标来袭时，预警探测系统未发现它的概率。如果希望漏警概率小于 0.01，则要求预警概率应大于 0.99。

④ 虚报率。在没有来袭危险目标的情况下，预警探测系统却认为有危险目标来袭的概率。对于不同的来袭目标，虚报率的要求也不同。

⑤ 同时探测及处理目标数。包括探测处理真正目标数和探测处理虚假或假设目标数，与系统的探测方式和处理能力有关。

⑥ 真假目标正确识别概率（或置信水平）。能够正确地识别出真假目标的概率，它也是导弹预警系统的重要特征。

⑦ 目标未来位置及轨迹预报精度。根据预警探测系统所有传感器的探测信息，计算目标未来位置和轨迹的精度指标。

⑧ 生存能力。在软硬武器威胁条件下，预警探测系统完成规定功能的能力。

3.2 预警探测原理

预警探测系统主要是对被监视目标进行探测，基本原理是：利用多种媒介传感器，探测来自目标的电磁波、弹性波、应力等物理特征信息，从而发现并监视目标。各种预警探测设备搭载的作战平台不同，因而需要不同的预警探测手段。被探测目标的特征不同，需要探测的信息也不同。

3.2.1 目标特征

目标特征就是目标的属性和标志等，它是区分目标类别的独特信号表征集。具体来说，目标所产生的声、光、电、磁、热、力等信号中含有目标的特征信息，根据特征的差异就可以区分目标。目标特征由对信号表征进行量化的具体特性描述；信号表征是从感知的信号中提取的，并能够用来区分目标的量化指标。

目标特征主要分为雷达目标特征、光电目标特征、无线电信号目标特征、声探测目标特征、地面战场传感器目标特征等。

1. 雷达目标特征

雷达目标是指通过电磁波反射进行探测的目标，雷达目标特征主要包括以下三个方面。

① 反射特性。目标反射特征常用雷达截面积来描述，反映目标反射电磁波能力的强弱。雷达截面积是一个假想的面积，它把实际目标等效为一个垂直于电波入射方向的截面积，当该截面积截获的入射功率全向均匀散射时，在雷达接收天线处产生的散射功率密度如果正好与实际目标所产生的截面相同，这一等效截面积就称为雷达截面积。目标的雷达截面积大小与目标的材料、几何形状、尺寸、视角、后向散射能力，以及雷达的工作波长、极化等因素有关。典型目标的雷达截面积如表 3.1 所示。

表 3.1　典型目标的雷达截面积

目标	雷达截面积/m²	目标	雷达截面积/m²
潜艇（水面上）	37～140	歼击机	3～5
快艇	100	运输机	50
拖网渔船	750	中型轰炸机	7～10
小型舰艇	50～250	远程轰炸机	15～20
中型舰艇	3000～10000	重型轰炸机	50～70
巡洋舰	14000	导弹	0.01～0.2
大型军舰	20000 以上	巡航弹	0.5～1
小型运输舰	150	吉普车	2
中型运输舰	7500	卡车	5～7
大型运输舰	15000	坦克	5～22
铁塔、高层建筑	1000～10000	单个武装士兵	0.5～1

② 双基地雷达的截面积。与单基地雷达不同，双基地雷达的接收机与发射机是分离的，其目标的截面积不仅是目标尺寸、形状、入射方向等的函数，而且还是双基地角（目标－发射机方向与目标－接收机方向间的夹角）的函数。双基地雷达的截面积通常不同于单基地雷达的截面积。

③ 轨迹特性。根据不同时间雷达测得的目标坐标变化情况，能够计算出目标的运动轨迹，利用不同目标的运动轨迹特性可以对部分目标（如车辆、飞机、导弹和卫星等）进行识别。

④ 速度特性。不同类别的目标有不同的速度。利用雷达直接测量的速度或通过距离变化率估计出的速度可以辨别（如行人与车辆、固定翼飞机和旋翼飞机、普通飞机和导弹等）不同目标。

⑤ 目标内部运动特性。当物体的一部分处于运动状态时，它的运动特性就会反映到回波中来，据此可以识别目标。如直升机旋翼的旋转能够引起雷达回波附加幅频调制，提取这个幅频调制就可识别出直升机。

⑥ 目标形状特性。不同形状的目标对雷达的响应不同。利用雷达成像技术，根据目标图像的形状能够直观地识别目标。对非成像雷达，可利用极化响应识别一些形体比较简单的目标。例如，球体目标对雷达信号的极化方式不敏感，垂直杆状目标对垂直极化雷达信号反射强，而对水平极化雷达信号反射弱。

⑦ 目标的固有特性。目标的固有特性与目标的结构和材料等有关。例如，不同的飞机具有不同的固有谐振频率，用特定的雷达波形照射目标，可从回波中提取目标的固有谐振频率，进而可识别机型。

2．光电目标特征

光电目标分为可见光目标、红外目标和激光目标。光电目标的主要特征是它的图像特征和波谱特征。通过人眼直接或间接辨认不同物体的图像特征，借助仪器设备分析不同物体光波的发射谱和反射谱特征，是识别光电目标的主要方法。

① 可见光目标特性。太阳是地球上最主要的光辐射源。太阳辐射相当于色温为 5 900K 的黑体辐射。其中绝大部分辐射集中在 0.2～4μm 的光谱区，而又有大部分辐射集中在 0.38～0.76μm 的可见光区域内。月光（月球反射的太阳光）是夜间地球表面可见光的主要来源。月光的光谱分布几乎与日光的光谱分布相同，月光照射到地球表面上的照度与月相、地月距离、月球在地

平线上的高度和大气条件有关。无月光时，夜天光源包括：大气辉光40%，黄道光15%，银河光 5%，前三项的散射光10%，直射星光及散射星光30%。地球上空的大气辉光是无月光时夜天光的重要组成部分。

② 红外目标特性。目标的红外特性参数主要有：温度、尺寸、发射率、反射比和结构等。目标的辐射由两部分组成：自身辐射和对背景辐射的反射。如果目标为透射体，还应包括背景的透射辐射。现实景物包含的目标、背景是多种多样的，特别是地面目标，情况更加复杂。有效探测目标的首要条件是：目标、大气窗口和热像仪的光谱特性要相匹配。

③ 激光目标特性。激光探测利用激光束照射目标并接收目标反射回波的方法来探取目标信息。激光探测技术主要包括激光测距技术、激光雷达技术、激光目标指示器、激光全息照相等。其目标特性主要包括：外形轮廓特性、运动目标与背景的差异特性、目标各个部分的相对运动特性、振动频谱特性等。

3. 无线电信号目标特征

无线电信号目标类别主要包括通信信号、雷达信号、敌我识别信号、导航信号、飞行器测控信号（含遥测信号、遥控信号、测距信号以及数传信号等）、制导信号等，不同类别的无线电信号其特征也不同，而且同类信号的细微特征也不同。

（1）信号类别特征

① 频率特性。不同类别的无线电信号通常使用的频段也不同。例如，战略短波通信频段为1.5～30MHz，陆军战术通信频段为30～88MHz，地空、空空战术通信的频段为225～400MHz，卫星通信的主要频段是C频段、Ku频段、Ka频段；战场侦察雷达和合成孔径雷达多工作在L波段、X波段、Ku波段、Ka波段；敌我识别器工作在L波段的低端；罗兰-C陆基无线电导航系统的工作频率为100kHz，卫星导航系统工作在L波段的高端；飞行器测控系统工作在S、C、Ku、Ka频段；遥控式制导系统工作在S、Ku频段，主动式无线电寻的制导系统工作在X、Ku、Ka频段。

② 波形特性。不同类别的无线电信号因调制方式不同，因而导致其已调信号的波形明显不同。绝大部分雷达、敌我识别器、主动式无线电寻的制导系统采用脉冲调制波形，而通信、导航、测控、遥控（指令）制导系统、少数雷达采用连续波波形。

（2）同类信号的细微特征

人类指纹的唯一性和不变性为个人身份鉴定提供了依据。与人的指纹类似，无线电波也有在无线电发射设备出厂时就已形成的细微特征，称为信号"指纹"。对信号进行"指纹"分析，既可以区分同一类辐射源的各个个体，也可以详细了解辐射源的潜在性能，进行平台识别和属性识别，以及部队编制、行动企图和威胁评估。

通信信号"指纹"主要包括信源细微特征（语音特征、手发报的报调、数字报的频域特征和时域特征等）、调制细微特征（调制深度、调制失真等）、载波细微特征（载波功率谱、载波相位、载波的频率稳定度、寄生调制、谐波失真）等。

雷达信号"指纹"主要指雷达的脉内调制特征，尤其是不期望出现的无意调制特性。雷达的脉内调制分为有意调制和无意调制。有意调制是为了某种目的而专门设计的，主要分为：单载频、多载频分集、多载频编码、线性调频、二相编码和多项编码等，不同种类雷达的脉内调制方式不同，同一种雷达的脉内参数也具有离散性。无意调制是由雷达发射机的不完善所产生的。每一部雷达的无意调制是不同的，即使是同一品牌同一型号的雷达也是如此。因此，无意调制代表雷达的独有特征。

敌我识别和主动寻的式制导信号的"指纹"与雷达类似；导航、测控（含测距、遥控、遥测、数传等）、遥控制导等信号的"指纹"与通信类似。

4．声探测目标特征

从频谱特性来看能产生声波的目标，他们有各自不同的声波频谱分布，因而可以根据其频谱特征来识别目标。例如飞机和高炮的声音明显不同。有些目标产生的声波，通常还包含多个频谱，如火炮发射时有炮口声波、弹道声波、爆炸声波。当炮弹弹径、爆炸方式不同时，其频谱的细微特征也不同。

由于声波在大气和水中传播特性的不同，使水声探测目标呈现出其独有的特征，主要包括：

① 回波特性。由于水下目标的运动状态、形状、大小、材料等不同，因而对声波的反射特性也不同。主动式声呐主要通过提取从目标返回的声波的强度、多普勒频移、频谱结构、包络特性来识别目标。

② 噪声特性。由于不同的水下运动目标所产生的噪声各异，因此，被动式声呐通过分析目标辐射的噪声频谱结构、包络特性等也可以识别水下目标。

5．地面战场传感器目标特征

地面战场传感器主要是探测目标的振动、声响、磁敏等特性，相关解释如下。

① 振动特性。不同质量、运动方式的目标所产生振动信号的幅度、波形不同。如单人行走引起地面振动信号为间断波形，而车辆为连续波形。

② 声响特性。任何地面运动目标、低空飞行目标或炮弹爆炸，都会发出不同的声响。根据声响在频率、强度上的差异，就可以利用小阵列爆裂声测向器、无源声响直升机测向器等来识别目标。

③ 磁敏特性。武装人员（主要是随配枪械）、轮式车辆、履带车等属于铁磁物质，由于它们铁磁物质的含量和运动状态不同，引起磁敏传感器（磁力计、磁敏反向探测器等）感应的电压和相位也不同。

④ 压力特性。不同质量的目标对地面产生的压力不同。应变钢丝传感器、平衡压力传感器、驻极体电缆、光纤压力传感器就是根据目标的压力特性来侦察地面活动目标的运动情况。

3.2.2　影响预警探测的外部因素

探测目标效能的高低，不仅取决于预警探测装备自身的性能，还取决于目标所处的地理环境、天气条件、电磁环境、隐身及抗截获性能、杂波、噪声和干扰等因素。

① 地理环境：所有的目标总是处在一定的地理环境中，环境因素常常影响对目标的发现、识别和作用距离。

② 天气条件：阴、雨、雪、雾、霾等天气条件能对探测活动造成不利影响，一是对光学设备来说，天气条件会降低目标与背景的反差，增加发现和识别目标的难度；二是会不同程度地增加对各波段电磁波的衰减，降低探测设备的效能；三是恶劣的天气条件会阻碍探测活动的实施。

③ 电磁环境：如果预警探测设备处在一个复杂的电磁环境中，不仅可能堵塞或干扰设备的前端，还会导致分析、识别目标上的困难。

④ 隐身及抗截获性能：雷达是利用目标对电磁波的反射来探测目标的，但随着隐身技术的发展，通过外形隐身和材料隐身设计，可使目标对雷达信号的后向散射强度减小 20～30dB，

从而使雷达很难发现和识别隐身目标。无线电辐射源目标通过采用点波束、抗截获信号体制、突发、加密等技术手段抗拒无线侦察与监视。红外目标采用消除目标与背景之间的温差、改变目标的正常热分布等方法，可以增加红外探测器分辨目标的难度。水声目标通过在表面喷涂吸声材料、采取隔声和消声措施等方法，隐蔽自己，减小被声呐发现的概率。

⑤ 杂波：地面、海面杂波会影响雷达的有效探测距离和测量精度。

⑥ 噪声：噪声能降低侦察与监视设备的检测门限。

⑦ 干扰：电子干扰和光电干扰可以降低雷达、电子侦察设备和光电侦察设备的效能，甚至导致功能丧失。

3.3 预警探测系统结构和组成

3.3.1 系统结构和组成

预警探测系统可以根据不同的预警需求和预警对象的重点来确立预警体系的基本架构。通常预警探测系统的架构主要按以下四种方法设计：一是按预警装备平台设计，分为天基预警系统、空基预警系统、陆基预警系统、海基预警系统；二是按空间层次设计，即根据空天目标活动空间分布，分为外层空间预警系统、临近空间预警系统、大气层预警系统；三是按照军种系统设计，即以军种系统为中心，分为陆军预警系统、空军预警系统、海军预警系统和其他军种（系统）预警系统；四是按信息流程设计，即按预警信息的流程，分为传感器系统、作战管理与指挥控制系统、信息处理系统、信息传递分发系统。

从目前世界军事强国预警探测系统的架构来看，预警体系结构一般以融合"按空间层次设计"和"按预警装备平台设计"的思想来构建，下面以战略预警体系结构为例分析预警探测系统的结构和组成。

一种典型的战略预警系统的结构组成主要由防空预警系统、反导预警系统、空间目标监视系统和信息传输与处理系统组成，如图3.1所示。

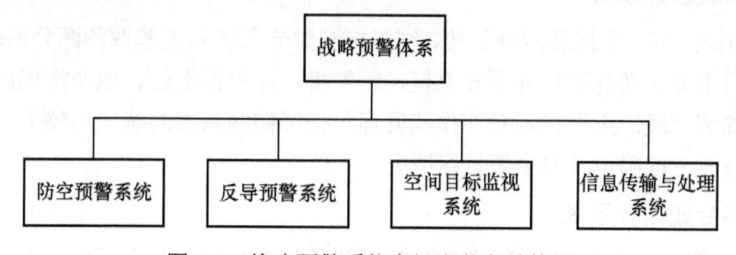

图 3.1 战略预警系统空间和装备结构图

1. 防空预警系统

防空预警系统主要由国土防空预警、远程防空预警和临近空间预警监视力量组成，主要任务是对高度100km以下、周边2000km的各类空中目标、临近空间目标进行预警探测，兼顾战术弹道导弹预警和地面（海上）运动目标监视，保障防空作战和空中远程打击。系统与反导预警系统和空间目标监视系统相交联，向反导预警系统提供弹道导弹预警情报，并得到空间目标监视系统的信息支援。

2. 反导预警系统

反导预警系统主要由天基反导预警、地（海）基反导预警和空基反导预警力量组成，主要任务是及时发现、跟踪来袭的弹道导弹，计算弹道、轨道参数，预报可能被袭击的目标和时间，向反导拦截系统通报获取的信息，监视己方发射导弹的飞行轨迹和状态。

3．空间目标监视系统

空间目标监视系统主要由雷达探测、无线电侦测和光电观测力量构成，主要任务是搜索、发现、跟踪和识别各种航天器，准确测定其轨道参数，随时掌握其飞行动态和运行规律；对掌握的空间目标进行编目，为建立空间目标资料库提供直接支持，并根据空间轨道目标的发射和运行情况，及时判明其国籍、用途和对己方的威胁程度，同时兼顾弹道导弹预警和拦截效果评估。

4．信息传输与处理系统

信息传输与处理系统主要由防空预警信息传输与处理分系统、反导预警信息传输与处理分系统和空间目标监视信息传输与处理分系统组成，主要任务是担负预警指挥控制、信息融合分发、威胁判断和态势生成，依托一体化指挥与信息处理系统，实现防空预警、反导预警和空间目标监视系统的综合集成，为军队提供网络化情报保障。

另一种典型战略预警系统的系统结构是以信息流程为主导的设计思想，主要由预警探测源分系统、信息综合处理分系统和信息传递与分发分系统构成，如图3.2所示。

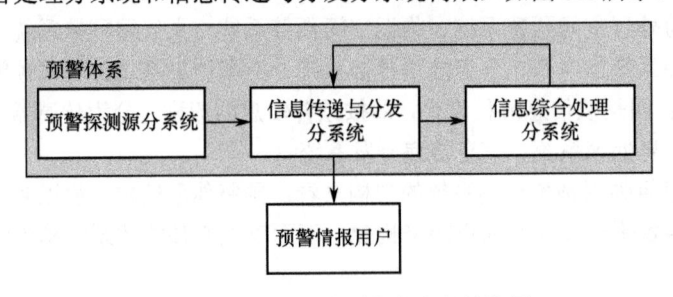

图 3.2　战略预警体系信息流程结构图

1．预警探测源分系统

该分系统由陆（海）基探测源分系统、空基探测源分系统和天基探测源分系统三部分组成，采用的预警手段主要包括高轨红外预警卫星、预警机、浮空器雷达、地面常规情报雷达、相控阵雷达及其他探测手段。主要任务是在作战管理与指挥控制系统的统一调控下，对空天目标进行探测跟踪，及时、准确地掌握空天目标情况。

2．信息综合处理分系统

信息综合处理分系统对各传感器收集的信息进行综合处理、分选识别，形成准确完整的空天目标情报态势，上报上级指挥机构，并根据目标性质和拦截任务的区分，订制不同用户所需的空天目标情报。

3．信息传递与分发分系统

该系统由各类通信网络构成，主要任务是将获取的空天目标信息传送至信息综合处理分系统和相关情报用户，将经过综合处理的情报传递到相关情报用户。

以上两种结构，设计的出发点不同，有各自的特点。第一种系统结构中，分系统既有分工也有协作，有利于分系统的功能互补；在指挥控制机制上，采取集中指挥的方式，有利于全面掌握空天目标态势。不足之处，一是不利于集中指挥不同军兵种的预警分系统，战略预警体系提供的情报也难以满足不同情报用户的需求；二是由于情报传递的层次较多，预警情报时效性会受到一定的影响。第二种，体现了"网络中心"的思想，打破了军兵种限制，指挥机构设置简洁，系统综合有防空预警、反导预警和空间目标监视的功能。但是，体系建设技术含量更高，要求有更加完备的信息网络系统作为支撑。

3.3.2 预警信息处理基本流程

预警探测系统的信息来源主要由导弹预警卫星、海洋监视卫星、预警雷达、战场预警监视飞机、战场监视雷达等平台提供，信息内容主要是弹道导弹、飞机、坦克、舰艇、部队等战场移动目标，信息形式包括话音、图像、视频、数据等，信息链路包括无线通信和数据链系统，预警信息的流动模式以点对点为主，流动速率极快，时效性极高，信息用户主要包括指挥机构、作战部队、武器平台、单兵等。

预警探测信息的基本流程主要是指各种预警卫星、空中预警机、战场监视雷达等战场监视装备的信息流程。此类作战力量一般由战区、作战集团掌握，重点获取各类机动性很强的时间敏感目标信息。获取的信息主要有两种流向：一是经过通信卫星传递至战区指挥机构、作战集团后，再按级或越级分发至各部队、武器平台；二是通过数据链系统，直接传递至战区内的武器平台。

预警探测信息的基本流程如图 3.3 所示，根据预警探测系统作战任务需求和预警武器系统部署情况，由战区预警指挥控制中心确定并下达任务，预警系统开始工作，对指定区域实施探测预警，发现目标后，进行目标综合识别（属性识别、类型识别）、跟踪和初步融合处理，通过信息数据链路向地面接收站和防御作战单元发送预警信息，预警信息在信息处理中心进行综合处理，形成综合预警情报，建立指定区域的一致预警情况态势。根据预警信息，引导防御系统跟踪目标，并进行目标交接和打击效果的评估。

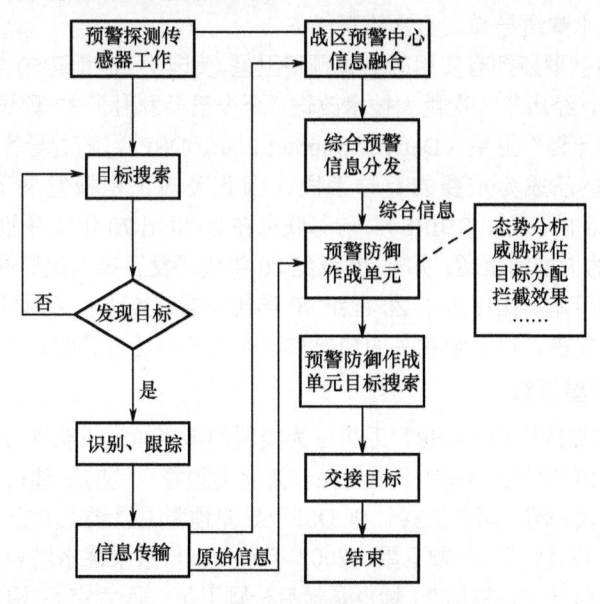

图 3.3 预警探测信息基本流程图

3.4 预警探测系统类型

预警探测系统根据系统作用、探测目标种类、探测装备位置不同可以分为多种类型。按系统作用，预警探测系统可分为战略预警系统和战区内战役战术预警系统两大类，战略预警系统的主要对象是防御战略弹道导弹、战略巡航导弹和战略轰炸机；战区内战役战术预警系统的对象是探测大气层内的空中、水面和水下、陆上纵深和隐蔽设施等战役战术目标。按探测目标种类，预警探测系统可分为防天、防空、反导弹、反舰（潜）和陆战等不同的预警探测系统。按传感器平台位置，预警探测系统可分为天基、空基、陆基和海基预警探测系统。

虽然不同预警探测系统的功能作用和探测的目标种类不同，但是系统的信息处理流程基本类似，都包括了"信息获取→信息传输→信息处理→信息使用"等军事信息系统信息处理的全过程。因此，每一类预警探测系统基本上都包括传感器系统、指挥处理系统（例如美军 NORAD 的预警中心）和通信系统等组成部分。下面根据传感器平台位置对不同类型的预警探测系统进行介绍和分析。

3.4.1 天基预警探测系统

天基预警探测系统主要指的是，传感器平台位于卫星等天基运载平台上的预警探测系统，目前主要的天基预警探测系统是导弹预警卫星。

导弹预警卫星通常运行在地球相对静止轨道或大椭圆轨道上，一般由多颗卫星组成预警网络，进行全球范围的监视。卫星上往往装有红外探测器、电视摄像机以及核辐射探测器等探测设备。红外探测器以一定速率扫描观测区，探测导弹的红外辐射。它可以发出警报，并进行跟踪和预测弹着点。电视摄像机作为红外探测器的辅助观测手段，跟踪导弹飞行并生成导弹运行图像，提高发现率，降低虚警率。核爆炸探测器，包括射线探测器、γ 射线探测器和中子计数器等，通过探测核爆炸所产生的 X 射线、γ 射线、中子、闪光和电磁脉冲来侦察核爆炸的情况。

导弹预警卫星对战略洲际弹道导弹一般可提供 30min 的预警时间，对潜射导弹提供 15min 的预警时间。20 世纪 90 年代以前，导弹预警卫星主要用于探测战略洲际弹道导弹和潜射导弹。海湾战争后，探测战术弹道导弹成为它的新任务。

目前只有美国与俄罗斯拥有实用的导弹预警卫星。美国于 20 世纪 50 年代后期开始研制"米达斯"天基预警系统，经历了 5 次重大技术改进，至今已经发射了 32 颗导弹预警卫星，现役的是第三代"国防支援计划"卫星（Defense Support Plan，DSP）。随着导弹在现代战争中的广泛应用，导弹预警卫星已成为重要的反导手段，因此美国正积极发展下一代导弹预警卫星（Space-Based Infrared System，SBIRS）。前苏联也在 20 世纪 70 年代开始研制导弹预警卫星，采用周期约 12 小时的大椭圆轨道，并于 20 世纪 80 年代研发了第二代导弹预警卫星。除美国和俄罗斯之外，法国和日本等国家也于 20 世纪 90 年代中期开始研制导弹预警卫星。下面介绍三个天基预警探测系统实例，以了解相关的情况和工作原理，还可了解其长处和薄弱环节。

1. DSP 预警卫星系统

美国空军的防御支援计划（DSP）卫星，为美国的国家指挥机构和作战司令部提供导弹发射和核爆炸的早期检测和预警。DSP 卫星星座作为北美预警系统的基础设施，已有 30 多年的历史。从 20 世纪 70 年代初将"国防支援计划 DSP"导弹预警卫星送上太空，至 2007 年经历了四次卫星的升级改造，共发射了 23 颗卫星（2007 年 4 月 1 日搭乘德尔塔-4 重型火箭从美国卡纳维拉尔角空军基地发射升空，将第 23 颗也是最后一颗卫星送入太空），构建了 DSP 计划中的完整的卫星预警系统。

现役的第三代 DSP 预警卫星由 5 颗布洛克-14 型（Block-14）地球同步轨道卫星组成，能监视东半球、欧洲、大西洋和太平洋地区。其中 3 颗主卫星分别定点在太平洋（西经 150°）、大西洋（西经 37°）和印度洋（东经 69°）上空，固定扫描监视除南北极以外的地球表面。另外 2 颗备份卫星，其中一颗定点在东经110°上空，目前负责监视印度洋东部。如图3.4所示，布洛克-14型卫星标称的工作寿命为7～9年，装备有红外探测器、恒星敏感器、核爆炸辐射探测器、可见光电视摄像机和三副通信天线等，可对导弹进行探测和跟踪。资料显示，红外望远镜长3.63m，直径0.91m，可对地球大部分地域进行扫描，可探测短波长2.7μm的红外辐射和中波长4.3μm的红外辐射，能探测导弹助推段和温度较低的巡航导弹及喷气机目标的尾焰。当卫星以5～7r/min的速度自转时，每隔8～13s就可对地球表面1/3的区域重复扫描一次，通过连续扫描即可测出弹道导弹的位置和移动方向，地面站若能同时

图3.4 布洛克-14型（Block-14）导弹预警卫星

接收到2颗以上卫星在不同几何位置对同一目标获得的红外线数据，则可据此得到目标的立体红外线影像，测距并准确预测导弹飞行方向与弹着点（只有1颗卫星的资料时只能测向），多数情况下对任何一个地点发射的导弹都可同时用2颗卫星进行探测以形成立体影像。

DSP地面站包括3个固定站、1个移动站和1个技术支持站。固定站包括美国科罗拉多州Buckey空军基地的本土地面站、澳大利亚Woomera的海外地面站以及德国Kapaun的欧洲地面站，它们分别接收各自地区的DSP卫星数据，其中美国本土站和澳大利亚站兼作数据处理站。此外美国空军卫星控制网（Air Force Satellite Control Network，AFSCN）也对DSP卫星提供辅助测控。

目前，用DSP卫星探测8000km的远程弹道导弹，扣除卫星资料解算和传递所需时间，标称的预警时间为25min。在1991年海湾战争中，DSP在地基和机载雷达的配合下，有效地探测到了"飞毛腿"导弹（SCUD）的发射，为"爱国者"导弹拦截提供了几分钟的预警时间，在导弹拦截过程中发挥了较大作用。

虽然美国声称已经构成了完整的DSP预警卫星系统，但在海湾战争中，DSP系统的弱点也逐渐暴露出来，主要表现在以下几方面。

① 对战区导弹的探测能力差：DSP系统是为探测洲际弹道导弹等战略武器设计的，卫星上使用的中、短波长红外探测器，采用扫描工作方式，只能探测导弹助推段尾焰发出的红外辐射信号，在助推器燃烧完并脱离后，弹体温度快速下降，此时弹体最大辐射率的波长已经超出中、短波红外线的最佳侦察范围，DSP卫星将无法对导弹进行连续跟踪，更无法精确预测落点。这种方式对付主动段时间较长的战略导弹会有效，但对于主动段时间较短、射程较近、燃烧时间短的战区导弹的探测能力十分有限。即使能够探测到它们的发射，所提供的预警时间也太短。

② 扫描速度低，地面分辨率低。DSP卫星以6r/min的速度绕其星体轴线旋转，红外探测器每10s才能对被探测目标重新扫描一次。卫星的地面分辨率约为3～5km，在侦察移动式或带伪装的导弹发射设施方面较为困难。

③ 存在虚警和漏警问题：高空云层反射的太阳光和地面强烈的红外辐射源（如森林火灾）容易引起卫星发出虚警，导致卫星虚警率较高。此外，对覆盖地区不能连续监视，扫描速率低，必然存在漏警的可能性。

④ 地面站的处理容量问题：DSP预警卫星系统对地面站依赖程度高，卫星平台无信息处理能力，必须将获得的信息传递回地面站处理，再将预警信号转发给相关机构，需要耗费几分钟的时间。这种作业方式对于探测飞行时间长达25～30min的洲际导弹尚有可取之处，但对于

探测飞行时间只有几分钟到十几分钟的短程导弹,由于短程导弹助推器燃烧时间仅为 55~80s,再加上信息处理与转发时间延时,卫星很难提供足够的预警时间。

因为 DSP 卫星存在上述的局限性,美国正在研制新一代预警卫星系统 SBIRS 来替代 DSP 预警卫星。

2. 大椭圆轨道预警卫星

大椭圆轨道预警卫星为俄罗斯所拥有,也被称为"眼睛"导弹预警卫星系统,是由一个 9 星星座构成的天基预警系统。预警卫星装备有红外探测器、光导摄像管摄像机以及核爆炸探测器等,轨道高度为 607km/39192km,轨道倾角 62.9°,轨道面彼此间隔 40°,设计寿命为 2~3 年。截至 1997 年年底,共发射此类卫星近 80 颗。2000 年 9 月,该星座仍有 4 颗星工作。

"眼睛"导弹预警卫星系统可在导弹发射 20s 内发出预警信号,对洲际弹道导弹能提供 30min 的预警时间。该卫星系统自 1987 年 9 星组网工作之后,卫星每天飞两圈,其中一圈飞经美国东海岸上空,一圈飞经俄罗斯东部和西太平洋上空,期间侦察美国导弹发射场的时间长达 15h。这种轨道还可几乎直接覆盖我国,监视我国导弹发射基地的运转情况。

3. SBIRS 预警系统

SBIRS 是由美国空军研制的新一代天基红外监视系统,也是美国导弹防御系统的重要组成部分。它可用于全球和战区导弹预警、国家和战区的导弹防御等。资料显示 SBIRS 包括天基红外系统高轨道计划和天基红外系统低轨道计划两部分。低轨道卫星将与高轨道卫星共同提供全球覆盖能力,如图 3.5 所示。

高轨道卫星包括 4 颗地球同步轨道卫星、2 颗大椭圆轨道卫星以及 1 颗同步备份卫星。采用双探测器体制,每颗卫星上装有两台高速扫描型和凝视型探测器。探测目标的过程中,先由扫描探测器对覆盖区域进行广域扫描,探测到导弹尾焰后把信号传递给凝视探测器,用精确的二维阵列跟踪导弹,并可将导弹运动的画面拉近放大以获得更详细的信息。据称,这种探测机制的扫描速度和灵敏度比 DSP 系统提高了 10 倍多,在 10~20s 内即可将预警信息传给地面控制中心(现在的 DSP 卫星要 40~50s),而且这种工作方式能有效地增强探测战术弹道导弹的能力。大椭圆轨道卫星的配置,用来覆盖两极地区,以弥补静止轨道卫星不能探测地球北纬 81°以北地区的缺陷。

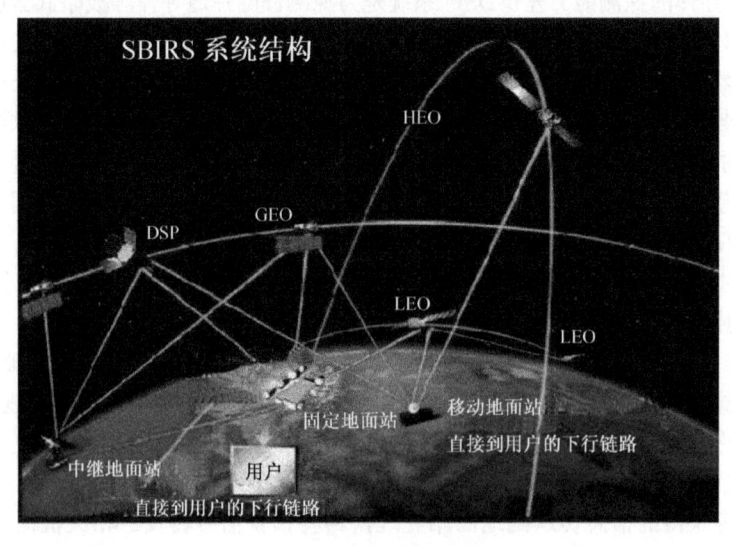

图 3.5 SBIRS 系统结构

低轨道卫星包括约 24 颗部署在 1600km 左右高度的小型、低轨道、大倾角卫星，它们分别飞行在多个轨道面上。低地球轨道卫星上装备有多种红外探测器和可见光探测器，其中广角短波红外探测器用于探测助推段导弹的信息，窄视场凝视型红外探测器用来跟踪飞行中段导弹的中、长波红外线。各卫星星座间以 60GHz 的链路连接，当任一颗卫星探测到目标后，会立即通过这条链路联系附近的卫星共同跟踪同一目标，以形成立体影像。低轨道卫星还可探测助推器脱离后温度较低的弹体与运载弹头的大气层重返载具。具有从导弹助推段、中段一直到重返大气层的再入段的全程探测与跟踪能力，使弹道导弹的早期拦截成为可能。

SBIRS 系统的地面设施包括：美国本土的任务控制站、一个备份任务控制站和一个抗毁任务控制站，海外的中继地面站和一个抗毁中继地面站，多任务移动处理系统和相关的通信链路。

基于 DSP 存在的问题和新的导弹预警需求，SBIRS 预警卫星系统在探测技术和组网方式两方面都做了较大改进。在探测技术方面，SBIRS 采用了双探测器机制。据称，其扫描速率和灵敏度成倍提高，同时具有了精确的跟踪和定位能力，还宣称较好地解决了虚警和漏警问题。在组网方式上，SBIRS 采用高轨与低轨结合的方式，地球静止轨道卫星用于探测导弹飞行的助推段，低轨卫星用于跟踪导弹飞行中段和再入段，大椭圆轨道卫星能够覆盖两极地区，三种轨道卫星分工协作，使预警能力的提升和全球覆盖成为可能，如图 3.6 所示。

SBIRS 的高轨道卫星和静止轨道卫星由洛克希德马丁公司负责研制。首颗 SBIRS HEO-1 卫星于 2008 年 11 月开始运行，截至 2015 年 5 月，SBIRS 已有 3 颗 HEO 卫星在轨。2011 年 5 月，第一颗 SBIRS GEO-1 卫星发射，2013 年 11 月第二颗 SBIRS GEO-2 卫星也进入业务运行阶段，2017 年 1 月第三颗 SBIRS GEO-3 卫星发射，SBIRS GEO-4 卫星正在测试和最终集成，SBIRS GEO-5 和 SBIRS GEO-6 作为新加入的卫星已进入研制阶段。最终 SBIRS 的高轨卫星将包括 4 颗 HEO 卫星和 6 颗 GEO 卫星。由于 SBIRS 系统面临许多困难，使得 SBIRS 的发射计划不断推迟，计划投入的经费也不断增加，已超过了 120 亿美元。为了防止 SBIRS 系统不能发挥有效的导弹预警功能，美国从 2006 年开始就已启动 AIRSS（Alternative Infrared Satellite System）系统来替代红外卫星系统计划，当 SBIRS 不能发挥作用时，寄希望于 AIRSS 能够为美军提供持续的导弹防御能力。因此，从全世界角度来看，高水平、高精度的天基预警系统都是艰巨的任务，需要耗费大量的人力、物力和财力。

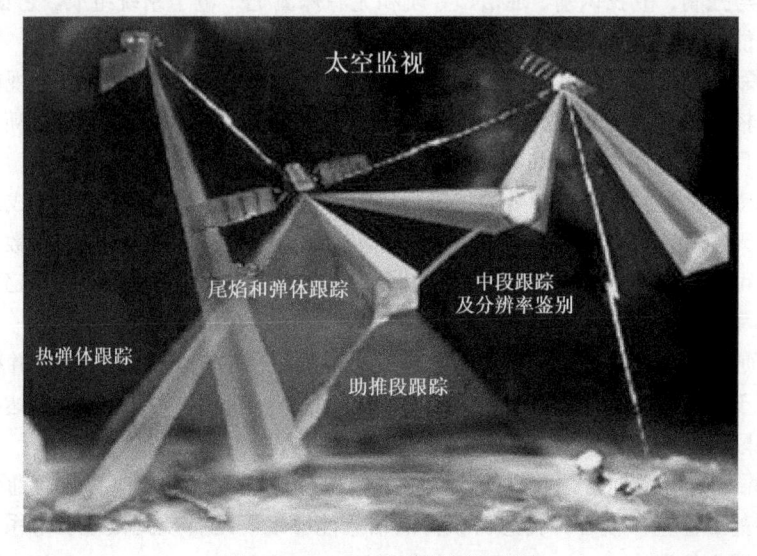

图 3.6 SBIRS 导弹探测示意图

3.4.2 空中预警探测系统

空基预警探测系统主要是指探测器放置于飞机、气球、飞艇等空中运载平台上的预警探测系统，目前包括预警机、系留气球、飞艇和浮空器等预警探测系统。

1. 预警机

预警机，是装有预警雷达的特殊飞机，它被用于搜索、监视空中或海上目标，指挥并引导己方飞机执行作战任务。预警机又被称为机载预警和控制系统（Airborne Warning and Control System，AWACS）。

预警机最早是为了克服地面/舰基雷达的缺点而发展起来的。首先，地面/舰基雷达的电磁波大多处于微波波段，沿直线传播，因受地球曲率的影响，探测距离近，盲区大，并且低空探测性能差；其次，地面/舰基雷达由于位置固定或者运动速度较慢，容易遭受攻击，生存能力较差。从 1944 年世界上第一架由美军研制的小型预警机 TBM-3W 出现（如图 3.7 所示），至今已经有 60 多年的发展历程，其作战使命已经从早期的预警探测扩大为预警探测和指挥控制为一体，形成了一种新型的预警探测作战指挥飞机。

图 3.7 TBM-3W 预警机

现在的预警机是空中预警探测系统的重要组成部分，通常由载机加之以监视雷达、数据处理、数据显示与控制、敌我识别、通信、导航和无源探测七个电子系统组成。它集预警和指挥、控制、通信功能于一体，起到空中运动雷达站和指挥中心的作用。

① 雷达探测系统是预警机的关键部分。最新式的预警机通常采用具有下视能力的脉冲多普勒雷达和相控阵列雷达，能在地面和海面伴有严重杂波的环境中探测和跟踪高空或低空、高速或低速飞行目标，能对数百个目标进行处理和显示。

② 敌我识别系统主要用于复杂的战区内辨别敌我，由询问机和应答机组成。询问天线通常安装在雷达天线上，在雷达探测的同时对目标进行询问，目标的回波被送入数据处理系统，天线扫描一次可以询问 200 个装有应答机的目标。经过综合处理的信号最后输入到显示控制台，使机上操作员和指挥员对战区敌我力量的分布情况一目了然。

③ 电子侦察和通信侦察系统主要是在本身不发射电磁波的情况下，探测并确定敌方的电磁辐射源。用于对各种雷达和通信信号进行探测、识别、定位和跟踪，这是雷达探测系统的主要情报支援手段。

④ 导航系统主要用于为预警机提供自身的精确位置、姿态和速度参数。通过这些参数为雷达系统提供基准位置，使各种传感器获得的信息能够准确地转换到大地参考系上去，从而获得时空统一的探测信息。

⑤ 数据处理系统一般由多部高性能计算机组成，任务是迅速、准确地处理、显示上百个探测目标信息。

⑥ 通信系统包括机内通信和外部通信。机内通信系统为操作员和机组建立话音和数据通信通道；外部通信系统由数部短波和超短波电台组成，可将大量信息传递给空中友机、海上舰船或地面指挥所。

⑦ 显示和控制系统主要用于显示战区综合信息，供指挥员和操作员对战场进行控制指挥，发出指令，并进行数据处理和编辑。显示台分为搜索、引导拦截、指挥、电子侦察等多种功能。

现代预警机包括海军舰载预警机和空军陆基预警机两种，分别完成海军对海上目标的预警以及空军对空中目标的预警。目前现役的引人关注的预警机包括美国空军的 E-2 型系列、E-3 型系列、E-8 型系列、以色列的费尔康（Phased Array L-band Conformal Radar，Phalcon）、日本的 E-767、瑞典的塞班（Saab）以及美军的 E-10（MCA2）预警机等。我国在预警机的研制方面也已经处于世界前列，自主研制的预警机已经陆续装备部队使用。下面我们分析一些预警机的发展历程及其特点。

（1）E-2 系列预警机

E-2 预警机最初由美国格鲁门公司研制，也是美国第一种专门设计制造的空中预警机，在此之前，美国的预警机都是用运输机或其他飞机改装的。格鲁门公司于 1956 年开始设计 E-2 预警机，1964 年第一批 E-2A 正式交付美国海军使用。E-2 预警机历经多次改型，形成了 E-2A、E-2B、E-2C、E-2C Group 0、E-2C Group I、E-2C Group II 以及"鹰眼 2000"等系列预警机（E-2C 也称为鹰眼 Hawkeye），系列的命名主要反映预警机雷达的不同，如图 3.8 所示。

E-2A 和 E-2B 采用的分别是 AN/APS-96 和 AN/APS-111 雷达，开始具备了初步的海上下视能力和陆上下视能力，现已退役。E-2C 采用 AN/APS-120，它完善了海上下视能力；E-2C Group 0 采用 AN/APS-125，具有了较好的陆上下视能力和一定的抗干扰能力；E-2C Group I 采用 AN/APS-138/139，降低了天线副瓣改善了抗干扰能力，并完善了小型目标的探测能力；E-2C Group II 以及"鹰眼 2000"采用 AN/APS-145，具有了较为完善的海陆下视能力和抗干扰能力。

■ 机内空间的局促使得E-2无论怎样改进，操作台和操作员的数量受限，无法和大型预警机相比

图 3.8　E-2 预警机

E-2 系列的载机是为方便航母起降而专门研制的，其雷达天线罩可升降，机翼可折叠。雷达工作在 UHF 频段，天线与雷达罩一起旋转，采用八木阵形式，副瓣较高。该系列的预警机是世界上使用时间最长，装备数量最多的预警机，仅美国海军就订购了超过 154 架的 E-2C 预警机。目前，E-2C 系列型号的预警机仍然在美国及其他近 20 个国家使用（如法国、日本、以色列、埃及、新加坡等）。

（2）E-3 系列预警机

为了克服 E-2 系列预警机在陆空上探测能力的不足，满足陆上作战需要，美国空军于 1965 年提出了研制新型预警机的计划，新一代可空中加油的预警机 E-3 便应运而生。首批生产的 E-3A 哨兵（Sentry）预警机于 1977 年交付美国空军使用。与 E-2 系列预警机相比，E-3 不仅速度更快，航程也几乎大了一倍，无须加油的最大续航时间可达 11.5h，监视范围可达 50 万平方千米，如图 3.9 所示。

E-3 系列预警机经过 30 多年的发展，已从早期的 E-3A、E-3B 和 E-3C 发展到目前的 E-3D、E-3E 和 E-3F 等多个型号。E-3A 采用的 AN/APY-1 型雷达，是一种 S 波段的高脉冲重复频率的多普勒雷达，使用平面裂缝阵列（Planar Slotted Array）天线，具有低副瓣的特点，以机械扫描的方式进行全方位覆盖，同时在俯仰上以电子扫描方式完成侧高功能。除了短波和超短波电台外，E-3A 还配有 Link-4A、Link-11 和 Link-16 数据链，以完成空空、空地情报交换，并引导友机飞行。由于 AN/APY-1 雷达缺乏海上目标监视能力，升级的 E-3B 采用具有海上监视能力的 AN/APY-2 型雷达，采用了处理能力更强的 4PiCC-2 计算机，还增加了高频电台、自卫和干扰设备。E-3C 预警机在前面预警机的基础上，增设了 5 个显示控制台、5 部 UHF 电台和 JTIDS 终端等设备。在 E-3A/B/C 各型的基础上，美国还研制了用于出口的 E-3D、E-3E 和 E-3F 等型预警机。

图 3.9　E-3 预警机

1977 年至 1984 年期间，美国空军共接收了 34 架 E-3A，80 年代后分期分批地改进成为 E-3B 和 E-3C 型预警机，除了美国外，北约组织、沙特、英国和法国等多个国家也装备了 E-3 预警机。目前 E-3 系列预警机仍然是世界上较为先进的预警机，在雷达和计算机的配合工作下，可以同时发现、跟踪并处理 600 多个目标，并对其中 200 个目标进行识别，可以引导 100 架拦截飞机，对中高空目标的探测距离可达 600km，对低空目标的探测距离也可达到 350km。

（3）E-767

20 世纪 90 年代初，日本向美国波音公司购买 E-3 预警机时，由于 E-3 的载机波音 707 生产线已于 1991 年 5 月关闭，于是将波音 767-200ER 作为 E-3 的替代载机，这便是日本空中自卫队使用的 E-767 预警机。E-767 由 E-3 的基本任务电子系统与波音 767 飞机组成，如图 3.10 所示。波音 767-200ER 的机体比波音 707 宽，使机舱底面积增加了 50%，舱内容积几乎增加了 2 倍，可以容纳更多的设备和人员。波音 767-200ER 的动力装置比 707 强大且省油，可以增加航程和续航时间，也能减少日常运行费用。

图 3.10　E-767 预警机

E-767 于 1996 年 8 月 9 日进行了首次飞行测试，日本订购的 4 架已于 1998—1999 年间交付使用。E-767 预警机的电子系统大致与 E-3B 相同，包括 AN/APY-2 监视雷达、CC-2E 任务计算机、AN/APX-101/103 敌我识别系统、LN-100G 导航系统、HF/VHF/UHF 通信设备（传送话音和数字数据）、Have Quick 超高频（UHF）无线电台及 JTIDS 2 型终端等，还可选配电子支援设备（ESM）和红外对抗设备等。E-767 预警机上的飞行员为 2 名（E-3 为 4 名），电子系统操作人员可达 18 人。从 2000 年 5 月开始，日本的 4 架 E-767 已开始正式服役。

（4）费尔康

20 世纪 90 年代中期以后出现的预警机，其雷达普遍采用了相控阵体制，通过电控扫描的方式代替了传统的波束机械扫描。而以色列的费尔康就是世界上第一架使用有源相控阵雷达的预警机，1993 年在巴黎国际航展上首次露面便引起轰动。

费尔康由波音 707 改装而成，将三个共形（天线外形与机身基本一致，称为共形）有源相控阵天线分别装在飞机的机头和前机身两侧舷窗处，如图 3.11 所示。机身两旁各配备一部 10m×2m 的长方形阵列，机头处另有一部直径为 2.9m 的圆形阵列。这三面天线阵能覆盖 280° 的方位，还可在机身后侧加装 2 部 6.7m×2m 的天线以及在机尾加装一部小天线，以 6 个天线覆盖 360° 方位，俯仰也是相控阵扫描方式。全机各天线共装设有 1472 个固态 T/R 组件。

图 3.11　费尔康预警机

费尔康采用的相控阵体制雷达，与 E-2 和 E-3 预警机上机械扫描的雷达相比具有多种优势：扫描速度更快，机械扫描雷达一般对空域扫描一周需 12s，识别目标需 20～40s，而费尔康的雷达只需 2～4s 就能对目标进行识别；可靠性好，即使多个收发组件出现故障，系统仍能继续工作。费尔康雷达选择了介于 E-2 AN/APS-138/145 所用的 UHF（300～1000MHz）与 E-3 的 AN/APY-1/2 用的 S 波段（2000～4000MHz）间的 L 波段（1000～2000MHz），兼顾了探测距离与分辨率。费尔康雷达可同时跟踪 100 个目标，在 9000m 高度对战斗机大小的空中目标、舰船和直升机的探测距离分别为 370km、400km 和 180km。

通常，费尔康机组人员包括 6 名"飞行机组"成员和 6～13 名"任务机组"成员，配有 13 部双屏显示工作台。

（5）塞班（Saab）

S-100B 预警机又称为 Saab-340 预警机，是瑞典研制的小型陆基预警机，采用有源相控阵脉冲多普勒雷达作为监视雷达，天线为背鳍式，如图 3.12 所示。

20 世纪六七十年代，瑞典国防部门开始研究满足其防空需求的预警机方案，考虑到瑞典的地理特点和政治经济情况，预警机应能与瑞典的 STRIC 防空体系相结合，能从地面进行控制，能在公路上起降以提高生存能力，还应当尽量减少全寿命周期费用，因此决定使用小型涡轮螺旋桨飞机作为载机。但是，在这种小型飞机上不适宜安装像 E-2、E-3 那样的大型旋转天线及其天线罩。因此，可行办法就是采用无机械运动的相控阵天线，尤其是有源相控阵。在这种背景下，瑞典国防装备管理局委托爱立信公司（Ericsson）研制了有源相控阵雷达"爱立眼"（Erieye），并命名为 PS-890。该雷达被装载在 Saab 340B 支线客机上，形成 S-100B 预警机，也称为"百眼巨人"。

图 3.12 S-100B 预警机

PS-890 雷达的两个阵面背靠背地架设在飞机脊背上,每个阵面长 8m、高 0.6m,有 178 个(水平)×12 个(垂直)天线振子。两个阵面之间安装有 192 个固态发/收组件,每个组件与 8 个天线振子相连。每个组件内有一个电子开关,在控制信号的作用下使组件与左面或右面天线阵相连。阵列发/收组件直接由冲压空气冷却(天线罩前、后端均有开口)。

除了雷达外,S-100B 预警机的任务电子系统还包括:法国汤姆逊公司(现为 Thales 公司)研制的 TSB 2500 敌我识别系统、HF/VHF/UHF 通信电台组(包括 4800b/s 的 VHF/UHF 数据链)、GPS/惯性导航组合系统、VHF 全向信标(VOR)/仪表着陆系统(ILS)、彩色气象雷达、贴地告警系统等。

S-100B 预警机对战斗机大小的目标探测距离为 300km,对巡航导弹大小的目标探测距离为 100km,可同时跟踪 300 个目标。1996—1999 年,瑞典皇家空军已陆续接收了 6 架 S-100B。

(6)联合星 E-8

E-8 预警机的全称为"联合星"(Joint STARS),平台由美国"波音 707-300 型"民用飞机改装而成,装载了"联合监视与目标攻击雷达系统",采用形状像"独木舟"、长度为 12m 的侧视相控阵雷达天线罩,如图 3.13 所示。E-8 是一种军级指挥部门使用的大型对地战场侦察预警系统,也是经过海湾战争实战的一种新型侦察预警机。

E-8 可以完成战略级战场情报侦察预警任务,也可以完成战役级和战术级的战场侦察与监视任务。E-8 遂行对地远程侦察时,其最佳的飞行高度为 10688~12800m,最佳的飞行速度为 722~945km/h,空中无须加油的续航时间为 11h;经加油后,续航时间可以达到 20h。E-8 的侦察预警系统包括机载侦察雷达、数据传输与话音通信系统、电子自卫系统以及地面站等。

图 3.13 E-8A 预警机的外视图和内部操作台

E-8 的机载侦察雷达的型号为 AN/APY-3，是具有动目标显示和合成孔径雷达（MTI/SAR）成像两种工作模式的多孔径相控阵雷达。其相控阵天线的长度为 7.3m，主要功能是探测地面的活动目标和固定目标；同时，还可以探测正在转动的天线、低飞的直升机和慢速大型固定翼飞机。雷达工作频段为 I 波段（8～10GHz），最大的作用距离为 250km，可探测的最小目标尺寸为吉普车，可探测的最慢目标速度为 4.8km/h。雷达的分辨率在采用 SAR 工作模式时为 3.7m，且 SAR 成像的时间为 30～60s。当 E-8 飞行在最佳高度时，雷达每分钟扫描的范围为 50000km^2。

E-8 除了装有 JTIDS 数据传输终端以外，还装备了卫星通信数据链、SCDL 情报分发数据链、IDM 数据链和"联合战术终端"（JTT）情报分发终端等。其中，E-8 上装载的 JTIDS 二类终端型号为 AN/URC-107(V)工作于 Lx 频段，可在 128 个成员范围内传输信息，标准通信距离为 557km，最远的通信距离可达 928km，信息的传输速率为 28.8～238kb/s。卫星通信数据链（工作频段为 UHF 频段）是一种超视距数据传送链路，目的是将雷达侦察到的目标图像随时送往位于美国五角大楼的国防部。但是，它的传输速率比较慢，只能实现近实时的传输。SCDL 数据链（工作于 Ku 频段）是 E-8 的专用数据链，传输速率最高为 1.9Mb/s，主要用来传送地面站终端的"服务"请求，或者通过机载终端将机载雷达获取的各种目标信息向下传送至地面站。IDM 数据链数据速率为 75～2400b/s，主要用来将 E-8 获得的目标指示信息及时传送到美国陆军航空兵的各种武器打击平台，包括陆军的指挥中心、地面站和攻击直升机等，并引导美国陆军的近距离作战武器（平台）对敌方目标进行实时打击。"联合战术终端"（JTT）情报分发终端（工作频段为 UHF），主要用来实时分发美国陆军、空军和海军的电子情报侦察机收集到的信号情报。同时，可以利用这些目标信号情报提示和引导机载侦察雷达对目标作进一步细致的探测和定位。

E-8 的电子自卫系统主要包括一个 AN/AAR-47 导弹告警系统和五个 AN/ALE-47 干扰施放系统。AN/AAR-47 是一种轻型的无源导弹逼近告警系统，用于对来袭导弹的预警。AN/ALE-47 干扰施放系统是一种软件控制的干扰系统，可以根据来袭导弹威胁的情况，确定投放箔条还是红外曳光弹。

E-8 的地面部分包括中型地面站和轻型地面站两种。地面站设备都装载在车载式的方舱内，中型地面站带有 304.8m 的可伸缩天线，主要部署在军级和师级的战术指挥中心，轻型地面站主要部署在轻型部队和机动化部队。E-8 的雷达数据可全部送至地面站，供陆军指挥远程火炮、地地弹和兵力部署使用，美军计划一架 E-8 可配置 10 个地面站。

（7）E-10（MC^{2}A）

E-10 预警机的全称为多传感器指挥和控制飞机（Multi-Sensor Command and Control Aircraft，MC^{2}A），是美军正在研制的一种先进的具有空地监视、战场管理、指挥和控制、目标指示等功能的下一代预警机。

对于 MC^{2}A，美军具体的期望是把对空和对地探测综合在一起，将现役 E-2C、E-3A、E-8 等几种监视侦察平台整合到一架 MC^{2}A 上，如图 3.14 所示。预计，MC^{2}A 将是美军下一代具备海陆空天大范围的指挥、控制、情报、监视和侦察网络的预警机，与 E-3、E-8 相比，MC^{2}A 的指控系统的信息集成度会更高，数据处理速度更快，操作人员的

图 3.14 E-10（MC^{2}A）预警机

分析决策更快捷简便。一方面，MC^{2}A 兼有了 E-2 与 E-8 的功能，能同时监视空地目标。另一方面，MC^{2}A 可减少战时出动的预警机和侦察机的架次，减轻后勤负担，增强应付高技术、高强度战争的能力。同时，MC^{2}A 突破了线性的作战信息体系，代之以覆盖整个战场的信息网络。无论是战斗机、装甲车还是步兵班组，接入 MC^{2}A 后，随时能获得详尽的目标信息。而且通过 MC^{2}A 的调度，还能实时获得不同角度、不同距离的各种平台的侦察信息，了解战场态势。

MC^{2}A 的研制过程原计划分为三个阶段，于 2012 年完成。MC^{2}A 初始合同已达 3.03 亿美元，总费用预计超过 100 亿美元。但是，在 2009 年由于成本的限制迫使空军取消了 E-10 项目，使得 E-10 预警机项目研制已全面停顿。目前，美国空军计划先将研制的雷达安装在"全球鹰"无人机平台上，提高"全球鹰"侦察预警性能。

（8）国产预警机

我国一直以来都没有停止预警机的研制步伐，经过几十年的努力，目前已经研制成功了空警 200（KJ-200）、空警 2000（KJ-2000）和空警 500（KJ-500）三种型号的预警机，并且从 2008 年开始陆续装备部队。

KJ-200 类似于瑞典的 Sabb-100B 预警机，它是在国产运-8 载机的基础上加装"平衡木"式相控阵雷达形成的，后经改进使用国产运-9 载机，如图 3.15 所示。KJ-200 属于战区预警机，可同时指挥数十架作战飞机进行空中作战，同时也可以负责协调地面部队对敌方进行攻击。2009 年，KJ-200 在 2009 年国庆阅兵正式亮相以后，引起世界关注，从 2010 年开始 KJ-200 将陆续出口巴基斯坦等国家。KJ-200 预警机安装的条状雷达天线，外形类似于瑞典研制的"爱立眼"（ERIEYE）预警雷达。该预警雷达是瑞典爱立信集团微波系统公司于 20 世纪 80 年代研制成功的主动相控阵雷达，采用平衡木式的双面侧视电子扫描相控阵天线。雷达天线长 8.6m，宽 600mm，重约 0.9t。天线上装有 192 个固态发射/接收（T/R）模块和大约 4000 个天线单元。雷达使用 S 波段工作，对高空目标的最大搜索距离达 600km，能同时跟踪 300 个目标，在 6000m 高度上，对大型空中目标的有效作用距离为 450km，对雷达反射截面积不足 1m^2 的低空小型目标的控测距离为 300km，该预警雷达同时具有海洋监测能力，能在 320km 距离发现海上目标。KJ-200 配备有多功能中继通信线路和自动工作程序，能够将空中收集到的情报、数据通过无线电通信系统自动传回己方的地面指挥控制站。但是，KJ-200 仍然只是一种地面控制的机载监视系统，探测到的雷达图像通过数据链传送到地面防空系统的指挥中心，再进行处理分析。

图 3.15　KJ-200 预警机

KJ-2000 是我国自行研制并正式列装中国空军的大型空中早期预警控制平台，它采用伊尔 76 大型运输机作为载机，搭载远程有源相控阵雷达，这种雷达也是目前世界上预警机中发射功率最大的相控阵雷达，如图 3.16 所示。KJ-2000 是战略空中预警指挥飞机，主要用于空中巡逻警戒、监视、识别、跟踪空中和海上目标，指挥引导中方战机和地面防空武器系统作战等任务，也能配合陆海军协同作战，与美俄先进的 E-3、A-50 等预警机性能相当，甚至在某些方面性能更加优异，主要执行战略预警任务，保卫我国领空的安全。

KJ-2000 的雷达系统是相控阵雷达，雷达天线不旋转，雷达罩内的三个相控阵雷达天线模块被放置成三角形，通过电子扫描来提供 360°的覆盖。雷达同时最多可以跟踪 60～100 个目标，能引导十几个作战单位进行全天候作战行动。机载通信和数据传输系统由基本设备和补充设备组成，可保障预警机与作战飞机、其他兵种自动化指挥系统的计算机交换数据，此外，还可使机组人员与操纵人员相互交换信息。KJ-2000 装备的通信和数据传输设备包括超短波电台（最大通信距离 350km）、短波电台（最大通信距离 2000km）、K 波段卫星通信站和内部通信系统。

图 3.16　KJ-2000 预警机

KJ-500 在 2015 年 9 月 3 日中国"纪念反法西斯暨抗日战争胜利 70 周年"阅兵式中正式亮相，以国产运-9 为载机，如图 3.17 所示。KJ-500 采用数字相控阵雷达，降低了系统的重量、体积，同时减少了损耗，相应也增加了天线的辐射功率，提高了接收机的灵敏度。KJ-500 采用与 KJ-2000 相似的圆盘形三面阵有源相控阵天线，雷达系统在整体技术性能上更先进，探测隐身目标和高超音速目标的探测能力、多目标跟踪能力、敌我识别能力等比 KJ-2000 更强，探测盲区大幅度缩小，其侦察距离、跟踪目标数量及引导战斗机的批次都大幅度提升。KJ-500 的雷达天线罩顶部中央位置有一个倒扣的碗形整流罩，内部装有卫星通信天线，指挥控制和通信协调能力比 KJ-200 有了显著提高。KJ-500 还装备有无线电数据链及多种高频、甚高频、超高频通信设备，以确保对空、对地和应急通信。在 KJ-500 机身后部两侧的长条形整流罩及机头的整流罩内，安装有电子支援措施（ESM）天线，因此具备电子侦察能力，能够以被动或主动方式探测地面或空中的各种辐射源，并对其进行精确定位。整体来看，KJ-500 是集空中预警、指挥引导、电子侦察和情报收集于一体的多功能飞机。

图 3.17　KJ-500 预警机

预警机可谓神通广大，但是也有其致命的弱点。至今，预警机的自身安全问题仍是一个颇有争议的话题。预警机大多由运输机或民用客机改装而成，体积大、航速慢，是一个易受攻击的目标。尽管有些预警机配备了自卫干扰设备，但是其安全通常由一组护航战斗机负责。鉴于此，新一代预警机应减小体积和质量，并加装防卫武器和采用隐身技术，以增强生存能力。

2. 气球预警探测系统

在其他新型航空侦察手段飞速发展的情况下，气球预警探测系统仍然具有较强的生命力和发展前景。气球与飞艇相比，没有飞行动力系统，可以分成系留式气球和自由式平飘气球两种。系留气球需要采用地面/海面系留设施，具有一定的稳定性，可根据作战行动需要快速收发。同时，系留气球的系留缆绳可用做气球与地面站之间的信息传输，保密性和抗干扰能力很强，但其机动性较差，地面控制站易受敌方探测和攻击，战场生存能力有限。自由式平飘气球不受系留缆绳的限制，机动性强，可以自由飞越他国的领空实施预警探测，但其易受空气流动强度和流动方向的影响不易控制，并且飘移速度慢，容易被击落。

（1）系留气球预警探测系统

系留式气球发展初期，受当时技术条件的限制，气球经常用氢气填充，易燃、球体材料和系留缆绳材料问题没有完全解决，且气球的载荷能力很小，很难适应当时战争的需要。在20世纪60年代以后，随着气球制造技术的发展和续航能力的提高，系留式气球载预警雷达系统应运而生，可有效遂行对海、对空和对地的侦察与监视等多种任务。由地面站或者水面舰船控制的大型系留式气球预警系统的续航时间可以提高到30天，小型系留式气球系统的续航时间也达到了10多天，比飞机预警系统的续航时间高出许多。而且，现代系留式气球的寿命可达7~10年，并能承受最大12级的风力（载人平台则很容易受气候的影响）。

通常，大型气球的球体容积为 $1000m^3$，工作高度约为 3000~4500m，可搭载 2t 的雷达设备，地面控制设施为固定式；小型气球的球体容积则为 $77～100m^3$，工作高度约 750~1000m，载荷能力约 100~300kg，地面控制设施较多采用大型拖车或者水面舰船。

目前，世界上共有 30 多套系留式气球预警探测系统在服役中，被熟知的是美国新型的"杰伦斯"（JLENS）气球载巡航导弹预警系统，如图 3.18 所示。系统由美国雷声公司于 1998 年 7 月研制，主要目的是利用其远距离低空探测能力，提高美军"爱国者"导弹及其他防空系统对付低空入侵的巡航导弹的能力，同时，还可以增强美军对付弹道导弹的能力。

"杰伦斯"系统包括两个 Mark7-CS 系留式气球，长度为 71m，球体容积为 $16700m^3$，升空高度为 3000~5000m，有效载荷为 3000kg，部署或回收所需的时间为 30min，气球在空中旋停的时间为 30 天，是当时最大的一种系留式气球。其中一个气球搭载新型三维预警雷达，可以探测 320km 内飞

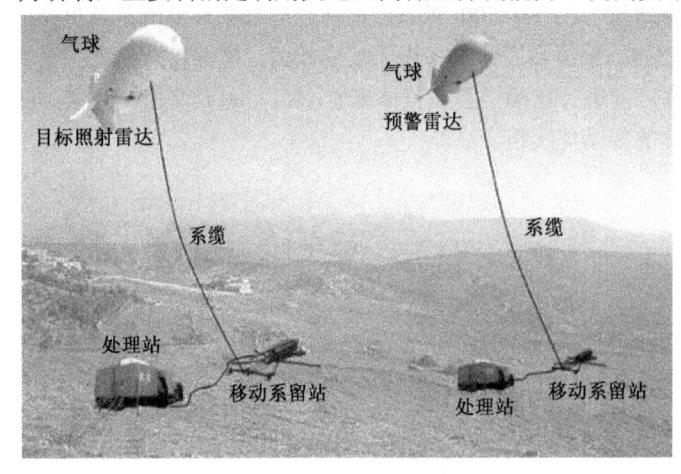

图 3.18 JLENS 导弹预警系统

行高度为 100m 的巡航导弹（对隐身巡航导弹的探测距离为 56km），目标跟踪距离为 250km；另一气球搭载作用距离为 150km 的精确目标照射雷达。作战过程中，两个气球相距约 5km，由搭载预警雷达的气球发现目标后，再将信息传递给搭载精确目标照射雷达的气球，引导己方防空武器打击入侵的巡航导弹。"杰伦斯"系统的机动式地面站配备有 Link-16 的 JTIDS 终端和海军的 CEC 网络中心战终端、增强型位置报告系统（EPLRS）和 SINCGARS 无线电台等通信设备，可与"爱国者"导弹以及其他防空系统联网，及时向打击武器提供目标信息。"杰伦斯"系统计划于 2010 年前后开始部署。

在 2003 年至 2004 年间，美国陆军还在阿富汗和伊拉克两国部署了三种系留式气球探测监视系统，分别是：浮空器快速部署（Rapid Aerostat Initial Deployment，RAID）系统、快速升空气球平台（Rapidly Elevated Aerostat Platform，REAP）和持续威胁目标探测系统。

浮空器快速部署系统（RAID）是从 2003 年 3 月开始，陆续在阿富汗和伊拉克两地，分别等距离地部署了 22 个同温层系留气球，主要是防止阿富汗和伊拉克游击队袭击美国驻军。气球的升空高度最高为 30000m，球载侦察与监视传感器主要采用光电传感器和红外摄像机，用于对驻地进行昼夜的监视，监视信息通过光纤电缆传递，如图 3.19 所示。

快速升空气球平台（REAP）是 2004 年初在伊拉克首都巴格达上空部署的两套探测监视系统，如图 3.20 所示。气球长为 12m，容积为 45m^3，升空高度为 274m，载荷能力为 22.6kg，主要携带红外和光电传感器。如果气球因枪击出现小孔而漏气时，沿着系留缆绳有一条充气管，可立即补充泄漏的氦气，气球在短时间内不会坠落。该平台与其他系留式气球相比其优点是能快速部署，采用遥控的方式，5min 即可将气球充满氦气升空。

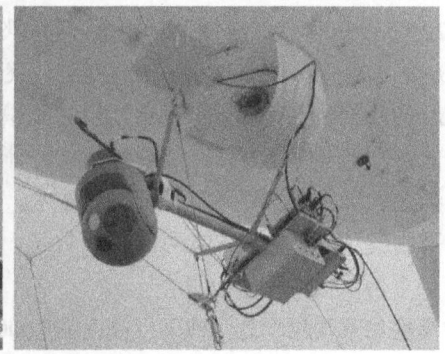

图 3.19 RAID 系留气球及球载探测设备

图 3.20 快速升空气球平台（REAP）

持续威胁目标探测系统,主要是在伊拉克部署的一个升空高度为 750m 的系留气球,球载传感器为光电传感器,气球系统需要监视的目标信息由地面火炮定位雷达提供,获取目标信息后,传输到美陆军临时部署的"分布式通用地面站"进行分析和处理,形成情报发送给战场指挥员。

(2)平飘气球预警探测系统

在 20 世纪 50 年代到 60 年代间,美国曾实施了代号为"基因点"的高空平飘气球侦察探测计划,用来窥探前苏联武器装备发展的情况。它所采用的气球直径为 30m,高度为 20 层楼高,球体质量为 200kg,升空高度为 16800m,载荷能力为 20kg,任务设备主要是 2 台侦察相机,各挂在气球的两侧。计划实施期间,美国中央情报局先后共向前苏联飘飞了大约 500 个高空自由气球,其中有 40 个气球成功地拍回了大量的照片,获取了前苏联的大量军事情报。

自由式平漂气球载荷量大、飞行时间长、飞行高度高,可达 30000~50000m,早期主要用于和平时期的间谍式侦察。随着现代航空侦察技术的发展,自由式平飘气球现在主要用于红外天文观察、宇宙射线研究、日地效应、大气环流等民用领域。

2002 年 8 月 25 日,美国国家航空航天局施放了一个当时世界上最大的自由式平飘气球,用来观察宇宙射线。球体高度为 328m,容积为 1700000m³,携带 690kg 低能耗电子设备,升空高度为 49000m。美国国家航空航天局还希望能够将这种高高空气球作为一种新型的平台,用于对紫外线和 X 射线天文学的研究。

3. 飞艇预警探测系统

飞艇是一种古老的军事平台,在现代材料和信息技术的支撑下重现军事应用领域。飞艇相对于飞机的优势就是滞空时间长,飞机的飞行时间以小时为单位计算,而飞艇则以天为单位计算。与 20 世纪 30 年代的早期飞艇相比,现代飞艇自身质量减小了 3/4,飞行高度从低空(1500~2000m)提高到平流层(20000~80000m)。飞艇可以携带大型雷达设备,并且与飞机相比可降低约 30%的能耗和飞行费用,其雷达反射面积也要比现代飞机小许多。目前,由于现代飞艇具有载荷能力大、自主能力强、续航时间长、升空高、工作环境无振动、运行费用低等优点,世界各国都在积极发展各种飞艇预警探测技术。目前,国际上发展的探测飞艇主要有中高空侦察飞艇、平流层(高高空)飞艇两类。

(1)中高空侦察飞艇

中高空侦察飞艇,是一种飞行高度在 20000m 以下搭载各种侦察传感器的侦察飞艇,20 世纪 90 年代中期以来,各国对这种侦察飞艇均处于研制过程中。

从 2004 年初开始,美国波什公司开始研制一种称为"奥拉"的侦察飞艇,长 50m,容积 5600m³,有效载荷 1.5t,升空高度 3000m,续航时间 36h,可携带雷达和光电传感器,主要用于空中监视和巡航导弹的防御。几乎在相同的时间,德国齐伯林飞艇公司推出了一种新型的"齐伯林"NT07 型飞艇。这种飞艇的体积 8225m³,装载雷达和光电侦察系统,飞行速度 125km/h,自主飞行时间可达 24h,监视系统覆盖的半径范围可达 900km。

(2)平流层侦察飞艇

平流层侦察飞艇是一种飞行高度在 20000~50000m 之间的搭载侦察传感器的飞艇。对平流层飞艇研制时遇到的问题主要是升力有限、功率消耗较大等。最典型的是美军"高高空飞艇"研制项目、"近太空战士"项目和以色列飞机工业公司研制的巨型侦察飞艇。

高高空飞艇(High Altitude Airship,HAA)是美国导弹防御局与美国洛克希德·马丁公司海军电子与监视系统分部于 2003 年签订的一个研制项目。按照导弹防御系统构想，至少将由 10 艘飞艇分布美国太平洋沿岸和大西洋沿岸，每艘飞艇都将配备先进的可覆盖直径为 1200km 的监视雷达和其他传感器，对任何来袭的洲际导弹和巡航导弹提供预警。构想之中，飞艇长 152.4m，直径 48.7m，容积 150000m^3，工作高度 21000m，续航时间 30 天，有效载荷为 2t，主要用于监视空中各种目标和地面的慢速目标，如图 3.21 所示。作为美国 NMD 反导系统的一部分，HAA 飞艇的主要作战任务就是长时间停留在美国大陆边缘地区的高空中，监视可能飞向北美大陆的弹道导弹、巡航导弹等目标。HAA 飞艇还可以在战区上空不间断地监视敌方部队的运动去向，甚至携带激光测距瞄准仪，为美军的巡航导弹及其他制导炸弹指示目标。由于飞行高度很高，HAA 飞艇可以避开敌方飞机的攻击，同时其雷达还可以发现地面雷达很难发现的超低空突袭中的飞机或巡航导弹。HAA 飞艇还可以返回基地进行维护和保养，这一点侦察卫星是做不到的。

图 3.21　HAA 飞艇想象图

"近太空机动飞艇"（Near Space Mobile Vehicle，NSMV）是由科罗拉多州施里弗空军基地的美国空军空间作战实验室和空间作战中心，从 2003 年初开始联合研制的一种半自动飞艇。在距地球表面 20000m 以上，100000m 以下的空域被人们称为"近太空"，有时也称为"临近空间"。该空域由于空气稀薄不会出现恶劣天气，更重要的是目前世界上绝大多数的固定翼战斗机和地对空导弹无法达到这一高度，卫星也由于重力大的原因不能在该空域飞行。该空域活动的作战平台，将能掌握极大的战场主动权，从而改变现有海陆空三军作战的模式，将战争引入更高的空间。NSMV 无人飞艇可以在该空域长期活动，集卫星和侦察机的功能于一身，由地面遥控设备操纵，能完成高空侦察、勘测任务，也可用做战场高空通信中继站。2003 年 9 月，NSMV 原型机进行验证试验，被命名为"攀登者"（Ascender）。"攀登者"飞艇的造价仅为 50 万美元，远远低于任何一种有人驾驶侦察机的价格，还不到"全球鹰"无人侦察机造价的 40%。"攀登者"外形为 V 形，全长 53m，宽 30m，有两台燃料电池驱动的螺旋桨推进器以进行空中机动，并由 GPS 系统进行导航，如图 3.22 所示。

图 3.22　NSMV 的"攀登者"原型飞艇

以色列飞机工业公司的巨型侦察飞艇于 2004 年研制成功。该飞艇是采用太阳能电池的氢气飞艇，该艇长 190m、宽 60m、重 20t，载荷能力 2t。飞艇采用无人驾驶、远程遥控的操作方式，自带导航和控制系统。飞艇升空高度为 21000m，艇载传感器对地面的覆盖范围约为直径 1000km，能在风速为 74~93km/h 的大风中稳定旋停或机动飞行，必要时，可根据地面的指令返回地面，进行维护或者更换有效载荷。

3.4.3 陆基预警探测系统

陆基预警探测系统最早是为了对付轰炸机而建立起来的，目前可探测洲际弹道导弹、潜射弹道导弹、轰炸机、巡航导弹等多种目标。陆基预警探测系统主要由各种地面固定或机动式雷达、电子侦察装备、光电探测装备等组成，包括地面弹道导弹相控阵雷达、超视距雷达、监视雷达、固定信号情报侦察站、车载无线电侦察/测向系统、战场侦察雷达、战场光学侦察系统、战场传感器侦察系统、装甲侦察车等各种侦察装备，用于探测空中、地面、水上及水下目标。

典型的陆基预警系统有美国的北方弹道导弹早期预警系统（Ballistic Missile Early Warning System，BMEWS）、北方预警系统（North Warn System，NWS）、潜射弹道导弹预警系统、前苏联的"鸡笼"雷达（Hen House）预警系统等。

1. 弹道导弹早期预警系统（BMEWS）

由于前苏联向北美大陆发射的导弹多会选择经由北极的最短路线，因此美国的早期陆基预警雷达系统主要针对北极方向进行预警，分别在阿拉斯加的克利尔（Clear）、格陵兰的图勒（Thule）与英格兰的菲林代尔斯（Flyingdales）三个基地各设一个预警探测站。自 1987—2001 年的十多年间，陆续将三个 BMEWS 站老旧的雷达以 FPS-120、FPS-123（V7）、FPS-126 三座新的大型有源相控阵雷达代替。新雷达的计算机运算速度、探测距离和覆盖范围大幅提升，由于相控阵雷达能快速扫描，一部多模式的相控阵雷达即可同时完成广大范围的监视、搜索与多目标跟踪等任务，取代过去多部雷达的功能，也可解决导弹所释放的多弹头间近距离飞行的弹头识别与跟踪问题。这三座雷达的技术特性与 FPS-115（PAVE PAWS）相似，但每面天线所配备的 T/R 模组数量更多，有效天线面积与总功率均更高，性能较 FPS-115 更佳，其中菲林代尔斯的雷达拥有三个阵面，覆盖 360°方位，如图 3.23 所示。

图 3.23 BMEWS 覆盖范围及菲林代尔斯预警雷达

2. 潜射弹道导弹预警系统

前苏联的潜射弹道导弹在 20 世纪 60 年代后期逐渐成熟，对美国本土形成了巨大威胁，由于潜艇的机动能力可以从大西洋或太平洋的公海海域向北美大陆的东、西两方向发动攻击，因此对美国的威胁不再限于北极方向，于是美国又在东、西两方向部署了 FPS-115（PAVE PAES）雷达以提高预警能力。

"铺路爪"AN/FPS-115 是世界第一部大型固态有源相控阵雷达，是美国 20 世纪 70 年代为应对洲际导弹威胁而研制的远程预警系统,如图 3.24 所示。其主要用途是担负战略性防卫任务,具有 5500km 以上的探测距离。四座铺路爪在 20 世纪 80 年代初期陆续完工启用,位于马萨诸塞州和加利福尼亚州,分别朝向太平洋、大西洋和加勒比海方向,配合 DSP 预警卫星对来袭的潜射导弹可提供 10~15min 的预警时间。

早在 1996 年解放军台海演习时,台湾地区军队认为仅依赖自行研制的"长白"相控阵雷达,难以应对所谓的"大陆导弹威胁",所以向美国寻求性能更强的远程预警雷达。经台美双方反复协商,2004 年 3 月,美国国防部正式决定将两套价值 18 亿美元的"铺路爪"远程预警雷达卖给我国台湾地区,意欲覆盖包括我国内蒙古、新疆等地,从而能为我国台湾地区防空部队提供 7~10min 的预警时间。但美军在此雷达的关键技术及信息处理协同机制上,一直对台湾地区军队采取保留态度。

图 3.24 美国马萨诸塞州的"铺路爪"预警雷达

3.4.4 海基预警探测系统

海基预警系统主要由各种舰载雷达系统、声呐系统、电子侦察设备、水声侦察仪、磁异探测仪、潜望镜等观察设备,以及红外、微光、激光、电视等光电侦测设备组成。舰载预警情报侦察系统可不受国界限制,远航持续抵近目标侦察,弥补了空中和地面侦察的不足。

舰载雷达又可分为对空警戒雷达和对海警戒雷达,它们与敌我识别系统及声呐系统相配合,用于发现和监视海面、水下及空中目标。一般舰艇上都装有多种监视雷达、电子侦察与对抗设备、光学侦察设备和声呐系统等。典型的舰载预警探测系统包括美国的"宙斯盾"预警作战系统、航母预警作战系统等。

1. 宙斯盾预警作战系统

"宙斯盾"(AEGIS)系统是美国海军用于防空指挥和武器控制的作战系统,是一个集成式的舰载武器系统,能自动发现、跟踪目标,还可摧毁机载、舰载和陆上发射的目标。"宙斯盾"系统由相对独立的情报处理指挥决策系统和武器控制系统两部分组成。情报处理指挥决策系统的核心设备是 MK1 指挥和决策系统、AN/SPY-1A 多功能相控阵雷达系统和显示系统;武器控制部分的核心设备是 MK1 武器控制系统及其控制的舰-空、舰-舰导弹系统、火炮系统和电子战系统等,另外还有相对独立的反潜火控系统,如图 3.25 所示。

图 3.25 美国海军"伯克"级"宙斯盾"驱逐舰及相控阵雷达天线

"宙斯盾"系统共有四种工作方式:自动专用方式、自动方式、半自动方式和故障方式。

后三种方式都需要人工参与控制。只有自动专用方式不需要人工控制，整个探测、拦截过程全部自动地进行，它在任何时候都是有效的。当发现有威胁程度不同的多个目标时，该系统能自动暂时放弃威胁较小的目标，而对付威胁较大的目标。

"宙斯盾"系统的工作是从 AN/SPY-1A 多功能相控阵雷达开始的。该雷达发射几百个窄波束，对以本舰平台为中心的半球空域进行连续扫描。如果其中有一个波束发现目标，该雷达就立即操纵更多的波束照射该目标并自动转入跟踪，同时把目标数据送给指挥和决策分系统。指挥和决策分系统对目标做出敌我识别和威胁评估，分配拦截武器，并把结果数据送给武器控制分系统。如果需要驱动导弹，则后者根据数据自动编制拦截程序，通过导弹发射分系统把程序送至导弹。导弹发射后，发射分系统又自动装填，以便再次发射。在导弹飞行前段，采用惯性导航，武器控制分系统通过 AN/SPY-1A 雷达给导弹发送修正指令。在导弹飞行的中段，由武器控制系统向 AN/SPY-1 雷达输出导弹中程制导指令后，由 AN/SPY-1 雷达传送给正在飞行的导弹进行制导。进入末段后，导弹寻的头根据火控分系统照射器提供的目标反射能量自动寻的。引炸后，AN/SPY-1A 雷达立即做出杀伤效果判断，决定是否需要再次拦截。该雷达采用边跟踪边扫描方式工作，始终对全空域扫描以发现新目标。在整个作战过程中，战备状态测试分系统不断监视着全系统的运转情况，一旦发现故障，立即采取措施，以确保作战系统具有很高的可靠性。

"宙斯盾"不是单一型号的作战系统，已经形成了一个作战系统系列。迄今为止，"宙斯盾"作战系统系列具有七种型号（即 0～6 型）基本结构，目前正在开发 7 型基本结构。"宙斯盾"作战系统系列形成过程就是美国海军"宙斯盾"作战系统基本结构不断改进（或升级）的过程。美国海军现有 27 艘巡洋舰和 28 艘驱逐舰装有"宙斯盾"系统，日本也已在四艘舰艇上安装了该系统。

2. 美国航母编队预警探测系统

美国航母编队的预警探测系统由航母载预警机 E-2C、航母载远程三坐标雷达 SPS-48E 和 AEGIS 系统的 SPY-1 相控阵雷达组成。

美国航母上都装备有一部远程三坐标搜索雷达（SPS-48E），如图 3.26 所示。该雷达可以为航母编队中其他舰艇提供早期预警，通过其强大的搜索能力，提供目标的三坐标数据，其他舰艇在 14s 内便可直接发射导弹迎击，不需重复搜索目标获取数据，将早期预警时间提前至 5～6min。

SPS-48E 雷达搜索距离 400km，发现飞机的最远距离为 270km，发现掠海反舰导弹的最远距离为 30～40km，扫描角度一般模式为 0°～30°，优先跟踪模式为 0°～69°，最大覆盖高度为 30km，天线转速为 15r/min，即数据更新率为 4s。

雷达天线的波束宽度水平和垂直各为 1.6°，工作体制是水平 360°机械扫描，仰角通过蛇形波导装置实施频率扫描 SPS-48E 天线以 9 个频率为一组，9 个波束重叠形成 5.6°。雷达输出功率可以程控，由最小 60kW 到最大 2.4MW，目前美国海军已装备 45 套 SPS-48E 雷达。

图 3.26 SPS-48E 三坐标搜索雷达

3. 水下预警探测系统

水下目标预警探测以水声探测为主，有光、电、磁、温等多种探测方式，有空中、水面、水下等多种探测平台。探测的主要对象为潜艇、水雷等水下目标。

以声呐为主的水声探测设备，是各型水面舰艇、潜艇、反潜直升机用于反潜、反水雷、水下警戒、观测、侦察的重要设备。在用于探测各种水下目标的探测设备中，声呐无论是在过去、现在还是在可预见的将来无疑都占有主导地位。目前，还没有发现可以替代它的水下探测设备。现代声呐已与运载平台的其他探测设备、水中武器发射系统和通信导航等设备组成舰艇反潜作战系统和机载反潜作战系统，提高了舰艇、飞机对水中目标搜索、识别、定位、攻击的反应能力。现代世界上性能较好的声呐作战系统有美国洛杉矶级核潜艇使用的 BSY-1 作战系统、阿利·伯克级导弹驱逐舰等水面舰艇使用的 SQQ-89 反潜作战系统、德国的 ISUS 潜艇作战系统等。

（1）太平洋海域防潜系统

在冷战年代，以美国为首的发达国家为了对抗前苏联潜艇的威胁，在本土、近海以及远洋都布设了防潜系统，前苏联的潜艇出入港口及远洋航行均受到监视，在一定程度上使前苏联的潜艇受到了限制。冷战结束后，美国及其盟国虽然不再大力发展防潜网络，但每年仍然拨出一定经费用于维修、改进和完善防潜体系。该系统主要是固定声呐监视系统，它将太平洋分成三个地带：

前沿海区。北起堪察加半岛，向南经千岛群岛、日本群岛、菲律宾群岛，到马六甲海峡止，共建立 36 个海底固定式被动声呐站，其中包括日本宗谷海峡的 5 个、津轻海峡的 9 个、对马海峡的 9 个被动岸站。

中间海区。由阿留申群岛至夏威夷群岛海区布设了核潜艇监测网，其中包括 5500m 深的被动监听系统，还利用了已建成的水声试验场，形成了强大的深海防潜壁垒。

本土西部海区。北起阿拉斯加，南至墨西哥的近海海域，布设了海底被动监测式"恺撒"系统，由岸边向海区延伸，监视距离达 200～300 海里。鉴于西部沿海城市的重要性，在城市外围通道上可监测达 600 海里。

太平洋上这三道防线，即使在今天对俄罗斯和我国的潜艇也继续发挥着监视作用。在上述海域水下监听不到的地区，美国还布设了锚系监视浮标，以便对敌潜艇作重点长期监测。这些锚系统用飞机或舰船投放，最深可达数千米，有些浮标还可以回收。

（2）移动式水下战略拖曳阵监视系统

固定式监视系统的监测距离不可能无限远，在辽阔的海域存在探潜盲区。为了弥补其不足，美国首先开发了超长的拖曳阵声呐系统，这种基阵远离拖船，受拖船噪声干扰小。长达数千米的大基阵孔径增大了探测距离，它比舰载拖曳阵战术声呐作用距离提高约 10 倍，如图 3.27、图 3.28 所示。美国还为该系统专门建造了拖船 T-AGOS 系列，至今已有数十艘 T-AGOS 船（实际是电子侦察船）游弋在大西洋、太平洋上。过去主要监视前苏联的潜艇，如今仍然监视俄罗斯，甚至盟国潜艇的活动，以便随时掌握突发事件。

图 3.27　AN/SQR-18 拖曳线列阵声呐（左侧半透明的为声呐段，右边为拖缆）

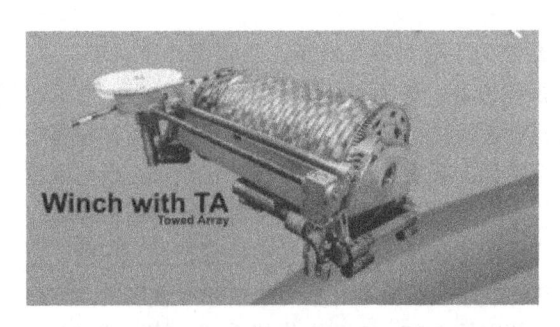

图3.28 潜艇用的拖曳线列阵声呐及其收放机构

几十年来，美国对这些系统不断地进行技术完善和更新，每年都拨出一定军费用于维修和改进。同时，美国国防部又在华盛顿州的班戈市潜艇基地安装了一套完整的滨海防御系统，其中就包括自动警戒声呐，可以探测、识别、定位和评估水中目标。另外，还有一套安装在美国佐治亚州的航道、港口和海滨。可以这样说，美国一直都在不断地完善和更新它的全球防潜体系，以满足美军的军事需求。

3.5 预警探测系统的发展趋势

高技术战争中，预警探测系统将采用多种手段（雷达、红外、光电、声呐）、多种平台、多个信息源来扩大空间的覆盖范围和信息的收集率，通过信息融合技术降低不确定性，提高所获信息的准确度和置信水平。为了适应未来战争大纵深、立体化、变化快、高机动等的需要，预警系统将进一步向下述方向发展：

（1）发展机载与星载大空域监视、多功能相控阵雷达预警探测系统

根据军事需求，只有多功能的相控阵雷达才能集搜索、跟踪、武器控制于一体，也只有与升空平台结合，才有监视全空域的能力，对来袭的超低空目标提供必要的预警距离、反应时间和引导拦截的能力。

（2）发展对抗隐身目标挑战的预警探测系统

美国把隐身技术称为一张技术王牌，它的成功引起了世界各国军事界和科技界的密切关注，认为它是对雷达最严重的挑战。这使得传统的单基地、窄频带信号、常规体制的微波雷达的探测距离缩短至约为原来的1/5，使得大部分防空的预警探测系统失效。因此，雷达技术必须进行革命性飞跃，才能克服隐身飞机的威胁。

（3）发展无源探测的预警探测系统

无源探测有很多优点，可以被动的对目标进行探测，隐蔽性强，目前已得到了广泛应用。今后趋势是把有源探测网与无源探测网结合和互补，用以提高预警探测系统的探测功能和适应威胁环境的能力。

（4）发展功能综合化的预警探测系统

具有多种功能，能全面掌握空情，能在大系统中实现综合处置，具有成像功能的预警探测系统将是未来的主要发展方向。在作战过程中，与预警探测系统关系密切的还有通信、导航、电子对抗与指挥控制中心等信息系统。各功能部分一体化方案，是提高整个系统效率、可靠性、快速反应能力、生存能力等的关键。雷达可与可见光、激光、红外、毫米波、电子战支援设备组成多传感器、高质量的一体化预警探测系统。雷达和电子对抗装备的一体化，可以有效地提高雷达在现代战争中的生存能力。

第 4 章
情报侦察系统

情报是作战指挥的基本需要,是指挥员了解敌我情况变化、判断作战态势、做出正确决策的基础。情报侦察系统是一种典型的军事信息系统,主要由各级情报侦察系统组成,可以为作战过程提供必要的战场态势感知手段,是夺取信息优势的重要保障。

情报侦察与预警探测都是战场上重要的信息获取手段,但是在作战任务和使用目的方面又有所不同。预警探测是采用一系列传感、遥控探测手段,发现、定位和识别空、天、海、地目标,发出警报信号,为抵抗、打击敌方目标提供相应情报和反应时间保证。情报侦察是指军事上为了弄清有关作战情况而使用秘密手段进行的活动,侦察有与执行任务有关的时限性要求。情报侦察的基本做法是采用各种手段建立情报网,获取情报的方法有观察、刺探、密取、窃听等。因此,在军事信息系统中将这两种系统分为预警探测系统和情报侦察监视系统。

在信息化战争中,情报侦察系统是获取信息优势的前提和基础,其使命是收集敌方的兵力部署,武器配备及其类型、数量和技术性能等情报,还需收集地形、地貌、气象等资料,经过分析、处理形成综合情报,为军事行动和作战指挥提供决策依据。

4.1 概述

古今中外都十分重视情报侦察的工作,德国普鲁士军事理论家克劳塞维茨强调"军事情报是一切军事行动的基础",各级指挥部门都要直接掌握和管理情报侦察机构。第一次世界大战期间,根据战争的需要,各国成立了战略、战役和战术情报机构。第二次世界大战后,情报侦察手段取得了飞跃的进步,出现了使用电子、光学、声学、核辐射等各种传感器的侦察系统,使用了卫星、空间站、航天飞机、航空飞机、气球、飞艇、车辆、各种舰艇和陆基平台组成的陆、海、空、天立体侦察系统,并利用一切手段派遣间谍或离间对方人员窃取情报。当前,各国都建立了国家级的情报侦察机构,陆、海、空及导弹部队也都建立了相应的情报侦察部队,情报侦察机构已成为现代军事组织不可缺少的一个部门。

4.1.1 军事情报的含义

情报是一种信息,它具有使用价值,能够为人们的决策服务。军事情报包括作战对象的军事战略,军事部署,作战实力,行动方案,战区内的地理、气象、水文情况和政治、经济及社会状况等。

军事情报所涉及的内容十分广泛。政府和军队各部门、各级指挥员对军事情报的需求不尽相同,而不同内容的情报效用不同,其获取、研究整理和处理的方法也有差异。因此,军事情报依据内容分为若干类别。从情报使用的层次上看,军事情报可分为战略,战役和战术情报。战略情报,是指导战争全局所需要的情报,主要包括敌方的军事思想、战略方针、军备潜力、战备措施、综合国力，以及政治、地理、社会等情况；战役情报，是组织实施战役所需要的情报，主要包括作战区域内敌军的兵力、编成、番号、部署、装备、战斗力、行动企图、指挥官特点、后勤补给，以及地形、气象、水文等情况；战术情报，是组织实施战斗所需要的情报，主要包括正面敌军的兵力部署、番号、编制、装备、行动企图、战术特点、阵地编成、火力配系、工事构筑、障碍设置、后勤补给和地形等情况。

由侦察得到的原始情报数据，经过加工与处理后形成情报信息，原始信息的形式和内容尚不能满足情报用户的需要，必须经过解释、综合与最后的分析，最终转变为被情报用户以可接受的方式接受的情报产品。由信息转变为情报是一次质的飞跃，原始情报信息经过分析后产生了增值，增值的信息即为情报。数据、信息、情报三者的关系如图4.1所示。在这个由数据、信息、情报组成的金字塔结构中，经过分析的情报位于最上层。情报是增值的信息，增值后的情报产品是制订作战计划、制定国防政策的基础。

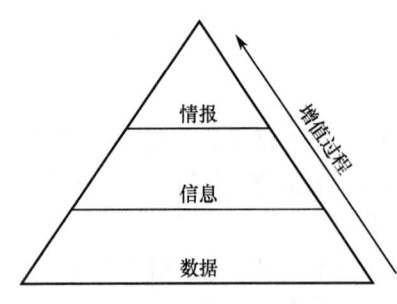

图 4.1　数据、信息、情报关系图

4.1.2　军事情报的特性

军事情报与政治情报、经济情报、科技情报等各类情报均具有情报的共性，都是为了满足某一领域的需要，采用各种手段去获取并提供该领域所需要的情报。由于军事情报是为军事斗争服务的，要满足军事斗争的需要，因此它在要求、内容、获取手段、处理等方面更加强调军事特性。军事情报主要有以下特性。

1. 目的性

军事情报有极强的目的性，它是为特定的目的服务的。偏离了目的的军事情报不仅会无的放矢，不能满足军事上的紧迫需要，而且还可能给各级指挥员带来干扰。

2. 真实性

情报的价值在于使用，可供使用的军事情报必须是真实的。军事情报所反映的，必须是经过核实或分析研究后认为是真实的情况，不真实的情报或已变化的情报将会造成损失并产生严重后果。克劳塞维茨曾说过："情报之不实为战争中之最大障碍。"

3. 准确性

各类情报都要求准确，而军事情报对准确性的要求更高。所谓"差之毫厘、失之千里"，在军事上体现得更为突出。军事情报的准确性主要是指情报所反映的情况准确、数据准确、分析判断准确、推理准确，以及口头、文字的报告准确。准确性与真实性并不是同一概念。真实的情报并不等于都是准确的。一份真实的情报，有时由于主客观原因，可能会出现情况不准、数据不准、分析判断不准等现象。因此，作为军事情报，要力求准确。

4. 时效性

情报都很注重时效性，军事情报对于时效性的要求尤为严格，是决定军事情报的重要因素之一。特别是现代信息战争中，对情报时效性的要求更高。为了保障情报的时效性，在侦察手段的现代化、传递手段的通畅和快速、对情报收集的及时指导以及情报处理的有效及时等方面都要有良好的解决。

5. 广泛性

在现代技术条件下，影响军事斗争的因素十分复杂，涉及的领域十分广泛，要了解的内容也很多，不仅涉及敌对国家或集团，还必须联系到国际范围的斗争，其中军事、政治、外交、经济、科技、历史、天文地理、心理因素等都会对军事斗争产生影响和作用，这些因素的情况和材料都要了解。武器装备、通信指挥，包括单兵，都将高度数字化，其战争样式和战略战术亦相应地不断变化。这些都说明现代军事情报所反映的内容已远超过历史上情报所涉及的范围，内容更加广泛。

6. 使用性

所谓使用性，就是军事情报必须是配合需要、适合使用的，是具有使用价值的。情报的使用性是任何情报的终极目的。军事情报所反映的情况必须具体、详细，情报材料本身要根据充分，表达要求简明扼要并且清晰明白，才能达到军事情报可供使用的目的。

4.1.3 军事侦察

军事情报的"收集"和"研究判断"等活动是军事情报工作的主要内容，其中"收集"主要指的是"军事侦察"。军事侦察是获取情报的最重要途径。由此可以看出，军事情报主要来源于军事侦察，军事侦察的目的是为了获取情报。没有军事侦察就没有产生军事情报的最主要、最重要的来源和基础，没有军事情报就会失去军事侦察的目的和活动内容。可以概括地说，军事情报是目的，军事侦察是手段。使用何种侦察力量和手段，以及活动范围、时间、方式的确定，都要根据各级指挥员平时和战时对军事情报的需要。军事侦察是紧紧围绕对军事情报的各种需求来组织实施的。一般来说，军事侦察所获取的各类原始情报，只能称之为情况或情报资料，还不能直截使用，只有对其分析判断后才能构成可供使用的军事情报。

军事侦察，简称侦察。关于军事侦察或侦察的含义，古今中外的兵书都有不少解释。古代中国史书和兵书中用以表示侦察含义的有"斥"、"侯"、"谍"、"察"、"相敌"，以及"刺"、"探"、"间"、"伺"、"炯"、"规"等词，这主要是由于当时用于侦察的方式和方法比较简单，或人们的感官对战场进行直接视听，或深入对方营垒刺探，因而有上述种种表述。随着侦察手段的多样化，以及侦察的内容和在战争中的作用的发展，对"军事侦察"或"侦察"一词的解释也在发展。目前世界各国对这一名词的解释多种多样，但都有其共同点：①侦察是行动、活动或采取的措施；②侦察的目的是为了获取情报；③侦察的内容是敌情或有关情况；④侦察的作用是保障作战行动和战争的胜利。因此，"军事侦察"的概念可以概括为："为获取军事斗争所需敌方或有关战区的情况而采取的措施。它是实施正确指挥、取得作战胜利的重要保障。"而军事侦察的内容还包括侦察的范围和内容，各种侦察手段的运用、侦察力量的配置、获取情报后的传递，以及侦察工作的组织实施等，内容十分广泛。

4.2 情报侦察系统的结构和组成

4.2.1 系统结构及组成

国家级的情报侦察系统通常由战略情报侦察系统、战役战术情报侦察系统、谍报人员情报侦察系统、人民群众情报收集系统和电子战情报侦察系统五部分组成，其系统结构如图 4.2 所示。

```
                    高级指挥员
谍报人员情报      指挥机关情报      人民群众情报
侦察系统    ←→  收集处理中心  ←→  侦察系统

战役战术情报      战略情报         电子战情报
侦察系统    ←→  侦察系统    ←→  侦察系统
```

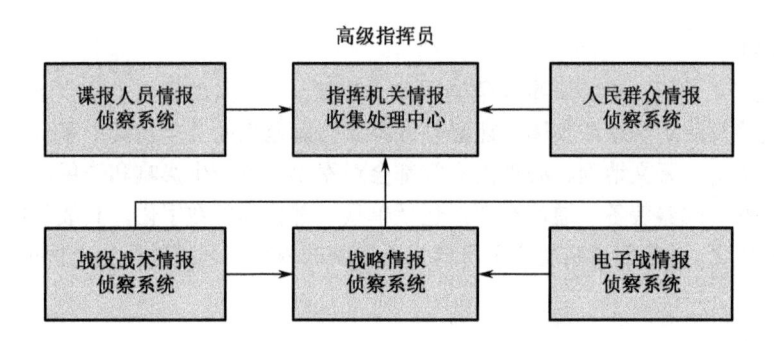

图 4.2 国家级情报侦察系统结构图

战略情报侦察系统主要关注涉及国家安全和战争全局的情报，它是进行战略决策、制订战略计划、筹划和指导战争的重要保障，通常由高级指挥机关组织实施。此类情报的内容包括：有关国家、集团和地区的战略指导思想及战略企图，武装力量的数量及其战略部署、备战措施、战争潜力、军政要人以及社会、经济、外交、科技等情况，相关的国际环境及其变化对国家安全和战争进程的影响等重要情报。

战役战术情报侦察系统主要是获取战役战术作战所需的情报。通常由战役指挥官、司令部组织侦察部队、分队或战斗部队和人民群众实施，包括对敌军的兵力部署、编制、装备、战斗编成、作战能力、作战特点、行动企图、指挥员性格、指挥机构、通信枢纽、军事基地、工事障碍、后勤和技术保障等进行侦察，查明敌方发起进攻或反击的时机、地点、规模和方向。战略侦察也可为战役战术作战提供情报，但战役战术情报侦察的重点是进行战场态势的侦察。随着技术的发展和战场的全球化趋势，战略和战役战术情报侦察系统不会再有明显的区别。

谍报人员和人民群众情报侦察系统虽是古老的情报收集手段，但仍然是十分重要的情报来源，因此，谍报人员和人民群众提供的情报是不可缺少的一部分，仍将发挥重要的作用。人民群众情报侦察主要是通过公开的多种媒体信息和群众舆论获取军事情报信息。谍报侦察是指向侦察对象内部秘密派遣或在侦察对象内部秘密发展人员，以获取重要的情报。谍报侦察也被称为秘密侦察，主要用于战略侦察，也广泛用于战役侦察、战术侦察。

由于谍报人员能够直接从对方内部获取关键情报，因此在军事情报活动中具有重要的地位，历来为各国军队所重视和普遍使用。通常实施谍报侦察的方式包括以官方、半官方、民间驻外机构人员的合法身份为掩护实施侦察。例如，各国大使馆的武官中的许多人，就不但肩负着外交官职责而且还承担着收集军事情报的责任；也有一些国家以出访、考察、经商、旅游、留学、移民、偷渡、冒名顶替等方式秘密派遣谍报人员；甚至运用政治影响、利害控制、收买、引诱等手段发展谍报人员，布建谍报网；运用公开合法的手段隐蔽真实身份，开展侦察活动；使用窃取、窃听、窃照、窥视、刺探等手段，获取其他侦察方式和手段难于获得的情况和资料。对于获取的情报还需要采取密写、密码、潜影、缩微、伪装、夹带等技术措施对所获情报、资料加以保密，并通过秘密电台、秘密信箱（又称秘密交接点、密室、密藏点）、转送点、邮电通信、激光通信、卫星通信等秘密或公开、人力或技术的方法进行传递。

电子战情报侦察系统就是利用各种电子侦察系统，对敌方无意或有意辐射的电磁（或水声）信号进行搜索、截获、分析、识别、定位、记录并显示敌方电子信息系统或设备所辐射的信号，提取目标信号的各种技术参数和个体特征信息（包括功能、类型、地理位置、用途，以及相关武器和平台类别等情报信息），从中获取战略和战术情报。此类系统不但可以为高层次领导的决策、为电子战战术技术对策的研究和电子战装备发展规划提供全面的情报依据，而且还可以为平时、战时所遂行的电子战和其他作战计划及实施提供实时或近实时的战场态势综合显示和电子情报支援。电子战侦察与传统的情报侦察有所不同，前者以获取辐射源的各种技术特征参数为主，而后者则是以获取原始信息为主；通过电子侦察获得的结果主要用于直接支援战术作战决策和作战行动，而通过情报侦察获得的结果（通常称为情报）主要用于高层战略决策和指挥决策。

4.2.2　系统工作流程

各种情报侦察系统获取的情报信息汇集到指挥机关的情报收集处理中心后，都必须经过分析、整理或整编（包括情报综合和融合、情报分析、密码破译、情报评估等）、情报处理（包括情报报告、通报、储存和检索等）以及情报传输，把情报上报或分发给有关部门。上述整个情报形成的过程必须有统一的情报指挥和控制系统，以使情报的收集、分析、整编、处理、传输、分发有次序地进行，如图 4.3 所示。

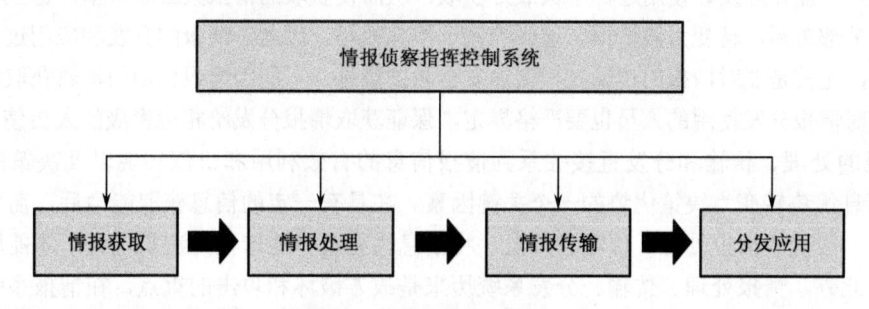

图 4.3　情报侦察处理流程

情报指挥控制系统完成情报计划的制订、任务的下达，协调各情报系统有序地工作，监督任务完成的情况，根据战情的变化，及时修改情报计划。情报指挥控制系统是情报侦察系统的核心部分，是情报侦察系统的大脑。

情报获取系统是情报侦察系统非常重要的组成部分，采用多种情报侦察技术，涉及的高新科技领域范围很宽，包括航天情报侦察、航空情报侦察、地面情报侦察、海上及水下情报侦察等多种情报侦察系统。

情报处理系统是对传感器获取的原始信息进行整理、分析、提取和综合，其目的是生成有价值的情报，协助指挥员对战争进程作出正确的决策。情报处理涉及情报的密码破译、文字内涵情报和图像情报的整编、目标数据的融合处理，以形成战场的态势图、情报的综合判证，以实现去伪存真和利用专家知识库进行辅助决策，协助指挥员对战争的进程作出正确的决策。情报处理的方法包括：筛选和分类、分析计算提取、编辑整理、存储检索等。情报处理的对象主要是各种侦察监视传感器获取的原始信息。原始信息的表达形式主要有音频、文字、图形、图像、视频等，其载体包括纸、胶卷、磁盘、磁带、电磁波、电子芯片或其他媒介。情报处理的过程包括信息的预处理（格式变换）、相关处理、逻辑分析（辅助决策）、情报存储、目标及参数的随机动态输出等五部分。情报处理是众多传统学科和新兴技术相结合的结果，涉及统计学、运筹学、模式识别、计算机科学、数字信号处理、信息处理、判定理论、专家系统、信息论、控制论和人工智能等多种技术。其中，多传感器数据融合技术是核心和关键。

情报传输系统是利用在立体空间构建的情报数据传输和信息处理网络（如战略通信网、战术通信系统或专用通信线路等），将海、陆、空、天侦察监视传感器获得的原始信息，或经处理之后的情报信息发送到所需平台,使侦察监视传感器和情报处理系统直接与相关的指挥控制或武器控制系统连通,实现情报数据交换和情报资源共享,为指挥员提供统一、及时、准确、安全、保密的战场态势,以便迅速、正确地进行决策。情报传输系统包括卫星通信系统、数据链、战术无线通信系统、有线通信系统、水下通信系统等多种通信系统。

情报的分发和应用包括各情报中心之间的情报共享,还包括情报机构内部各部门的分发、情报值班、情报查询、态势的大屏幕显示和情报的安全保密等。情报的分发和应用是情报侦察系统的最后一个环节,获取情报能否发挥最大的价值和效用,与这一环节关系密切。情报是一类特殊的信息,是对使用者具有特殊效用的信息。通常,获取的情报可以根据情报的价值划分为不同的密级,不同密级的情报分发和应用方式有很大的不同。例如,机密级以上的情报一般只能分发给特定的人员使用,如果分发给其他人员使用可能会造成泄密的危险,有时甚至会关系到作战行动的成败。此外,情报通常是秘密渠道获取的,之所以是秘密渠道,就是获取的情报不能让对方知晓,因此,不能在分发、使用过程中被敌方获取,从而使获取的情报失去了价值,甚至在对方及时调整相关部署后,转变为假情报,这样的例子不胜枚举。因此,情报的分发和应用过程,应该特别重视,尤其是要对情报的传输过程增加安全防护措施,不能因情报传输而泄露获取情报的信息,同时对情报分发使用的人员也要严格界定,保证获取情报分发给相应密级的人员使用。

情报的处理、传输和分发直接关系到情报信息的有效利用和价值实现以及决策的实施情况,是信息优势转变为决策优势的一个关键因素。在具有一定的信息获取能力后,需要通过及时、高效、准确的情报处理、传输和分发,将信息优势及时地转化为决策优势,才能取得战争的胜利。此外,情报处理、传输、分发系统历来是敌方破坏和攻击的重点,在情报系统的体系结构设计中必须融入安全防护功能,采用多层次的安全保密体制,使其具备强大的抗干扰、反侦察功能,从而提高情报侦察系统的战场生存能力。

4.2.3　情报处理基本流程

情报处理应包括原始情报材料经过鉴别、积累、研究和提供使用以及最后形成情报档案的全过程。情报材料的通报、上报和归档是情报处理工作的有机组成部分。情报处理的基本流程由收到各种手段获得的大量情报素材开始,如图4.4所示。

首先是鉴别和积累,这是情报处理的大门。这个步骤的内容包括辨明情报材料的真实程度,确定分类进行编码登录,然后按照内容的价值和缓急程度,决定作为重要情报资料进一步处理或作为有用资料归档积累。搞好这个步骤的关键在于敏感性,要求能及时发现重大的紧急情况。而敏感性要依靠各个时期所拟定的情报收集要求的指导,以及工作人员的素养。

其次是分析和判断,这是情报处理的核心部分。这个步骤将对收到的情报资料进行分析判断,包括:①确认所反映情况在多大程度上符合客观实际及其所包含的意义,需要调用档案积累的基本情况来印

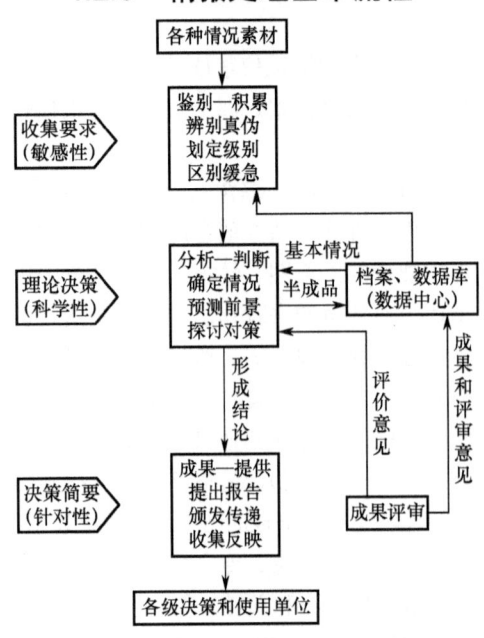

图4.4　情报处理基本流程图

证和补充。②研究事件可能产生的影响和预测其发展前景。③作为新形势下对情报工作的新要求，在观察重大事件发展趋势的同时，必须立足本国的利害关系，考虑和提出必要的对策建议。

最后是成果提供，这是情报处理的目的和归宿。情报成果的提供包括：①口头报告、通报，一般在紧急情况下（包括战时）使用。②将已形成判断的情报编写为简明扼要、高度浓缩的文件上报，或通报有关上级和业务部门。有时以图文并茂的专题研究或资料汇编形式提供。声像资料也是情报成果的处理形式。情报的分发除文件外，还可以用传真等多种电信手段。情报分发的同时要注意获取情报使用者的反应。有关评论应及时反馈到情报处理部门并连同成品归档，重要成果或情报失误须经过评审。

4.2.4 情报信息综合处理

现代侦察与监视的信息综合处理技术是以计算机、通信网络、智能信息处理技术为基础的智能化信息综合处理，采用了强大的计算机处理，超强的网络通信，并利用先进的信息处理技术实现多源信息的关联、融合、推理、挖掘等智能化信息综合处理，提供多时空、多频段、全方位的目标可靠的估计与判断，形成全面、清晰的战场态势图与综合性结论，从而明显提高情报综合处理质量。信息综合处理具有两方面的特点：一是情报来源广、格式多、数据量大，并且内容多、信息复杂；二是综合利用自动信息处理、智能信息处理、人机交互综合处理等多种信息处理技术手段。

信息综合处理技术已从单一传感器探测目标发展到利用多种媒介探测或测量物理现象的传感器组探测来自目标的电磁波、弹性波、应力等物理特征信息，并通过加工处理送给显示记录设备，经分析、判读来获取情报，从而及时发现、识别并监视目标，感知整个战场态势。为了适应复杂电磁环境、电子干扰、情报欺骗的信息战，侦察与监视信息的综合处理已成为现代军事作战的重要组成部分，并在夺取战争信息优势，及时掌握战场态势，支持武器有效与精确打击中，发挥着越来越重要的作用。

1. 信息综合处理的系统架构

信息综合处理系统主要由以下部分构成：情报信息汇集处理、情报信息自动化处理、情报信息智能处理、综合情报产品生成。信息综合处理的系统架构如图 4.5 所示。

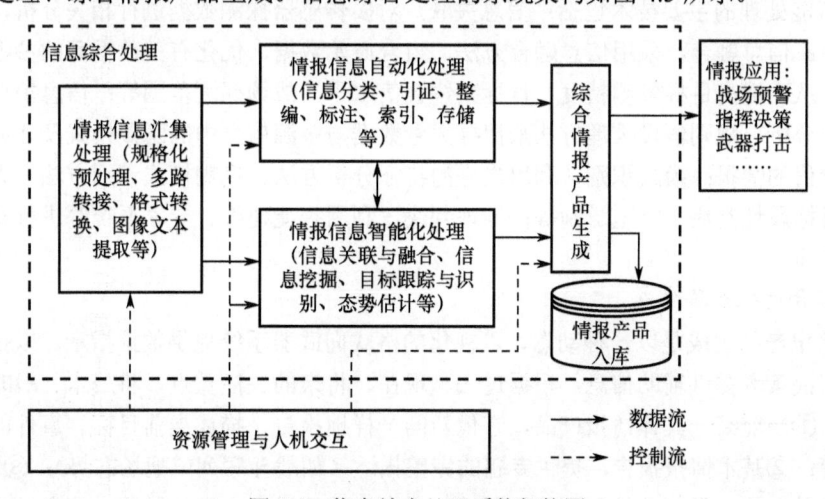

图 4.5 信息综合处理系统架构图

（1）情报信息汇集处理

情报信息汇集处理主要是将多种侦察传感器与其他渠道得到的多源情报信息，如图像情报信息、信号情报信息、量测与特征情报信息等目标情报信息，信息编码、报文内容等内涵情报信息，网络协议、网络文本等网络情报信息，话音与视频信息等声像情报信息，成像侦察与测绘等图片情报信息，进行汇集接入和预处理，包括多路转接、格式转换、图像文本提取，按综合处理所需的数据格式进行规格化预处理等。

（2）情报信息自动化处理

情报信息自动化处理主要提供侦察与监视系统的信息管理功能，即根据侦察与监视的事务处理要求，进行作业管理，提供日常的情报报表与报告、情报的交叉引证；根据作战指挥意图，进行情报信息的管理控制；根据特殊任务要求，对收集信息进行索引与组织管理，提供特定任务规划、态势感知与趋势预测等。

信息自动化处理的主要技术包括：信息分类，利用文本、图像、视频和信号特征信息分析方法与数据的规范化处理，将这些信息转换为数字形式，以便进行数据的分类存档；信息整编，根据任务需求或信息的内容特征，建立目标位置信息、目标组成信息、资源特性信息、事件序列等报文、报表、战场空间视图等；信息索引，利用数据库技术，通过给每个数据项分配存储的参考项，生成数据项的内容摘要、关键词和数据描述的来源、时间、置信水平以及相关项的元数据，从而建立信息索引、信息分析的字典或词典；信息标注，对数据进行注解，对战场空间视图中关注的目标或区域加以文字说明；辅助决策，在建立索引后，新的情报信息进入数据库后，利用统计分析方法，对照预定义内容特征模板来监视事件或趋势，提供特定的信息分析线索等。

（3）情报信息智能化处理

情报信息智能化处理主要是通过传感器探测数据或多源侦察情报的关联去重复，减少目标信息的不一致性；通过多源信息融合处理，将多种传感器和多个侦察平台联成一个有机整体，取长补短，相互印证，形成集成度与可靠性高的侦察综合情报；通过对信息进行抽取、转换和分析处理，揭示隐藏的、未知的或验证已知的规律性，提取有价值的情报信息；为侦察与监视系统提供信息提炼与分析推理功能。

信息智能处理的主要技术包括：信息关联，对多传感器探测数据进行相关分析，对冗余信息进行归并；信息融合，采用信息融合方法，组合原始数据，优化有关数据源的参数估计，并综合推断，从而提高目标量测精度、目标判决置信水平、战场探测范围等；信息挖掘，通过使用聚类统计分析、规则假设推理方法来搜寻大量数据与多源信息中的隐藏模式及非显现规律，挖掘出有价值的情报；模式识别，利用先进的特征分析方法、模糊模式识别方法、人工神经网络等进行目标属性判决、类型辨别等；推理判决，利用智能建模、专家系统等进行态势估计、事件变化推演等。

（4）综合情报产品生成

综合情报产品生成是以一种动态、可视化的格式向武器系统提供数据指示，以报告、图表形式向指挥决策者提供辅助信息。根据过去、现在、将来的关注重点，将战术、战略情报产品分为三类：①当前某一具体情报产品，它像新闻一样地报告、描述当前目标、事件的状态、性质、迹象等；②基本情报报告，提供专题的完整描述（如战斗序列或战场态势）；③情报评估，试图根据当前态势、限制条件和可能的影响，对未来情形进行合理的预测。信息综合处理生成的情报，一方面，将情报分发应用，提供态势感知、战场预警、指挥决策；另一方面，将情报产品入库累积，以便提供全面战场信息与进一步分析处理。

2. 情报的综合处理流程

在侦察与监视系统中，信息综合处理是通过多种传感器信息获取手段与通信信息网络，收集到传感器探测数据尽可能多的类型，以及不同精度、时效的数据，并从大量的探测物理量与数据，通过分析、关联、理解、判读等深度分析与综合推演提取情报信息，获得综合态势情报。其方法与措施如下。

（1）传感器的数据收集与综合利用

通过收集多源侦察与监视传感器获取的数据，拓展对敌方进行观察和确定目标的深度与广度，如利用雷达侦察获取的侦察数据应具有对侦察范围覆盖、检测、（检测概率/虚警概率）精度、束波扫描周期等信息，利用通信侦察对侦收的通信信号进行解调、解码，获取通信信号携带的内容、广播及话音内容，通过信息分析得到敌方的目标内涵情报信息，这种目标内涵情报信息可通过文本形式、图表形式反映目标属性、战术行动与行动意图。在多传感器对战场监视中，通过获取或截获敌方的通信信息、武器预警的信息、敌方目标侦察的有关目标位置的精确信息、武器威胁能力指标，以及用于战场环境的地理、大气数据等，扩大了信息获取量。

此外，利用获取信息手段的多样化使战场侦察与监视具有超视及无间隙的情报监控体系，如采用先进的光、电、磁传感器的侦察设备，包括地面侦察站、侦察船、侦察飞机、侦察卫星等手段，对敌方的军事设施、军队的部署、武器装备的配置以及部队的调动与行动企图进行侦察与分析，获取军事情报，为制定作战计划和作战行动提供依据。

（2）信息分类与索引的自动处理

从技术情报信息收集方式和信息获取途径，侦察情报信息可分为目标信息、内涵信息、声像信息、网络信息、图片信息等。根据情报信息使用与对作战支持，情报信息可分为目标属性信息，用于侦察目标发现；标状态信息，用于目标运动状态估计与跟踪；内涵信息，提供目标属性判决或个体身份识别；综合战场环境信息、目标属性信息、影像信息等，支持战场态势估计与威胁评估。因此，根据信息来源，结合信息对作战使用要求，利用计算机及其人机交互方式，建立情报信息的分类存储、自动检索处理机制，实现快速的数据、文字、图表等多格式的信息处理，提供及时的情报报表与报告、目标指示信息，以及初级的指挥辅助决策等。

（3）多源信息融合与集成的智能处理

多源信息的融合与集成处理主要有：①数据的净化、筛选与关联分析；②情报信息融合与情报理解；③综合情报的推理、综合整编与分发应用。具体处理与其作用简述如下。

首先，在单传感器数据分析与情报提取处理基础上，针对具体的作战任务，对多源传感器数据进行净化与筛选处理，减少噪声影响，剔除错误值数据；并对多传感器数据进行相关性分析，以提供对目标（飞机、舰艇、坦克等）状态的一致描述信息，减小多传感器探测目标的相关出错概率，提高跟踪精度与跟踪的持续时间，为指挥员提供直真、直观的不同距离的、全方位的、有声有色的情报。例如对电子侦察、雷达探测数据进行相关性分析，采用被动侦察信号引导主动探测，提高目标发现的联合检测概率，提高多源情报信息综合印证，为进一步综合分析获取全面的战场态势情报，提供相关军事目标或军事事件的基本属性、状态、类型等信息或信息查询、检索的情报资源。

其次，对情报信息进行融合处理与解释。采用多源信息融合的关联处理，消除多源数据间的相互冲突与信息冗余，完成多传感器数据的一致性检验，提供对战场完整性描述的情报保障。通过建立目标情报信息模型、态势预测模型，利用多传感器目标数据融合处理，即分别采用数据级、特征级、决策级的数据融合处理，实现多源情报信息的综合集成，从而获得高准确度、可靠的敌方电子辐射源与武器平台属性与类型识别，或提供稳定、高精度的多目标跟踪。利用侦察与监视积累数据分析手段，通过建立目标特征或状态模板，对采集信息自动进行垃圾过滤和去重处理，从多源海量信息中挖掘出有用的情报信息，进行自动信息群凝聚与识别，达到对战场出现目标进行确认、对敌方兵力部署进行检测、对敌方情报指挥系统进行身份辨识的目的。通过时间和资源占用分析等，掌握监测目标及目标群的活动规律以及军事网台使用特点，并及时发现异情等。

最后，情报信息的分析与综合过程。该过程利用多种分析手段，对目标信息、内涵信息、声像信息、网络信息、图片信息等建立信息集之间的相互关系，进行情报信息累积，进一步支持战场态势估计与威胁评估；通过情报信息的推理与印证、综合与整编手段，并采用图形、文字表格、声像等可视化方式，生成对侦察与监视有价值的综合情报。

4.3 情报侦察系统类型

随着科学技术的发展，获取情报的技术手段越来越现代化，情报侦察装备也五花八门，但总体上可按情报用途、情报类型、技术途径、电磁波来源、目标类别和搭载平台分为不同的类型。

根据情报用途的不同，可将情报侦察系统分为：战略情报侦察系统、战役情报侦察系统和战术情报侦察系统。根据情报类型的不同，可将情报侦察系统分为：图像侦察系统、信号侦察系统、测量和特征侦察系统等。根据技术途径上的不同，可将情报侦察系统分为：雷达侦察系统、信号情报侦察系统、微波辐射计侦察系统、光电侦察系统、遥感侦察系统、声学探测侦察系统、地面战场传感器侦察系统等。根据电磁辐射的来源不同，可将情报侦察系统分为：无源情报侦察系统、有源（或主动）情报侦察系统等。根据搭载平台的不同，也可将情报侦察系统分为：航天侦察系统、航空侦察系统、地面侦察系统、海上及水下侦察系统等。

4.3.1 航天侦察系统

航天侦察系统就是以航天器为平台，携带侦察设备对地面和空间目标执行军事侦察任务的情报侦察系统，是随着航天技术、遥感技术、电子技术的发展而发展起来的一种重要的情报侦察系统。随着航天侦察情报实时性的提高，航天侦察系统实施战术侦察和战役侦察的能力日益增强，现代战争对航天侦察的依赖性日益增加。据统计，近年来航天侦察占全部侦察手段的60%～65%，因而在整个侦察探测领域，航天侦察具有举足轻重的地位。

航天侦察技术是从20世纪50年代开始发展起来的。1959年美国发射了第一颗照相侦察卫星。20世纪60年代，导弹预警卫星、信号情报侦察卫星、海洋监视卫星和核爆炸探测卫星相继投入使用。20世纪70年代中期，传输型侦察卫星投入使用，使成像侦察卫星的图像信息可在飞行过程中传送到地面接收站，加快了航天侦察情报的传输速度。20世纪80年代航天侦察得到广泛应用。20世纪90年代，随着海湾战争、伊拉克战争等一系列局部战争的展开，航天侦察系统直接参与作战，从战略侦察系统变成战略与战术相结合的侦察系统。

航天侦察按使用的平台是否载人可以分为卫星侦察和载人航天侦察。卫星侦察是空间侦察与监视的主要方式，也是目前数量最多、应用最广泛的航天侦察系统。根据任务和侦察设备的不同，侦察卫星通常分为成像侦察卫星、信号情报侦察卫星、海洋监视卫星、空间目标监视卫星和核爆炸探测卫星等。后来，随着航天侦察技术的发展，专用核爆炸探测卫星消失了，取而代之的是将核爆炸探测设备搭载在成像侦察卫星或者导航卫星上承担核爆炸探测任务。载人航天侦察通常以飞船、航天飞机、空间站等载人航天器为平台，搭载侦察载荷，在和平时期和战时都能提供一定的侦察能力。在有人操作的情况下，侦察操作更有针对性、更灵活。

航天侦察系统由空间和地面两部分组成，空间部分包括航天器和侦察有效载荷，也包括向地面传输侦察信息的中继卫星；地面部分包括地面测控站、信息接收站、侦察信息处理和判读分析中心以及传输分系统等。航天侦察系统的航天器在空间以一定的轨道运行，多采用低轨和高轨轨道，很少采用中轨轨道。成像侦察卫星、载人航天器多采用近地轨道，以便获取高分辨率图像；海洋监视卫星多采用低轨；信号情报侦察卫星、预警卫星多采用以大椭圆轨道和同步轨道为代表的高轨轨道。新一代航天侦察系统将采用多种高度轨道混合形式的"星座"结构，来实现全球覆盖，提供全方位侦察情报。

1. 成像侦察卫星

成像侦察卫星主要是搭载光学侦察装备或雷达成像侦察装备，从空间对目标实施侦察、监视和跟踪，获取军事目标的高分辨率图像的卫星。在各种卫星侦察方式中，成像侦察卫星发展得最早、最快、数量最多、技术也最成熟，是情报侦察系统的重要组成部分。

成像侦察卫星通常采用近圆形的低轨道，轨道高度一般在300km以下，有的为了获取更高的地面分辨率，照相时将高度降到150~160km。有的选择太阳同步轨道，这样卫星对地拍照时有较好的光照条件，有利于照片判读。成像侦察卫星为获得高分辨率图像，对卫星控制精度要求极高；有些卫星还具有轨道机动能力。照相侦察卫星大多采用倾角大于90°的近极地太阳同步轨道。成像侦察卫星可以将图像信息存储到胶片上，待飞临地面站接收区时传回地面接收站，也可以通过数据中继卫星实时地传送到地面接收站。

成像侦察卫星按获取图像信息的传感器不同，可分为光学型、雷达型和混合型。光学型成像侦察卫星也称照相侦察卫星，载有可见光、红外、多光谱和超光谱成像设备。可见光成像的地面分辨率最高，照片直观，易于判读，但缺点是受天气影响较大，阴雨天、有云雾时或夜间都不宜工作。红外成像可以不受气候影响昼夜工作，具有一定的穿透地表及森林、冰块和识别伪装的能力。多光谱成像可以获得更多的目标信息。超光谱相机是近几年刚发展起来的一种新型侦察装备，将光谱分成几百种不同的颜色，每个光谱带只有几纳米宽，光谱分辨率为纳米级，可以有效识别伪装，也可以发现浅海的水下目标，是实施近海和海岸作战侦察的重要手段。雷达型成像侦察卫星上带有雷达传感器，通常是合成孔径雷达，具有一定的穿透地表层、森林和冰层的能力，可以克服云雾雨雪和黑夜等条件限制，与光学成像侦察卫星相配合，实现全天候、全天时侦察。混合型成像卫星为通常载有光学和雷达两种类型的传感器，通过两种互补的方式获取目标的图像信息。

按用途不同，成像侦察卫星又可分为普查型和详查型。前者用于大面积监视目标地区的军事活动、战略目标和设施的特征，用于危机或局部地区的战略侦察；后者则用于获取局部地区重要目标详细特征信息。普查型成像侦察卫星的地面分辨率一般优于3~5m，图像覆盖面积大，一幅可达几千平方千米到数万平方千米。详查型成像侦察卫星地面分辨率通常优于1m，图像覆盖面积相对较小，一幅图像可覆盖几十平方千米到几百平方千米。为达到较佳的应用效果，通常普查型和详查型成像侦察卫星配合使用。

（1）光学成像侦察卫星

目前许多国家都拥有光电成像侦察卫星，如美国的"锁眼"（Keyhole，KH）系列、俄罗斯的"阿拉克斯"（Araks）系列、以色列的"地平线"系列、法国的"太阳神"系列、日本的"情报收集卫星"（Intelligence Gathering Satellite，IGS）系列、印度的"试验评估卫星"等。其中以美国的"锁眼"系列较为先进。

美国从1962年3月正式开始"锁眼"（Keyhole）KH系列光学成像侦察卫星的研制计划。从技术水平来分析，可以把美国光学成像侦察卫星分为六代：第一代为"锁眼"KH-1、第二代为"锁眼"KH-5、"锁眼"KH-6；第三代为"锁眼"KH-7、"锁眼"KH-8；第四代为"锁眼"KH-9；第五代为"锁眼"KH-11；第六代为"锁眼"KH-12。目前在轨运行的"锁眼"KH-12光学成像侦察卫星代表了当信世界的最先进水平。"锁眼"系列侦察卫星的基本性能如表4.1所示。其中，第一代至第四代光学成像侦察卫星均属于胶片回收型侦察卫星。

"锁眼"KH-12卫星是美国第六代光学成像侦察卫星，如图4.6所示。首颗"锁眼"KH-12卫星于1990年2月发射升空，至今已经发射了3颗，曾经参加过近年来的几次局部战争。卫星运行在近/远地点398km/896km、倾角98°的太阳同步轨道，卫星质量17t，设计寿命为8年。其星载有效载荷包括：大口径光学CCD照相机、红外热成像仪、监听微波通信信号和电话的信号接收机、数据中继转发器和天线等。此外，还载有大量燃料，具有较强的变轨能力。

表4.1 "锁眼"系列侦察卫星性能表

侦察等级	类型	工作寿命	地面分辨率	发射时间
第1代	KH-1 普查	3～28天	3～6m	1960年
	KH-4 详查	3～5天	2～3m	1962年
第2代	KH-5 普查	20～28天	<3.6m	1963年
	KH-6 详查	4～10天	0.6m	1963年
第3代	KH-7 普查	14～36天	0.6～2.4m	1966年
	KH-8 详查	9～19天	0.4～0.6m	1966年
第4代	KH-9 "大鸟"普查兼详查	5～220天	0.3～0.5m	1971年
第5代	KH-11 普查	2～3年	0.15m	1976年
第6代	KH-12 普查兼详查	6～15年	0.1m	1990年

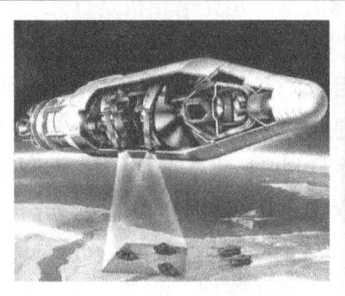

图4.6 美军KH-12"锁眼"卫星

KH-12的大口径光学CCD照相机，目标分辨率达0.1～0.15m，采用CCD多光谱线阵器件和"凝视"成像技术，使卫星在取得较高几何分辨率的同时还具有多光谱成像及微光探测能力。还采用了自适应光学成像技术，使卫星能快速改变镜头焦距，在低轨道具有较高的分辨率，在高轨道获得宽的幅宽，其瞬时观测幅宽为40～50km。KH-12的红外热成像仪，可提供优秀的夜间侦察能力，目标分辨率达 0.6~1m。监听微波通信信号和电话的信号接收机，可与海洋监视子卫星组成星座构架，完成海洋监视任务。数据中继转发器和天线，能通过美国的"数据中继卫星"实现大容量、高速率的图像数据实时传送，图像从摄取到传至地面不超过 1.5h，从一定程度上实现全球实时侦察。

在防护方面，KH-12 卫星采取了防核效应加固手段和防激光武器保护手段，增装了防碰撞探测器和防激光武器保护手段。这几种先进的防护手段是首次全部运用在成像侦察卫星上。这些防护手段的主要功能是，使卫星能够对付可能出现的敌方激光反卫星武器、高空核爆炸武器和动能反卫星武器等，提高卫星的生存能力。

KH-12 光学成像侦察卫星在 2003 年的伊拉克战争中发挥了重要作用，从战争开始前一直到现在，美国都在利用它对伊拉克进行侦察，并且是每颗卫星一天飞越同一目标区域两次。

不过，KH-12 也存在不足，其最大的缺点是只能在天晴时提供信息，在雨天、雾天或多云时便无能为力。KH-12 主要用于收集战略情报，因而难以满足当前局部战争的需要，无法直接支持战术行动，也很难进行应急发射，对敏感地区重访周期太长，不能即时提供所需情况，其扫描幅宽仅为 7~10km，不适合战区作战。KH-12 的时间分辨率仍然不够高，不能对目标进行持续的监视，对时间较短的局部战争的支持能力还不够强。

法国作为北约和欧盟组织的重要成员，在 20 世纪 70 年代前的卫星侦察情报资源方面严重依赖于美国，为摆脱对美国的依赖并建立相对独立且可靠的卫星情报来源，法国从 1985 年 12 月正式将前期开始的"萨姆罗"军事光学侦察卫星研发计划更名为"太阳神"，在海湾战争后，法国加快了"太阳神"系列卫星的研制步伐。而出于资金和技术合作的考虑，法国还先后与意大利和西班牙签署协议，将两国纳入太阳神-1 系列的研发团队，并允许其分享和使用太阳神-1 卫星发射后所拍摄到的影像资料。1995 年 7 月 7 日，太阳神-1A 成功发射，这也是欧洲的首颗军用光学成像卫星。1999 年 12 月 3 日，法国再度成功发射太阳神-1B 卫星。

虽然 2 颗太阳神-1 系列卫星的升空大大缓解了法国和欧盟国家的军事情报需求，但由于该系列卫星的分辨力仅为 1m，且不具备全天候成像能力，因此在确认某些国家（如伊拉克）是否存在大规模杀伤性武器、具体袭击目标选择等方面仍面临诸多困难。为了解决上述问题，法国于 1994 年 4 月启动太阳神-2 侦察卫星的方案论证工作，计划耗资 30 亿美元研制 2 颗新的光学侦察卫星并建设地面控制中心，比利时、西班牙、意大利、希腊四国各出资金的 2.5%，以分享卫星图像。为强化合作，法国还与德国和意大利签署了国家天基侦察网图像共享协议，根据该协议德国和意大利可获取法国太阳神-2 侦察卫星的图像，而作为交换，法国能获取德国的"合成孔径雷达－放大镜"（SAR-Lupe）卫星星座和意大利"地中海盆地小卫星观测星座"（COSMO-SkyMed）系列雷达卫星图像。2004 年 10 月，运行 5 年的太阳神-1B 卫星因电源系统故障停用，为弥补侦察空隙，法国于当年的 12 月紧急发射了太阳神-2 系列的首颗卫星太阳神-2A。由于设计寿命仅为 5 年的太阳神-1A 卫星已处于大大超期服役状态，为保障卫星情报获取的可靠性和连续性，法国国防部于 2009 年 12 月发射了太阳神-2B 卫星。太阳神-2 光学侦察卫星如图 4.7 所示。太阳神-3 系列卫星由欧洲各国联合研制，搭载红外遥感器和合

图 4.7　太阳神-2 光学侦察卫星

成孔径雷达，其可见光遥感器分辨率将达到 0.1m。

太阳神-2A 卫星是法国、比利时、西班牙三国的合作项目，由法国国家空间研究中心负责设计，由欧洲航空航天防务公司总体承制。2004 年 12 月 18 日，太阳神-2A 卫星顺利进入近地点 686.8km、远地点 688.9km 的太阳同步极轨道，轨道倾角 98.1°，轨道周期 98.4min。2005 年 3 月该卫星正式开始向地面站点发送图像数据资料，每天可传回上百张高清晰度图像。卫星质量为 4200kg，设计寿命为 5 年，采取三轴姿态稳定方式，地面分辨率最高可达 0.35m，传回的图像可清晰分辨出机翼下外挂炸弹的型号或辅助燃料箱的大小。太阳神-2 卫星载有两个遥感器，一个是从可见光到低红外频谱的宽视场遥感器，另一个是特高分辨率遥感器。与太阳神-1 卫星相比，太阳神系统可提供在分辨率、对比度和电子噪声方面具有更高质量的图像，以及更多图像数量和更快获取分发速度的能力。由于装备了新型红外线摄像设备，太阳神-2 系列卫星初步具备了昼夜 24h 的全天候对地观测能力，并可根据目标物体的温度变化来判断地面的汽车、坦克或飞机乃至核反应堆是否准备启动等。

前苏联从 20 世纪 60 年代开始发展成像侦察卫星技术。最早发展的是"天顶号"系列胶卷返回式成像侦察卫星，其首颗卫星于 1962 年 4 月发射升空。在此后的几十年中，前苏联又相继发展了"琥珀"和"蔷薇辉石"系列成像侦察卫星，并在后两个系列的基础上进行了改进和发展，推出了一些新的改进型侦察卫星。其中既有胶卷返回式的，又有光电传输型的；既有高分辨率详查相机的，又有中分辨率普查光电监视的，这些改型对外统一称为"宇宙"××××（数字编号）。从 20 世纪 60 年代末至 90 年代初，前苏联每年发射的成像侦察卫星都在 30 颗左右，一年中每天总保持 1~2 颗成像侦察卫星在轨工作。

1991 年前苏联解体后，由于经费困难，成像侦察卫星的研制发展受到很大阻碍，发射数量平均每年只能维持在 1~2 颗的水平，且基本上仍在沿用前苏联时期研制的型号。以近 10 年来的发射情况为例，2000—2010 年期间，俄罗斯共发射 15 颗军用成像侦察卫星，除少数几颗新型成像侦察卫星的试验星外，绝大部分为前苏联时期研制的"琥珀"和"蔷薇辉石"系列。目前，俄罗斯现役的军用成像侦察卫星主要包括"琥珀/钴"M 胶卷返回式成像侦察卫星、光电传输型"角色"成像侦察卫星、Geo-IK 大地测绘军用卫星和"资源"DK 军民两用高分辨率成像卫星。

"角色"是俄罗斯萨马拉进步火箭航天中心研制的新一代光电传输型成像侦察卫星，其用户是俄武装力量总参情报部。"角色"卫星基于"资源"DK 平台研制。卫星重 15t，长 7.9m，太阳帆翼展 13.7m，运行在 718~730km 高的太阳同步轨道上，轨道倾角 98.3°，设计寿命为 7 年。星上配有直径 1.5m 的星载望远镜，最高分辨率可达 0.3m。2008 年 7 月 26 日，俄罗斯发射了编号为"宇宙"2441 的"角色"卫星的试验星。但是，由于星上电子设备故障，该卫星已于 2009 年 2 月宣告失败。

图 4.8 "资源"DK 侦察卫星

"资源"DK 是俄罗斯萨马拉进步火箭航天中心新研制的数字传输型高分辨率、多光谱成像军民两用对地观测卫星，如图 4.8 所示。该卫星具有改进的几何学和光学测量性能，以及增强的实时下行链路数据传输性能，能在可见光和近红外波段对地球表面进行多谱段成像。

"资源"DK 卫星采用模块化设计,卫星质量约为 6570kg,高 7.4m,运行在 360~604km 高的近圆轨道上,轨道倾角为 70.4°,设计寿命大于 3 年。卫星安装了新的全色和多通道光电成像仪,其全色模式的光谱波段为 0.58~0.8μm,空间分辨率为 1m,多通道模式的窄光谱波段为 0.5~0.6μm、0.6~0.7μm 和 0.7~0.8μm,空间分辨率为 2~3m。"资源"DK1 有效载荷数据的射频通信工作在 X 波段的 8.2~8.4GHz,下行链路数据速率最高可达 300Mb/s。该卫星可提供 7000 万平方千米的地表拍摄能力。

"资源"DK 于 2006 年 6 月发射入轨。根据俄地球监视运营业务科学中心 2010 年 11 月发布的信息,"资源"DK 虽然早已超过设计寿命,但星上的科学仪器系统仍然在继续工作。目前,星上科学系统的探测成像总量虽有所下降,但所获照片的分辨率仍保持优于 1m,工作状态完全正常。

(2)雷达成像侦察卫星

雷达成像侦察卫星实用性强,它搭载的雷达传感器,具有不受云、雾、烟和光照条件影响的侦察能力,可进行全天时和全天候侦察,并可识别伪装或地下目标。它可以弥补光学成像侦察卫星的不足,但其地面分辨率不及光学成像侦察卫星。目前世界上唯一在轨部署的军事雷达成像侦察卫星是美国的"长曲棍球"(Lacrosse)卫星,俄罗斯以前虽然发射过多颗雷达成像侦察卫星,但目前没有在轨运行的卫星,德国、日本、意大利也正在研制进程中。

美国于 1988 年 12 月 2 日发射了第一颗"长曲棍球"雷达成像侦察卫星,由美国的"阿特兰蒂斯"号航天飞机送入太空,轨道的近地点为 667km,远地点为 692km,倾角 57°,运行周期为 98.32min,如图 4.9 所示。此后发射此类卫星多次,目前在轨的"长曲棍球"卫星有 3 颗。

"长曲棍球"卫星的质量为 14.5t,星载 SIR-D 高分辨率合成孔径雷达,目标分辨率为 0.3~1m。该雷达工作在 X、L 双频段,采用水平和垂直两种极化方式工作,波束宽度为 0.8°×3.2°(L 波段)、0.1°×0.42°(X 波段),旁瓣电平为 15~20dB,重复频率为 1~2kHz,脉冲宽度为 20~30μs。雷达获取的侦察图像通过美国军用数据中继"卫星-数据中继"系统(SDS)传回美国本土。卫星采用 45m 长的太阳电池阵,功率不低于 10kW,设计寿命为 8 年。

"长曲棍球"雷达成像侦察卫星所具备的全天时和全天候实时侦察能力,它在从海湾战争到伊拉克战争的多次局部战争和地区冲突中发挥了较大作用。它不仅能够跟踪装甲车辆、舰船的活动,能监视机动式弹道导弹发射车的动向,还能发现经过伪装的武器装备和识别假目标,甚至可以穿透干燥的地表,发现埋在地下深达数米的目标。

近年来,虽然俄罗斯雷达侦察卫星的发射数量不多,但也在发展自己的对地观测卫星系统。包括"阿尔贡"2M 雷达成像小卫星计划、"兀鹰"小卫星系统、"监视器"系统。

"阿尔贡"雷达成像卫星重量不到 1t,工作轨道高度为 550~600km,拍摄高分辨率照片的范围为 10km×10km,探测的范围为 450km×4000km。卫星有 X、P、L 三波段合成孔径雷达和两坐标电子扫描波束方式的主动相控阵天线,可以穿透树叶进行观测,地面分辨率 3~30m;P 波段(波长 70cm)能够探测土壤层下面,地面分辨率大于 30m;X 波段的地面分辨率为 1m,质量接近光学影像。

"兀鹰"E 小卫星已于 2003 年首次发射,轨道高度为 458km,轨道倾角 67°。安装 S 波段合成孔径雷达的小卫星有两种工作模式:分辨率为 1~2m 的详查模式(截获带宽为 10~20km)和分辨率为 5~20m 的普通探测模式(截获带宽为 20~160km)。

图 4.9 "长曲棍球"（Lacrosse）侦察卫星

"监视器"E 已于 2003 年 6 月 30 日和 2005 年 8 月 26 日两次发射，进行了在轨测试，2005 年 11 月获得首批照片。2006 年 2 月"监视器"E 成功从飞行试验转入试运行阶段。卫星工作在高度为 540km 的太阳同步轨道上，倾角为 97.5°。卫星上安装了两个分辨率分别为 8m 的全色照相机和 20m 的分配通道的照相机，截获带宽相应为 96km 和 160km。

（3）混合型成像侦察卫星

光学成像和雷达成像侦察卫星虽然空间分辨率较高，但在近几次局部战争中证明单独使用一种卫星的实战效果不够理想。在这种情况下，混合型成像侦察卫星应运而生，它同时搭载了光学和雷达成像侦察设备，兼具光学成像侦察卫星和雷达成像卫星的功能和优点，不但能保证卫星在任何气象条件下都不丢失信息，而且还能覆盖更大范围。混合型成像侦察卫星是未来成像侦察卫星的发展方向。

目前，世界上只有美军拥有现役的混合型成像侦察卫星，即美国范登堡空军基地于 1999 年 5 月成功发射的"8X"型成像侦察卫星（又称"增强型成像系统"）。"8X"型成像侦察卫星的质量 20t，运行在 2690km/3130km 的太阳同步极轨道上，每圈均以不同的经度穿越赤道。卫星可以观测轨道带两侧 500km 区带，从而保证对地球上任意地区每天能重复观测一次。星上搭载有合成孔径雷达和光学照相机，成像分辨率为 0.1～0.15m，可观测到的视场为 150km×150km，超过目前普通卫星视场的 8 倍，相应的数据传输速率也提高 8 倍。

2. 信号情报侦察卫星

信号情报侦察卫星主要用于侦收敌方雷达、通信和导弹遥测信号，获取各种电磁参数、信号特性（如工作频率、脉冲宽度、脉冲重复频率、波束宽度、天线扫描速率、功率等技术参数）和信号内容并对辐射源定位。卫星上通常装有侦察接收机和磁带记录器，当卫星飞经敌方上空时，将各种频率的无线电信号和雷达信号记录在磁带上或存储于计算机中，在卫星飞经本国地球站上空时再回放磁带，以快速通信方式将信息传回，现在的信号侦察卫星也可以通过数据中继卫星实时地把数据传送到地面接收站。有时信号情报侦察卫星也用来截收导弹试验时向基地发回的遥测信号，以掌握对方战略武器发展动态。

根据侦收对象的不同，信号情报侦察卫星的侦收频段也不同。对雷达信号的侦收频段一般在 100MHz～18GHz；对通信信号的侦收频段在 30MHz～30GHz；对导弹遥测信号的侦收频段在 150MHz～3GHz。频段的设置随敌方雷达、通信和导弹遥测设备的变化而变化。按侦察目的，信号情报侦察卫星可分为普查型和详查型两类。普查型卫星能监视大面积地区，测定辐射源的位置并粗略地测定电磁信号的工作频段等参数。详查型则能全面测量电磁信号的各种参数，测定辐射源的位置。普查型卫星一般随一颗详查或普查型成像侦察卫星一起发射，而详查型则可以单独使用。

信号情报侦察卫星的天线体积通常很大，卫星本体显得较小，因此称为"大天线卫星"。静止轨道卫星一般采用网格天线，为保证大尺寸天线网格结构的均匀性和微波性的一致性，在网格节点上装有用于调整的微型电机。大椭圆轨道卫星一般采用伞状天线，伞状肋条的展开技术较为复杂。星载电子侦察接收机是在地面、舰载和机载电子侦察接收机的基础上，为满足航天平台和任务需求而设计的。由于卫星覆盖范围广、速度快，星上侦察设备常常会同时遇到 400～1000 部辐射源产生的密集而复杂的信号环境，同时卫星飞行高度又高，因此星载电子侦察接收机有它自己独特的要求：必须能快速截获信号，并具有足够高的灵敏度，以便在离地面 300km 以上高空侦收天线旁瓣所辐射的微弱信号；在密集信号环境下，具有频率分选能力，对不同体制的辐射信号有较好的适应性；要求其具有一定的定位和测频精度；还要求它体积小、质量轻、高稳定、高可靠和省电。

信号情报侦察卫星的发展始于 20 世纪 60 年代，美国和俄罗斯相继发展了自己的信号情报侦察卫星，经过多年的发展，除这两个国家不断研发自己的信号情报侦察卫星并更新换代之外，法国、英国也于 20 世纪 90 年代左右加入了研制信号情报侦察卫星的行列。美国早期发射的同步轨道信号情报侦察卫星主要包括：20 世纪 70 年代发射的"流纹岩"侦察卫星、"百眼巨人"侦察卫星和"旋涡"侦察卫星，20 世纪 80 年代发射的"大酒瓶"侦察卫星，以及 1998 年发射的"猎户座"侦察卫星。俄罗斯的信号情报侦察卫星从前苏联时期到 2000 年共发展了五代，2001年 12 月成功发射了"宇宙"2383 信号情报侦察卫星，为俄海军提供服务。

（1）高轨道大型信号情报侦察卫星

早期的信号情报侦察卫星为了确保一定的侦察灵敏度，卫星一般选择低轨道，从而导致监视区域有限；卫星寿命短，需频繁发射卫星。随着星上电子侦察设备性能的提高和军方扩大监视区域的要求，卫星轨道也逐渐升高，监视范围随之扩大，同时卫星的寿命也越来越长。目前美国和俄罗斯的信号情报侦察卫星一般部署在大椭圆轨道、准同步轨道或地球静止轨道上，因此星上必须采用大型天线才能实施对地面各种信号的监听。

现役比较典型的信号情报侦察卫星是美军第四代的"号角"信号情报侦察卫星，该卫星于20世纪90年代初开始研制，从1994年至今已经至少发射了3颗。"号角"卫星质量为5～6t，天线直径达100m，运行在大椭圆轨道上，近地点为360km，远地点为36800km。美国发射"号角"系列信号情报侦察卫星，主要目的是把电子侦察范围扩大到纬度较高的俄罗斯和中国北部地区。"号角"装有复杂而精细的"宽频带相控阵窃听天线"，天线展开后的面积相当于一个足球场大小，采用大量网格设计，天线材料为特氟隆包覆石英纤维，用滑轮和微电动机驱动展开。该卫星能提供近连续的信号情报侦察，可同时监听地面上千个信号源，甚至连俄罗斯潜艇基地与其核潜艇舰队之间的通信都能窃听。此外，"号角"还装载了极高频中继系统。该星的入轨，使美军具备了获得近似连续信号情报的能力，极大地增强了美军的信号情报侦察能力。

（2）低轨道小型信号情报侦察卫星星座

为了适应现代战争的信号情报侦察需求，近期出现了由位于中低轨道上的小型信号情报侦察卫星组成的信号情报侦察低轨卫星星座。这种卫星星座在执行特定侦察任务时具备某些优于高轨卫星的特点，如灵敏度高、造价低、可多星组网、可应对突发事件、能及时增发等。这种信号情报侦察卫星星座特别适用于在局部战争和冲突中对战场及冲突地区进行短期监视、跟踪与通信，可以实现全球覆盖，提高时间分辨率，实现多角度侦察。大小卫星相结合将成为未来信号情报侦察卫星的发展方向。

法国的"蜂群"信号情报卫星是利用小卫星星座技术发展的一个信号情报试验卫星星座。由四颗卫星组成，于2004年12月随太阳神-2A卫星一起发射。这四颗卫星在太空呈菱形分布，编队飞行，运行在高度为680km、彼此间间隔30km的轨道上，从轨道上能够监听下方5000～6000km条带内的无线电和雷达信号，实现全球电子监听。每颗卫星的质量120kg，设计工作寿命为3年。每颗卫星的下部装有定位设备（磁强计、太阳能传感器等），而上部则装备保密的信号情报侦察天线、接收机和数据存储设备。

地面系统有两个地面站：一个在图卢兹，进行卫星轨道矫正和运行状态监控；另一个在雷恩附近的 CELAR 电子装备中心，技术人员在此对卫星的有效载荷进行编程，如感兴趣的频带和地理区域等。收集的数据在卫星经过地面站时发送回地球，由 CELAR 中心进行分析和保存，然后转发给用户。由于这些卫星在空间的速度非常快，它真正的设计目的不是用于详查某一覆盖区域的电子信号，而是只对一个发射源跟踪10min。但是，这些卫星能探测到覆盖区域内通信活动的突增，由此为可能潜在的军事活动发出预警。

信号情报侦察卫星虽有其他电子侦察手段无法媲美的突出优点，但也存在着明显的弱点：尽管发射国对它严加保密，很少透露或指明哪些卫星是信号情报侦察卫星，但可根据卫星的轨道参数加以判明，容易被发现，保密性差；并且根据卫星具体轨道参数，可以推算出电子侦察卫星经本地区上空的时间表，在通过时间实行雷达和无线电静默，或制造假信号、假目标，使电子侦察卫星侦收不到信号或受到欺骗干扰，降低其侦察效果。此外当地面雷达或电台过多、电子信号过密过杂时，也难以从中筛选出有用的信号。

3. 海洋监视卫星

海洋监视卫星主要用于探测、跟踪、定位、识别、监视海面和舰船、潜艇的状况，侦收、窃听舰载雷达、舰船通信和其他无线电设备发出的无线电信号，通常由主动型和被动型两类卫星成对协同进行。主动型卫星提供舰船尺寸的情报，被动型卫星提供舰船上电子设备的情报。由于所要覆盖的海域广阔、环境特殊、探测目标活动性强，并要求实时收集和处理信息，因此，海洋监视卫星的轨道比较高，一般在 1000km 左右，并常采用多颗卫星组网的侦察体制，以达到连续监视、提高探测准确率和定位精度的目的。

海洋监视卫星通常可在黑夜和云雾等全天候条件下监测海面，能有效鉴别敌舰队形、航向和航速，可以探测水下潜航中的导弹核潜艇，可以跟踪低空飞行巡航导弹，可以为发射反舰导弹或其他武器摧毁敌舰提供重要情报，还可以为本国舰船的安全航行提供海面状况和海洋特性的重要数据。

海洋监视卫星有专门从事海洋监视任务的专用卫星，也有的与成像侦察卫星结合，完成海洋监视功能。如美国 KH 系列照相侦察卫星和"长曲棍球"系列雷达成像卫星带有信号情报侦察载荷，可以作为主星与海洋监视子卫星组网完成海洋监视任务。海洋监视卫星的研究始于 20 世纪 70 年代，前苏联是世界上最早发展海洋监视卫星的国家。世界上第一颗海洋监视卫星就是前苏联于 1967 年 12 月 27 日发射的"宇宙-198"（COSMOS）卫星。到目前为止，只有美国和俄罗斯这两个国家拥有实用型海洋监视卫星，其他一些国家也在积极进行研制。

现役的海洋监视卫星按星上遥感器的作用方式不同可分为电子侦察型（被动型或无源型）和雷达型（主动型或有源型）海洋监视卫星。雷达型卫星用于普查，电子型卫星用于详查。对于海上的军事目标，无论其采取电子寂静措施，还是使用电子干扰手段，互补的卫星都有办法探测到它。

（1）电子型海洋监视卫星

电子侦察型海洋监视卫星侦收船只、潜艇的雷达信号、通信信号和武器遥测信号，利用多颗卫星以时差定位法测定船只的位置、航向和航速。为了探测潜艇，还装备有侦测潜艇尾迹的微波辐射仪和红外扫描仪。美国与俄罗斯都拥有电子型海洋监视卫星，以美国的"白云"（White Cloud）系列海洋监视卫星最为典型。

"白云"海洋监视卫星是美国研制的电子型海洋监视卫星，也称为"海军海洋监视卫星"（Navy Ocean Surveillance Satellite,NOSS），如图 4.10 所示。美国从 1968 年开始研制，1976 年 4 月发射第一颗"白云"海洋监视卫星，到目前为止共发展了三代。第一代卫星采用一颗主卫星和三颗辅卫星的星座形式，卫星采用被动式雷达平衡测量仪对目标实施定位，除无线电侦收设备外，还可能装有红外传感器，用以跟踪潜航中的核潜艇，探测它们的热水尾流和低飞导弹。第二代卫星仍采用一主三副的星座模式，但主卫星已经采用 KH 卫星和"长曲棍球"卫星，使海洋监视成为可对动态目标快速定位，具有可见光、红外、微波等多种侦察手段的复杂系统。侦察频率范围扩展到超高频的厘米波段。第三代卫星在 2001 年 9 月和 2003 年 12 月共发射两次，每次发射两颗卫星。由此推测，第三代卫星有较大改变，采用两颗卫星组网。

卫星一般运行在 1000km 高度、63.4°倾角的轨道上，卫星间距为 30～110km，随时间逐渐增大。星上载有被动射频接收机、全向电子信息天线阵、多带通滤波器、倍频检波器和数据转发设备等大量先进设备。全向电子信息天线阵工作在 154～10500MHz 频段内，可截获足够强的电磁脉冲信号。每组三颗子星成三角形配置工作，利用接收信息的时差原理进行定位，定位信息经主星处理后传回地面，定位精度可达 2000m。星座中四组卫星交替监视同一海域，每组星可监测 7000km 范围内的信号，每天重复 30 多次，具有连续监视能力。卫星获取的信息经主星处理后，可及时传回地面和海上舰船。为了接收卫星截获的雷达信号数据，美国海军在世界范围内布设了地面接收站，分别设在美国马里兰州的布洛索姆角、缅因州的温特港；英国苏格兰的埃德塞尔；以及关岛、迪戈加西亚岛、阿达克岛等地。此外，自 1990 年初开始，还将接收处理站安装在军舰上（包括核潜艇）。系统的操控由海军航天司令部负责，侦察信号的处理则由海军设在马里兰州休特兰的主情报中心及其设在西班牙、英国、日本和夏威夷的地区情报中心负责。

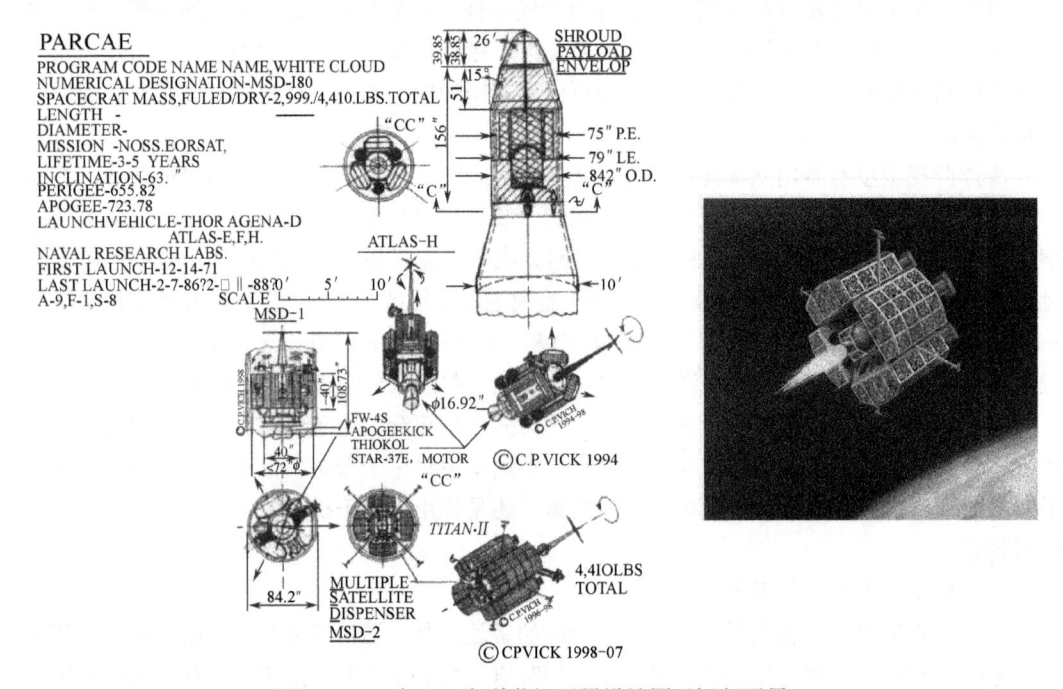

图4.10 "白云"海洋监视卫星设计图及运行卫星

"白云"卫星的后续计划称为"天基广域监视系统"（SBWASS），最初包括两个系统，即"海军天基广域监视系统"（SBWASS-Navy）和"空军与陆军天基广域监视系统"（SBWASS-Air Army），后合并为"联合天基广域监视系统"（SBWASS-Consolidated）计划，该计划兼顾空军的战略防空和海军海洋监视的需求。

（2）雷达型海洋监视卫星

雷达型海洋监视卫星装备合成孔径雷达，能全天候地侦测船只的外形和位置，能有效减小或消除海面反射杂波的干扰，还能将两次探测数据融合形成较为清晰的目标图像。美国与俄罗斯都曾研究过雷达型海洋监视卫星，从公开资料上看，美国未见投入使用，俄罗斯发射过 30 余颗卫星，由于核反应堆可靠性低且不安全，这种卫星于 1988 年 4 月后停止了发射。因此，公开资料显示，目前世界上没有雷达型海洋监视卫星在轨运行。

俄罗斯的雷达型海洋监视卫星名为"宇宙"，是唯一投入使用过的雷达型海洋监视卫星，1974 年 5 月正式发射过工作型卫星。该型"宇宙"雷达型海洋监视卫星属核动力雷达型海洋监视卫星，其卫星星体由姿控助推器、星载雷达系统和核电源系统三部分组成。卫星总长 14m，重 4.5t，轨道高度为 260km/280km，倾角 65°，周期 89.5min，采用双星组网配置，如图 4.11 所示。卫星有效载荷为 X 波段相控阵雷达，长 10m，直径 1.3m。该雷达为双点射束雷达，总覆盖宽带达 455km，发射功率大约为 200kW。"宇宙"雷达型海洋监视卫星工作时，首先由星载雷达的抛物面天线扫描海上舰船的活动，然后通过无线电把收集到的情报发回地面站，从而得出舰只的位置、航速和航向。为了满足雷达功率的要求，卫星上带有以浓缩 235U 为燃料的热离子核反应堆，卫星完成任务后核反应堆舱段与卫星主体分离，并被小火箭推到高约 900km 的轨道。

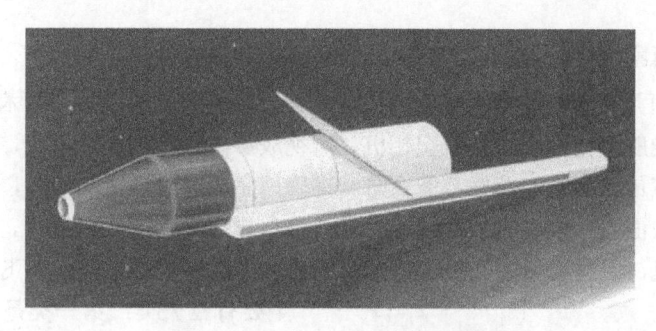

图 4.11　"宇宙"海洋监视卫星

由于星载雷达能在恶劣气象条件下和海况下实施昼夜监测，此类卫星被列为美国反卫星武器的首要打击目标。

4. 载人航天侦察系统

载人飞船是保证航天员在空间轨道上生活和工作、执行航天任务并返回地面的航天器。它的运行时间有限，可独立进行航天活动，也可以作为往返于地面和空间站之间的运载体，还能与空间站或其他航天器在轨道上对接后进行联合飞行。载人飞船能担负对特定目标的侦察与监视。

空间站是在近地轨道上作较长时间飞行的大型载人航天器，在发射后不再返回地面，在轨道上运行数年或数十年后，坠入大气层殒毁。空间站是半永久性的空间基地，可供多名航天员进行巡访、工作和生活。与载人飞船相比，空间站具有容积大、载人多、寿命长和可综合利用的优点。由于空间站可搭载许多复杂的仪器设备，并可由人直接操作，因而可以完成复杂的、非重复性的工作任务。从理论上分析，空间站是可以俯瞰全球的理想侦察基地，可以直接参与跟踪、监视、捕获和拦截敌方航天器和洲际弹道导弹的作战行动。空间站潜在的军事应用包括：可作为空间监视与侦察平台；空间指挥控制通信中心；装载武器系统的对天、对地、对空的作战平台；试验、部署、维修和各种军用航天器的后勤基地。

航天飞机是部分可重复使用的、往返于地面和近地轨道之间运送有效载荷并完成特定任务的空间飞行器，目前已投入使用。空天飞机是 20 世纪 80 年代开始研究的一种能在普通飞机跑道上水平起降，并在大气层内和空间轨道上飞行的可重复使用的航天器。航天飞机和空天飞机的问世是航天技术发展的一个里程碑，它们除了具有与卫星式载人飞船和空间站相类似的潜在军事价值外，其可重复使用性是其他载人航天器所不具备的优势。它们可以完成对地面目标和空间目标的跟踪监视，也可对敌方弹道导弹发射和飞机飞行进行预警。航天飞机上还可搭载合成孔径雷达干涉测量系统，获取全球三维地球信息，为制导武器提供精确的高程数据。

4.3.2　航空侦察系统

航空侦察系统，指的是利用各种空中飞行平台，包括固定翼飞机、直升机、无人机和动力侦察飞机等，装载各种侦察传感器，从空中侦察各种有价值的军事目标的侦察系统。这种侦察具有获取信息时效性强、准确度高、目标影像直观、侦察范围宽广深远、灵活机动等特点。

在第二次世界大战后，经各次局部战争的考验，航空侦察技术得到了迅猛发展。使航空侦察系统在夜间和复杂气象条件下，也能实施战场侦察。同时，还出现了专门用于侦测敌方无线电通信信息和雷达信息的航空信号情报侦察系统。航空侦察已经进入了一个崭新的阶段。但是，随着地面防空系统的射程和作战威力的增加，航空侦察系统的生存力面临的威胁也随之增大，再加上完善的载人航空侦察系统的价格越来越高，因此，出现了采用多种多样新型升空平台的航空侦察系统。

1. 固定翼侦察机

固定翼侦察机是有人驾驶侦察飞机的主要机种，可执行战略侦察和战术侦察任务。携带的侦察设备有可见光航空相机、红外航空相机、侧视成像雷达、电视摄像机、电子侦察设备等。固定翼侦察机反应灵活，机动性好，能及时、准确地完成对战场情况侦察，为各级指挥员提供作战指挥所需的大面积、远纵深的情报，并能直接引导突击兵力摧毁目标。固定翼侦察机包括了光电型侦察飞机、雷达型侦察飞机、信号情报侦察飞机和多传感器侦察飞机等，主要有三大类：第一类是专用侦察机，它具有生存能力强、侦察容量大、侦察精确度高的特点，如美军 SR-71 "黑鸟"侦察机（现已停产），最大速度可达 3700km/h，为声速的 3 倍，飞行高度 26000m，如图 4.12 所示；第二类是用战斗机改装而成，它加装侦察吊舱来完成侦察任务，其装备的型号与数量较多，典型的有美军的 RF-4C、法军的 "幻影" F1-CR 和英军的 "旋风" GR-1A；第三类是近几年出现的兼有侦察与指挥功能的战术侦察指挥机，如美军的 E-8A。此外，预警机也可以执行侦察任务，提供战略和战役战术情报信息，如美军的 E-2、E-3、E-8 等系列的预警机都可以为情报侦察系统提供情报。

图 4.12 固定翼侦察机 SR-71 侦察机

（1）光电型侦察机

光电型侦察机是指装载光电传感设备的侦察机，它是自 19 世纪开始出现航空侦察以来，国外军队发展历史最早、应用机种最广泛的一种侦察机。最典型、装备量最大的要数英国皇家空军的 "旋风" GR-1A 侦察机，如图 4.13 所示。这种侦察机装备的是全光电侦察设备，包括 "文坦" 4000 型红外行扫描传感器、飞机腹部下的小型导流罩内的红外扫描头、陀螺稳定的侧凝红外阵列成像传感器，以及在机身两侧的红外窗口后面装有变焦距红外透镜等。机载计算机侦察管理分系统的六个视频录像机记录所摄取的红外图像，其中三个录像机保持不间断记录飞行录像，另外三个录像机用于驾驶员实时观察导航和提供编辑录像带等。虽然，"旋风" GR-1A 侦察机拍摄的红外图像仍需在飞机着陆后交付判读，但速度要比采用胶片照相冲洗胶卷后再判读要快得多。

图 4.13 "旋风" GR-1A 侦察机

在 1991 年的海湾战争期间，"旋风" GR-1A 这种全光电侦察机受大雨、浓雾、云层及能见度较差的天气条件的影响时，会引起探测性能的下降，图像对比度变坏，严重时，甚至不能正常执行任务等。并且，由于不能提供实时的情报信息，无法适应快节奏战争的需要。因此，海湾战争以后，采用纯光电侦察传感设备的侦察机逐步让位于雷达型侦察机（或者平台不变，但在光电侦察传感器的基础上,加装雷达侦察设备,例如,美军著名的U-2侦察机)以及后来逐步发展起来的多传感器侦察机。

(2)雷达型侦察飞机

雷达型侦察机是指装载对地侦察雷达的侦察机。例如,美军的E-2、E-3系列的预警机都可以通过其雷达探测器执行空中目标的侦察任务,特别是E-8型预警侦察机可以执行地面和海面的侦察任务。

(3)信号情报侦察机

世界上第一支空军电子情报侦察大队是1940年6月英国空军的"靶督"(BATDU)部队,配备有美国研制的"哈利卡夫特"(Hallicrafter)30MHz的无线电信号接收机,成功地侦收到德军无线电盲目轰炸系统发出的无线电信号。1942年10月,美国的B-17轰炸机首次携带侦收频段为50~1000MHz的XARD雷达情报接收机参战。1957年,美空军研制成功并投入使用第一架V-2型飞机机载遥测信号侦察平台,也曾截获到前苏联导弹试验时的遥测信号情报。到了20世纪70年代的越南战争期间,美国专用的信号情报侦察机有了进一步的发展,先后研制了EA-3A/B、ERA-3B与EB-66B/C等新型信号侦察机。此后,随着数字化以及计算机技术的发展,许多新型的信号情报侦察机也相继问世,特别是空军的信号情报侦察机和海军的信号情报侦察机尤其引人注目。

典型的空军信号情报侦察机实例是美军的RC-135系列侦察机。这种侦察机是美国在冷战时期最常用的一种系列型信号情报侦察机,1965年开始服役,并同时加入美国战略空军司令部的侦察机群,在当今世界各热点地区,均有其踪影。

RC-135侦察机的平台是由美国C-135运输机改装而成,翼展39.63m,机长39.92m,机高12.50m,最大起飞重量135.45t,最大平飞速度为0.9马赫。这种侦察机原来总共有12种机型,经过多年的改进以后,目前仍在服役的有三种型号,即RC-135S"眼镜蛇球"(Cobra Ball)、RC-135V/W"联合铆钉"(Rivet Joint)和RC-135U"嗅觉战斗"(Combat Scent)等。经常像"幽灵"般出现在西太平洋上空的是RC-135S型信号情报侦察机,如图4.14所示。

图4.14 RC-135信号情报侦察机

RC-135S主要用于侦察弹道导弹遥测数据,机上载有"弹道导弹信号特征与遥测数据收集系统"。其侦察设备除了光电传感设备以外,还装有三个电子情报侦察系统,即"55000"系统、"85000"系统和"快速反应能力"(QRC)系统。"55000"系统是一个电子情报侦察系统,它包括一个ES400型自动辐射源定位系统(AELS)和一个CS-2010"鹰"式侦收和测向设备;ES400型自动辐射源定位系统能够对工作频谱带宽很宽的辐射源进行探测、识别和定位,该系统大多数的接收天线都装在飞机机身前部两侧"面颊"状的整流罩内；CS-2010"鹰"式侦收和测向设备的工作频段为 20MHz～40GHz，包括微波调谐器、解调器、V/UHF（30MHz～1GHz）上变频器、18～40GHz 的下变频器和 AS-139 型螺旋测向天线（装在机身后下方的天线罩内，方位覆盖范围为 360°）。"85000"系统是一个通信情报侦察系统，由一组航空情报专家来管理，可工作在很复杂的动态环境；其关键的部件是 ES182"多通信辐射源定位系统"（MUCELS），它的四副大型"茶托"状天线装在飞机机身中部的下方，并采用一组钩状和刀状的天线，沿着飞机机身的前方和后方排列。"QRC"系统可根据任务需要，装备一些插入式设备，用以分析"未识别的或者非标准的信号"，并对一些目标进行识别，对通信安全设备进行监视。

海军信号情报侦察机主要用于对海上或水下目标的信号情报侦察，2001 年 4 月 1 日在我国南海海域上空撞毁我海军战斗机的美军 EP-3E 信号侦察机，就是一种典型的海军信号情报侦察机。EP-3E 侦察机是美海军的一种陆基信号情报侦察机，1986 年由美国的 P-3C 海上巡逻飞机改装而成，飞行高度可达 8500m，续航时间达 12h，最大飞行速度为 761km/h，飞行距离为 6300km，机身下方有一个平而圆的天线罩，如图 4.15 所示。

图 4.15 EP-3 信号情报侦察机

EP-3E 侦察飞机主要的机载任务设备包括 AN/APS-134（V）搜索雷达、AN/ALD-9（V）测向机、AN/ALQ-108IFF 干扰机、AN/ALR-44 干扰接收机、AN/ALR-76 雷达信号侦察系统、AN/ALR-81（V）电子情报侦察系统、AN/ALR-82 干扰接收机、AN/ALR-84 雷达信号侦察接收机/处理器、AN/ARR-81 通信情报侦察接收机、AN/URR-71 通用无线电侦察接收机、AN/URR-78 通用无线电侦察接收机、OE-319 型天线阵、OE-320 测向天线组、OM-75 信号解调器和 Link-11 数据链等。其中，AN/APS-134（V）是一种探测潜艇潜望镜用的 X 波段（9.5～10GHz）脉冲压缩对海监视雷达。AN/ALD-9（V）是一种双通道、干涉仪通信频段测向机，采用叶片型接收天线阵列。AN/ALQ-108 敌我识别干扰机装在吊舱内，用于干扰敌方敌我识别信号的传输，提高 EP-3 侦察飞机在侦察行动中的自我生存能力。AN/ALR-76 是一种自动化雷达信号侦察系统，可对雷达信号进行探测、跟踪、识别、分类和定位，在执行侦察任务时，接收机输出的情报数据可与其他传感器送来的数据相融合，形成态势感知图像；在执行威胁告警任务时，ALR-76 系统可提供音响告警，然后控制机载箔条投放系统实施干扰。AN/ALR-81（V）是一种微处理器控制的电子情报侦察系统，覆盖的频率范围为 0.5～40GHz。AN/ARR-81 是一种通信情报侦察系统，频率覆盖范围为 1kHz～500MHz，可扩展到 2GHz。OE-319 型天线阵系统是一种机械扫描天线，尺寸为 1.8m×3.7m，可接收的信号频率范围为 0.3～18GHz，发射信号的频率范围为 0.3～10GHz，可进行全方位扫描和扇形扫描。OE-320 测向天线组可覆盖的频率范围为 0.5～2GHz 和 2～18GHz，由一些直径为 60cm 的天线组成，扫描速率为 200r/min，天线的增益为 1～27dB。

（4）多传感器侦察机

随着科学技术的发展，目前世界上的侦察机正在逐步从原先采用单一传感器的侦察机发展成具有多种功能，并能适应多种作战环境需要的多传感器侦察机。在这种多传感器侦察机中，机载各传感器提供的信息具有很大的互补性，同时，这些多传感器信息的融合，可以极大地提高整个侦察机系统的性能。此外，由于机载有源与无源设备组成的多传感器侦察飞机系统工作在不同波段，使得现有的大多数电子干扰机不可能同时干扰系统内的所有传感器。若某一传感器因被干扰而失效，另一传感器则不一定会受到干扰，系统可继续实施侦察。因此，这样的多传感器侦察机系统具有很强的抗干扰能力。

美军正在发展的 P-8A 侦察机，又称为"MMA 多功能海上飞机"，是目前国际上较先进的一种多传感器侦察机，如图 4.16 所示。P-8A 多传感器侦察机除了对海面目标进行侦察以外，还具有对水下潜艇的探测任务，能有效地支持反舰、反潜等作战任务。美军希望它能在未来的作战中替代美海军的 P-3C 反潜巡逻机、EP-3 电子侦察机、E-6A 通信中继机等。

图 4.16 P-8A 多传感器侦察及其驾驶控制室

P-8A 多传感器侦察机的侦察传感器主要有改进型的 AN/APS-137 逆合成孔径雷达、信号情报侦察系统以及光电侦察系统等；情报传输和分发系统主要有数据链系统、BIS"广播信息系统"和 UHF 保密卫星通信系统等；电子自卫系统主要有拖曳式诱饵系统、电子支援措施系统、"复仇女神"定向红外干扰系统等；其他电子系统还包括有抗干扰 GPS 系统接收机、敌我识别应答机、任务规划系统以及飞行和存储管理系统等。同时，为了能够遂行海上目标（包括海上目标和潜艇等）打击，P-8A 还装备了鱼雷、空对地导弹和深水炸弹等武器。

2007 年 12 月，首架波音 P-8A "海神"（Poseidon）飞机开始生产；2008 年 7 月 24 日，波音公司在华盛顿州的 Renton 开始总装第二架 P-8A 飞机。2009 年 3 月，奥巴马政府批准波音公司向印度出售 8 架 P-8I 远距离海上侦察机（LRMR），P-8I 是 P-8A 的出口型，印度是 P-8 远程海上侦察和反潜战斗机的首个美国之外的客户。按计划，P-8A 于 2009 财年第一季度开始小批量生产，首批生产 8 架，2011—2012 年投入服役，据估计，P-8A 的最终购买量将达到 110 架。

2. 侦察直升机

从 20 世纪 40 年代至今，侦察直升机大体经过了三代的发展与应用。第一代侦察直升机是在 20 世纪 40 年代末至 70 年代装备部队，主要采用目视侦察的方式，同时还采用稳相望远镜、照相机、电视等昼用侦察手段，无夜间侦察能力，无法实现全天候昼夜侦察，获取战场信息的视场有限，捕获远距离目标非常困难。第二代侦察直升机是从 20 世纪 80 年代初至今服役的侦察直升机，侦察手段从以目视侦察为主发展成为以光电侦察为主，使侦察直升机具有昼夜侦察能力；它还采用了潜望式侦察舱设备，使侦察直升机能够利用山脊与丛林隐蔽自己，减少平台本身暴露的时间，提高了侦察直升机的生存能力。第三代侦察直升机不但侦察能力更强，生存能力也有所提高，不但能够完成陆战场的侦察，而且还可以完成海上预警的任务，满足现代高技术战争所需要的海、陆、空、天一体化作战的需要。第三代先进的侦察直升机，已经开始陆续装备部队使用，使其成为现代海军航空兵和陆军航空兵一种有力的海上预警和地面侦察的手段。第三代侦察直升机主要包括预警直升机、光电型侦察直升机和雷达型侦察直升机等三种。

（1）预警直升机

预警直升机的作战使命和固定翼预警机的基本相同，虽然其作战能力无法与这种固定翼预警机相比。但是，由于直升机所固有的研制技术难度较小、研制周期较短、研制成本较低、飞行轻便灵活、系统价格较低，且对母舰起飞和着舰的条件要求不高等特点，使得预警直升机成为了当前发展中国家遂行海上预警的一种优选方案，近年来得到迅速发展。目前，典型的预警直升机装备主要有英国的"海王MK2/MK7"型预警直升机和俄罗斯的"卡-31"预警直升机两种，而后者因其作用距离远而引起众人的关注。

"卡-31"预警直升机是俄罗斯海军航空母舰采用的一种对海监视直升机，用于保护水面舰队免受敌方导弹、低飞战斗机以及其他舰船的攻击。"卡-31"预警直升机是由俄罗斯的"卡-27"反潜直升机发展而来的，在20世纪80年代开始研制，1987年首次试飞，1995年8月首次在莫斯科航展中展出，1996年11月完成最终试飞。目前，俄罗斯海军共有3架"卡-31"预警直升机服役，配备在"库兹涅佐夫"号航空母舰上。印度海军在1999年8月和2001年2月分两次与俄罗斯签订了采购9架"卡-31"预警直升机的合同，现已配备在印度现役的"维拉特"号航空母舰、"克里瓦克"III型旗舰以及从俄罗斯引进的"库兹涅佐夫"号航空母舰上。

"卡-31"预警直升机机长11.30m，高5.40m，旋翼直径15.50m，最大起飞质量12600kg，净质量5520kg，巡航速度220km/h，盘旋速度100～120km/h（高度为3500m时），爬升速度为930m/min，续航时间2.5h，如图4.17所示。

图4.17 "卡-31"预警直升机（左图为天线收缩时，右图为天线展开时）

"卡-31"直升机载的"霍克"E-801M雷达，工作波长为10cm，采用平面阵列天线，长6m，宽1m，质量200kg。天线在方位向机械扫描，在俯仰向电子扫描。在直升机起飞和着陆时，天线向上折叠紧贴在直升机机腹下，与机身齐平。在巡航探测时，为了使雷达天线有足够的空间作360°扫描，直升机将起落架的前轮缩进机身侧面的整流罩内，并将主轮支柱提升到铰接外伸支架支杆处，让天线往下转动90°，垂直展开在机身的左下方，10s扫描一次。

E-801M 雷达具有很强的抗海杂波和抗地杂波的能力，可在 3000m 的高度上，对战斗机类空中目标的探测距离为 110～115km，对水面舰只的探测距离可达 200km。雷达可进行 360°扫描，并可同时跟踪 20 个空中或者水面目标。雷达获取的目标数据（包括目标的坐标、速度、航向和国别等）通过保密数据链（传输距离为 150km）传输到陆基和舰载指挥控制中心进行处理，引导陆基或者舰载武器对目标进行打击。

"卡-31"的导航设备包括一部 12 通道 GPS 接收机、数字式地形测绘系统、地面逼近告警系统以及障碍物逼近告警系统等。"卡-31"预警直升机自动化作战的能力很强，机上只有两名工作员，一名是直升机驾驶员，一名是导航员，导航员同时负责雷达的操作。雷达工作时，导航员只需把雷达打开，将雷达天线放下来，选择好雷达的工作模式，然后交给雷达系统自动执行，导航员只需关注直升机上的 MFI-10 多功能显示器的状况。

（2）光电型侦察直升机

目前的光电型侦察直升机主要有两种，一种是隐身型光电直升机，另一种是采用潜望式侦察传感器的直升机。隐身型光电直升机的代表性装备是美军 1983 年开始研制、原定 2009 年服役的 RAH-66 "科曼奇"侦察直升机，后因其造价高、投资大、研制周期长、技术难以突破等原因，研制项目于 2004 年 2 月取消。另一种代表性装备是美军的 OH-58D 直升机。

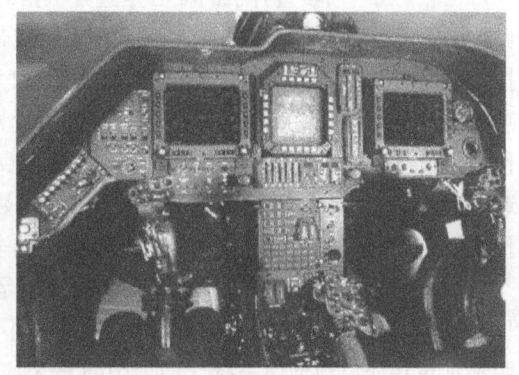

图 4.18 OH-58D 潜望式侦察直升机及其驾驶室

OH-58D 光电型侦察直升机是一种典型的第二代潜望式侦察直升机，1985 年 12 月开始服役，如图 4.18 所示。这种侦察直升机在高度为 610m 时，最大巡航速度为 219km/h，最大爬升速度为 7.8m/s，实用升限为 3660m，续航时间为 2.5h，最大航程为 463km，最大起飞质量为 2041kg。它可携带的武器为 4 枚 "毒刺" 空空导弹或 "海尔法" 空地导弹。侦察用的传感器都装在直升机旋翼主轴桅杆上的球形侦搜仪内，包括电视摄像机、自动聚焦的红外热成像仪和激光测距机/指示器、自动数据传输装置等。这种机型具有独特的昼夜侦察能力，使机上的乘员能快速捕获、识别战场上潜在的目标，并对其定位。这种轻型侦察直升机体积小，再加上在直升机的桅杆上安装了球形侦搜仪，这种侦察直升机可以在天然掩蔽物的掩护下，时隐时现，使敌方地面炮火难以发现和捕捉，有利于潜入敌方纵深地区，接近敌方目标进行侦察。因此，它特别适合于执行陆军近距离的战场侦察与监视任务。

（3）雷达型侦察直升机

雷达型侦察直升机利用雷达侦察距离远的特点，可在敌方地空导弹射程之外安全地进行远距离侦察，从而实现在遂行战场侦察的同时，确保平台自身的生存能力。法国陆军的"地平线"

侦察直升机，是目前世界上雷达型侦察直升机的佼佼者。

"地平线"侦察直升机在1996年6月正式服役，是世界上首架装载远程战场侦察雷达的侦察直升机，如图4.19所示。2002年3月，法国陆军轻型航空兵在新组建的航空机动化旅中，专门成立了航空机动化情报团，配备两个"地平线"侦察系统，包括4架"地平线"侦察直升机。

图4.19 "地平线"侦察直升机

"地平线"侦察直升机的核心是直升机搭载的"塔尔盖"雷达，该雷达是一部全数字化的动目标显示多普勒雷达，工作在X波段，采用宽带频率捷变发射机以及超低旁瓣的平面天线，俯仰扫描采用电扫，方位扫描采用机扫，扫描速度可选。"地平线"具有对地面和海面动目标的探测功能以及自动目标跟踪的功能。雷达的总质量为750kg，天线质量为170kg，尺寸为3.6m×0.6m，作用距离在晴天时达200km，在有雨和云时，也可达150km，距离精度为20m，目标分辨率为40m，速度分辨率为2m/s。"地平线"侦察直升机的数据传输系统采用抗干扰机制，可进行双向传输，传输距离达到130km。该雷达可探测运动中的车辆、低飞的直升机和游弋中的舰船。

"地平线"侦察直升机首次投入实战使用是1999年的科索沃战争。在整个科索沃战争期间，"地平线"直升机累计出动时间达到250h，不但显示出它对目标探测的高精度，而且还多次证明了它与其他机载侦察系统（如美国的E-8侦察机）功能互补、协同作战的能力。

3. 无人侦察机

无人机的发展至今已有70多年的历史，从20世纪90年代以来发生的多场局部战争可以看出，无人侦察机在现代战争中的应用已日趋广泛，逐渐成为现在战场中的一种重要侦察平台。

根据无人侦察机的特点，可将其分成四类：第一类是高高空无人侦察机，飞行高度一般为20000m；第二类是中高空无人侦察机，飞行高度一般为7000~8000m；第三类是低高空无人侦察机，飞行高度一般在5000m以下；第四类是微型无人机，一般其机身仅长0.15m左右，主要提供单兵使用。

（1）高高空无人侦察机

高高空无人侦察机主要用于战区级指挥官使用，是国际上正在发展的一种新型的高速长航时无人机。与其他无人机相比，现代高高空无人侦察机通常体形比较大、载荷能力强，可同时装载多种设备，续航时间长（最长的已达40多小时），飞行高度可在20000m左右。因此，其续航能力、作战半径和升空高度特别适合于遂行远距离和大范围的军事行动；同时，在和平时期，它可以有效地获取有关地区的情报信息，必要时，还可部署到世界任何地区的公海上空，遂行有关的军事任务。

在20世纪90年代的海湾战争以后，高高空无人侦察机技术已日趋成熟，其代表性产品是美军的"全球鹰"高高空无人侦察机。2001年4月"全球鹰"从美国爱德华空军基地飞到澳大利亚艾丁堡空军基地，第一次完成了高高空无人侦察机不间断地飞越太平洋的远程飞行，飞行高度达19800m，不间断飞行的时间达23h20min。

"全球鹰"无人侦察机是目前世界上体积最大、续航时间最长、有效载荷最重的一种战略无人侦察机，如图4.20所示。功能和性能均与U-2高空战略侦察机相当，并且价格便宜、续航时间长、飞行高度高、生存力强，在飞达离起飞基地5000km远之处时，可以在目标区上空停留24h。"全球鹰"的侦察图像可通过全球卫星通信系统或者视距的通信链路传送到地面站。以"全球鹰"的发展为标志的高高空长航时无人侦察机，将成为美军21世纪初航空侦察的主力装备，还可与侦察卫星一起协同担负监视任务。

图4.20 "全球鹰"无人侦察机

"全球鹰"无人侦察机系统由无人机、任务载荷、数传分系统和地面站等四部分组成。飞行器的翼展为35.42m，长13.53m，高4.63m，最大起飞质量为11622kg，巡航速度为640km/h，飞行高度最高可达19800m，转场飞行距离为25928km，作战半径达5556km，续航时间为41h，可在目标区上空旋停24h，是目前国际上飞得最快、最高、负载能力最大的一种无人机。"全球鹰"可以利用其很强的载荷设备能力，装载不同的任务载荷，完成战场目标侦察和信号情报侦察等作战任务。

在执行战场目标侦察任务时，主要是依靠其机载的"综合化传感器组"工作，由"海萨"（HISAR）MTI/SAR雷达分系统以及光电/红外成像分系统组成。"海萨"雷达的作用距离可达200km，定位精度优于20m，视场为无人机左右两侧的±45°，工作在I/J波段（8～12GHz），天线采用机械扫描获取目标信息；这种雷达可以通过条幅式合成孔径雷达扫描、聚束式合成孔径雷达扫描、对地动目标探测和高距离分辨率/动目标成像等四种方式工作。光电/红外成像系统包括一部CCD昼/夜摄像机、一部前视红外传感器和一个光电/红外接收机单元组成，可以通过广域搜索、聚束式扫描、立体成像和点目标成像等四种方式工作。

在执行信号情报侦察任务时，"全球鹰"无人机可以侦测到短促的、不规则的电子辐射信号，有时候，这些信号是机动式导弹雷达的标校信号。如果采用常规的侦察飞机和低轨信号情报侦察卫星，由于这些平台的观测时间太短，有可能会丢失这些信号。美国空军充分考虑了无人机任务载荷的电磁兼容性问题，使"全球鹰"能够侦收到"所需要的微弱信号"。在2001年的阿富汗战争中，"全球鹰"除了装载光电、红外与雷达传感器用于战场侦察外，还首次携带了

LR-100 电子情报侦察系统用于对阿富汗战区电子信号的侦收。

"全球鹰"的机载综合数传/通信系统包括 J 波段（12～18GHz）的超视距卫星通信分系统、UHF 波段（300MHz～1GHz）的卫星通信分系统，以及 I/J 波段（8～12GHz）的视距 CDL 数据链。J 波段卫星通信采用抛物面天线，直径为 1.22m，装在无人机的机头上；I/J 波段的天线位于机身下方；UHF 卫星通信天线有两副，一副位于发动机前方，用于超视距的指挥控制，另一副位于光电载荷舱之中，用于视距的指挥控制。UHF 波段和 J 波段卫星链路传送数据的速率为 1.5Mb/s、8.67Mb/s、20Mb/s、30Mb/s、40Mb/s 或者 47.9Mb/s。CDL 数据链主要用于传送情报侦察数据，数据传输速率可为 200～274Mb/s。

"全球鹰"对地面侦察覆盖率非常大，达 1.5km^2/s 以上，工作时需要对大量的雷达图像进行压缩。当无人机平台超出地面站的视距时，通过传输速率为 1.5Mb/s 的 T1 卫星通信链传输图像。

"全球鹰"作为一种高高空无人侦察机，地面站主要采用美军目前的通用地面站（CGS）。一个通用地面站最多可同时控制三架"全球鹰"无人机。通常，"全球鹰"高高空无人侦察机系统由一个地面站和四架无人机组成，地面站设备可以用运输机（如 C-141B、C-17 和 C-5B 等飞机）运输。

"全球鹰"从 1995 年开始研制，1998 年 2 月 28 日完成首次试飞。2001 年 10 月 7 日爆发的阿富汗战争，为美军提供了测试和展示"全球鹰"无人侦察机系统作战能力的机会。当年 11 月初，美军就派遣了 4 架仍处于试验阶段的"全球鹰"进入战区，与美军的 E-8 固定翼侦察飞机一起，担负对阿富汗战区进行连续、大范围的监视。"全球鹰"可以提示战场上携带有武器的"捕食者"中高空无人机攻击目标，使美国五角大楼的指挥人员可以跟踪塔利班的车辆返回山洞和隧道隐蔽起来的情况。

（2）中高空无人侦察机

中高空无人侦察机的飞行高度为 7000～8000m，主要用于执行战场战术侦察任务，其代表性系统是美军的"捕食者"无人侦察机，如图 4.21 所示。

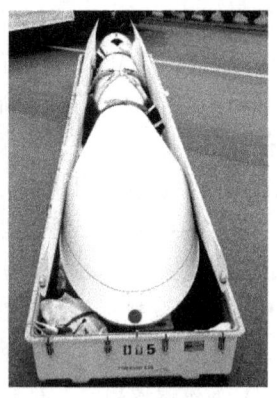

图 4.21 "捕食者"无人侦察机（左图为飞行状态，右图为折叠状态）

"捕食者"无人侦察机系统由飞行器、任务载荷、数传系统和地面站等四部分组成。飞行器翼展为 14.85m，长 8.38m，最大平飞速度为 204km/h，飞行高度可达 7620m，但执行飞行任务时，飞行高度一般控制为 1500～4500m，作战半径为 925km。携带 295kg 燃料时，续航时间至少保证在 48h 以上，而且可以在目标区上空旋停 24h 后返回。

"捕食者"的有效载荷为 204.3kg，安装在用陀螺稳定的直径为 35cm 的球形转动台内的设备包括两台光学摄像机、一台彩色电视摄像机、一台前视红外传感器、一台激光测距机和一部"特萨"合成孔径雷达等多传感器系统。合成孔径雷达的天线扫描范围为方位150°、俯仰40°，在4500m的高度、斜距为10km时，可观察到800m宽的地带，分辨率为0.3m，一般产生一幅合成孔径雷达图像的时间需要 5～6s。采用光电、红外与雷达传感器以后，对固定目标侦察的有效率为95%，对动目标为50%。除此以外，该无人机还可以装载信号情报侦察设备，侦收小功率的通信信号和电子设备信号（如步话机或移动电话发出的小功率信号情报）。

在数传/通信系统方面，"捕食者"无人侦察机系统配备了波段频率可变的数据链、UHF卫星数据链和Ku波段卫星数据链等三个数传系统。C波段的数据链是一个视距的模拟式数据传输系统，作用距离为222km；UHF卫星链路采用美国空军的通信卫星，只能传送静止图像，可以全面管理飞行器，传送状态报告并以帧的形式传送回图像；Ku波段卫星数传系统是一个超视距的通信中继系统，可以传送视频运动图像，并可实现远距离的信息传送。

"捕食者"的地面控制站是一辆方舱型拖车，车顶上有一副C波段的控制天线，车内有两套独立的控制台：一套是用来控制无人机的飞行动作；另一套则是用来控制机身下方的侦察传感器的工作。控制人员使用一个类似于战斗机操纵杆的摇杆来遥控"捕食者"无人机，摇杆旁的键盘则用来输入数据。

一般来说，为了保持对战场的24小时的连续覆盖，一个"捕食者"无人侦察机系统需要包括4架飞行器、1个地面站、28个工作人员。整个系统用C-141型飞机运输，到达现场6h后即可开展工作。

在"波黑冲突"期间，"捕食者"通常是通过Ku波段卫星通信链路将波斯尼亚的目标图像近实时地传送到波黑战区的指挥所和美国华盛顿的指挥总部。

（3）低高空无人侦察机

低高空无人侦察机的飞行高度一般在5000m以下，主要执行战术侦察的任务，使用灵活，典型的系统是美国海军的"先锋"低高空无人侦察机，如图4.22所示。

"先锋"飞行器长4.26m、高1m、翼展5.11m，最大平飞速度为176km/h，巡航速度为120km/h，作战高度为305～3660m，任务载荷为45kg，作战半径为185km，续航时间为6h。机翼、尾梁、尾翼可拆卸，便于在野外快速装配和拆卸。飞行器可在短跑道上利用起落架按常规方式起飞，也可以利用气动弹射器在双轨弹射架上弹射起飞或用火箭助推起飞。回收时利用起落架滑轮滑跑，加上机尾挂钩与跑道上阻拦索配合减速着陆。

图4.22 "先锋"无人侦察机

"先锋"无人机的任务设备舱容积约为0.1m³，装载的是高分辨率的电视摄像机或前视红外传感器（采用陀螺稳定，用于昼夜或低能见度条件下工作）、诱饵投放设备、通信中继设备、激光目标指示/测距仪等。"先锋"无人机的数传系统采用的是早期的视距通信和数据链，通信距离为185km，不能超视距作战。

在一般情况下，"先锋"无人机主要通过地面站作遥控飞行。车载式地面站用于控制和操纵无人机及其机载任务设备，并可对无人机的实时数据进行接收、计算、显示。而便携式的地面控制站用于无人机发射/回收控制，增大了主控制站的工作范围和机动性，地面站内的设备可装入S-280型和S-250型方舱内或者装入装甲运兵车内，以便于在严酷的战场环境中使用。由于"先锋"无人机配备了一个自动驾驶仪、导航/通信设备以及一个双向数据链,使无人机可以采用程控的方式自主飞行,而无须依赖地面站的控制。

一个"先锋"系统通常包括 5 架无人机、9 种任务设备、1 个地面控制站、1 个便携式的控制站、1~4 个遥控接收站、1 个安装在卡车上的发射架以及 1 个回收系统。"先锋"无人机是美国国防部向以色列购买的实用型无人侦察机系统,自 1986 年提供给美国海军和海军陆战队使用以来,参加过海湾战争、海地危机、索马里战争、波黑冲突、科索沃战争和伊拉克战争等。目前仍有 9 个系统正在服役,其中 5 个用于海军、3 个用于海军陆战队、1 个用于训练。"先锋"系统主要负责在昼夜作战时提供实时的侦察、监视、目标捕获、战损评估和作战管理等任务。

(4)微型无人机

微型无人侦察机是一种几何尺寸小于 15cm,并装载小型侦察载荷、简单航空电子器和通信链路,足以完成所需战斗飞行任务的无人机。其航程小于 10km、飞行高度小于 250m、航时 1h、起飞质量小于 5kg,是包括固定翼、旋翼和扑翼的微型飞行器。微型无人侦察机特别适于小部队行动和巷战侦察,也可用于侦察和监视、战果评估、瞄准、安置传感器或者探测核、生、化物质。

"微星"式固定翼微型无人机,如图 4.23 所示,设计质量 100g,总电功耗 15W,最大负载 15g,续航时间 20~60min,航程 5km(在视距控制下可增加一倍),巡航速度一般为 56km/h,高度为 15~90m。"微星"无人机携带昼用照相机、红外照相机或微光照相机捕获高清晰度的目标图像,并通过无线电通信链路把信息传送到由两块个人计算机卡构成的地面站(或手持式终端)。

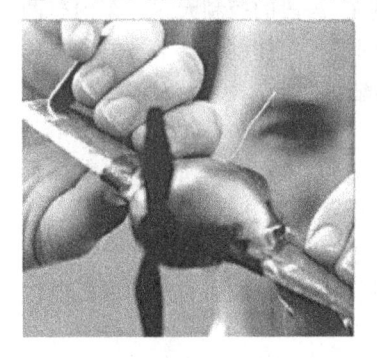

图 4.23 "微星"无人机

4. 动力三角翼飞行器侦察系统

动力三角翼飞行器侦察系统由飞行器及其机载侦察任务电子设备,包括光电侦察设备、雷达侦察设备或者信号情报侦察设备等组成。动力三角翼飞行器是一种超轻型飞行器,如图 4.24 所示。飞行器飞行速度慢、高度低、体积小、占地少;具有良好带动力滑行和超低空飞行性能;不需专业机场、机库;采用开放式座舱,全景式飞行;机翼可折叠,易转场运输;起降距离短,不需专用跑道,可在沙滩、草地、操场、公路等地起降;整机价格低廉;驾驶操纵简单,有极佳的安全性,且可在目标区域上空盘旋飞行,非常适合于执行在崇山峻岭中的侦察监视以及沿海/近海的海上侦察巡逻,还适合用于对敌岛屿、岸滩、海军基地等目标抵近式侦察等。

图 4.24 动力三角翼飞行器侦察系统

4.3.3 海上及水下侦察系统

海上及水下侦察就是以舰船、潜艇和其他海上交通工具作为平台，装备多种专用的情报侦察设备，包括光学侦察设备、雷达侦察设备、电子侦察设备和声学侦察设备，在海上进行综合侦察的侦察系统。海上及水下侦察系统活动区域大，可以远航持续抵近目标侦察，弥补了空中侦察和地面侦察的不足，是现代战争中获取情报的主要手段之一。特别是20世纪70年代以来，各种高新技术被广泛地应用到水面舰艇和潜艇上。各类先进的雷达系统、光学系统、无线电侦察系统、水声探测系统和情报处理系统，还有无人潜航器和无人水面舰艇等新式装备，使海上及水下侦察平台的侦察能力、机动能力、抗干扰能力、情报传输能力和生存能力均大为提高。

同航天侦察、航空侦察和地面侦察系统相比，海上及水下侦察有其独特之处，具体表现为：水面舰艇和潜艇有很强的载荷能力，对设备在质量、空间、环境条件方面的限制较少，可以搭载大量侦察能力强大的各类侦察装备；海上及水下侦察平台航行平稳，可以远航抵近目标侦察，在靠近别国领海的海域即可实施有效侦察，并且可以长时间持续停留，所获取目标信息的准确性和可靠性更高；潜艇和无人潜航器进行侦察的隐蔽性高，不易受到攻击；此外，海上及水下侦察平台可多次重复使用，且运行和维护成本都比航空侦察和航天侦察平台低很多。

从作战使用的角度，海上及水下侦察主要分为专用侦察船、舰载侦察系统和新兴的无人侦察艇等。

1. 专用侦察船

专用侦察船是专门从事海上及水下侦察活动的舰船，根据侦察船在不同的海域执行不同的侦察任务而选用各种类型的舰船。目前，各国海军使用的专用侦察船主要分为信号情报侦察船、导弹测量船和海洋监视船等三种类型。

（1）信号情报侦察船

信号情报侦察船是专门从事海上无线电技术侦察以获取军事情报的舰船，它主要用于收集被关注国家的电子情报，是获取战略情报的一种有效途径。无线电侦察船在海上实施侦察的主要任务是：侦收、记录和分析被关注方无线电通信、雷达和武器控制系统等电子设备所发射的电磁波信号，查明这些电子设备的技术参数和战术性能；查明其无线电台、雷达站和声呐站的位置和网系，并判明其指挥关系；侦听无线电话，侦收无线电报，并破译密码，以获取军事情报；对海上活动的舰船及编队进行跟踪监视等。

无线电侦察船上的侦察系统，一般都有各种频段的无线电侦察接收机、雷达侦察接收机、测向仪、解调终端、记录设备、信号分析仪及多种接收天线，有的还配备光学侦察设备和声呐侦察设备。由于无线电侦察船执行的任务较为敏感，容易引起冲突，因此无线电侦察船常以拖网渔船、科学研究或考察船的形式来伪装自己，便于在公海或抵近他国领海的区域进行侦察活动。

第二次世界大战前，信号情报侦察船大部分是用其他类型的舰船（如民用拖网渔船）改装而成，主要用于对无线电通信的侦察，侦察设备比较简单。第二次世界大战期间以及战后，随着电子设备在军事上的发展和运用，各国海军更加重视对对方电子设备辐射信号的侦察，开始专门建造信号情报侦察船，到了20世纪60年代末，前苏联海军和美国海军拥有的信号情报侦察船达到了近100艘。目前，俄罗斯和法国是世界上使用信号侦察船最多的国家，美军由于对安全性能的担忧，在信号侦察船方面发展较少。

图 4.25　法国的"迪皮伊·德·洛梅"（Dupuy de Lome）情报侦察船

典型的信号侦察船有法国 2006 年下水服役的"迪皮伊·德·洛梅"（Dupuy de Lome）情报侦察船（如图 4.25 所示），是一艘具备现代化侦察能力的新型专用侦察船。该侦察船采用全新设计，会集了各种天线。前部驾驶舱上安装有国际海事卫星天线和 DRBN-38A 型导航雷达。舱后甲板上的主桅杆顶装置无线电测向和截收系统，下部安装一部 ARBR-21 探测雷达和一副测向及侦听天线。主桅杆后是两个大球形卫星侦听天线，T 字形桅杆上还有测向和侦收天线。"迪皮伊·德·洛梅"可以截获从高频到卫星通信频段的各种类型信号，接收机频率覆盖的范围是 0.5～40GHz，同时还能够截获和定位各种类型的蜂窝移动通信信号。船上还装置了高性能的稳定系统，使它在 6 级海况下仍能以 10kn 的速度巡航，此外航行补给甲板和相应设施，可以使其在海上执行连续侦察任务 350 天，是目前世界上值勤时间最长的侦察船。

（2）导弹跟踪测量船

导弹跟踪测量船是一种具有较强的跟踪和测量能力的侦察船，其主要任务是跟踪和量测敌方各种中程导弹、远程导弹的试验数据，精确测定其飞行弹道、速度、射程和落点等参数情况，提供有关导弹的战略情报。美国和俄罗斯两国重视研发导弹跟踪测量船。20 世纪 70 年代后，美国先后改装了两艘导弹测量船，分别取名为"靶场哨兵"号和"观察岛"（Observation Island）号，其中"观察岛"号导弹测量船是美国目前在各国公海上最活跃的导弹跟踪测量船，如图 4.26 所示。俄罗斯唯一的"卡普斯塔"（Kapusta）号导弹测量船于 1989 年开始服役，如图 4.27 所示。

图 4.26　"观察岛"号导弹测量船

图 4.27　俄罗斯"卡普斯塔"级航天测量船

"观察岛"测量船除了用于跟踪测量弹道导弹和收集国外弹道导弹的试验数据以外,还充当海上导弹发射实验平台,装备有先进的"眼镜蛇·朱迪"(Cobra Judy)号 AN/SPQ-11 舰载相控阵 S 波段雷达和一种抛物面天线的 X 波段雷达探测设备。"眼镜蛇·朱迪"雷达重量为 250t,高 12m,其中,相控阵天线阵面的直径约 7m,呈八角形,由 12288 个天线阵元组成。X 波段雷达具有更高的分辨率和更强的目标区分能力,从而配合"眼镜蛇·朱迪"雷达提高了"观察岛"测量船收集弹道导弹试验数据的能力。1997 年该船又加装了一套新的远程导弹射程精确测量系统,对弹道导弹有非常精确的跟踪和测量能力,可长期在全球各地的沿海导弹试验基地附近活动,也经常抵近中国沿海实施侦察活动。

(3)海洋监视船

海洋监视船是从 20 世纪 80 年代中期开始发展起来的一种新型情报支援舰船,采用大型拖曳式声呐,用以扩大和改善海军的海洋水声监视能力,使海军的监视覆盖区域延伸到水下监视系统测量不到的海区,它是海军预警探测和情报侦察的重要组成部分。海洋监视船的满载排水量一般为 2000~5000t,航速为 10~16 海里,续航能力为 4000~6000 海里。船上的探测设备主要有拖曳线列阵声呐系统和对空、对海警戒雷达等。有的海洋监视船上还配备有 1~2 架直升机。

目前,美国和日本建造了海洋监视船,美国建造了"壮健"级、"胜利"级和"无瑕"级(有的也将其称为"完美"级)等三级共 19 艘,日本在美国"胜利"级海洋监视船的基础上建造了"响"级海洋监视船。

美国海军的第一级海洋监视船是"壮健"级,共建 14 艘,分别在 1984—1990 年建成服役,满载排水量 2285t,采用常规船型,柴油机电力推进动力装置,担负水下监视、声学研究、海洋测量和潜艇支援等任务。该级船大部分已改作他用或转交其他部门或出售给其他国家。

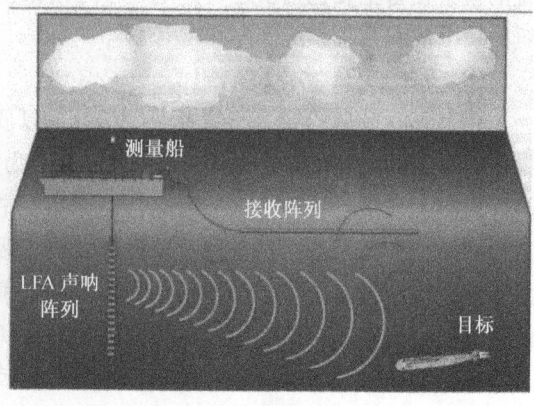

图 4.28 "胜利"级海洋监视船及拖曳线列阵声呐工作原理

第二级海洋监视船是"胜利"级,共建了 4 艘,如图 4.28 所示。为了满足"胜利"级海洋监视船在高纬度地区的恶劣天气下低速平稳工作的需求,采用了小水线面双体船型,具有良好的耐波性及宽大的甲板平台,是美国目前使用最多的海洋监视船。船上装备 AN/UQQ-2 拖曳线列阵雷达,可实现主动/被动监视,其低频主动工作方式可对浅水中潜航的常规柴油机潜艇实现单向接收和收发分置的动能,并可实现对各种静音潜艇的远距离探测。此外,"胜利"级船设有数据传输系统,从声呐基阵收集的情报信息能及时通过 WSC-6 超高频卫星通信线路传输到岸上的数据收集中心。这类海洋监视船的拖曳声呐线阵列系统与美国的 SOSUS 海底声呐监视系统配合使用，原计划主要用于覆盖 SOSUS 覆盖不了的海域，是美国全球反潜监视和跟踪体系的重要组成部分。

第三级海洋监视船是"无瑕"级，现建有 1 艘，1999 年服役，也采用小水线面双体船型，排水量是"胜利"级的 1.58 倍，达到 5370t，船载监视设备与"胜利"级基本相同，如图 4.29 所示。

日本现有 2 艘标准排水量为 2850t 的"响"级海洋监视船，它们分别于 1991 年和 1992 年服役，船型和监视声呐与美国的"胜利"级相同，如图 4.30 所示。

图 4.29　美国"无瑕"级海洋监视船　　　图 4.30　日本"响"级海洋监视船

2. 舰载侦察系统

舰载侦察就是在作战舰艇上搭载多种情报侦察设备，在海上进行综合侦察，获取敌方舰艇、潜艇和飞机的位置、运动情况等战术情报，为海上作战提供信息保障的侦察系统。舰载侦察系统的侦察设备主要包括雷达、光电、信号情报侦察和水声探测等四种类型，共同构成了作战舰艇的情报侦察系统。

（1）舰载雷达侦察设备

舰载雷达侦察设备是指装备在舰艇上，以侦察目标为主要目的的各种雷达系统，主要用于探测、跟踪、识别和定位海面或空中的目标，为武器系统提供坐标数据，保障舰艇的安全航行、战术机动和作战行动等。在舰艇综合防御系统中，雷达侦察设备是一个重要组成部分，能在严重电子对抗和海杂波干扰条件下发现、截获、跟踪目标，为整个防御系统提供信息保障。从战术用途上，舰载雷达侦察设备可分为对海警戒雷达、对空警戒雷达、多功能的相控阵雷达和探测超低空目标的超视距雷达，以及专用于潜艇侦察的潜艇雷达等。

对海警戒雷达主要承担对海警戒任务，以便及早发现海上目标，为舰艇指挥员提供决策依据，如图 4.31 所示。有些对海警戒雷达还可以为反舰武器系统提供目标指示，兼负对低空目标的警戒，为舰载直升机提供引导，并协助导航雷达保障海上航行安全。对海警戒雷达一般工作在厘米波段，受雷达视距的影响，作用距离主要取决于天线与目标的水平高度。多数对海警戒雷达的天线尺寸较小，水平波束很窄，方位分辨率较高。在技术设计上，重复频率较高，一般大于 600Hz；发射功率较低，多在几千瓦到几十千瓦，最大不超过 100kW；通过水平窄波束和相应的滤波技术，对海杂波和雨杂波的抑制能力较强。现代舰载对海警戒雷达都具备多种工作方式，可分别适应不同距离、不同性质和不同海况的特殊需求。抗干扰能力和对高速小型目标的快速反应能力，是现代对海警戒雷达的两项重要指标。目前，一些先进的对海警戒雷达都采用了多种反干扰技术，可以有效减轻人为干扰和自然干扰对雷达功能的影响。

对空警戒雷达主要担负舰艇对空中目标的探测和跟踪任务，是舰艇实现单舰防空或编队区域防空的主要探测设备，如图 4.32 所示。在早期的大中型舰艇上，二坐标雷达一般配有测高雷达，以获取空中目标的高度参数，目前这种配置方式已逐步被三坐标雷达所取代。三坐标雷达能同时获得空中目标距离、方位和高低角等参数信息。舰载三坐标搜索雷达大多数用于对空搜索，也有的具有对空/对海多种用途。早期的三坐标雷达多采用 V 形波束，目前大都采用多波束和在方位角及高低角上分别扫描的体制，并且多在水平方向机械扫描，垂直方向电子扫描。根据对空警戒雷达作用距离的不同，舰载对空警戒雷达又可分为远程（400km 以上）、中程（100～400km）、近程（100km 以内）三类。世界上很多舰艇都装载了先进的对空警戒雷达，典型的如美国的 SPS-48/49 系列、俄罗斯的"大网屏"（Big Screen）和英国的 RN 996 等。

图 4.31　舰载对海警戒雷达

图 4.32　舰载对空警戒雷达

相控阵雷达是一种采取相位扫描代替机械扫描的多功能雷达，20 世纪 80 年代以后陆续装备到各种舰艇上，可以同时形成数百个不同指向的雷达波束，实现同时对多批目标的搜索与跟踪，如图 4.33 所示。舰载相控阵雷达用于侦察目的时，类似于舰载三坐标对空搜索雷达，主要是对远程的飞机和导弹进行探测、跟踪和定位，并及时把战术情报送达武器系统。舰载相控阵雷达有效率高，警戒空域可以实现半球形覆盖，战术功能强，除对海、空警戒外，还可以对导弹进

图 4.33　舰载相控阵雷达

行制导，为目标照射雷达定向，进行空中交通管制和战术引导，以及自动适应电子战环境等。美国的 AN/SPY-1 系列多功能相控阵雷达是当今世界上舰载相控阵雷达的佼佼者，目前已经具有 AN/SPY-1A、AN/SPY-1B、AN/SPY-1C、AN/SPY-1D 和 AN/SPY-IK 等多种型号。

舰载超视距雷达主要是利用电离层反射或沿海面绕射等特性探测远距离目标和精确跟踪低空目标，并且工作频段有利于发现隐身目标。通过电离层反射探测目标时，需要获得电离层的密度、高度等有关信息，以便确定最佳工作效率和可用的辐射波传输角等参数。前苏联于 1984 年装备了"蒙娜利特"（MOHOJINT）舰载主/被动超视距雷达，探测距离最远可达 500km，测向精度为 0.5°～2°。1993 年意大利研制的 I 波段（8～10GHz）表面波超视距雷达，可达到 186km 的探测距离。

潜艇雷达一般采用多功能雷达,通常工作在I/J波段,既可为鱼雷或导弹攻击提供目标数据,又可承担导航和对海搜索任务,部分雷达还具备一定的对空搜索能力,如图4.34所示。潜艇雷达天线均安装在可升降的桅杆上,以减少潜艇在水下航行时的阻力;在潜望状态时,天线又能升出水面工作。尽管雷达在潜艇作战活动中的使用频度并不是很高,但它却是远距离发现目标的最重要手段,而且其对空警戒能力是潜艇的其他侦察手段所无法替代的。

图4.34 潜艇雷达

比较典型的潜艇雷达有:美国的 BPS-15/15A/16、俄罗斯的"魔"(SNOOP)系列、英国的1006、1007系列、法国的 DRVA 31/33 系列、瑞典的 SUB-FAR 100 等。这几种型号的雷达在很多国家的潜艇上大量装备,对海上目标的作用距离均在 20km 以上,对低空目标探测距离可以达到 110～150km。其中,美国的 AN/BPS-16 雷达是当今最先进的潜艇雷达之一,工作在 I 波段(8～10GHz),作用距离 50km,能够为核动力快速攻击潜艇和弹道导弹潜艇提供导航和目标搜索能力。据悉,美国海军的"海狼"级(Seawolf)和"洛杉矶"级(Los Angeles)核潜艇都装备有 AN/BPS-16 对海搜索雷达。

(2)舰载光电侦察设备

随着低空突防技术、电子对抗技术和反辐射技术的快速发展,雷达探测设备的有效性受到了严重挑战,致使无线电探测设备在恶劣电子环境中难以正常工作,在这种情况下,急需发展舰载光电侦察设备来弥补雷达探测设备的不足。光电侦察设备与舰载雷达、信号情报侦察设备相比,具备抗电磁干扰能力强、低空探测性能好、精度高、图像分辨率高、目标识别能力强等优点。虽然光电侦察设备具有很多优势,但由于其作用距离较近,受气候条件的影响较大,因此在大多数情况下,光电侦察仍然需要同雷达等传感器配合使用,作为互相补充的探测手段。

目前光电侦察设备已经成为现代舰艇的重要传感设备之一,舰艇上装备的主要光电侦察设备包括红外警戒系统、激光测距仪、红外跟踪器、光电跟踪仪、潜望镜和潜艇光电桅杆等,它们和其他舰载侦察传感器共同组成全天候、全频段的现代化技术侦察系统。

舰载红外警戒系统能有效弥补监视雷达在发现和探测舰舰导弹(10～30km 范围内)等低空目标或超低空目标时探测性能下降的缺点,无多径效应,不受海杂波影响,并且穿透烟雾能力强,可昼夜全天候连续工作,因而得到许多国家海军的高度重视。舰载红外警戒系统可以在夜间或在能见度较差的白天探测 10～30km 范围内的目标,并将目标方位和俯仰数据提供给舰船近程火控系统。此外,舰载红外警戒系统还可承担早期警戒、救援、目标搜索、导航等任务。红外警戒系统属于较为先进的大型军用红外设备,许多国家正在加紧研制,现在已经有近 10 种舰载红外警戒系统问世。比较著名的有美国和加拿大联合研制的 AN/SAR-8 红外搜索和目标指示系统,也是目前世界上装备数量最多的红外警戒系统。AN/SAR-8 系统采用被动方式工作,不会遭到敌方反辐射导弹的攻击,在搜索跟踪导弹方面优于主动式雷达。AN/SAR-8 系统已经成为现代战舰综合电子警戒系统的重要组成部分,是舰用警戒雷达的重要配套设备,可以弥补雷达探测侦察的不足,即使在复杂的电子战环境中也能工作,并可同时搜索和跟踪多个目标。

海军使用的激光测距仪多数是在陆用激光测距仪的基础上加以改进而研制的,目前世界上数百种军用激光测距仪中,海军用的激光测距仪约占总数的 1/10 左右,主要分水面舰船用和潜艇潜望镜用两种。水面舰船使用的激光测距仪的测距范围基本在 300～20000m 内，并且受能见度、目标大小和反射率等因素影响，测距精度大多数为 ±5m，工作波长一般为 1.06μm 的不可见光，易于保密。潜艇潜望镜用激光测距仪，通常与红外热像仪、电视摄像机等组合使用，作用距离一般为 6000m，工作波长一般也为 1.06μm。目前，水面舰船使用的激光测距仪技术上已经广泛应用，而将激光测距仪加装在潜艇潜望镜中使用的时间还不长，尚有一些技术问题有待解决。

红外跟踪器主要是通过接收导弹或飞机等目标在高速运动中产生的热辐射，保持对目标的跟踪的一种光电设备。红外跟踪器在作战舰艇上使用时，通常和电视跟踪器、激光测距仪、雷达等组合成综合探测系统，用以探测、跟踪目标，并向火控中心提供目标方位、仰角、距离等信息。此外，当红外跟踪器作为热成像仪设备安装在潜艇潜望镜上时，可使潜艇具有夜视能力。红外跟踪器以被动方式跟踪目标，隐蔽性好，不易被敌方探测到，昼夜均可工作，可成像显示，并且可以克服海面杂波干扰的影响，弥补主动雷达探测掠海导弹或低空飞机时的不足。红外跟踪器的跟踪距离范围通常为 6～10km，其距离易受目标、大气和系统特性等影响。某些先进的红外跟踪器在天气情况良好的条件下，可达到 40km 的跟踪距离。

舰载光电跟踪仪通常是由电视摄像机、红外成像仪和激光测距仪等光电探测传感设备组成的，可完成海面和空中目标探测、识别、跟踪和测距等功能，具备昼视/夜视能力。国外自 20 世纪 70 年代初期就开始研制舰载光电跟踪设备，产品型号有数十种，装舰型号有十多种，就总体水平而言，法国舰载光电跟踪设备水平处于世界领先地位。

潜艇潜望镜是随着潜艇的发展而不断进步的。潜艇在两次世界大战中取得的明显战果，大大推动了潜艇的发展，潜望镜也随之进步。传统的潜艇潜望镜是一种细长的光学镜管，两头装有棱镜，中间有成像透镜和转像透镜系统，根据潜艇的不同要求，潜望镜长约 7～15m，直径 160～300mm，长径比值可达 60 左右。潜望镜能够直接观察到目标，直观、可靠，但易受天气、海洋条件等影响，视距较近。20 世纪 70 年代后期和 80 年代初期，随着光电子等技术的发展，出现了新型的光电潜望镜。光电潜望镜是在原来潜望镜基础上采用了红外热像仪、微光电视、图像增强器等光电传感器，使潜望镜的昼夜监视能力和探测精度得到了明显的改善。在光电潜望镜的基础上，现代的潜艇光电桅杆逐渐发展成形。

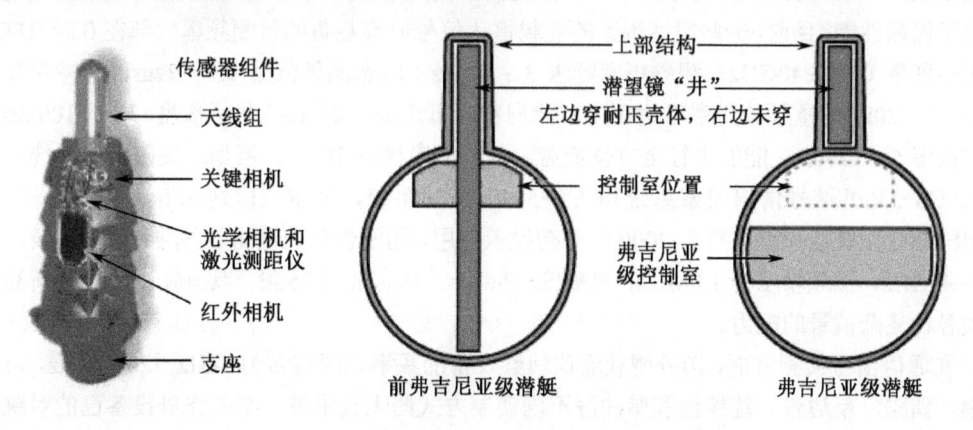

图 4.35 光电桅杆组成及"非穿透桅杆"示意图

光电桅杆是"非穿透桅杆"，不用穿透潜艇耐压壳体，如图 4.35 所示。光电桅杆由观察头、非穿透桅杆和艇内操控台三部分组成，集侦察、监视、观测、导航、火控和信息记录等功能于一身,如图 4.36 所示。光电桅杆顶端装备电视或红外摄像机等,组成光电探测头部,此外还有电子战设备、通信设备等。桅杆直接装在潜艇耐压壳体的上方,可升降,但不穿透耐压壳体。光电桅杆向潜艇壳体下方的指控室内传输信息是通过光缆或电缆实施,而不再像传统的潜望镜采用多个光学传像透镜,大大简化了信息传输系统。光电桅杆获得的目标图像可在指控室内由屏幕显示,改变了传统的目镜观察形式,多人可同时观察、分析,并可用通信设备将数字化图像发送到很远的上级或友军舰艇。光电桅杆可减少潜艇舱室的设计难度,其设备的安装、更换、维修都较容易。

图 4.36 潜艇的光电桅杆

目前光电桅杆正在逐步取代传统的潜望镜,成为潜艇作战信息系统的重要组成部分。美、英、法三国海军在新型核动力潜艇上均已淘汰了传统的穿透式潜望镜,配备了光电桅杆。美国"弗吉尼亚"级潜艇上的光电桅杆系统采用 AN/BVS-1 成像系统,除了现有潜望镜系统的功能外,还能提供电子情报收集、监视和目标打击等功能。美国 86 型潜艇光电桅杆是当今世界上功能最先进的光电桅杆系统之一。美国海军 1990 年以后服役的新型潜艇(如"洛杉矶"级核潜艇)均采用了86 型光电桅杆。光电桅杆内设置有热像仪、微光电视系统、电子侦察天线、通信及卫星导航接收天线、数据传输系统等,使潜艇能在 24h 内全天候对威胁源进行探测、监视。

(3)舰载信号情报侦察设备

舰载信号情报侦察是指,舰艇或潜艇上的信号情报侦察装备对敌方电子设备辐射的电磁信号进行截获、检测、分析、识别、解调、解密、定位,从而查明敌方军事电子设备及相关平台的性能及其配置。为己方指挥决策和装备发挥提供情报支持。舰载信号情报侦察设备包括雷达信号侦察设备、通信信号侦察设备和其他非通信信号侦察设备等。

雷达信号侦察设备已在舰艇上广泛应用,目前普遍采用多方位比幅测向、超外差测向和瞬时测频技术。这些技术提高了测向和测频的技术水平,改进了信号处理、分选技术和显示技术,提高了探测性能。目前,一些发达国家的舰载雷达信号侦察装备的侦测频率大都在 0.5~18GHz,也可扩展至 0.03~40GHz,测频精度可达 3~5MHz,脉宽测量范围 0.1~99μs,脉冲重复频率范围 0.1~20kHz,重频分辨率可达 0.1Hz,测向精度可达 2°~8°,接收机灵敏度-70~-100dBmW,动态范围 50~70dB。能够进行全方位覆盖,截获概率接近 100%。例如,美国康多系统公司研制的 CS-3360 信号情报侦察系统和 CS-5040 监视系统,侦察频段达 0.5~40GHz;美国的 WBR-3000 型舰载侦察系统于 2000 年年初投入使用,用于快速侦察雷达信号,侦察频段也达到 0.5~40GHz,测频精度为 1.0MHz,灵敏度-85dBm,动态范围 75dB,具有细微信号分析和识别分类各种复杂信号的能力。

在通信信号侦测方面,国外舰载通信侦察设备的频率范围通常为 5kHz~2000MHz,可侦测调幅、调频、单边带、连续波和脉冲等不同调制方式的无线电波,某些先进设备已能对跳频、扩谱、猝发等多种低截获率的现代通信信号进行侦收和截获。例如,法国 20 世纪 90 年代的 ALTESSE 电子侦察系统和以色列 2000 年研制成功的海军通信情报系统已具备短波跳频信号侦察能力,后者的侦收和测向扫描速率可达到 100MHz/s(0.3~30MHz 频率范围内)和 1GHz/s(20~1000MHz 频率范围内),测向精度优于 1.5°(20~1000MHz)。随着测量与特征情报技术的发展,通信信号"指纹"特征识别已在实施，美国、俄罗斯、以色列等国的通信侦察装备目前已具备了个体目标识别能力。

在非通信信号侦察方面，国外也陆续投入使用了一些新装备，如美国康多系统公司研制的CS-5060 全自动化电子情报侦察系统，具有获取、识别、定位和报告 0.5~18GHz（可扩展至40GHz）频率范围内现代非通信信号的能力，测向精度为 2°，灵敏度可达-85dBm。

冷战结束后，潜艇所固有的隐蔽性、潜航性、机动性和长航时的特点，使之成为担任情报侦察任务的重要角色。美国、英国、澳大利亚和以色列等国家均在其潜艇的桅杆上装备了信号情报侦察设备。例如，美国的"洛杉矶"级潜艇上装备的是 AN/WLR-18 信号情报侦察系统，覆盖频率 5kHz~2GHz；美国 SSN-637 型"鲟鱼"级潜艇和 SSN-21 型"海狼"级潜艇都装备了 AN/WLQ-4 信号情报侦察系统，可识别新的雷达辐射源和通信信号的特征；SSN-774 型"弗吉尼亚"级潜艇装备的是 AN/BLQ-10 新一代情报侦察系统，通信情报侦察频段为 VHF/UHF，可对来自舰船、飞机、潜艇和其他辐射源的雷达和通信信号进行探测、捕获、识别和测向。以色列的"多尔弗因"级潜艇装备的是"蒂奈克斯-II"（Timnex）电子情报侦察系统，侦收的频率范围为 1~18GHz。

（4）水声侦察与监视设备

水声侦察与监视是利用声波在水中的传播特性规律来探测各种水下目标的一种侦察手段，是现代侦察系统不可缺少的重要组成部分。目前，水声侦察与监视设备主要是各种形式的声呐，用于搜察、测定、识别和跟踪水中的目标，现在几乎所有的舰艇都装有不同形式的声呐，以适应水下作战的需要。一般中型反潜水面舰艇通常要装 5 部左右的声呐；一艘大型反潜水面舰艇则要装 10 部声呐；一艘弹道导弹核潜艇通常要装 10 部左右的声呐；一艘攻击型核潜艇装备的声呐则多于 15 部。

声呐可以分为多种类型，按安装方式，可分为舰壳声呐、拖曳声呐、吊放声呐、浮标声呐等；按基阵排列方式，可分为球形（阵）声呐、柱形（阵）声呐、线列阵声呐、平板阵声呐、舷侧阵声呐、展翼阵声呐等；按工作方式，可分为主动声呐和被动声呐。下面按装载平台，对潜艇声呐和水面舰艇声呐的应用现状分别进行介绍。

① 潜艇声呐

声呐是潜艇在水下行动的耳目，主要用来搜索、识别和跟踪各种水面舰船、潜艇及其发射的反潜鱼雷，测定其坐标数据，以保障己方对鱼雷、战术导弹等武器的使用，保证在受到敌方攻击时的战术机动性。潜艇声呐的性能一般应比水面舰艇好，而执行攻击性任务的潜艇声呐的性能应更好。

现代潜艇装有十余部声呐，完成水下目标的搜索、跟踪、测向、测距、定位，还可完成侦察、通信、导航、探雷、水声对抗、本艇噪声分析等任务。为保证潜艇的隐蔽性，潜艇上的声呐多数情况使用被动式声呐。只有在必须对目标进行精确定位时，才使用主动声呐。潜艇上的反潜声呐主要包括艇首主动式声呐、艇舷两侧的舷侧阵声呐和测距声呐。现代潜艇一般装备由多部不同功能的声呐组成的综合声呐系统，基阵声呐可利用艇壳及其他部位的大部分空间。有的潜艇还在艇尾装有拖曳线列阵声呐，以更充分地利用水文条件，实现远距离预警。

现代潜艇声呐的作用距离，主动方式一般为 5~10 海里，利用深海声道可达 30 海里；被动方式一般为 10~15 海里，利用深海声道时可达 60 海里。美国海军攻击型核潜艇装备的 BQQ-5 型综合声呐系统具有一定的代表性，该系统由主动声呐、被动快速定位声呐、被动搜索声呐、被动拖曳线列阵声呐、通信声呐、识别声呐和侦察声呐等七类声呐组成。此外，艇上还装有本艇噪声分析仪、测深仪、导航声呐及水声对抗设备等。BQQ-5 型系统主动工作方式的标准声频为 3.5kHz，最大定位距离可达 30～35 海里，定位精度为作用距离的 1%，方位分辨率为 0.25°。被动工作方式接收声频范围为 5Hz～1.4kHz，探测距离可达 50～100 海里。20 世纪 80 年代在战略导弹核潜艇上装备的 BQQ-6 型声呐系统是 BQQ-5 的改进型，有 73% 的保留，重新设计的主要是计算机软件和主动式声呐，并拆掉了采用艇壳基阵的专用被动探测声呐。

② 水面舰艇声呐

声呐又是水面舰艇反潜作战的重要装备，在某种意义上，声呐的战术技术性能决定了这些舰艇的基本作战能力。水面舰艇的反潜声呐按其基阵布置形式，主要有舰壳声呐和拖曳声呐。

舰壳声呐主要用于对潜艇进行远程主动探测，为反潜武器的控制和制导提供准确信息。在现代大中型舰艇上，舰壳声呐的基阵一般安装在舰舷的底部。例如，外面做成"球鼻首"的流线形导流罩，利用其较大的内部空间，可增大基阵尺寸，降低工作频率，如图 4.37 所示。其水滴型导流罩设计，还可降低水动噪声对声呐的干扰。目前，在美国、俄罗斯及西欧等一些国家的驱逐舰、巡洋舰上，较多地采取一部"球鼻首"舰壳声呐加一部拖曳线列阵声呐的配置形式。它们与舰载的反潜直升机，构成空舰协同的远程反潜能力。如美国的"提康德罗加"级巡洋舰，"斯普鲁恩斯"级、"基德"级和"伯克"级驱逐舰等，都安装了 SQS-53 型"球鼻首"声呐和 SQR-19 型拖曳线列阵声呐。

护卫舰以下的中小型舰艇，目前仍是多数国家水面反潜舰只的主力。由于其作战区域以近海为主，也由于其装载空间有限，一般只装备中、高频（中、近程）舰壳声呐，有些吨位较大的护卫舰也同时装备一部拖曳声呐，以适应不同的作战环境要求。中、高频声呐的典型代表装备有加拿大的 SQS-505、法国的 SS-12、德国的 DSQS-21 以及美国的 DE1160 等。

图 4.37 "球鼻首"舰壳声呐

拖曳线列阵声呐通常拖曳在舰艇尾后水域中，多以被动方式工作，因其基阵孔径大，接收频率低，因此可以探测到上百千米以外的目标，主要作用是远程预警。拖曳线列阵声呐具有工作深度可变、基阵远离本舰噪声、作用距离远等优点，是近几十年来发展很快的一种声呐。但也存在舰艇机动性差、分不清目标在舰艇的左侧还是右侧的缺点。冷战结束以后，现代反潜战的重点从开阔海洋向滨海的浅水水域转移。由于浅水的声传播环境远比深水复杂，被动式拖曳线列阵的探测效果难以满足要求，因此许多国家开始了主动拖曳阵的研究。目前装舰使用的被动拖曳阵声呐的工作频率一般为 1～1.5kHz，主动拖曳阵声呐的设计频率为 1～3.5kHz。美国的 AN/SQR-19 战术拖曳阵声呐是典型的大型被动拖曳阵，可对敌方潜艇进行全方位的被动探测与识别，拖缆长 1700m，深度达 365m，探潜作用距离可达 70 海里，不仅对潜艇可实施远程探测，对水面舰艇也可以进行超视距探测。

大中型水面舰艇的低频舰壳声呐和拖曳声呐,主要应用于大洋中的深海海区。以主动方式工作时,作用距离可达 10~15 海里。利用深海声道或海底反射传播途径,可分别探测到 30 海里和 20 海里附近的目标。中小型水面舰艇的声呐作用距离一般在 3~5 海里左右,有的最大可以达到 10 海里。

担负清扫水雷任务的扫雷舰艇,一般都装备有猎雷声呐。与反潜声呐相比,猎雷声呐工作频率高,一般探测用 50~100kHz,识别用 300~500kHz,信号形式多采用频率调制,作用距离多在 300~800m,最大不超过 1 海里,精度和分辨率高,方位分辨率达到 0.2°,距离分辨率可达 1m,可以满足对高密集水雷阵的分辨要求。自海湾战争以来,水雷战的重要性又重新为各国海军所认识,因而加紧了猎雷声呐的开发和研制。目前猎雷声呐的主要发展趋势是,将声呐的传感器部分放在遥控运载体上,从而延长作用距离,增加安全性。

3. 无人侦察舰艇

无人侦察平台既可降低人员伤亡风险,也可适应恶劣的气候和海域环境,它有力于强化海上及水下侦察、提高战场态势感知能力并扩大可监视范围。近年来,世界发达国家海军积极研发海上无人驾驶舰船,在海上及水下侦察中也越来越多地运用无人平台。目前,无人侦察舰艇主要分为无人潜航艇(Unmaned Underwater Vehicle,UUV)和无人水面舰艇(Unmaned Surface Vehicle,USV)两大类。两类无人艇通过光电、红外、无线电侦察和水声探测等侦察手段进行军事侦察,完成目标探测、反潜警戒、区域搜索和侦察等任务。

无人潜航艇又称为水下机器人,主要搭载水声和光学侦察设备,对水下目标进行侦察、探测、识别和定位,为反潜战和反水雷战提供情报支持。在工作时,无人潜航艇主要以潜艇或水面舰船为支援母船,可以脱离母船以极其隐蔽的方式靠遥控或自主控制远程航行潜入敌方水域(港口、基地、近岸或雷区),对水下目标进行侦察,从而扩大海军舰船的侦察和探测能力,其作用是当今海军任何水下侦察平台都无法替代的。预计在未来战争中,无人潜航器在侦察与监视领域将会得以广泛应用,并发展成为海军的主要侦察手段之一。

美国的近程/远程水雷侦察系统(Near-term Mine Reconnaissance System,NMRS/Long-term Mine Reconnaissance System,LMRS)是一种自主式无人潜航器,没有缆绳与母舰相连,自带电源。母舰将它放入水中,自动航行执行预定的侦察任务,几个小时以后就可在预定地点与母舰会合,由母舰回收。NMRS 还可在水面舰只到达某一战区之前由潜艇发射,对该水域的水雷进行侦察。NMRS 是目前世界上正式服役的较先进的无人侦察潜航器系统,它的外形为鱼雷状,直径为 533mm,总长度为 5.23m,质量为 1021kg,装在"洛杉矶"级核潜艇的鱼雷舱中,它的续航时间为 4~5h,潜航深度为 12m,潜航器中的光缆长度约 55.56km,其传感器组件包括用于水雷探测和分类的前视声呐和用于海底目标处理的侧视声呐,全部探测数据传送到母舰处理。该系统将由"洛杉矶"级潜艇发射及回收,目前已成为攻击型核潜艇的制式装备。LMRS 是全自主式无人潜航器,美国"弗吉尼亚"级攻击核潜艇已经装备了这种水下侦察装备,如图 4.38 所示。与近程水雷侦察系统相比,远程水雷侦察系统(LMRS)采用更为先进的传感器和高能推进系统,其侦察、反水雷的能力和其他性能都有很大提高。远程水雷侦察系统的长度增至 6m,其续航时间达到 40~48h,航程增至 222km。

无人水面舰艇是另一类以遥控或自主方式航行在水面上的无人侦察舰艇,主要由小型的侦察巡逻艇改装而来,搭载光电/红外传感器、目标指示设备、雷达等侦察设备,并装备有视距和超视距通信链路,可以向飞机、舰艇和潜艇传输侦察数据,主要用于执行海港区域的侦察、搜索和情报任务。无人水面舰艇是近年来逐渐发展起来的一种海上无人侦察平台,与无人潜航器相比，起步晚研究时间短，实际的军事应用较少。但作为一种低成本多功能产品，无人水面舰艇能够快速地建立起战场空间优势，降低了不必要的人员及海军舰艇的伤亡风险，在未来会有非常广阔的军事应用空间。

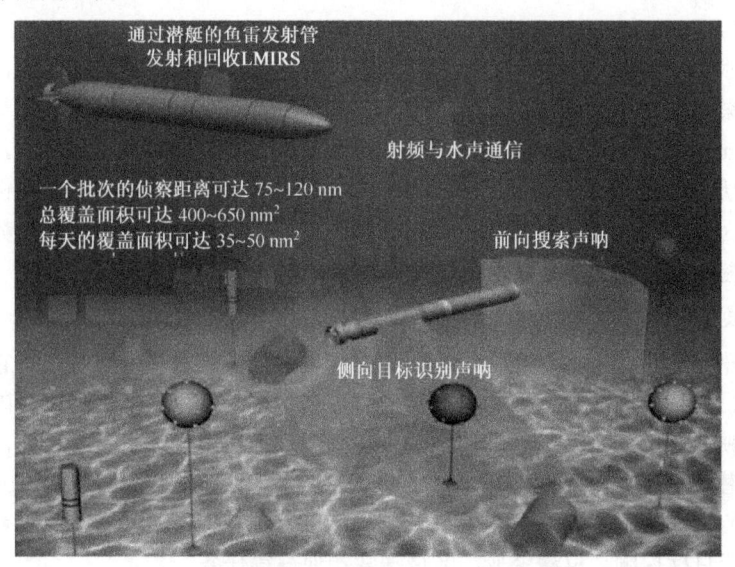

图 4.38　远期水雷侦察系统（LMRS）的工作示意图

2002 年，美国国防部启动了"斯巴达侦察兵"无人水面舰艇项目，并取得了较好结果。"斯巴达侦察兵"无人水面舰艇长约 7～11m，有效载荷达 1350～2250kg，装备有光电/红外搜索转塔、水面搜索雷达、电子成像传输装置以及无人水面舰艇指挥控制装置；还可装备武器系统，能在海港提供侦察搜索能力，满足海军部队的需要，为海军部队提供保护，如图 4.39 所示。"斯巴达侦察兵"无人水面舰艇还可以通过升级，用于水雷探测或是反潜战。如果装备"海尔法"或是"标枪"导弹，"斯巴达侦察兵"无人水面舰艇还可以用做攻击其他海上舰艇或是执行对海岸的精确打击。目前"斯巴达侦察兵"装备在美军"葛底斯堡"号巡洋舰上。

除了美国之外，以色列也在积极进行无人水面舰艇的研究，并于 2003 年由该国的拉斐尔武器发展局研制出了"保护者"无人水面舰艇，用于反恐侦察和勘查、水雷探测、电子对抗和精确打击，如图 4.40 所示。"保护者"系统机动性高并且行动隐密，能完成多种危急的任务。"保护者"无人水面舰艇长 9m，最大作战有效载荷 1000kg，包括一部搜索雷达、前视红外传感器、黑白/彩色 CCD 照相机、视觉安全激光测距仪、先进关联跟踪器和激光指示器等，用于目标探测、识别和瞄准。

图 4.39　"斯巴达侦察兵"无人水面舰艇　　　图 4.40　"保护者"无人水面舰艇

4.3.4 地面侦察系统

尽管高技术战争的形式与以往有很大不同，但地面侦察仍是战争中传统的、不可或缺的获取情报的基本手段。它不但可以弥补航天、航空侦察所提供的战术情报信息的不足，而且还能够验证航天、航空侦察所获情报信息的准确性，是及时了解敌方战役、战术动向的有效手段。正是由于地面侦察在现代作战中不可或缺的地位和作用，现在各国军事部门在实施每次重大军事行动之前，都十分重视地面侦察获取的情报信息。其技术手段主要是利用电子信号侦收装置、战场监视雷达等对敌军各种军事目标进行侦察、监听、记录、分析，并对目标进行精确测向和迅速定位，及时判明敌方具体的兵力部署，阵地编成，重要军事设施（目标）的具体位置、数量和性质，不仅能够进一步充实战场指挥官所需的战役战术情报，而且还可以及时校正卫星和航空情报在分辨真假目标时的偏差。

常用的地面侦察装备有信号情报侦察设备、雷达侦察设备、光电侦察设备、侦察车、地面传感器侦察系统等。这些侦察系统可与海、空、天基侦察资源相联，构成海、空、天、地一体的侦察体系，及时为地面部队提供准确的战场态势和目标信息。根据作战使命的不同，地面侦察系统可分为战略地面侦察系统和战术地面侦察系统两种；根据装载平台的不同，地面侦察系统也可分为地面机动式侦察系统和地面固定式侦察系统两种，机动式侦察系统主要配备在汽车或装甲车辆上，同时也包括一些小型便携式或投掷式侦察器材，固定式侦察系统主要配置在各种地面侦察站上。

1. 地面机动侦察系统

地面机动式侦察系统主要指采取机动、移动或者便携的方式遂行地面侦察任务的侦察系统，包括装甲侦察车、无人侦察车、便携式侦察设备和车载侦察系统等。

（1）装甲侦察车

装甲侦察车具有高机动性侦察和火力攻击、自我防护等作战能力，主要用于战术侦察。虽然侦察飞机、侦察直升机和无人侦察机等航空侦察手段可完成装甲侦察车的部分任务，但是由于装甲侦察车有其独特之处，可以为战场上运动中的大部队探查前、后方敌情；随时监视与友邻部队之间的缺口，并保持与友邻部队的联络；在与敌军保持近距离接触的情况下，沿前进轴线进行侦察和监视；同时，还可探测并标示出战场的障碍物和雷区，为后续部队扫清前进的障碍。20世纪30年代德军最早将装甲车用于战场侦察，20世纪40年代以后，美、英等国也相继将装甲车改装成装甲侦察车。20世纪50年代开始出现了以法国的EBR75型侦察车、英国的"弗列特"MK2/3型侦察车、前苏联的БРДМ-1型和БРДМ-2型侦察车以及美国的M114型侦察车为代表的专用装甲侦察车。

装甲侦察车按车辆的行动装置可分为轮式装甲侦察车和履带式装甲侦察车两种。通常，根据装甲侦察车的不同用途，还可以将装甲侦察车分为战斗侦察车、炮兵侦察车、工程侦察车和三防侦察车等四种。

战斗侦察车以执行地面战斗任务为主，兼顾野战侦察任务。通常，车上装有中、小口径的高平两用机关炮，甚至装备中口径以上的火炮，并携带有多种观测侦察设备。俄罗斯的БРМ-3K战斗侦察车由鲁布佐夫斯克机器制造厂生产，是20世纪90年代研制的新型侦察车，速度高、机动能力强、越野性能优越，如图4.41所示。俄罗斯陆军分队和登陆队装备了БРМ-3K战斗侦察车，可在能见度有限的条件下（如雨天、雪天、雾大、烟幕等）昼夜进行炮兵侦察和战场侦察。它所装配的侦察设备包括脉冲雷达、潜望式激光测距机、带激光照射器的红外夜视仪和热像仪等。车载雷达天线可以取下，借助专用的三角架和导线，放置到距离战斗侦察车20m开外的地方进行侦察，对坦克类目标的搜索距离为 20km，对单兵的最大探测距离为 4km；激光测距机能在可见光条件下进行侦察，对中型坦克的最大作用距离为 10km，对大型目标的探测距离可达 25km，确定目标坐标的距离均方差为 5m；红外夜视仪带有激光照射器，能通过目标的自身辐射进行侦察并确定其距离，无源工作状态下对坦克的作用距离为 1.5km，有源工作状态下对单兵的探测距离为 3km，确定目标距离的最大误差为 20m；红外热像仪能在夜间、能见度较差或烟幕及光干扰条件下观察和侦察曝露及隐蔽的地面目标，对坦克的最大识别距离为 9km。

炮兵侦察车是炮兵侦察目标用的专用车辆，多数有装甲防护，通常装有多种先进侦察和通信设备，另外还装有用于自卫的武器，可以在前沿比较大的区域内活动，一旦发现目标，便能立即测定其坐标并迅速传输给指挥所或射击分队，实施实时炮火打击。除能在车上进行侦察外，还可将主要器材搬下车在地面实施侦察。法国 AMX-10 VOA 炮兵侦察车利用 AMX-10PC 指挥车改装，借助车内设备可发现目标所处的坐标位置，如图 4.42 所示。

工程侦察车用于侦察桥梁、水域、道路以及地形情况，并在这些地区设置或排除障碍。俄罗斯的 ИРМ 工程侦察车是一种独特的多用途水陆工程侦察车，配有多种工程侦察仪器和对付大规模杀伤武器的防护设备，如图 4.43 所示。ИРМ 工程侦察车可实施探雷、土壤等级、河流的流速、河宽、水深、冰层厚度和目标距离等的侦察和测量。在战场上可迅速采集到工兵所必需的各种数据，并能对其加以分析以获取准确的数据。车上携带惯性导航系统、探雷系统、探测各种地形承受能力的传感器、声波探测器、供驾驶员用的海滩和其他地形倾斜角测量仪以及昼夜观察装置等专用设备。在车外用的手提式设备包括手持式探雷器、冰厚测量装置和手提式地形承受能力测量仪。

图 4.41　БРМ-3К 战斗侦察车 　　　　图 4.42　法国 AMX-10 VOA 炮兵侦察车

图 4.43　ИРМ 工程侦察车

三防侦察车用于发现毒剂和放射性物质，并测定地面、水源以及食品的受污染程度，鉴定毒剂的类别，同时标示出受污染的地区等。三防侦察车侦察作业速度快，收集的数据准确可靠。德国的"狐"式核生化侦察车可在极其恶劣的情况下，探测、识别和标定核和化学污染区，进行核、生物和化学污染物取样，实时向指挥官报告准确的信息，如图 4.44 所示。"狐"式核生化侦察车出色的侦察能力源于探测核生化威胁及危险物质的多种不同传感器。包括能够探测高辐射剂量伽玛射线的

核辐射探测器,能够精确检定低辐射剂量伽玛射线的探测器,用来探测 α 射线和 β 射线的探测器等。车内的质谱仪可连续不断地监测周围的空气,直接对探测到的挥发性化学战剂进行分析。而针对持久性附着在地面上的化学战剂,则要借助于双轮取样系统进行取样。整个分析过程由车载中央计算机进行控制,计算机上安装的综合软件包能够确认各种战剂及其他危险物质。车辆也能够进行基准采样,以供移动式核生化试验室进行分析。

（2）无人地面侦察车

无人地面侦察车是一种用于侦察的军用机器人,多以微型车辆作底盘。在未来战场中使用机器人,对保存有生力量、提高作战效能具有重要意义。因此军事大国都在加紧军用机器人的研制工作,无人地面侦察车是其中的一个主要发展方向。"角斗士"无人侦察车是可遥控的多面手机器人,可以在任何天气与地形下,执行侦察、核生化武器探测、突破障碍、反狙击手和直接射击等任务,如图 4.45 所示。这种小型机器人工兵有装甲防护,配备机枪,可搜索、驱散,甚至消灭目标,也可摧毁各种设施。

图 4.44 "狐"式核生化侦察车　　图 4.45 "角斗士"无人侦察车

（3）便携式侦察设备

便携式侦察设备主要包括便携式战场侦察雷达和便携式信号情报侦察系统两种。便携式信号情报系统是将系统设备分成几个独立的部分,由多人携带,用于搜索和截收敌方无线电电子设备辐射的电磁信号,从中获取所需情报的侦察系统,如图 4.46 所示。

便携式战场侦察雷达是为适应战场机动侦察的要求,将雷达硬设备分为数个（通常为三四个）独立结构组合,如图 4.47 所示。雷达总质量都只有数十千克,能直接装在轻型汽车、装甲输送车和轻型坦克上工作,必要时还能用人力背负或轻型直升机装运进入高山阵地,在山顶上临时架设工作,充分利用山顶的高度来增大雷达探测地面活动目标的距离。

（4）车载侦察系统

车载侦察系统主要是装载在装甲侦察车或其他车辆上的侦察系统,主要包括机动式电子侦察站、车载战场侦察雷达、车载电视侦察系统和车载多频谱侦察系统等。

机动式电子侦察站,一般是由数辆乃至十几辆车载式专用电子侦察设备共同组成的多功能电子侦察系统,对战区内或战场上的敌方雷达、通信、导航等电子信号辐射源实施侦收、测向和定位等多种电子侦察任务,属于战区性或战术性的电子侦察系统。

图 4.46　便携式信号侦察系统 　　图 4.47　利用便携式监视与目标搜索雷达侦察前线信息

车载战场侦察雷达包括车载战场侦察监视雷达和车载无源雷达系统两种，车载战场侦察监视雷达主要工作在厘米波段，基本上都采用脉冲多普勒体制，能从严重的地杂波中探测活动目标的速度和距离，通过采用"静默"体制、动目标显示、频率捷变、超低旁瓣天线，提高接收机信噪比等技术，提高了其抗干扰和生存能力，主要用于侦察和监视敌方地面兵器、车辆、人员和低空飞行器等的活动情况，可以探测 20～30km 范围内敌方部队调动、车辆和火炮等的活动情况和 7km 距离内的单兵活动情况。车载无源雷达系统本身不发射任何电磁波，只依靠接收目标发出的电磁波来锁定和跟踪目标，最杰出的代表就是捷克"维拉"系列无源雷达，该雷达能迅速地探测到方圆几十千米范围内活动的机动雷达，还能准确地显示雷达的活动情况，如图 4.48 所示。

图 4.48　"维拉"无源雷达及系统工作示意图

车载电视侦察系统是一个专用电视系统，一般由获取情报的摄像机及其控制部分、传送情报的图像传输部分、处理和利用情报的终端部分等构成，主要用于侦察、了解敌方军事部署及调动情况，监视前沿阵地及敌哨所人员活动情况掌握敌军动态、动向等。

多频谱侦察系统通过工作频谱范围的扩展和传感器之间的互补作用，可以很好的解决昼夜全天候目标探测和识别的问题。"依塔斯"（ETAS）是一种升降式多频谱目标侦察系统，由模块化战场侦察雷达、前视红外传感器、高分辨率电视、激光测距仪/目标指示器以及射频干涉仪组成，可探测、分类和跟踪人员、车辆和低空飞行的直升机等目标。

2. 固定侦察站

地面固定侦听站通常固定建立在某些特定地点，如离边境很近的山头、沿海海岸等，主要用于对特定区域的情报侦察和综合分析。由于在陆地上侦察设备的工作环境都比较好，而且也易于安装，因此，一般地面固定侦察系统都安装有大口径的天线（阵），配备有先进的情报收集和综合处理设备，系统的灵敏度高，主要用于长波、短波、超短波、微波频段的信号侦察。但由于固定站目标大、不易搬动、抗毁性差，主要用于收集战略情报，世界上许多国家都具有这种固定式的情报侦察站。

地面固定侦察站主要包括地面信号情报侦察站、地基情报侦察传感器系统、无源雷达系统、海岸监视雷达系统、声测侦察站等。

信号情报侦察站是一般采用大孔径天线或天线阵、高灵敏度接收机和先进的信号处理设备，它侦察从长波、短波、超短波到微波频段的电磁信号，如图 4.49 所示。通过对无线电信号的长期侦察，查明雷达、通信电台的类型、地理位置、技术参数、工作规律等数据，再通过侦听通信内容，获取有关敌方兵力部署、指挥关系、作战准备、作战意图、重要武器配置等情报；通过侦收无线电遥测、遥控信号，获取有关导弹试验、航天器发射等情报，并测量其飞行弹道或运行轨道等参数，进而测算导弹射程、弹着点位置和航天器类型、用途等。地面信号情报侦察站是一种举足轻重、不可代替的侦察监视系统，与卫星和飞机相比具有独特的优点：地面站离所监视的目标近，能接收到方向性强、微弱的无线电信号；地面上能安装大型计算机，采用先进的信号处理技术，能迅速、准确地监视和分析导弹试验和发射情报；地面站能全天候连续监视，不会遗漏重要情况。

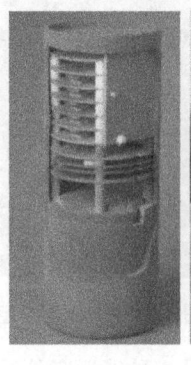

图 4.49　可自动侦收卫星通信的地面侦察站　　图 4.50　"狼"传感器及空中的布设的"狼"

地基情报侦察传感器是一种多谱段的中距离侦察监视系统，可以侦察、识别、跟踪运动目标，可完成对目标区域长时间的全天候侦察和监视任务。美国 BAE 公司研制的"狼群"（WolfPack）地面传感器网络系统由一些无人值守的分布式地面传感器组成，不仅可以侦听敌方雷达和通信，分析敌方的网络和系统的运动，还可干扰敌方发射机或用算法包来渗透敌方的计算机。"狼群"可由火炮发射布设或无人机投放，也可由人工置放，它可以布设在作战目标活动的路旁或地域，抑或城市巷战区的建筑物顶部。构成"狼群"的小型地面传感器称为"狼"，单只高 304.8mm、直径 120mm，如图 4.50 所示。5 只"狼"分布在临近的地方，组成一个"狼群"，其中 1 只"狼"按预编程序要求成为"头狼"。"狼群"中的"狼"相互间可进行通信联络，实现智能联网，1 只"狼"出现故障或遭敌毁坏，另外的"狼"可接替它的工作。

无源雷达是利用电台、电视台甚至民用移动电话发射台在近地空间传输的电磁波,通过区分和处理隐身目标反射的这些电磁波的信号,探测、识别和跟踪隐身目标。美国的"寂静哨兵"雷达利用商业调频无线电台和电视台发射的 50～800MHz 连续波信号能量,检测和跟踪监视区内的运动目标,包括飞机、直升机、巡航导弹和弹道导弹,如图 4.51 所示。"寂静哨兵"的核心技术是无源相干定位技术,通过接收来自一个或多个调频无线电台、电视台的连续波载频和信号包络来实现目标定位。此外,根据直升机旋翼产生的多普勒频移也能检测出悬停的直升机。"寂静哨兵"系统由大动态范围数字接收机、相控阵接收天线、高性能商用并行处理器和软件等组成。系统的早期试验证明,跟踪 $10m^2$ 小目标的距离可达 180km,改进后可达 220km,并且最终能同时跟踪 200 个以上的目标,间隔分辨率为 15m。"寂静哨兵"具有多种形式,它可安装在建筑物和固定结构上,也可安装在飞机、卡车及方舱上以便快速部署。

海岸侦察雷达所处的环境条件比较恶劣,既有云雨杂波、地物杂波、海浪杂波,战时又有敌人施放的有源干扰和无源干扰。因此,要在这些杂波和干扰中发现敌舰与敌机,就必须有极强的杂波抑制能力和抗干扰能力。新一代的岸防雷达具备多功能、多目标、高精度、高可靠性、高机动性、全天候工作等特点,还要求具备较强的生存能力和电子对抗能力,既能侦察海面各种目标,又可侦察海面低空快速目标。海岸侦察雷达分为海岸侦察警戒雷达和对海活动目标侦察校射雷达。按作用距离可分为近程(20km)、中程(40km)和远程(60～120km)。海岸侦察警戒雷达就是远程预警雷达,主要用于对海上和低空目标实施远距离侦察预警;对海活动目标侦察校射雷达属近程和中程海上活动目标侦察校射雷达,用于引导火力摧毁海上目标。

图 4.51 车载及固定的"寂静哨兵"相控阵天线

地面战场侦察传感器是一种能适应各种环境、被动式、全天候、全天时工作的远距离侦察装备,是利用人员、车辆等通过某一区域引起的振动、声、响、压力、电磁场等特性的变化来探测目标的侦察器材。通过人工埋设或飞机空投或用火炮发射等方式把这种传感器放置在计划监视的地域,它是雷达、光学、夜视等直视侦察装备的有效补充手段。地面传感器侦察监视系统,由两三个子系统组成,即传感器、监控装置和中继器。其中,传感器和监控装置是各类传感器系统共有的。当进行远距离战场监视时,还需经过中继器转发信息。地面传感器是三个子系统中的关键部分,其技术性能直接影响着战术使用和采取的对抗措施。地面传感器的类型很多。目前大量使用的地面传感器有振动传感器、声响传感器、磁性传感器、压力传感器和红外传感器等。最新型的地面战场侦察传感器系统可探测 75m 内的单兵目标、500m 内的轮式车辆和 750m 内的履带式车辆。

4.4 主要发展趋势

未来的信息化战争和庞大军事机器的正常运行都必须建立在各种可靠、及时和准确的情报信息基础上。情报信息不仅是重要的战略资源，也是重要的战术资源。在信息化的战争中，各军兵种联合作战，形成了立体的作战战场，战场态势瞬息万变，仅靠单一的侦察手段已无法获得整体的信息优势。因此，建立能有机运用多种侦察手段、具有信息融合功能的综合情报侦察系统，才能满足未来信息化战争对情报的需求。未来信息化战争的突发性、立体性、复杂性和快速性，以及"制敌机动"、"精确打击"、"全维防护"的作战原则，对情报侦察系统的时效性、准确性、可靠性和连续性提出了更高的要求。随着遥感技术、信息技术、成像技术、激光技术、微电子技术、计算机技术、网络技术、人工智能技术等不断发展，情报侦察系统将得到不断改进和完善，其主要发展趋势如下。

（1）侦察装备网络化

不同军种之间，以及海、陆、空、天各侦察监视平台之间的互联、互通、互操作，最终形成一个遍及全球、无缝连接的侦察监视网是侦察监视系统的一个发展方向。网络化的情报侦察系统将使作战人员在任何地点、任何时间都能够全面、准确地掌握实时的战场态势。

侦察监视装备网络化的目标是，发展和完善跨各军兵种可互联、互通、互操作的多传感器信息网，以及海、陆、空、天一体化侦察监视多传感器信息网，提供一种可全球部署的目标侦察、监视、跟踪与捕获能力，支持各军兵种或联合部队的协同作战。从未来的发展看，多传感器信息网的体系结构主要由天基多传感器信息网、空基多传感器信息网、陆基多传感器信息网、海基多传感器信息网以及天地一体化多传感器信息网组成。

（2）"侦察-打击"一体化

"侦察-打击"一体化就是实现侦察监视网、指挥控制网与火力射击网的无缝连接。传感器探测的目标信息可迅速通过网络传输到武器系统，由武器系统的指控系统接收目标信息后迅速指挥和控制武器系统作战的过程。利用先进的通信和计算机网络将疏散配置的不同力量连接成一个高效的协调统一体，通过对传感器、指挥控制系统、武器平台和作战人员的联网，在正确的时间为进攻性武器装备提供正确的信息，使作战人员获得最快速的火力打击和机动能力支持。这种一体化结构使侦察监视能力与新的杀伤能力紧密结合起来，从而产生新的作战能力，无论何时何地，都可以对任何类型的目标实施侦测、打击或杀伤，全面提升作战部队在信息空间和传统的物理作战空间内比过去、比对手有更强的相应能力、生存能力、机动能力和打击能力。

（3）侦察监视实时化

侦察监视实时化是指在未来战争中，侦察监视传感器能够在有限的时间内，及时、准确地探测和识别突然出现、机动性强、灵活性高、稍纵即逝的目标，并能够及时将这种目标的位置、状态信息提供给指挥决策系统和武器打击系统，确保武器系统在这一短暂时限内完成目标定位、瞄准和精确打击。

侦察监视实时化对侦察监视设备的灵敏度、探测距离、精确度、可靠性、全天时、全天候等工作特性都提出了很高的要求。为了提高侦察监视系统情报获取的时效性，必须增强各种侦察监视传感器探测、识别目标的能力，加速大量原始数据有效相关和融合的速度，这样才能快速形成有用的情报。以计算机、网络、智能化等技术为核心的自动化多源信息融合、处理、分发等可有效提高信息收集、分析、处理、判断、传输的时效性,为指挥员提供实时、准确的情报数据,它是未来侦察监视系统的一个重要发展方向。

(4) 情报侦察系统智能化

情报侦察系统智能化是能够对侦察监视传感器获得的大量不确定性情报进行智能化、自动化、快速而准确的处理,形成实时、准确、高置信水平的可利用情报。它是确保侦察监视系统能够发挥信息优势、有效实施作战效能的重要条件。数据融合、人工智能及分布式人工智能等先进技术的发展将推进智能化情报分析和处理水平的提升,将促进综合情报侦察系统向智能化发展。

(5) 侦察平台无人化

无人侦察监视平台是未来信息化战场的一种重要信息获取手段。无人平台特有的优点,如能在人们无法进入的地区执行任务,不存在人员伤亡和被俘的可能性,也没有人的耐久力限制等方面的问题,因此在收集情报方面比有人侦察监视平台更具优势;有的还有隐身能力,能在敌方无法探测的情况下,收集情报信息。从目前各国军备发展项目来看,除军用侦察监视卫星这种无人化军事装备在继续深入发展之外,空中的无人侦察机、水中的无人潜航器和陆地的侦察机器人等也方兴未艾。可以预见,在未来战争中,高效费比的无人侦察监视平台无疑将得到最广泛的应用。

未来信息化战争的发展使情报侦察系统面临着更艰难的任务,同时也提供了发展的良好机遇。总之,适应未来信息化战争需求的情报侦察系统,规模将进一步扩大,性能将不断增强,综合化程度将不断提高,从单一、独立的侦察设备向综合化、网络化、一体化的情报侦察系统发展,并更加强调情报侦察功能的完整性(海、陆、空、天一体化的无缝覆盖)、持久性(全地域、全天时、全天候的不间断)、时效性(以打击效果为目标的近实时情报分发)等特性。

第 5 章

军事导航定位系统

5.1 概述

导航是引导飞机、舰船、车辆或人员等运载体沿事先规定的路线,准时地到达目的地的过程,实现导航功能的系统称为导航系统。定位是在规定的坐标系中确定运载体位置的过程,实现定位功能的系统称为定位系统。信息技术的发展大大加快了人类经济和军事活动的节奏,相应地的对导航要求也越来越高,为运载体提供实时位置成为了头等重要的导航要求,使导航的功能从主要向运载体提供航向,转变为主要提供位置信息,使驾驶员能够随时判定运载体是否在规定的航路或航道中行驶,是否能准时到达目的地。现在,导航系统与定位系统逐渐融为一体,变成了具有导航和定位双重功能的导航定位系统,使导航系统除了为运载体提供实时位置信息之外,还提供速度、航向、姿态与时间等信息。

导航定位系统在军事和民用交通运输上用途广泛,是国家信息基础设施的重要组成部分。在军事上,主要用于飞机、车辆、舰船及单兵的导航定位和武器制导,是一类典型的军事信息系统。信息化战争中,导航定位的作用将越来越突出。随着近代导航技术的发展,导航定位系统已经能够在全世界任何地方甚至外层空间提供高精度的导航信息,导航定位系统的作用日趋重要,不仅能够为运载体的航行提供高质量的服务,还用于各种社会经济部门、各级军事单位以及各种科学研究领域,成为社会生活的基础设施和军事指挥自动化系统必要的信息源。

5.1.1 产生与发展

导航技术的历史可以追溯到人类新石器时代晚期。社会文明进步一直是导航技术发展的原动力,导航是人类从事政治、经济和军事活动所必不可少的信息技术,导航技术发展史也是人类文明发展史的一种写照。导航技术在历史上可以大体分为从新石器时代晚期到 19 世纪末的传统导航和 20 世纪初到现在的近现代导航两个发展阶段。

1. 传统导航技术发展阶段

传统导航技术的发展历经远古时代导航技术和航海时代导航技术两个发展时期而逐渐完善,成为现在仍然使用的传统导航技术。

(1)古时代的导航技术

早在大约 5500 年以前,地中海地区和古埃及的商人就发现利用船只运送货物是最为方便和有效的运输方式,他们的航行局限于近海岸或沿着河流进行,导航方法也极为简单。相传公元前 2600 年左右,黄帝部落与蚩尤部落在涿鹿决战中由于指南车的指引,黄帝的军队在大风雨中仍能辨别方向,因此取得了战争的胜利,这种指南车是有记载以来最早指示方向的机械导航装置。

古希腊和与犹太人毗邻的地中海沿岸腓尼基人(Phoenicians)为船舶导航作出了重要贡献,他们的许多导航方法沿用至今。腓尼基人可能是最早利用太阳和北极星(Polar Star)进行海上导航的民族。此外，腓尼基人还用大约 3 年的时间，利用沿岸地形地貌成功地完成了人类首次环非洲大陆航行，开拓了连接红海与地中海的新航线。古希腊人和腓尼基人还在一些重要沿岸港口点燃篝火，方便往来船舶夜间航行。显然，这些方法就是现在称之为陆标定位（Terrestrial Fixing）的导航方法。

地中海居民（Mediterranean）很早就掌握了通过船舶航向、航速和航行时间确定位置的方法，即我们今天所熟知的推算航法（Dead Reckoning）。当时的方法很原始，航向主要靠直觉判断，航速的测量主要利用船上抛出的海草或漂浮的木块（Driftwood），时间的测量则依赖于沙漏（Hourglass）。这样的定位结果虽然不可能精确，但在当时却是一种行之有效的估算方法。这种方法在今天已演化成为惯性导航等多种现代导航技术。中国和印度洋区域的居民甚至还利用了相对稳定的季风确定航向，从而使得一年两次的远航成为可能。

早在公元 27—97 年，我国就已有关于地磁指南工具的记载。最初的指南针称为"司南"，它利用磁铁指示地球磁场的特性来指示地理方向，当时仅限于陆地上的应用。随着这项技术的普及和装置的不断完善，公元 1040—1117 年中国人率先在世界上使用磁罗盘（Magnetic Compass）进行海上导航。沈括成书于 1085 年的《梦溪笔谈》和朱彧成书于 1119 年的《萍洲可谈》都对指南浮针的制作和应用做了具体、细致的介绍。

到了 12 世纪，指南针经由阿拉伯传到了欧洲，欧洲航海家开始使用类似的磁罗盘，并且绘制了略为精确的海图（Nautical Chart）和天文历书（Celestial Almanacs），重新复制了古希腊人曾经使用过的星盘（Astrolabe）和直角仪（Cross-staff），用于观测天体高度角，从而粗略确定当地的纬度。

导航技术发展到这个时候，主要依赖的是航向信息，只要不出现"南辕北辙"的情况，就可以到达目的地。这段时期天文导航技术也有所发展，通过观察太阳、星体和星座的位置变化确定方位，以及根据北极星的高度角确定概略纬度信息。总体而言，当人类的经济和军事活动比较简单时，用地形地物作为参照物或观察太阳和星体的位置变化来确定自己的方位，便可以到达目的地。

（2）航海时代的导航技术

航海技术的不断进步，使得 15—16 世纪成为东西方航海事业蓬勃发展的"大航海时代"。这个时期，远洋航行的导航方式基本是，在出发之前确定所在港口的纬度（实际上是确定出发地的北极星高度角），然后利用航向信息和其他信息航行至目的地，返航时先在南北方向上航行到与出发港口同纬度（与出发地相同北极星高度角）的位置，然后再沿东或西方向等纬度航行保持北极星高度角不变，回到出发地。在南纬度地区，当北极星不可见时，葡萄牙人发现了太阳的运行规律，采用类似的方法对太阳进行观测，然后做适当的修正，满足确定纬度的要求。

公元 1405—1433 年，中国航海家郑和率领由两百多艘船只和两万多人组成的船队七下西洋，历经 30 多个国家和地区，实现了世界航海史上的创举。郑和当时采用的导航技术就已经包括航用海图（郑和航海图）、航路指南和航迹推算与修正等地文航海技术，以及过洋牵星术等天文航海技术，甚至包括季风气象导航技术。郑和下西洋不仅在时间上领先了欧洲航海家几十到上百年不等，而且在船队规模、航域航程、船只数量及吨位、航海技术等方面，都远远领先于欧洲航海家。

在郑和下西洋之后，1487 年葡萄牙人迪亚士（Bartolomeu Dias）航行到了非洲最南端，并将其命名为好望角（Cape of Good Hope）。1492 年意大利航海家哥伦布（Christopher Columbus）

发现了美洲大陆。1497 年达·伽马（Vasco da Gama）率船队从里斯本出发绕过好望角抵达印度，成为由欧洲绕好望角到达印度的海路开拓者。1499—1500 年，意大利航海家亚美利哥（Amerigo Vespucci）两次登上美洲大陆，证实这片陆地不是哥伦布当年认为的印度岛屿，而是欧洲人新发现的大陆，故命名为亚美利加洲。1520—1521 年葡萄牙航海家麦哲伦（Ferdinand Magellan）完成了首次环球航行的壮举，被认为是第一个环球航行的人。1569 年地理学家墨卡托（Gerardus Mercator）发明的投影方式成为现代海图绘制的基础。

这段时期，四分仪（Quadrant）的应用达到鼎盛，在葡萄牙航海家和探险家之间极为流行，这是一种可以较为精确地测量天体高度的仪器，尽管在摇摆的甲板上使用起来并不方便，而且风浪较大时四分仪的铅锤会偏离重力垂线位置。海图、四分仪、磁罗盘、沙漏计时器、拖板式计程仪（Chip Log）等装置和天文、地文、推算等导航方法的成功应用，在很大程度上解决了远航时的导航问题，特别是成功解决了纬度测量问题。

然而，经度的确定依旧困扰着当时的航海人员。由于地球的自转，很难直接利用观测天体的办法确定经度。英国政府在 1714 年专门成立了包括牛顿和哈雷等人在内的经度委员会，悬赏征集经度测量的解决方法。在经度委员会的指导下，颁布了经度法案，并依据法案成了经度局（Board of Latitude），最终英国钟表匠约翰·哈里森（John Harrison）经过近 40 年的努力，成功发明了航海表，这是一种可以在船上使用的每天误差不超过 1 秒的精密计时器。利用航海表，就可以通过两地的时间差计算经度。具体方法为：如果能够确定船上当地地方时，并精确知道地球上某已知位置（如格林尼治）的时间，那么通过这个时差便可以确定两地的经度差，从而测算出船舶所在经度。

从 18 世纪到 19 世纪，远洋航行甚至环球航行日益频繁，探索新大陆、建立殖民地、追逐商业利益的欲望日益强烈，对航海导航技术的探索和发展起到了极大的促进作用。

1731 年，英国数学家和发明家哈得利（John Hadley）和费城发明家高德弗雷（Thomas Godfrey）先后独立发明了六分仪（Sextant），与 15 世纪的四分仪相比，这种仪器不仅精度更高，而且更便于在摇摆的甲板上使用，这种设备沿用至今。

1772—1775 年，英国探险家库克（James Cook）深入南极，越过南纬 70°，首次完成自西向东高纬度的环球航行。正是在这种背景下，人们对全球统一的时间和地理坐标系的需求极为迫切。1884 年国际子午线大会将英国伦敦格林尼治（Greenwich）天文台所在地确定为本初子午线（Prime Meridian），将格林尼治时间确定为国际标准时间。

天文导航在 18 世纪发明了天文钟之后，解决了天文观测无法求取经度的问题，而法国航海家圣·希勒尔（St. Hilaire）于 1875 年提出的截距法（Intercept Method）或称为高度差法（Altitude Difference Method），解决了天文船位圆绘图问题，奠定了天文航海的理论基础，并在实践中得到了广泛应用。

2．近现代导航技术发展阶段

从 20 世纪初期开始，随着航空和航海交通的发展，人类导航技术发展突飞猛进。首先，无线电导航技术在半个多世纪的时间里从萌芽状态迅猛发展为海、陆、空导航的基本手段，全球建立了大量的陆基无线电导航系统；其次，在 20 世纪上半叶惯性导航等自主导航技术也得到了迅猛发展；最后，随着人造地球卫星的成功发射，使无线电导航技术的发展进入了现代卫星导航的新时代。

（1）陆基无线电导航技术

20世纪电磁场理论和电子技术的蓬勃发展，为新型导航技术的形成和发展奠定了坚实的理论与技术基础，人类的思维从被动地利用宇宙中现存的参照物（如星体），扩展到主动地建立和利用人为参照物来开发更精密的导航定位系统。由此陆基无线电导航系统（Ground-based Radio Navigation System）诞生，这一系统的问世标志着人类从此进入无线电导航时代。

从无线电导航技术的产生，到20世纪80年代，人类建立的无线电导航系统主要是为航空和航海服务。发展过程中，由于航空和航海对导航有不同的要求，航空导航与航海导航技术开始分离。尤其是航空对导航的要求更为严格，主要是由于飞机在空中必须保持运动，运动速度相对较快，留空时间有限，事故后果严重；而飞行器所能容纳的载荷与体积较小，使导航设备的选择受到了较大的限制。

① 无线电导航的初期发展

早在1891年无线电报就出现在海洋中航行的船舶上。1902年美国数学家斯通（John Stone）发明了无线电测向技术，它于1906年装备在美国海军运输船上；1912年研制出世界上第一个无线电导航设备，即无线电测向器（Radio Direction Finder），也称无线电罗盘（Radio Compass）、无线电定向机等，并在20世纪三四十年代得到广泛应用。

在第一次世界大战期间，海上首先使用了无线电通信，与此同时，在海岸上开始安装发射375kHz连续无线电波的无线电信标台，在所发射的连续波中用莫尔斯电码作为不同台的识别信号。船上装有定向机接收无线电波，可以通过转动环形天线的方法找出无线电信标台的方向。当能测出到两个或两个以上的信标的方向时，便可以根据这些方向的交点找出船的位置。

1935年，法国首先在商船上装备VHF频段的雷达，以观测海岸和附近的船只，用来作为近岸导航和船间避撞。1939年，德国在战舰上装备了VHF频段雷达，且在第二次世界大战中美国所有大型舰船上都装有雷达。通过雷达电波，测量目标的方向，从而引导航向。

在莱特兄弟发明飞机时，目视导航是航空飞行唯一的导航手段。这种局面在无线电导航技术出现以后很快就发生了改变，各种航空导航系统陆续被研制出来。在20世纪20年代末出现了四航道信标、航空导航用的无线电信标，以及垂直指点信标。

四航道信标的天线为相互垂直交叉的一对环，发射连续的无线电波，为装有相应接收机的飞机指出到信标的四个航道。四航道信标在美国大陆使用，作用范围约为100海里，要毗邻布台才能覆盖较大的区域。

航空导航无线电信标首先在欧洲开始使用，然后再传到美国，其作用原理与海上导航无线电信标类似。机载设备称为无线电定向机（或无线电罗盘），测量出相对于飞机轴线的无线电信标台方位，作用范围与四航道信标差别不大。由于无线电信标是全方向的，不限于四个航道，与无线电定向机相比更加优越。在美国，无线电信标安装在机场附近，使飞机能够精确地向信标台飞行，然后执行向跑道的"非精密"进近。

由于四航道信标和无线电信标均只能提供航向而不能提供飞机的位置信息，因此在沿四航道信标的航路上或沿非精密进近的路线上装有垂直指点信标，以对上述两种系统进行补充。指点信标的工作原理与无线电信标类似，只是天线的方向图垂直向上，形状像蜡烛的火焰，由于它的安装位置是确定已知的，当飞机飞过时便知道了飞机的确切位置。

从无线电导航技术出现到第二次世界大战之前是无线电导航的初期阶段，无线电导航与传统的导航技术相比不受季节和能见度的限制，工作可靠、精度高、指示明确、使用方便，很快便得到了推广，离大陆不远的航海和发达区域的航空有了较为可靠和精确的保障。这一阶段的特点是，航海导航技术领先，航空导航技术是在航海导航技术启示下发展的，测向能力强于定位能力。在远洋航海和洲际飞行时仍主要依靠目视观测及一些古老的技术。如今，四航道信标已经消失，船用导航雷达、航空和航海无线电信标和指点信标还在使用，并且大部分航海无线电信标已改造成了海用差分 GPS 发射台。

② 第二次世界大战及战后航海无线电导航

第二次世界大战时期，由于军事上的需要，无线电导航飞速发展，出现了许多新的系统。战后在此基础上继续发展的结果，形成了现在导航体制的基本格局。首先从海用导航方面分析第二次世界大战及战后无线电导航技术的发展。

在第二次世界大战期间，为了满足航海的导航需求，1942 年 11 月由美国麻省理工学院无线电实验室（Radiation Laboratory）研制的具有四个台站的罗兰-A（Long Range Navigation System，Loran-A）系统正式启用，它通过双曲线定位的方式确定船只的位置。罗兰-A 能连续准确地给出船只位置，使用起来比海用无线电信标更为方便，并且采用了脉冲体制，与连续波相比是个很大的进步。

罗兰-A 的改进型罗兰-C（Loran-C）台链随后于 1957 年由美国海岸警卫队建成。Loran-C 也是脉冲双曲线型无线电导航系统，1975 年被美国政府批准为标准航海导航系统。在卫星导航定位系统被广泛应用之前，罗兰-C 系统在全球范围的航海、航空、陆地以及军事方面得到了广泛且成功的应用。在北大西洋和北太平洋沿岸、地中海、中国沿海、阿拉伯半岛、美国整个大陆和前苏联一些内陆区域等全球范围建成了 80 多个台站。

直到 2010 年卫星导航系统能够接替罗兰-C 更好地完成导航任务后，后者才陆续关闭。美国和加拿大在 2010 年就关闭了其罗兰-C 发射台，挪威、法国、英国、德国、丹麦海事局也在 2015 年底前关闭其罗兰-C 发射台，整个欧洲的罗兰系统在 2015 年 12 月 31 日停运。

由于当时所有无线电导航系统都达不到全球覆盖的目的，美国政府于 1968 年批准研制奥米伽（Omega）甚低频双曲线全球导航系统，并于 1971 年开始运行。奥米伽系统由分布在全球的 8 个甚低频地面发射台组成，由于信号工作频率低，因而传播距离远，还可深入水下十几米，既可以为边远地区的远洋作业和飞机越洋飞行提供导航，也可以为潜艇水下位置校正提供信息。其不足之处在于信号传播易受干扰、定位精度和数据更新率较低，随着 GPS 卫星导航系统的成熟和推广使用，奥米伽台站已于 1997 年 9 月 30 日宣布关闭。

我国在 1988 年建成了第一个远程无线电导航系统南海台组"长河二号"，1990 年起正式向国内用户开放使用。

③ 第二次世界大战及战后航空无线电导航

第二次世界大战及战后时期，航空无线电导航也取得了巨大的发展。1941 年出现并在 1946 年被国际民航组织接纳为标准着陆引导设备的仪表着陆系统（Instrument Landing System，ILS），以及在第二次世界大战中开始使用的精密进近雷达，使飞机着陆成为了一个单独的空中航行阶段。

对于航空导航，除了进近着陆以外，更重要的是使驾驶员保持给定航线。而用无线电信标时，侧风的影响易使航线发生弯曲。1946 年出现并在 1949 年被国际民航组织所接受的甚高频全向信标，也被称为伏尔（VHF Omnidirectional Range，VOR）航路导航系统，很快被国际航空界接受，成为标准航空近程导航系统。

但伏尔系统只能为飞机指示方位。为了给飞机指示出空中的位置，1949 年国际民航组织同时接受距离测量设备［也被称为测距器（Distance Measuring Equipment，DME）］为标准航空近程导航系统。测距器地面台往往与伏尔地面台设置在一处，同时为飞机指示出空间的方位与距离，这种地面台也被称为伏尔/测距器（VOR/DME）。

与陆地飞行的导航不同，为了满足航空母舰上舰载机的导航需求，1955 年美国海军资助建立了塔康（Tactical Air Navigation，TACAN）系统。与伏尔比，它的导航台天线体积较小，因此适合于装在航空母舰上，不管航母如何运动，总是为空中的飞机提供相对于舰船的位置。由于体积小，便于机动，因此很快被美国、北约及第三世界的空军采用。

总起来看，民用航空主要采用伏尔/测距器完成空中航路导航，军用航空则采用塔康系统实现航路导航。由于塔康测距部分与测距器完全一样，许多地方把伏尔和塔康地面台设在一起，称为伏塔克（VORTAC）台，伏塔克台可同时为装备有塔康机载设备的军用飞机和载有伏尔测距器机载设备的民用飞机服务。

到目前为止，仪表着陆系统 ILS、伏尔/测距器和塔康等系统仍然在航空导航方面发挥着重要作用。

（2）惯性导航技术

虽然陆基无线电导航成为了航海和航空的主要导航手段，但这并不意味着其他导航方法停止了发展。从 20 世纪 20 年代末开始，惯性导航技术也得到了迅猛发展。

20 世纪 40 年代中期，由冯·布劳恩（Wernher Von Braun）领导的德国科学家首次在 V-2 火箭上安装了初级的惯性制导装置，利用陀螺仪稳定火箭的水平和航向姿态，沿火箭纵轴方向安装了陀螺积分加速度计，用以提供火箭入轨的初始速度，这是人类导航定位史上的一次革命。

第二次世界大战后，尤其是 20 世纪 50 年代中后期，制造工艺和计算机技术得到飞速发展。美国现代惯性制导之父德雷珀（Charles Stark Draper）领导的 MIT 仪表实验室率先在陀螺精度上取得突破，研制出惯性级的陀螺仪和惯性导航系统，1953 年利用平台式惯性导航系统首次在 B-29 轰炸机上成功地进行了横贯北美大陆的试飞，1954 年进行了潜艇惯性导航系统的海上试验。

1955 年，舰用惯性导航技术取得了突破性进展。1957 年，美国海军"鹦鹉螺"号潜艇装备了北美航空公司机电工程部（Automatics）研制的 N6A（MK1）型惯性导航系统和 MK-19 型平台罗经，开始水下探索北冰洋，并在 1958 年 8 月 3 日在水下成功穿越北极，历时 21 天，航程 8146 海里，定位误差仅为 20 海里。这一震惊世界的成功，充分显示了惯性导航系统有别于其他导航系统的独特优点：自主性、隐蔽性、信息的完备性，这些特点在军事应用中尤为重要。

随着舰船和弹道导弹技术的发展，20 世纪 60 年代初军舰开始大量装备惯性导航系统，经过不断改进，达到了可以几小时才校准一次而仍能保持一定定位精度的水平。几乎所有美国的核潜艇和大型海军舰都装上了惯性导航系统，不仅用来为舰只导航，而且对舰载导弹的位置、速度和方位进行初始化，还作为舰炮的垂直和方位基准。与此同时，20 世纪 60 年代初军用飞机也开始装备惯性导航系统，与无线电导航系统一起为航空提供导航服务。

到了 20 世纪 80 年代，随着计算机技术的发展、激光陀螺和光纤陀螺等新型陀螺的出现，以及基础加工制造工艺的日益完善，捷联式惯性导航系统应运而生，逐步取代了平台式惯性导航系统，使得惯性导航系统在陆、海、空各个领域广泛应用。

惯性导航系统是一种推算式的导航定位系统，自主性强，工作环境不受限制，经过60多年的发展，其导航定位的精度越来越高。同时，其也存在导航误差随时间累积而发散的原理性误差。在自主性高的应用场合，惯性导航系统具有不可替代性。惯性导航系统的鲜明特点和巨大需求，在促进惯性器件性能不断提高和采用新原理的惯性传感器不断产生的同时，也促进了惯性导航及其组合导航技术的快速发展。目前惯性导航系统仍然是民用和军用领域的重要导航设备，并在人工智能和自动驾驶方面发挥着重要的作用。

（3）卫星导航技术

人造地球卫星的成功发射使电子导航技术的发展进入了一个新的阶段，它使得人类将无线电发射参考站建立在空中的设想成为现实。由此，空基无线电导航系统（Space-based Radio navigation System）应运而生，空基无线电导航系统主要是卫星导航系统。

第一代卫星导航系统的代表是美国海军武器实验室委托霍普金斯大学应用物理实验室研制的海军导航卫星系统（Navy Navigation Satellite System，NNSS），也称子午仪（Transit）卫星系统。1964年该系统建成后即被美国军方使用，1967年将星历解密后提供民用服务。

为了克服子午仪系统的缺陷，实现全天候、全球性和高精度的连续导航与定位，1973年美国国防部批准其陆海空三军联合研制第二代卫星导航定位系统——授时与测距导航系统/全球定位系统（Navigation System Timing and Ranging/Global Position System，NAVSTAR/GPS），简称全球定位系统（GPS）。

随着GPS系统的军用和民用用途越来越重要，前苏联和北约也建立了相应的卫星导航系统格洛纳斯（GLONASS）和伽利略（Galileo）卫星导航系统，我国也从2000年开始建设北斗导航定位系统。

20世纪70年代以来以信息技术的发展为基础，还出现了一系列新型导航系统，包括新型陀螺捷联式惯性导航系统、组合导航系统、地形辅助导航系统、联合战术信息分发系统（JTIDS）、定位报告系统（PLRS）等，它们满足了军用和民用对航行引导的多种需求。这些新型导航系统主要是在新时期各种军事操作需求的推动下发展起来的，使新时期军队的作战方式发生明显改变，作战能力明显增强，成为获取军事优势的重要因素。在未来的多种导航系统中，卫星导航起着核心作用。

5.1.2 在作战中的作用

军事航行过程中，根据任务的需要，军用飞机与舰艇可以沿航路或航道行驶，也可以在任何所需要的地域内活动。在沿航路或航道行驶时，必须服从该地区统一的规定，因此需要实时的导航定位信息，以保障军用交通安全；在航路或航道以外行驶时，同样需要实时导航定位信息，保障运载体按事先计划的航线及时准确地到达目的地。尤其是在敌占区执行任务时，还要选择避开敌方火力范围、敌方所设雷区或设伏区，沿敌方不易发现或有地形隐蔽的航线前进，所以导航定位信息更加重要。导航定位系统的军事航行保障作用在卫星导航系统出现后更加明显。由于卫星导航系统能够提供全球覆盖和高精度，因而能克服气象与能见度的影响，使航行更为安全。对目前的军事航行来说，陆基无线电导航只在飞机着陆阶段还保留作为主用系统，在其余航行阶段主要依靠卫星导航系统。美军在1991年以后的历次局部战争中，无论是部队调遣、后勤支持或长途空中奔袭，以及陆军在地形特征不明显的沙漠中机动待命都主要依靠卫星导航系统。

在武器发射平台上，如导弹发射架、火炮及飞机上都装备了导航定位系统，用于对导弹、炸弹和炮弹上的导航系统实施初始化，使弹载导航系统在发射后能迅速捕获导航信息并开始制导。导弹在飞行中也需要导航定位系统进行制导，校正由各种因素造成的偏差，使之沿预计的轨迹飞向目标。

导航定位系统是一种典型的军事信息系统，为各个作战单位提供的导航定位信息本身便是一种情报信息，也是指挥单位制定决策和各作战单位执行命令的依据。系统所提供的位置、航向、姿态信息也是预警探测和情报侦察系统产生情报信息的基础要素。作战过程中，为了感知战场实时态势，形成目标航迹，导航定位系统提供的各种移动目标的准确位置和时间信息尤为重要，此外系统提供的精确时间基准在实现高效的网络通信中同样发挥着重要作用。

各种战术操作也需要导航定位系统，例如布雷扫雷、火炮与雷达阵地的快速部署与系统校准、搜索与救援、后勤支持、军事测绘、电子靶场等都需要系统提供的准确位置与时间信息，导航信息精度越高，使用方法越多，战术操作的效能越高。

5.1.3　性能指标

导航定位系统的基本作用是为运载体的航行服务，所提供服务应满足航行的特定需求。通常，在导航定位过程中，衡量导航定位系统性能的指标主要有以下几个：

① 精度：指导航系统确定的运载体的位置与运载体当时的真实位置之间的误差。受各种不确定因素的影响，系统的误差是个随机变化的量，通常采用统计特性的随机量描述，也就是不超过某个阈值的概率进行度量。导航定位系统的精度还可分为预测精度、重复精度、相对精度等不同的类型。使用过程中，导航定位系统的精度通常指的是预测精度。

② 可用性：是为运载体提供可用导航服务时间与载体运行时间的百分比。系统的可用性描述系统能够持续提供导航服务的性能。

③ 可靠性：是系统在给定的使用条件下，在规定的时间内以规定的性能完成其功能的概率。系统的可靠性表明导航定位系统发生故障的频度。

④ 覆盖范围：指可以使运载体能够以规定的精度确定实时位置的区域，既可以是一个平面区域也可以是一个立体空间。

⑤ 导航信息更新率：指在单位时间内提供导航定位数据的次数，更新率的具体要求通常与运载体的航行速度和航行阶段有关。

⑥ 系统容量：指系统能同时提供服务的运载体数量。对于自主式导航定位系统，系统容量为1；主动式无线电导航定位系统，系统容量由系统的处理速度和信号传输带宽等因素决定；被动式无线电导航定位系统，系统容量可以为无限大。

⑦ 系统完好性：指系统发生故障或误差超过允许范围时，及时向用户发出有效告警的能力。完好性表示对系统所提供的导航信息正确性的可信任度，是保证交通安全的必要功能指标。

⑧ 导航信息的维数：指系统为用户提供的位置信息是一维、二维还是三维位置信息，导航信号中输出的第四维信息（如时间），也属维度参数。

以上性能参数是保证航行安全与连续性所要求的，无论是空中飞行还是海上航行，都可分为不同的航行阶段，不同的航行阶段所要执行的操作和周围环境不一样，因而对导航系统的要求也不一样。例如，飞机着陆或舰船进出港时，航道很窄，周围交通密集，要求导航系统有较高的精度、更新率、可靠度和完好性，而覆盖范围则只要求不大的区域。越洋飞行和远洋航海时，则要求导航系统覆盖范围大，其他性能参数可能要求不高。

军队需要在任何时间、任何气象条件下，到任何需要的地方去执行任务，军事运载体的种类、动态和航行剖面与民用的有明显差异。军事运载体不仅要沿航线航行，也需要沿任何规定的路线，包括在敌占区航行。因此，军事导航定位系统与民用相比对导航定位系统的性能需求往往与作战任务有关，不同的作战任务需求，性能指标要求也不同。

5.1.4 系统类型

导航定位系统多种多样，可以按照不同的方式进行分类。

根据导航定位方法和原理的不同，导航定位系统可以分为陆标定位、天文导航、推算航法、无线电导航、组合导航等不同的类型。根据导航定位系统应用领域的不同，导航定位系统可以分为航海、航空、陆地和天基导航定位系统。根据导航定位系统工作区域的不同，可以分为全球导航定位系统、区域导航定位系统等。

在此，主要根据用户使用时的相对依从关系，将导航定位系统分为自主式（也称自备式）导航定位系统和非自主式（也称他备式）导航定位系统。

1. 自主式导航定位系统

自主式导航定位系统是指仅靠装在运载体上的导航设备就能独立自主地为运载体提供导航定位服务的系统，也就是运载体上设备能单独产生导航定位信息的系统。惯性导航系统、多普勒导航系统和地形辅助导航系统均属于这种系统。

2. 他备式导航定位系统

他备式导航定位系统是指仅靠在运载体上的导航设备不能实现导航定位服务，必须有运载体以外且安装位置已知的导航设备或设备组合相配合，才能实现对该运载体的导航定位服务。这些居于运载体之外配合实现导航功能的导航设备或设备组合，通常称为导航台站或站组。装在运载体上的导航定位设备通常称为该导航定位系统的用户设备。

可见，他备式导航系统由导航台站和用户设备共同组成，用户设备必须依赖于台站，这种方式和自主式明显不同。最重要的他备式导航定位系统是无线电导航定位系统。在导航定位过程中，导航台站不输出导航信息，运载体进入导航台站发射的电磁波覆盖范围后，所装备的导航设备便能输出导航信息。根据导航台站安装位置的不同，无线电导航定位系统可进一步分为陆基无线电导航定位系统和卫星导航定位系统两类。

无论是他备式导航定位系统还是自主式导航定位系统，都各有优缺点。不同的导航定位系统之间，尤其是在卫星导航定位与自主式导航定位系统之间，存在优缺点上很好的互补性，因此，可以把它们有机地结合在一起，形成一个优点更为突出的系统，这种系统称为组合导航定位系统。

随着无线电网络通信的发展，出现了新的通信、导航与识别集成系统。这种系统通常采用同步时分多址接入方式，网内相互通信的所有用户的时钟都同步，而且每个用户按规定的时间和顺序发射信号。这样，其他用户根据接收到信号的时间，便能计算出距发射用户的距离，这就构成了相对导航定位系统。这种系统采用统一的信号，同时具有通信、导航与识别功能，突破了无线电导航系统的导航台与用户设备相互配合的方式，是一种典型的集成系统。

5.2 自主式导航定位系统

自主式导航定位系统是运载体上自身能产生导航信息的系统，主要的自主式导航定位系统包括惯性导航系统、多普勒导航系统以及地形辅助导航系统等。

5.2.1 惯性导航定位系统

惯性导航定位系统（Inertial Navigation System，INS）简称惯导，是以牛顿惯性定律为基础，利用惯性仪表测量运动载体在惯性空间中的角运动和线运动，根据载体运动微分方程组实时地、精确地解算出运动载体的位置、速度和姿态角等信息的导航定位系统。

1. 基本原理

当运载体作匀速直线运动时，其行驶的距离 s 取决于速度 v 与行驶时间 t，即

$$s = vt$$

若运载体作变速直线运动，瞬时速度为 $v(t)$，初始位置为 X_0，则 t 时刻的运载体的瞬时位置 $X(t)$ 为

$$X(t) = X_0 + \int_0^t v(t)\mathrm{d}t$$

如果能够在运动过程中测量出运载体的受力 $F(t)$，根据牛顿惯性定律，则可以通过下式计算运载体的加速度 $a(t)$：

$$F(t) = ma(t)$$

从而可以计算得到运载体的瞬时速度 $v(t)$ 为

$$v(t) = v(t_0) + \int_0^t a(t)\mathrm{d}t$$

运载体运动的过程中，如果能够通过加速度测量装置实时测量载体的加速度，通过计算就可以得到载体运动过程中的任意时刻的位置和速度等导航定位信息，即

$$\begin{cases} v(t) = v(t_0) + \int_0^t a(t)\mathrm{d}t \\ X(t) = X_0 + \int_0^t v(t)\mathrm{d}t \end{cases}$$

惯导系统就是采用上述物理方法实现导航定位的，工作过程中采用加速度计测量运载体的加速度，采用陀螺形成稳定平台（物理平台或数学平台）模拟当地水平面，建立一个空间直角坐标系（通常为东北天坐标系）。在载体运动过程中，利用陀螺使平台始终跟踪当地水平面，三个坐标轴始终指向东、北、天方向。在这三个轴的方向上分别安装东向加速度计、北向加速计和垂直加速度计，实时测量载体运动过程中在这三个方向上产生的加速度。将这三个方向上的加速度分量进行积分，便可得到载体沿这三个方向上的速度分量。图5.1为惯性导航系统二维导航原理图。

对于地球表面运动的载体，根据需要可以将位置信息通过坐标变换，换算为载体所在处的经度 λ、纬度 L 和高度 h。借助于已知导航坐标系，通过测量或计算，还可得到载体相对于地理坐标系的水平姿态和航向信息，即俯仰角、滚动角和偏航角。因此，通过惯性导航系统的工作，能够即时提供全部导航参数。

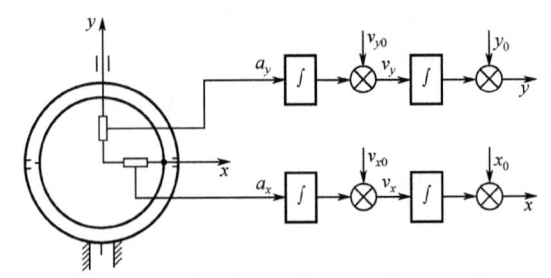

图 5.1　惯性导航系统二维导航原理图

经典惯性导航系统通常由以下几部分组成：
① 加速度计：用来测量载体运动的加速度。
② 陀螺仪：用来测量载体的角运动。
③ 导航平台：导航平台可以是实际的物理平台，也可以是计算机模拟的数学平台。它主要利用陀螺仪模拟和跟踪导航坐标系，把加速度计的输出转换到导航坐标系，计算出载体的姿态和方位信息。
④ 导航计算机：完成导航解算，导航平台为物理平台时，同时需要完成跟踪回路中指令角速度信号的解算。
⑤ 控制显示器：给定初始参数及系统需要的其他参数，显示各种导航信息。

惯性导航系统与无线电导航系统不同，既不需要接收外来的无线电信号，也不向外辐射电磁波，其工作不受外部环境的影响，不受干扰，无法反利用，生存能力强，具有全天候、全时空工作能力和很好的隐蔽性。此外，惯性导航系统还具有快速的响应特性，能够及时跟踪和反映运动载体的运动状况，产生的导航数据更新率高（50～1000Hz），而且导航参数短期精度高、稳定性好，可以用于海、陆、空、水下、航天等多种环境下的运动载体精密导航和控制，在军事上具有重要意义。

2．系统类型

早期的惯性导航系统主要用于远洋航行，从 20 世纪 60 年代起，军舰开始大量装备惯导。直到 20 世纪 60 年代末，随着数字计算机技术的进步和陀螺的小型化，民用飞机和军用飞机才开始大量使用惯导。根据惯导系统工作平台的不同，惯性导航系统可分为平台式惯性导航系统（INS）和捷联式惯性导航系统（SINS）。在 20 世纪 80 年代之前，几乎所有的惯导都是平台式系统，虽然 20 世纪 60 年代开始提出了捷联式惯导的概念，但是直到 80 年代由于环形激光陀螺的出现和计算机技术的进步，才使捷联式惯导在航空中得到应用和推广。

平台式惯性导航系统通常具有一个三轴陀螺稳定的物理伺服平台，形成一个不随载体的航向姿态（航向、横滚和俯仰）和载体在地球上的位置（不同的位置指向地心的方向不同）而变动的机电稳定平台（通常采用指向东、北、天三个方向的坐标系），隔离运载体角运动对加速度测量的影响。工作时，伺服平台始终跟踪当地水平地理坐标系或者游动坐标系，为惯性导航系统提供导航用的物理坐标系（测量基准）；同时，为正交安装的三只加速度计在平台上提供准确的安装基准。加速度计输出的比力矢量经过科里奥利加速度、向心加速度和重力加速度校正之后，对时间进行二重积分，便可获得运载体在导航坐标系中的速度和位置信息，姿态角由稳定平台三个环架轴上安装的角度信号器测量得到。

捷联式惯性导航系统中取消了物理伺服平台，陀螺和加速度计直接固定在运载体上。通常，陀螺仪输入轴坐标系、加速度计输入轴坐标系和载体坐标系重合。陀螺仪输出的角速率矢量经过误差校正后，对时间积分以获得加速度计在惯性空间的方位信息。基于这些方位信息求解捷联矩阵微分方程，可以得到捷联变换矩阵和姿态角。捷联变换矩阵完成加速度计输出的比力矢量从载体坐标系到导航坐标系的变换，起到物理伺服平台的作用。习惯上，将捷联矩阵微分方程的求解过程和捷联变换矩阵的作用称为数学平台或者解析平台。导航坐标系中的比力矢量经过科里奥利加速度、向心加速度和重力加速度校正后，对时间进行二重积分，可以获得运载体在导航坐标系中的速度和位置。因此，在捷联式惯性导航系统中，实际上是用数学平台代替了机电式物理伺服平台。

惯性导航技术发展的趋势是，捷联式惯性导航系统将逐步取代平台式惯性导航系统；以惯性导航系统为公共子系统的组合导航系统将逐步取代纯惯性导航系统。

3. 工作过程

通常，惯性导航系统的整个工作过程包括标定、初始校准、状态初始化和当前状态计算等四个阶段。

① 标定是指惯性系统进入导航工作状态之前，确定加速度计敏感的比力和陀螺仪敏感的角速率与实际的比力和角速率之间的关系，提供正确表达加速度计和陀螺仪输出的系数。

② 初始校准是指惯性系统进入导航工作状态之前，确定每个加速度计输入轴的方向或者捷联矩阵的初始值。

③ 状态初始化是指惯性系统进入导航工作状态之前，确定导航坐标系中比力二重积分的积分常数（初始速度和初始位置等）。

④ 当前状态计算是指惯性系统进入导航工作状态后，根据加速度计和陀螺仪输出，按照力学方程组，实时地解算并提供载体的速度、位置和姿态角等导航参数信息。

惯性导航系统是一个时间积分系统，陀螺仪和加速度计误差（特别是陀螺仪误差）将导致惯性导航系统的导航参数误差随时间迅速积累，定位误差随导航时间的增大而不断增长。因此，惯导系统短期精度高，长期工作则要靠其他手段，包括用无线电导航来校正，在使用前需要一段对准时间。

在静基座条件下，精确地标定惯性仪表参数，按照静态误差数学模型和动态误差数学模型对惯性仪表稳态输出进行误差补偿（或校正），可以提高惯性仪表的工作精度，进而达到提高惯性导航系统工作精度的目的。随着航海、航空、航天技术的不断发展，对惯性导航系统工作精度要求越来越高。单纯采用提高惯性仪表制造精度的方法来提高惯性导航系统工作精度，将导致生产成本急剧增加，有时甚至是不可能的。

因此，在实际应用过程中，通常将惯性导航系统和其他导航系统（特别是卫星导航系统）相组合，按照数据融合理论，将各种不同导航系统的导航信息融合在一起，给出运动载体导航参数的最佳或者次佳估算。根据现代控制理论，用组合导航系统的导航参数误差和惯性仪表随机误差最佳或者次佳估算闭环负反馈到惯性导航系统内部，在运动状态下对惯性导航系统周期地进行平台对准、积分初始条件校正和惯性仪表随机误差补偿，限制惯性导航系统导航参数误差随时间的增长，极大地提高了惯性导航系统的工作精度。

4. 惯性仪表

惯性仪表主要指陀螺仪、加速度计和陀螺仪与加速度计的组合装置，它们是惯性系统的重要组成部件。陀螺仪用来检测运动载体在惯性空间中的角运动，加速度计用来检测运动载体在惯性空间中的线运动。

"惯性级"的惯性仪表是指惯性仪表精度满足惯性系统最基本要求的仪表精度级别，用以区别其他方面应用的"常规级"仪表。通常，随机漂移率为 $0.015°/h$（相当于地球自转角速率的 0.1%）的陀螺仪，其精度可满足一般惯性导航系统的要求（位置误差 1 海里/小时）。实践中，常用 $0.01°/h$ 来表征惯性级陀螺仪的最低精度。惯性级加速度计的随机零位偏差值应小于 $10^{-4}g$（$1g = 9.8m/s^2$），对应的位置误差不超过 0.35 海里。

（1）陀螺仪

惯性系统中使用的陀螺仪包括机电陀螺仪、光学陀螺仪和微机械陀螺仪等三类。机电陀螺仪又包括液浮陀螺仪、挠性陀螺仪、静电陀螺仪等多种；光学陀螺仪又包括激光陀螺仪和光纤陀螺仪两种。

液浮陀螺仪是最先研制成功的一种惯性级陀螺仪，转子用液体悬浮方法支承，代替了传统的轴承支承，是惯性技术发展史上的一个重要里程碑。液浮陀螺仪包括单自由度液浮积分陀螺仪（陀螺输出的转角信号与输入角速率的积分成比例）和双自由度液浮角位置陀螺仪。液浮陀螺仪具有很高的精度、抗振强度和抗振稳定性，但制造工艺复杂、价格昂贵，主要应用在潜艇惯导系统和远程导弹制导系统中。

挠性陀螺仪没有传统的框架支承结构，转子采用挠性方法支承，是双自由度角位置陀螺仪。但是，挠性支承本身所固有的弹性约束，使自转轴进入锥形进动，破坏了自转轴的方向稳定性，使陀螺仪出现工作误差。动力调谐式挠性陀螺仪采用动力调谐法补偿支承弹性约束，保护双自由度陀螺的进动性和定轴性不受破坏。

静电陀螺仪属于双自由度角位置陀螺仪，转子用静电吸力支承（或悬浮）来代替传统的机械支承，是一种精度非常高、结构简单、可靠性高、能承受较大的加速度、振动和冲击的惯性级陀螺仪。静电陀螺仪不仅适用于平台式惯导系统，而且特别适用于捷联式惯导系统，广泛应用于航空、航海、潜艇的惯导系统和导弹制导系统中。

20世纪70年代，为了适应市场对陀螺仪价格和可靠性的需求，出现了基于光学萨格奈克（Sagnac）效应的光学陀螺仪。法国物理学家萨格奈克于1913年发现光学萨格奈克效应。在环形光路中，分光镜将入射光分解为沿相反方向传播的两束相干光。当环形光路相对惯性空间静止不动时，沿着相反方向传播的两束光到达分光点的行程相等，干涉光形成的干涉条纹静止不动；当环形光路绕着与光路平面垂直的轴以角速率 ω 相对惯性空间旋转时，由于分光镜和光路一起旋转，沿着相反方向传播的两束光到达分光点的行程不相等，干涉光形成移动的干涉条纹，且干涉条纹移动角速率正比于旋转角速率 ω，这个物理现象称光学萨格奈克效应。

激光陀螺仪和光纤陀螺仪统称光学陀螺仪，光源为某种波长的激光，主要由光学传感器和信号检测系统两部分组成。激光陀螺仪通常是在一个三角形的环形光路中，放置两个反射镜、一个半透镜和一个气体激光发生器一起形成一个光学谐振腔。激光发生器产生沿环形光路方向传播的两束激光，激光陀螺仪静止时，转动角速率 $\omega=0$，干涉条纹不动，光敏检测器没有输出。当激光陀螺仪绕输入轴转动时，干涉条纹以 $2\pi \cdot \Delta f$ 的角频率移动，或者干涉条纹移动角频率正比于转动角速率 ω。移动一个干涉条纹间隔就相当于相位变化 2π 弧度，光电检测器的输出端将产生相应的交变电流，经过电流放大器放大并变换成脉冲信号，用可逆计数器对脉冲数进行计数就能精确地测定激光陀螺仪转过的角度。

光纤陀螺仪由保偏光纤构成半径为 R 的环形光路。分光镜将激光源射入的激光束分解成顺时针和逆时针方向传输的两束激光。如果光纤陀螺仪不绕垂直光纤环路平面的轴（输入轴）转动（$\omega=0$），沿环形光纤传播的两束激光的行程相等，干涉光形成的干涉条纹静止不动。当绕垂直光纤环路平面的轴（输入轴）转动时，干涉条纹移动，通过检测干涉条纹移动的大小计算得到转动角速率 ω。

光纤陀螺仪和激光陀螺仪相比，光纤陀螺仪具有启动快、抗震动和冲击、没有高压、无闭锁现象等优点，而且价格低廉。与传统的机电陀螺仪相比较，光纤陀螺仪具有灵敏度高、动态范围大、可靠性好、寿命长、质量轻、启动快、抗震动和冲击、成本低等一系列优点。

高频振动的质量被基座带动以角速率 ω 相对惯性空间旋转时，会产生正比于旋转角速率 ω 的科里奥利加速度。利用科里奥利效应来测量载体角运动的一类陀螺仪称振动陀螺仪。典型的微机械振动陀螺仪是微机械振动速率陀螺仪，是一种以单晶硅为材料，采用微电子技术和微机械加工技术进行准确的微米级加工，利用科里奥利效应测量载体角速率的固态惯性传感器。当振动速率陀螺仪受激振动存在科里奥利效应时，根据驱动振动模态和感测振动模态之间有能量传送（耦合）的原理，通过检测感测振动的振幅，可以测量到载体角速率。微机械振动陀螺仪具有小型化、低成本、低功耗和高可靠性等一系列优点，但是，精度较低，微机械振动陀螺仪的漂移率极限为 0.01°/h。

（2）加速度计

惯性技术常用的加速度计有液浮摆式加速度计、挠性加速度计、石英挠性加速度计等。新型的加速度计有激光加速度计、光纤加速度计、振弦加速度计、石英振梁加速度计、静电加速度计和微机械加速度计等。

液浮摆式加速度计也称液浮摆式力反馈加速度计或力矩平衡摆式加速度计，是应用于惯性导航和惯性制导系统中最早的一种加速度计。它的结构复杂、装配调试困难、温度控制精度要求高。挠性加速度计也是一种摆式加速度计，它的摆组件用挠性方法支承，有时把这一类挠性加速度计称为金属挠性加速度计。石英挠性加速度计是采用弹性模量、挠性系数和内耗都很小的石英材料做挠性接头的挠性加速度计，具有比金属挠性加速度计更好的性能，便于使用、维护和更换，是惯性导航系统的理想部件。

微机械加速度计是一种以半导体硅晶片为材料，采用微电子和微机械技术加工制造的固态惯性传感器。微机械加速度计利用硅晶片的压电效应、压阻效应或者变电容特性来检测质量块位移并完成机电转换，其输出的电压信号与振动加速度成正比。微机械惯性传感器已经在许多领域得到应用，成为惯性仪表发展的一个重要方向。微机械加速度计、微机械陀螺和微机械加工技术已经受到世界各国广泛重视。

总之，从 20 世纪 70 年代以来，随着信息技术的飞速发展，惯导技术的发展迅速，使惯导的应用从海空导航扩展到战术武器、车辆导航以及其他领域，卫星导航和惯导成为军事和民用导航的两种主要技术，并且应用过程中常常采用两者组合的形式。

5.2.2 多普勒导航定位系统

在能够覆盖全球的陆基无线电导航定位系统建立之前（奥米伽在 20 世纪六七十年代建立），为了使空中运载体能够在全球任何地方航行，唯一的导航定位方法是测量运载体的速度并对时间作积分，从而获得运载体的移动距离和当前位置信息。

当时的速度传感器主要是基于气压的空速表，然而空速测量是相对于气团做出的，风速会造成较大的位置误差。为了解决这一问题并能够精确测量运载体的速度，出现了多普勒测速雷达（简称多普勒雷达）通过测速的方式进行运载体的导航定位。多普勒导航系统是飞机等运载体常用的一种自主式导航系统，由多普勒雷达和计算机组成。

多普勒雷达的工作原理是基于电磁波的多普勒效应。当发射机发射电磁波时，如果接收机与发射机之间存在相对运动，那么接收机收到的电磁波频率与发射频率存在差异，该差异被称为多普勒频移。多普勒频移与接收机和发射机之间相对运动速度成正比：

$$f_\mathrm{d} = \frac{vf}{c} = \frac{v}{\lambda}$$

当运载体的多普勒雷达斜向朝着地面发射电磁波时，一些辐射能量被反向散射回来，如果运载体的速度是 v，则这个速度在波束方向的分量是 $v\cos\alpha$，其中 α 是运载体速度与波束中心线之间的夹角，如图 5.2 所示。

对于多普勒雷达接收机来说，因为发射机和接收机都在运载体上，都在以速度 v 沿地面发生移动，因此接收到的多普勒频移要乘以系数 2，即

$$f_\mathrm{d} = 2\frac{vf}{c}\cos\alpha = 2\frac{v}{\lambda}\cos\alpha$$

这就是多普勒雷达测量运载体速度的基本公式。测量运载体的多普勒频移，就可以计算出运载体的速度，进而通过速度对时间的积分获得运载体的距离和当前位置。

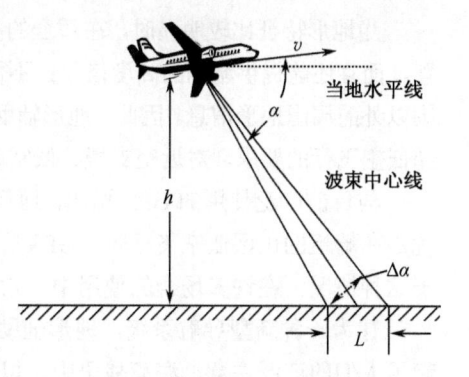

图 5.2 多普勒雷达测速示意图

为了测量飞机的三维速度，在飞机上安装有多个多普勒雷达发射机/接收机和天线。现代多普勒雷达的天线至少要向地面辐射三个不在同一平面内的微波波束，以便解算出飞机的三维速度分量，如沿机轴方向、横向和垂向的速度分量（或地速与偏流角），再经过积分，以产生当前的位置。

多普勒导航系统是 1945 年出现的，20 世纪 50 年代到 70 年代多普勒导航系统大量装备在各类轰炸机、战斗轰炸机、运输机和大型客机等军用和民用飞机上，并应用在航天飞机的着陆中，曾经是唯一的飞机远程导航系统。多普勒导航的飞机角度信息通常来自机载的航向姿态系统，由于航向姿态系统的限制，系统的定位精度不高，约为已飞距离的 1.3%。今天，多普勒导航系统还广泛应用于各类直升机和无人驾驶飞机上。

除了单独进行导航定位服务以外，多普勒导航系统可以和惯性导航系统组合使用，利用多普勒导航系统长期精度较好的速度数据和惯性导航系统短期精度较高的速度数据进行综合处理，可以提高惯性导航系统的速度精度。多普勒雷达的地速数据也用于同位置传感器或定位系统（如卫星定位导航系统）数据进行组合处理，可以提高定位导航系统的可用性和导航性能。1995 年，美国陆军对多普勒/GPS 导航装置成功地进行了飞行测试，并于 1996 年在高性能军用飞机上得到广泛应用。

5.2.3 地形辅助导航定位系统

利用地形特征对飞机、导弹等运载体进行导航定位是人们所熟知的最古老的导航技术，从飞机出现起，飞行员就通过目视地形、地物进行导航。现代信息技术的迅速发展，给古老的地形导航技术带来了革命性的变革，使得地形导航技术可以在其他导航技术的基础上，把地形数据库与地形匹配等概念结合起来，从而使导航定位满足高精度需求。

所谓地形辅助导航系统，实际上就是由惯性导航系统与无线电高度表和数字地图等装置构成的地形辅助惯性导航的组合导航系统，也称地形基准系统（Terrain Reference System，TRS）。应说明的是，地形辅助惯性导航系统与其他组合导航方法的根本区别在于，数字地图对主惯性导航系统仅起辅助的修正作用，离开惯性导航系统，数字地图无法独立地提供任何导航信息。

地形辅助导航系统只能在具有起伏特征的地区飞行，在平坦的地区或水平面上飞行使用效果差。这种系统基本上是一种低高度工作的系统，离地高度超过 300m 时其精度就会明显降低，而到 800～1500m 的高度则基本无法使用。

当地形特征比较明显时，在适合的高度，地形辅助导航系统不仅能提供飞行器的水平精确位置，而且还能提供精确的高度信息；不仅能提供飞行器前方和下方的地形，而且还能提供视距范围以外的周围地形信息。因此，地形辅助导航系统能满足战术导弹和飞机机动飞行，尤其是低空、超低空飞行的要求，对近空支援、低空强击、突防、截击等战术飞行具有十分重要的意义。

与目前广泛使用的 GPS 相比，地形辅助导航系统不依赖于外部设备，因而自主且不易受干扰。在崎岖的山区低空飞行时，GPS 容易受到地形遮挡的影响，而地形辅助导航系统则最适用于这种情况。在许多场合的使用中，常将地形辅助导航系统与 GPS 进行组合。

作为一种新型导航系统，地形辅助导航系统在海湾战争中发挥了良好的实战应用效果，引起了人们的广泛注意。海湾战争中，以美国为首的多国部队，开战第一周就发射了 230 枚采用地形辅助导航系统的"战斧"导弹，攻击成功率达 95%，地形辅助导航系统因此名噪一时。

1．系统类型

目前已研制的地形辅助导航系统有多种类型，如地形轮廓匹配（Terrain Contour Matching，TERCOM）、惯性地形辅助导航、地形参考导航（Terrain Reference Navigation，TRN）等。根据工作原理的不同，地形辅助导航系统可分为地形高度数据匹配系统和景象匹配系统两大类。

（1）地形高度数据匹配导航系统

地形高度数据匹配系统是利用地形高度数据进行导航定位的系统，主要由无线电高度表、气压高度表、惯性导航系统、数字地图存储装置和数据处理装置等部分组成。数字地图的地形高度数据可分为以地形标高剖面图为基础和以数字地图导出的地形斜率为基础两类。地形高度数据匹配方法可分为基于相关分析原理的高度相关地形匹配和基于扩展卡尔曼滤波原理的地形匹配两种类型。

① 高度相关地形匹配导航系统

高度相关地形匹配导航系统是使用得最多的一种地形辅助导航系统，又称地形轮廓匹配导航系统（TERCOM）。

系统工作时，采用运载体上的气压高度表和雷达高度表分别测出运载体的海拔高度 h 和离地高度 h_r，两者相减，求出运载体正下方地形的海拔高度 h_t，如图 5.3 所示。在运载体前进过程中，由此产生出一条地形起伏曲线。将所测得的地形起伏曲线在运载体存储的地形标高数据的基准数据库中搜索，找出与实测曲线拟合最好的一条地形标高变化曲线，以求出运载体的准确位置，如图 5.4 所示。利于这个位置数据校准运载体的惯导，从而在以后一段时间为运载体提供准确的导航信息，并开始新一轮的地形拟合。

② 扩展卡尔曼滤波地形匹配

20 世纪 70 年代后期，提出了不同于地形高度相关法的桑迪亚惯性地形辅助导航。该方法采用了扩展卡尔曼滤波算法，具有更好的实时性。

扩展卡尔曼滤波地形匹配原理是，根据惯导系统输出的位置在数字地图上找到地形高程，而惯导系统输出的绝对高度与地形高程之差就是运载体相对高度的估计值，它与无线电高度表实测相对高度之差就是卡尔曼滤波的测量值。

图 5.3　地形高度测量

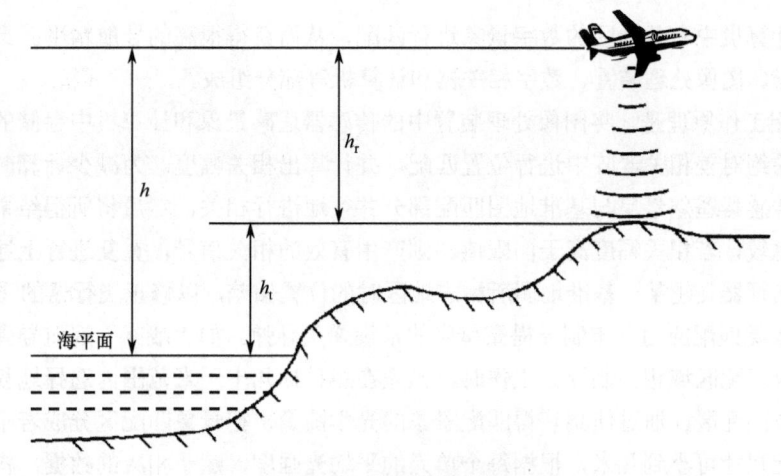

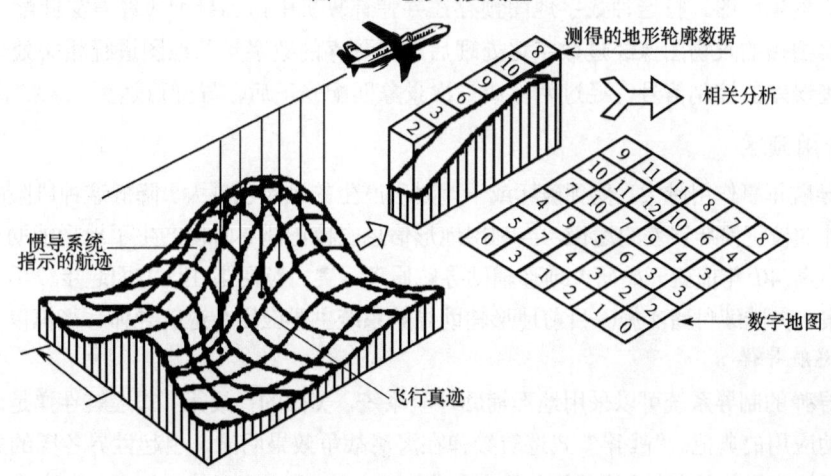

图 5.4　地形轮廓匹配示意图

由于地形的非线性特性导致了量测方程的非线性，采用地形随机线性化算法可实时地获得地形斜率，得到线性化的量测方程；结合惯导系统的误差状态方程，经卡尔曼滤波递推算法可得到导航误差状态的最佳估值，采用输出校正可修正惯导系统的导航状态，从而获得最佳导航状态。

对于远程飞行来说，由于需要存储的信息量太大，进行相关计算的工作量也非常大，若要存储全域地形信息是不可能的，飞机或导弹上的计算机难以满足要求。因此，在实际工作中，通常把要航行的路线分成许多匹配区，一般是边长为几千米的矩形，再将该区分成许多正方形网格，正方形的边长一般为 20~60m。通过卫星或航空测量获得匹配区的地形数据，记录下每个小方格的地面高度的平均值，这样就得到一个网格化数字地图，将其存入计算机。当飞机、导弹在惯导系统控制下，飞经第一个匹配区时，以这个地理位置为基础，将实测数据与计算机存储数据进行相关比较，可以确定飞机、导弹纵向和横向的航迹误差，并给出修正指令，使飞机、导弹回到预定航线；然后，再飞向下一个匹配区，如此不断循环，就能使飞行器连续不断地获得任一时刻的精确位置。

（2）景象匹配导航系统

景象匹配又称地表二维图像相关，主要通过数字景象匹配区域相关器将载体飞越区域的景象与预存在计算机中有关地区的数字景象进行匹配，从而获得很高的导航精度。景象匹配系统由成像探测器、图像处理装置、数字相关器和计算机等部分组成。

景象匹配工作原理是，将图像处理装置中的传感器遥感景象和计算机中存储的基准图像在数字相关器的绝对差相关器阵中进行位置匹配，并计算出相关幅度。为减少计算时间，绝对差相关器阵把传感器遥感景象与基准地图匹配部分并行地进行相关，然后将所得结果与相关质量门限值进行比较，若相关幅度高于门限值，则产生有效的相关信号，重复进行上述相关过程，就可以求出飞行器飞越某一基准地图所标志地区时的位置偏差，以修正飞行器的飞行路线。

通常，景象匹配应用于末制导提高精度的常规弹头导弹。如"战斧"巡航导弹末制导就采用数字式景象匹配区域相关制导。工作时，预先在距目标几十千米范围内选择地貌特征明显的地区作为景象匹配区，通过侦察获得匹配景象的光学图像，把景象匹配区分成若干正方形小单元，每个单元尺寸可小到几米，根据每个单元的平均光强度，赋予相应的数据，构成景象匹配区的数字式景象地图。将这种数字地图预存在导弹计算机中，当导弹飞经景象匹配区时，弹上成像探测器拍摄的景物图像经过数字化处理后，与预存的数字景象地图进行相关处理，产生修正导弹航迹误差的控制信号，经过两次或三次景象匹配修正后，导弹可达到几米的命中精度。

2. 应用领域

卫星导航军事作用越大，受到破坏或干扰时所产生的风险也越大。降低这种风险的一种思路是寻求另外的校正惯导误差的途径，当利用地形信息去校正惯导时便产生了地形辅助导航系统。西方发达国家 40 年前就开始研究地形辅助导航原理，美、英两国在这方面起步较早，相继提出了多种方案，并陆续付诸实施。目前地形辅助导航系统主要应用在巡航导弹、飞机以及潜艇上。

（1）巡航导弹

巡航导弹的制导系统可以采用地形辅助导航系统，美国的"战斧"式巡航导弹是地形辅助导航系统成功应用的典范。"战斧"式巡航导弹在海湾战争效果明显，引起世界各国的关注。当时美国袭击伊拉克用的是海射"战斧"式巡航导弹 BGM-109 和空射"战斧"式巡航导弹 AGM-86B。

BGM-109A 导弹的地形匹配系统采用了麦道公司研制的 AN/DSW-15 型等高线地形匹配装置，依据雷达高度表测出的导弹飞越地带的实际地形高度和事先储存在计算机内的等高线数字式地图，利用表决技术在相关器内进行数字相关（匹配），求出惯导系统的累计误差，形成控制指令，控制导弹沿着预定航向飞向目标。

BGM-109A 导弹中采用了断续式地形匹配修正，计算机最多可以储存 20 幅数字地图，而 BGM-109A 导弹至少要装 12 个。初见陆地的第一个数字地图要有足够宽度，匹配精度较低（约为 100m），但在逼近目标的最后 320~480km 处，需要采用精度较高的全地形匹配。在飞越崎岖的山岳地带时，则升至离地 150m 左右。为了避免防空火力的拦击，计算机记忆装置还装有地形回避程序，可使导弹进行 360° 的全方位转弯飞行。

BGM-109C 导弹是"战斧"系列中的战术对陆常规攻击导弹（TLAM-C），要求比 BGM-109A 导弹有更高的命中精度。由于受高精度地图技术限制，等高线地形匹配制导技术难以达到米级匹配精度，因而在 BGM-109C 导弹上选用了数字式景象匹配区域相关器进行末制导，辅助等高线地形匹配系统进一步提高导弹的命中概率。空射巡航导弹 AGM-86B 与 BGM-109C 制导原理相同。为进一步提高巡航导弹的制导性能和精度，还常常在弹体上加装 GPS 接收机，利用卫星定位补充地形匹配系统，有利于提高地形辅助导航系统的初始搜索和跟踪性能。

此外，前苏联研制的第一种新型空射战略巡航导弹 AS-15 于 1984 年 10 月开始装备部队，SS-N-21 海射巡航导弹于 1987 年开始部署。这两种导弹在外形、结构、性能上都与美国的"战斧"式巡航导弹相似，制导系统为惯性导航地形匹配修正制导。

（2）飞机

目前，许多国家已经将地形辅助导航系统装备在战斗机上，如美国的 F-16、英国的"狂风"、法国的"幻影" 2000N 以及俄罗斯的苏-34 等都装有地形辅助导航系统。战斗机上的地形辅助导航系统主要目的是在现代战争中，利用地形、夜色作掩护，突破敌方防空系统，并且在恶劣气象条件下，完成对敌目标的突然打击。

（3）潜艇

导航对潜艇安全隐蔽航行和作战十分重要。目前，许多国家正积极研究用地形辅助导航系统来辅助潜艇导航，其基本原理与等高线地形匹配原理基本相同。用主动式声呐测量潜艇到海底的高度，再根据潜艇下降深度，得出海平面下该处海底深度，将实测数据与计算机存储的数据进行相关比较，求出惯导系统的累计误差，对惯导进行校正，使潜艇可以利用海底地形做隐蔽航行。该技术的主要问题在于海底数字地图的制作，其方法还处于研究阶段。可以预见，一旦地形辅助导航系统在潜艇上成功应用，必将大大提高潜艇的作战威力。

3．其他辅助导航技术

在地形辅助导航系统的启示下，利用地球重力分布的异常和地球磁场分布的异常，还研发出了地球物理辅助导航和地磁辅助导航技术，分别用重力的不规则性地图信息和地磁不规则性地图信息去校正惯导。这些系统的工作原理与地形辅助类似，运载体上要有覆盖作战区域的异常分布的数据库，还需要实时敏感出这些异常随位置而变化的曲线，在处理器中将曲线与数据库中存储的数据相拟合，再用拟合位置去校正惯导。

地球物理辅助导航时，首先要建立地球上各地点的重力场的垂直倾斜和重力扰动数据的数据库，存储地球各地的三维重力矢量，称为测地和地球物理数据。测地和地球物理数据可由重力表或重力梯度仪以静态或动态的方式收集，并形成地图数据。运载体上也装有重力表或重力梯度仪，实时测量出载体所经路径上的三维重力矢量变化曲线，再用这种实时测得的数据和事先存储在数据库中的地图数据进行拟合，从而确定出载体当前的位置，再用这种位置去校正惯导。可见，地球物理辅助导航和地形辅助导航原理上十分类似，只是用重力矢量地图数据代替地形地图数据。对于航空来说，由于重力反常场的高频分量随高度而迅速消失，因而地球物理辅助导航只有在低高度上才能获得高的定位精度。在沿航路作长途航行时，有些所经区域很可能没有明显的重力空间变化，因而也得不到足够的精度。

地磁随不同地点而不规则变化的特征也有可能用于产生定位信息。与利用地球重力不规则类似，借助三维地磁地图数据库、地磁计和磁梯度仪，也可以进行地磁特征地图匹配。在没有足够的重力特征时，用地磁特征地图匹配增强地球物理辅助导航是一种可行的方法。在军事需要的推动下，磁传感器技术也在快速发展，据报道，法国已经将地磁辅助导航技术应用到了导弹飞行中。

5.3 陆基无线电导航定位系统

无线电导航定位系统是利用无线电技术对飞机、船舶或其他运动载体进行导航和定位的系统。利用无线电波的传播特性可测定载体的导航参量（方位、距离和速度），计算与规定航线的偏差，由驾驶员或自动驾驶仪操纵载体消除偏差以保持正确航线。无线电导航定位系统主要包括陆基无线电导航定位系统和卫星导航定位系统。

陆基无线电导航定位系统是以设置在陆地上（有时也设置在军舰上）的导航台为基础，通过无线电信号向飞机、船只以及其他运载体提供导航定位信息的系统。陆基无线电导航定位系统覆盖范围从几十千米到上千千米。在此主要对无线电导航定位原理和几种军事上广泛使用的陆基无线电导航定位系统进行介绍，包括用于航海的罗兰-C、奥米伽等航海导航定位系统，用于航空的伏尔、塔康、仪表着陆系统、微波着陆系统和无线电罗盘/无线电信标等导航定位系统。

5.3.1 无线电定位原理

无线电导航主要是利用电磁波在自由空间的直线传播、传播速度恒定、遇到障碍物时发生反射等基本传播特性来进行导航和定位。无线电信号中包含振幅、频率、时间（脉冲数）和相位等四个电气参数。在传播过程中，某一参数可能发生与某导航参量有关的变化，通过测量这一电气参数就可得到相应的导航定位信息，实现对运动载体的定位和导航。根据所测电气参数的不同，无线电导航系统可分为振幅式、频率式、时间式（脉冲式）和相位式四种；根据要测定的导航参量也可将无线电导航系统分为测角（方位角或高低角）、测距、测距差和测速四种。其中测速导航定位系统在自主式导航定位系统的多普勒导航定位中已经详述，在此不再赘述。

1. 测角导航定位

测角导航定位是利用无线电波直线传播的特性，将运载体上的方向性天线旋转到使接收的信号幅值处于极值状态（最小或最大）的位置，从而测出运载体航向（例如，无线电罗盘）；同样，也可利用地面导航台发射迅速旋转的方向图，根据运载体不同位置接收到的无线电信号的不同相位来判定地面导航台相对运载体的方位角（如伏尔导航系统）。测角系统可用于飞机返航，飞行过程中保持某导航参量不变，从而维持正确的航向，例如保持电台航向为零，引导飞机飞向导航台。导航过程中，几何参数（角度、距离等）相等点的轨迹称为位置线，测角系统的位置线是角度参量保持恒值的运载体所在锥面与地平面的交线，通常是条直线。导航过程中，测出两个电台的航向就可得到两条直线位置线的交点，这个交点就是运载体的位置，如图 5.5 所示。由于地面导航台位置已知，可以容易的计算出运载体的位置信息。采用这种方式进行导航定位的无线电信标和指点信标发射的都是连续波信号，无线电信标使用的频段为中频段（中波），指点信标使用的频段为高频段（短波，某些导航定位系统使用 75MHz 信号）。无线电定向机也采用这种方式导航，依靠地波在低、中频频段工作，工作范围可达数百海里。但是低、中频段不仅有地波，还有由电离层反射造成的天波，由于天波干扰的关系，无线电定向机的作用范围比地波传播距离近。

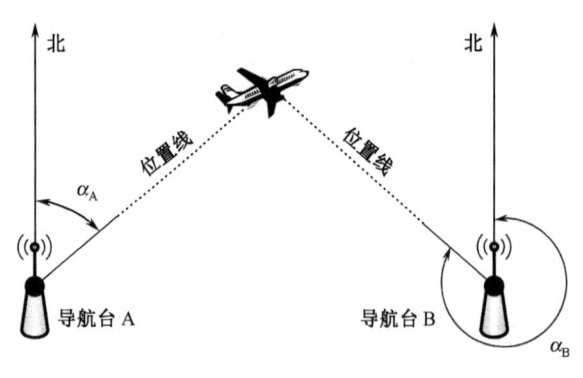

图 5.5 测角导航原理图

2. 测距导航定位

测距导航定位是利用无线电波恒速直线传播的特性，在运载体和地面导航台上各安装一套接收机和发射机，运载体向地面导航台发射询问信号，地面导航台接收并向运载体发射应答信号。运载体接收机收到的应答信号比询问信号滞后一定时间,测出滞后的时间差就可算出运载体与导航台的距离。无线电导航测距系统的位置线是一个圆,由地面导航台等距的圆球位置面与运载体所在高度的地心球面相交而成,如图 5.6 所示。利用测距系统可引导飞机在航空港作等待飞行,或由两条圆位置线的交点确定飞机的位置,定位的双值性(有两个交点)可用第三条圆位置线消除。测距系统可以是脉冲式、相位式或频率式。典型的测距导航定位系统是 DME 测距器,工作在 960~1215MHz,采用了脉冲体制,作航路导航时地面台可覆盖 200 海里的半径范围,可同时服务 100~110 架飞机。根据国际航空组织(International Civil Aviation Organization,ICAO)的规定,DME 的系统精度为±370m(95%)。

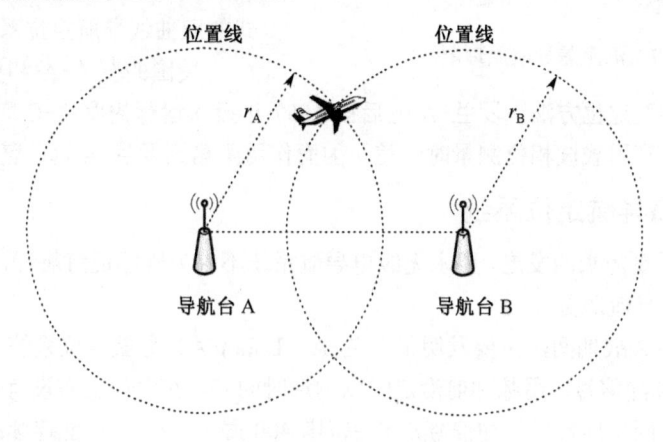

图 5.6 测距导航原理图

3. 测距差导航定位

测距差导航定位系统主要是为越洋运输、远海作业提供海上导航服务。在海上不可能像陆地那样毗邻布设多个导航台,为了增大作用距离,岸上的导航台需要采用低频大功率信号。低频信号波长较大,主要采用地波和天波的方式传播,能够克服地球曲率半径和地形起伏的影响,可以传播较远的距离。

然而由于低频段天线体积太大,不能像航空导航设备那样采用旋转方向图提供方位信息,也很难要求运载体设备发射信号而采用电波往返时间实现测距。主要原因在于 20 世纪 40 年代至 50 年代,测距导航定位系统使用的"圆-圆"导航定位方法在远洋导航定位系统中难于实现:首先,从发射台方面看,圆-圆导航定位方法要求所有发射台均与一个公共时间精确同步,而且要在发射信号中以高的分辨率发送信号发射时间。然而在低频上数据传输速率低,扩频技术、高精度时间同步技术那时还未出现或水平不高,因此这样的要求难以满足。从接收机方面看,由于不能从接收信号中以高的更新率来获取准确的时间信息,这就要求用户设备包含高稳定度的时钟,而且要求接收机有较强的运算能力,这在当时也是不易实现的。因此,为了在没有精密时间同步技术的条件下,使远洋航行能实时确定位置,20 世纪 40 年代提出了基于测距差的双曲线导航定位方法。

双曲线导航定位是使一组发射台在时间上同步地发射信号,运载体接收机测量多个导航台信号到达的时间差,通过时间差确定运载体到达多个导航台距离差的方式进行导航定位。由于电磁波以光速传播,因而运载体与两个导航台的距离差为测量时间差与光速的乘积,由此确定运载体处于地球表面上一条以这对发射台为焦点和相应距离差为定值的双曲线上。运载体接收机同时还可以测量另外两个导航台信号到达的时间差，而用同样的方法确定运载体处于另一条双曲线上。这样利用两条双曲线的交点，运载体便可以计算出自己的位置，定位的双值性可用第三条双曲线消除，如图 5.7 所示。在这种方法中，接收机至少要能接收三个导航台的信号。现代使用的测距差系统大多是脉冲式或相位式的双曲线导航定位系统。

美国的罗兰-A 和英国的台卡最先引入双曲线测距差导航定位方法。罗兰-A 随后被 1957 年投入运行的罗兰-C 取代，罗兰-C 不仅利用脉冲前沿而且利用载波相位测量时间差，因而作用距离比罗兰-A 远，精度也更高。

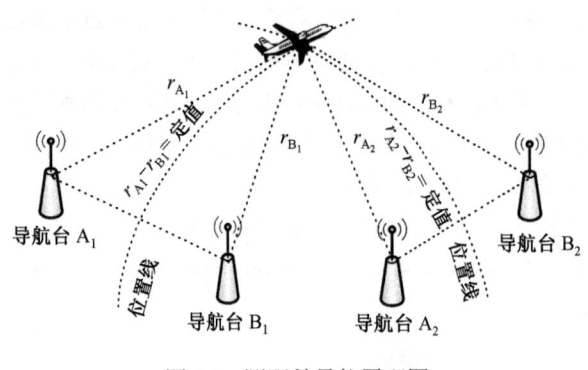

图 5.7　测距差导航原理图

5.3.2　航海导航定位系统

随着经济和军事需求的发展，要求无线电导航系统不仅为舰船近海航行，还要为越洋运输、远海作业提供海上导航服务。

在第二次世界大战期间，主要发明了罗兰-A（Loran-A）导航定位系统，采用工作频段在 1.6～1.95MHz 的脉冲信号，用脉冲前沿定时以测量时间差，在海岸上布设有一系列导航台，以一定重复周期相互同步地发射脉冲信号，作用范围 400 海里。罗兰-A 能连续准确地给出舰船位置信息，使用起来比海用无线电信标更加方便，定位精度也更高。在 20 世纪 40 年代至 60 年代，罗兰-A 是重要的海上导航系统，一直用到 20 世纪 80 年代才最终被罗兰-C 系统取代。

自从第二次世界大战以来，另一种系统台卡（Decca）也广泛用在英国和北欧区域的水域。不过从定位精度和覆盖范围看，台卡均不如罗兰-C，随着罗兰-C 西北欧台链的建成，台卡用户逐渐减少。

在此主要介绍曾经在军事和民用领域发挥重要作用的两个航海导航定位系统：奥米伽系统和罗兰-C 系统。

1. 奥米伽

在 20 世纪 60 年代之前，几乎所有的导航定位都不能覆盖全球，在这种情况下，美国于 20 世纪 60 年代至 70 年代开始研制奥米伽（Omega）导航定位系统。

奥米伽系统采用 10～14kHz 连续波信号，是利用比相方法测量时间差的一种双曲线导航定位系统。奥米伽利用在世界各地建立的 8 个导航台发射大功率信号，通过由电离层与地球表面之间形成的波导传播覆盖全球，在 20 世纪 70 年代至 80 年代是越洋航空和航海的重要导航定位系统。

由于 10kHz 左右的信号能渗入水下 10m 以上，当初奥米伽的主要目的是校准潜艇的惯性导航系统，是当时美国潜艇的重要水下导航系统，但实际上却在边远地区飞行作业和越洋飞行上得到了更多应用。

据估计，1996 年奥米伽民用航空用户约有 10900 个，民用海用用户约有 5300 个，美国军用用户约有 450 个。奥米伽系统虽然能够全球覆盖，但由于电波传播受各种因素（其中包括太阳活动、地磁反常）的影响，定位精度只能达到 2～4 海里，此外还存在多值性、数据更新率低（10s/次）、用户设备昂贵等缺点。随着 GPS 卫星导航系统的投入运行和推广使用，奥米伽台站已于 1997 年 9 月 30 日宣布关闭。

2. 罗兰-C

罗兰-C（LORAN-C）在 1959 年由美国军方研制成功，1974 年美国把它确定为标准的海上导航系统，并逐渐成为军民合用的导航定位系统。罗兰-C 曾经是用户最多的陆基无线电导航系统，由于其用户设备只接收而不发射信号，用户数量无限。

罗兰-C 由地面发射台链和用户接收机组成，可以为船只、飞机和车辆指示其平面位置。罗兰-C 是一种脉冲双曲线导航定位系统，工作载频为 100kHz，电波沿地球表面传播，地面台信号在陆地上可传播 500～800 海里，海上可达 800～1100 海里。当信噪比为 1/3 时，定位精度为 0.25 海里。导航数据更新率为 10～20 次/min。

从 2009 年开始，美国受到金融危机等因素的影响，逐步停止了对罗兰-C 的资金支持，同时罗兰-C 系统的基础建设也已经不能满足实际需求。在 2010 年底前，美国和加拿大就关闭了其罗兰-C 发射台。挪威、法国、英国、德国、丹麦海事局也在 2015 年底前关闭了其罗兰-C 发射台，整个欧洲的罗兰系统于 2015 年 12 月 31 日停运。GPS 等卫星导航定位系统开始全面接替罗兰-C 系统进行航海和越洋运输等导航服务工作。

5.3.3 航空导航定位系统

在无线电导航定位系统出现之前，飞行员主要依靠目视飞行和进近着陆。无线电导航定位系统出现之后，为了满足航空导航的需求，出现了专门服务于航空领域的航空导航定位系统。

航空无线电导航定位系统主要为各种军用和民用飞机提供导航定位服务。飞机从一个机场飞到另一个机场，一般均要按照严格的计划程序飞行。首先是起飞，按特定离港（脱离机场）出口进入计划航线；而后在到达目的地时脱离航线，按特定进港入口进港，按指定着陆跑道的进近路径进行进近和着陆，最后着落到特定跑道上，直至滑行到停机坪，完成一次完整的飞行，如图 5.8 所示。

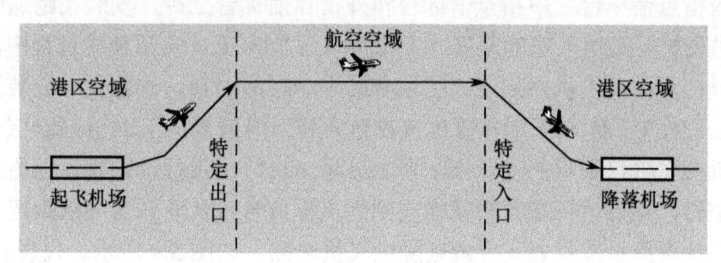

图 5.8 航空飞行示意图

从图中可见，整个航行可分为两类空域：港区（或机场）空域和航线空域。飞机在这两类空域均需要导航，特别是复杂气象条件下的航线飞行和进场着陆对导航的需求更加迫切。飞行过程中完成航线导航任务的系统称为航路导航系统，完成进场着陆引导的导航系统称为进近着陆引导系统（有的着陆引导系统具有离港引导能力）。

航路导航系统和进近着陆引导系统的具体要求又有很大区别，所以使用的系统或设备也不一样。另外，随着航空业的发展，空域中飞机密度增高，特别是港区空域更加突出，空中航行管制显得非常必要，这也是导航业务的一个重要方面，专门用于空中航行管制的系统称为空中交通管制系统（Air Traffic Control System，ATCS）。除上述任务外，导航还有其他目的，如空中防撞、空中侦察、武器投放、救生、救灾等。

1. 进近着陆引导系统

由于飞机着陆是航行过程中最容易发生事故的阶段，航空业迫切需要一种能够克服气象和能见度限制，引导飞机向机场进近和着陆的系统。航空进近着陆引导系统包括仪表着陆系统、雷达着陆系统、微波着陆系统等。

（1）仪表着陆系统

在出现无线电着陆仪表系统以前，飞行员主要依靠目视飞行和进近着陆。在第一次世界大战期间，虽然飞机上已经安装了无线电设备，但是这些设备都很粗糙、灵敏度低、笨重并且操作困难。1933年出现了双波束无线电罗盘仪表着陆系统，开创了飞机仪表进近着陆的先河，它建立的一些基本原则为以后系统的发展奠定了基础。

在第二次世界大战期间，各国各厂家制造了许多不同型号的仪表着陆系统，它们的工作频率不同，产生航向信号和下滑信号的方式不同，缺乏统一的要求与信号格式，互相不通用也不能兼容，给国际航运发展带来了很大的困难。

1948年，国际民用航空组织在芝加哥会议上把仪表着陆系统（Instrument Landing System，ILS）确定为国际标准着陆系统。同时，还规定了全世界通用的信号格式和飞行规则。至此，飞机着陆系统开始了以标准仪表着陆系统为代表的一个时代，使仪表着陆系统在全世界得到广泛应用，估计到2020年后它才可能被其他系统取代。

仪表着陆系统（ILS）由地面设备和机载接收机两部分组成。地面设备包括航向台、下滑台和指点信标台，机载接收机包括航向/下滑接收机和指点信标接收机。航向台一般安装在跑道中心延长线的终端，发射机工作频率为108.1~111.9MHz。下滑台安装在距跑道入口处大约300m的一侧，工作频率为329.3~335.0MHz。航向台提供飞机的水平面引导，下滑台提供垂直面引导，这两个台的信号在空间交错在一起，形成一条位于跑道中心线上方的固定下滑道。指点信标台通常包括内指点信标台、中指点信标台和外指点信标台三种，安装在跑道中心延长线的固定位置上，提供飞机距跑道入口的距离，工作频率为75MHz。实际使用过程中，也可以用测距仪代替指点信标，从而使飞机得到连续到达着陆点的距离引导，测距仪一般装置在下滑台处。飞机在进近着陆过程中，航向/下滑接收机接收航向和下滑信号，当飞机偏离这条固定下滑道时，偏离的偏差值就在飞机仪表盘的双针指示器上显示出来，供飞行员调整飞行路线。当飞机飞越指点信标台上空时，指点信标接收机就能收到指点标信号，从而知道飞机距跑道入口的距离，飞行员根据这些仪表指示按仪表飞行规则操纵飞机着陆，如图5.9所示。仪表着陆系统（ILS）的引导距离为20海里左右。

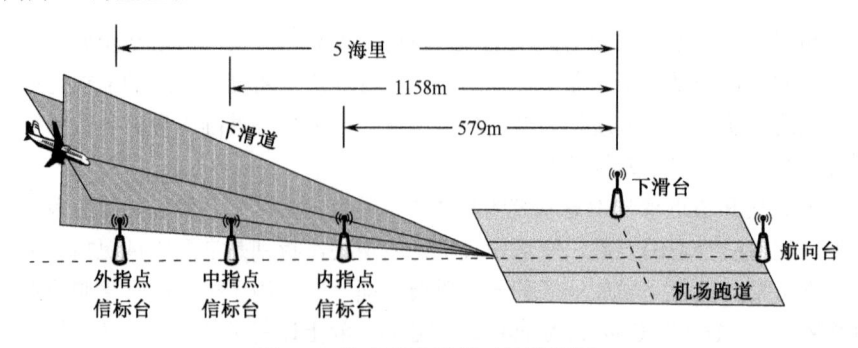

图5.9 仪表着陆系统工作原理图

在正常飞行中，飞机在巡航高度上飞达目的地后开始下降，机场塔台判断云高超过 800m，水平能见度超过 4.8km 时，允许飞机按照目视飞行规则（Visual Flight Rule，VFR）日夜着陆，但在恶劣气候条件下，必须按照仪表飞行规则（Instrument Flight Rule，IFR）进行着陆。

（2）雷达着陆系统

雷达着陆系统是一种地面引导飞机的着陆系统。在复杂气象条件下，当飞机飞到雷达探测范围内时，着陆领航员在雷达显示器上测量飞机的航向角、下滑角和相对着陆点的距离，指挥飞行员操纵飞机沿着理想下滑线下降到 30～50m，然后转入目视着陆，这种着陆方法也称为地面控制进近（Ground Control Approach，GCA）。雷达着陆系统能够满足通用盲目着陆的军事需求，不需要专门的机载接收机和显示仪表，只需要通过话音电台把地面领航员的进近口令传递给飞行员，飞行员按口令操纵飞机进近和着陆。

雷达着陆系统的核心是着陆雷达，通常工作在 X 频段（9 370MHz）。雷达天线可分为航向天线和下滑天线，两副天线的波束形状为扁平状，航向天线在水平方向左、右扫描，下滑天线在垂直方向上、下扫描，分别测量飞机的航向角和下滑角。为了使雷达具有一定的覆盖区域，除自动扫描外，还可以人工手动扫描。着陆雷达通常安装在机场跑道一侧，面向飞机着陆方向，当天线法线方向与跑道平行时才能保证航向的覆盖区要求，如图 5.10 所示。当着陆雷达在机场安装完毕开始使用时，需要先装订航迹线，然后地面领航员按照实际飞行时飞机偏离航迹线的偏差值引导着陆。

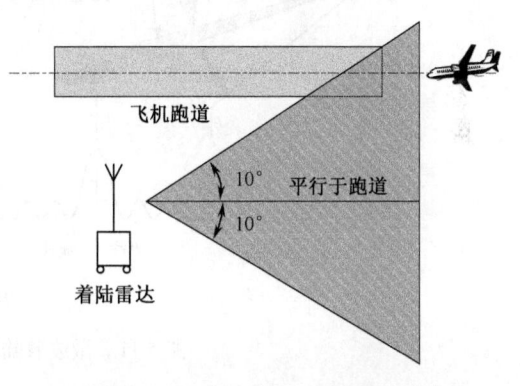

图 5.10 着陆雷达导航示意图

第二次世界大战结束后的冷战时期，雷达着陆系统得到了飞速发展，先后出现了使用机械扫描天线、机电扫描（压缩波导）天线和相控阵天线的精密进近雷达。雷达着陆系统不仅为军事服务，而且可以在民用航空机场用于地面监视飞机的进近和着陆过程，弥补了仪表着陆系统的不足，自 20 世纪 40 年代开始沿用至今。除此之外，雷达着陆系统还用于舰载飞机在航空母舰甲板上的安全降落，引导飞机到达距航空母舰一定距离后，改由目视着舰。

（3）微波着陆系统

仪表着陆系统（ILS）经过几代改进后已经相当完善，但是由于固有的技术体制缺陷存在许多局限性，例如要求安装场地非常平整和宽阔，对地形环境变化很敏感，并且只有一条下滑线，容易受到调频广播的干扰等。从 20 世纪 60 年代便开始研制取代仪表着陆系统的系统，1978 年国际上正式确定用微波着陆系统（Microwave Landing System，MLS）作为替代系统。

微波着陆系统（MLS）是一种全天候精密进近着陆系统，根据时间基准波束扫描原理工作，由航向台、下滑台和精密测距器组成。航向台和下滑台都在 5031～5091MHz 的 C 频段发射连续波信号；航向台用扇形波束左右扫描，下滑台用扇形波束上下扫描。机载设备根据接收的地面台往返扫描信号的时间间隔计算距跑道中心线和下滑线的偏离角，如图 5.11 所示。微波着陆系统发射的空中信号采用时分多路传输（TDM）的信号格式，角引导信息和各种数据信息都在同一频率上发射，不同功能的信号占有自己的发射时间，以时间分割的方式顺序向空中发射。

(a) 波束扫描示意图

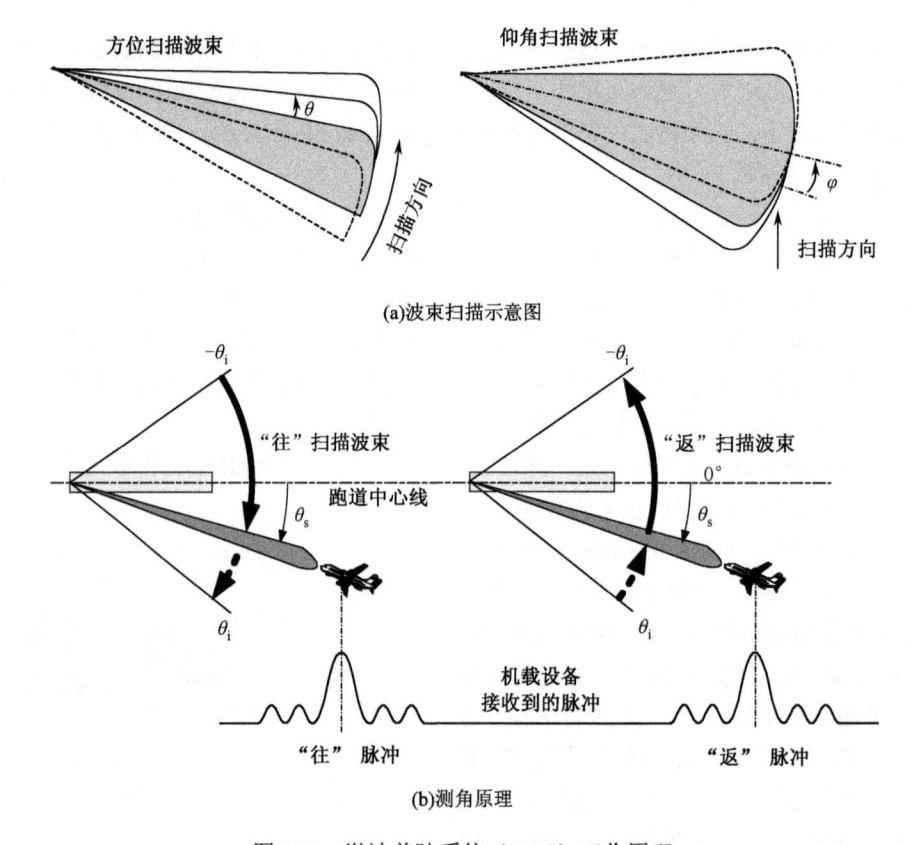

(b) 测角原理

图 5.11 微波着陆系统（MLS）工作原理

机载设备精密测距器（Distance Measuring Equipment/Precision，DME/P）发出询问信号，地面台发射应答信号，机载设备根据询问和应答信号之间的时间间隔测出距地面台的距离。微波着陆系统（MLS）可在方位±45°、仰角0°～15°范围内对飞机着陆引导，实现折线或曲线进近，直升机和短距起降飞机也可利用微波着陆系统（MLS）引导着陆。

微波着陆系统（MLS）采用了较高的频段，在很大程度上克服了仪表着陆系统（ILS）的缺点，进入 20 世纪 80 年代以后，世界各主要发达国家包括美国、英国、法国、德国、日本、澳大利亚、加拿大等都竞相发展和生产自己的微波着陆系统。我国自 1975 年开始研究微波着陆系统，90 年代中期生产出了第一套微波着陆系统。

尽管微波着陆系统已被确定为全球标准飞机着陆系统，国际民用航空组织也制定了明确的过渡计划，但在全世界实现这一计划遇到了意想不到的阻力和困难。由于仪表着陆系统已遍布全球，使用顺利，虽有缺陷，但尚未达到不能容忍的地步，用户集团（航空公司）不愿意立即放弃。并且微波着陆系统设备昂贵，投资大，一些欠发达地区难以负担这样巨大的投资。1995年 6 月美国联邦航空局关于停止发展 II 类、III 类微波着陆系统的决定更是给微波着陆系统过渡计划致命的一击，全球装备微波着陆系统的前途难以预料。

2．航路导航系统

在航路导航方面，近程航路导航多采用无线电信标和伏尔等航空导航系统，远程航路导航大多采用罗兰-C、奥米伽及现代卫星导航定位系统。此外，为了使海军的舰载机能够准确地在航母等大型舰只上着陆，1956 年美国海军发展了战术空中导航定位系统（Tactical Air Navigation，

TACAN），简称塔康导航定位系统，它为空中战机提供相对于舰只的方位和距离信息。

（1）伏尔

伏尔导航定位系统是 VHF 全向信标（VHF Omnidirectional Range，VOR）的简称，1946 年成为美国标准的航空导航系统出现，并在 1949 年被国际民航组织（ICAO）采纳为国际标准导航系统。伏尔系统用于航路导航，也常用于机场作为飞机进场的引导设备。

伏尔（VOR）是测角导航定位系统，由地面台和机载设备组成，采用频段为 108～118MHz 的连续波工作体制，共 200 个频道，频道间隔 50kHz。

地面台的天线方向图为旋转着的心脏形，每秒旋转 30 周，使飞机接收到的信号幅度受到正弦调制。当飞机相对于地面台处于不同方位时，机载导航设备接收信号的幅度调制相位与飞机的方位角之间存在一一对应关系，为距地面台 200 海里范围内的飞机（当飞机高度为 10000m 时）指示相对于地面台磁北的飞机方位。此外，伏尔（VOR）地面台还发射调频信号作为相位角测量基准。由于伏尔（VOR）和仪表着陆系统（ILS）都发射连续波信号，为了减小天线的体积，通常 VOR 地面台和 ILS 航向台工作在 VHF 频段，ILS 下滑台工作在 UHF 频段。

由于伏尔只能提供飞机的方位信息，为了提供水平位置信息，1959 年国际民航组织接受了距离测量设备或测距器（DME），作为标准航空近程导航系统。DME 工作在 960～1215MHz 频段，机载设备发出无线电脉冲询问信号，地面台收到询问信号后发出应答脉冲信号，机载设备通过询问和应答信号的时间间隔，测量出距地面台的距离。DME 地面台作用距离也为 200 海里（当飞行高度 10000m 时），系统精度为±370m（95%）。由于只能对有限数目的飞机询问信号进行应答，因此，一个 DME 地面台只能为 110 架左右的飞机服务。DME 地面台往往与 VOR 地面台设置在一处，同时为飞机指示出在空间的方位与距离，这种地面台也称为伏尔/测距器（VOR/DME），是目前最主要的民用航空航路导航系统。

在伏尔系统的应用过程中，仅美国联邦航空局就管理着约为 1012 个 VOR、VOR/DME 和伏塔克台，美军大约有 95 台 VOR/DME。VOR 和 VOR/DME 民用用户约为 23.3 万个，军用用户约为 12.5 万个。

（2）塔康

航母在远洋航行过程中，需要为航母舰载飞机或其他飞机提供相对于军舰的方位和距离信息，便于飞机着陆。虽然当时已经有 VOR 等数种测距系统，但是由于 VOR 台天线需要大的地面网络，军舰上难以找到适合的空间。在这种情况下，美国海军在 1956 年研制了塔康（TACAN）系统，用于航空母舰舰载飞机的导航，以后被全世界的多数海军和空军采用，也是世界上第一个同时为飞机提供方位和距离信息的系统。

TACAN 系统由地面台和机载设备组成，为了使舰载台天线尺寸足够小，以便能装到军舰的桅杆上，采用了 960～1215MHz 的 Lx 频段脉冲信号。舰载台天线辐射旋转着的心脏形方向图，机载设备通过测量调幅信号的相位角计算飞机的空间方位。早期地面台天线采用机械旋转的方式，现在已逐渐被相控阵雷达的电扫描方式取代。为了测量与舰载台的距离，TACAN 机载设备发射脉冲询问信号，舰载台发射应答信号，机载设备根据信号的往返时间测定出距离。民用航空为了给飞机提供二维定位信息，1959 年决定直接采用 TACAN 的测距部分，形成测距器（DME）。

TACAN 系统的测向精度为±1°，距离精度为 185m（95%）。由于 DME 和 TACAN 都工作在 VHF 以上的频段沿视距传播，因此一个地面台的信号覆盖范围半径最多只有 370km（对

10000m 高度的飞机），可同时为 100 架飞机提供导航服务。为了能够为更大区域内的飞机提供航路导航服务，需要毗邻部署许多地面台。

由于 TACAN 系统的天线尺寸可以很小，不仅可以安装在军舰上，也可以做成陆地机动式，并陆续被美国空军、北约及其他许多国家的空军和海军采用。截至 1996 年，仅美国国防部便有 800 多部地面台，机载设备装到了 1300 多架飞机上。

5.3.4　陆基无线电导航系统的现状

在 20 世纪 90 年代初卫星导航出现之后，由于覆盖范围大、精度高、所提供的导航信息种类多以及操作使用方便等优点，对陆基无线电导航系统的应用造成了巨大的影响。在整个 90 年代，美国的无线电导航政策是，在交通运输中要较快地用 GPS 及其增强系统取代所有陆基无线电导航系统。然而 90 年代末情况发生了变化，主要原因在于：现在的卫星导航系统由一国控制，世界交通运输完全依赖于这种系统风险太大；如果卫星导航系统出现故障或受到破坏，将使众多用户的航行安全受到影响；卫星导航抗干扰的能力比较低，对无意干扰、尤其对恐怖分子攻击的承受能力差，因此，不能单纯依靠卫星导航系统。

现在美国、欧洲和世界许多国家都把无线电导航政策修改为：交通运输逐步过渡到以卫星导航作为主要导航系统，而以陆基无线电导航作为冗余和备用系统，以备万一卫星导航系统失效时，备用系统为交通运输提供最基本的导航服务。现阶段在越洋区和边远区主要依靠 GPS 和惯性导航，在本土航路、终端区和非精密进近则主要靠 VOR、DME 和无线电信标，精密进近与着陆主要依靠 ILS。英国和荷兰则用 MLS 作精密进近。军用航空情况比较复杂。以美国为例，由于装备 GPS 和惯导最早，从越洋到非精密进近基本上都依靠 GPS，也用 TACAN 作近程导航，有时也采用无线电信标，而精密进近主要靠 ILS，在边远机场用 PAR，航空母舰着舰则用类似 PAR 的系统。航海在越洋区用 GPS 和惯导，岸区用 GPS 和罗兰-C，海港与内河用海用 DGPS，而海用无线电信标还未完全废止。

5.4　卫星导航定位系统

卫星导航定位系统实际上是把陆基导航定位系统的导航台搬到了卫星上，当运载体进入卫星发射电磁波的覆盖范围后，运载体的导航设备便能输出导航信息，克服了陆基导航定位系统精度与覆盖范围之间的矛盾。

1964 年 1 月由美国海军发射的子午仪（Transit）卫星导航定位系统是第一代卫星导航系统，1967 年向民用开放。子午仪系统中有处于极轨的 7 颗卫星，通过南北极上空的圆形轨道，轨道离地高度 600 海里，卫星周期 107min。每颗卫星以 150MHz 和 400MHz 两个频率向地面发射连续波信号，以 0°和±60°相位调制发射不同时间的卫星位置。导航接收机通过测量卫星信号多普勒频移的方法确定自己的位置，可以使舰船或陆用设备的定位精度达到 500m（单频）和 25m（双频）。由于卫星的高度较低且处于飞越南北极的轨道，用户不能连续看到卫星，平均每隔 110min（赤道）或 30min（纬度 80°）才能定位一次。子午仪的工作原理是基于卫星信号的多普勒测量，导致其定位精度对用户的运动十分敏感，因此子午仪主要用于低动态的海军船只、潜艇、商业船只和陆上用户。随着 GPS 投入运行，子午仪系统已于 1996 年 12 月 30 日停止运行。

现有的卫星导航系统主要是美国的 GPS，俄罗斯的全球卫星导航系统（GLONASS），欧洲的伽利略（Galileo）系统以及中国的北斗（Beidou）卫星导航系统。

5.4.1 基本原理

卫星导航定位系统与陆基无线电导航定位系统的最大不同在于，陆基导航台是固定不动的，其地理位置准确已知，而卫星则始终沿轨道快速移动着。因此，卫星导航系统首先需要确定卫星在不同时间的准确位置（星历），并通过卫星信号告知用户；其次，卫星导航系统要使所有卫星的信号中载有准确的时间信息，这是因为用户的伪距是以卫星时间为基准计算的。通常，在导航卫星上都载有高精度的原子钟（时钟稳定度都在 10^{-13} 天以上），然而无论如何仍然有漂移和抖动，所以卫星导航系统都有自己的系统，以其为基准测量出各卫星时钟的相对误差，在卫星信号中告诉用户，以便使各个卫星的时间同步。

为了能够准确地确定各颗卫星不同时间的位置和卫星时钟与系统时基准的差值，需要下列几个过程。

首先，根据长期对卫星上的各种受力影响和时钟变化行为的研究，建立卫星运动轨道和时钟变化的精确模型，以便对卫星位置和时钟未来状况做出准确预测；其次，需要在整个地球表面或地球上的一个较大区域内建立一些位置和钟差（时钟与系统时之差）准确已知的监测站（Monitor Station），不断跟踪视界内的各颗卫星，以测量与各颗卫星之间的伪距，接收和还原广播电文。

由于监测站时间与系统时同步，因此伪距中包含卫星钟差信息，又由于监测站位置准确已知，计算出的距离信息中包含卫星广播星历误差信息。这些误差是由模型参数不准确引起的，从监测站数据中反映出的误差在主控站（Master Station）通过卡尔曼滤波器导出对模型参数的修正量，通过注入站修正卫星的预测模型，从而准确确定各颗卫星不同时间的位置和卫星时钟与系统时基准的差值。

卫星导航定位系统工作过程中，卫星向地球表面发射经过编码调制的无线电连续波信号，编码中含有卫星信号准确的发射时间以及不同时间卫星在空间的准确位置（星历）等信息。运载体上的卫星导航接收机接收到卫星信号后，根据接收机与卫星导航系统准确同步的时钟，测量信号到达时间，计算信号在空间的传播时延，再根据信号在空间的传播速度，计算出接收机与卫星之间的真实距离，即

$$R_1 = \Delta t \times c = \sqrt{(X_1 - X)^2 + (Y_1 - Y)^2 + (Z_1 - Z)^2}$$

式中，Δt 为信号空中传播时延，c 为电波传播速度（光速），R_1 为计算出的卫星与接收机之间的真实距离；X_1、Y_1、Z_1 为该时刻卫星的三维坐标值（通常采用地心惯性坐标系），可从卫星发射的编码中获得；X、Y、Z 为接收机位置的三维坐标值。由于 R_1、X_1、Y_1 和 Z_1 是已知量，X、Y、Z 是未知量，因此如果能测出接收机距离三颗卫星的距离，就可以得到三个方程式，求解出三个未知数 X、Y、Z，确定出接收机的位置。

然而，用户接收机的时钟很难与卫星导航系统的时钟准确同步，测出的卫星信号在空间的传播时间存在误差，因此将计算出的接收机与卫星间的距离称为伪距。但是由于接收卫星信号的瞬间，接收机的时钟与卫星导航系统时钟间的时间差是一个定值 ΔT，那么上述公式可改写为

$$R_1' = \Delta t \times c = \sqrt{(X_1 - X)^2 + (Y_1 - Y)^2 + (Z_1 - Z)^2} + \Delta T \times c$$

式中，R_1' 为计算得到的伪距，ΔT 为未知量，需要计算的未知数变成了四个。因此，需要测出接收机距四颗卫星的伪距，得到四个方程，才能求解出四个未知量 X、Y、Z 和 ΔT，得到接收机的位置信息以及准确的同步时间，这也是卫星导航定位系统在提供导航定位时至少需要同时

观测到四颗卫星的原因。

由于用户与卫星之间存在着相对运动，所以，用户接收到的卫星信号频率与卫星发射的频率间存在多普勒频移。多普勒频移的大小和正负不仅取决于卫星运动的速度和方向，还取决于用户运动的速度和方向。由于卫星的运动规律已知，根据多普勒频移的变化，用户接收机便可以计算出自己的三维运动速度。

根据以上的工作原理，卫星导航定位系统可以同时为海、陆、空甚至外层空间的用户提供准确的实时三维位置、三维速度和时间信息。

5.4.2 GPS 系统

在子午仪卫星导航系统的基础上，1973 年美国国防部开始组织陆、海、空三军，共同研究新一代卫星导航系统，这就是目前广泛应用的"导航卫星授时测距/全球定位系统"（Navigation Satellite Timing and Ranging / Global Positioning System，NSTR/GPS）简称全球定位系统（GPS）。

GPS 由美国空军牵头诸军种联合研制，原计划 1988 年投入运行，1987 年"挑战者"航天飞机的失事，使 GPS 研制工作受到很大影响，由航天飞机发射卫星的计划不得不作修改，从 1989 年才开始用德尔塔火箭发射卫星，以致 1991 年海湾战争期间加上试验卫星也只有 18 颗卫星（几颗带病运行）在天上运行。1993 年 12 月 GPS 才达到初始运行能力（Initial Operating Capability，IOC）规定的标准定位服务性能要求（Standard Positioning Service，SPS），1995 年美国宣布 GPS 达到全部运行能力（Full Operating Capability，FOC）标准。GPS 系统从开始研制到达到 FOC 标准，历时 22 年之久，耗资超过了 120 亿美元。

1. 系统组成

GPS 卫星导航系统由空间区段的导航卫星星座、运行与控制区段的地面台站、用户区段的用户设备三部分组成。

（1）空间区段

GPS 卫星星座方案几经变化。最初方案是 24 颗卫星，分布在 3 条倾角为 63°的轨道上。后来，由于美国国防预算紧缩，改为 18 颗卫星，分布在 6 个倾角为 55°的轨道上，但这个方案不能提供满意的 24 小时的全球覆盖。大约 1986 年，在这个 18 颗卫星的方案上增加了 3 颗工作备份卫星，使星座增加到了 21 颗卫星，最后又改为 21 颗加 3 颗热备份卫星。现在 GPS 星座不再提备份卫星，形成 24 颗卫星的额定星座。

GPS 系统的卫星分布在离地球表面 20200km 的 6 个圆形轨道上，运行周期 12h。以这样的星座，在全世界所有位置上平均可以看到 8 颗以上的卫星，一般都可看到 9 颗以上的卫星，最多时可看到 11 颗。看到少于 6 颗卫星的时间，平均小于 0.1%。在 GPS 卫星星座中，万一有两颗卫星出现故障，星座中只有 22 颗卫星正常工作，全世界所有地点 24h 平均仍可看到 7 颗卫星，最少时也可看到 4 颗，卫星星座如图 5.12 所示。

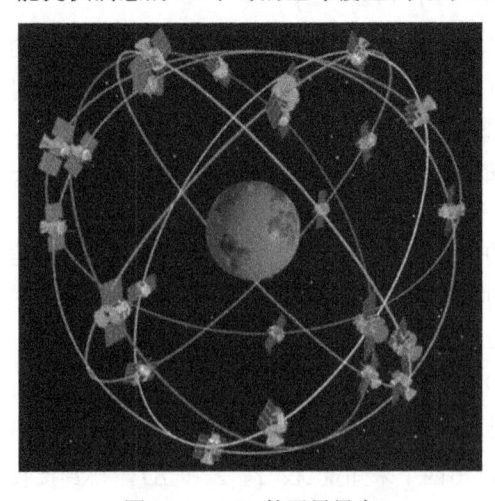

图 5.12 GPS 的卫星星座

每颗 GPS 卫星上都具有微处理机，可以进行必要的数据处理工作。星载的时钟是高精度原子钟，早先的卫星 Block II 和 Block II A 上既有铯（Cs）钟又有铷（Rb）钟，一台坏了再启动另一台，但从 Block II R 以后便只使用铷钟。

GPS 卫星向用户广播的导航电文（数据）包括：卫星星历及星钟校正参数、测距时间标记、大气附加延迟校正参数以及与导航有关的其他信息等，这些统称为导航信息或导航数据。导航电文以二进制表示，所用的伪随机码有两种，一种是公开民用的粗/截获码，即 C/A 码，另一种是军用保密的 P（Y）码。P（Y）码由 P 码和加密码（W 码）模 2 加而成，未经专门批准的用户不能使用，也不易进行欺骗干扰。

GPS 卫星工作在 L 波段，为校正电离层折射引入的附加传播时延，采用 L 波段的两个载频信号，分别为 L1 和 L2。其中，f_{L1} = 1575.42MHz，f_{L2} = 1227.6MHz。L1 和 L2 载波均被 P（Y）码调制，C/A 码只调制在 L1 上，其相位与 P（Y）码正交（移相 90°）。C/A 码是公开的，被全世界的用户无差别地使用。

引起卫星导航定位系统伪距测量误差的因素有多种，包括卫星星历误差、卫星定时误差、信号传播误差（电离层和对流层）、接收机误差和信号多径反射误差等。2000 年 5 月 1 日前，美国还采取称为选择可用性（Selective Availability，SA）的措施，故意使 C/A 码所广播的卫星时间与 GPS 系统时有一些伪随机的抖动，使 GPS SPS 用户接收机的伪距测量精度下降，从而导致定位、测速及授时精度下降。SA 使 SPS 的水平定位精度降到 100m。2000 年 5 月 1 日起，GPS 停止使用 SA 政策。

GPS 卫星的基本功能可总结如下：根据地面监控指令接收和存储从地面监控部分发射的卫星位置等信息；执行从地面监控部分发射的控制指令；进行部分必要的数据处理，向用户发送导航信息；通过推进器调整自身的运行姿态；通过高精度卫星钟向用户提供精密的时间标准等。

截至 2016 年，除了试验卫星之外，GPS 已发射了六批运行卫星，即 Block I、Block II、Block II A、Block II R、Block II R-M 和 Block II F，当前面一批卫星失效时陆续发射下一批卫星进行补充，维持 24 颗星座的运行能力。目前的在轨卫星由 Block II R、Block II R-M 和 Block II F 三种卫星组成。虽然对用户来说，不同批次的卫星提供的服务连续，但卫星的设计与性能逐步提高。

（2）运行控制区段

GPS 控制区段由主控站及分布在全球的一些监测站和上行注入站（也称为地面天线）以及把它们联系起来的通信网构成，如图 5.13 所示。

主控站位于美国科罗拉多州喷泉城的 Schriever 空军基地内，备用主控站位于加利福尼亚州的 Vandenberg 空军基地内。监测站过去有 6 个，分别位于科罗拉多州喷泉城、夏威夷、阿森松岛（南大西洋）、迭戈加西亚岛（印度洋）、卡瓦加兰环礁（北太平洋马绍尔群岛）和卡纳维拉尔角。截至 2016 年底新增加了 10 个，分别位于美国华盛顿特区的海军天文台、阿拉斯加、厄瓜多尔、乌拉圭、南非、英国、巴林、澳大利亚、新西兰和韩国等地，使 GPS 的监测站增加到 16 个，从而提供对所有 GPS 卫星的持续多重监测。上行注入站有 4 个，与卡纳维拉尔角、阿森松、迭戈加西亚和瓦加林的监测站并址。

主控站除了与监测站和注入站相连之外，还与空军的全球卫星控制网络（Air Force Satellite Control Network，AFSCN）、美国海军天文台（United States Navy Observatory，USNO）和国家地球空间情报局（National Geospatial-intelligence Agency，NGA）做战略相连。与 AFSCN 相连是为了作卫星交接和上行注入，与 USNO 相连是为了获取统一世界时（Universal Time Coordinated，UTC）以与 GPS 时间相比较，而与 NGA 相连是为了获得地球取向数据。此外主控站还和喷气推进实验室（Jet Propulsion Laboratory，JPL）相连，以获取太阳-月亮的预测数据。

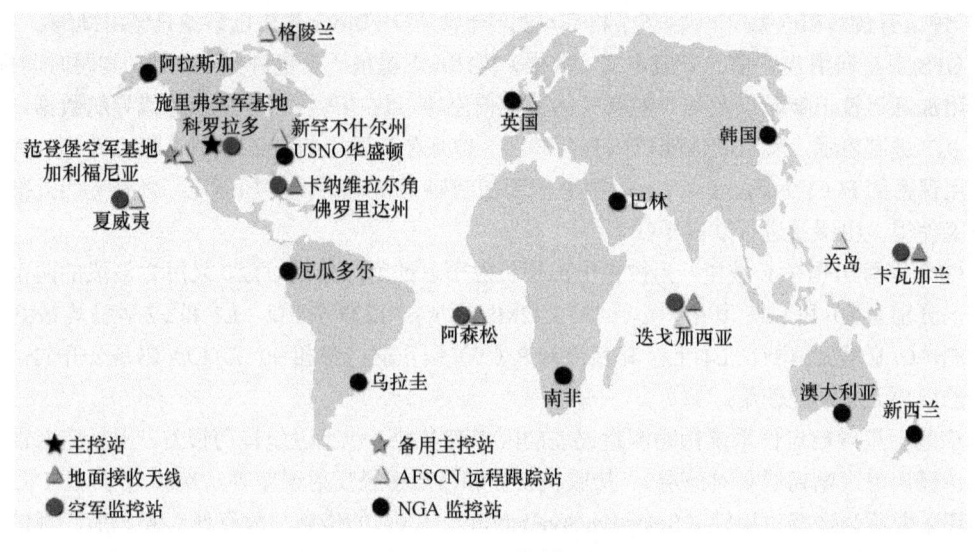

图 5.13　GPS 控制区段

在 GPS 的运行过程中，主控站的主要任务是根据各监控站提供的观测资料推算编制各颗卫星的星历、卫星钟差和大气层修正参数，并把这些数据传送到注入站；提供 GPS 系统的时间标准；调整偏离轨道的卫星，使之沿预定的轨道运行；启用备用卫星以取代失效的工作卫星等。监测站的主要任务是给主控站编算导航电文提供观测数据，每个监控站均使用高品质的 GPS 信号接收机，对每颗可见卫星每 6s 进行一次伪距测量和积分多普勒观测，并采集气象要素等数据，监视系统的工作情况。注入站的主要任务是，在主控站的控制下，把主控站传来的各种数据和指令正确并适时地注入相应卫星的存储系统，由于卫星时间和运行轨道都较稳定，因此平均 24h 注入一次。

（3）用户区段

用户区段主要由各种 GPS 用户设备（接收机）接收 GPS 卫星发送的导航信号，恢复载波信号频率和卫星钟，解调出卫星星历、卫星钟校正参数等数据。GPS 用户设备通过测量本地时钟与卫星钟之间的时延来计算接收天线至卫星的距离（伪距）；通过测量载波频率变化（多普勒频移）计算伪距变化率；根据获得的数据，计算出用户所在地经度、纬度、高度、速度、准确的时间等导航信息，并将这些结果显示在显示屏幕上或通过输出端口输出。

根据用途的不同，GPS 接收机可分为授时型、精密大地测量型、导航型等不同种类。根据性能的不同，GPS 接收机可分为高动态、中低动态和固态接收机等。根据所接收卫星信号和观测量的不同，GPS 接收机又可分为 L1 C/A 码伪距接收机、L1 C/A 码载波相位接收机、L1 P（Y）码接收机（含 L1 C/A 码接收机功能）、L1/L2 P（Y）码接收机（含 L1 C/A 码接收机功能）等，其中 C/A 码接收机用于标准定位服务，P（Y）码接收机用于精密定位服务。只有美国军方和特许的非军方用户才能享受精密定位服务，我国的 GPS 用户主要使用 C/A 码标准定位服务接收机。

虽然 GPS 接收机种类繁多，技术特性差别很大，但是，通常 GPS 接收机具有下述主要技术特性指标。

① 接收机的跟踪通道数，通常是 12 个跟踪通道或更多。

② 接收跟踪信号的种类。民用接收机可以接收 L1 C/A 码和 L2 C/A 码信号一种或两种信号，军用接收机有的只接收 LI C/A 和 P（Y）码信号，但大多数还可同时接收 L2 P（Y）码信号。

③ 测量定位精度。GPS 标准定位服务空间信号的水平位置精度为 9m（95%），垂直高度精度为 15m（95%）。由于还有接收机本身的误差和多径反射，接收机实际的定位误差还要低一些。

④ 时间同步精度。表示 GPS 接收机通过测量定位以后，输出的时间同步脉冲信号与 UTC 时的同步精度，GPS 标准定位服务的时间同步精度为 20 ns（95%）。

⑤ 位置数据更新率。一般每秒 1~10 次，高动态 GPS 接收机的更新率要高一些。

⑥ 首次定位时间。指 GPS 接收机从开始加电源到首次得到满足定位精度要求的数据所花费的时间。通常分为三种情况：当 GPS 接收机在不加电或不接收 GPS 信号的情况下，运输距离超过 1000km，或者 GPS 接收机连续 7 天以上设备不加电工作或不接收信号之后，此时 GPS 接收机中没有保存正确的星历数据，首次定位时间通常小于 1.5min，这种情况也称为冷启动；当设备在正常工作情况下，发生掉电或关机 4h 以上，但少于 7 天，或设备在正常工作情况下，发生 GPS 信号中断 4h 以上，但少于 7 天，此时 GPS 接收机中保存有正确星历数据，通常首次定位时间小于 45s，这种情况也称为温启动；当设备在正常工作情况下，关机时间小于 4h 或发生 GPS 信号中断小于 4h，接收机存有有效星历，恢复正常工作后一般 15s 以内即可定位，这种情况也称为热启动。

除了以上指标外，还包括接收机捕获灵敏度、接收机跟踪灵敏度、输入/输出接口、可靠性指标等多个技术指标。

2. GPS 现代化

现有 GPS 系统的设计是在 1973—1974 年完成的，无论是从军事上还是从民用上都已证明这是一个成功的系统。30 多年过去了，在科学技术飞速发展和军民用要求迅速升级的今天，这么长时间其设计基本保持不变令人惊诧，同时在多年运用的基础上需要对其实施现代化改造。GPS 民用方面的缺点是完好性不够、信号太弱和精度需要提高；从军用的角度看是抗干扰能力不够、精度需要提高等。现代技术已具有对 GPS 作现代化改造的基础。

GPS 现代化计划的第一步是停止 SA，且 2000 年 5 月 1 日开始已经停止了 SA。第二步是发射 GPS Block II R-M 卫星。M 表示对原先还未发射的 Block II R 卫星进行现代化改进，主要是增加发射 L2C 信号和 M 码信号，L2C 是在 L2 载频上增发的民用信号。在 SA 取消之后，造成 SPS 误差的主要原因是电离层传播延迟。为了消除电离层影响，最好的办法是和军用一样，在 L2 载频上也发射民用信号。L2 上要发射的民用信号未采用和 L1 上相同的 C/A 码，而是采用比 C/A 码长 10 倍以上的伪随机码，改善了系统的码分多址性能；采用有数据和无数据两个通道，改善了用户设备的灵敏度；采用比 C/A 码低一半的伪随机码速率，使用户设备芯片功耗下降，减小了体积和成本；导航电文中增加前向纠错编码技术，改善了用户设备灵敏度，提高了信息完好性。因此，当 L1 C/A 码和 L2C 信号合用时，提高了 GPS 民用的精度，并且 L2C 本身也特别适用于 GPS 卫星信号比较弱的场合。

M 码是在 GPS 卫星 L1 和 L2 载频上增加发射新的军用信号，加发 M 码信号的主要目的是为了适应导航战的需要。导航战主要是通过对 GPS 民用信号施放干扰，阻止敌对方在战场区域利用 GPS SPS 来反对美国军队；同时还要增加军用信号功率，提高其抗干扰能力，保护在战场区域美军对 GPS PPS 信号的使用。然而按照现有 GPS 信号的设计，这两种方法都没法采用，原因在于 C/A 码的频谱较窄，处于 GPS 频段中央，P（Y）码频谱宽 10 倍，其中心部分与 C/A 频谱重叠，并且 C/A 码信号比 P（Y）的要强 3dB，以免 P（Y）码信号干扰 GPS 民用的工作，如图 5.14 所示。这样，当 C/A 码信号被干扰时，P（Y）码信号必然受到影响；而提高 P（Y）码信号功率，必然影响 GPS 民用工作。为解决这一问题，美国新设计了 M 码。M 码采用 BOC 调制方式，而不是 C/A 和 P（Y）码的 BPSK 调制方式。BOC 调制使 M 码信号频谱偏离频段的中央，形成上下两个频偏峰值，这就是 GPS 军用和民用信号的频谱分离技术。由于 M 码是新设计的，其抗干扰、保密、抗多径和精度等性能都比 P（Y）码有较大提高。

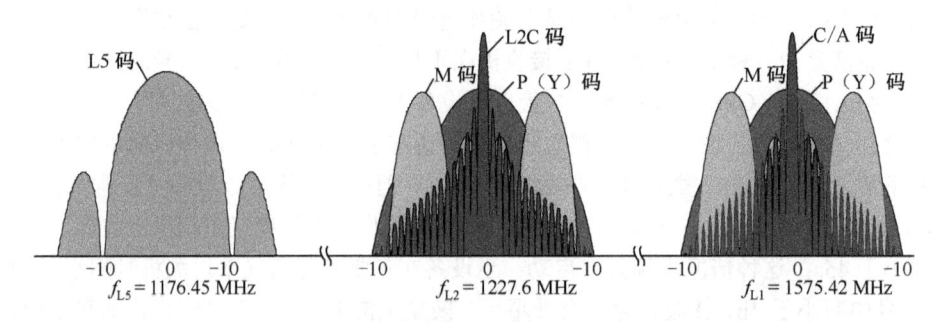

图 5.14　GPS 现在和未来的信号频谱

GPS 现代化的第三步是发射 Block II F 卫星。Block II F 卫星除了继承 Block II R-M 卫星的信号特点之外，还要增加发射 L5 信号。L5 信号是根据 GPS 民用要求增加的，主要是为了满足民用航空与生命安全有关的行业要求而增设的。因为在 GPS L2 载频附近，有大功率监视雷达在工作，有可能对 L2 信号造成干扰，使 L2 服务的连续性得不到保证。f_{L5} = 1176.45MHz，在国际电信联盟分配的航空导航频段内，与 P（Y）码一样带宽为 24MHz，L5 信号的许多特点与 L2C 相同。例如，设置了有数据和无数据两个通道、电文中设有纠错编码、采用长伪码等。由于 L5 信号的带宽比 L2C 大 10 倍，抗多径能力更强，功率比 C/A 码信号高 6dB，抗干扰能力强，另外还采用了 NH 编码，有利于数据字符的同步。总之，L5 和 L2C 信号代表卫星导航民用信号的设计水平更加先进，使 GPS 民用用户有了更多的选择，可以选择使用不同的信号或信号组合，以满足不同应用场合。截至 2016 年已有 12 颗 BLOCK II F 提供服务。

GPS 运行与控制区段也需现代化，主要工作包括补充对新设立的 M 码、L5 和 L2C 码卫星信号的监测、处理与控制能力；实施 GPS 精度改善创新（AII）计划；实施选择可用性反欺骗模块（Selective Availability Anti-spoofing Module，SAASM），完成所有敏感信息和密码的处理；建立广域 GPS 差分系统，提高导航精度等。

3．GPS 增强系统

增强是一种提高定位、导航和定时的精确性、完整性、可靠性、可用性的方法，通过建立 GPS 增强系统，可以在 GPS 服务的基础上提供 GPS 系统的服务性能，满足特殊应用的需求。主要的 GPS 增强系统是各种 GPS 差分系统，通过差分的方法提高 GPS 的服务性能。

（1）GPS 误差分析

GPS 测量通过地面接收设备接收卫星传送的信息来确定地面点的位置，所以其误差主要来源于 GPS 卫星、卫星信号的传播过程和地面接收设备三个环节。此外，在高精度的 GPS 测量特别是精密单点定位中，与地球整体运动有关的地球潮汐、负荷潮及相对论效应等的影响，也是导致其误差不可忽视的原因。在此主要分析影响 GPS 服务性能的卫星误差、传播误差和接收误差。

① 卫星误差

与卫星有关的误差主要包括卫星星历误差和卫星钟误差。

卫星星历误差是指星历计算得到的卫星空间位置与实际位置之间的误差。卫星星历是通过地面监控站跟踪监测卫星运行轨迹计算得到的。由于卫星运行中要受到多种摄动力的复杂影响，而通过地面监控站又难以充分可靠地测定这些作用力或掌握其作用规律，因此在星历预报时会产生较大的误差。一般来说，在发送信号时卫星位置精度一般只能达到 1～5m。

卫星钟误差主要是指卫星上的原子钟的钟差、频偏、频漂等产生的误差，也包含钟的随机误差。尽管 GPS 卫星采用的是原子钟，卫星钟的钟面时与理想的 GPS 时之间存在着偏差或漂移，10ns 的时间误差产生的距离误差约为 3m。

② 传播误差

与卫星信号传播有关的误差主要包括电离层折射误差、对流层折射误差和多路径效应误差等。

距地面 50～1000km 范围的大气层为电离层。当 GPS 信号通过电离层时，信号的路径因折射等效应会发生弯曲，传播速度也会发生变化。因此，信号的传播时间与真空中光速的乘积并不等于卫星至接收机的几何距离，该偏差称为电离层折射误差。在典型的误差范围内，因为电离层误差所引起的定位误差约为 3m。

高度为 40km 以下的大气底层为对流层，其大气密度比电离层大，大气状态也更复杂。由于地面辐射热能的影响，对流层的温度随高度的上升而降低，当 GPS 信号通过对流层时，传播的路径因折射等效应发生弯曲，从而使测量距离产生偏差，这种偏差称为对流层折射误差。对流层折射与地面气候、大气压力、温度和湿度变化密切相关，比电离层折射的情况更加复杂。在典型的误差范围内，因为对流层误差所引起的定位误差约为 1m。

GPS 卫星信号从 20000km 左右的高空向地面发射，若接收机天线周围有高大建筑物或水面，建筑物和水面对于电磁波具有强反射作用，由此产生的反射波进入接收机天线时与直接来自卫星的信号（直接波）产生干涉，从而使观测值偏离真值产生误差，这种误差称为多路径效应误差。多路径效应的影响是 GPS 测量的重要误差源，将严重损害 GPS 测量的精度，严重时还将引起信号的失锁。在典型误差范围内，因为多路径效应误差所引起的定位误差约为 1m。

③ 接收误差

与接收机有关的误差包括接收机时钟误差、接收机安置误差、天线相位中心位置误差及卫星几何图形强度误差等。在典型误差范围内，因为接收误差所引起的定位误差约为 0.5m。

降低测量误差的影响可显著提高定位精度。为减小测量误差，可以采用多种方法，并且这些方法通常可以联合使用。通常采用减小误差的方法如下：

通过双频测量补偿电离层影响：电离层对测量误差的影响最大，如果发射的无线电信号穿越电离层，低频信号所受的影响更为严重。通过使用两种不同的信号频率（如 L1/L2），可以在很大程度上补偿电离层的影响。

地理修正模型：这种方法通过建立地理修正模型来补偿电离层和对流层的影响。通常情况下，地理修正模型与所处的位置紧密相关，修正因子仅在应用于特定或有限区域时才有效。

差分 GPS（Differential GPS，DGPS）就是通过与一个或若干基站进行比较，从而对各种误差进行修正的导航定位方法。通过后处理或实时方式对来自这些基站的修正数据进行评估，利用评估结果对测量数据进行修正，从而提高 GPS 的服务性能。

（2）差分 GPS 系统

GPS 系统是美国国防部为军事应用而研制的，军事效能巨大，但是对于交通运输来说，由于系统完好性和定位精度不够，有些 GPS 系统故障，主控站要 30min 或几小时后才能发现，不能完全满足航行的需求。因此为了满足各种导航定位需求出现了各种局域和广域差分系统。

最先应用的差分 GPS 是用做港口导航的海用差分 GPS。其工作原理是，在岸上位置准确已知的点上设置 GPS 基准接收机，利用 GPS 定位值与准确位置的差，计算出视界内各颗卫星的伪距误差，然后利用改造后的海用无线电信标台广播出来，附近船上的 GPS 接收机用此伪距误差校正自己测出的伪距值，从而提高其定位精度。当基准站发现卫星信号有故障时，也会把这种情况广播出去，从而改善附近 GPS 用户的服务完好性。海用差分 GPS 已在全世界沿海海域得到推广。另外，美国还在建设国家范围的差分 GPS 系统，用于陆路交通，包括铁路运输。

在航空导航定位的 GPS 应用过程中，为引导民用飞机实现精密进近与着陆，出现了 GPS 的局域增强系统（Local Area Augmentation System，LAAS）和广域增强系统（Wide Area Augmentation System，WAAS）。LAAS 使用 GPS 的 L1 C/A 码信号进行导航定位，原理与海用差分 GPS 类似，只是用伏尔（VOR）的频段广播差分及卫星完好性信息，数据更新率更高。另外，完好性机制更完整，除了具备由差分台广播的卫星是否能用的信息之外，机载接收机还进一步计算危险错误引导信息，这些都体现了航空安全性要求。

与 ILS 和 MLS 相比，LAAS 有许多优点，可覆盖一个机场的所有跑道，甚至相距不远的几个机场的所有跑道，而不需要在每条跑道的每一端都布设一套。因此 LAAS 对后来的 MLS 在全世界的推广造成巨大冲击。由于未来 GPS 卫星准备为航空专门设置 L5 载频，现有的 LAAS 方案需要修改，加上还有一些技术原因，LAAS 到目前还只停留在试验阶段。美国军方还在大力发展联合精密进近和着陆系统（Joint Precision Approach and Landing System，JPALS）。JPALS 原理与 LAAS 类似，工作与 LAAS 兼容，只是使用 GPS 卫星的 P（Y）码信号，此外还增加了机载接收机抗干扰措施。JPALS 计划用于美国空、海、陆军的飞机着陆，但在用于航空母舰飞机着舰时，还需要用载波相位差分技术。

载波相位差分技术是一种广泛用于 GPS 精密定位的技术，通过测量卫星信号传播到用户所经过的载波周期数和相位进行精确的导航和定位。通过载波相位差分技术，定位精度可达厘米级，如果用户较长时间静止工作并相应地减小相位测量误差，则定位精度可达毫米级。实现载波相位差分与局域差分有些类似，都需要基准站，在离基准站 10～20km 范围内能够准确定位。这种系统的优点在于，除了利用伪码差分外还利用了载波相位差分，而且是二次差分，然后用户设备计算出整周模糊度。现在这种技术也可以应用于低速用户进行实时定位，此外还开发了利用 GPS 载波相位作平台定向与测量平台姿态角的技术，价格低廉，使用便捷，但抗干扰能力较差。

WAAS 是一个大系统，由分布在美国范围内的一些基准站、主站、地面地球站及 2～4 颗地球静止卫星组成。静止卫星发射四类信息，包括：第一类是导航信息，主要由静止卫星的星历和时间校正值组成，静止卫星的作用和 GPS 卫星一样，用户可以从它测得伪距；第二类信息是 GPS 各卫星（包括静止星）星历的四维误差信息，用以提高用户的定位与定时精度；第三类信息是覆盖全美的电离层传播误差信息，为使用 L1 单频的 GPS 民用用户校正电离层时延；第四类信息是所有卫星信号的完好性信息，用以增强 GPS 的完好性。

WAAS 将明显提高 GPS 的完好性、精度和可用性。静止卫星的信号采用了 GPS 的 L1 频率，使用了与 GPS SPS C/A 码同一族但不同码的伪码。因此在研制 WAAS 用户设备时只需对原 GPS 接收机的硬件稍加修改，主要修改软件，便能接收 WAAS 信号。WAAS 基准站测量各卫星的伪距误差、电离层误差和完好性数据。这些数据送至主站处理后，生成上述四类信息，编排成电文，注入地球静止卫星转发至用户。WAAS 本身并不适于军用，这是因为它的卫星信号全部依赖地面产生，需要连续注入静止卫星。静止卫星只是一个转发器，即信号在地面产生，送至卫星，再转发回地面。弯管式系统的主要弱点是上行链路不能中断，一旦中断，系统就停止工作。

对航空用户来说，GPS 的一个主要弱点是完好性不够，除了上述差分方法以外还有一种提高 GPS 完好性的方法是接收机自主完好性监测（Receive Autonomous Integrity Monitoring，RAIM）。在 GPS 用户的导航定位过程中，用户设备实际工作时视界内的卫星数往往多于 4 颗，而事实上只需 4 颗卫星便可工作。RAIM 正是利用了多于 4 颗的其他卫星进行工作：接收机把所有视界内的卫星每 4 颗进行组合，算出相应的定位值，再将这些定位值互相比较，发现故障卫星。当视界内只有 5 颗卫星时，便可以判定有无卫星出现故障；有 6 颗以上时不仅能判定有无卫星不正常，还可以判定哪颗卫星有故障，将其排除在定位解算之外。RAIM 只需在 GPS 接收机内增加软件便可工作。RAIM 的缺点是，判决能力与几何精度稀释因子（Dilution Of Precision，DOP）有关，DOP 很差时不能用，所以存在片刻的覆盖空洞。

（3）其他 GPS 增强系统

世界各地建立的 GPS 增强系统，除了服务于北美大陆的 LAAS 和 WAAS 以外，其他国家也根据自己的实际需求建立了类似的增强系统。典型的增强系统包括欧洲的静地卫星导航重叠服务系统（European Geostationary Navigation Overlap Service，EGNOS）、日本的多功能卫星增强系统（Multifunction Satellite Augmentation System，MSAS）和准天顶卫星导航系统（Quasi-Zenith Satellite System，QZSS）、印度的 GPS 辅助静地轨道增强系统（GPS Aided Geo Augmented Navigation，GAGAN）等。这些 GPS 增强系统大多也兼容 GLONASS，而且这些系统也能够相互兼容并具备互操作性。

各国建立的增强系统的基本原理大致相同，都是星基广域差分技术、完好性监测和地球静止轨道卫星（GEO）测距三者的组合系统。增强系统通过 GEO 卫星向用户广播测距信号、广域差分修正信息和完好性信息，以提高卫星导航定位系统（Global Navigation Satellite System，GNSS）的精度、完好性、连续性和可用性，满足不同的导航定位需求。

5.4.3 GLONASS

20 世纪 70 年代，作为对美国宣布建立和发展 GPS 的回应，前苏联国防部构想了全球卫星导航系统（GLObal NAvigation Satellite System，GLONASS）卫星导航系统。然而，直到 80 年代末期，GLONASS 的信息仍然鲜为人知，除了卫星轨道的一般特征和传送导航信息的频率之外，前苏联国防部未披露任何其他信息。

随着苏联的解体，俄罗斯全面解密了 GLONASS 的接口控制文档（Interface Control Document，ICD）。ICD 描述了 GLONASS 系统及其组成、信号结构和供民用的导航信息。1995 年 11 月 4 日在加拿大蒙特利尔国际民用航空组织第二次会议上，俄罗斯将更新后的 ICD 交给大会的导航卫星系统讨论组，并于 2002 年进行了部分内容的更新，俄罗斯方面保证至少提供 15 年的免费服务。

1. 系统组成

GLONASS 的工作原理与 GPS 基本相同，GLONASS 系统也由空间段、地面段和用户段等三部分组成。

GLONASS 的空间部分由 24 颗卫星组成，其星座分布在倾角 64.8°的三条圆形轨道面上，轨道离地高度 19100km，具体包括 21 颗卫星和 3 颗工作备份卫星。每颗 GLONASS 卫星发射 2

个载频信号 L1 和 L2，L1 的频段为 1602.56～1615.50MHz，L2 的频段为 1246.44～1256.5MHz。L1 上调制有 2 种伪随机码 C/A 码和 P 码，L2 上只有 P 码。C/A 码面向世界公开，P 码原则上不公开，只为军用。所有卫星所用的 C/A 码和 P 码均相同，为了区分不同卫星发射的信号，GLONASS 采用频分多址接入方式（FDMA），不同的卫星发射的载频不同。与之相比，GPS 采用的是码分多址接入方式（CDMA），所有卫星发射的载频相同，而各卫星所用的伪随机码不同。为了节约频率资源，位于地球直径延长线两侧的两颗 GLONASS 卫星使用同一载频，这是因为同一时间，用户不能同时看见这两颗卫星，只能看到这一对卫星中的一颗。从所选的卫星轨道看，GLONASS 的倾角较 GPS 的大，对俄罗斯这样的高纬度地理区域的国家，系统覆盖更好，而 GPS 则对中纬度区域覆盖更好。

GLONASS 的地面控制部分由系统控制中心和遍布俄罗斯的跟踪网组成。GLONASS 的地面控制部分与 GPS 相似，负责测量和预报各卫星的星历并监视导航信号，此外还控制向每颗 GLONASS 卫星上行发送预报星历、相位数据及 24 颗卫星的在轨历书。在确定星历和卫星钟补偿时顾及了 GLONASS 卫星时与俄罗斯国家 Etalon 测定的 UTC(SU) 的尺度差别，并每隔 30min 向卫星加载导航数据。卫星测控和星载设备的控制也由地面控制设备完成。

在 GLONASS 出现后，随之出现了 GPS/GLONASS 兼用接收机，以综合利用两种系统。兼用接收机一般是混用两种系统的卫星信号，只要视界内有 5 颗以上的卫星，便可以为用户提供位置、速度与时间信息。之所以至少要用 5 颗而非 4 颗卫星，是因为 GLONASS 和 GPS 各自有自己的系统时，前者参照的是俄罗斯自己的世界协调时 UTC（SU），后者参照的是美国海军天文台的世界协调时 UTC（USNO），两者存在时差。另外 GLONASS 和 GPS 所用的测地坐标也不一样，GLONASS 用的是 PZ-90，GPS 用的是 WGS-84，在兼用接收机中需要进行坐标变换。

2．发展现状

1995 年年底，俄罗斯继承前苏联布完了整个 GLONASS 的 24 颗星座，民用水平定位精度约为 35m（95%）。自 GLONASS 具备完整运行能力后，由于受俄罗斯经济的影响，GLONASS 星座的补网发射难以顺利进行，星座维持陷入困境，用户设备的开发更是受到了极大的影响。由于失效的卫星得不到及时补充，系统故障率也较高，GLONASS 的实际情况远没有达到 GPS 的水平。

2001 年，GLONASS 在轨工作卫星只有 7 颗，用户能够同时观测到 4 颗卫星的概率只有 17%，很难为用户提供连续可靠的导航定位服务。2001 年 8 月 20 日，俄罗斯政府批准了 GLONASS 系统 2002—2011 年发展计划，将 GLONASS 系统的复兴提上日程。2005 年 7 月 14 日，普京政府批准了俄航天局提出的《2006—2015 年航天发展规划》，投资 3050 亿卢布，以保证俄罗斯在航天领域的优势地位，而加强 GLONASS 系统并加快其现代化是该规划的重点。

2007 年，GLONASS 恢复到了 18 颗星座，其中一些是新设计的 GLONASS-M 卫星，卫星寿命增加到 7 年，发射功率加大了一倍，信号载频稳定度提高，信号带宽控制更好，并且在 L2 上也要增加发射 C/A 码。

2010 年 4 月，俄罗斯恢复到了 21 颗卫星星座，基本具备较为完备的全球导航能力，并开始设计开发新型 GLONASS-K 导航卫星。

截至 2015 年 12 月 31 日，俄罗斯的 GLONASS 在轨导航卫星有 28 颗，其中 GLONASS-M 卫星 26 颗，GLONASS-K1 卫星 2 颗，提供定位、导航与授时服务的卫星 23 颗，全部为 GLONASS-M 型号。

目前新型的 GLONASS-K2 正在研制过程中,计划采购数量 27 颗,用于替代现役的 GLONASS-M卫星,并将GLONASS系统空间段扩展为30颗卫星组成的星座。俄罗斯GLONASS系统正在全面融入全球卫星导航体系,提升俄罗斯在全球定位、导航与授时领域的地位和作用。

5.4.4 Galileo 系统

伽利略(Galileo)卫星导航定位系统是欧盟研发的全球卫星导航系统,经过数年酝酿2001年4月5日在欧盟交通部长会议上正式批准建设。Galileo 卫星导航系统,是世界上第一个公共控制的民用导航定位系统,目标是"Galileo 必须是一个开放的全球系统,与 GPS 充分兼容而又与之独立"。

1. 系统组成

Galileo 的系统方案与 GPS 类似,也由空间段、地面段和用户段等三部分组成。

Galileo 星座由 27 颗工作卫星和 3 颗冷备份卫星组成,分布在三个离地高度 23616km 的圆形轨道面上,如图 5.15 所示。

Galileo 星座的卫星数量多,使城市区域卫星信号受遮挡的情况减少,可用性提高。每颗 Galileo 卫星在 E5、E6 和 E2-L1-E1 三个频段上发射信号。E5 频段为 1164～1215MHz(宽度为 51MHz),E6 为 1260～1300MHz(宽度 40MHz),E2-L1-E1 为 1559～1591MHz(宽度 32MHz)。E5 又分为 E5A 和 E5B 两个频段,分别为 1164～1188MHz 和 1188～1215MHz。卫星上还有一个专用于搜救的工作载荷,工作频段为 1544～1545MHz。可见 Galileo 信号带宽比 GPS 的 L1、L2、L5(均为 24MHz)宽了很多,能提高码分多址性能,提高接收机灵敏度,减小多径的影响。并且 Galileo 的 E5A 和 E2-L1-E1 频段的信号载频分别与 GPS 的 L5 和 L1 重合,便于 GPS/Galileo 兼用接收机的设计,与 GPS 的频段关系如图 5.16 所示。

图 5.15 Galileo 系统卫星星座

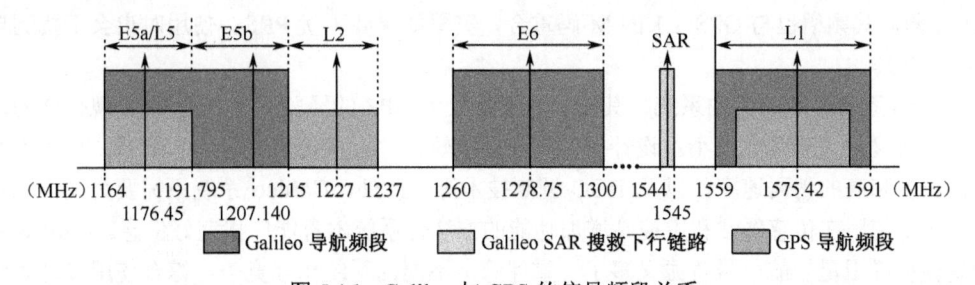

图 5.16 Galileo 与 GPS 的信号频段关系

Galileo 系统和 GPS 一样,采用码分多址接入方式(CDMA),每颗卫星的信号载频相同,伪随机码不同。为了区分 Galileo 信号与 GPS 信号,Galileo 系统采用与 GPS 不同的伪随机码。

Galileo 系统在三个频段内共发射十种信号外加搜救信号,包括 E5A 数据信号、E5A 先导信号、E5B 数据信号、E5B 先导信号、E6 分裂频谱信号、E6 商业数据信号、E6 商业先导信号、E2-L1-E1 分裂频谱信号、E2-L1-E1 数据信号、E2-L1-E1 先导信号等。利用这十种信号,Galileo

系统可以提供四种服务。

① 公开服务（OS）。OS 为全世界用户提供无差别的服务，不收取费用，但也不提供服务保证。OS 又分单频服务和双频服务。单频服务预计定位精度是水平 15m、垂直 35m；双频服务预计定位精度是水平 4m，垂直 8m。如果与 GPS 卫星合用，单频定位精度为水平 7～11m，垂直 13～26m；双频为水平 3～4m，垂直 6～8m。此项服务与 GPS 的民用服务类似，精度更高。

② 生命安全服务（SOL）。这种服务的主要特点是除了提供定位、定时信息之外，还可提供完好性信息。完好性信息是商业加密的，只有付费之后才能获得，系统提供服务保证。

③ 商业服务（CS）。这种服务是为专业用户提供的，用以产生增值应用。这种服务也是商业加密的，只有付费之后才能获得，系统对这种服务提供保证。

④ 公共法规服务（PRS）。这种服务主要用于法律强制执行、火警和军事等用途，具有较强的抗干扰能力，是政府批准加密的。水平定位精度预计为 6.5m，垂直为 12m（95%），定时精度为 100ns。

Galileo 系统的地面段是连接空间段和用户段的中间环节，实现卫星控制和任务控制功能，为用户安全可靠地使用整个 Galileo 系统的全部服务提供保障。Galileo 系统的地面段包括：位于欧洲的 2 个 Galileo 控制中心（Galileo Control Centers，GCC）；实现空间卫星与地面控制中心数据交换的 5 个 S 波段遥测、跟踪、遥控站（Telemetry Tracking Command，TTC）；10 个 C 波段任务上行站（Upload Stations，ULS）；29 个分布于全球的 Galileo 监测站（Galileo Sensor Station，GSS）；以及完好性处理装置和任务管理办公室。它们之间由 Galileo 数据链路和 Galileo 通信网络连接，与之相关的部门还包括搜索救援中心、EGNOS 和协调世界时部门等。

欧洲建立 Galileo 系统的目的之一是使欧洲能拥有自主权。在 GPS 已经为世界提供"位置、速度和时间"信息的情况下，为使 Galileo 系统进入世界民用市场，欧洲仔细地研究了各种民用的需要，制定了多项服务及其性能需求。另外，Galileo 系统是一种公共控制的系统，不可能依靠军费而必须要设法收取用户费用，才能维持甚至盈利，所以需要提供多种收费服务。

Galileo PRS 服务的用户之一是军队，这对欧洲建立自己的防务体系十分重要。尽管美国向欧洲盟国也提供 GPS 军用接收机，但密钥掌握在美国手中，受美国控制。有了 Galileo PRS，欧洲对卫星导航的使用便拥有了自主权。此外，Galileo PRS 所用的信号不仅其工作频段与 GPS 的 L1 相同，其频谱也与 GPS L1 的 M 码重合，美军如果要干扰 PRS，使用时也会干扰到自己的 M 码信号。

Galileo 系统是新研制的系统，其技术方案吸取了 GPS 的经验，尤其是 GPS 现代化的研究成果，同时又把风险减至最小。设计中坚持使用中轨，并大量使用"导引"信号，采用大的伪随机码长度和高的伪码速率，以及 BOC 调制技术等。此外，Galileo 系统不需要另加广域差分系统，而是使用在传感器站和主控站增加功能的方法使系统本身能广播完好信息。Galileo 系统的出现使世界卫星导航信号资源又多了一重保障，不同的系统相互竞争，综合使用多种系统将使卫星导航民用用户受益，民用用户也会有更多的选择。

2. 发展现状

在 Galileo 系统的发展过程中，Galileo 计划一经出台就受到来自政治和经济等多方因素的困扰。欧盟各国在系统研制经费等问题上一直存在分歧，同时还有技术上的困难及来自美国的压力，这使得伽利略系统的建设过程几经波折。原计划 Galileo 系统在 2008 年开始运行，实际的系统建设却一推再推，由于各种原因，该项目遭遇多次延迟，其成本压力也不断加重。

2011年10月，Galileo系统的首批两颗卫星成功发射入轨。

2012年10月，第二批两颗卫星成功发射，4颗伽利略系统卫星组成初步网络。

2014年8月，搭载俄罗斯联盟号火箭从法属圭亚那发射升空的第三批两颗伽利略导航卫星未能进入预定轨道，使得资金紧张的伽利略导航卫星发射计划受到影响并陷入停顿，后经轨道调整这两颗卫星才能运行。

2015年欧洲加快了Galileo系统的部署步伐，成功完成3次、6颗Galileo卫星的发射工作。

2016年欧洲又成功发射了6颗Galileo卫星。

经过五年的发射，截至2016年12月，已有18颗伽利略卫星进入轨道，但只有11颗可用于开放服务和授权，12颗用于SAR服务。由于发射异常，2014年发射的2颗卫星处于不正确的轨道，尽管欧洲航天局的工程师获得了对上述2颗卫星的控制，并改善了其轨道，但只有一颗可用于SAR服务，另一颗已停止服务。

2016年12月15日，欧洲委员会正式宣布Galileo初始服务启动，这是该系统向全面运行能力迈出的第一步。伽利略系统初始服务提供三种类型的服务，包括开放服务、授权服务和搜索与救援服务。欧洲还将继续发射新的卫星，部署卫星星座，逐步改善全球的服务性能和可用性。

5.4.5 北斗导航系统

北斗卫星导航系统（BeiDou Navigation Satellite System，BDS），简称北斗系统，是中国着眼于国家安全和经济社会发展需要，自主建设、独立运行的卫星导航系统，是为全球用户提供全天候、全天时、高精度的定位、导航和授时服务的国家重要空间基础设施。

20世纪后期，中国开始探索适合国情的卫星导航系统发展道路，逐步形成了三步走发展战略：2000年年底，建成北斗一号系统（也称北斗卫星导航试验系统），向中国提供服务；2012年年底，建成北斗二号系统（也称北斗卫星导航系统），向亚太地区提供服务；计划在2020年前后，建成北斗全球系统，向全球提供服务。

1. 北斗一号系统

我国早在20世纪60年代末就开展了卫星导航系统的研制工作，但由于多种原因而夭折。70年代后期以来，国内开展了适合国情的卫星导航定位系统研究。先后提出过单星、双星、三星和3~5星的区域性系统方案，以及多星的全球系统的设想，并考虑到导航定位与通信等综合运用问题，但是由于种种原因，这些方案和设想都没能够实现。

1983年，"两弹一星"功勋奖章获得者陈芳允院士和合作者提出利用两颗同步定点卫星进行定位导航的设想。1994年1月，正式批准双星导航定位系统立项建设，系统命名为"北斗一号"。2000年10月31日和2000年12月21日我国相继成功发射了北斗一号导航卫星，并于2003年5月25日0时34分在西昌卫星发射中心用"长征三号甲"运载火箭成功将第三颗在轨备份卫星送入太空。

北斗一号导航卫星的发射成功，标志着我国拥有了自主研制的第一代卫星导航定位系统。北斗一号系统于2002年试运行，2003年正式开通运行，北斗一号系统已经初步具备了定位、通信和定时功能。

（1）系统组成

北斗一号系统由空间卫星、地面运行控制系统和各类用户机三部分组成，如图5.17所示。

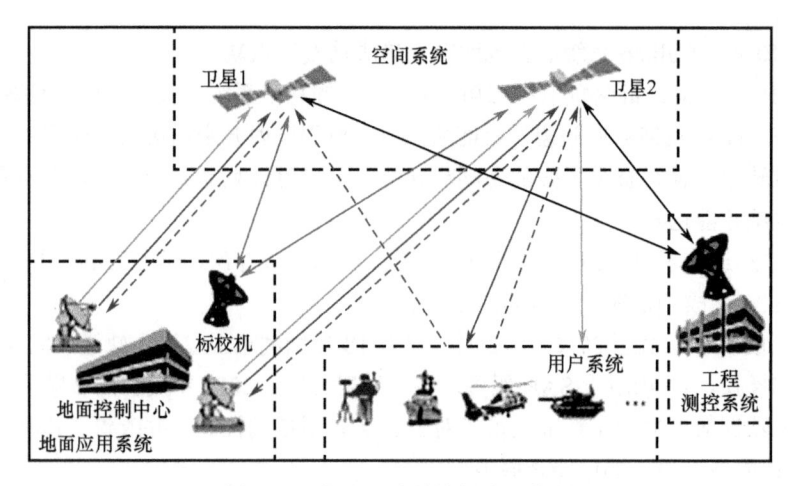

图 5.17 北斗一号系统组成示意图

① 空间卫星

空间卫星部分由 3 颗地球同步卫星组成，其中两颗为工作卫星，一颗为在轨备份卫星。两颗工作卫星分别定点在东经 80°和东经 140°，在轨备份卫星定点在东经 110.5°。

每颗卫星上主要载荷是变频转发器、S 天线（两个波束）和 L 天线（两个波束）。两颗卫星的 4 个 S 波束分区覆盖全服务区，每颗卫星的两个 L 波束分区覆盖全服务区，在轨备份卫星的 S/L 波束可随时替代任一颗工作卫星的 S/L 波束。图 5.18 为北斗一号系统的卫星模型。

卫星的主要任务是完成中心控制系统和用户机之间的双向无线电信号转发，并作为用户定位计算的空间基准。除此以外，卫星还具有执行测控子系统对卫星状态的测量和接受地面中心控制系统对有效载荷的控制命令的能力与任务。

图 5.18 北斗一号系统的卫星模型

② 地面运行控制系统

地面运行控制系统包括中心控制系统和标校系统两部分。

中心控制系统是北斗一号系统的信息处理、控制和管理中心，具有全系统信息的产生、收集、处理与工况测控等功能。中心控制系统主要由信号收发、信息处理、时统、监控、业务测控和测试 6 个分系统及配套设备组成。中心控制系统的主要任务如下：

- 产生并向用户发送询问信号和标准时间信号（即出站信号），接收用户响应信号（即入站信号）。
- 确定卫星实时位置，并通过出站信号向用户提供卫星位置参数。
- 向用户提供定位和授时服务，并存储用户有关信息。
- 转发用户间通信信息或与用户进行报文通信。
- 监视并控制卫星有效载荷和地面应用系统的工况。
- 对新入网用户机进行性能指标测试与入网注册登记。
- 根据需要临时控制部分用户机的工作和关闭个别用户机。
- 可根据需要对标校机有关工作参数进行控制等。

由于计算和处理都集中在中心控制系统完成,所以中心控制系统是北斗一号系统的中枢。

标校系统是地面应用系统的组成之一,由设在服务区内若干已知点上的各类标校站组成。标校系统包括定轨标校站、定位标校站和测高标校站,它们一般均为无人值守的自动数据采集站,在运行控制中心的控制下工作。

标校系统利用中心控制系统的统一时间同步机理,完成中心经卫星至标校机的往返距离测量。标校系统为卫星轨道确定、电离层折射延迟校正、气压测高校正提供距离观测量和校正参数。在系统服务区内布设多个标校站,完成对服务区的测量任务。

③ 用户机

用户机部分由混频和放大、信号接收天线、发射装置、信息输入键盘和显示器等组成。主要任务是接收中心站经卫星转发的询问测距信号,经混频和放大后注入有关信息,并由发射装置向两颗(或一颗)卫星发射应答信号。凡具有这种应答电文能力的设备都称为用户机,又称用户终端。图 5.19 为北斗一号系统的用户机。

图 5.19 北斗一号系统的用户机

(2)定位原理

北斗一号系统利用两颗地球同步卫星作为信号中转站,用户机接收卫星转发到地面的测距信号,并向卫星发射应答信号。中心控制系统根据用户的应答信号,利用已知卫星位置、用户至卫星的斜距以及用户的大地高计算出用户位置,并发送至用户机。

如果分别以两颗卫星为球心,以卫星到用户的斜距为半径作两个球,其交线为一个圆。交线圆与地球南北半球各有一个交点,由于系统服务区为北半球,所以北半球的交点就是测站,也就是用户所在的位置,如图 5.20(a)所示。

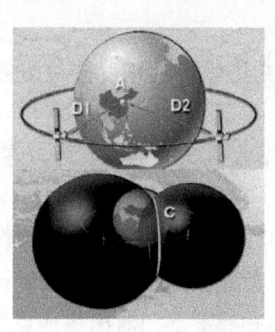

(a) 不考虑大地高的示意图　　(b) 考虑大地高的示意图

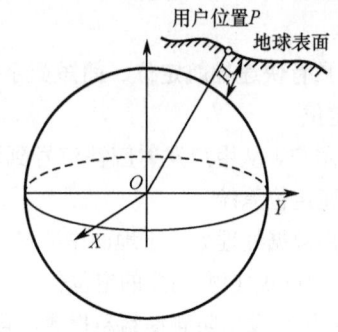

图 5.20 北斗一号定位原理示意图

实际上地球表面是有起伏的,用户位置应由地球表面与交线圆相交来确定。因此应给定用户的大地高,才可以唯一地确定用户位置,如图 5.20(b)所示。

北斗一号系统的定位过程中,主要有单收双发和双收单发两种工作模式。

① 单收双发

单收双发工作模式的基本过程为:中心站通过两颗卫星不断向用户发射询问信号,用户需要定位时接收和响应其中一颗卫星所转发的信号,并由用户机发射装置向两颗卫星发射响应信号,中心站的接收天线分别接收经两颗卫星转发的响应信号就,可测得传播时延,利用卫星的星历和数字高程模型,中心站便可计算出用户的三维坐标,并发送至用户机,如图5.21(a)所示。

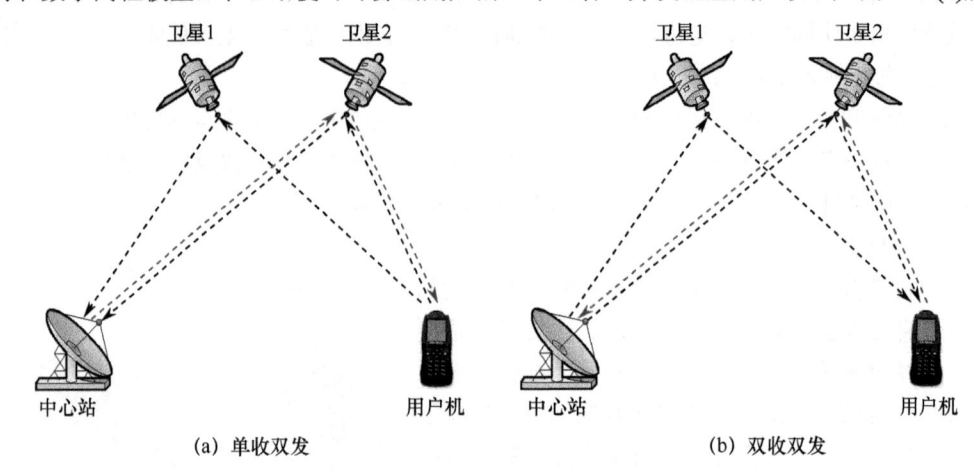

图 5.21 北斗一号工作模式示意图

(a) 单收双发　　(b) 双收双发

信号传递过程为:中心站→卫星1或者卫星2→用户→卫星1和卫星2→中心站。

② 双收单发

双收单发工作模式的基本过程为:中心站不断经由两颗卫星向用户发射询问测距信号,用户接收和响应经两颗卫星转发的这一信号,并由发射装置向其中一颗卫星发射响应信号,中心站的接收天线接收经这颗卫星转发的响应信号,就可测得传播时延,利用卫星的星历和数字高程模型,中心站便可计算出用户的三维坐标,并发送至用户机,如图5.21(b)所示。

信号传递过程为:中心站→卫星1和卫星2→用户→卫星1或者卫星2→中心站。

北斗一号系统经过不同的模式定位后,计算出的用户位置再由中心站通过卫星传递给用户机。

(3) 功能特点

北斗一号系统具有快速导航定位、简短数字报文通信和高精度授时服务三大功能。

① 快速导航定位

优先级最高的用户,从用户发射应答信号到测站收到定位结果,可以在1s之内完成,所以北斗一号系统是快速定位系统。

由于系统的全部数据处理集中于地面中心站,中心站有庞大的数字化地图数据库和各种丰富的数字化信息资源,中心站根据用户的定位信息,参考地图数据库可迅速地计算出用户前进目标的距离和方位,可对用户发出防碰撞紧急报警,可通知有关部门对出事地点进行紧急营救等。

快速定位、数字化地图库加上高速计算机处理,使得北斗一号系统具备了实时导航的能力。

② 简短数字报文通信

每个用户都有专用地址。用户机A想和另一用户机B联系时,用户机A输入用户机B的地址和通信电文,随响应信号送入中心站。中心站收到用户机A的响应信号后,译出要联系的用户机B地址和通信电文。中心站向用户机B发送通信电文。用户机B便可得到通信电文。中心站与用户的通信方式也类似。系统的通信容量决定了通信的速度和参加通信的用户数量。

③ 高精度授时

授时和通信、定位是在同一信道中完成的。中心站的原子钟产生的标准时间和标准频率,通过询问信号将时标的时间码发送给用户。通过用户的响应信号，中心站计算出时延，连同UTC的改正数一起发送给用户，用户便可将钟差减去时延而得到用户机的UTC标准时间。

利用北斗一号系统作为卫星授时手段，不仅具有GPS授时的优点，而且授时精度更高，也可在国家自主控制下为自己的用户服务。北斗一号系统的时间传递精度：单向100ns，双向20ns。

总之，北斗一号系统属区域卫星导航系统，它具有下列特点：
- 能够为中国用户提供全天时、全天候导航定位、通信和授时服务。
- 观测量的取得及定位解算均在地面中心站进行，卫星载荷和用户机较为简单，仅需具有信号转发功能。
- 仅需2～3颗卫星，投入小，性能投入比高。
- 发射信号由于采用猝发方式，加之采用扩频信号，不易被截获。
- 首次定位快。

由于北斗一号系统是区域导航定位系统，因此与GPS相比，存在定位原理、覆盖范围、用户容量和实时性等方面的不同。
- 定位原理不同：北斗一号系统是主动式双向测距导航系统，通过高程数据库，由地面中心控制系统解算出用户的三维定位数据；GPS是被动式伪码单向测距三维导航系统，由用户设备独立解算自己三维定位数据。
- 覆盖范围不同：北斗一号系统是覆盖我国本土的区域导航系统，GPS是覆盖全球的全天候导航系统。
- 用户容量不同：北斗一号系统的用户容量取决于用户允许的信道阻塞率、询问信号速率和用户的响应频率，用户设备容量有限；GPS是单向测距系统，用户设备只要接收导航卫星发出的导航电文即可进行测距定位，用户设备容量无限。
- 实时性不同：北斗一号系统的用户定位申请要送回中心控制系统，中心控制系统解算出用户的三维位置数据之后再发回用户，其间要经过地球静止卫星多次转发，再加中心控制系统的处理时间，时间延迟长，因此对于高速运动体，定位误差较大。

北斗一号系统是我国独立自主研制的卫星导航系统，标志着我国打破了美、俄在此领域的垄断地位，解决了中国自主卫星导航系统的有无问题，其具备的短信通信功能是GPS等卫星导航定位系统所不具备的。此外，该系统并不排斥国内民用市场对GPS的广泛使用。相反，在此基础上还将建立中国的GPS广域差分系统，使GPS民用码接收机的定位精度由百米级修正到数米级，可以更好地促进GPS在民间的利用。

2. 北斗二号系统

北斗一号系统采用了主动式双向测距的方法进行导航定位，受规模和体制限制，北斗一号用户需要通过卫星向地面中心提出申请，才能定位，定位精度偏低，用户数量受限。

为满足我国军民用户对无源导航定位的需求，2004年8月，第二代卫星导航系统批准立项，命名为北斗二号卫星导航系统，简称北斗二号系统。2012年年底，北斗二号系统完成14颗卫星发射组网。2012年12月27日北斗二号系统完成区域阶段部署，在兼容北斗一号技术体制的基础上，增加无源定位体制，可为亚太地区用户提供定位、测速、授时、广域差分和短报文通信服务。

（1）系统组成

北斗二号系统主要由空间段、地面控制段和用户段三部分组成。

① 空间段

北斗二号系统空间段包括 5 颗 GEO 卫星、5 颗 IGSO 卫星和 4 颗 MEO 卫星，星座组成如图 5.22 所示。

GEO 卫星的轨道高度为 35786km，分别定点于东经 58.75°、80°、110.5°、140°和 160°。

IGSO 卫星的轨道高度为 35786km，轨道倾角为 55°，分布在三个轨道面内，升交点赤经分别相差 120°，其中三颗卫星的星下点轨迹重合，交叉点经度为东经 118°，其余两颗卫星星下点轨迹重合，交叉点经度为东经 95°。

MEO 卫星轨道高度为 21528km，轨道倾角为 55°。

北斗二号卫星具有以下主要功能：

- 接收地面运控系统注入的导航电文参数，并存储、处理生成导航电文，产生导航信号，向地面用户设备发送信号。
- 接收地面上行的无线电和激光信号，完成精密时间比对测量，并将测量结果传回地面。
- 接收、执行地面运控系统上行的遥控指令，将卫星状态等遥测参数下传给地面。
- GEO 卫星具有北斗一号 RDSS 定位转发和通信转发能力，为双向授时、报文通信及地面运控系统各站间的时间同步与数据传输提供转发信道。
- 接收信道具备通道保护能力。
- 具有区域功率增强功能。

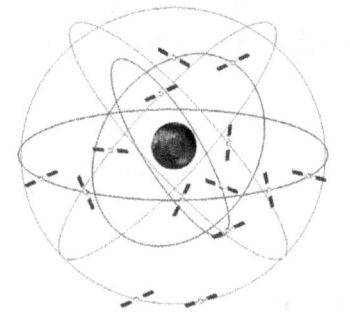

图 5.22 北斗二号系统星座示意图

② 地面控制段

地面控制段负责系统导航任务的运行控制，主要由主控站、时间同步/注入站、监测站等组成。主控站是北斗二号系统的运行控制中心，主要任务包括：

- 收集各时间同步/注入站、监测站的导航信号监测数据，进行数据处理，生成导航电文等。
- 负责任务规划与调度和系统运行管理与控制。
- 负责星地时间观测比对，向卫星注入导航电文参数。
- 卫星有效载荷监测和异常情况分析等。

时间同步/注入站主要负责完成星地时间同步测量，向卫星注入导航电文参数。

监测站对卫星导航信号进行连续观测，为主控站提供实时观测数据。

③ 用户段

用户段主要包括服务于陆、海、空、航天等不同用户的各种性能用户机，也包括与其他导航系统兼容的终端。

北斗二号用户机设备的主要功能是，接收北斗二号卫星发送的导航信号，恢复载波信号频率和卫星钟，解调出卫星星历、卫星钟校正参数等数据；通过测量本地时钟与恢复的卫星钟之间的时延来测量接收天线至卫星的距离（伪距）；通过测量恢复的载波频率变化（多普勒频率）来测量伪距变化率；根据获得的这些数据，计算出用户所在的位置、速度、准确的时间等导航信息，并将这些结果显示在屏幕上或通过端口输出。

北斗二号通用型用户机有基本型、兼容型、定时型和双模型，如图 5.23 所示。

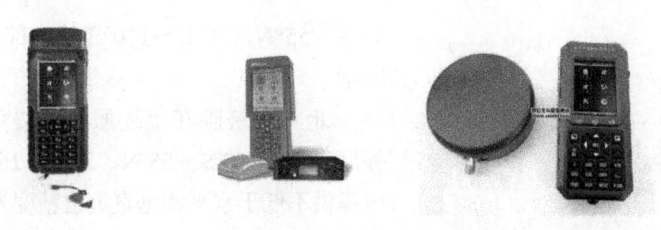

图 5.23 北斗二号用户机

④ 北斗时间系统

北斗二号系统的时间系统采用北斗时（BeiDou Navigation Satellite System Time，BDT）。北斗时是一个连续的时间系统，由地面运控系统主控站时频系统产生。它的秒长取为国际单位值 SI 秒，不闰秒；以"周"和"周内秒"为单位连续计数，通过导航电文发播。起始点为 2006 年 01 月 01 日 UTC00h00min00s。

（2）定位原理

北斗二号系统可以通过主动式双向测距导航和被动式伪码单向测距导航两种方式进行导航定位。

① 主动式双向测距导航

北斗二号系统继承了北斗一号系统的双星定位体制，采用主动式双向测距为用户提供导航定位服务，基本定位原理为双向测距、三球交汇测量原理：中心站通过两颗 GEO 卫星向用户广播询问信号（出站信号），并根据用户响应的应答信号（入站信号）测量并计算出用户到两颗卫星的距离；然后根据中心站存储的数字地图或用户自带测高仪测出的高程算出用户到地心的距离，根据这三个距离就可以通过三球交汇测量原理确定用户的位置，并通过出站信号将定位结果告知用户。授时和报文通信功能也在这种出入站信号的传输过程中同时实现。

定位原理、工作过程和工作模式与北斗一号类似。

② 被动式伪码单向测距导航

北斗二号系统开始提供无源定位功能，与 GPS 类似采用被动式伪码单向测距、三球交会原理实现导航定位：用户机接收至少 4 颗卫星导航信号进行单向测距，获得至少 4 个伪距观测量和导航电文信息，利用导航电文信息解算卫星位置；利用 4 颗卫星位置、4 个伪距观测量和导航电文信息进行解算得到用户位置和时间。

具体工作过程如下：

- 地面运控系统负责系统时间同步、卫星轨道观测及导航信号检测，完成卫星钟差、卫星轨道、电离层改正等导航参数及广域差分、完好性等广播信息的确定，并上行注入给卫星。
- 在地面运控系统的管理下，导航卫星连续发射导航信号，信号中包括载波、伪随机测距码、导航电文（包括卫星时间、卫星钟差、卫星轨道、电离层改正及广域差分、完好性等信息）。
- 用户机接收至少 4 颗卫星导航信号，进行解算得到用户位置和时间，完成基本导航定位、授时等功能；还可以通过多普勒测量，完成测速功能。

（3）服务性能

北斗二号系统公开服务区指满足水平和垂直定位精度优于 10m（置信度 95%）的服务范围。北斗二号系统已实现覆盖亚太地区的区域服务能力，现阶段可以连续提供公开服务的区域包括

55°S～55°N，70°E～150°E 的大部分区域，如图 5.24 所示。

北斗系统除在上述服务区提供相应指标的服务外，还可在 55°S～55°N，55°E～160°E 的大部分区域内提供不低于水平和垂直定位精度为 20m 的导航服务，以及在 55°S～55°N，40°E～180°E 的大部分区域内提供不低于水平和垂直定位精度为 30m 的导航服务。离服务区越远的用户，精度越低，可用性也随之下降。

3．北斗全球系统

在北斗一号系统和北斗二号系统的基础上，继承北斗有源服务和无源服务两种技术体制，我国已于 2009 年启动北斗全球系统建设。计划 2018 年，面向"一带一路"沿线及周边国家提供基本服务；2020 年前后，完成 35 颗卫星发射组网，为全球用户提供服务。

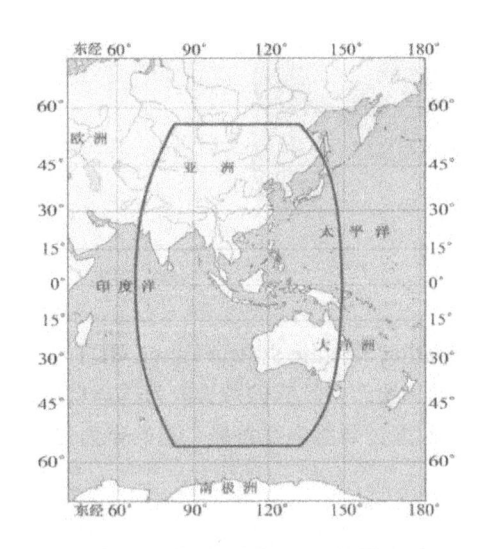

图 5.24 北斗二号系统服务区示意图

北斗全球卫星导航系统，简称北斗全球系统或北斗系统，英文缩写为 BDS。北斗系统由空间段、地面段和用户段三部分组成。

北斗系统空间段由 5 颗地球静止轨道（GEO）卫星、27 颗中圆地球轨道（MEO）卫星和 3 颗倾斜地球同步轨道（IGSO）卫星组成，如图 5.25 所示。

GEO 卫星轨道高度 35786km，分别定点于东经 58.75°、80°、110.5°、140°和 160°；MEO 卫星轨道高度 21528km，轨道倾角 55°；IGSO 卫星轨道高度 35786km，轨道倾角 55°。

图 5.25 北斗全球系统卫星星座

北斗卫星发射 B1 和 B2 两种信号，B1 和 B2 由 I、Q 两个支路的"测距码+导航电文"正交调制在载波上构成。B1I 信号和 B2I 信号的载波频率在卫星上由共同的基准时钟源产生。其中，B1I 信号的标称载波频率为 1561.098MHz，B2I 信号的标称载波频率为 1207.140MHz。卫星发射信号采用正交相移键控（QPSK）调制。

北斗系统所使用的信号频段与 GPS、Galileo 和 GLONASS 系统的信号频段邻近，四个系统的信号频段关系如图 5.26 所示。

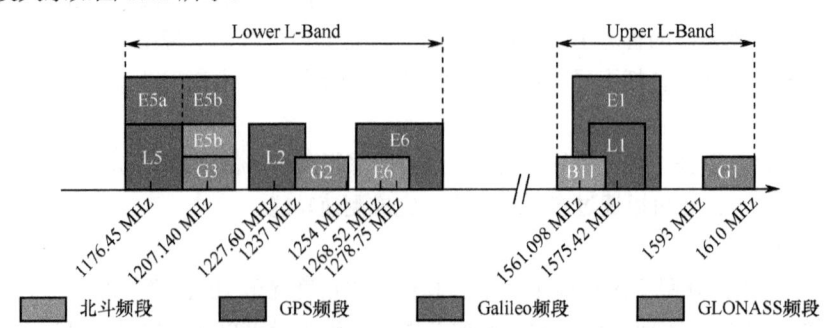

图 5.26 北斗系统与其他卫星导航定位系统的信号频段关系

北斗系统地面段包括主控站、时间同步/注入站和监测站等若干地面站。

北斗系统用户段包括北斗兼容其他卫星导航系统的芯片、模块、天线等基础产品，以及终端产品、应用系统与应用服务等。

卫星导航系统是全球性公共资源，多系统兼容与互操作已成为发展趋势。中国始终秉持和践行"中国的北斗，世界的北斗"的发展理念，服务"一带一路"建设发展，积极推进北斗系统国际合作。与其他卫星导航系统携手，与各个国家、地区和国际组织一起，共同推动全球卫星导航事业发展，让北斗系统更好地服务全球、造福人类。

随着北斗系统建设和服务能力的发展，相关产品已广泛应用于交通运输、海洋渔业、水文监测、气象预报、测绘地理信息、森林防火、通信时统、电力调度、救灾减灾、应急搜救等领域，逐步渗透到人类社会生产和人们生活的方方面面，为全球经济和社会发展注入新的活力。

截至 2016 年底，我国已经先后发射了 23 颗导航卫星并进行系统组网和试验，计划到 2020 年完成所有星座的布设，以具备全球卫星导航的能力。

5.5 组合导航系统

组合导航是指把两种或两种以上不同导航系统以适当的方式综合在一起，使其性能互补、取长补短，获得比单独使用任一导航系统更高、更可靠的导航性能。尽管存在多种导航定位系统，但是到目前为止，还没有一种导航系统能够完全满足所有要求，通过组合导航的方式，将各种导航系统相互搭配综合使用，是目前多种运载体的主要导航方式，在很大程度上能够满足各种特定的需求。在实际应用中，组合导航系统包括以 GPS/罗兰-C 为代表的无线电组合导航系统，还包括以惯导/卫星导航为代表的惯性导航系统与无线电导航系统形成的组合导航系统。

5.5.1 无线电组合导航系统

GPS 和罗兰-C 在一定程度上都存在着可用性和完好性问题，单独使用都不能作为终端和本土航路导航的主用导航系统。两者组合后，通过 GPS 的时间传递，可同步不同台链的罗兰-C 发射机，用户能够使用不同台链罗兰-C 台发射的信号进行定位，提高了系统的可用性。此外，将 GPS 伪距与罗兰-C 的时差相结合，还能提高定位的完好性以及自主式系统故障检测和隔离能力。当 GPS 出现短暂性能降低时，组合效果尤为明显。

在民用航空中，组合导航的应用十分广泛。在 Omega 和子午仪停止之后，现阶段的越洋地区和边远地区主要依靠 GPS 和惯性导航；在本土航路、终端区和非精密进近则主要依靠 VOR、DME 和无线电信标进行导航；精密进近与着陆主要依靠 ILS（英国和荷兰主要使用 MLS）。军用航空情况比较复杂，以美国为例：从越洋到非精密进近都依靠 GPS，也有的采用 TACAN 和无线电信标作近程导航；精密进近主要依靠 ILS，在边远机场使用精密进近雷达（PAR）；航空母舰着舰主要依靠类似精密进近雷达（PAR）的系统。航海过程中，在越洋区主要使用 GPS 和惯导，岸区主要使用 GPS 和罗兰-C，海港与内河主要依靠海用 DGPS，而海用无线电信标还未完全废止。

5.5.2 惯性/卫星组合导航系统

无线电导航系统的误差不随使用时间而积累，将它与惯导组合使用，可以发挥各自的优点，为用户提供精度高、连续性好的导航信息。在卫星导航系统出现之前，曾经用罗兰-C、TACAN 和 Omega 与惯导组合，也曾使用多普勒导航系统与惯导组合以减缓惯导的漂移，后来主要用卫星导航与惯导组合。两者都是全球、全天候、全时间的导航系统，并且都能提供多种导航信息，两者优势互补，能消除各自的缺点，使惯性/卫星组合导航系统的应用越来越广泛。目前许多军事平台，包括各种军用飞机、水面舰船、战车、导弹发射器、火炮、巡航导弹、空地导弹、炸弹、炮弹都采用了惯性/卫星组合导航系统来导航、定位和制导。

惯性导航系统是一种既不依赖于外部信息，又不发射能量的自主式、可全球运行的导航系统，具有隐蔽性好、抗干扰能力强等优点。惯导提供的导航数据十分完备，除能提供载体的位置和速度外，还能提供航向、姿态和航迹角等信息，并且数据更新率高、短期精度好。然而，当惯导单独使用时，定位误差随时间而积累，每次使用之前初始校准时间较长。

卫星导航系统，特别是 GPS，能为世界上陆、海、空、天的用户，全天候、全时间、连续地提供精确的三维位置、三位速度以及时间信息。但是，与惯导相比 GPS 抗干扰能力弱，易受信号遮挡的影响。

将 GPS 长期高精度性能特性和惯导的短期高性能特性有机地结合起来，可使组合后的导航性能比任一系统单独使用时精度更高、适用性更强。当要求的输出速率高于 GPS 用户设备所能给出的速率时，可使惯导数据在 GPS 相继两次更新之间进行内插；在因干扰使 GPS 不工作时，惯导可以根据 GPS 最新有效解进行外推。

经 GPS 校准的惯导，在 GPS 信号中断期间的误差增长率显然要比没有校准、自由状态下惯导的误差增长率低。GPS 数据对惯导的辅助、可使惯导在运动中进行初始对准，提高快速反应能力。当机动、干扰或遮挡使 GPS 信号丢失时，惯导对 GPS 辅助能够帮助接收机快速地重新捕获 GPS 信号；同时，惯导对 GPS 的速率辅助，还可使 GPS 接收机跟踪环路的带宽取得更窄，很好地解决了动态与干扰的矛盾。因为，当接收机的带宽取得很宽时，其动态响应能力增强，但抗干扰性能变差；若带宽取得很窄，抗干扰性能提高，但是动态响应能力变差。因此，用惯导的速度数据对 GPS 进行辅助是解决这一矛盾的有效方法。

5.6 其他军事导航定位系统

随着军事通信网络的飞速发展，出现了新的通信、导航与识别集成系统。这种系统采用同步时分多址接入方式，网内相互通信的所有用户的保持时钟同步，而且每个用户按规定的时间和顺序发射信号。这样，其他用户就可以根据接收到信号的时间，计算出与发射用户之间的距离，进行相对导航定位。这种系统通常采用统一的信号格式，利用一套硬件设备就可以同时完成通信、导航与识别功能，突破了无线导航系统的导航台与用户设备相互配合的模式，是一种与卫星导航差不多同时出现的导航定位系统。这种系统的典型代表就是美军的联合战术信息分发系统/多功能信息分发系统（Joint Tactical Information Distribution System/Multifunctional Information Distribution System，JTIDS/MIDS）和定位报告系统（Position Location Reporting System，PLRS）。

5.6.1 联合战术信息分发系统/多功能信息分发系统

Link-16 是美国、北约和一些主要西方国家现今的首要战术数据链，用于在海陆空作战平台之间实时交换战术信息。Link-16 的无线传输通道就是联合战术信息分发系统/多功能信息分发系统（JTIDS/MIDS），具有通信、导航和识别功能。

JTIDS/MIDS 采用同步时分多址体制（TDMA），网络中指定任一部用户设备（端机）作为时间基准，所有其他用户端机的时钟均与之同步，形成系统时。系统时划分为时元、时帧和时隙。所有用户，根据其拥有信息的多少分配一定的时隙，轮流广播出来，形成公共"信息池"，同时所有用户又可以从这个动态的公共"信息池"中取出自己所需要的信息。JTIDS/MIDS 所广播的脉冲信号，采用了脉间跳频、直序扩频及纠错编码，具有很强的抗干扰能力。由于采用信源加密、发射加密及基码加密，系统具有较强的抗截获能力。

在 JTIDS/MIDS 系统中，所有端机均在规定的时刻（如时隙起点）发射信号，其他端机接收信号，使用中可以根据信号到达时间（Time of Arrival，TOA）计算收发时延，从而计算出与发射端机之间的距离。在 Link-16 的消息格式中有一种"参与者精确定位与识别"（Precise Participant Location and Identification，PPLI）消息，按 Link-16 协议规定，各成员要定期发射 PPLI 消息，在 PPLI 消息中载有发射端机的实时位置信息。因此，任何端机如果不运动，只要收到由三个其他端机发来的 PPLI 信号，就可以计算出自己的三维位置。如果端机载于运动中的作战平台上，而且系统又采用时分多址接入方式，所以发射和接收各个 PPLI 的消息时，平台的时间和空间位置都是错开的，即对于一个要定位的端机来说，各次收到的 TOA 的源和自己的位置都不重合。为了产生自己的实时位置，需要用卡尔曼滤波器把这些 TOA 链接起来，利用过去的 TOA 最佳地估计出平台当前的位置。

当平台作大范围机动时，卡尔曼滤波估值可能因滞后而发生较大误差。因此在 JTIDS/MIDS 中，实际是用卡尔曼滤波器把 TOA 和惯导组合在一起。惯导有高的数据更新率，在短时期内维持较精确的导航数据。端机每次接收到适当的 PPLI 信号后，以其 TOA 导出信息，使卡尔曼滤波器的迭代运算产生新的惯导误差和状态以修正惯导，从而不断维持高精度的导航。

从原理上看，JTIDS/MIDS 的导航与 GPS/惯导组合导航有些类似，只是修正源不同。JTIDS/MIDS 的导航功能是由 TOA 与惯导组合的结果，因为使用过程中经常需要载体航向姿态信息，只有与惯导组合才能实现这一需要。此外，用 TOA 导航时需要考虑几何因子，当 TOA 源的几何分布不好时，定位精度便会很差，甚至根本不能定位。如果短期内出现因几何精度因子太差，使某个或某些端机不能精确定位时，需要惯导系统保证导航功能的可靠连续。

由于 TOA 表示的是相对距离，如果系统定位所依据的坐标系是由并不知道其准确地理位置的端机来规定，那么 JTIDS/MIDS 的导航功能便只是一种相对导航功能，端机只了解其在相对的坐标系中的位置与航向，并不了解在测地坐标系中的位置与航向。当成员中有两部端机知道自己的准确位置时，便可以通过坐标变换和相对导航传递功能，使全网成员同时具有地理导航能力。

由于 TOA 决定了 JTIDS/MIDS 的导航精度，这就要求 JTIDS/MIDS 端机之间保持较高的时间同步精度，一般是在±20ns（95%）量级。JTIDS/MIDS 为了维持这样高精度的同步，需要一定的开销，这种开销随参战平台的数量与种类（动态）的不同而不同。一般情况下可能占到系统总吞吐率的 10%～20%，JTIDS/MIDS 的定位精度约为 30.5m。如果在 JTIDS/MIDS 导航功能中再组合卫星导航，则更有利于提高导航精度。与卫星导航/惯导组合系统相比，JTIDS/MIDS 的导航功能抗干扰能力强，不能被敌方利用。JTIDS/MIDS 工作频段为 960～1215MHz，电波经空地和空空传播，可以覆盖上千千米，但是不能覆盖全球。

JITDS 是美国从 20 世纪 70 年代中期开始研制的，20 世纪 80 年代初 JTIDS I 类端机开始装备美国和北约的 E-3A 预警机和地面防空系统。20 世纪 80 年代末 JTIDS II 类端机和 Link-16 的协议与消息格式逐渐成熟，Link-16 扩展到了美国海军的大型军舰、E-2 预警机、F-14 战斗机等平台。20世纪90年代末,美国和欧洲联合研制的MIDS投入生产,MIDS与JTIDS II类端机的功能和指标相同,只是体积更小、质量更轻、价格更低,使Link-16迅速向美国和北约的大量作战飞机扩展,并在防空和反导弹系统中广泛应用。

5.6.2 定位报告系统

美国陆军在20世纪80年代初制定了新的作战纲要,提出了新型的作战理论。要求美军的作战单位能够在指定的时间出现在指定的地点,以充分发挥空中和地面各种武器的综合效能,然后隐蔽起来,使美军自始至终掌握战争的主动权。作战过程中,陆军指挥人员需要准确掌握各作战单位在战场上实时准确的分布,也要求各作战单位实时掌握自己在战场上的位置。在这种情况下,美军从20世纪70年代中期开始研制定位报告系统(PLRS),向指挥员显示其所辖的陆上和空中各战术单位的实时分布态势,并能够为各作战单位提供准确的导航定位信息。

PLRS是由主控设备和最多可达400个用户设备组成的无线网络,采用同步时分多址体制(TDMA),所有用户的时钟与主控设备时钟同步,网络各个成员轮流发射信号。因此,只要网中有三个基准成员知道了自己的准确位置,主控站便可以根据用户设备所发射信号到达这三个基准的TOA算出用户的位置,然后再通过网络告知用户。

PLRS的工作频率为420~450MHz,由于有地形遮挡,不一定所有用户都处于基准成员的视距内,因此,所有用户的同步及定位是逐级推演完成的,共有四级。各成员将收集到的所有来自其他成员的TOA信息逐级传回主控站。主控站根据这些TOA首先定出所有在基准成员视距内的用户位置,再以这些用户位置为基础,定出另一批虽然不在基准成员视距内,然而却在已定出位置成员的视距内所有用户的位置。然后再逐级将定位信息从主控站传送给相应的用户。这样,不但指挥员可从主控站了解各单位在战场的分布,各单位也知道自己的位置,PLRS特别适用于陆军的山地作战。

PLRS系统由主控站控制,定位解算在主控站完成。由于系统采用同步时分多址接入方式,三个TOA并非同时发生,用户又可能处于运动中,因此,主控站需要采用卡尔曼滤波法解算出用户的实时位置。此外,主控站必须拥有到达每个用户的传输路由,才能维护系统正常工作。

PLRS信道采用跳频、直序扩频和纠错编码,抗干扰能力强。由于系统在实现全网同步和传送TOA及定位信息时开销很大,PLRS的通信功能已很弱,只能传送有限种类的短消息。

PLRS在海湾战争中已投入使用,利用逐级中继克服地形障碍影响,但同时也消耗了很大的传输容量,因此,用户之间只能通过主控站作简单的和规定的数据交换。为了提高系统的通信能力,1988年美国陆军完成了增强型PLRS(Enhanced Position Location Reporting System,EPLRS)的研制。与PLRS相比,EPLRS的数据分发能力明显改善,用户之间可以直接通信而不必通过主控站;同时还增加了系统与其他陆军系统的接口,并且可以与JTIDS/MIDS系统相连。

5.7 导航系统的应用及发展

陆基无线电导航系统的性能基本不受外界因素和工作时间的影响,用户设备比较简单,容易为各种运载体所接受。随着电子技术的发展,陆基无线电导航设备技术和系统性能不断提高,随着导航台数量的不断增加,使陆基无线电导航基本覆盖了世界航运的主要空域和海域,成为航空航海的主要导航装备。在自主式系统方面,20世纪40年代和60年代先后产生了多普勒导航系统和惯性导航系统。多普勒导航系统主要用于飞机远程导航，曾经是轰炸机和直升机的主要导航系统。惯性导航系统是在洲际导弹制导需要的刺激下产生的。由于惯导的工作不依赖于无线电波的传播，在军事航空和航海，包括在水下航行中具有重要作用。

陆基无线电导航系统存在一个基本矛盾。当系统采用 VHF 以上的频段时，电波传播稳定，因此能够提供较高精度的导航信息。然而此时电波沿直线传播，由于地球表面弯曲和地形地物遮挡，一个导航台只能覆盖不大的空域，对地面和海面覆盖很小。反过来当系统发射低频信号时，电波沿地表传播，一个导航台可以有很大的覆盖范围，然而由于电波传播不够稳定，因而导航信息的精度和更新率都不可能很高。

一颗导航卫星可以看到大约地球 40% 的面积，多颗卫星组成的星座便可以提供全球陆、海、空、天无缝的覆盖，加上卫星发射采用高频段，因而能产生高精度的导航信息。因此卫星导航解决了陆基无线电导航系统的基本矛盾，还把导航从空海运输发展到了陆路交通。不仅如此，卫星导航系统是在新的信息技术和精密定时技术的基础上产生的，因而比陆基系统精度更高，所提供的信息种类除了实时三维位置之外，还有三维速度与时间。此外，卫星导航系统继承了陆基无线电导航系统的优点，在微电子和软件技术的基础上，用户设备体积小、质量小、耗电少、价格低、功能强，这就使卫星导航有潜力为陆、海、空、天的航行提供更好的服务，使需要精确的空间和时间信息的广大军事和民用部门拥有了一种精确便捷定位与时间的信息来源，能完成过去难于实现的目的，而且在应用的同时创造出各式各样的应用技术和方法。这就使卫星导航成为一种赋能系统，渗透到各种军事和国民经济部门，起到了核心基础设施和军事信息系统的作用。

鉴于卫星导航在军事和民用方面的重要性，为了获取军事优势和保障本国主权，有能力的国家或地区都竞相发展卫星导航系统。为了使卫星导航能用于航行引导或其他特殊要求的领域，发展了各种对卫星导航的增强系统。在战场上为了利用卫星导航系统和阻止敌方利用卫星导航系统，发展了导航战技术。由于卫星导航的巨大作用，也为恐怖分子利用卫星导航系统实施恐怖活动和破坏卫星导航系统以扰乱国民经济带来可乘之机，这就是卫星导航领域内的反恐问题。卫星导航系统自从 20 世纪 70 年代确定方案，90 年代中期正式投入运行，许多年已过去了，新技术和新要求促使卫星导航系统本身不断改进，这就是卫星导航现代化。总之，卫星导航系统已成为国民经济发展的发动机，是获取军事优势的重要信息系统。

20 世纪 70 年代以来，在卫星导航技术获得巨大发展的同时，自主式导航技术主要是惯性导航技术也获得了长足的发展。此前，惯性导航系统采用基于机电陀螺的平台式体制，体积大、价格贵、可靠性不高，主要是装备一些重要的军事和民用空海平台。20 世纪 70 年代由于环形激光陀螺与计算机技术的进步，推动了捷联式惯导技术的发展，大大提高了航空惯导的可靠性，在 80 年代以后逐渐取代了航空平台式惯导。同时，各种在新原理基础上的陀螺和加速度计大量涌现，其中包括光纤陀螺和微机电陀螺，它们体积小、质量轻、价格低，在战术武器制导和车辆导航中得到了大量推广。微机电惯性器件在 2020—2030 年将占据重要位置。

惯性导航系统有许多优点，例如能同时提供位置、速度和航向姿态信息，自主、隐蔽、不怕干扰等，在军事上具有重大意义，然而它的定位误差随系统工作时间而积累。卫星导航系统则相反，其定位精度高，但用户设备易于受到干扰。把两种设备组合在一起，可以形成精度高而且抗干扰能力强的组合导航系统。自 20 世纪末以来组合技术已从松耦合进入紧耦合，目前正在发展的是深度耦合组合，从而更深入地发掘两种系统的性能互补性。廉价惯导与卫星导航相组合，可以产生精度高而且在卫星导航信号中断后一段时间内连续工作的系统，广泛应用于车辆导航和战术武器等应用场合。精度较高的惯导与卫星导航相组合，可以明显提高卫星导航的抗干扰能力，使组合系统能较长期地保持高的定位精度。所以，目前巡航导弹、军用飞机、战车和大型民航飞机等都装备了组合式导航系统。

惯导需要不断校正，除了用卫星导航之外，还可利用地形起伏、地球重力和地磁等随位置的变化去校正惯导，这就是地形辅助导航、重力导航和地磁导航。这些新出现的校正方法是利用地球物体现象的不规则性，因而抗毁性很高。

从理论上说，任何无线通信网络，只要网络成员之间能够建立和保持精确的时间同步，就可以用测量信号到达时间实现成员的相对定位。因为定位对时间同步的要求很高，需要专门实现和不断保持，所以网络带宽是一个关键。这种系统的一个优点是，由于导航和通信是利用同一通道完成的，所以，所有用于军事通信的抗干扰、保密和抗毁措施都可直接用于导航功能，形成抗干扰、保密和抗毁的导航系统。另一个优点是，通信导航功能在同一系统中完成，没有覆盖区域不重合和系统间信息交换的问题，用户的实时位置可利用通信功能广播出来，为自然地形成和分发战场实时态势图提供基础。所以这类系统的导航功能主要是为综合电子信息系统、武器系统和作战支持系统等服务。

自20世纪90年代以来，全球卫星导航系统以其速度快、效率高、测量定位精度高等一系列特点，深受各个行业数据采集和资源监测人员的青睐。从近年的情况推断，全球卫星导航系统有如下发展趋势。

向多系统组合式导航方向发展。为了摆脱对美、俄的导航定位系统的依赖，以免受制于人，世界各国、各地区和组织将纷纷建立自己的卫星导航定位系统，我国的北斗导航、欧盟的伽利略计划就在此列。可以预料，未来几年内将会出现多种系统同时并存的局面，这为组合导航技术的发展提供了条件。通过对全球定位系统、北斗、格洛纳斯、伽利略等信号的组合利用，不但可提高定位精度，还可使用户摆脱对一个特定导航星座的依赖，可用性大大增强，多系统组合接收机有很好的发展前景。

惯性导航、无线电导航技术相结合。由于惯性导航是完全自主的导航系统，在GPS失效的情况下，惯性导航仍可保持工作。在实际应用中，惯导系统和GPS接收机之间存在三种耦合方式：松散耦合、紧密耦合和深度耦合。在深度耦合中，GPS接收机作为一块线路板被嵌入惯性导航的机箱内，这就是ECI系统。此外，GPS可与增强型定位系统（EPLRS）相结合。EPLRS是一种先进的无线电装置，它带有一定的自主导航能力。目前，已成功验证可以通过网络自动把GPS转换到EPLRS。

向差分导航方向发展。使用差分导航技术，既可降低或消除那些影响用户和基准站观测量的系统误差，包括信号传播延迟和导航星本身的误差；还可消除人为因素造成的误差。随着全球定位技术的发展，差分导航将得到越来越广泛的应用，将应用于车辆、船舶、飞机的精密导航和管理，还可应用于大地测量、航测遥感和测图，地籍测量和地理信息系统（GIS），航海和航空的远程导航等领域。差分导航将从目前的区域差分向广域差分、全球差分发展，其导航精度将从近程的米级、分米级提高到厘米级，从远程的米级提高到分米级。

第 6 章
军事通信系统与数据链

军事通信系统是现代作战中不可缺少的重要军事信息系统，是指挥自动化系统的"神经网络"，也是国家和军队的重要基础信息设施，承担着信息传送的任务，对夺取信息优势、打赢现代高技术战争，发挥着至关重要的作用。军事指挥系统由指挥员、指挥机关、指挥对象和指挥手段四个要素构成，通信则是把这四个要素连接起来的纽带和桥梁。因此，可以说没有军事通信系统，就没有战争的胜利。

数据链是紧密结合战术应用，在数据处理技术和无线数据通信技术基础上发展起来的一项综合技术，综合了传输组网技术、时空统一技术、导航技术和数据融合处理技术，形成一体化的装备体系。数据链主要是保证战场上各个作战单元之间迅速实时地交换信息，共享各作战单元掌握的所有情报，实时监视战场态势，提高相互协同能力和整体作战效果，是信息化战争中的一种重要的通信方式。

6.1 军事通信系统概述

军事通信系统是国防基础设施的重要组成部分，是多种军事信息系统的黏合剂和神经中枢。在新时期，军事通信有了新的内涵，例如在网络的应用上，以往协议上层应用较为简单（如指挥自动化系统的应用主要就是文电传输），且与通信网络间界限分明（通信只提供传输平台）。而如今，协议的上层日趋复杂，涉及军事领域的各类应用，应用系统与通信网络间联系紧密，通信网络不再仅仅是传输平台，同时还提供多种信息服务（如信息检索、域名服务、电子邮件、VOD 等）。因此，信息条件下"军事通信"将不再只是多个独立网系的简单组合，而是由不同层次，不同使命的多个要素有机构成的一个完整系统。

6.1.1 军事通信系统的基本概念

1．通信系统与通信网

通信的目的就是将信息从发送端传递到接收端。通信系统是指由两个或两个以上相互关联、相互制约、相互作用的元素组成的具有信息传递功能的有机整体。

点对点单向通信系统主要由信源、发送设备、信道、噪声源、接收设备及信宿六部分组成，如图 6.1 所示。

信源 → 发送设备 → 信道 → 接收设备 → 信宿
                       ↑
                     噪声源

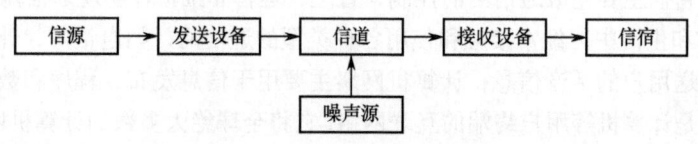

图 6.1 点对点单向通信系统

要构成双向互相传递信息的系统，还需要一套相同的设备做相反方向的通信。这样，就构成通信的最基本形式——点对点通信系统。

要实现多用户间的通信，必然涉及寻址、选路、控制、管理、接口标准、服务质量保证等一系列在点到点模型系统中原本不是问题的问题。这些问题可以通过交换、路由等多种网络设备解决。

使用多种网络设备，通过某种拓扑结构将多个用户有机地连接在一起，能够实现多用户间通信的通信系统称为通信网。尽管在某些场合有许多点对点通信系统，但它们还不能称为通信网，只有将众多这样的系统通过网络设备按一定的拓扑结构连接在一起，才能构成通信网，如图 6.2 所示。

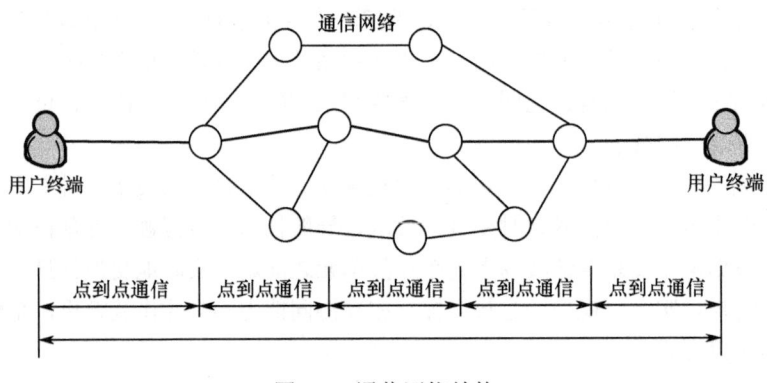

图 6.2 通信网络结构

通信网是由一定数量分散在各地的用户端和网络设备等节点与连接节点的传输链路有机地结合在一起，按约定的信令或协议完成任意用户间信息交换的通信系统。在通信网上，信息的交换可以在两个用户间进行，在两个计算机进程间进行，还可以在一个用户和一个设备间进行。交换的信息包括用户信息（如话音、数据、图像等）、控制信息（如信令信息、路由信息等）和网络管理信息等类型。由于信息在网上通常以电或光信号的形式进行传输，因而现代通信网又称电信网。

应该强调的是，通信系统与通信网并不是两个完全不同的概念。可以说，通信网是一种具有网状结构的通信系统。与简单的点到点的通信系统相比，通信网的基本任务并未改变，有效性和可靠性仍然是通信网要解决的两个基本问题，只是由于用户规模、业务量、服务区域的扩大，因此使解决这两个基本问题的手段变得复杂了。例如，网络的体系结构、管理、监控、信令、交换、路由、计费、服务质量保证等都是由此而派生出来的。

实际的通信网是由软件和硬件按特定方式构成的一个通信系统，每次通信都需要软硬件设施的协调配合来完成。从硬件构成来看，通信网由终端节点、交换节点、业务节点和传输系统构成，它们完成通信网的基本功能：接入、交换和传输。软件设施则包括信令、协议、控制、管理、计费等，它们主要完成通信网的控制、管理、运营和维护，实现通信网的智能化。

在日常工作和生活中，经常接触和使用各种类型的通信网，如电话网、计算机网络等。电话网主要用来传送用户的话音信息；计算机网络主要用于信息发布、程序和数据的共享、设备共享等。Internet 是计算机等用户终端的互联网络，它将全球绝大多数的计算机网络互联在一起，以实现更为广泛的信息资源共享。

通信网络虽然在传送信息的类型、传送的方式及所提供服务的种类等方面各不相同，但是在网络结构、基本功能、实现原理上基本类似，主要包括信息传送、信息处理、信令机制和网络管理等网络功能。从功能的角度看，一个完整的现代通信网可分为业务网、传送网和支撑网相互依存的三个组成部分，如图 6.3 所示。

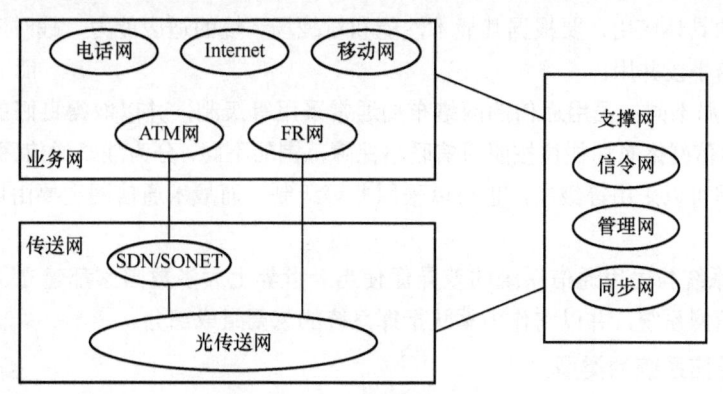

图 6.3 通信网的功能结构

业务网（Service Network）是从业务角度来看通信网，是向公众提供电信业务的网络部分，包括固定电话网、移动电话网、IP 电话网、数据网以及智能网等。

传送网（Transport Network）是从信息传输角度来看通信网，是完成信息传输的网络部分，是现代通信网的主体，包括骨干传送网或称核心网（Core Network，CN）和接入网（Access Network，AN）。骨干传送网主要完成信息的大容量传输和交换，接入网主要完成把信息透明地分配给各个用户。需要注意的是，传送网（Transport Network）与传输网（Transmission Network）稍有不同，传输网指由实际信息传递设备组成的物理网络，描述对象是信号在具体的物理介质中传输的物理过程，而传送网指完成传送功能的手段，是逻辑功能意义上的网络，描述对象是信息传送的功能过程。

支撑网是从网络运行角度来看通信网，是支撑网络正常可靠工作的网络部分，可确保通信网正常运行，增强网络功能，提供全网服务质量以满足用户要求。支撑网由信令网、同步网和管理网组成。信令网完成各种网络信令的传输和转接，主要用于传送网内的各种交换和控制操作；同步网完成数字通信网络中同步信息的传输，实现通信网络的全网同步；管理网完成网络管理信息的传输，实现通信网络的操作、维护和管理任务，并有效提高全网通信质量。

2. 军事通信系统的特点

点对点通信系统与网状结构的通信网络都属于典型通信系统，服务于军事领域的通信系统称为军事通信系统。军事通信系统伴随着战争形态的演变和技术的进步而发展演化，在很多方面有别于民用通信系统，主要表现在以下几个方面。

① 服务对象和服务内容不同：民用通信系统直接为各种民用领域提供服务，而军事通信的服务对象主要是军队的指挥和作战人员，服务内容围绕军队所执行的使命，通常包括指挥通信、协同通信、后方通信、报知通信和警报通信等。

② 发展重心不同：民用通信的重心在较发达的大、中城市，在这些人口集中、经济发达的地区建设通信网。军事通信系统建设要考虑军队机关、驻军所在地以及战时指挥所间通信的需要，尤其是在战时，指挥所的位置要避开城市中心，避开工业区。考虑到军事通信系统是敌

人攻击的主要目标，故有时甚至要进入人口稀少的山区或地下，建设重心不能完全放在城市和工业区。

③ 需求和方式不同：民用通信由于各交换局相对固定，往往采取以有线电为主的通信手段。军事通信的基本要求可以概括为：迅速、准确、保密、不间断，各种通信手段在军队指挥和控制系统中的具体应用，要根据其战术性能和对战场环境的适应能力，战时应以无线电通信为主，各种通信手段并用。

④ 网络布局不同：民用通信的网络布局通常采用等级制，并以取得良好的经济效益为主要目标。军事通信网络布局往往按照通信联络保障范围的不同，分为战略通信网和战术通信网。其中战略通信网可以采用等级制，也可以采用非等级制，而战术通信网主要由可移动的野战通信装备组成。

军事通信系统与民用通信系统的差异促使当今世界上大多数国家都建立了独立于国家通信网的国防通信网系统，并以它作为军队指挥系统的重要组成部分。

3．军事通信系统的类型

军事通信是军事信息系统信息传输的主要手段，在军队的平时和战时，军事通信包括各种通信手段和通信方式，作为具体通信实施的军事通信系统相应也分为不同类型。

使用过程中，军事通信可根据通信手段、通信任务、通信设备安装和设置、通信保障范围的不同分为不同的类型。

根据运用通信手段的不同，军事通信可分为无线电通信、有线通信、光通信、运动通信和简易信号通信。无线电通信是军队作战指挥的主要通信手段，对飞机、舰艇、坦克等运动载体，无线电是唯一的通信手段。有线通信专指利用金属导线传输信息达成的通信，是保障军队平时和战时作战指挥的重要通信手段，根据传输线路的不同，可进一步分为野战线路（野战被覆线和野战电缆线路）通信、架空明线通信、地下（海底）电缆通信等。光通信指利用光传输信息的通信方式，根据光传输介质的不同，可进一步分为光纤通信和无线光通信（含自由空间光通信、大气光通信和对潜光通信）等。运动通信虽然是一种较原始而又传统的通信手段，但直到现在军事上仍有其价值，许多国家的军队都编有运动通信分队，并配有先进的交通工具，战场上需要无线电静默时，运动通信的作用更为突出。简易信号通信主要用于战术环境下传递简短命令、报告情况、识别敌我、指示目标、协同动作等，是军事通信的辅助手段，易受气候、地形、战场环境等影响，通信距离近，一般只适用于营以下分队及空、海军近距离通信和导航。

根据通信任务的不同，军事通信可分为指挥通信、协同通信、报知通信和后方通信。指挥通信是按指挥关系建立用于保障军队作战指挥的通信，由各级司令部自上而下统一计划、按级组织，必要时也可以越级，主要包括按战役、战斗编成的上下级之间的通信联络。协同通信是执行共同任务并有直接协同关系的各军兵种部队之间、友邻部队之间以及配合作战的其他部队之间按协同关系建立的通信，通常由指挥协同作战的司令部统一组织，或由上级从参与协同作战的诸方之中指定某一方负责组织。报知包括警报报知和情报报知，报知通信保障警报信号和情报信息的传递。警报报知通信通常运用大功率电台组织通播网，也可以建立有线电警报网，一般要组织多层次的警报传递网；情报报知通信一般运用无线电台、有线电台或其他手段建立通播网或专用网等。后方通信是为保障军队后方勤务指挥和战场技术保障勤务指挥，按照后方勤务部署、供应关系及技术保障关系建立的通信联络，后方通信一般通过战略、战役及战术通信网实施。

根据通信设备安装和设置的不同，军事通信可分为固定通信和机动通信。以固定通信设施为主体建立的通信网，称为固定通信网，它是以统帅部基本指挥所通信枢纽为中心，以固定通信设施为主体，连接全军固定指挥所通信枢纽构成的网络。根据固定通信网的功能结构，可进一步分为传输网、业务网和支撑网。传输网是保证快速、准确、及时和安全地传输信息的基础网络，也是承载各类通信业务网的物理平台，主要包括光纤通信传送网、短波通信网和卫星通信网等。业务网是直接向用户提供各种通信业务的服务网络，主要包括人工电话网、自动电话网、数字保密电话网、指挥专网、军事综合信息网和图像传输网等。支撑网是支持各种传输网和业务网正常运行的网络，主要包括七号信令网、同步网和网管网。机动通信网是由机动通信装备在军事行动地域内临时建立的通信网，主要包括机动骨干通信系统、野战综合通信系统、战术电台互联网、战术互联网和数据链系统等。

根据通信保障范围的不同，军事通信可分为战略通信、战役通信和战术通信。战略通信主要是保障战略指挥的顺利实施，通常以统帅部基本指挥所通信枢纽为中心，以固定通信设施为主体，运用大、中功率无线电台、地下（海底）电缆、地下（海底）光缆、卫星、架空明线、微波接力和散射等传输信道，连通军以上指挥所通信枢纽构成的干线通信网。战役通信通常保障师以上部队遂行战役作战，根据战役规模的不同，可进一步分为战区战役通信、集团军战役通信和相应规模的海军、空军、第二炮兵战役通信；战役通信网中的固定通信设施是战略通信网的组成部分，而机动部分则是战区在战时开设的。战术通信是为保障战斗指挥在战斗地区内建立的通信联络，根据战斗规模的不同，可进一步分为师（旅）、团、营战术通信网和相应规模的军兵种部队战术通信网。同样一种通信业务网，比如电话网用于保障战略作战指挥时是战略通信的组成部分，而用于保障战役作战指挥时就又成为战役通信的组成部分；同样一种通信手段，比如无线电台，用于保障战役作战指挥时是战役通信的组成部分，而用于保障战斗作战指挥时就成为战术通信的组成部分。

此外，还有一种特殊的军事通信组织形态称为通信枢纽。通信枢纽是汇接、调度通信线路和传递、交换信息的中心。它是配置在某一地区的多种通信设备、通信人员的有机集合体，是军事通信网的重要组成部分，也是通信兵遂行通信任务的一种基本战斗编组形式。根据保障任务的不同，通信枢纽可分为指挥所通信枢纽、干线通信枢纽和辅助通信枢纽。根据设备安装与设置方式的不同，通信枢纽又可分为固定通信枢纽和野战通信枢纽。各级各类通信枢纽的组成要素和规模，根据保障的任务和范围而定。

6.1.2 军事通信的发展历史

随着战争形态的演变，军事通信经历了运动通信、简易信号通信、电通信等发展阶段。运动通信是由人员徒步或乘坐交通工具传递文书或口信的通信方式，例如驿传通信。简易信号通信是使用简易工具、就便器材和简便方法，按照预先规定的信号或记号来传递信息，我国古代战争中使用的旗、鼓、角、金等就是目视和音响简易通信工具。电通信起源于19世纪，是现代军事通信的开端。

1. 通信技术的发展历史

1854年，有线电报开始用于军事，早期的电报通信采用直流信号传输，通信距离近，线路利用率低，1918年，载波电报通信进入实用化阶段。1876年美国人贝尔发明有线电话，第二年有线电话就开始用于军事。

无线电通信通过无线电波来传输信息，起源于19世纪末。1895年，意大利人马可尼和俄国人波波夫分别进行了无线电通信试验，并研制出无线电收发报机。1901年，跨越大西洋的越洋无线电通信试验获得成功。当时无线电通信都是用长波、中波等波段进行的，并认为波长短于200m的电磁波不适于远距离通信。1924年，第一条短波通信线路在德国的瑙恩与阿根廷的布宜诺斯艾利斯之间建立。1931年，在英国多佛尔与法国加来之间建立了世界上第一条超短波接力通信线路。20世纪50年代，出现了1GHz以下频段的小容量微波接力通信，70年代，数字微波接力通信系统逐步完善，80年代，毫米波波段开始用于接力通信。自从1952年美国贝尔实验室提出对流层散射超视距通信的设想后，1955年，第一条全长为2600km的对流层散射通信线路在北美建成，散射通信逐步从实验走向应用，特别是在军事领域，显示了巨大潜力。

1957年10月，前苏联成功地发射了世界上第一颗人造地球卫星，1958年，美国发射了世界上第一颗通信卫星"斯科尔"，开始了卫星通信的试验阶段，20世纪90年代以后，卫星通信进一步向各应用领域扩展。卫星通信因其灵活机动便于成网等特点，在战略通信和战术通信中担当了重要角色。

光纤通信是20世纪60年代发展起来的一种新型通信方式，利用光导纤维（简称光纤）作为传输媒质。1970年，美国拉出第一根20dB/km的低损耗光纤，同年又研制出双异质结半导体激光器，为光纤通信的发展奠定了基础。1977年研制出第一代光纤通信系统，发展至今已进入第五代。光纤通信具有的极大带宽和无电磁泄漏等特点，使其成为现代国防信息基础设施的主干。

多点之间通信的需求推动了交换技术和网络的发展。磁石电话交换机在第一次世界大战期间就得到了广泛应用。共电电话交换在第二次世界大战期间用于师以上部队。自动电话交换经历了步进制、纵横制，而后进入程控制。数字程控交换技术及计算机技术的发展，促进了数据业务和图像业务通信的发展，产生了分组交换技术，20世纪中叶开发出来的世界上第一个分组交换网ARPAnet用于美国国防部。

20世纪80年代之前，一种通信网主要承载一种业务，如果一个用户需要多种业务，就需要多种终端接到不同网络上。1972年，国际电报电话咨询委员会（CCITT）正式提出ISDN的概念，目的是在一个通信网络中为用户提供多种类型的通信业务，解决多网并存问题。目前，窄带综合业务数字网（N-ISDN）已在许多国家运行。由于N-ISDN是在数字电话网的基础上演变而成的，主要仍是64kb/s电路交换，在网络内部仍由独立的电路交换和分组交换实体处理不同的业务。1988年，CCITT提出异步传递模式（ATM）的技术，并推荐作为宽带综合业务数字网（B-ISDN）的信息传送方式。1990年6月，CCITT通过了13个关于B-ISDN的建议。

B-ISDN的问世使军事通信技术发生了重大变革，进入21世纪以后，相继又出现了标志交换（MPLS）、软交换和其他一些新技术，正在使军事通信演进到海、陆、空一体化通信网络的新时代。

2. 军事通信装备发展历史

1854年，美国军队在克里米亚战争中建立了电报线路，有线电开始用于军事通信，1877年，军用有线电话问世。1899年，美国陆军在纽约附近建立了舰—岸的无线电通信线路，军事上开始使用无线电通信。1904年至1905年的日俄战争期间，在远东和英国之间建立了战略无线电通信。

第一次世界大战前夕，世界各国的陆军和海军都广泛使用无线电台，海军中有了舰—舰、岸—舰无线电通信，空军于 1912 年实现了空—地通信。第一次世界大战期间，参战大国使用埋地线缆与被覆线路传输电报、电话信号，有的参战国将无线电台配备到营级指挥所。无线电信号由于易被截获、保密性差，当时只作为通信的辅助手段。

第二次世界大战前，出现了坦克车载和背负式调频电台。1941 年，出现了第一个军用陆地移动通信系统。第二次世界大战后，军事通信技术有了重大发展，军事通信装备也更加多样化，相继出现了散射通信装备、微波接力通信装备、卫星通信装备和光纤通信装备。

20 世纪 60 年代后，数据网和计算机网应用于军事，提高了通信保障的自动化水平与快速反应能力。20 世纪 70 年代，美国利用流星余迹通信来传输军事数据，法国"里达"、英国"松鸡"、美国"移动用户设备"等新型战役地域网系统投入使用。20 世纪 80 年代，美国 ISDN 陆续装备部队使用。20 世纪 90 年代，美国构建战术互联网，大力发展和使用战术数据链，并研制软件无线电台。

美军战略通信系统具有数据、话音、文电、图像传输能力，能实现各种移动、固定通信系统的互联互通，由国防通信系统（Defense Communication System，DCS）和最低限度基本应急通信网（Minimum Essential Emergency Communication Network，MEECN）组成。DCS 能保障美国总统、国防部、参谋长联席会议、各联合/特种司令部、情报机构与战略部队之间的直接通信和实时联络，并为固定基地和陆、海、空三军的机动部队提供中继线路。它通过陆上线缆、水下电缆、对流层散射设施和通信卫星，连通近 80 个国家、100 多个地区的 3000 多个通信台站。MEECN 由强抗毁的机载、星载、舰载和陆基通信系统构成，专用于保障国家指挥当局在危机时刻，尤其是在大规模核战争中指挥在本土及海外的战略部队，并接收这些部队执行命令的情况报告。20 世纪 90 年代后，经过不断改进，该网的能力又有所加强。

美陆军战术通信系统主要包括公共用户（地域）通信系统、战斗网无线电系统和战场数据分发系统。公共用户（地域）通信系统由陆、海、空三军联合战术通信系统、移动用户设备等组成，主要用于军、师的通信，以话音为主，也可传输动态图像和多媒体信息。战斗网无线电系统是师以下部队在前沿地域作战的主要通信手段，多数工作在 HF 和 VHF 频段。战场数据分发系统可提供实时通信和定位、导航、敌我识别以及情况报告信息，其中，联合战术信息分发系统是美军各军种的共享通信系统。20 世纪 90 年代，陆军战术通信系统有了很大发展，随着战术互联网的应用以及 ATM 技术与网间协议（IP）技术等的引入，陆军战术通信系统将成为数字化战场的主要通信手段。

美海军战术通信系统包括通信卫星、岸基通信站和舰载通信设备等多种通信设施。美海军利用这些设施进行岸舰、舰舰、空舰和空空的通信。20 世纪 90 年代，美海军按照"哥白尼"计划建设了全球信息交换系统、战术数据信息交换系统、作战空间信息交换系统，为 21 世纪的海上数字化战场奠定了基础。

美空军战术通信系统分为机载通信系统和地面通信系统两大部分。机载通信系统包括战术飞机之间和战术飞机与地面控制单元之间的话音通信、数据通信。话音通信的主要设备是工作在 225~400MHz 的 VHF 电台，此外，还有 UHF 和 HF 电台。20 世纪 90 年代，空军为了支援远程作战，加强了前线和后方基地的通信支持能力，扩大了网络覆盖范围，并为通信部队配备了质量轻、模块化的通信设备。

美军国防卫星通信系统承担了 80%的远程通信业务，其中用于战略和战术通信的第三代国防卫星通信系统，由位于大西洋、东太平洋、西太平洋和印度洋上空地球静止轨道上的 4 颗卫星及相应的地面设施组成。星体采用了加固技术和多种电子对抗技术,具有较强的抗干扰能力。

从 20 世纪 90 年代末期起,美军在已有战略、战术通信系统的基础上建设国防信息系统网(Defense Information System Network,DISN)。原有的 170 多个网络被综合到国防信息系统网中,并引入 ATM 和同步光纤网技术,采用标准接口,干线传输速率可提高到 10Gb/s 以上,形成具有优良网络管理和流量控制等功能的国防信息基础设施,能对战区指挥官和战术部队的信息需求迅速做出反应。

6.1.3 通信系统的军事需求

现代军事通信在保障方向上有多向性,重点方向上有多变性,层次交叉,要求通信系统必须综合利用各种手段,实施全纵深、全方位的整体保障。在信息化条件下的作战,为了迅速、准确、保密、不间断地进行信息传输和分发,保证指挥系统畅通无阻地工作,对通信系统提出了更高的要求,主要包括以下几个方面:

① 抗毁顽存能力。军事通信设施历来都是敌方首先攻击、杀伤的目标。西方国家作战条令都明确规定,战前要首先干扰、破坏敌方通信设施的 50%~70%,第一次火力要摧毁敌方通信设施的 40%。军事通信系统必须具备硬杀伤后自组织恢复的顽存抗毁能力以及防止电子高能武器的破坏与损伤的能力。

② 抗电子战能力。通信中的干扰与反干扰、侦察与反侦察、保密与窃密、定位与反定位贯穿于作战过程的始终,军事通信系统必须具备各种抗御电子战的能力,才能对付敌方电子战的软硬杀伤。

③ 安全保密能力。现代技术对信息侦收与截获和破译能力空前提高,通信系统传输的各类信息,无时不在敌方的监视、侦收、窃听的威胁之中,如若措施不力,各种通信设施将会变成敌方的情报源。

④ 机动通信能力。军事通信要保障部队及信息平台、武器平台在远距离高度机动中指挥控制不间断。因此,要求通信设施或装备能随作战部队高度地机动,提供不间断的"动中通"能力,并且具有迅速部署、展开、连通、转移的能力。

⑤ 协同通信能力。现代战争需要海、陆、空三军联合作战,需要空地一体协同配合,以发挥兵力和武器的综合优势,而这种联合作战只有通过协同通信才能实现。通过协同通信,使得通信系统能综合运用多种手段适应各种不同指挥样式,保障各种武装力量之间、各进攻作战集团之间、各战场间的协同。除此之外,为了有效地区分敌我、打击目标,还要求提供通信与识别、定位的综合能力。

⑥ 快速反应能力。现代武器系统的高速攻击和兵力的快速机动,加速了战争发展变化的节奏,使通信业务量大大增加,而且强度在时、空分布上差异极大,导致信息堵塞、时延增大。因此要求军事通信系统具备快速响应、实时调整、补充网络资源的能力。

⑦ 个人通信能力。由于高技术局部战争的高度机动性、破坏性,要求各级指挥人员能随时随地与部队保持通信联络,实施指挥与控制。指战员应具有个人通信能力,即不仅能通过随身携带的通信终端随时连接到通信网,及时、准确地提供所需信息,而且还能在网内任何终端设备上以其个人身份、特殊保密编号,获取或输入与其身份适应的话音、数据、图像、位置报告等信息。

⑧ 整体保障能力。现代军事通信要求综合利用各种手段在不同层次上和各军兵种通信网纵横相连、融为一体、互相补充,对战区指挥和陆、海、空三军通信,以及区域防空、区域情

报、三军联勤等信息传输实施综合性的整体保障。

6.2 战略通信系统

战略通信系统在平时保障国家防务，应付敌人突然袭击或突发事件、抢险救灾、科学试验、情报传递、教育训练和日常活动等的通信联络；在战时保障战略警报信号和情报信息的传递，统帅部指挥战争全局和直接指挥重大战役（战斗）的通信联络，指挥自动化系统的信息传递，实施战略核反击的通信联络以及战略后方的通信联络。其主要特点是覆盖地域广阔，传输线路和设施相对固定，传输的信息流量大，能提供远距离的大容量宽带综合数字通信业务，网络的安全保密等级高。

战略通信系统以统帅部基本指挥所通信枢纽为中心，以固定通信设施为主体，运用地下（海底）光缆、大/中功率无线电台、卫星、微波接力和散射及架空明线等传输信道，连通全军军以上指挥所通信枢纽，构成的全军干线网络。

战略通信系统主要由光缆通信网、军用电话网、军用密话网、军用数据网、战略短波电台网、战略卫星通信系统、最低限度应急通信系统、特种通信网等组成。各网系在物理空间上，分布在陆基、海基、空基和天基，从它们所承担的通信任务角度分别属于骨干网、接入网及用户网三个层面，如图6.4所示。

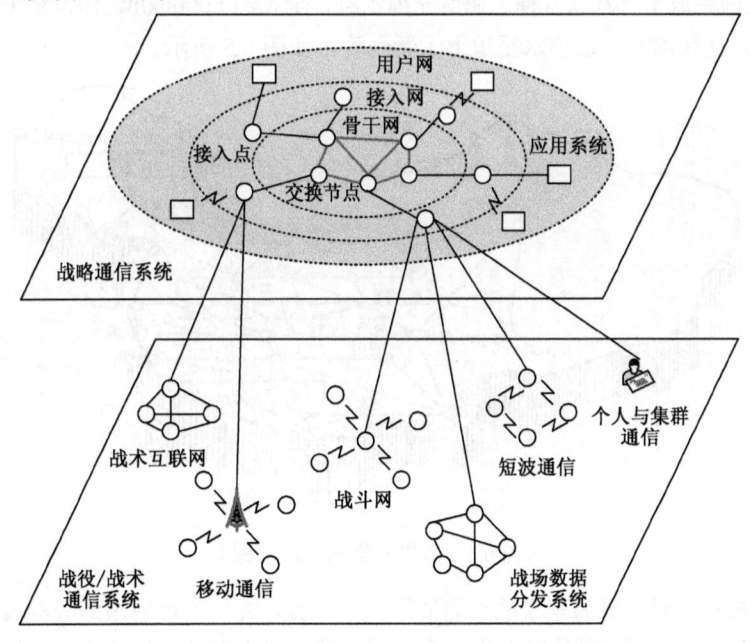

图 6.4 战略通信系统层次结构

骨干网由陆基骨干网和卫星通信网组成，是完成战略、战役及战术通信使命的主体。接入网由有线接入网和无线接入网组成，它采用多种技术和手段为各军兵种的各型各类用户网和终端提供接入骨干网的能力。用户网包括战术互联网、集群通信网、移动通信网、航空通信网、海上编队通信网和数据链系统等战役/战术系统，是支持固定、移动、机动状态下不同用户动态组网、高度机动、抗毁抗干扰的网络，是广域跨网通信的重要部分。

位于陆基的战略通信系统中的宽带综合业务信息网、军用电话网、军用数据网及位于天基的战略卫星通信系统、中继卫星系统构成骨干层面网络，各种战役/战术通信系统和战略通信系统中的其他网系构成接入层面网络，战役/战术通信系统中的应用系统则处于用户层面。战役/战术通信系统中的固定通信设施可以作为战略通信系统的组成部分，而机动部分则是在战时开设，战役/战术通信系统可以根据需要随时接入战略通信系统。战役/战术通信系统包含的主要网系有战术互联网、地域机动通信系统、战场数据分发系统、空军战术通信系统、海军战术通信系统、移动通信系统、战术卫星通信系统等。

除此之外，网络支撑保障系统为军事通信系统提供安全保密、网络管理、频率管理等支撑，是军事通信系统安全、可靠、高效运行，充分发挥战斗力的重要保障。

6.2.1 光缆通信网

光纤是工作在光频下长距离传输信号的光导纤维，多根光纤和加强构件以及外护层构成光缆。由于光纤的传光性能优异，传输带宽极大，现已形成了以光纤通信为主，微波、卫星和电缆通信为辅的信息传输网络格局。

光缆通信网是以光缆为传输信道的长途干线通信物理网络，它为各信息网系提供透明传输通道，是组织我军高速率、大容量、高可靠性、安全保密战略通信的基础。光缆通信网的干线部分主要采用军民合建，部分支线和引接线单独建设，独立组网。

1999年我国完成了"八纵八横"通信光缆工程，全长约80000km，作为整个国家南北东西的主干通信网，使我国光纤通信水平迈上了新台阶，如图6.5所示。

图6.5 八纵八横光纤网络图

目前，光缆通信网已成为军事战略通信的核心平台，并广泛地应用到战术通信中。总部至各战区均具备两个以上不同的物理路由，全军师（旅）以上部队、机关和团级作战部队全部加入了光缆通信网，传输速率和质量基本能够满足作战指挥对通信联络的需求。

1. 系统组成

光纤通信系统既可以传输数字信号，也可以传输模拟信号，还可以承载话音、图像、数据和多媒体业务等各类信息。目前实用的光纤通信系统，采用的是强度调制—直接检测的实现方式，由光发送设备、光纤传输线路、光接收设备和各种光器件等构成，如图6.6所示。现在主要用于骨干（长途）网、本地网以及光纤接入网。

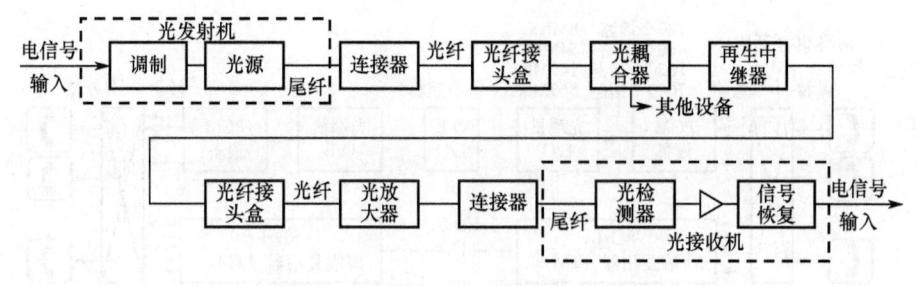

图 6.6　光纤通信系统的构成示意图

图 6.6 所示为一个单向传输系统，反方向传输系统的结构与之相同。光纤通信系统主要包括光发射机、光纤线路和光接收机等三个基本单元。

光发射机由将承载信息的电信号转换成光信号的转换装置和将光信号送入光纤的传输装置组成。光源是其核心部件，由激光器 LD（Laser Diode）或发光二极管 LED（Light Emission Diode）构成；光纤线路最主要的是光纤（实用光纤线路一般以光缆形式存在）传送光信号；光接收机由光检测器（如光电二极管 PIN 或 APD）、放大电路和信号恢复电路组成。光接收机的作用是实现光/电转换，即把来自光纤的光信号还原成电信号，经放大、整形、再生恢复原形。

对于长距离的光纤线路，中途还需要光中继器（如掺铒光纤放大器），将经过光纤长距离衰减和畸变后的微弱光信号放大、整形、再生成具有一定强度的光信号，继续送向前方，以保证良好的传输质量。在光纤线路中还包括大量的有源\无源光器件、连接器件、光耦合器件等，分别起着各种设备与光纤之间的连接作用和用于光分路或合路等功能。

传输模拟信号的光纤通信系统称为模拟光纤通信系统，模拟光纤通信系统的典型应用场景是工业控制的单路电视系统和光纤有线电视（CATV）的多路传输系统。此外，模拟光纤传输还应用于光纤测量、光纤传感等领域；而且随着光载无线技术的日益成熟，模拟光纤传输技术也应用于移动通信网络、室内覆盖及卫星通信中。

传输数字信号的光纤通信系统称为数字光纤通信系统，数字光纤通信系统有 PDH 和 SDH 两种传输体制。我国采用的 PDH 传输体制的速率分为四级：基群速率为 2.048Mb/s，二次群速率为 8.448Mb/s，三次群速率为 34.368Mb/s，四次群速率为 139.264Mb/s。SDH 传输体制的速率，按照同步传输模块 STM-N 系列划分，即 STM-N（$N=1$，4，16，64）速率为 $155.520 \times N$ Mb/s。根据所需传输容量选择同步数字传输系列等级，一般大中城市市内中继光纤通信系统选用 STM-64；小城市（镇）和乡村中继光纤通信系统既可选用 STM-4 或 STM-16，也可选 PDH 传输体制的二次群或三次群；长途干线光纤通信系统常用掺铒光纤放大器 EDFA 为光中继器，单一光波长的数字光纤通信系统如图 6.7 所示。采用多波长复用的数字光纤通信系统称为密集波分复用（DWDM）系统。光波分复用是在一根光纤上传输多个光信道的光纤通信方式，它充分利用了光纤带宽，有效扩展了通信容量，图 6.8 给出了一个 32 波分复用系统，即 32×STM-64 组成的光纤通信系统。

2. 网络结构

光缆通信网按服务区域范围分为长途骨干网、本地网以及用户接入网。一个完整的光纤通信网络由用户终端设备、光传输系统、在电域内或光域内交换/选路的节点设备和相应的信令、协议、标准、资费制度与质量标准等软件构成。基本网络拓扑结构包括线形、环形、星形、树形和网格形等，如图 6.9 所示。

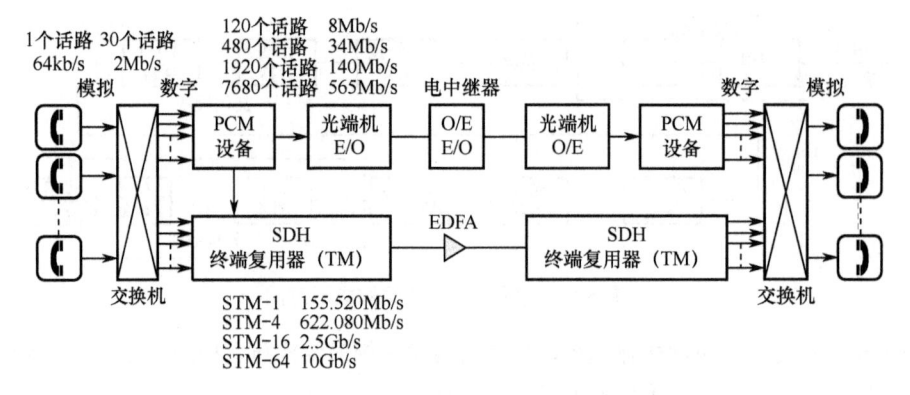

图 6.7　数字光纤通信系统原理图

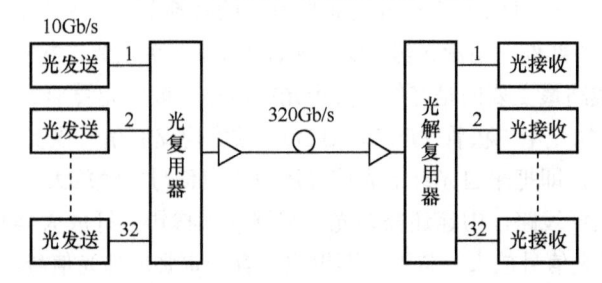

图 6.8　32×STM-64 DWDM 光纤通信系统原理图

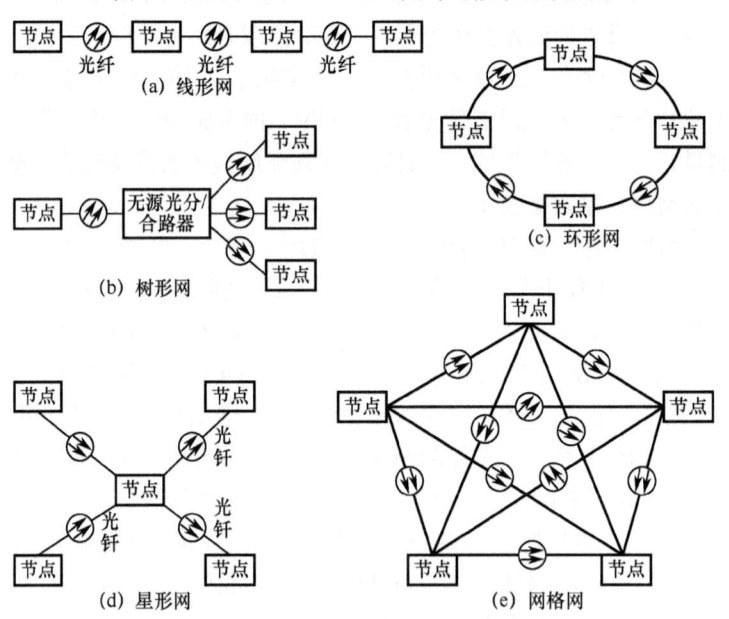

(a) 线形网

(b) 树形网

(c) 环形网

(d) 星形网

(e) 网格网

图 6.9　光缆通信网的基本结构拓扑图

用户终端设备是以用户线为传输信道的终端设施,也称为终端节点。

光传输设备是为用户终端和业务网提供传输服务的电信终端,主要包括数字复用、解复用设备和光收、发信机设备。

交换/选路节点设备用于完成用户群内的各个用户终端之间通信线路的汇聚、转接和交换,并控制信号的流向。交换设备的种类有:源于电话通信的程控电话交换机、源于数据通信的分组交换机、源于下一代网络（NGN）宽带通信的软交换机、IP多媒体子系统IMS及全光通信中的光交换机等。

信令系统是通信网的神经系统。信令系统可使网络作为一个整体而正常运行，有效完成任何用户之间的通信。协议是通信网中用户与用户、用户与网络资源、用户与交换中心间完成通信或服务必须遵循的规则和约定的共同"语言"。标准是由权威机构建议的协议，是通信网应遵守的规则。

3. 发展现状

光纤通信技术的问世与发展给世界通信业带来了一场变革。光纤通信在近40年的发展中，已经历了四代发展阶段。

第一代光纤通信系统，光源为发光二极管，采用0.85μm短波长多模光纤，损耗小于3dB/km，应用于三次群以下的PCM话音通信系统和图像的模拟传输系统。

第二代光纤通信系统，光源为激光二极管，采用1.3μm长波长单模光纤，损耗小于0.5dB/km，应用于四次群以上的PCM话音通信系统和图像的数字传输系统。

第三代光纤通信系统，光源为激光二极管或分布式反馈激光器，采用1.55μm长波长单模光纤，损耗约为0.2dB/km，应用于长途干线传输系统或CATV传输系统。

第四代光纤传输系统，采用密集波分复用（Dense Wave Division Multiplex，DWDM）和掺铒光纤放大器技术，充分利用了光纤低损耗频段潜在的容量，应用于大容量干线传输系统。

目前正在进行第五阶段光纤通信系统的研究和开发，第五阶段的光纤通信具有单根光纤传输容量Tb/s以上的超宽带、光放大距离可达数千千米的超长距离、光交换和智能化等特征。

近年来，人们已将光纤接入网作为通信接入网的一部分，直接面向用户。提出了"光进铜退"策略，即将光纤引入千家万户，保证亿万用户的多媒体信息畅通无阻地进入信息高速公路。在网络传输的高速化方面，目前商用系统的速率已从155.520Mb/s增加到10Gb/s以上，不少已达到40Gb/s；另外，速率达160Gb/s和640Gb/s的传输试验也获得成功。

光缆通信网络不仅适用于电信业务网，而且也广泛适用于有线电视网、计算机局域网、光互联网等信息网络。随着互联网和其他宽带业务的剧增，数据信息的传送量越来越大，采用WDM技术进行波分复用，已使得光纤的传输容量几倍、几十倍地增加。随着可用波长数的不断增加，以及光放大、光交换等技术的发展，越来越多的光传输系统已升级为WDM或DWDM系统。

在DWDM技术逐渐从骨干网向城域网和接入网渗透的过程中，波分复用技术不仅可以充分利用光纤中的带宽，而且其多波长特性还具有无可比拟的光通道直接联网的优势，为进一步组成以光子交换为主体的多波长光纤网络提供了基础。

波分复用系统由传统的点到点传输系统向光传送联网的方向发展，形成了多波长波分复用光网络，也称为光传送网（Optical Transport Network，OTN）。在此基础上，采用光分插复用器（OADM）和光交叉连接设备（OXC）实现光联网，发展自动交换光网络（ASON）正在成为光缆通信网的发展趋势。

6.2.2 军用电话网

军用电话网是建立在光缆通信网基础之上的一种业务网，是覆盖全军、平战结合、军内独立的长途电话自动交换网络，其技术体制与公用电话交换网（Public Switched Telephone Network，PSTN）相同，可提供高质量、高可靠性的话音通信，具有多种业务附加功能，是我军战略通信中应用范围最广、最重要也最普及的通信业务网，主要包括长途自动电话交换网和本地电话网。

长途自动电话交换网，是以长途光缆通信为主要信道建立的，为保障用户实现远距离电话自动交换的电话通信网，目前已实现了军以上指挥机关、部队和部分重点师级部队之间的电话自动交换。根据通信网路组织原则和军用长途电话通信的要求，采用三级汇接，四级终端的方式组网。

本地电话网，是在一个地区或城市为驻军日常通信联络建立的市内自动电话通信网，是城市驻军日常军务通信联络的基本手段，是全军实现长途自动电话通信的基础。目前总部、各军区、省军区、舰队、基地、集团军驻地等，都建有独立的市话自动交换网，经过近几年对驻军城市市话传输网的改造和交换机更新，基本实现了局间中继光缆化，使全军师（旅）以上作战部队，边海防部队和80%的作战团基本实现了电话交换程控化。

军用电话网主要由终端设备、传输系统、交换设备、信令系统以及相应的协议和标准规范组成。终端设备对应于各种应用业务，例如，对应于话音业务的移动电话、无绳电话、磁卡电话、可视电话；对应于低速数据业务的计算机、智能用户电报、传真扫描设备、网络电话（IP电话）等。交换设备完成通信双方的选路与接续，PSTN 以电路交换设备为主，传输设备包括信道、变换器、复用/分路设备等。信令、协议和标准，使用户和用户之间、用户和交换设备之间、交换设备与交换设备之间具有共同的操作语言和连接规范，使网络能够正常运行，互联互通，实现用户之间的信息交互。

军用电话网在网络结构、编号方式等方面自成系统。在网络结构上，从总部到部队驻地构成多级汇接节点从而形成辐射与网格状相结合的网络，并有一定数量迂回路由，从而提高网络的抗毁性，减少极长连接的概率，提高呼叫接通率和传输质量。在网同步方式上，军用电话网的网络结构导致其信道安排和主要信息的流向是从中心向外辐射型分布，网同步与其相适应，采用等级主从同步。在交换方式上，目前各国的军用电话网都已经基本实现了交换设备的程控化、数字化。在信令方式上，目前各国都参照国际电联的相关标准制定适合本国的军用电话网信令。在群路传输上，以光缆传输系统、同轴电缆和对称电缆系统为主，应急的数字微波和卫星通信等无线数字传输为辅。军用电话网的网络管理系统一般采用分级分区制，管理协议大多参照公用电话网或互联网管理协议。

6.2.3 军用密话网

军用密话网，是在军用电话网的基础上，采取多种安全手段保障军用通话信息安全的通信网络，主要任务是为军以上指挥机关、首长提供新的战略级保密电话通信手段，实现军以上指挥机关和重点师（旅）级部队之间的数字保密电话通信。军用密话网包括初期的模拟保密电话网、目前使用的数字保密电话网和数字保密电话自动交换网三种。

模拟保密电话也称普通保密电话，是电话保密通信的最简单的形式，由普通电话和用户模拟保密机构成，利用话音频带调制或频谱扰乱原理实现保密，如图6.10所示。这种方式通常是先建立双方的正常联络，然后通过双方同时转换开关实施密话通信。模拟保密电话具有组织简单、使用方便等特点，在军事通信中普遍使用。随着数字保密技术的发展应用，这种通信方式逐步被高密级的数字保密电话网以及自动保密电话网所取代。

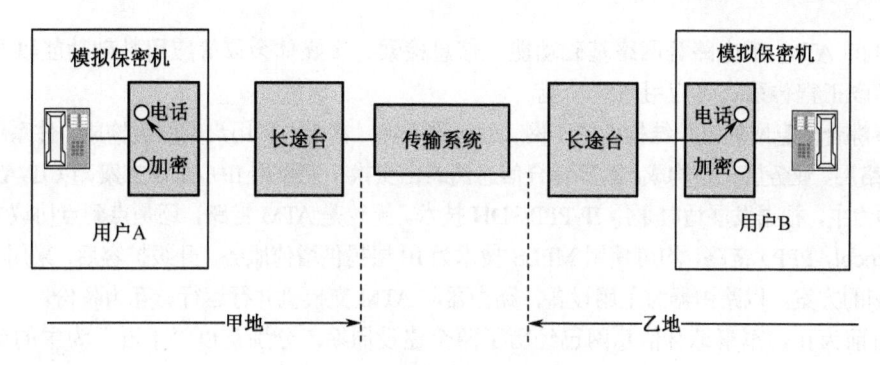

图 6.10　普通保密电话通信示意图

数字保密电话网是专用电话网，采用数字处理和保密技术，使电话通信具有较高的保密度和可靠性，是当前通信中较为保密、可靠的手段之一。数字保密电话网由用户保密机、保密交换机、干线保密机以及传输信道等设备组成，其基本组成如图 6.11 所示。数字保密电话网中通常设有自动维护、监控和管理中心等设施。

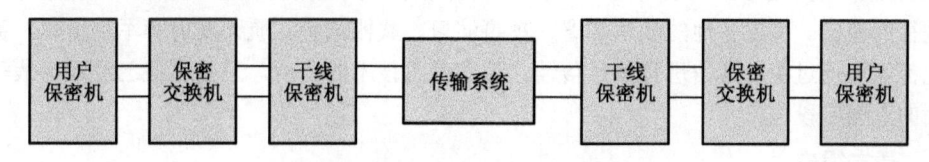

图 6.11　数字保密电话网基本组成示意图

数字保密电话网采用辐射式组网，即以总部为中心，分别向作战单位建立专用直达电路。数字保密电话自动交换网由专用的设备组成，并采用干线加密和用户加密的双加密体制以及"多密钥数字加密"的方式工作。网络结构采用"X 级汇接 X 级终端"的汇接辐射式形式，与长途自动电话交换网基本相同。

6.2.4　军用数据网

数据网是建立在光缆通信网基础之上的一种业务网，它主要由数据终端设备、数据传输设备、数据处理设备和网络控制设备等组成，采用电路交换、报文交换、分组交换等方式。其基本功能是传送数据业务，这些数据可以是电报数据、话音数据、图像数据、文本数据等。

实际应用过程中，根据业务需求的不同存在多种形式的数据网。每种数据网都是根据专门的业务需求设计的，传输速率和特性各不相同。随着信息不断增长的需求，出现了很多新型的通信业务，不得不建立新的专门网络。综合业务数字网（Integrated Services Digital Network，ISDN）就是在这种背景下提出来的，随着业务需求的不同提高，逐渐演变为宽带综合业务数字网（Broadband-Integrated Services Digital Network，B-ISDN），能够提供综合业务的宽带数字网络服务。

军用数据网是独立于民用领域的专门数据网，是战略通信网中一个重要的业务网，为全军提供集数据、图像及话音等业务于一体的综合业务网络平台。军用数据网的技术体制和关键技术与民用领域的数据网基本相同。与民用领域的数据网发展类似，军用数据网根据不同的军事需求，主要有军事综合信息网、指挥信息网等不同类型。

军事综合信息网是我军建设的一个军内公共基础网络，能为各类用户提供各种业务信息系统和公共信息服务，其体系结构涉及传输层、网络层和应用业务层等，由宽带传输、路由交换、安全保密、网络管理和应用业务等五大系统组成，可以提供因特网协议（Internet Protocol，IP）

分组路由和 ATM 虚电路等网络基础功能，信息检索、多媒体会议等应用基础功能以及教育训练系统和政工宣传系统等应用系统功能。

军事综合信息网的组织结构由主干网、战区骨干网、本地网和用户网四级构成，体系结构由传输层、网络层、业务层三层构成。军事综合信息网路由交换初期采用 IP+ATM 方案，以 IP/ATM/SDH 技术体制为主，根据发展适时采用 IP/PPP/SDH 技术。无论是 ATM 链路，还是点到点协议（Point to Point Protocol，PPP）链路，均可使用 MPLS 技术为 IP 层提供增值服务。升级扩容后，采用 IP 为主、ATM 为辅的方案，以路由器为主用设备，路由器与 ATM 交换机并行运行、互为备份。

到目前为止，军事综合信息网已经历了两个建设周期，分别是以"十五"为主的初次建设和以"十一五"为主的"升级扩容"建设。军事综合信息网的"升级扩容"工程的主要内容是，将各级骨干节点的主用装备由 ATM 交换设备替换为高性能路由器，并基于新的装备，实现调整、优化网络结构，提升网络服务功能，完善网管手段，建立接入控制体系的目标。

6.2.5 军事卫星通信系统

卫星通信就是地球上（包括地面、水面和低层大气中）的无线电通信站之间利用卫星作中继站进行的通信。世界各地的战争部署、军事演习、武器试验、航天发射等军事信息，甚至战争实况都能够通过卫星通信进行信息传输。随着信息技术的发展，卫星通信已经成为战争中信息传输的重要手段。

1. 基本组成

卫星通信系统由通信卫星、地球站、测控和管理系统等组成。通信卫星作为通信系统的中继站，把一端地球站送来的信号经变频和放大（或者还经过处理）再传送给另一端的地球站。地球站实际是卫星系统与地面通信系统的接口，地面用户将通过地球站接入卫星系统。为了保证系统的正常运行，卫星通信系统还必须有测控系统和监测管理系统配合。测控系统对通信卫星的轨道位置进行测量和控制，以维持预定的轨道。监测管理系统对所有通过卫星有效载荷（转发器）的通信业务进行监测管理，以保持整个系统安全、稳定地运行。

通信卫星作为通信系统的中继站，所有地球站发出的信号都要经过它，并由它转发出去。因此，除了要在卫星上配置收、发设备（合称转发器）和天线外，还要配备维护可靠通信的其他设备。通信卫星通常由天线系统、通信转发器系统、遥测指令系统、位置与姿态控制系统及电源系统五大部分组成。

通信卫星采用的轨道形式直接决定了整个卫星通信系统的性能。卫星运动所在的轨道面称为轨道平面，它与地球赤道平面的夹角称为轨道平面倾角。通信卫星可以运行在不同轨道平面倾角的轨道上，卫星轨道平面与赤道平面有一定夹角的轨道称为倾斜轨道；卫星的轨道平面在赤道平面内（重合）的轨道称为赤道轨道；卫星的轨道平面通过地球的两极附近，即与赤道面相垂直的轨道称为极地轨道。根据不同的通信需求，通信卫星轨道距离地面的高度也不同。地球同步轨道（GEO）卫星，指卫星处在离地面 36000km 高度上的赤道轨道中，这时，卫星相对于地面固定点静止不动。利用这种相对静止的特点，可以使卫星通信系统得以简化，只需三颗就可以覆盖全球，是迄今为止应用最多的一种通信卫星轨道。中高度轨道（MEO）卫星，高度在 10000～15000km 范围内，覆盖全球需 10～15 颗星。低高度轨道（LEO）卫星，高度在 1500km 以下，须有 40 颗以上才能覆盖全球。后两种轨道对地面固定点是相对运动的，又称运动轨道，它因离地面距离近，传输损耗小，故适用于小型移动地面终端的通信。

地球站通常由天线系统、发送/接收设备、功率放大器、变频器、调制/解调器、功率分配器以及监控、跟踪、伺服系统等组成。由于卫星通信的传输线路包括由地球站至卫星的上行链路和卫星至地球站的下行链路，传输距离远，信号损失大。为了保证卫星收到合格的信号，就要求地球站能发出强大功率的信号；同时，要求地球站接收机必须采用低噪声高增益放大器，对信号进行处理。此外，为了保证通信的建立与保持，地球站天线必须对准卫星。然而，各种因素的影响会使卫星的轨道参数偏离预定的轨道，因此，一般需要有自动跟踪设备和伺服系统才能确保天线始终瞄准卫星。

卫星通信过程中，在卫星天线波束覆盖地域内的各地球站，通过卫星转发进行通信。卫星通信线路包括地球站的发送设备、至卫星的上行线路、卫星转发器、至地球站的下行线路和地球站的接收设备。电磁波在上行线路和下行线路的大气层及自由空间传播，空间传播环境对电磁波将产生吸收、衰减等作用，并对通信系统的性能和传输容量影响很大，具体影响与工作频率密切相关。工作频段的选择是卫星通信系统总体设计中的一个重要问题，直接影响到系统的传输容量、地球站和转发器的发射功率、天线的形式与大小及设备的复杂程度等。表 6.1 给出了卫星通信常用的频段。

表 6.1 卫星通信的常用频段

频段	卫星通信常用频段（下行/上行）
UHF	250MHz/400MHz（军用）
	（L）1.5GHz/1.6GHz
SHF	（S）2GHz/4GHz
	（C）4GHz/6GHz
	（X）7GHz/8GHz（军用）
	（Ku）11GHz，12GHz/14GHz
	（Ka）20GHz/30GHz
EHF	20GHz/44GHz（军用）

2．卫星通信体制

通信体制指的是通信系统采用的信号传输方式和信号交换方式，也就是根据信道条件及通信要求，在系统中采用何种信号形式（时间波形与频谱结构）以及怎样进行传输（包括各种处理和变换）、用什么方式进行交换等。除了一般无线通信都要涉及的基本信号形式、调制方式外，卫星通信体制又有其特殊性。卫星通信体制根据所采用的基带信号类型、调制方式、多址连接方式和信道分配制度的不同，可分为不同的卫星通信系统体制。

（1）网络拓扑

卫星通信系统都有一定的网络拓扑结构，使各地球站通过卫星按一定形式进行连接。由多个地球站构成的通信网络，可以是星形的，也可以是网格形的，如图 6.12 所示。在星形网络中，外围各边远站通过卫星仅能与中心站直接发生联系，各边远站之间不能通过卫星直接相互通信（必要时，需经中心站转接才能建立通信）；网格形网络中的各站，彼此可经卫星直接相互沟通。除此之外，也可以是上述两种网络的混合网。

(a) 星形　　　　　　　　　(b) 网格形

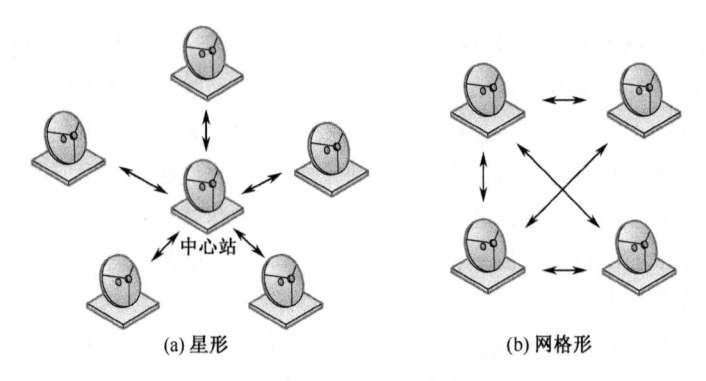

图 6.12　卫星通信网络拓扑结构

（2）多址连接

卫星通信的一个基本特点是能进行多址通信（或者说多址连接），即多站之间的同时通信。实现多址连接的技术基础是信号分割，也就是在发送端要进行恰当的信号设计，使系统中各地球站所发射的信号各有差别；而各地球站接收端则具有信号识别的能力，能从混合着的信号中选择出本站所需的信号。卫星通信主要使用的多址连接方式包括：频分多址（FDMA）、时分多址（TDMA）、码分多址（CDMA）和空分多址（SDMA）等，如图 6.13 所示。不同的多址连接方式各有特点，适用于不同的场合。实际应用中，一般很少单独使用 SDMA 方式，而是与其他多址方式配合使用，典型方式是时分多址/卫星转接/空分多址（TDMA/SS/SDMA）方式。

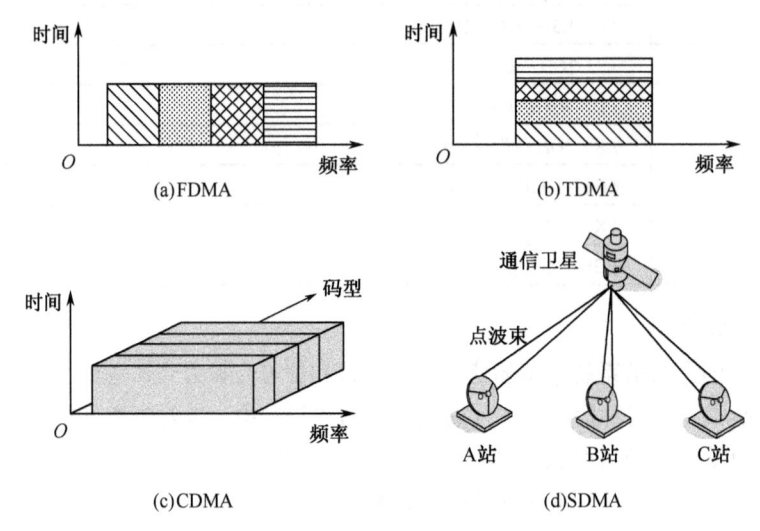

(a) FDMA　　　　　　　　　(b) TDMA

(c) CDMA　　　　　　　　　(d) SDMA

图 6.13　多址连接方式

（3）多址分配

与多址连接方式紧密相关的就是信道如何分配。通常把信道分配方式称为多址分配机制。多址分配机制是卫星通信体制的一个重要组成部分，关系到整个卫星通信系统的通信容量、转发器和各地球站的信道配置与信道的工作效率，以及对用户服务的质量，此外也会影响设备的复杂程度。

使用最多的是固定预分配机制，两个地球站之间所需要的信道是预先半永久性分配，其优点是连接方便，但实际上各站的业务量不同，对于业务量十分繁忙的信道，会产生业务量过载，因而会产生呼叫阻塞；而业务量较小的信道，则会发生通道闲置不用，造成浪费。为了解决上述问题，引入了信道按需分配机制，根据业务量大小实时按需分配信道，使其既不发生阻塞又不浪费信道。

（4）调制方式

在军用卫星通信系统中，选择调制方式时应着重考虑抗干扰性强的调制方式，侧重于功率效率高的调制技术。目前，对于模拟基带信号的卫星通信，主要采用频分复用/调频（FDM/FM）调制方式。在数字卫星通信系统中，广泛采用二进制相移键控（BPSK）、四进制相移键控（QPSK）、交错四进制相移键控（OQPSK）和最小移频键控（MSK）等调制方式。

此外，由于卫星通信的频带受限，选择调制方式时，还应考虑提高频谱效率。频谱效率较高的调制方式主要有：多进制的移相键控（如 8PSK、16PSK）和正交振幅调制（如 64QAM），它们的频谱效率可在 3~6bit/Hz·s 甚至更高，而 BPSK、QPSK、MSK 的频谱效率一般不高于 2bit/Hz·s。

（5）信道编码

信道编码（也称纠错编码）的目的是发现和纠正信道传输中产生的错误比特。卫星信道的传输错误包括：随机错误、突发错误和混合错三种。纠错编码就是在信息码流中增加一定规律的冗余比特，以在接收端发现和纠正传输错误比特。差错控制方式有检错重发（ARQ）、前向纠错（FEC）和混合方式三种。同步卫星的传输延迟较大，因此卫星通信中一般使用的是 FEC 方式，接收端根据收到的码流和编码规则自动纠正传输中的错误。此外，卫星通信中常用的信道编码还有 RS 码、卷积码、级连码、Turbo 码和交织编码等。

3. 卫星移动通信

卫星移动通信系统是通过卫星为舰船、车辆、飞机、运动部队用户或边远地区用户提供卫星移动业务（Mobile Satellite Service，MSS）的系统。卫星移动通信是地面移动通信系统的重要补充，支持地面系统覆盖范围外用户的移动通信业务。

系统中所利用的卫星既可是静止地球轨道卫星，也可是非静止地球轨道卫星，如中地球轨道（MEO）、低地球轨道（LEO）和高椭圆地球轨道（HEO）卫星等。与现有的多功能、长寿命的 GEO 卫星相比，MEO、LEO 星座采用小卫星（特别是 LEO 卫星），具有体积小、质量轻、研制周期短、成本低、易于发射等优点；同时，MEO、LEO 星座系统中个别卫星失效或被攻击，系统性能会有所下降，但系统不会崩溃，具有较强的抗毁性。星座卫星通信系统不仅可以实现全球直接通信，而且具有手持机发射功率低、延迟小、没有死角等优点。

（1）GEO 卫星移动通信

国际海事卫星通信系统（INMARSAT）是利用静止轨道卫星建立的世界上第一个全球性的卫星移动通信系统。自 1979 年建立第一代国际海事卫星通信系统至今，INMARSAT 系统空间段已由第一代全球波束卫星发展到第三代的既有全球波束又有点波束的卫星，除话音通信外，还可实现数据、传真等综合业务的传输。除 INMARSAT 系统外，澳大利亚的 MSAT、北美的 MSS 系统也是基于静止地球轨道的区域性卫星移动通信系统，但这些系统只能用于支持船舶、飞机、车辆等移动终端（不能支持手持终端）的通信。

目前，支持地面手持终端的静止卫星移动通信系统有 ACeS 和 Thuraya。ACeS 是由东南亚国家一些通信公司和美国洛克希德·马丁全球通信公司共同组建。系统为亚洲的一些国家提供区域性的卫星移动通信业务，包括数字话音、传真、短消息和数据传输服务，并实现与 PSTN

和地面移动通信网（GSM 网络）的无缝链接。

Thuraya 系统的空间段计划由 3 颗地球同步轨道卫星组成。卫星 Thuraya-1 和 Thuraya-2 已经分别于 2000 年 10 月和 2003 年 6 月发射入轨，Thuraya-1 卫星装配有 TRW 公司新型的直径为 12.25m 的 L 频段孔径收发天线，结合波音公司的星上数字信号处理器，形成动态相控阵天线，产生 250～300 个在轨可重定向的点波束来形成覆盖区域内的宏小区，提供与地面 GSM 网络服务兼容的卫星移动通信服务。

（2）MEO、LEO 卫星移动通信

针对同步卫星的局限性和移动通信的发展趋势，MEO、LEO 卫星移动通信的各种方案不断提出。MEO、LEO 卫星实现移动通信的基本原理可以与地面移动通信类比，MEO、LEO 卫星为倒置的蜂房系统，即它的蜂房基础设施在太空，蜂房小区的位置相对于地球自转而切换。用户移动和卫星运行速度相比较，可认为是静止的，这样，通过卫星的越区切换而实现移动通信。

MEO、LEO 卫星移动通信系统一般由三个部分组成：卫星星座及其系统控制中心、关口站与用户单元。系统控制中心负责提供卫星网络的管理、轨道规划、异常状态的分析与解决，以及链路管理等。关口站是提供系统与 PSTN 间接口的地球站，任一用户均可通过卫星与最靠近它的关口站互联，使之接入地面系统。用户单元是为直接与上空卫星进行联系而设计的，包括手持机、便携机以及各种机载、船载、机载通信机等。

MEO、LEO 卫星之间可以有星际链路（如铱系统），也可以没有星际链路（如全球星系统）。前一种系统的每颗卫星将成为空间网的一个节点，使通信信号能按照所需的最佳路径进行传输，对于组织全球通信网是十分方便和灵活的。而没有星际链路的系统中，当不同卫星覆盖范围内的用户之间需要进行通信时，必须通过各卫星覆盖区内相应的信关站和连接它们的地面公用网（PSTN 和地面长途通信线路）才能实现通信，如图 6.14 所示。因此，一个没有星际链路的全球 LEO 系统，需要在服务区内建立足够多的信关站。

在 20 世纪 90 年代初，全球先后推出了各式各样的 MEO、LEO 卫星移动通信系统计划和低椭圆轨道、高椭圆轨道卫星移动通信系统计划。目前，全球建成的 MEO、LEO 卫星通信系统有：以支持话音业务为主的铱系统（Iridrum）和全球星系统（Globalstar），以及仅支持低速率数据业务的轨道通信系统（Orbcomm）。

轨道通信系统（Orbcomm）是全球第一个低轨商用数据通信系统，通常称为小 LEO 系统。系统由美国轨道科学公司和加拿大 Teleglobe 公司开发、经营。Orbcomm 支持双向短数据信息传输并兼有定位功能。系统除用于全球用户的双向短消息报文传输外，还特别适用于远程数据采集，系统监控，车辆和船舶的跟踪定位，交通、环保、水利、地震等行业的管理，以及石油/天然气传输管线的监控和检测等。系统投资小、用户终端（手持机）简单、通信费用低，并支持用户的移动性。

铱系统是一个全球 LEO 卫星蜂房系统，支持话音、数据和定位业务。由于采用了星际链路，系统在不依赖地面网的情况下可支持地球上任何位置用户之间的通信。系统于 20 世纪 80 年代末由摩托罗拉公司推出，90 年代初开始开发，耗资 57 亿美元，于 1998 年 11 月开始商业运行。由于昂贵的通话费和平平的服务质量，系统的用户数比预计的少很多（至 1999 年 8 月，用户数尚不足 3 万户，而系统不亏损的最少用户数为 65 万户），庞大的系统运行、维护开支和巨额的亏损与债务，迫使铱星公司于 2000 年 3 月宣告破产。2000 年后，在美国国防部的努力下，新的铱星公司成立。新的铱星公司，在市场上重新定位，把重点放在为海上、空中和防卫部门的军事服务上，这样不再需要庞大的客户群，也不再需要高额的运营费用。

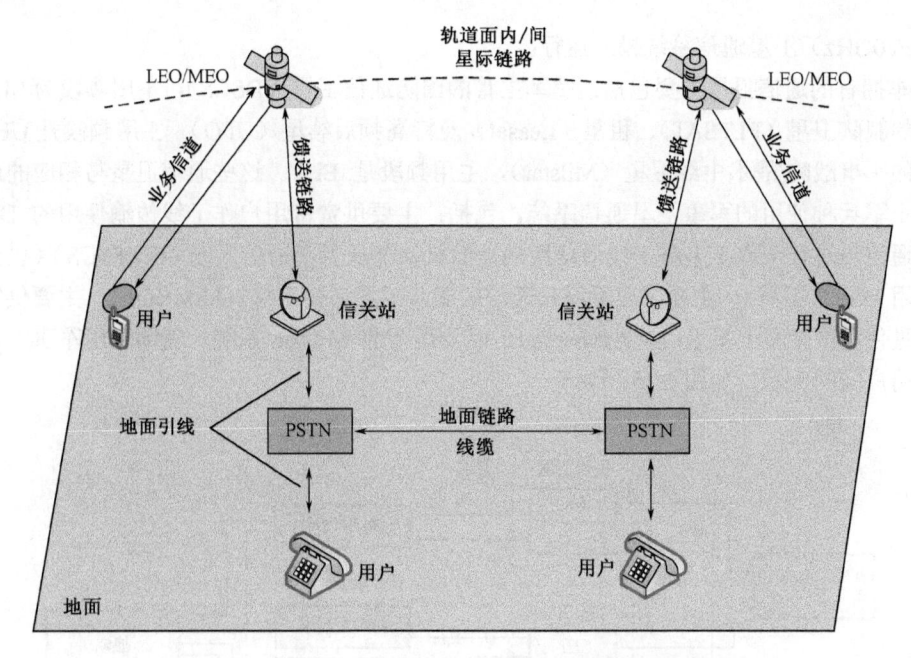

图 6.14 不同中、低轨移动卫星系统用户通信链路的建立

铱系统能为位于全球任何地方的手机用户（包括海面和空间）提供话音和数据通信业务，同时，它是唯一能够提供包括两极在内的全球覆盖的卫星系统。铱系统具有的重要军事意义，受到美军方的格外重视。铱系统的应用包括：命令发布、后勤保障、系统跟踪、全局控制、战场监控、气象资料传输、遥感控制、特种部队作战、单兵通信、战斗搜寻、救援活动和极地通信等，并能担负突发事件时的通信任务。美国国防信息局称：铱系统的高服务价格是系统独特的通信能力所决定的。铱系统能为国防部的用户提供"全球接入"，而用户只需携带一个比普通手机大一点点的铱电话，而不是一大堆通信系统。

铱系统的使用还反映在一些突发事件上。"9.11"事件后，美国防部通过铱系统的话务量和寻呼数据量猛增；美军在伊拉克的军事行动，使铱系统的业务量成倍增加。2004 年年底，大约有 2500 个航天器使用了基于铱系统的设备，目前差不多一半的商用通信卫星和航天器依赖基于铱系统的通信；在商用飞机运输领域，装备了基于铱系统的信息收集和传输系统；在海上，至2004 年已有超过几百艘轮船装备了铱星公司的终端；铱星公司业务和设备大大增强了澳大利亚农村和边远地区的通信能力。铱还将推出新的低成本传输短数据通信服务，该服务不但可以覆盖全球表面，而且可以到达地表下浅层。

4．应用现状

军事卫星通信依据其作用、地位、功能及服务对象的不同，可大致分为两类，即战略卫星通信与战术卫星通信。而就应用规模、范围来看，又可分为全球性卫星通信及区域性卫星通信。目前，世界上已有多个国家建立了多个军用卫星通信系统，其中美国具有代表性。

从军用卫星通信系统使用的频段看，美军现已使用了 SHF 频段，其中包括军事专用的 X 波段（8GHz/7GHz），也利用民用频段 C 波段（6GHz/4GHz）及 Ku 波段（14GHz/11GHz）。SHF 频段卫星主要供宽带用户使用，多用于群路传输中，今后也可能更多用于战术用途。对于战术/移动用户以及战略核部队用户，美军发展了 UHF 频段（400MHz/250MHz）的卫星通信系统。由于迫切要求具有抗干扰及提高生存能力等原因，从 20 世纪 90 年代起又将研制的 EHF 频段

（44GHz/20GHz）卫星通信系统投入运行。

美军拥有的通信卫星主要包括：空军主管的国防通信卫星（DSCS），主用频段为 SHF；海军主管的舰队卫星（FLTSAT）、租星（Leasat）及特高频后续星（UFO），主用频段是 UHF；空军主管的军事战略/战术中继卫星（Milstar），主用频段是 EHF。这些通信卫星与相应的地球站组成各个军兵种使用的军事卫星通信系统，包括：主要供宽带用户作干线传输使用的 DSCS，供地域通信网进行全双工多路干线通信用的地面机动部队卫星通信系统（GMFSCS）（以上两系统均使用 DSCS 卫星），主要供海军舰只通信的舰队卫星通信系统（Fltsatcom），主要供空军核打击力量使用的空军卫星系统（Afsatcom），以及最新的 Milstar 系统。美国现用军事卫星通信系统与用户间的关系，如图 6.15 所示。

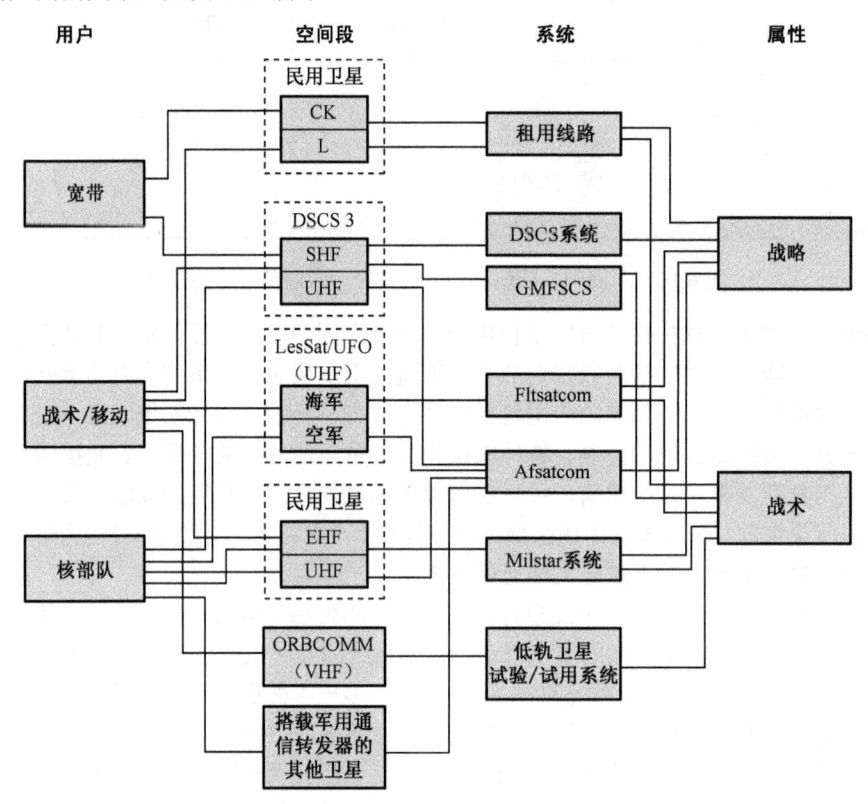

图 6.15 美国各现用军事卫星系统之间的关系

近年来，随着低轨道小卫星在民用领域中利用的呼声逐渐增高，军队在这一方面也给予了相应的注视，如 ORBCOMM 军用卫星系统的开发打开了低轨道卫星在今后的应用前景。

5. 卫星通信技术

由于高技术战争要求军事通信的业务量极大，通信业务的种类繁多，除了话音、数据、传真等常规业务外，现代战争还将有战场地形图像传输、战场活动图像传输、电子战数据收集等多种宽带业务的需求。这就对军事卫星通信网络的带宽提出了更高的要求，军事卫星通信需向宽带化发展。ATM 方式是一种有效利用卫星通信信道，灵活地对多种军用业务进行综合传输与交换的最佳选择，并且能使之与地面战略光纤通信系统无缝地结合。卫星通信的另一方向是，构建宽带 IP 卫星网，它主要用于互联网和骨干网互联、互联网的高速接入、远程教学、远程医疗、虚拟专网、局域网互联，以及其他各种基于 IP 的业务应用。

星上处理是军用卫星通信应大力发展的技术，星上处理大致可分成星上信号处理、星上多波束天线及星间链路三个方面。其中，多波束天线和自适应调零天线在大幅度提高通信容量和增强抗干扰性上起到特别重大的作用，而星间链路今后将主要采用激光通信技术。

使通信的信号隐身、信道隐藏、信息隐含，在敌方不知晓的情况下进行信息传播的卫星隐匿通信现被军方着力研究。实现卫星隐匿通信最主要的是直接序列扩频隐匿技术。此外，还有频谱重叠技术、点波束或多波束自适应调零天线、猝发传输和星上处理等技术。

面对 21 世纪的军事应用要求，美国已提出建立一个面向增强型 C^4I 系统、可以互通的新一代军事卫星通信"集成系统"，由宽带系统、窄带系统及安全通信系统组成，分别从现有的 SHF 卫星系统、UHF 卫星系统和 EHF 卫星系统发展而成。宽带系统可迅速传输大量 C^4I 信息，窄带系统可为数万个运动中的作战人员提供网络化多用户的和点对点的窄带网络链接服务。安全通信系统的重点在于抗干扰、隐蔽性和核生存性，可以为关键性的战略指挥提供通信服务。

卫星通信面临敌方对上/下行信号、卫星转发器、卫星跟踪遥控信号或通信网信令的干扰，通信卫星也受到敌方硬武器攻击或强电磁辐射摧毁的威胁，卫星通信的抗干扰措施除了扩展频谱之外，还可采用星上可控多波束天线、自适应调零天线、自适应限幅干扰抵消、智能自动增益控制、下行频率交链、星上再生处理、地面系统冗余设计、网络备份及星地一体化抗干扰技术等各种方案。为了防止敌方对通信卫星的硬性或软性摧毁，已经推出几种对策，如多轨道、多层次布星，利用便于快速发射、快速部署的小卫星群，星上安装警戒装置和反摧毁武器，以及对星上设备进行抗辐射加固和核加固。

6.2.6 最低限度应急通信系统

通信设施是国家最重要的基础设施，军事通信设施更是维系国家安全的重要保障。一个国家的通信系统仅能经受常规战争的考验还远远不够，重要的是，即使在核战争条件下，在遭到敌国的高烈度核打击之后，国家也仍拥有能生存下来的通信手段。至少，必须具有最低限度的通信能力，以便指挥和控制国家的战略报复力量及时给予有力的反击。最低限度应急通信（Minimum Essential Emergency Communication Network，MEECN）就是指在敌方高烈度（特别是核武器）打击下仍能生存下来的最低限度的战略通信手段。

在遭受高烈度打击，特别是核打击的极端情况下，通信系统会遭受严重的破坏，难以维系正常的工作。核爆炸产生的冲击波、光辐射、核辐射等效应造成的破坏力极大，会损坏甚至摧毁通信设备及有关设施。核爆炸产生的核电磁脉冲，特别是 30km 高空核爆炸产生的核电磁脉冲，场强高达 50kV/m，波及范围大，感应出的大电流（电压）能直接损害或破坏通信设备。此外，核爆炸效应引起大气的异常电离，对无线电波传播造成不利乃至破坏性影响，能够损害（干扰甚至中断）无线电通信，使之不能正常工作或完全不能工作。

为了应付核爆炸对通信系统破坏，维持最低限度的应急通信，需要采取针对性的应对措施。主要的应对措施包括：通信系统的抗毁加固、分散或隐蔽，例如，将通信台站设在地下深处；采取核电磁脉冲的加固防护，常用的方法是良好的屏蔽、隔离与接地；采用电波传播受核爆炸影响小的工作频段、传输方式或传播途径，例如，使用 EHF 频段、散射方式或地波传播等。

通常，能在核战环境下工作的最低限度应急通信方式主要有：机载指挥所通信、低频地波应急通信、流星余迹通信、地下通信等通信方式。除此之外，能工作在核战环境中的应急通信手段还有多种，例如，对流层散射通信、EHF 频段卫星通信、对潜 VLF/SLF 通信等。在此，本章仅介绍常用的最低限度应急通信方式。

1. 机载指挥所通信

设置于地面上的通信设施比较容易受到物理摧毁和电磁破坏，如果将它们装载在机动性和隐蔽性较好的飞机上，其顽存性将会有大幅度提高。国家最高指挥机构和战略核部队司令部，在核战条件下必须被确保能够生存下来并执行自己重大战略职能，将其移至飞机平台之上，成为机载指挥所，可以最大程度上降低核打击所造成的影响。通信系统是这种机载指挥所最重要的组成部分，主要用于核战条件下指挥控制的应急通信，是最低限度应急通信中最重要的通信方式。典型的有美国国家紧急空中指挥所（National Emergency Airborne Command Post，NEACP）的通信系统和美战略空军司令部的核攻击后指挥控制系统（Post-attack Command and Control System，PACCS）的通信系统。

NEACP 是美国全球军事指挥控制系统（Worldwide Military Command and Control System，WWMCCS）中国家军事指挥系统的三大指挥中心之一，同时又是 WWMCCS 中的最低限度基本应急通信网（MEECN）的首要组成部分。其主要任务是，在美国本土遭受核攻击期间和核攻击后，供国家指挥人员登机，在空中实施对美国战略核部队的指挥控制，组织核反击。

1974 年 12 月美军决定建立"国家紧急空中指挥所"（NEACP），它利用波音 747 飞机改装成为现在的 E-4B 型 NEACP 飞机。该系统目前共拥有 4 架 E-4B，停机坪设在印第安纳州的格里索姆空军基地。战备空军司令部是 NEACP 的唯一飞行管理者，1985 年后，E-4B 机群的主要作战基地设在战略空军司令部所在地——内布拉斯加州的奥弗特空军基地。

E-4B 型 NEACP 飞机是美国（也是世界上）最大型的机载指挥所承担飞机，机上配备了大量通信电子设备，机上有 50 多副天线，其中通信天线就有 30 余副。E-4B 型飞机机舱内共有 13 种通信系统，可分为 SHF 卫星通信分系统、UHF 卫星通信终端、UHF/FDM 视距空空和空地通信分系统、VLF/LF 通信分系统/机内通话分系统等五个主要组成部分，其工作频率从 VLF 的 17kHz 至 SHF 的 8.4GHz，现已扩展至 44GHz。E-4B 型飞机的各种频段的通信设备均比正常条件下的标准系统具有更强的发射功率，并采用了最新的抗干扰手段。为了提高通信系统的可靠性和抗毁性，各种设备均进行了核加固，同时主要设备均有热备份。凭借机上完善的通信系统，E-4B 可以与潜艇、飞机、卫星及地面各种通信系统进行保密、抗干扰的话音、电传和数据通信。同时，它也能进入民用电话网和广播网，使用民用通信设施。

为了确保美国在遭受核攻击期间和核攻击之后能继续指挥控制战略空军司令部所属的核部队，使美国的核报复力量不致因遭到第一次打击而瘫痪，美战略空军司令部拥有设在多架 EC-135 型飞机上的核攻击后指挥与控制系统（PACCS）和全球空中指挥所（Worldwide Airborne Command Post，WWABNCP）。PACCS 的任务是在美国本土上空担任核攻击警戒任务；WWABNCP 则是美战略空军为各驻海外联合司令部（大西洋总部、太平洋总部和驻欧洲总部）配备的相应系统。PACCS/WWANBCP 是美国 MEECN 的重要组成部分。

战略空军司令部的 PACCS/WWABNCP EC-135 飞机是一种机载战略指挥、控制与通信系统，在战略空军司令部的地下指挥中心、备用指挥所或陆基通信系统被破坏时，仍能从空中指挥控制战略空军司令部所属的战略轰炸机和洲际弹道导弹。在平时或战时，EC-135 飞机都要与国家军事指挥中心、战略空军司令部地下指挥中心及备用指挥所、战略空军司令部的战备值班部队、空军卫星通信系统及其他军事力量取得联系。EC-135 飞机配备了包括 VLF、LF、HF、VHF、UHF、SHF 和 EHF 等频段的通信设备。目前，美国空军共拥有 PACCS/WWABNCP 用 EC-135 飞机 39 架，按任务不同可分为两种类型：一类当做空中指挥所用，另一类当做空中发射控制中心/空中转信飞机。

2．低频地波应急通信

低频无线电波是频率为 30～300kHz（波长 10000～1000m）的电磁波。低频信号通常以地波的方式紧贴地球表面传播，具有传输距离远及信号稳定可靠的突出优点，因此也称为低频地波。与频率较高的电磁波或经过电离层反射传输的电波相比，低频地波受核爆效应（如核爆炸产生的核电磁脉冲）的影响要小很多。利用这一特点，再附加其他一些防范措施，可以构成低频地波应急通信系统。这种系统具有在核战条件下顽强生存的能力，是应付高烈度热核战争的一种基本的应急通信手段。但是，由于是在低频段传输信息，这种系统设备比较庞大，通信容量也比较小。

美国从 20 世纪 70 年代开始筹划、80 年代研制和建设、90 年代交付使用的低频地波应急通信网（Ground Wave Emergency Network，GWEN）是一个典型低频地波应急通信系统。GWEN 将美国的国家最高指挥机构与战略指挥中心和核报复力量连接在一起，组成一个能在核战条件下抗毁和持续工作的通信系统，是美国战略通信中的不可缺少的基本手段，是美国核战应急通信中最重要的方式之一，也是美国 MEECN 的重要组成部分。

GWEN 是一个地面战略通信系统，由大量抗核电磁脉冲加固的、分布在整个美国大陆的低频无人值守中继节点（Relay Node，RN）组成。GWEN 工作在 150～175kHz（波长为 2000～1700m），沿地球表面传播，不经过上层大气层，不易受高空核爆炸引起电离层剧烈变动的干扰。网络由众多加固 RN 组成，增加了物理抗毁性，敌方只有用很多的核弹头才能摧毁该系统。此外，网络还采用了分组交换技术，传输的数据分组报文能绕过被毁的和不能工作的中继站，重组路由传往目的地，有效地保证了网络的良好抗毁性。

除了无人值守的 RN 外，GWEN 还包括输入/输出（I/O）站和单收（Receive-only，RO）站等。GWEN 中，最关键的是 RN 节点，每个节点处都设有一个高 90m 的天线塔和一个半径为 100m 的辐射状圆形铜线地网，用来发射地波信号。节点内还有安放通信和电源等设备的屏蔽（核加固）机房，如图 6.16 所示。在美国战略部队指挥部以及 NEACP 等高层次战略指挥部门内都配置输入/输出站，通过 UHF 视距通信与该中继节点连通。

GWEN 的建设经历了三个发展阶段。第一阶段是概念验证阶段，1980 年年初研制了由 9 个 RN 组成的原型 GWEN，用该网进行了系统的可行性试验。第二阶段从 1983 年开始，在美国大陆建造了 56 个 RN，连接了大约 30 个军事基地及 8 个指挥中心与传感平台，组成了一个有限规模的试用网。20 世纪 90 年代完成最后一个阶段的建设，增设 29 个 RN，进一步提高了网络抗毁能力。1994 年该计划正式宣告结束，并正式投入使用，GWEN 已成为美国 MEECN 的基本组成之一。由于 GWEN 对美国本土大面积和强烈的电磁辐射，自使用后一直遭到美国公众的广泛质疑，考虑到 EHF 卫星通信的日益成熟，美计划在今后逐步用 EHF 卫星代替 GWEN。但鉴于 GWEN 所采用的技术相对简单，可靠性较高，在相当长的时间内仍然是美军重要的最低限度应急通信手段。

(a) 典型结构

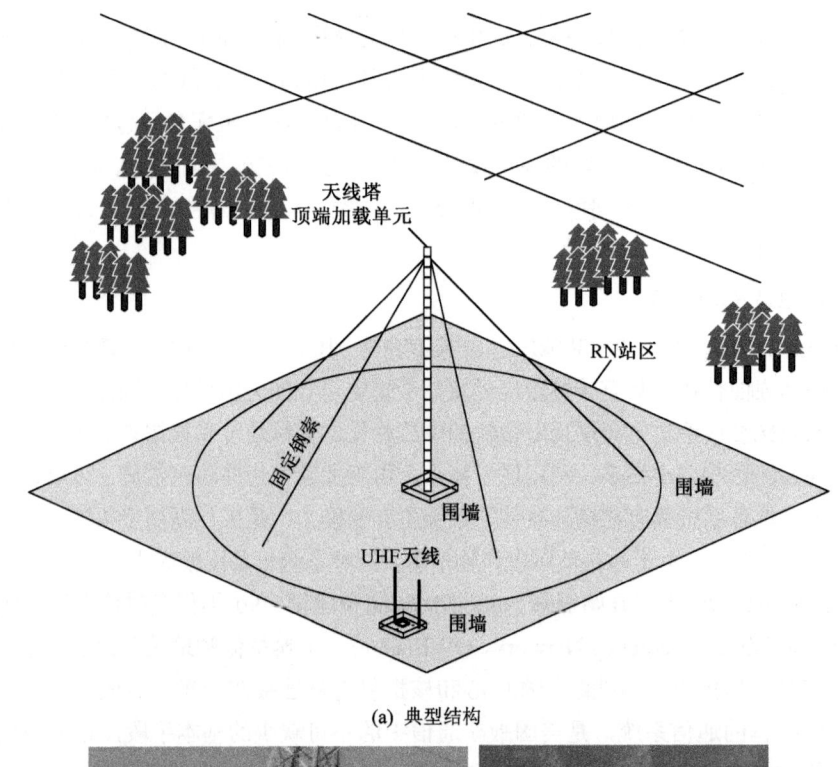

(b) 顶端加载单元

图 6.16　RN 站结构图

3．流星余迹通信

宇宙空间存在的物质碎片和尘埃数目非常多，它们一旦进入地球外层空间，受地球强大引力作用，以高达 2～72km/s 的运动速度向地球运动，即成为流星。流星微粒和空气分子猛烈碰撞导致空气急剧电离，在 80～120km 的高空中，留下一条细而长的电离气体圆柱，称为流星余迹。流星余迹生成后随时间扩散，余迹中的电子密度逐渐下降，直至消失。

利用流星电离余迹作为电波传播媒质进行散射通信的方式称为流星余迹通信。由于每个流星电离余迹的寿命极短，一次流星余迹消失之后，要等待下一次适用的流星出现。因此，这种通信方式具有间断性和突发性，又称为流星突发通信（Meteor Burst Communication，MBC），如图 6.17 所示。适合流星余迹反射和散射的信号频率为通常为 30～60MHz。

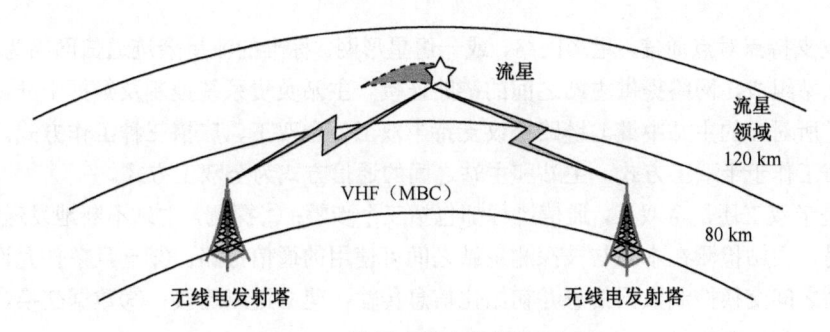

图 6.17 流星余迹突发通信原理

流星电离余迹刚刚形成时直径很小，一般在 0.5～4.5m，长度为 15～30km。余迹拥有大量的自由电子和正离子，也有少量负离子。流星余迹包括"过密类余迹"和"欠密类余迹"两种。过密类余迹含自由电子数目较多，对无线电信号起反射作用，接收端信号比较强；欠密类余迹，含自由电子数目较少，大多起散射作用，接收端信号比较弱。进入大气层的欠密类余迹的数量远比过密类多，目前采用的余迹绝大多数为欠密类余迹。流星余迹持续时间很短，一个典型的欠密类余迹反射信号会在几百微秒内达到峰值，随着流星余迹的扩散，存在时间从几百毫秒至1s不等。过密类余迹也只有几秒钟时间。

（1）流星余迹通信的特点

抗核爆能力强。在核爆炸后的 2～20min 内，流星余迹通信接收信号比平时可增大约 32 倍；20～120min 内，能正常工作，不受影响。核效应试验结果表明在核爆炸后，流星余迹通信依旧正常工作，甚至信号增强，数据通过率可以提高 4～6 倍。因此，它也被称为"世界末日的通信手段"。

具有较强的隐蔽性和抗截获力。流星的发生在时间上具有突发性和偶然性，不必担心连续不断地出现的流星余迹会遭到物理攻击。因此流星余迹通信具有很强的抗毁性，电子干扰也难以达到破坏的目的。流星余迹对无线电波反射具有明显的方向性及投射到地面的信号区域的"足迹"特性，不易遭敌方侦察、截获。

覆盖范围大、通信稳定性好。流星余迹的通信距离一般可达 240km 以上，当流星余迹离地面高度为 100km 时，通信一跳距离最远可达到 2000km。流星余迹通信不会因气候等变化或受到高空电离层的骚扰，克服了短波通信等的缺点，具有特殊的优越性。流星余迹通信频率通常位于超短波波段的低段，绕射能力强。

设备成本和维护费用低。流星余迹通信是天然的空分复用，每站只用一对频点。不需要自适应选频，且不依赖于动态变化的电离层，从而可以简化地面的收发设备、射频硬件、天线及网络设计，是一种低成本远距离通信方式。

但是由于流星余迹通信的偶然性和突发性，也使得传输信息实时性差，主要用于传输非实时性的短消息和报文。此外，由于流星的散射，信号衰减比较大，对噪声敏感性强，可利用的流星数和接收信噪比有关。

（2）工作方式

流星余迹通信的链路控制协议主要解决突发信道上通信链路的连接问题，控制数据交换过程，并和上层交换信息。在此，我们以 1989 年美国联邦标准 1055 建议作为参考，介绍流星余迹通信链路控制协议，该建议已经被许多国家采用。

该建议支持点对点通信，星形网络，或一组星形网。标准的流星余迹通信网络为星形结构，由主站和从站组成，网络提供主站之间的链路连接。主站负责系统控制及数据中继，从站之间的通信通过所对应的主站中继。链路协议支持半双工、全双工、广播三种工作方式。从站和主站之间通信工作于半双工方式，主站和主站之间的通信方式为全双工方式。

无论是半双工还是全双工，通信过程都包括三个步骤：①探测，主站不断地发送探测信号，由从站或另一主站检测在本站与被探测主站之间可使用的通信链路；②一旦条件允许，则建立链路，两站之间交换控制数据信息并初始化信息传输，建立链路连接；③数据交换，两站之间交换数据信息和控制信息。

数据分帧传输，每帧附加 16bit 校验码，包括数据帧和控制帧两类。当接收端校验数据帧正确时，响应 ACK；否则响应 NAK，发送方自动重发。

（3）网络结构

初期的流星余迹通信网是简单的星形结构，由 1 个主站和若干个从站组成。由于不能预知流星余迹在何时、何方向上生成，主站不断地发送探测信号，一旦流星余迹形成，某个适合通信条件的从站收到探测信号后立即向主站发送信息。

随着信息技术的发展，控制软件和天线不断改进，流星余迹通信网的网络结构已发生了变化。20 世纪 80 年代初，流星余迹通信主站之间实现了点对点全双工传输。流星余迹通信主站之间组成栅格网，具有网络控制、信息流量控制、信息段解释、多址信息处理、路由选择等功能，形成了由几个主站及若干从站组成的两级通信网。主站和从站之间半双工通信，主站之间全双工通信，固定路由协议，拓扑结构如图 6.18 所示。

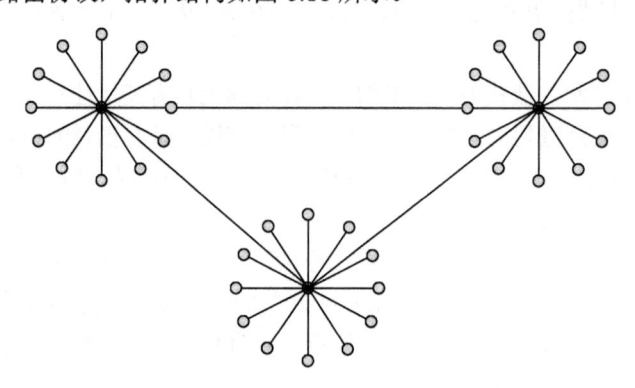

图 6.18 流星余迹通信两级网结构

（4）专用天线

在流星余迹通信中，当天线增益增大时，能反射信号的流星数目增多。但当方向图的主瓣变窄时，被天线"照射"的空间区域变小，导致可反射信号的流星数量减少。因此，不同站型要选用相应的天线。

流星余迹点对点通信天线或/和星形网络的星形从站天线，大多采用高增益定向八木天线，由一个有源振子和若干无源振子组成。天线的方向图具有较尖锐的单方向性、较高的增益和较窄的频带。

对于网络主站，如栅格网主站、星形网主站或移动网的基站，其天线要求具有全方向性和较高的增益。可使用两个双极天线、高频线栅透镜天线、不对称双锥天线等。而多波束天线阵是目前受关注的基站天线形式,较好地解决了天线方向性和增益之间地矛盾。

在移动流星余迹通信网中,目前采用较多的是自适应调谐的窄带高增益环形天线。这种天线的方位角具有全方向性,可以做得很小且结实可靠。

流星余迹通信从 1960 年开始引起全世界范围内的广泛关注。20 世纪五六十年代,加拿大的 JANET 通信系统和北约的 COMET 通信系统是最早研制出的第一代流星余迹通信系统,采用固定数据传输速率通信。20 世纪 70 年代,随着军事等保密业务需求的进一步加强,美国 MCC 公司,推出了 MCC 500 系列新型流星余迹通信设备和网络终端,包括固定站和机动站。采用固定速率、全双工和半双工通信方式,进行了一些大规模的流星通信试验,并在一些国家陆续建立了一批流星通信系统。比较有名的是由 MCC 和西联公司联合建立的用于测报积雪厚度、气温和降雨的 SNOTEL,覆盖美国西部 11 个州。在 20 世纪 80 年代,美国国防通信局拟定了军用流星通信技术标准 MIL-STD-188-135。在此期间,MCC 公司生产的 MCC 520B 使用 1000W 的功率、单天线、2~64kb/s 自适应变速数据传输 DBPSK/DQPSK 信号,使平均数据通过率提高到 100b/s。20 世纪 90 年代出现的第四代流星余迹通信设备是以 MCC 6560 为代表的 2~128kb/s 自适应变速数据传输和多波束天线阵相结合的多媒体传输系统,平均数据通过率提高到 2~4kb/s,支持多媒体业务的传输,并且实现了具有高增益小型天线的小功率流星余迹通信终端,可用于汽车、舰船、飞机上跟踪定位的移动数据传输,并进行了话音通信实验。同时,采用这种终端,可形成的星形接入网和栅格骨干网的网格体系,极大地扩展了流星余迹通信的应用领域。

4. 地下通信

地下通信是指收发信设备及其天线全部设置在地下的无线电通信。设置在地下是指设置在开掘于地下或山体下的坑道(隧道)或地下室之内。值得注意的是,如果收发信设备设置在地下但天线却架在地面上时,不属于地下通信范畴。只有当天线也全部转入地下——由于周围半导电媒质(地层)的影响,这时天线的电性能和架设方法、电波传播的机制以至于整个通信系统具有与地面通信系统不同的特点——才构成真正的地下通信。

地下通信是核战条件下重要的应急通信手段。由于地下通信系统的收发信设备及其天线全部和指挥机关一起设置在坑道之内,依靠电波穿透地层来传递信息,只要指挥机关不被摧毁,就可以生存下去,传递最紧急、最重要的信息,以确保通信联络不被中断。地下通信通常工作在中长波波段,在此波段大气噪声电平很高,通信距离较远时信号将被噪声淹没,使得敌方侦察与干扰较为困难。虽然地下通信的信息容量较低,但当其他通信手段均被摧毁以致面临通信完全中断的危险时,就可以启用此手段。即使每秒只能传输几比特的信息,也将具有十分重大的军事价值。

在地下通信系统中,由于天线架设在地下,电磁波需要经过地层传播,根据电波传播路径的不同,地下通信可分为:"透过岩层"、"地下波导"和"上—越—下"三种通信模式。

(1)"透过岩层"模式

地壳的表层为电导率较高的覆盖层,覆盖层的表面约为几米厚的沙土、黏土或沙质黏土,其下为沉积岩。覆盖层的厚度因地域不同而不同,约从几百米到十余千米,平均厚度为 1~2km。在覆盖层的沙土岩石中有许多孔隙,孔隙中充满含各种天然矿物的水溶液,因而电导率较高。覆盖层下面为花岗岩和玄武岩等的不均匀岩层。由于随着深度的增大,地层内部压力不断增高,这些岩层的结构紧密,含水量少,因而电导率较低。随着深度的继续增大,地温不断升高,岩层的电导率开始升高,位于地面 20~30km 以下区域为高电导率区域,这个区域与电离层相似,能反射电磁波,也称为"倒电离层"或"热电离层"。

"透过岩层"模式就是利用电波透过位于覆盖层以下的低电导率岩层来传递信息。采用这种模式至少需要打几百米以上深度的竖井，将发信和接收天线置入低电导率岩层中，如图 6.19 所示。为了降低电波的衰减，需使用较低的频率，通常使用甚低频或低频。该模式的通信距离较近，当采用一两百瓦的发信功率时，通信距离一般只有几千米。

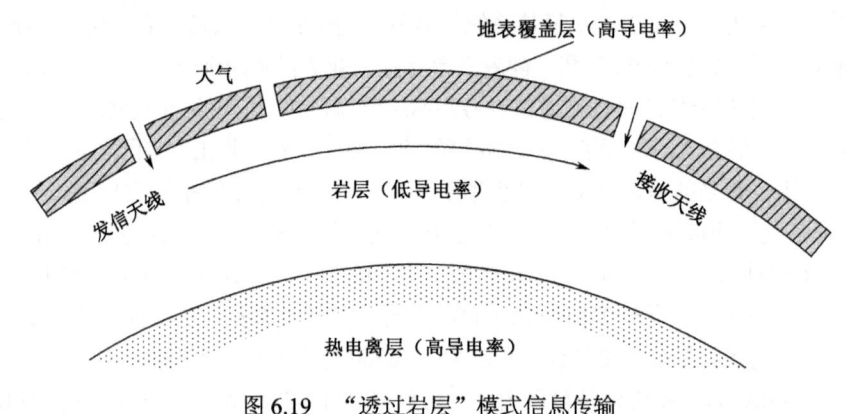

图 6.19　"透过岩层"模式信息传输

（2）"地下波导"模式

理论分析表明，若使用兆瓦级的大功率和更低的频率，且岩层电导率低于某个阈值时，电波可在覆盖层下缘与热电离层上缘之间来回反射进行远距离传播，如图 6.20 所示。这种传播模式称为"地下波导"模式，其通信距离可达 1000～2000km。

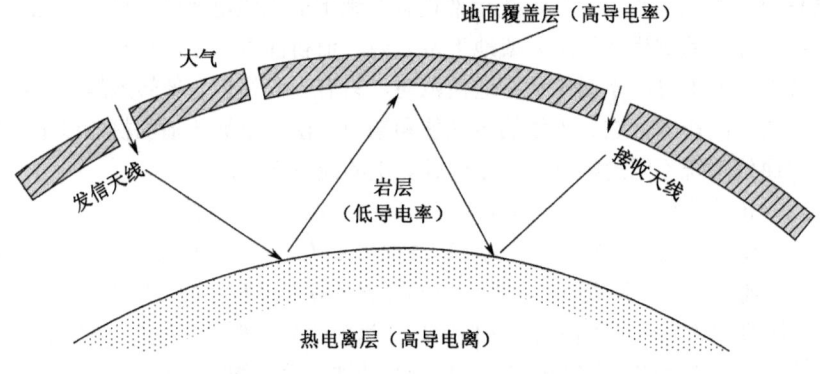

图 6.20　"地下波导"模式信息传输

应用"透过岩层"和"地下波导"两种模式的信息传输过程中，由于高电导率覆盖层的屏蔽，通信几乎不受外界天电、工业及其他电台的干扰，通信保密隐蔽；传输条件不随外界变化，信号稳定可靠。其主要缺点是：由于电波整个传播路径都在岩层之中，因而衰减很大，要获得较远的通信距离必须使用很大的发信功率；为了减弱地层对电波的吸收，必须使用很低的频率，故通信传输速率很低。

（3）"上－越－下"模式

"上－越－下"模式是指电波自天线发射出来，首先向上穿出地层，然后经折射沿地面传播，到达接收地域后再经折射向下透入地层到达接收天线的数据传输过程，如图 6.21 所示。采用这种模式时，天线应水平架设在坑道之内，工作频率通常选在中波或长波波段。使用小功率或中功率的发信机，通信距离可达十余千米到百余千米。

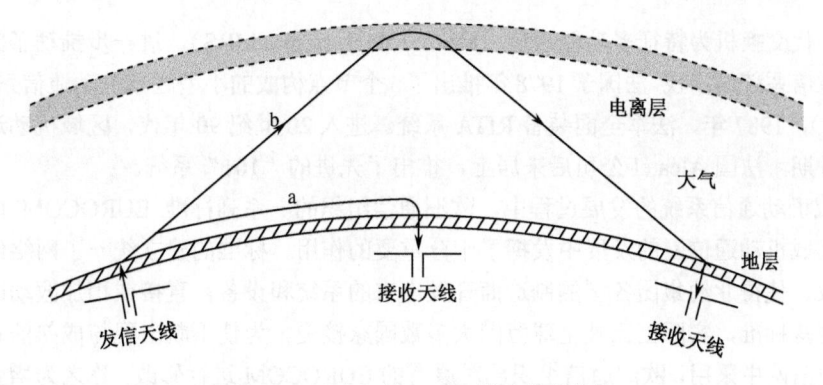

图 6.21 "上—越—下"模式信息传输

若利用天波,这种模式还可以实现数百千米的通信联络,如图 6.21 中的 b 所示。此时需要工作在短波低端,且天线需浅埋,通常埋深为 1~2m。"上—越—下"模式信号的稳定性、可靠性和隐蔽性虽比"透过岩层"和"地下波导"模式稍差,但它利用较小的功率就可以获得较远的通信距离,且天线可在坑道内铺设,使用方便,这种模式早已进入实用阶段。

"上—越—下"模式的地下通信与相应的地上通信比较,到达接收天线的电波场强衰减更大。包括:在发射地域电波向上穿透地层进入地上遭受的"发送端穿透衰减",电波穿出地层后转向接收方向而引入的"发送端折射衰减",电波到达接收地域向下转向引入的"接收端折射衰减",电波向下穿透地层进入接收天线遭受的"接收端穿透衰减"等。

6.3 战役/战术通信系统

战役作战有战区、方面军、集团军和相应规模的海军、空军、第二炮兵战役等各种层次。战术作战通常指具体的地区内的战斗。战役/战术通信系统通常是为了保障师以上部队遂行战役作战和师以下部队战术行动。战役通信系统以固定通信设施为依托,主体是机动和野战的通信装备。战役/战术通信系统网中的固定通信设施是战略通信网的组成部分,而机动部分则是在战区战时开设的通信设施,以野战通信装备为主。战役/战术通信系统在作战地区保障战略、战役警报信号和情报信息及指挥自动化系统的信息传递,保障指挥战役、战斗和战役协同、战役后方、技术保障的通信联络。

战役/战术通信系统可以根据需要随时接入战略通信系统。战役/战术通信系统包含的主要网系有地域机动通信系统、移动通信系统、战术互联网、战场数据分发系统、空军战术通信系统、海军战术通信系统、战术卫星通信系统等。

6.3.1 区域机动通信系统

区域机动网是为保障战役/战术自动化指挥而在作战区域内临时布设的通信网络,是战役/战术信息系统网中多种网系的集成。区域机动通信系统的概念萌芽于 20 世纪 60 年代。早在 1967 年,英军就曾利用商用的通信设备组成一个初级的数字化区域机动通信系统,即所谓的"熊"(Bruin)系统。1962~1969 年,美军利用人工交换机等设备,在一个军的范围内设置 16 个节点,构成栅格状通信网。1971 年,英国对新型区域机动通信系统进行可行性论证,建设了闻名的"松鸡"(Ptarmigan)系统,其第一代产品于 1984 年装备英军。以后,英国又在"松鸡"基础上研发了以新一代交换机为特征多功能系统（Multi-role System，MRS），进一步推动了国际上研制区域机动通信系统的步伐。法国于1978年推出了5个节点构成的小型区域机动通信系统——"里达"（RITA），1987年，法军全面装备RITA系统。进入20世纪90年代，区域机动通信的研究进入了新时期，法国Alcatel公司后来居上，推出了先进的"101"系统。

在区域机动通信系统的发展过程中，欧洲通信组织的一系列标准EUROCOM D/0、D/1、D/2等在区域机动通信网的发展中发挥了十分重要的作用。标准的建立统一了网络结构、系统的基本参数，使得北约集团各国的制造商开发出来的系统和设备，直接或稍加改动即能相互兼容，目前这些标准，实际上已被全球范围大多数国家接受。为使不断出现与成熟的新技术能在区域机动通信网中采用，欧洲通信组织已对原有的EUROCOM进行修改，称之为增强型欧洲通信系统标准（Enhanced European Standard，EES）。随后，北约组织也开展了2000年后战术通信（含区域机动通信）系统标准的编制，称之为Post-2000。

区域机动通信系统由地域通信网、单工无线电台网、双工移动通信系统、战术卫星通信系统及空中转信通信系统等分系统（子网）组成，每个子网又可能包含许多子系统。

（1）地域通信网

地域通信网是覆盖作战地域的机动式通信网，它的主体是分布在区域内的干线节点所构成的网络。干线节点对于军事指挥所相对独立，它的作用如同公用电信网中的汇接交换局。每个干线节点的核心设备是干线节点交换机，一般有多个群路端口，通过群路传输设备将各个干线节点交换机与相邻的干线节点交换机彼此互联，形成栅格状的网络。一个群路为属于该群的所有信道提供数据路由，对于进入某一干线节点交换机的主叫接续申请，可能有多条路由达到被叫所在的干线节点交换机，保证区域机动通信系统的抗摧毁需要。地域通信网的另一个重要部分是固定用户入口系统，使用户可以在固定（非行进）状态下进行通信，入口节点类似于公用电信网的端局。用户入口一般设置在军、师、团三级指挥所，入口节点的核心设备是入口交换机。它完成本地用户间的交换，并将出局的呼叫送到干线节点网。为了提高生存能力，入口节点视其规模及重要程度采用1~3条群路传输电路接到不同的干线节点。

入口交换机和干线交换机采用时隙交换的电路交换方式，每一个时隙代表一条信道。各类电信业务在进入交换之前均经过不同的编码或处理过程，进入交换矩阵的业务就都是16kb/s的码流。例如话音业务，先要进行增量调制编码，异步数据要进行高速抽样处理，对于同步数据则需等速率抽样等。电路交换不打乱原来的码流的前后顺序，也不改变码元之间的时间关系。在电路交换机内进行交换的数据属于话带数据。为了提高数据交换的效率，在电路交换网上叠加一个采用分组交换方式的数据网。分布在区域内的分组数据交换节点加上数据用户终端构成地域网的数据通信网。

地域通信网中，群路传输主要依靠无线传输方式。当节点间相距都在35km之内时，正是视距无线电传输的单跳距离，视距通信成为主要的传输手段。当节点间距离在100~150km时，最佳的传输方式是对流层散射，利用收、发天线波束在对流层交会的空间内散射的电波实现信息传播。此外，在机动网中，卫星信道也可用来构成远距离节点之间、中央部门到网络节点间信息的透明传输通道，距离、站址都不受限制，并且一个天线可以同时用于不同的传输方向。但是卫星通信易受敌方的干扰和摧毁，只能作为区域机动通信网群路传输的一种辅助或备用手段。使用过程中，为了使无线设备能在有利于电波传播的位置，常常用光缆、电缆作为引接。

网络管理系统用于进行网络资源和网络运行的管理，由于区域机动通信网的节点和传输链路经常变动，业务流量和流向也随时变化。因此，地域网的网络管理比固定型的网络更加复杂。区域机动通信系统网络管理系统分三个层次：一级网控中心、二级网控中心与三级网控设备。

地域通信网与民用通信网络不同，所有节点平等，任何节点或传输链路损坏不会影响全局。各种设备都按方舱或厢式车载方式进行结构设计，具有良好的抗振动、抗冲击性能，能在较恶劣的气候环境中工作。在系统级上采取栅格状网络结构，设备级上采用加固及备份，以保证系统的抗毁性。

（2）单工无线电台网

团、营以下单位的指挥员及参谋经常处于战斗前沿，经常需要在行进中与上、下级进行话音通信，单工无线电台是他们的主要通信工具。利用单工无线电台构成的通信网叫单工无线电台网，可对某些极为重要的通信提供保障或应急。单工无线电台网由系列化的短波单边带电台和甚高频调频电台组成，可以辐射状组网或构成专向通信。

甚高频电台适用于相距较近的分队人员，短波单边带电台适用于远距离或地形不适于甚高频传播的地方。在团、营、连、排之内运用的单工电台，通信距离由几十米到十余千米，而军、师、团之间，距离要达到 10~50km，战斗前沿到军的基本指挥所可能达到 100km 以上。单工无线电台还是陆地部队与战斗直升机、指挥直升机之间的主要通信手段。利用单工无线电台的无线信道可以传送分组数据，构成分组无线网。单工无线电台网与地域网或双工无线网的互通是通过电台入口设备实现的，入口设备包括无线电入口单元和无线电拨号单元。入口单元的主要功能是信令转换和单工电台的收、发状态控制。

单工无线电台网有两种组网方式：一是栅格状网，二是分布式网。20 世纪 80 年代中期，法国推出的单工无线电台入口系统，可构成有交换功能的栅格状单工无线电台通信网，能汇集有线和无线的用户，具备有线无线转换、抗毁和自组织能力。分布式组网的设计思想是，把网络的控制功能分散到各个用户设备中去，把目前集中统一的作战指挥中心改变为分散重叠配置，避免了有中心网络的中心站受损而引起的大面积或全网的通信中断。

（3）双工移动通信系统

双工移动无线电通信系统兼有地域网和单工网的优点，但是由于一个双工移动系统所能覆盖的半径范围仅十几千米，能容纳的用户只有几十个，而且抗干扰和抗摧毁性能、服务质量等方面均弱于地域网，只适宜于活动范围不大的军、师级的直属机关使用。在此，对双工移动通信系统作简要介绍，详细介绍参见"军用移动通信"部分。

双工移动通信系统是一个共用信道的通信系统，类似于集群通信或大区制的民用通信系统，由一个中心台和多个移动台组成。中心台由多信道的无线发信机、收信机、信道控制器及无线交换机等组成，收、发信机提供约为移动用户数几分之一数量的共用信道。双工移动通信系统的移动台需要通信时首先要发出申请，中心站为移动台与中心台之间分配信道，移动台之间、移动台与中心台无线交换机上的有线用户之间的接续由无线交换机完成。

双工移动通信系统的无线交换机的体制、用户编号方式等和地域网的入口交换机、节点交换机兼容，可以直接经群路传输互联。双工无线中心台相当于一个入口节点，因此双工移动台也是地域网的直接用户，可以一次拨号呼叫地域网内的任何直接用户。

（4）战术卫星通信系统

轻便的战术卫星通信地球站能传输低速率的话音或数据业务，用于军、师（旅）与方面军、军区、总部之间的通信，它是机动通信的辅助手段。通过接口转换，总部、军区、方面军指挥员或参谋可以对所辖的部队进行越级指挥。

（5）空中转信通信系统

在升空的通信平台上可以装载信道转发器甚至通信节点，增大通信链路的有效传输距离，有效地扩大节点覆盖范围。空中通信平台还是一种抗干扰、抗摧毁的有效手段，其主要技术难度及实用价值的高低在于空中平台的选择，目前可用的平台主要是直升机和系留气球。虽然空中平台在民用通信中已有使用的例子，但在军事上的实际应用还有许多问题有待解决。国际上的最新动向是使平台驻留在离地面 11~50km 高度的平流层中（也称为临近空间），一旦这种技术被突破将引起一场重大的通信变革。

综上所述，区域机动通信系统网络的主体是覆盖区域的干线节点网。多个干线节点分布在作战地域，节点之间用多路传输链路互联构成栅格状网络。与民用通信网不同，所有节点平等，任何节点或传输链路损坏均不会影响全局；干线节点网的布设相对于用户独立，用户能在任何节点进网；干线节点网能在不影响通信的情况下滚动转移；支持唯一的用户号码，不管用户处于何处，拨叫该用户号码就能找到他。

"动中通"对军事指挥员来说十分需要，但由于保密和抗干扰等原因在战场上不能用民用（如 GSM 等）移动通信设施。区域机动通信系统的"动中通"要由军用双工移动通信系统及单工无线电台网保障，而战术卫星移动通信能在更大的活动空间提供话音及低速率的数据通信，也是一种重要的"动中通"手段。

区域机动通信系统的各种设备都按方舱或厢式车装载方式进行结构设计，具有良好的抗振动、抗冲击性能，能在较恶劣的气候环境中工作。有的设备还要适应在装甲车内安装使用的要求。在系统级上采取栅格状网络结构，设备级上采用加固及备份，以保证系统的抗毁性。

区域机动通信系统的保密可以采取多种手段，最基本的是线路加密，即所有的无线信道及长度大于某一限额的有线信道必须对所传输的信息进行加密。此外，对用户终端上发出的各种业务如话音、传真、数据等也要进行加密，即端到端加密。高级指挥员或重要岗位的业务大多需要端到端加密，端到端加密的密钥应经常变换，最好能一次一密钥。加密效果的好坏当然首先取决于密钥算法，但是也要有十分可靠的密钥管理和分配机制保障。区域机动通信系统通常采用多级密钥管理机制，并与网络管理相结合。

目前，不同的军用网网络往往采用不同的话音数字编码方式、同步方式和信令方式。区域机动通信系统的用户要想与其他网络中的用户通信，则必须在网络互联处进行编码、信令变换，并且需要解决各类同步问题。区域机动通信系统随着信息化作战模式的需求推动和技术进步，目前正朝着战术互联网方向发展。

6.3.2 军事移动通信系统

移动通信指通信双方或至少一方在运动中构成移动体与固定点之间或各移动体之间的通信。车载、舰载、机载、背负和手持等无线通信都属于移动通信。移动通信要保证"动中通"，只能使用无线链路。移动通信在军事上已有悠久的应用历史，第二次世界大战以来，各国的陆、海、空三军都大量装备无线电台，保障三军在运动状态的战术通信。

20 世纪 80 年代之前，军事移动通信仅仅是战术电台之间的点对点通信。现在，移动通信系统已成为战场上的基本通信手段，提供各军兵种的战斗通信、协同通信和指挥所通信。战场前沿的各种移动通信系统与后方的固定通信系统（包括通过机动干线系统）构成互联互通的网络。军事移动通信装备不仅是移动用户终端,而且包括用户电台的组网和入网、控制和交换。移动通信手段和系统也名目繁多,例如双工移动通信、集群通信、分组无线网(PRN)、卫星移动通信和空中平台通信等。另外,人们还提出军民共享资源的未来发展策略。

1. 发展历程

军事移动通信过程中,经历了单工模拟电台移动通信、移动通信数字化组网、综合业务数字移动通信网三个发展阶段。

20 世纪 70 年代之前主要应用单工模拟电台进行移动通信,称为单工战斗网电台(Combat Network Radio,CNR)通信。CNR 有航空电台,舰载电台,陆军的步兵、炮兵、坦克电台及三军协同电台等,这些电台通常工作在高频和特高频范围内,分配频段进行点对点的通信。即两电台之间不经过任何自动转接和交换网络进行直接对通。早期 CNR 都是单工模拟技术体制,一般只有话音和电报业务。单工电台经历了长期应用,性能指标不断改进和提高,现已经具备了抗干扰和保密能力,能支持各种战术通信业务,至今仍然是军事通信体系中的重要组成部分。

20 世纪 80 年代以后,军事移动通信进入数字化的发展阶段,实现移动数字传输和移动数字交换技术,不仅使 CNR 具备高保密性和高抗干扰性,而且推出了军用双工移动通信系统。由于它与共用信道的民用移动系统相似,所以也称为军用移动电话网(Mobile Telephone Network,MTN)。日益增长的战场数据业务,还促进产生了基于移动电台的分组无线网(PRN)。

高技术战争要求军用移动通信不仅能支持多种业务,而且要有高度的安全性、可靠性、实时性和机动性,要求节省维护管理和后勤保障的人员和费用。经过开发、试验和评估,采用现代通信技术新成果,产生了把 CNR、PRN、MTN 综合成一体的数字移动通信系统,可以与其他各种移动通信系统互联互通。美军"21 世纪数字化战场通信网"和北约"Post-2000 战术通信系统"等,就属于此类数字移动通信系统。

信息化战争中,军事移动通信要对付敌方侦测和干扰,适应战场地形和气候,符合部队编制和管理体制,适应战术部署和各种战术行动,并且越来越多地承担武器系统的保障任务,因此,军用移动通信必须随着战术需求的改变而不断更新和发展。

2. 网络构成

军事移动通信系统一般由三部分构成。一是由交换机和传输设备(如接力机)等构成的机动或固定的基础设施,通常称为干线网络;二是为各种无线电移动用户终端提供入网途径,并与干线网络相连接的无线接入点(Radio Access Point,RAP);三是移动用户终端,即各种移动用户无线电台。

在战场上,较低梯队指战员的基本移动通信设备是单工 CNR,按照部队指挥关系或任务要求进行组群,以单工工作方式构成 CNR 或 PRN 网络,实现话音或数据业务的通信。移动电话是较高梯队指挥官们的通信设备,用户终端是双工移动台,依靠覆盖一定区域中心台(RAP)的转发/入口/交换/控制等功能构成 MTN。实现移动用户之间及其与有线(固定)用户之间的话音、传真以及数据等业务的双工通信,或者构成双工 PRN。CNR 也可通过相应的单工入口(单工 RAP)接入 MTN。

干线网络和 RAP 多数在固定状态下使用。在新一代移动通信系统中,RAP 也能作为"动中通",采用 ATM 传输交换体制,与干线网络构成无线 ATM 体制的移动通信系统。同时使用多频段、多功能电台和战术互联网,在整个互联互通的军事综合业务数字网络中实现移动通信。

此外，还可将现有的蜂房系统、集群系统、个人通信系统和移动卫星通信系统等纳入军事综合移动通信，加上单兵电台通信系统的装备，战场上的通信将越来越接近实现"在任何时间、任何地点能与任何人通信"的理想目标。

3．双工移动通信系统

双工移动通信系统也是集团军级区域机动通信网的一个重要组成部分。国际上通常把双工移动通信系统称为单信道无线入口（Single Channel Radio Access，SCRA），用户使用的双工终端占用一个单独的标准信道。早期的 SCRA 没有设置独立的无线交换机，需依赖地域网干线交换节点的管理和控制才能工作，SCRA 只能起到集线器作用。随着移动通信地位的不断提高，应用越来越广泛，现代的 SCRA 已设置了自己的无线交换机，既可接入地域网，也可以独立组网工作。战争中，部队的快速推进、战场战术的迅速变化，都需用双工移动通信系统作为骨干网的补充手段。美国的移动用户设备（Mobile Subscriber Equipment，MSE）系统中的 SCRA 就曾在海湾战争中发挥很大作用。

（1）双工移动通信网

现代的双工移动通信系统都具有自己的无线数字交换机，既可以接入地域通信网，又可将多个双工移动通信系统组成合独立的双工移动通信网。

双工移动通信网由若干个双工移动通信系统组成，每个双工移动通信系统包括 1 个车载无线中心和 20~50 个移动用户台。典型的双工移动通信网有多个互联的无线中心站，覆盖一定地域，可根据作战意图、作战态势、作战地形统一配置，灵活应用，特别适合于机械化部队的作战应用。中心站和移动用户台均为车载设备，不仅用户能实现"动中通"，而且全系统可灵活地移动。典型双工移动通信网，如图 6.22 所示。

每个双工移动通信系统中心都能提供多路共用信道，满足多个用户同时通信需求。一般情况下，每个中心台有 4~12 个无线信道，根据多址协议，以按需分配的方式连接 20~50 个移动用户。每个移动用户台自动取得或分配到一个信道后，即能通过中心台与另一移动用户或有线用户进行通信。CNR 单工电台也可从移动用户台或中心台的无线交换机接入系统。

双工移动通信系统有多个标准的中继群端口，实现系统自身组网以及与地域通信网、宽带综合业务信息网、卫星网及其他通信网互联互通。通过这些网间互联，移动用户可接入军用或民用电话网。双工移动通信系统具有抗电子战能力，支持话音、传真和数据等业务的安全传输。移动用户脱网后还具有分布式自组织、自恢复组网功能。

（2）系统工作原理

无线双工移动通信系统是一个全数字、双工、保密、有密钥自动分发和交换功能的野战移动通信系统。系统通过通信协议和无线信令接续过程，将移动用户台与车载中心台有机地组合在一起。通过无线数字交换机实现组网、接入和交换，通过它的无线端口完成无线共用信道分配及管理，使无线用户接入系统；通过中继群端口完成系统入网、联网、组网功能；通过模拟用户端口使有线用户接入系统；通过模拟中继端口使有线或无线用户接入军用或民用的固定网络；通过数字用户端口使数字话机或计算机用户接入系统。控制端口向系统控制台提供接口，并对系统进行监控。系统能支持无线用户与无线用户、无线用户与有线用户之间通信，并提供数据、话音、传真、电传等业务。

无线多信道传输链路由多路数字信道机完成。信息加密由中心台多路保密机和移动用户台保密单元完成。系统密钥由密钥分配中心通过无线程控交换机、密码机、终端机上的无线信道，

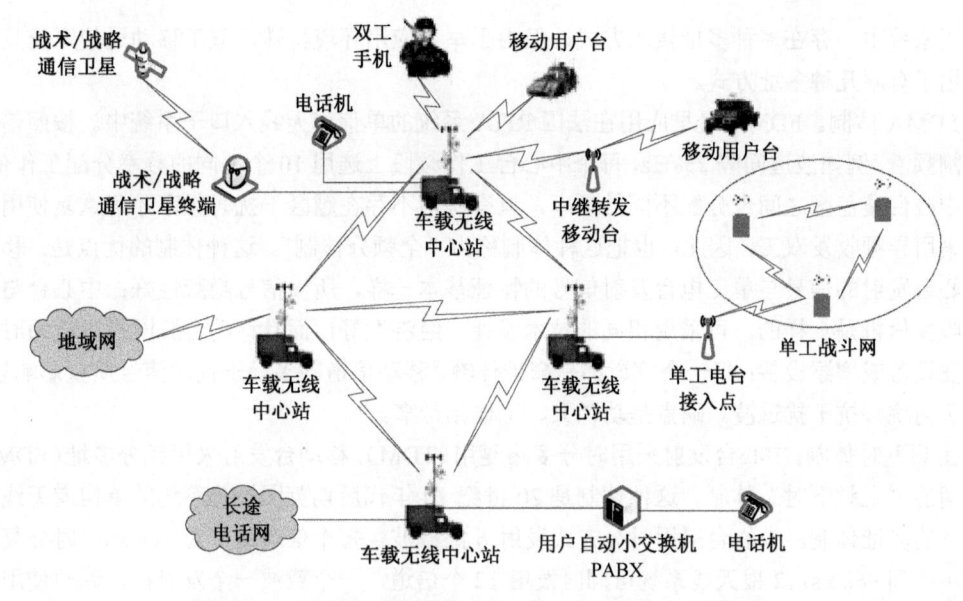

图 6.22 双工移动通信网（PABX—用户自动小交换机）

采用无线信令传输方式，进行管理并分配给各个移动用户台。中心台密钥分配中心与无线数字信令协议相结合，完成密钥自动分发、调用、更改、销毁功能。

移动用户台由单路数字信道机、保密单元、遥控话机、电源及天馈系统组成。双工手机与移动用户台完全兼容，具有体积小、质量轻、便于携带的特点。由于发射功率及天线增益较小，其通信距离比移动用户台短。

中继转发站采用两个移动台背靠背作中继信道，可以在静止和运动状态下实施一次或多次自动中继。用于中继转发的移动用户台也可作为直接用户使用。

（3）系统主要性能

在野外中等起伏地形情况下，典型的系统通信覆盖区的半径为 15km，通信可靠度为 90%。移动用户台与无线中心有线用户可以互通明/密话，通信距离为 15km，若通过中继转发站中继可以延伸至 25km 以上。脱网工作时，移动用户台之间可直通明/密话，通信距离为 10km。手机与无线中心的通信距离为 8km。移动用户台通过多个无线中心中继，与覆盖区内另一移动用户台可以互通明/密话，通信距离可以达到整个系统的覆盖范围。

无线数字信令是中心台与移动台之间建立呼叫、接续、控制和通话所需传输的数字控制信息。用户之间必须先沟通信令才能通话，无线信令沟通率是系统一项重要指标。在系统通信覆盖区内，对野外等中起伏地形，无线信令沟通率可达 95%。

移动通信存在着多径干扰、系统频谱干扰和各种电磁干扰，军用通信系统还存在敌方侦听、截获、干扰和破坏摧毁的危险性。为了解决这些问题，现今的双工移动通信系统常采用窄带数字调制技术、跳频电子反对抗技术、空闲信道扫描技术、自动功率控制技术以及通信保密技术等技术措施，维护系统的信息传输安全。

（4）空中接口

军用双工移动通信系统是一个多址通信系统，移动用户以无线方式来实现多址接入，因此，也被称为"空中接口"体制。系统中，中心台只提供少量（几个）信道作为多个（约几十个）不同地址移动用户台共享的通道资源，以按需分配或依照某种协议分配给有权的移动用户使用。

在民用系统中，存在多种多址接入方式，但由于军事应用环境特殊，双工移动通信系统只成功地应用了有限几种多址方式。

FDMA 体制。FDMA 最早应用在法国 RITA 系统的单信道无线入口子系统中。按照信道带宽分割频谱，例如波道间隔 25kHz，每个中心台工作频段上选用 10 个不同的频率分配工作信道。每个中心台覆盖区之间也分配不同的频率，只有确信不存在越区干扰时频率才可重复使用，而且还采用异频收发双工，因此，也把这种体制称为"全频分体制"。这种体制的优点是：移动台和中心台发射的信号与单工电台发射信号的特征基本一样，所以信号隐蔽性好；中心台与移动台的收发信机是一样的，可采用相同的技术设计，经济性好，而且移动台脱网进行直通时也无须改变设备或增添设备；每一个信道都是窄带传输，移动信道的多径干扰对信号质量影响较小；有利于向跳频抗干扰过渡。缺点是功耗大、工作频带窄。

上频下时体制。中心台发射采用时分多路复用（TDM），移动台发射采用频分多址（FDMA），即所谓的"上频下时"体制。这种体制是 20 世纪 70 年代后期英国松鸡系统的单信道无线入口子系统的多址体制。中心台采用时分方式发射 6 路载波，每个信道速率为 16kb/s，时分复用信道速率达到 96kb/s。2 根天线系统可同时发射 12 个信道，一个载波一个发射机，无须使用发射天线共用器，避免了合并损耗，极大地简化了设备。上频下时体制也已相当成熟，设备简单，功耗低，中心台只需用 3kW 发电机供电。然而，目前采用该体制的双工移动通信系统装备不具备抗干扰能力；此外，移动台脱网后，为实现"直通"要求设备比较复杂。

时分双工（TDD）、跳频的频分多址（FDMA/FH）体制。TDD、FDMA/FH 是 20 世纪 90 年代初推出的新一代双工移动通信系统技术体制，例如法国 Alcatel 公司的"101"系统，就是采用了这种多址体制。跳频是非常有效的抗干扰手段，在 FDMA 基础上增加跳频，可以提高系统的抗干扰能力。实际上这里的 FDMA 已失去固定频率工作时的本来意义，变成了跳频的码分多址。TDD 在固定频率工作时，有明显的信号特征问题，但如果与跳频相结合使跳频速率与 TDD 转换速率基本一致，TDD 的信号特征不再明显而难以被侦测。多信道发射共用天线的问题虽然仍然像全频分体制一样存在，但技术进步使利用高速电子开关和宽带线性功放已成为多信道发射共用天线的两个可行的技术途径。

近 30 年来，双工移动通信系统的研究、装备、改进等工作一直受到各国的高度重视，多种型号的系统或其改进型不断出现，功能和性能得到充分提高。我国研制出的第二代无线双工移动通信系统是 FDMA/TDD，它是全数字、保密、抗干扰和抗毁的系统，具有多系统组网、网络管理和数据传输能力，其性能和功能与法国 Alcatel A101 无线接入系统相当。国外战术移动通信系统的种类很多，达到的水平不仅是简单的双工通信，而是具有很强综合业务能力的通信，其中有代表性的系统是 MSE、RITA 2000、MRS 200、Alcatel A111 和改进的 Ptarmigan 系统等。

从总的情况来看，近年来国外战术移动通信的发展趋势主要是：增加分组传输能力，为战术互联网提供传输网络；采用战术 ATM 交换技术，提供多媒体业务；进一步提高网络的接口能力，特别是与远距离通信系统如卫星、散射等的连接；采用 CDMA 技术和民用商业技术，尽量向个人移动通信靠拢；增加空闲信道搜索技术，进一步提高综合抗干扰能力；提供通用的中继接入端口等。

4．集群通信系统

集群通信系统是一种共用无线频道的专用调度移动通信系统，采用多信道共用和动态分配信道等技术，为团体用户提供指挥调度服务，具有频带利用率高、接通迅速、能实现群呼组呼等优点，是重要的移动通信手段。

传统的无线调度通信系统，是由各单位向无线电管理机构分别申请一定数量的无线频道专供本单位使用，这种频率分配方式的频率使用效率较低。集群通信是将一些多种类别的稀疏容量的用户集中起来，申请一定数量共用的无线频道，采用按需提供频道的动态频率分配方式。当用户需要通信时，集群系统控制中心立即为该用户提供一条当时空闲可用的无线频道；通信一旦结束，此频道立即释放并转给其他需要的用户，从而提高了频率使用效率。

数字集群属于移动通信范畴，但可集指挥调度、电话、数据、短信、多媒体图像及 Over IP 于一体，其一系列特殊功能（特别是调度功能）以及网络结构与安全控制等方面独特的特征和复杂性，并非通常公众移动通信系统所具有的，也不是简单增强扩充即能具有的。集群通信最大的特点是话音通信采用 PTT（Push To Talk）按键，以一按即通的方式接续，被叫无须摘机即可接听，且接续速度较快，并能支持群组呼叫等功能。

（1）网络结构

集群通信系统从规模上，可分为单区系统和多区系统。单区系统容量小、覆盖面小，常用于小容量的专用网或中容量的公众网。多区系统容量大、覆盖面大，适用于公众网。实际上通常采用大区制小容量网络，当覆盖面不够时，则由基本系统中的单基站发展为多基站；当用户再增加需要进一步扩大覆盖面时，则把基本系统叠加成为多区的区域网，甚至成为多区、多层次网络，构成一个或者几个大区域联网系统。

集群通信系统主要由基站、控制交换中心、移动台、调度台、外部接口等部分组成，如图 6.23 所示。

基站具有业务区的所有逻辑和控制功能，还具有控制交换中心之间的维护和配置数据的交换功能，每个基站可以有多个信道机。控制交换中心是监测和控制系统操作的中心，负责所有的系统配置和维护以及网络互联，所有的基站都连至一个或多个交换控制中心上，一个交换控制中心可连接多个基站。用户终端一般包括移动终端和固定终端两种，移动终端由异频单工或异频双工的信道设备及具有执行集群系统进程和功能的逻辑控制设备组成，包括手持机和车载台，能够提供话音和数据通信功能；固定终端又称有线台，通过有线方式连接到基站，主要提供话音通信功能，可通过配置终端设备和终端适配器完成数据传输功能。网络管理终端用于实现用户终端和基站的配置、故障诊断及业务管理等。调度台是对移动台进行指挥、调度和管理的设备，分有线和无线调度台两种。天馈设备由高增益全向天线及收发信滤波器、隔离器等无源部件组成。

（2）信令系统

集群系统的信令主要包括移动台和信道机之间的空中接口信令、信道机和控制器之间的接口信令、系统之间的接口联网信令、网络管理接口信令等，其中空中接口信令是集群系统的关键信令。

空中接口信令有模拟信令和数字信令，第二代集群系统都采用了数字信令。数字信令可根据需要采取不同的调制方式，理想的调制方式应具有下列条件：①在 25kHz 信道间隔内，能尽可能高速率地传输数据；②信号频谱良好，通带外的频谱特性衰减快，不会对相邻信道造成干扰；③有良好的抗干扰性能。目前数字集群系统一般采用 $\pi/4$-DQPSK、16QAM 等方式。

集群通信系统产生于 20 世纪 70 年代末期。1978 年，国际无线电咨询委员会开始对集群系统进行研究，在 741-1/2/3、901-1 等报告中介绍了集群系统的原理、结构及频率分配方式，对

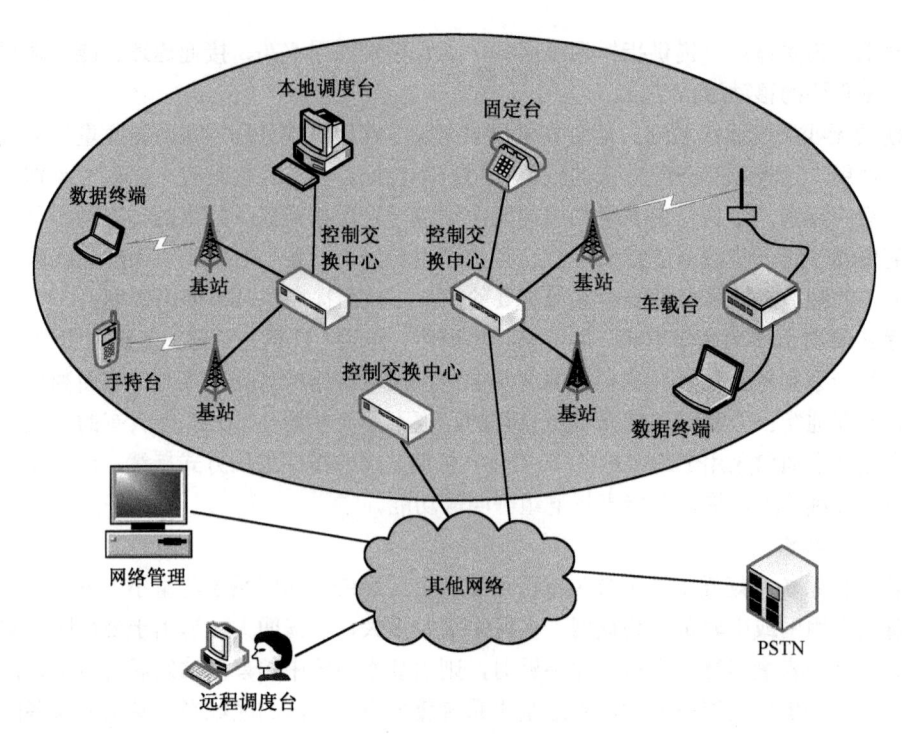

图 6.23　集群通信系统网络结构图

调度业务特性进行了定义，对服务等级、话务处理能力、信令要求、测试方法等做了相应的说明。此后，集群系统在美国、日本、澳大利亚、欧洲等国家和地区蓬勃发展。我国在 1989 年开始引进模拟集群系统，在 20 世纪 90 年代末期出现数字集群网络，自 2000 年年底我国确定了以 TETRA 和 iDEN 为基础的两种集群通信体制后，集群系统的研制和应用得到进一步发展。

为了促进集群系统的应用并进一步提高频率使用率，集群通信系统在应用上开始向"集群共网"的方向发展。由许多专网用户共用同一个网络，各专网用户可采用各自独立的调度控制中心，形成独立的专用虚拟网。由于将多个集群系统结合在一起统一使用和管理，具有共用频道和信道、共享覆盖区域、通信业务、共担费用等很多优点。

在采用有效的加密技术后，数字集群系统开始应用于军事。由于集群系统通常采用大区制组网方式，因而特别适用于部队在野战条件下一定区域内的机动通信。为了提高抗摧毁性，军事集群系统宜用分布式控制系统，并在小型化、轻量化、机动性、省电性方面均比民用系统有严格的要求。集群通信系统中用户终端正向小型化、高可靠性方向发展。

5. 蜂窝移动通信

蜂窝移动通信的概念是由美国贝尔实验室（Bell Lab）于 1947 年提出来的。直到 1978 年，世界上第一个蜂窝移动通信运营网试验才在美国芝加哥进行，1982 年正式投入商用。此后，许多蜂窝系统在世界各国开发出来，随着信息技术的发展，现在蜂窝移动通信已经成为全球最主要的移动通信方式，移动用户已达数十亿。

蜂窝移动通信系统经过一代（1G）、二代（2G）、三代（3G）的发展，目前已经发展到了第四代的蜂窝移动通信系统（4G）。GSM、D-AMPS、PDC 和 CDMA 属于第二代蜂窝移动通信系统（2G），已经在全世界广泛应用。WCDMA、CDMA 2000 和 TD-SCDMA 为第三代蜂窝移动通信系统（3G），也开始在全球范围内展开大规模的商用。为了满足不断提高的通信需求，提高移动通信系统的数据传输率，在 3G 的基础上正在开展新一代蜂窝移动通信系统的研究（4G），通过长期演进计划(LTE)，向全 IP 的网络架构演进，计划将数据传输能力提高到 100Mb/s，甚至更高。

蜂窝移动通信中，在移动业务需要覆盖的地域上，仿照蜂窝结构划定为很多个六边形小区。在六边形小区的中心设立固定的收发信台，称为基站，提供六边形小区内移动台入网的无线接口，也称为空中接口；或在六边形的顶点按照三个 120°角的扇形设立基站，提供扇区内移动台入网的无线接口。若干个基站受一个基站控制器管理，基站把来往移动用户的业务与控制信号传送到交换中心，由交换中心实现线路或信息交换，并实现网络管理控制。同时通过交换机与 PSTN 或 ISDN 等实现互联互通。六边形小区相互间按照频率重复使用计划分配频率资源，在相隔一定距离后，开始重复使用频率资源。这种频率重复使用的方案因移动通信系统体制而异，常用的有 7 小区制、3 小区制或 4 小区制；对于 CDMA 系统，甚至可以实现 1 小区制。

蜂窝移动通信技术的迅速发展，也促进了其在军事通信中的应用。军事应用主要有两种途径，一种是利用现成的商用蜂窝网，一种是建立专门的军用蜂窝通信网。其中蜂窝移动通信军用要解决的一个关键技术是信息传输的安全保密问题，这点在利用商用蜂窝网进行军事通信时尤为重要。

美国的高通公司已为美国政府和军队开发了可部署安全 CDMA 移动通信系统及其配套终端。该系统可为战术移动或紧急救援通信提供移动解决方案，支持"微蜂窝"和"宏蜂窝"，以适应各种覆盖范围和容量；支持无线节点的网络中心作战，可以单独使用或者通过接口与商业通信系统或专用通信系统连接。系统具有优良的性能，可以作为单独网络工作，也可以作为现有通信网络的扩展进行工作，数据传输速率最高可达 153kb/s，支持 Qsec-2700-1 类加密电话、商用手机、个人计算机无线网卡，可以提供标准的话音服务。其配套终端是 Qsec-2700 型 CDMA 保密无线手持终端，支持保密数据传输，可工作在 800MHz 和 1900MHz 的 CDMA 商用无线网络上。该终端嵌入了安全模块，可以提供端到端的高安全性连接，满足军用安全保密要求，传输保密话音和数据时无须安全标志。此外，它可与现行的窄带数字终端互操作，支持用户软件升级，支持无线下载。据称这些设备已用于驻伊拉克美军，容量为 6 万户。

为了将蜂窝移动通信技术应用于军事领域，我国也已经提出利用联通 CDMA 网络来保障我军战略移动通信的整体思路，在民用 CDMA 网络的基础设施上叠加军队虚拟专用网，构建具有安全保密和集群调度功能的军用 CDMA 移动通信系统。

6.3.3 战术互联网

战术互联网（Tactical Internet，TI）是通过网络互联协议（IP 协议）将战术无线电设备、网络设备、终端及应用系统等互联而成的面向网络中心战的一体化战术通信系统，是为战场各类传感器系统、武器平台系统和指挥控制系统提供信息传输与交换的公共平台。

战术互联网为数字化部队机动作战过程中作战指挥、情报侦察、火力打击、机动突击、野战防空、电子对抗、工程防化、后勤保障等作战活动提供可靠不间断的信息传输，确保各作战要素对战场信息的实时共享。战术互联网可为作战部队提供话音、数据、传真、文电、静态图像和视频等业务，使战场上的各个作战要素能够及时准确地了解当时的作战态势、敌我配置、战场环境及后勤保障等情况，形成战场公共态势图，做到"信息共享、战情共知"，有效提高指战员的战场态势感知能力。

战术互联网主要功能包括：建立具有区域覆盖能力的公共信息传输与交换平台，支持横向和纵向的互联互通，将战斗地域内的各种分布的信息系统、作战要素和武器平台连接起来，形成一个有机的整体；提高运动作战的通信能力，提供覆盖战场的"动中通"信息传输网络，增强高机动作战条件下部队通信与指挥控制能力，提高数字化部队战场快速反应能力；提高战术通信系统在复杂电磁环境下的适应能力，提高系统生存能力。

目前，各国战术互联网大都采用栅格化骨干网+接入网（含分组无线网、无线局域网等）的典型组网结构，构建栅格化的战术互联网骨干网络，覆盖整个作战地域，网络中的战术电台子网组成分组无线网络，采用多跳方式接入骨干网络。

通过骨干网与分组无线网络综合运用可构建分层分布式网络（如图 6.24 所示），网络通常分为两层。边缘为分组无线接入网层，中间为栅格化骨干核心网层，接入网层与核心网层之间通过接入节点连接起来，形成一体化网络结构。每层都是分布式自组织网络，各节点功能相同、地位平等，具有多跳动态路由。这种网络结构的移动性和抗毁能力好，快速部署能力强，因此解决了平面分布式网络的用户容量有限问题，网络覆盖范围也得到了扩展。

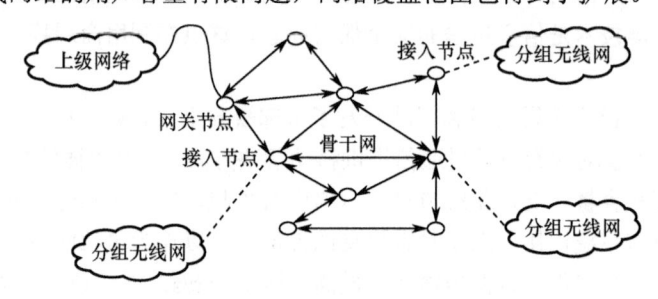

图 6.24 战术互联网典型组网模式

栅格化骨干网是一种宽带无线网栅格状网络结构。网络中的节点可以与通信范围内的其他节点建立点对点连接，网络各节点通过相邻的其他节点以多跳方式相连。

分组无线网络是由一组无线移动节点组成的多跳、无基础设施支持、临时开设的无中心网络，强调多跳、自组织和无中心的概念。

战术互联网采用分层的协议体系结构，利用网络层实现多种同构和异构子网的互联，子网内部可根据各自的特点选择相应的协议结构实现对上层的服务。

以美军、法军为代表的西方国家军队走在了战术互联网发展的前列，我军虽然起步较晚，但发展很快，下面针对外军战术互联网的发展情况进行简要分析。

1. 美军第 4 机步师战术通信系统

美国陆军于 1994 年 1 月正式推出战场数字化计划，1995 年将第 4 机步师作为"21 世纪部队"项目的核心数字化试验部队，以验证数字化机步师的编制体制和武器装备的实战效果。

美军第 4 机步师通信系统组成复杂，其网络结构是多种网络结构的综合体，其中单信道地面机载无线系统（Single Channel Ground Airborne Radio System，SINCGARS）电台网按照建制层次逐级组网，增强型位置报告系统（Enhancement Position Location Reporting System，EPLRS）、移动用户设备（Mobile Subscriber Equipment，MSE）采用栅格组网，近期数字电台（Near Term Digital Radio，NTDR）采用分布式组网。

美军战术互联网设计的基本思想是:增加部分关键设备,利用商用互联网协议将 MSE、EPLRS、SINCGARS 三大无线联合战术通信系统互联起来,并对其进行适当的改造、提升和系统集成,形成无缝隙的整体网络。该网络具有较强的信息交换和数据传输功能,为所有指挥人员、参谋人员和单兵提供实时和近实时的态势感知和指挥控制信息传输能力。

1996 年美国陆军通过增加战术多网网关(Tactical Multi-net Gateway,TMG)、近期数字电台(NTDR)和互联网控制器(Internet Controler,INC),采用商用互联网协议(IP)实现了 SINCGARS、EPLRS 和 MSE 的互联,利用 NTDR 实现师以下指挥所间的高速数据传输组网,综合构成了战术互联网(TI)。通过战术互联网可为各种作战部队和平台提供数据、话音、图像和视频信号等大容量信息的传输,解决战术环境下移动通信问题,并结合 21 世纪旅及旅以下作战指挥系统(FBCB^2)同时装备部队,初步完成了第一个数字化机步师的建设。

(1) 结构组成

美军第 4 机步师战术通信系统构建的战术互联网的体系结构,通常包括三层:第一层是无线分组子网层,主要由单工战术电台和单工跳频电台组成;第二层是无线干线网层,由宽带数据电台及其终端构成通信网络,用于提供广域网连接;第三层是宽带数据网层,由系统综合车、指挥控制车、战斗指挥车等车载宽带数传设备组成,为师、旅及旅以下陆军作战指挥系统与其他系统之间提供数据和图像通信链路。

战术互联网的体系结构主要是使其通信要素能支持师、旅和旅以下作战人员,实现指挥官、参谋、士兵和武器平台对指挥控制数据共享,又可以为部队提供近实时的态势感知。战术互联网在应用上分为旅及旅以下部分和旅以上部分两层。旅以上部分传输的信息量较大(通常在 2Mb/s 以上),大多采用点对点链路形式传输。旅及旅以下部分由于带宽限制,多采用无线电广播通信方式,对移动性要求较高。

图 6.25 为美军第 4 机步师战术通信系统战术互联网的典型结构,包括战术多网网关(Tactical Multi-net Gateway,TMG)、战术作战中心(Tactical Operations Center,TOC)、局域网(Local Area Network,LAN)、单信道地面与机载无线电系统(Single Channel Ground Airborne Radio System,SINCGARS,图中用 S 表示)、近期数字无线电(Near Term Digital Radio,NTDR)、增强型定位报告系统(Enhancement Position Location Reporting System,EPLRS,图中用 E 表示)、移动用户设备(Mobile Subscriber Equipment,MSE)、战术分组网(Tactical Packet Network,TPN)和互联网控制器(Internet Controler,INC)等通信网络设备。EPLRS 网络是旅及旅以下网络的骨干传输网络,为战术互联网提供高速广域网链路,主要传输态势感知数据;而 SINCGARS 无线电网络主要传输指挥控制数据。

(2) 网络协议

战术互联网是一个复杂的系统,拓扑结构随时变化,所有节点都能够以任意的方式移动和动态连接。战术互联网中可同时有数百个射频发射机工作。战术互联网协议结构分为五层:物理层、链路层、网络层、传输层和应用层。每层都有独立的功能并具有对上、下层的接口,见表 6.2。

战术互联网由多个自主系统组成,在每个自主系统中可以划分一个或多个路由区。在一个自主系统中采用相同的路由策略。为了适应战术互联网拓扑的动态变化,在自主系统中采用优先开放最短路径协议 Version 2(OSPF2)与静态路由相结合的策略,提供路由服务。在自主系统之间采用边界网关协议 Version 4(BGP4)实现路由。由于 BGP4 需要传输控制协议(TCP)的支持,所以必须在高速链路上使用;否则,低速链路会导致 TCP 协议的大量重传而使使网络失效。OSPF 直接建立在 IP 协议之上，是一种面向非连接的协议，如果能找到合适的参数，就可以在较低速的链路上使用。

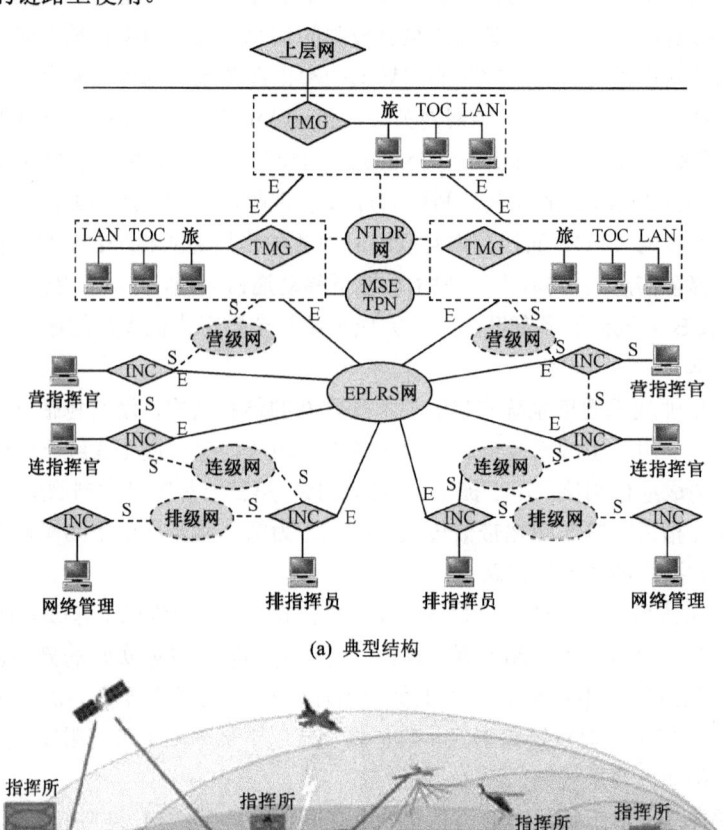

(a) 典型结构

(b) 覆盖范围

图 6.25　战术互联网的典型结构

表 6.2　战术互联网协议结构

应用层	BGP4	SNMP	OSPF2		
传输层	TCP	UDP			
网络层	IP				
链路层	PPP		IP	IP	802.3
			X.25	188-220B①	
			IP		
物理层	RS423		RS422	X.21	

①美军数字信息传输设备互操作标准

战术互联网是战场信息传输系统的重要组成部分。战场信息传输系统一般由三层组成,顶层为广域网(ATM 体制宽带综合业务数字网),属于固定和机动通信网层;中间层为战术骨干网,属于移动干线网层;底层包含战术互联网(移动 IP 体系结构)、个人通信系统(码分多址体系结构)、无线局域网(IP 体系结构),属"动中通"网络。广域网与战术骨干网之间采用宽带卫星通信系统、无人机无线中继,以高容量干线无线电(HCTR)和移动干线(MT)实现无缝链接。战术互联网、个人通信系统、无线局域网分别接入战术骨干网。战术互联网可应用于师、旅以及旅以下作战部队,可以在整个旅传输信息。

美国陆军无线电战术互联网,可以实现旅级的信息高效传输,保障作战行动的顺利实施。在战场上,从班一级收集到的态势感知数据信息(如敌军的位置报告)先通过 SINCGARS 电台向上级汇集,然后网络控制器将数据信息传递到连级的 EPLRS 电台,再由 EPLRS 电台传送到 21 世纪部队旅及旅以下作战指挥系统($FBCB^2$)网络,经 $FBCB^2$ 软件对数据进行筛选、分析处理后向各级部队发布。大大减少了指挥链中传送态势感知/指挥控制数据所需的接力次数,缩短了信息传送时间。

2. 美军指战员信息网(WIN-T)

指战员信息网(WIN-T)是美国陆军下一代战场高机动、高速、高容量的骨干通信网络,用于取代移动用户设备(MSE)、三军联合战术通信系统(TRI-TAC)和特洛伊幽灵情报通信系统(Trojan Spirit),是全球信息栅格(GIG)的战场部分。以卫星传输系统为主,在未来以网络为中心的整个战场上,传送视频、话音和数据,提供的服务能够从战略、战区级延伸到机动营,甚至机动连,涵盖了数字化部队作战的全过程,全面提升陆军高速机动作战条件下的不间断动中通信能力。

为适应网络中心战的需要,美国陆军为战斗部队编织了一个反应更及时、更敏捷、更灵活、更易部署以及杀伤力、生存力和持久能力更强的转型构想,WIN-T 就是为了适应美陆军向"目标部队"全面转型的发展需求而开发的适合战斗部队使用的高速、大容量通信网络。该网络采用无线网络、联合战术无线系统(JTRS)、移动计算、先进的组网方案和个人通信、网络管理、信息保证和信息分发技术,能够提供一种支持网络中心战的网络。其目标是通过分布于基于地面、机载和空间的通信系统,为在适当时间、位于适当地点的适当人员提供适当信息。

WIN-T 采用了多种先进的通信技术,包括第三代蜂窝电话、无线局域网、下一代卫星、IPv6 协议和网络电话。WIN-T 项目最关键的技术难题是运动中的通信技术,包括无线通信、蜂窝通信、卫星通信和互联网协议等,其作用是保持作战人员的通信和与网络的连接。

WIN-T 的主要特点为:全 IP 网络,由传输网向信息网转变;大量依靠动中通卫星、动中通宽带电台,由机动网向全移动网络转变;从面向指挥所保障向以指挥员为中心进行保障转变;具有自动化网络管理能力;具有 IDM 能力。

WIN-T 是一个以节点为中心的系统,它由网络基础设施、信息保证(IA)、网络管理和用户接口组成。基础结构主要包括交换、路由和传输设备。WIN-T 节点分为战术通信节点(TCN)、中继节点(TR)、网关节点(JGN)、嵌入式接入节点(POP)和网络运作节点(NOSC),其中,嵌入式节点是直接集成到装甲平台上的通信节点,能够提供网络对装甲机械化部队的伴随通信保障能力。

传输系统分为三部分:空间部分、空中部分和陆地部分。空间部分采用宽带填隙卫星(WGS)、先进极高频(AEHF)和移动用户目标系统(MUOS)。空中部分以无人机和高空飞艇为平台，采用宽带网络波形和机载通信组件。陆地部分采用高机动大容量视距（HCLOS）无线电台、JTRS 无线电台、对流层散射无线电台、安全无线局域网、个人通信设备等，以及传输中继设备、快速架设天线和光缆等。这些系统可扩展广域网的覆盖范围，或为战场内的指挥所和战术作战中心（CP/TOC）提供通信能力。WIN-T 结构如 6.26 所示。

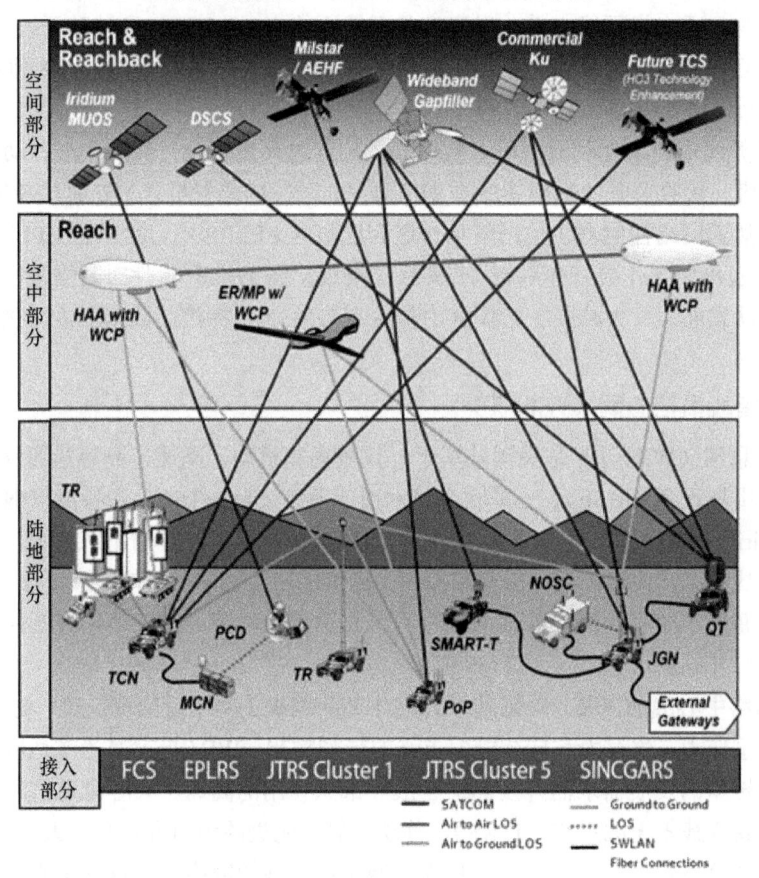

图 6.26　WIN-T 网络结构

经过多年的发展，美军 WIN-T 已经形成了全移动网络设施，将通信网络延伸到连一级，具有空间、空中、地面三层网络的全移动网络结构，引入完整的网络运作能力，实现了完全的动中通。

6.4　数据链

数据链是现代信息技术与战术理念相结合的产物，是为适应机动作战单元共享战场态势和指挥控制的需要，采用标准化的信息编码、高效的组网协议、保密抗干扰的数字信道而构成的战术信息系统。数据链紧紧围绕提高作战效能的需要，以实现共同的战术目的为前提，将不同地理位置的作战单元构成为一体化的战术群，能够在要求的时间内，以适当的方式，将需要的信息准确地提供给指挥人员和作战单元。

对于数据链，有很多不同的称谓。美军参联会主席令（CJCSI6610.01B，2003-11-30）的定义为："通过单网或多网结构和通信介质，将两个或两个以上的指控系统和/或武器系统链接在一起，是一种适合于传送标准化数字信息的通信链路，简称为 TADIL（Tactical Digital Information Link）"。TADIL 是美国国防部对战术数字信息链的简称，Link 是北约组织和美国海军对战术数字信息链的简称，通常二者含义相同。典型的战术数字信息链有 4 号链（TADIL-C/Link-4）、11 号链（TADIL-A/Link-11）、16 号链（TADIL-J/Link-16）和 22 号链（TADIL-FJ/Link-22）等。国内通常将战术数据信息链路简称为"数据链"。

应用过程中，经常会出现"数据链"和"数据链路"两个概念混用的情况，实际上这两个概念的含义是不同的。"数据链"通常是战术数字信息链或战术数字信息系统的简称，连接对象是指控系统、武器平台以及传感器等，侧重战术信息层面的应用；而"数据链路"连接对象是数据终端，侧重于数字信息的透明传输。

6.4.1 数据链发展历程

20 世纪 50 年代开始，随着飞机性能的不断提高，加上导弹等新式武器的出现，以及军事体制与作战方式发生的重大改变，使战争进程的速度大大提高。三维空间的战场上敌我态势瞬息万变，战机稍纵即逝，话音通信在时效上已无法满足即时掌握战场态势的要求。特别是雷达与各种传感器的迅速发展，军事信息中非话音性的通信内容显著增加，如数字情报、导航、定位与武器的控制引导信息等，其所产生的情报数据量，已经庞大到无法、也不适于使用话音传输。在这种情况下，数据链应运而生，从防空与海上、空中作战的需求开始发展起来。

为了对付可能的空中威胁，适应飞机的高速作战、航母起降以及机载武器导弹化的发展，美军自 20 世纪 50 年代后期，就开始积极发展初级数据链。最早的数据链雏形出现在美军于 20 世纪 50 年代启用的"半自动防空地面环境"（SAGE）中。系统采用了各种有线与无线的传输链路，将系统内的 21 个区域指挥控制中心、36 种不同型号共 214 部雷达连接起来，由数据链自动地传输雷达预警信息。位于边境的预警雷达一旦发现目标后，只需 15 秒就可将雷达情报传送到北美防空司令部的地下指挥中心。若以传统的战情电话传递信息、并用人工标图作业来执行相同的程序，至少需要花费数分钟到 10 多分钟。

20 世纪 60 年代初至 80 年代中期出现了功能比较完善的专用数据链。最早发展的数据链由美军率先使用，后来又与北约国家联合发展的 Link-1、Link-4/4A、Link-11 与 Link-14。这些数据链自 20 世纪 50 年代后期开始研发，并于 20 世纪 60 年代初期投入陆地防空部队及海军舰艇上使用，而后再逐步扩展到飞机上。美国早期的数据链开发与应用是各军兵种各自进行的，如陆军的自动目标交接系统（ATHS），空军 F-16 的改进型数据调制解调器（IDM）传输系统，只能供舰对舰联系的 Link-11，只能接收友舰信息而不能发送信息的 Link-14，只能供指挥控制中心与战斗机联系的 Link-4A 等。这些数据链归各军种专用，结构单一，不适用于联合作战；并且数据链的数据吞吐能力低，影响数据链组网的容量数、数据精度和作用范围。

越南战争后，美军在 20 世纪 70 年代中期开始开发 Link-16 数据链/联合战术信息分发系统（JTIDS），其目的就是要实现各军种数据链的互联互通，增强联合作战的能力。同时也对该数据链的通信容量、抗干扰能力、保密性以及导航定位性能提出了更高的要求。Link-16 由美国与北约各国共同开发，综合了 Link-4 与 Link-11 的特点，采用时分多址工作方式，具有扩频、跳频抗干扰能力，是美军与北约空对空、空对舰、空对地数据通信的主要方式。20 世纪 80 年代初期 Link-16 首先在美军 E-3A 预警机上使用，具有高速与高效率等优点。当代，西方军事大国正逐步将 Link-16 数据链应用在多军种联合作战中，已初步达到各军种配合无缝化。Link-16 数据链于 1994 年在美国海军首先投入使用，实现了战术数据链从单一军种到军种通用的升级。

随后 Link-16 被美国防部确定为全美军 C3I 系统及武器系统中的主要综合性数据链。现阶段美军正在大力发展 Link-16E，目标是采用统一标准和多种传输手段，提高数据传输速率，扩大覆盖范围，增加短波和卫星传输信道，形成通用数据链系统，计划于 2030 年前后取代目前使用的 Link-4 和 Link-11 数据链系统。

美军数据链的发展经历了从局部、单一的需求，逐步扩展为整体、共性的联合作战需求，大致可分为三个阶段，如图 6.27 所示。第一个阶段（20 世纪六七十年代），数据链从无到有，以 Link-1、Link-4/4A、Link-11 及 Link-14 为代表，主要满足空军、海军作战的需求；第二个阶段（20 世纪八九十年代），数据链从少到多，以 Link-16、Link-11B、CDL 等为代表，形成了各军兵种使用的通用和专用数据链，多达 40 多种；第三个阶段 20 世纪 90 年代中后期开始，数据链从多到精，优化品种，统一体制，形成了以 Link-16，Link-22 和 VMF 数据链为核心的 J 系列战术通用数据链的联合数据链体制，已占据了数据链装备数量的 90%以上的比例。专用数据链只是用于各军兵种的特殊场合，装备的数量较少。

经过 40 多年的发展，美军先后研制装备了 40 余种数据链，目前美军数据链的种类正在优化，多种数据链的功能正逐步由 J 系列战术数据链族取代，将主要过渡到 Link-16、Link-22 和 VMF 为主的数据链。

前苏联于第二次世界大战之后发展了"蓝天-M"地空数传链，系统共有 20 个信道，采用调幅的连续波体制，数据速率为 48.39b/s，地面指挥所通过它向歼击机发出指挥与控制命令，可控制 3 个批次的飞机。20 世纪 60 年代前苏联发展了"绿松石"地空数传链，共有 40 个信道，采用相位差调制，数据速率为 192.9b/s，引导飞机数提高到了 12 批。其后，前苏联又发展了 46И6 系统，第一代 46И6 为 СПК-68，与"绿松石"相比，技术体制了有很大变化，共有 20 个信道，数据传输速率提高到了 19kb/s，提高了系统抗干扰的能力和防窃听能力；46И6 的第二代数据链是在 СПК-68 基础上的改进的 СПК-75，信道增加到 31 个，可以引导的飞机数也从 12 批增加到了 30 批，提高了系统防欺骗的能力，СПК-75 地面台还可以测出飞机的方位与距离。俄罗斯于 20 世纪 90 年代开发了联合数据交换、导航和识别系统，代号为"诗歌"（ПОЭЗИЯ），性能与美军的 JTIDS 类似。

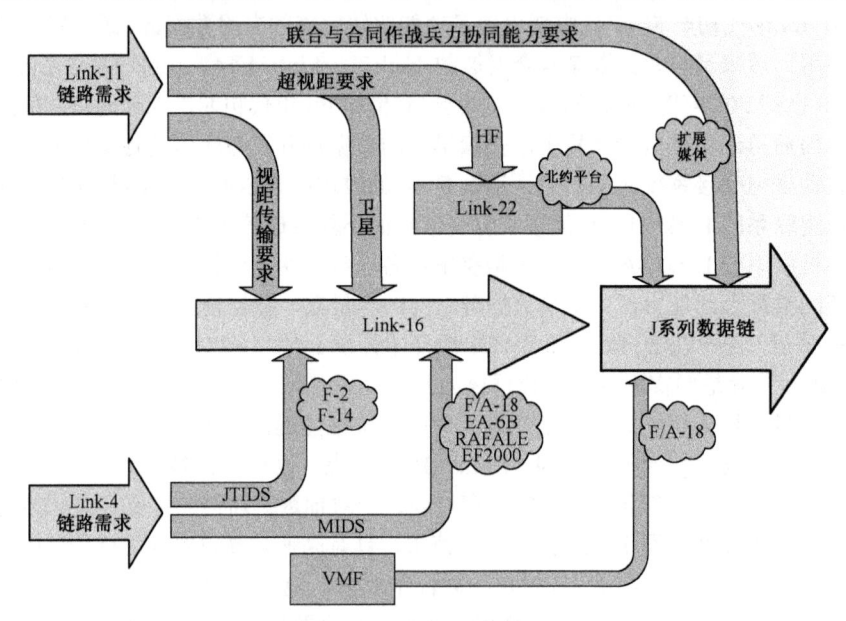

图 6.27 美军数据链发展趋势

6.4.2 数据链组成

数据链是现代信息技术、作战指挥战术与武器平台相结合的产物，主要任务是在传感器、指挥控制机构（C^{3}I）与武器平台之间，实时地交换战术数据。数据链在系统各个用户间，依据共同的通信协议和信息标准，使用自动化的无线（或有线）收发设备传送和交换战术信息。因此，传输信道设备、通信协议和消息格式标准是数据链的三个核心基本要素，如图 6.28 所示。

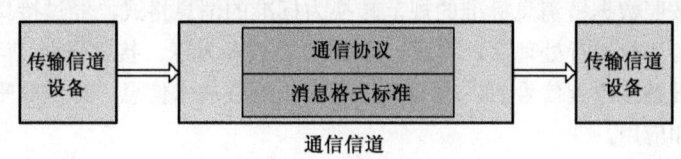

图 6.28 数据链构成示意图

1. 传输信道设备

传输信道设备通常由战术数据系统（Tactical Data System，TDS）、接口控制处理器、密码设备、数据终端设备（Data Terminal Set，DTS）和无线收/发设备等组成，如图 6.29 所示。

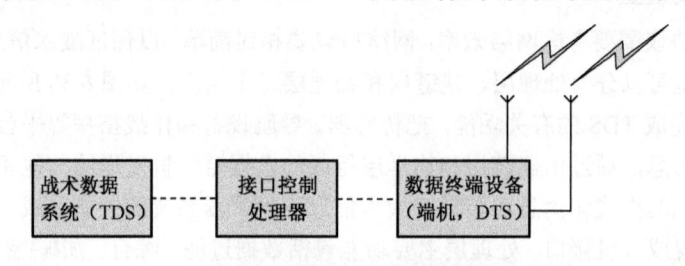

图 6.29 数据链传输信道设备

战术数据系统（TDS）一般与数据链所在作战单元的主任务计算机相连，完成格式化消息处理。TDS 硬件通常是一台计算机，接受各种传感器（如雷达、导航、CCD 成像系统）和操作员发出的各种数据，并将其编排成标准的信息格式。计算机内的输入/输出缓存器，用于数据的存储分发，同时接收处理链路中其他 TDS 发来的各种数据。

接口控制处理器完成不同数据链的接口和协议转换，实现战场态势的共享和指挥控制命令、状态信息的及时传递。为了保证对信息的一致理解以及传输的实时性，数据链交换的消息按格式化设计。根据战场实时态势生成和分发以及传达指控命令的需要，按所交换信息内容、顺序、位数及代表的计量单元编排成一系列面向比特的消息代码，便于在指控系统和武器平台中的战术数据系统及主任务计算机中对这些消息进行自动识别、处理、存储，并使格式转换的时延和精度损失减至最小。

数据终端设备（DTS），又简称为端机，是数据链网络的核心部分和最基本单元，主要由调制解调器、网络控制器（以计算机为主）和可选的密码设备等组成。通信规程、消息协议一般都在 DTS 内实现，控制整个数据链路的工作。负责将传输信息调制成发射频段的信号，经过调频、扩频等技术处理后，通过无线信道进行信息传输，与指挥控制或武器控制系统进行信息交换。

密码设备是数据链路中的重要设备，通常安装在 DTS 中，可拆卸，用来确保网络中数据传输的安全，含有向所有终端提供消息保密和传输保密所需的逻辑密钥（加密变量）。通常，密码设备可加载 4 对加密密钥，通过自动变换功能提供 48h 的连续操作。所有 DTS 都可从外部接入保密数据单元的注入端口。

无线收/发设备通常由接收机/发射机、功率放大器、滤波器组、天线等设备组成，通常作为 DTS 的一部分。负责将调制成发射频段的信号，通过功率放大器和天线发射出去；接收到信号后，经过相反的处理，获取原始的传输信号。

数据链的工作过程一般是：首先，由平台的信息处理系统将本平台欲传输的战术信息，通过战术数据系统按照数据链消息标准的规范转换为标准的消息格式，经过接口处理及转换，由端机中的组网通信协议进行处理后，再通过无线/收发设备发送。接收平台（可以一个或多个）由其无线电接收设备接收到信号后，由 DTS 和 TDS 处理战术信息，再送到平台信息处理系统进行进一步处理和应用。

数据链的工作频段一般为 HF、VHF、UHF、L、S、C、K。具体的工作频段选择，取决于其赋予的使命任务和技术体制，如 HF 一般传输速率较低，但具有超视距工作能力；VHF/UHF 用于视距传输，且传输速率较高的作战指挥数据链系统；L 波段常用于视距传输、大容量信息分发的战术数据链系统，S/C/K 波段常用于宽带高速率传输的武器协同数据链和大容量卫星数据链。

2．通信协议模型

数据链网络协议需要考虑网络效率，网络协议要相对简单，以保证战术信息传输的实时性。数据链的协议模型可以分为处理层、建链层和物理层三个层次，如图 6.30 所示。

处理层主要完成 TDS 的有关功能，把传感器、导航设备和作战指挥等平台产生的战术信息格式化为标准的消息，通过由建链层和物理层组成的数据链端机发送给其他相关的入网单元；恢复和处理接收到的格式化消息，转换为战术信息送到武器系统的控制器或自动控制装置、指控系统的显示装置或人机接口。处理层主要功能包括数据过滤、综合、加/解密、航迹信息管理、时间/空间信息基准统一、报告职责分配、显示控制、消息格式形成等。多数据链组网时，还要实现多链互操作，包括时空基准统一、各类消息转换、地址映射、消息转发等功能。

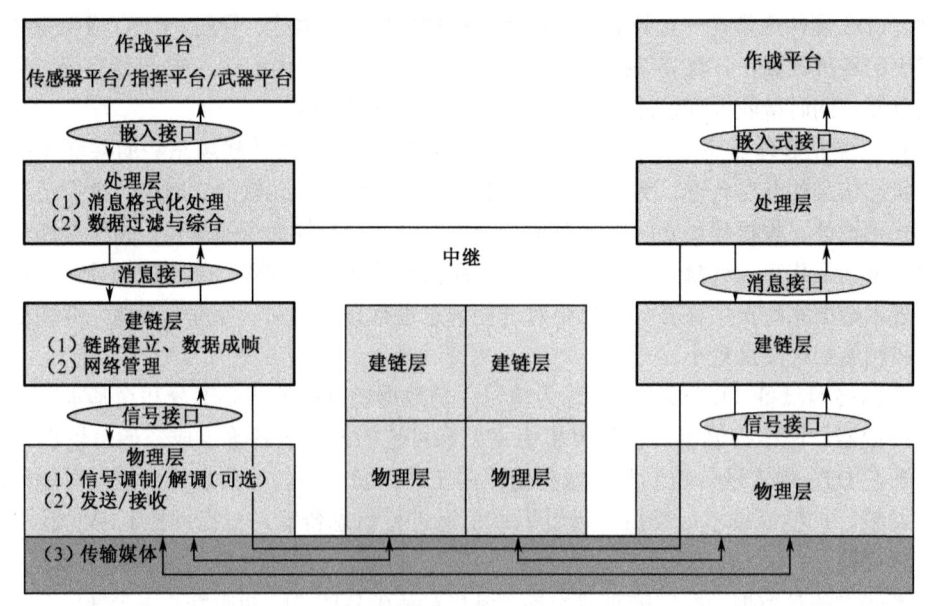

图 6.30　数据链通信协议模型

建链层将处理层送来的格式化消息经过成帧处理后,送到物理层;同时接收物理层上传的数字流,经过分帧后,恢复成为格式化消息送到处理层进行处理。本层主要由数字处理模块、组网协议处理器、通信控制器和调制解调器等组成。其功能包括形成传输帧结构,实现网络同步、调制解调、差错控制、接口控制、信道状态监测和管理、传输保密、多址组网、地址管理等。

物理层主要完成数字信号传输功能,不对数字流的内容作处理。它将建链层送来的数字信号,经过变频放大后,向其他网内单元发送;同时接收其他网内单元传来的信号,还原成数字信号,送到建链层作进一步的处理。本层由无线收发信机及天线等部分组成信道设备。调制解调器也可以在本层实现。

各功能层次之间通过嵌入接口、消息接口和信号接口三类接口实现层层之间的信息传输。

嵌入接口是数据链与应用平台之间的接口,主要目的是明确数据链的边界条件及信息类型。嵌入接口的主要应用平台设备包括传感器、武器控制系统、导航设备、自动驾驶仪、电子战系统、综合显示设备等,这些设备是产生信息的源头,或是使用信息的终点。本类接口形式取决于具体的应用平台,例如 LAN 接口、1553B 接口等,也可以是直接嵌入平台的主机。

消息接口是处理层与建链层之间的接口,有串行和并行两类,如 EIA-232、EIA-422、LAN 接口、1553B 接口等。

信号接口是建链层与物理层之间的接口,一般传送基带调制模拟信号。如果调制解调器在物理层实现,则透明传送数字流。

3. 消息格式标准

数据链是一种利用格式化消息进行信息交换的信息系统。格式化消息是相对于自由消息而言的。人们对自由消息的理解是基于对所使用的自然语言(包括句法和词汇)的约定,格式化消息的发送方与接收方(双方既可以是人也可以是系统,但格式化消息主要是面向系统)必须事先对消息的句法和语义进行严格的约定,才能保证接收方正确地理解消息中所传达的信息。

数据链消息格式标准(或称为报文格式标准)是指为了实现与其他系统/设备的兼容和互通,数据链系统/设备必须遵守的数据项实现规范。每一种战术数据链都有一套完整的消息格式标准规范,具有标准化的消息格式是战术数据链的一个重要特点。战术数据链通常采用的格式化消息类型有面向比特和面向字符的两种。

面向比特的消息就是指采用有序的比特序列表示上下文信息。利用比特控制字段构造信息并控制信息的交换。例如,Link-4A、Link-11/11B、Link-16、Link-22 及 ATDL-1 等数据链就是采用面向比特的消息格式标准。面向比特的消息主要有固定格式、可变格式和自由正文等三种类型。固定格式消息中所含数据长度总是固定的,并由规定的标识符识别各种用途消息的格式和类型,是数据链的主要消息形式,如 Link-11/Link-11B 采用的"M"系列消息、Link-4A 采用的"V"和"R"系列消息、Link-16 采用的"J"系列消息、Link-22 采用的"F"和"FJ"系列消息、ATDL-1 采用的"B"系列报文等都是固定格式消息。可变格式类似于固定格式,但其消息的内容和长度是可变的,如 VMF(Variable Message Format)采用的"K"系列消息。自由正文没有格式限制,消息中的所有比特都可作为数据,主要用于数字语音交换。由于不同的数据链采用不同的消息格式标准,因此,不同的数据链之间不能直接互通消息。

面向字符的消息格式则是指采用给定消息代码集合中所定义的字符结构传送上下文信息,利用字符代码构造数据并控制数据交换。如美国报文文本格式(United States Message Text

Format，USMTF）、超视距目标导引-GOLD（Over the Horizon Targeting-Gold，OTG）等均采用面向字符的消息。而可变消息格式（VMF）虽然是面向比特的，但具有有限的面向字符字段。

格式化消息根据消息的结构和规则对消息内容进行组织。对于 Link-16，消息格式标准规定了其消息结构为：每份消息由一个或多个字组成，包括初始字、扩展字和继续字，每个字的长度通常为 70 位（最大不得超过 75 位）。消息的命名规则为：每份消息的标识为 J$n.m$ 形式，其中 n 表示大类（0～31），用于区分消息的不同用途，例如网络管理、威胁预警、武器协调与管理等；m 表示小类（0～7）。例如，在 J13"平台与系统状态"中，J13.0 表示机场状态，J13.2 表示空中状态，而 J13.3 表示水面状态。对于每一种消息，Link-16 消息格式标准还详尽地规定了每个字的格式，即每个字包含的数据元素、数据元素长度及其在该字中所处的位置。

例如，5516 规定 J13.0（机场状态）由初始字 J13.01、扩展字 J13.0E0、继续字 J13.0C1 和继续字 J13.0C2 组成，而 J13.0C1（机场天气）又由风向、风速、能见度等数据元素组成。即 J13.0C1 的（自低位起）第 8 位至第 14 位（7 位）表示风向，第 15 位至第 21 位（7 位）表示风速等，以此类推，如图 6.31 所示。

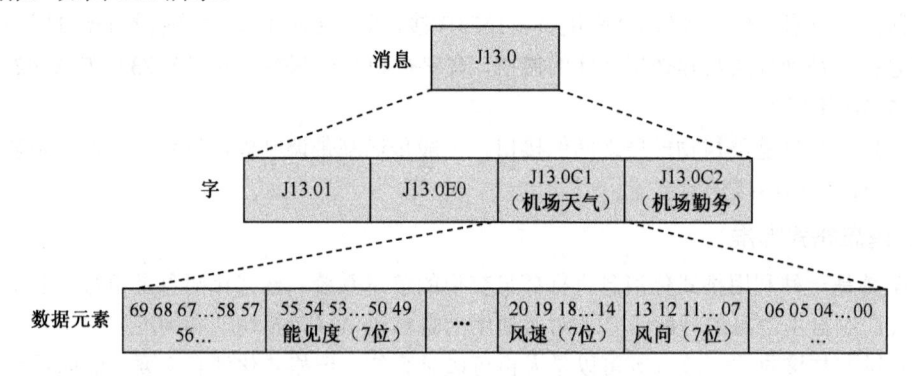

图 6.31 Link 16 中的格式化消息

格式化消息中各组成单元（即数据元素）的含义，可以通过数据元素进行描述。数据元素由名称、定义、取值等属性组成，如表 6.3 所示。在 Link-16 中，将数据元素称为数据使用标识符（Data Use Identifier，DUI）。数据元素的集合就构成了数据元素字典。数据元素字典是列出并定义了所有相关数据元素集合的一种信息资源，表 6.3 给出了所有数据元素的语义和表示形式。

表 6.3 数据元素实例

DUI 编号：013
DUI 名称：风向
DUI 定义：沿顺时针方向与真北之间的夹角
取值：0～73 为合法取值范围，其中 0 表示未报告风向，1～72 表示 5°～360°（按 5°递增），73 表示风向是变化的；74～127 为非法，没有意义
DUI 编号：001
DUI 名称：距离 1
DUI 定义：传感器与探测目标之间的距离，适用消息：J12.7C1。位数：16 位。
取值：0～65535 为合法取值范围，其中 65535 表示未报告传感器与探测目标之间的距离，0～65534 表示 0～294903m（按 4.8m 递增）

(续)

DUI 编号：013
DUI 名称：能见度
DUI 定义：（无）
适用消息：J13.0C1，J17.0I
位数：7 位。
取值：0~127 为合法取值范围，其中 127 表示未报告能见度，0~125 表示 0~12500m（按 100m 递增），126 表示能见度大于 12500m

6.4.3 标准体系

数据链标准是在数据链的设计、研制、生产、试验的全过程中，以及开发、采购和作战应用等各方面，共同遵循使用并可重复使用的一种标准规范。数据链标准化则是针对数据链的现实问题和潜在问题所进行的标准研究制定活动。

为了保证国防信息系统中战术数据链的互操作性，美军专门制定了《战术数据链标准化的政策和规程》（CJCSI 6610.01），明确规定了战术数据链标准化的目标、政策、职责和程序等内容，用以协调国防部有关部门的业务关系，定义有关信息系统执行联合战术数据链的消息标准，并在任务需求说明和作战需求文件中明确体现。在美国国防部的《联合技术体系结构（JTA）》中，明确规定了 MIL-STD-6016（相当于北约的 STANAG 5516)《战术数字信息链 J 消息标准》，STANAG 5522《战术数据交换——22 号链》和《可变消息格式》（VMF）是美国国防部信息系统必须强制执行的标准。

数据链标准经历了单个标准制定到建立标准体系的发展过程。以美国海军为例，从 20 世纪 60 年代开始，为解决舰艇之间的数据交换问题，研制了 Link-14，同时制定了战术数据广播标准；为解决舰艇与舰载飞机之间的数据交换，制定了 MIL-STD-6004《战术数字信息链（TADIL）V/R 消息标准》，研制了 Link-4；为解决舰载飞机和舰艇与海军陆战队之间的数据交换问题，制定了 MIL-STD-6011《战术数字信息链（TADIL）A/B 消息标准》，研制了 Link-11。然而由于这些标准的不同，使得不同的数据链不能互联互通。

20 世纪 80 年代后，美军推进全球联合作战战略计划，开始制定支持多军种联合作战的战术数据链标准，美国国防部颁布 MIL-STD-6016《战术数字信息链 J 消息标准》，用以支持美军各军种及其盟国在全球范围内更有效地实施联合军事行动。北约全面接受了美军 Link-16 标准，在 MIL-STD-6016 和美国海军 OS-516《16 号链操作规范》的基础上，合并形成了 STANAG 5516《战术数据交换——16 号链》，并于 1990 年发布实施。1992 年，美军又根据北约标准修订形成了 MIL-STD-6016 A《战术数字信息链（TADIL）J 消息标准》，现已经发展到 MIL-STD-6016C。

数据链按各链路特性和标准的特点进行分类和组合，标准体系由综合标准、消息标准、传输标准、系统设备标准、接口标准以及操作规程标准等组成，如图 6.32 所示。

综合标准是指与其他各类相关的基础技术标准，以及跨数据链的共性技术标准，如数据链术语标准等，还包括跨类的或不合适列入其他各类的标准。消息标准是数据链交换信息的重要标准，也是战术数据链特有的标准，包括消息的格式标准、数据元素字典标准、协议标准等。传输标准（也称传输通道标准）包括链路传输协议标准、终端技术特性标准、波形标准、传输加密标准等。系统设备标准包括组成数据链系统及其各个设备的产品规范等。接口

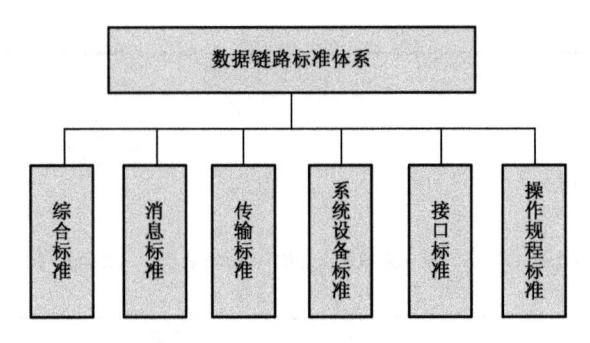

图 6.32 数据链标准体系框图

标准包括数据链系统、设备的接口标准、链间转接的标准等。操作规程标准也是战术数据链特有的标准,包括各个链的单链操作规程和多链操作规程,与作战应用密切相关,国外常把它作为标准化文件。

标准体系的结构通常由标准加"序",通过层次和并列关系形成。标准体系中的标准按不同特性分类和相同特性归类,具有层次关系和并列关系的标准都存在不同程度、不同形式的直接或间接的联系。同一个层次中,标准体系通过并列方式列出各类和各项标准。数据链标准体系也可用标准体系表的形式描述,将数据链范围内的标准,按一定结构形式排列起来。数据链标准体系表由结构方框图和明细表组成。

6.4.4 数据链的特征

数据链是信息系统与主战武器无缝链接的重要纽带,是实现传感器、指控系统等信息系统与武器系统一体化的重要手段。数据链的可应用于形成"传感器—指控—射手(武器)"的一体化,还可广泛应用于"指挥所—指挥所、飞机—飞机、舰船—舰船、武器制导、武器控制、传感器-武器"等的信息分发、指挥控制和武器协同等方面,如图 6.33 所示。

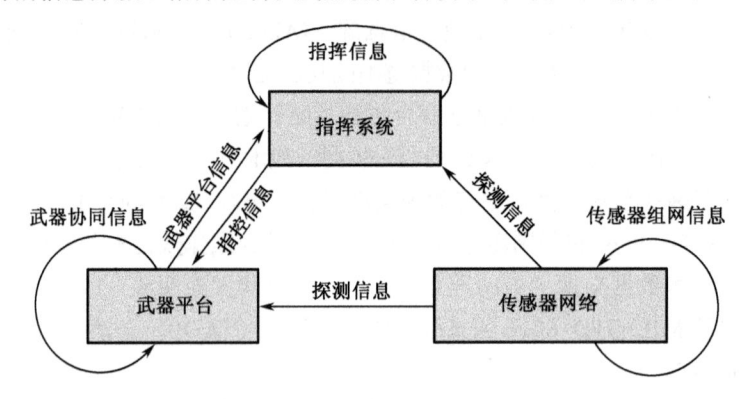

图 6.33 数据链应用示意图

传感器网络包括分布在陆、海、空、天的各类传感器,对战场环境进行不间断的侦察和监视,是部队作战的主要信息源。指挥平台包括各级各类指挥所,是部队实施作战指挥的核心。武器平台包括各类陆基武器平台、海上武器平台、空中武器平台和将要发展的天基武器平台。通过数据链将获取的信息实时、可靠地分发给各级指挥所和有关用户,形成实时、完整、统一的战场态势图,以提高战场感知能力,辅助指挥决策,并为武器平台实施有效攻击提供情报支援。通过武器协同数据链，可以在武器平台之间分发目标信息和武器协同命令，根据各武器平台的特点，先于敌方并协同地对敌目标发动攻击。应用中，可以构成专用的指挥控制数据链或武器协同数据链，同一种数据链也可以既具备作战指挥又具备武器协同的功能，如 Link-16 就是具备多重功能的综合性数据链。

1. 技术特征

数据链紧紧围绕战术应用快速反应的需要，将作战理念与信息编码、数据处理、传输组网等信息技术进行一体化综合。数据链标准规定了在传感器、指控系统和武器平台之间的协议，实时或近实时地传输战场态势、情报、指控命令以及火力控制等格式化消息（具有规定意义和格式的信息编码），实现从传感器到武器系统间的无缝链接。将不同地理位置的各种作战单元组合成为一体化的战术群，在战场需要的地方及时得到准确的战术信息流，对部队和武器实施精确的指挥和控制，快速、协同、有序、高效地完成作战任务。

综合数据链的链接对象、链接手段和链接关系，数据链的基本特征可归纳为 5 个方面。

（1）信息实时传输

信息实时传输是数据链最重要的特性，如果交换的信息达不到一定的实时性要求，信息也就失去了意义。数据链主要依靠数字化信道，在规定的周期内、按规定的通信协议和消息格式，向指定的链接对象传输战术数据信息。数据链通常采用面向比特的方法来定义消息标准，尽可能提高信息的表达效率，压缩信息传输比特数。同时，数据链采用精简高效的通信组网协议，将有限的信道资源保障优先级最高的信息传输；采用相对固定的网络结构和直达的信息传输路径，而不采用复杂的路由选择方法。在系统设计时，依据传输可靠性服从于实时性的原则，在满足实时性的前提下，提高信息传输的可靠性，对于无法满足或降低传输实时性的方法，一般不予采用。例如，一般不采用交织技术或反馈重发等协议来提高抗误码性能。为了提高系统的实时性，数据链综合考虑了实际信道的传输特性，将信号波形、通信控制协议、组网方式和消息标准等环节进行了整体优化设计。

（2）战术信息格式化传输

数据链具有一套相对完备的消息标准，标准中规定的参数包括作战指挥、控制、侦察监视、作战管理、武器协调、联合行动等静态与动态信息。数据链采用面向比特位、固定长度或可变长度的信息编码，数据链网络中的成员对编码的语义具有相同的理解和解释，提高了信息表达的效率和准确性，为战术信息的实时传输和处理节约了时间，为各作战单元的紧密交联提供了标准化的手段；还可以为不同数据链之间的传输、转接、处理提供标准，有效地实现了信息系统的无缝链接。

（3）综合化传输组网

为保证信息的快速、可靠地传输，数据链可以采用多种传输介质和多种传输方式，可采用短波信道、超短波信道、微波信道、卫星信道以及有线信道或者这些信道的组合；既有点对点的单链路传输，也有点对多点和多点对多点的网络传输，而且网络结构和网络通信协议具有多种形式。数据链采用综合数字处理技术，通过跳频、扩频、猝发以及加密等手段，提高抗干扰、效率和保密功能。传输资源按需共享，数据链网络的各节点，既能接收和共享网络其他成员节点发出的信息，也能按照轻重缓急分配信息发送时间和发送信道带宽。

（4）链接对象智能

在战术信息传输过程中，链接对象之间通过数据链形成了紧密的战术关系。链接对象担负着战术信息的采集、加工、传递和应用等重要功能。要完成这些功能，链接对象必须具有较强的数字化能力和智能化水平，以实现信息的自动化流转和处理。

（5）链接关系紧密

数据链的各个链接对象之间形成了信息资源共享关系的链接关系。各个链接对象内部系统信息，如通信、导航、识别、平台状态等，与武器平台在战术层面紧密交联。链接对象的链接关系紧密，便于形成战术共同体，使单个作战平台的作用范围大大延伸，作战威力大大加强。

2．与通信系统的关系

数字通信技术是数据链的重要技术基础，但数据链并不等同于数字通信，两者既有相似点，也有很多的不同之处。数字通信主要是按一定的质量要求将数据从发端透明地传输到收端，通常不关心所传输数据的内容。而数据链则不然，除了要完成数据传送的功能外，数据链终端还要对数据进行标准化等处理，传输过程往往会与传输的内容有关。另外，数据链的组网方式也与战术应用密切相关，应用系统可以根据情况的变化，适时地调整网络配置和模式与之匹配。数据链消息标准中蕴涵了很多战术理论、实战经验数据和信息处理规则，将数字通信的功能从数据传输层面拓展到了信息应用的范畴。数据链与数字通信系统的异同主要体现在以下4个方面。

（1）使用目的不同

数据链用于提高指挥控制、态势感知及武器协同能力，实现对武器的实时控制和提高武器平台作战的主动性。而数字通信系统主要以信息传输为目的，是数据链的基础。

（2）使用方式不同

数据链直接与指控系统、传感器、武器系统紧密关联，实现从传感器到武器的无缝链接，并且数据链设备的使用针对性很强，在战术行动前都要根据作战的任务需求，进行复杂的数据链网络规划，使数据链网络结构和资源与该次作战任务匹配。而数字通信系统一般不直接与指控系统、传感器、武器系统连接，数字通信终端通常为即插即用设备，在通信网络一次性配置好后一般不作变动，不与作战任务发生直接的耦合。因此，数字通信系统的应用更为广泛，数据链与数字通信系统的关系可以用图6.34说明。

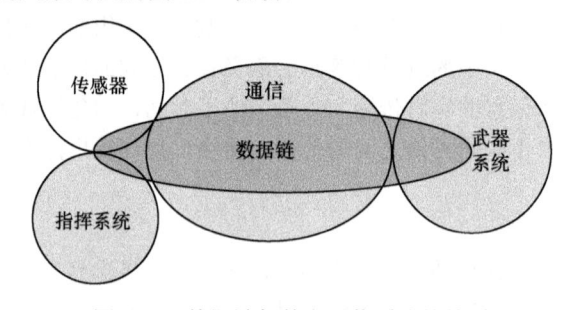

图6.34　数据链与数字通信系统的关系

（3）信息传输要求不同

数据链传输的是作战单元所需要的实时信息，要对数据进行必要的整合、处理，提取出有用的信息。而数字通信一般是透明传输，所有的措施是为了保证数据正确地传输，对数据所包含的信息内容不作识别和处理。另外，为实现运动平台的时空定位信息为其他用户所共享，各数据链终端需要统一时间基准和位置参考基准。而通信系统一般不考虑用户的绝对时间基准（通信系统的时钟同步主要是解决传输准确性问题）与空间位置的关系。

（4）与作战需求关联度不同

数据链网络设计是根据特定的作战任务，决定每个具体终端可以访问什么数据，传输什么样的消息，什么数据被中继。数据链的网络设计方案受作战任务驱动，根据需要从预先规划的网络库中挑选一种网络设计配置，在初始化时加载到终端。数据链的组网配置直接取决于当前面临的作战任务、参战单元和作战区域。数据链的应用直接受作战样式、指挥控制关系、武器系统控制要求、情报的提供方式等因素的制约，与作战需求高度关联。而数字通信系统的配置和应用与这些因素的关联度相对较低。

数据链与通信系统的关系，可以用以下比喻进行描述：通信系统就像商品流通行业中的集装箱运输，其功能是在一定的期限内，尽量无损地将货物从发货点运送到目的地。涉及交通线路（传输通路）、交通规则（传输规程）和中转（交换）等环节，承运方一般不关心集装箱里装的是什么物品（信息内容）。而数据链就像鲜活品的物流配送，既涉及交通线路（传输通路）、交通规则（传输规程）和中转（交换）等环节，又要把不同种类（格式）、不同数量的物品（信息内容）配送到需要的商店（链接对象），而鲜活物品对环境条件和配送时间（实时性）有十分严格的要求。

综上所述，数据链是有针对性地完成部队作战时的实时信息交换任务；而数字通信是解决各种用户和信息传输的普遍性问题。数据链所传送的信息和对象，要实现的目标十分明确，一般无交换、路由等环节，并简化了通信系统中为了保证差错控制和可靠传输的冗余开销。数据链的传输规程、链路协议和格式化消息，都是针对作战需求进行设计的。数据链与平台任务、计算机之间必须紧密集成，以支持机器与机器、机器与人之间的互操作。也就是说，数据链是紧密结合战术应用，在无线数字通信技术和数据处理技术基础上发展起来的一项综合技术，将传输组网、时空统一、导航和数据融合处理等技术进行综合，形成一体化的装备体系。无线数字通信技术是数据链装备发展的主要技术基础之一。

6.4.5 典型数据链

在数据链的发展过程中，美军技术领先，一定程度上代表了数据链的发展趋势。目前美军数据链正由多种数据链逐步发展为以 Link-16、Link-22 和 VMF 为主的 J 系列战术数据链族。下面简要介绍这三种典型的数据链。

1. Link 16 数据链

与其他数据链相似，Link-16 主要有传输通道、格式化消息和协议三部分构成，如图 6.31。Link-16 的传输通道是联合战术信息分发系统/多功能信息分发系统（JTIDS/MIDS），其标准是 STANAG 4175 MIDS 技术特性标准。格式化消息采用 J 系列信息，协议由 STANAG 5516（北约）或 MIL-STD-6016（美军）规定。传输通道设备有 JTIDS 端机和战术数据系统（TDS）组成，如图 6.31 所示。上面的环状表示 Link16 通道系统的同步 TDMA 接入方式和多网结构，当每个网络的数据以不同的频率发射时，可以使用冗余时隙，从而使多网"堆叠"。通过 Link16 可以连接地面、空中以及外层空间中的不同作战单元，其连接情况如图 6.35 所示。

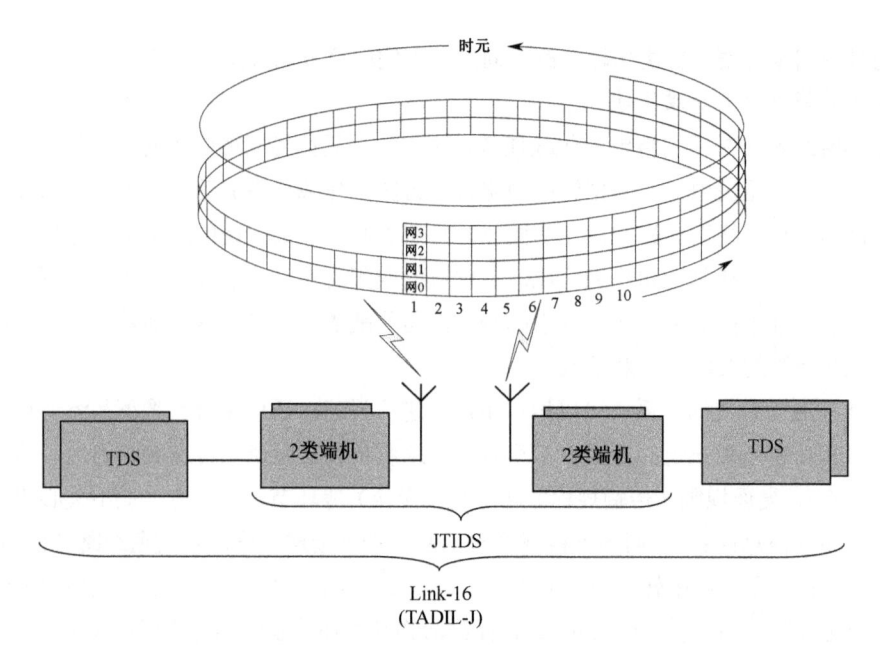

图 6.35　Link-16 的组成

JTIDS/MIDS 是采用同步时分多址（TDMA）接入方式的无线数据广播网络，每个 JTIDS 端机根据网络管理的规定，轮流占用一定的时隙来广播自身平台所产生的信息。在非广播时间，则根据网络管理规定，接收其他成员广播的信息。JTIDS/MIDS 以任意指定的一个成员的时钟为基准，其他成员的时钟与之同步，形成统一的"系统时间"。作为基准的成员称为网络时间基准（Network Time Reference，NTR）。由于所有成员设备的功能与性能相同，NTR 可以接替，但系统在任何时候只能有一个 NTR。

图 6.36　Link-16 的各类作战单元联接示意图

JTIDS/MIDS 把系统时划分为时元和时隙，如图 6.37 所示。时元长 12.8min，每个时元又划

分为 3×2^{15} = 98304 个时隙，每个时隙为 7.8125ms，时隙被分为 A、B、C 三组，每组时隙的编号为 0～32767，交叉排列。比如 nA 时隙在$(n-1)$C 时隙之后，而在 nB 时隙之前，一个直观的例子 32767A 在 32766C 后，在 32767B 之前。

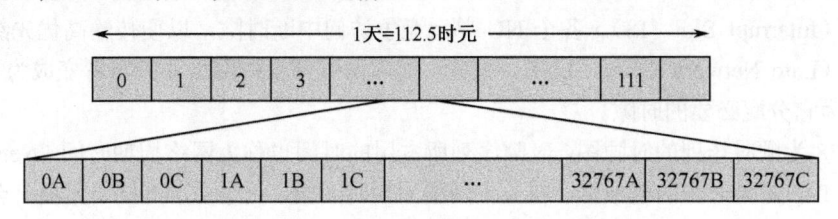

图 6.37　JTIDS/MIDS 的 TDMA 结构

　　JTIDS/MIDS 以时隙为单元分配给网内成员，所有成员具有统一的系统时，每个成员在规定的时隙内发送本站的战术情报信息，整个通信网络就像一个巨大的环状信息池，所有的用户都将自己的信息投入信息池中，也可以从信息池中取得自己需要的信息。通过多网技术的应用，该系统可容纳成百上千个成员。

　　在 JTIDS/MIDS 网上一共可以传送 91 种消息，其中包括格式化消息和自由电文。JTIDS/MIDS 工作在 960～1215MHz 频段，传输速率为 28.8～238kb/s，具有跳扩频相结合的抗干扰方式，跳频速率为 76900 次/s。具有话音/数据加密传输、抗干扰、组网灵活和无中心节点等特点，无中继时空空最大作用距离可达 500 多千米。JTIDS/MIDS 导航功能是通过接收已定位成员的位置报告和测量信号到达时间完成的，其定位信息和精密的测距信息均可用以校正惯导而形成精确的导航功能，而其抗干扰、抗毁能力与通信功能一样。

　　Link-16 以特殊的格式化消息进行信息传输。这些消息格式由多组字段构成，每组字段依次包括规定数目的比特位，这些比特位将被编码成预定的模式来传输特殊信息。参与战术数据信息链 J（TADIL J）的各设备之间通过 Link-16 交换的消息为 J 序列消息。每种 J 序列消息格式都同时通过标识符和子标识符来识别。其 5 位标识符定义了 32 种特殊格式，而 3 位子标识符允许每种已确定的格式最多拥有 8 个子种类，这些标识符和子标识符共包含 256 种可能的消息定义。在该序列中，有与 M 序列消息中的友军状态、监视、电子战和武器使用等相似的消息，也有与 V 序列和 R 序列消息中空中控制相似的消息。

　　JTIDS/MIDS 重叠网络的物理结构，可以使其适应各种特殊工作环境或需求。除了敌我方识别和位置报告外，JTIDS/MIDS 它还包括战斗群组监视、战斗机－战斗机目标排序、空中控制、电子战报告和协调、战斗群任务管理和武器控制以及两个安全的声音通道，此外还有支持网络工作的功能组，包括起始输入和往返计时（RTT）。

2．Link 22 数据链

　　Link-22 最初是作为北约改进型 Link-11 开发的，是一种抗电子干扰、保密可靠、灵活机动的中速率战术数据链。Link-22 执行北约国家研制的接口标准，旨在满足在多种战术数据系统之间交换战术数据和网络管理数据的需求。与 Link-16 一样，Link-22 也属于 TADIL-J 战术数据链系列，使用 F-系列消息标准、时分多址（TDMA）或动态时分多址（DTDMA）接入方式、专用通信介质和协议规程。装备 Link-22 的平台称为 NILE 单元，亦简称 NU，使用数据转发技术与其他战术数据链（诸如 Link-16、Link-11/11B 等）交换战术数据。

　　Link-22 使用时分多址（TDMA）结构，将系统时间分割成微时隙（Mini Slot，MS），微时隙长度与系统通信介质有关。一次信息传输时机由一个或一组微时隙组成，亦称为时隙（timeslot），时隙长度取决于信息传输要求。多数时隙被分配给指定的 NU 单元，也称为分配时隙（Assignment Slot，AS）。所有 NU 单元只能在它分配的时隙里发送数据。少数时隙被指定为中断时隙（Interrupt Slot，IS）。各个 NU 单元竞争访问中断时隙，以便传输高优先级数据或提供迟入网（Late Network Entry，LNE）服务。迟入网服务支持网络非参与者变成为 NILE 网络成员，并为它分配必要的时隙。

图 6.38 为顺时排列的时隙图，时隙序列所占用的时间也称为网络周期时间（Network Cycle Time，NCT），是微时隙的整数倍。在一个网络周期时间里，每个主动 NU 单元拥有至少一个分配时隙。网络循环结构（Net Cycle Structure，NCS）负责指定和安排各个 NU 单元的分配时隙以及中断时隙在网络周期时间的位置。优化的网络循环结构时间等于或接近网络周期时间。

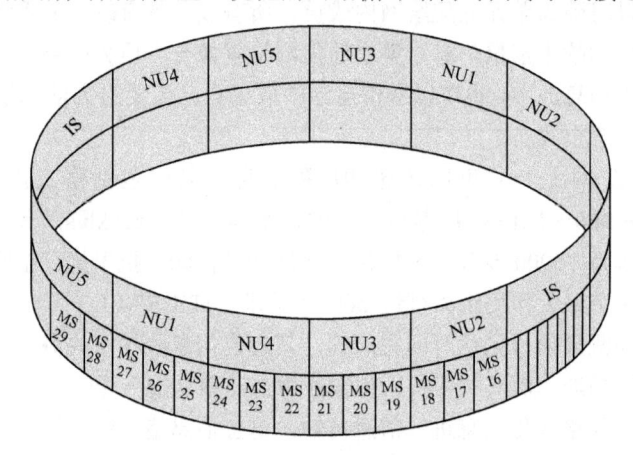

图 6.38 网络循环结构

Link-22 也支持动态时分多址（DTDMA）模式操作，在不明显中断网络运行的情况下，动态修改 NCS。网络管理单元（Network Management Unit，NMU）使用通用算法集中生成 NCS 初始化配置，也可由各个 NU 单元使用相同算法分别配置。每个 NU 单元的分配时隙可以固定（它只在系统重新配置时才变动），也可以动态分配。动态分配使用一种通用的自主自治算法，各个 NU 单元将其富余的微时隙移交给需要更多传输容量的单元使用。动态分配算法可以优化 NCS，减少信道访问延迟，增强信道容量及其操作。

Link-22 系统定义了 4 种优先级消息传输队列。系统优先服务于高优先级消息，同等优先级消息将按先到先服务的原则传输。低优先级消息只能在常规的分配时隙中传输。

Link-22 工作在 HF（3～30MHz）或 UHF（225～400MHz）频段，采用定频或跳频技术，可以使 4 个子网同时工作，组成超级网络，使参与者在任何网络都能与其他参与者通信。Link-22 可以传送 72 位 F 序列消息，类似于 Link-16 传送的 70 位 J 序列消息。

Link-22 的消息标准共分为九个功能域：系统信息交换和网络管理、PLI 消息、空中监视、水上监视、水下监视、地面监视、空间监视、电子战、情报、使命管理、武器协同和管理以及消息管理等。大部分的任务都需要采用其中七个功能域。参与每个功能域中的要求包括：所需的消息更新速率、消息传输的优先序、发送/接收规则和最小实现。

通常，Link-22 的 NU 单元的功能配置包括战术数据系统（TDS）、数据链处理器（DLP）、人机接口（HMI）、系统网络控制器（SNC）、链路层控制（LLC）、信号处理控制器（SPC）和无线收发设备以及日时间（TOD）基准，如图 6.39 所示。

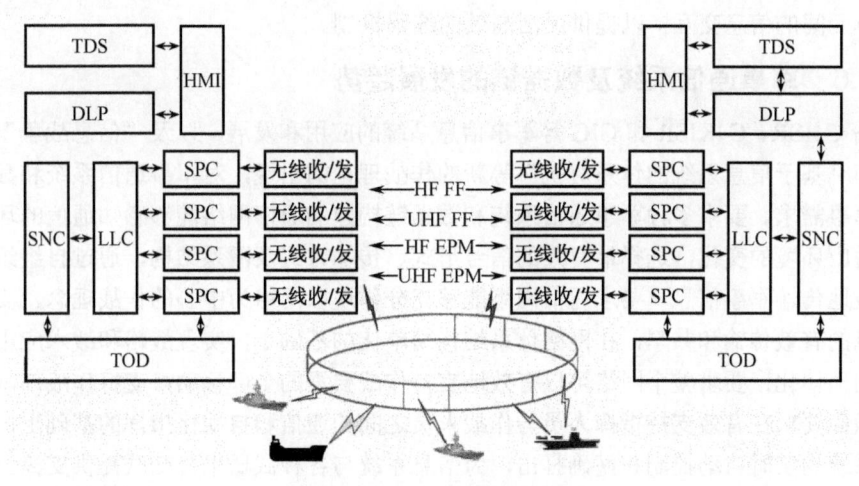

图 6.39　Link-22 系统配置

美国海军是有意向使用 Link-22 的军兵种。美国海军计划在水面舰艇的指控平台部署 Link-22，以补充完善 Link-16 的超视距战术数据交换。Link-22 功能支持 Link-22 与 Link-16/11 之间的数据转发。美国其他军兵种将来可能使用 Link-22，以替代过时的 Link-11B。英国和德国海军正在申请 Link-22 许可，研制多种数据链处理机，计划将现役战术数据链扩展包含 Link-22。意大利海军在 2004 年将 Link-22 部署在航母、多用途护卫舰和驱逐舰。

3．VMF 数据链

可变消息格式（Variable Message Format，VMF）标准是美军用于数字化战场的重要标准之一，也是美国国防部强制要求执行的战术数据链消息格式。主要用于数字入网设备与战术广播系统之间交换火力支援信息，被美国陆军指定为战场数字化的互操作性和带宽问题的解决方案，正在逐渐替代美陆军其他种类的消息交换格式。美军大多数陆军和陆战队系统都将使用 VMF 消息标准进行系统内部和外部的数据交换。目前，VMF 已经扩展应用到美国陆军各个作战功能领域，包括机动、火力支援、后勤、航空兵、情报和电子战等。

VMF 标准制定了指挥官、作战人员及服务保障人员发送命令所使用的信息格式，通常采用面向比特的方法进行信息编码（也兼容面向字符信息编码），提供简单、准确的信息格式，可以提高信息传输的效率并节省计算机上的存储空间。VMF 功能领域有陆战、战斗服务支援、火力支援、情报、海上作战、空中作战和特种作战等，已经扩展应用到美国陆军各个作战功能领域。

VMF 的消息标准的名称为 MIL-STD-6017C；相关的标准还包括：数据链路层的通信协议 MIL-STD-188-220C，基于无连接（UDP）的应用层协议 MIL-STD-2045-47001C 等。

VMF 经历了较长的发展过程，现已进入了比较成熟的阶段。VMF 起源于 TADIL-J 系列消息。TADIL-J 系列消息由固定的消息格式和可变的消息格式（FMF + VMF）两部分组成，其中 VMF 部分只有陆军使用。后来 VMF 部分从 TADIL-J 系列消息中独立出来成为 K 系列。目前，VMF 使用越来越广，也常称为 JVMF。

由于 VMF 是一种比特型、可变长的消息格式，所以 VMF 是目前所使用的平均长度最短的一种消息表述格式。不仅如此，这种消息格式表述严谨、规范，引入了组的概念，组可以重复、多重嵌套，很适合描述复杂的格式化、代码化的消息。可变消息格式所使用的数据字段中的数据大多使用数字化、代码化的数据项,非常适合计算机处理。VMF 很适用于速率较低的移动作战指挥单元间的信息交互,以提供灵活高效的编码机制。

6.4.6 军事通信系统及数据链的发展趋势

随着 C4ISR、C4KISR 和 GIG 等军事信息系统的应用和发展,以及"信息战争"、"网络中心战"和"基于信息系统的体系对抗"等新的作战理论的出现,对军事通信系统和数据链提出了新的军事需求。要求多种军事通信系统和数据链构建的通信网络能够感知通信的环境变化,并能够适应环境的变化,选择最有效的信号形式、传输方式及网系结构,通过自组织的方式实时、高效地传输军事信息;要求通信网络能够充分体现以网络为中心的作战理念,实现作战各要素信息的有效传输和共享,在网络体系结构简单化的基础上,实现战略和战术应用空间内网络体系的一体化;要求整个网络可以有效地支持作战要素的全部移动,支持作战部队的整体前进和后撤;要求在有效支持指挥人员与作战人员之间的通信和自动化指挥的基础上,进一步支持武器系统的实时自动控制和精确打击,为信息系统与各种武器平台交联提供支撑。为了适应未来军事战争的这些军事需求,军事通信系统和数据链逐渐向"自组织"、"网络化"、"全移动"、"全支撑"等方向发展。

1. 军事通信系统的技术发展趋势

在新一代网络技术和未来移动通信技术的推动下,军事通信系统将发展多种军用通信技术来满足未来信息化战争的军事需求,为军事作战提供有力支撑。军用通信技术将通过量子通信技术提高军事通信的信息传输容量和安全性,并增强灵活性和健壮性;通过 IPv6 技术的应用满足以网络为中心的战争对信息系统的需求;通过认知无线电技术高效地利用有限的频谱资源;通过超宽带通信技术实现无线信道的隐蔽传输;通过智能光网络、新型光交换等技术构造超大容量的信息传送通道;以分组交换为基础构建陆、海、空、天一体化,具有高度安全防护的业务自适应信息安全传输平台;通过有效的移动性管理,支持各战斗要素的灵活移动以及网络的有效移动;以自组织和可重构网络技术为核心,将网络技术融入武器平台,形成战斗力。

(1) 量子通信技术

量子通信是面向未来的全新通信技术,在安全性、高效性上具有经典通信无法比拟的优势。量子通信的理论基础是基于量子力学的量子信息理论,目前已在量子计算、量子通信方面引起了国外的广泛重视,各国都投入了大量的人力、物力和财力来加强相关技术研究。由于量子的不可克隆性和测不准原理,量子通信可以实现无条件的安全通信。美国国防部已计划将量子通信推向实用化,并视之为最安全的通信方式。

量子通信的天然安全性能够满足军事通信的基本要求。在经典保密通信范畴中,任何经典密码系统都有可能是不安全的,至今没有哪一个经典密码系统的安全性得以数学证明。但是,量子通信与生俱来的保密特性,具备经典通信所没有的优势,最大限度地符合军事通信的需求。量子通信保密机理所依托的最基本思想,是人们无法在不破坏或不改变量子状态的情况下测量量子状态。目前,量子通信主要包括基于量子通信的量子密钥分发和通过量子通信直接进行信息传输两种应用方式。利用量子的不可克隆性和量子测量塌缩现象,可以传送由量子状态承载的编码信息实现密钥分发,通过量子密钥分配协议,通信双方可以相隔 100km 左右通过光纤或者相隔数十千米通过自由空间分配绝对安全的加密密钥,从而实现安全的保密通信。利用量子通信直接进行信息传输的研究,主要包括利用纠缠光子对直接传输信息和基于纠缠光子对的超密编码通信两种方式。

此外，量子隐形传态是另一个值得重视的间接量子态传输方式，以纠缠粒子为信号载体对信号进行调制与解调，通过纠缠建立的量子信道可以实现远距离双方未知量子态的远程传输。利用量子通信的隐形传态无障碍性，可以开发有效的水下军事通信手段。岸基与深海潜艇的通信一直是困扰军事通信的一大难题。甚长波通信系统极为庞大，仅天线就长达 50km 以上，抗毁性能极差，造价极高，而且通信效率极低，半小时仅能够传输几个字符。利用量子纠缠态进行量子隐形传态是间接传输技术，对实现深海潜艇最低限度的应急通信提供了一种新的途径。

（2）IPv6 技术

IPv6 协议是作为 IPv4 协议的后继者而设计的新版本 IP 协议。现存的 IPv4 网络存在地址枯竭和路由表急剧膨胀两大危机，IPv6 的出现将从根本上解决这些问题。IPv6 技术的发展给国防信息化建设带来了新的机遇与挑战，能够适应未来战争对信息系统的需求。未来各种武器系统、信息系统和指挥控制系统将通过网络实现互联互通，IPv6 巨大的地址空间、高度的灵活性和安全性、可动态进行地址分配的特性以及完全的分布式结构具有巨大的军事价值和潜力，特别是对移动用户的支持更是以前所有的技术都不能相比的，为未来各种军事信息系统的互联互通，提供了实现的技术基础和可能。

从世界各国研究的情况来看，目前在 IPv6 的研究和应用方面比较领先的主要是美国、欧洲和日本等发达国家和地区。美国国防部在 2003 年开始支持 IPv6 协议，正式提出在美国军方规划实施的"全球信息栅格"中全面部署 IPv6；2005 年底，要求美国国防部所有网络全面兼容 IPv6，并将 IPv6 作为美国国防部所有联网信息系统的标准。因此，研究基于 IPv6 的下一代网络安全技术已成为国防信息建设的重要内容。

（3）自动交换光网络技术

为了适应网络高速发展的需求，"智能"地实现数据交换需要从电层转变到光层。自动交换光网络（Automatic Switched Optical Network，ASON）就是能够自动智能地完成光链路交换连接且具有高灵活性、高可扩展性的网络。ASON 将 IP 网络的灵活和高效率、SDH 的保护能力以及 DWDM 的容量，通过创新的分布式控制平面及网络管理系统有机地结合在一起，形成以软件为核心，能感知网络和用户服务需求，并能按需直接从光层提供业务的新一代光网络。

ASON 赋予原本单纯传送业务的底层光传送网以自动交换的智能，主要体现在两个方面：一是将复杂的多层网络结构简单化和扁平化，从光网络层开始直接承载业务，避免了传统网络中业务升级时受到的多重限制；二是利用电子交换设备直接向光网络申请带宽资源，可以根据网络中业务分布模式动态变化的需求，通过信令系统或者管理系统自主地建立或者拆除光通道，不经人工干预，高效而可靠。

ASON 技术的发展引起了各国军方的注意。以美军为例，考虑到 GIG 对带宽及其灵活配置的需求，美国防部所属的 DISA 正式提出了 GIG 带宽扩充计划，简称 GIG-BE 计划。该计划的核心是采用 ASON 技术建立覆盖全球的光纤通信网络，该网络将使分布在全球的美军基地紧密连接成一个整体，为美军基地提供压倒性的信息优势。随着 ASON 技术的成熟，使得光通信技术从点对点传输系统向组网的全光传送网络发展，组建以光波为核心的军用光网络可大大提高军用通信网的传输容量和可靠性，实现网络资源的动态配置，满足未来信息战对网络自管理、自规划和自分配资源的要求，实现"即插即用"的设备安装和网络升级，同时自动的迂回路由调整和网络带宽碎片整理功能，还可以提高网络的抗毁性和优化全网的带宽利用率。

对于军用通信网而言，ASON 技术的引入可增强网络业务的快速配置能力，实现业务的快速提供以取得战场先机；提高业务的生存性，有效抵抗网络多点故障，真正达到 99.999%以上的电信级业务等级；提供灵活不同的业务等级，满足目前迅速发展的差异化服务需求；充分降低维护难度，通过信令实现业务的快速调配和自动保护，提高运营效率；提供新的通信业务，如光 VPN 和三重播放等高新业务。

（4）认知无线电通信技术

在信息化战争中，随着战场上各种电子系统、设备的不断增多，战场电子信号的密集度和复杂性不断增长，电磁频谱不断扩展，如何建立一套更加智能、高效的无线电通信系统，更加合理地利用频谱空间并对战场无线电频谱进行有效的管理，已成为越来越突出的问题，也已成为世界各国军方通信部门研究的重点。认知无线电（Cognitive Radio，CR）通信技术就是为了解决这一问题而产生的新技术。认知无线电采用基于模型的方法对控制无线电频谱使用的规则（如 RF 频段、空中接口、协议及空间和时间模式等）进行推理，通过无线电知识表示语言描述无线电规则、设备、软件模块、电波传播特性、网络、用户需求和应用场景的知识，使系统无线频率的应用规则满足用户通信最佳性能的需求。

事实上，面对战场上敌方军队全方位压制性的电磁干扰，常规的通信系统往往束手无策，只能被动地调整或者等待，这主要局限于各军兵种使用频段范围固定狭窄所致，若能将通信系统转换到其他兵种使用的频段或民用频段，将大大提高对抗敌方干扰的能力。认知无线电通信系统正好提供了这样一个适应性切换功能，而且以其快速的规避技术保证不对频段内的主用户造成干扰。通过采用认知无线电技术，无线通信设备可以针对不同的战场电磁干扰环境，对敌方干扰信号进行实时检测和识别。针对不同的干扰频谱、功率和种类，实时采用时域、频域和空域的多种综合智能抗干扰技术，智能地调整各种抗干扰手段的参数，提高战场电磁干扰环境下信息系统网络的生存力和通信效能，提高通信装备和系统的综合抗干扰能力，从而在网络体系对抗中占据主动权。

美军非常重视认知无线电技术的研究，美国国防部高级研究计划署（DARPA）资助了基于认知无线电技术的下一代无线通信系统项目，使得美国军用无线电通信设备可以检测环境变化，根据所处环境的频谱管理政策选择频谱，实现无线电通信和传感器系统中的动态频谱应用。

（5）超带宽无线通信技术

超带宽（Ultra Wideband，UWB）无线通信技术是一种与常规无线通信技术（包括窄带通信、常规扩频通信和 OFDM 技术）相比具有显著差异的新兴无线通信技术，是通信界近年来的研究热点。目前，人们普遍认同 FCC 关于 UWB 设备带宽的规定：-10dB 的相对带宽大于 0.2 或占用带宽大于 500MHz，即凡是绝对带宽大于 500MHz 或相对带宽大于 20%的信号都称为 UWB 信号。因此对于中心频率高于 2.5GHz 的 UWB 设备和信号，其最小-10dB 占用带宽必须大于 500MHz；而中心频率低于 2.5GHz 的 UWB 设备和信号，其最小-10dB 相对带宽至少为 0.2MHz。UWB 信号形式分为两类，一类是基带极窄脉冲形式，极窄脉冲序列携带信息直接通过天线传输，无须正弦载波调制，采用时域信号处理方式，具有系统实现简单、成本低、结构通用、多功能、功耗小、抗多径能力强、空间/时间分辨率高、穿透性强、不易被截获/检测、隐秘安全等优点；另一类是带通载波调制方式，可以采用不同的无线传输技术，如 OFDM、DS-CDMA 等，有利于实现高数据速率、低功率传输，适用于室内短距离、高速率传输应用。

UWB 技术研究始于 20 世纪 60 年代，开始主要是时域电磁学研究，随着技术的发展逐步应用到雷达系统，随后发展到军事通信领域，并一直受到美国军方的大力资助。俄罗斯与美国 UWB 技术的研究基本同步，研究方向主要集中在大功率 UWB 雷达应用以及相关的信号传播、反射特性等方面。此外，瑞典、意大利等国的 UWB 合成孔径雷达早已做了多次飞行实验，并进入实际应用阶段。

（6）基于电离层加热的远距离通信技术

电离层作为电波传播的承载体和通道，与无线电通信密切相关，电离层的扰动影响到电波环境的各个方面。电离层加热就是利用地基大功率高频无线电波定向照射到电离层上，有效地改变局部电离层的参量、结构和动力学性质等，形成新的可控空间电磁环境状态，从而实现远距离通信和对潜通信、增强或干扰电波传播信道等应用。

采用地面发射 VLF/ELF 调幅大功率高频电波加热电离层，通过电离层非线性加热效应使得加热区电导率发生变化，从而导致背景电离层电场中的电流系（如中低纬度潮汐发电机电流及赤道电集流等）产生波动，激发足够强度电流矩的等效电离层天线辐射 VLF/ELF 电波，通过 VLF/ELF 信号在地球—电离层波导及海水中传播，实现全球对潜通信，从而替代陆基阵列发射天线庞大而辐射效率很低的发射系统。

大功率高频电波加热电离层产生的各种各样的电离层不均匀体，能有效散射或者反射 HF/VHF/UHF 频段信号，实现可靠的高质量远距离通信。与通常情况下的电离层散射通信（最佳频段为 30~60MHz，有效通信距离为 1000~2000km）相比，利用加热变态区散射可提供几百千米至 3000km 的 24h 连续有效的 HF/VHF/UHF 散射通信信道。F 区散射通信带宽一般约为 1kHz，E 区散射通信带宽可达 5~6kHz，当使用大尺寸窄波束天线时还可增加带宽。借助加热区的可控制性和散射的方位敏感性以及散射的宽频带特性，此种通信电路具有较好的抗干扰和保密性能。

电离层变态不仅可以形成不规则体，也可以改变和消除已有的不规则体，这样就可以建立或阻断已有的散射通信电路，还可以形成可控的不规则体，造成对通信信道的干扰。

国外高频电波加热电离层实验和理论研究的第一个高峰期是 20 世纪 70 年代前后，进入 20 世纪 90 年代，美国及其盟国在电离层加热方面的研究逐步加强，多个电离层加热设备相继投入运行。近年来，高频电波加热电离层更呈现出迅猛发展趋势，除美国已完成建设有效辐射功率达亿瓦量级的高频有源极光研究计划（HARRP）加热装置外，欧洲也已完成另外两个大规模加热装置（SPEAR 和 LOFAR）的设计，俄罗斯也重新启动前苏联时期建设的 SURA 加热站。在加热站建设的同时，以美国为首的西方国家和前苏联开始高频电波加热电离层的理论和实验研究，相继取得了一系列具有重要应用前景的科研结果。目前，国际上对高频电波加热电离层机理建立了两种非线性物理模型：欧姆加热理论和参量不稳定性理论。由于加热涉及非常复杂的等离子体非线性机制，与加热功率、模式及电离层背景状况有关，随着加热功率的增加，不同层次变态效应之间存在饱和、跃变等非线性过程，高层次效应只有当功率等级达到相应阈值后才可能稳定出现。为了描述这样一个相互作用、相互影响的系统，需要涉及电磁波理论、流体力学理论、热力学理论和化学理论。完整描述无线电波加热电离层过程的方程组包括麦克斯韦方程组（关于入射波强度和相位变化的方程）、加热方程组（关于电子温度和离子温度变化的方程）、有质动力方程（关于强泵波对等离子体产生的作用力的方程）、动量方程和连续性方程（关于电子密度和离子密度变化的方程）等。通过这些方程建立电离层加热模型，对加热的机理及其各种效应进行研究。

（7）紫外光通信技术

紫外光通信技术是一种在大气中利用不可见的紫外光进行光散射通信的技术。紫外光是一种电磁波，波长分布为 10～400nm。波长高于 280nm 的紫外光有强背景辐射，多数光学系统性能受到限制；而波长低于 200nm 的紫外光，由于氧分子的强吸收作用，导致传输严重受限，在大气中无法进行通信。阳光中的紫外辐射在通过地球大气层时受到对流层上部臭氧层对 200～300nm 紫外光的强烈吸收作用，因此太阳光中这一波段的紫外辐射在海平面附近几乎衰减为零，该波段被称为"日盲区"。紫外光通信选用的波长正好为 230～280nm 的频段，不会受到太阳光紫外线的干扰和影响，也称为日盲紫外通信。

紫外光通信实质上是一种散射光通信，其基本原理是以太阳盲区波段的紫外光为载波，话音或数据信号加载其上，利用紫外光在大气分子中的瑞利散射进行信号传输。一方面，利用太阳盲区波段的紫外光为载波，并采用紫外波长上截止型探测器作为接收机，可有效地避免太阳辐射的背景光干扰；另一方面，太阳盲区波段的紫外光波长很短，能充分利用瑞利散射光强度与波长的四次方成反比的机理优势，不需要太大的发射机功率就可以实现非直视的散射光通信。由于紫外光在大气中的传输按指数规律强烈衰减，故非直视通信距离通常较近，一般为 1～2km。但相对于无线电散射通信来说，紫外光非直视散射通信受地理位置及气象条件的影响不大。

相比其他无线电射频通信，紫外光通信具有低窃听、低位辨率、全方位、抗干扰能力强等优点，是满足战术通信要求的理想手段，有着巨大的应用潜力和军事应用价值，因此近年来战场紫外光通信技术的研究备受世界军事强国的重视。由于紫外光通信受大气分子的类型和浓度、天气状况、海拔高度、通信设备收发角度等因素的影响较大，因此对紫外光大气传输特性的研究也是紫外光通信技术研究领域的一个热点。

2. 数据链发展趋势

随着美军全球战略的推进，网络中心战的作战理论正在逐步实施，现有的数据链已经无法满足远距离、高动态、大容量、低延时的信息传输要求，作战平台也难以具备所要求的"即插即用"网络特性。为此，美军正在研究和发展各种新型数据链技术，包括 JTIDS 距离扩展（JTIDS Range Extension，JRE）和卫星数据链、战术瞄准网络技术（Tactical Targeting Network Techniques，TTNT）、联合战术无线电系统（Jiont Tactical Radio System，JTRS）等。

JTIDS 是在有限数量的时隙上，使用时分多址（TDMA）体制进行话音和数据的发送和接收，当需要进行中继和非视距单元通信时，时隙的数量将翻倍。当更多使用 JTIDS 的系统开始运行并要求向联合数据网络传送监视信息时，问题将更为严重。为了解决这一问题，美空军决定实施 JTIDS 距离扩展（JRE）计划。该计划主要研究利用卫星网关将远距离的 TADIL-J 网络连接起来的方法。JRE 的应用包括战区内两个或多个子战区 JTIDS 网络的连接：从一个战区前方地区中的 JTIDS 网络中提取出消息，并将其通过卫星链路发送到 JTIDS 网络视线之外的指挥中心；在子战区 JTIDS 网络之间或视线之外的区域之间传送空中监视和弹道导弹轨迹。

由于目前军队对地面活动目标的跟踪、定位、打击都还存在较大的困难，因此美军在打击地面活动目标时还存在着实时性差、精度不高、易造成附带损伤、己方人员易受攻击、作战费用高昂等问题。近几年的高技术局部战争表明，现有的武器装备和技术已经基本具备精确打击地面固定目标的能力，但是打击地面活动目标的能力不够。因此，美军在总结历次高技术局部战争的经验教训之后，将打击地面活动目标作为提高作战能力的关键技术领域之一，并积极发展战术瞄准网络技术（TTNT）。TTNT 是解决"从传感器到射手"的数据链接问题的一种传输量大、反应时间短的解决方案，以互联网络协议（IP）为基础，可使武器迅速瞄准移动目标及时间敏感目标，实现快速的目标瞄准与再瞄准。这一技术可使网络中心传感器技术能够在多种平台间建立信息联系。TTNT 是下一代数据链的代表，TTNT 数据链的空中作战平台具有相互间快速传输数据的能力，对地面快速移动的目标具有快速且精确的定位能力。

　　数据链终端是数据链设备的核心，软件无线电技术的兴起，使新型数据链终端设备正逐渐向软件可编程、宽频段覆盖方向发展。而软件无线电的核心则是建立在软件兼容体系结构（Software Compliant Architecture，SCA）基础之上。1997 年，美军开始研制的 JTRS 是为满足三军装备需求而提供的一种多频段多模式电台，能传输和接收不同频段、不同制式甚至不同网络结构下的通信信号，采用 SCA 开放式体系结构和模块化设计思想，使其可兼容数十种波形。随着 JTRS 计划的逐步推进，将把软件无线电设计理念和 SCA 的软件设计框架移植到战术数据链终端上，使 JTRS 逐渐成为数据链乃至全球信息栅格（GIG）的基石。

第 7 章

指挥控制系统

指挥控制也称指挥与控制，它包含指挥与控制两个要素。指挥主要指在战斗准备阶段判断情况并下定决心、制定作战方案、拟制作战计划、下达作战命令等活动，主要目的是进行决策并使部队理解作战企图与指挥意图；控制主要指在战斗实施阶段，根据战场实际情况对部队的作战行动进行调整、协调等控制行为，使得部队的作战行动实现作战企图。

作战过程中，指挥控制必须依托多种指挥手段才能得以实施。在信息化条件下，这些指挥手段就是指各种军事信息系统。广义上说，能够支持指挥控制功能的信息系统都属于指挥控制系统，如指挥自动化系统、综合电子信息系统、C^4ISR 及美军的全球指挥控制系统（GCCS）等。在实际应用中，指挥控制系统（或简称指控系统）通常是指与指挥控制功能直接相关的那部分系统，是由 C^4ISR 中指挥和控制两个要素构成的系统，也称狭义的指挥控制系统。

本章所讨论的指挥控制系统就是指狭义的指挥控制系统，也是指挥自动化系统、综合电子信息系统和各种 C^4ISR 等系统的核心组成部分。指挥控制系统是在作战过程中辅助指挥人员实施各项作战业务、对部队和武器平台实施指挥控制的军事信息系统。指挥控制系统能够使指挥人员及时、全面、准确地掌握战场态势，制定科学正确的作战方案，快速准确地向部队下达作战命令。指挥控制系统的运用对于战场上的作战行动控制起着至关重要的作用。

7.1 产生和发展

在人类社会战争活动中，作战指挥方式随着生产力的发展、科技水平的不断提高而不断发生变化，相应地出现了不同形式的指挥机构，指挥手段不断丰富，直到机械化战争时期逐渐形成指挥控制的概念，并随着步入信息化战争时代逐步形成现代指挥控制系统。武器和指挥方式是刻画每个战争时期最重要的两个因素，也是战争历史形态划分的重要依据。

冷兵器战争时期，作战双方兵力较少，作战空间有限，作战队形密集，军队编成单一，指挥层次少，指挥关系只是将帅与士兵之间的关系，作战协调控制的空间、范围都非常有限，将帅只需以口头命令和视听信号等就可以直接监视战场情况并指挥部属作战，从而有效地控制整个战场。这时的指挥和控制都由指挥人员个人完成，控制融于指挥当中，指挥员既是决策者，又是对部属行动的控制者。此时的作战指挥方式是一种非常原始的集中式指挥。

热兵器战争时期，热兵器的广泛使用使军队的作战方法发生了变化，由白刃格斗逐渐过渡到火力对抗，能在较远距离上以热兵器杀伤敌人。作战距离从近距格斗逐渐向数十米、数百米扩展，使体能决胜的战斗场面最终让位于以火力为主的战场较量。随着作战规模、作战空间的扩大，兵种数量的增多，野战能力的提高，对部队的指挥控制越来越困难，单靠将帅一人采用简单直观的现场指挥方法，已不适应作战的需要，于是谋士和参谋群体应运而生，指挥机构的雏形逐步形成。这个时期，从隋唐的将军幕府到 19 世纪的普鲁士参谋部，形成了现代作战指挥机构的雏形。指挥人员从战场一线退居纵深，并主要依靠指挥机构来组织指挥作战，军队组织结构大为改观。

机械化战争时期，工业革命的科技成果广泛应用于军事领域。以蒸汽机为标志的第一次产业革命和以钢铁、内燃机及电力技术为标志的第二次产业革命，使得军队机动能力和后勤补给能力大大增强，坦克、航空母舰、飞机、火箭、导弹等机械化武器相继问世，作战力量由原来比较单一的陆军向陆、海、空三军全面发展，作战空间急剧扩大，步坦协同、空地协同等成为崭新的作战方式。作战过程中，必须有一个组织严密、能准确无误和不间断地实施指挥的军事指挥机构，于是出现了参谋机构乃至现代意义上的司令部，从而导致作战指挥组织分工上的重大变革，指挥员侧重于筹划和决策作战行动，参谋机构或司令部除了保证指挥员下定决心外，主要负责控制所属部队的作战行动，以实现指挥员的决心。从此出现了指挥与控制的"分离"。这种"分离"指的是指挥员将控制职权交给他的参谋机构或司令部。指挥员负责全面指挥，参谋机构或司令部负责对部队行动进行控制，以实现指挥员的决心。军事指挥机构中出现了诸如基本指挥所、预备指挥所、前方指挥所、后方指挥所等多种类型的指挥所。各级指挥所已具备指挥控制的基本功能，指挥控制系统的雏形初步形成。

信息化战争是信息化时代出现的全新战争形态，它以信息化军队为主要作战力量，以指挥信息系统为基本支撑，以信息化武器装备为主要作战工具，以信息化作战为主要作战样式。随着信息技术和武器装备的发展，指挥控制系统在不同层次、不同领域以不同的形式快速发展。例如，美军在战略层次上建设了全球军事指挥控制系统（WWMCCS），此后发展成为全球指挥控制系统（GCCS），并在陆军、海军、空军分别建设了海军和空军的战略指挥控制系统，在陆军战术层次上建设了陆军战术指挥控制系统（ABCS）。指挥控制系统存在的形式更加丰富，发展成为了机载、舰载、车载、可装配式等多种形式的指挥控制系统。

在战争形态的演变过程中，指挥与控制关系的变化经历了一个漫长而复杂的发展过程，从古代战争中指挥与控制集指挥员于一身，控制包含在指挥中；到近代战争中控制的作用加强，控制的操作主体由指挥员转移到参谋机构，出现了指挥与控制在组织分工上的分离；进而发展到现代战争的作战指挥系统中指挥与控制在指挥机构职能上的分离，以及联合作战中指挥与控制在指挥权力上的分离。与此同时，指挥控制方式的发展与起支撑作用的指挥控制系统的发展密不可分。一方面，随着战争样式的变化，指挥控制方式的发展促进了指挥控制系统的建设与发展；另一方面，指挥控制系统的发展反过来又会产生新的指挥控制方式，影响战争样式的变化。20 世纪末以来世界上发生的几场战争，以及这几场战争对世界军事变革的牵引作用，已充分说明了指挥控制方式与指挥控制系统之间的辩证关系

7.2 指挥控制过程

在作战过程中，各军兵种和各个作战单元的作战过程非常复杂，专业性很强，而且相互之间的关系错综复杂。但是在指挥控制领域，大量学者研究并提出了一些经典的指挥控制模型，以指挥控制为核心，对整个作战过程进行了描述。在此，首先介绍经典的指挥控制模型，给出指挥控制的主要过程，并对指挥控制系统与指挥控制的关系进行分析。

7.2.1 指挥控制模型

经典的指挥控制模型主要包括 OODA 过程模型、Lawson 过程模型、SHOR 模型、RPD 模型、HEAT 模型及网络中心战指挥控制模型等。

1. Lawson 模型

劳森－摩斯环是 1981 年由 J. S. Lawson 提出的一种基于控制过程的指挥控制模型。该模型认为，指挥人员会对环境进行"感知"和"比较"，然后将解决方案转换成所期望的状态并影响战场环境，如图 7.1 所示。

Lawson 模型是由感知、处理、比较、决策和行动等五个步骤组成的一个指挥控制过程。Lawson 模型的期望状态包括指挥指挥人员的意图、基本任务、任务陈述或作战命令等。在此基础上，Lawson 模型的比较就是参照期望状态检查当前环境状况，使指挥人员做出决策，指定适当的行动过程，以改变战场环境状况，夺取决策优势，实现指挥人员的指挥控制意图。模型的不足之处在于对人的作用描述不够，以致在应用中受限。

2. SHOR 模型

1981 年是由 J. G. Wohl 提出的一种基于认知科学的指挥控制模型，是由激励（Stimulus）－假设（Hypothesis）－选择（Option）－响应（Response）等四个步骤组成的一个指挥控制过程，简称 SHOR 模型，如图 7.2 所示。

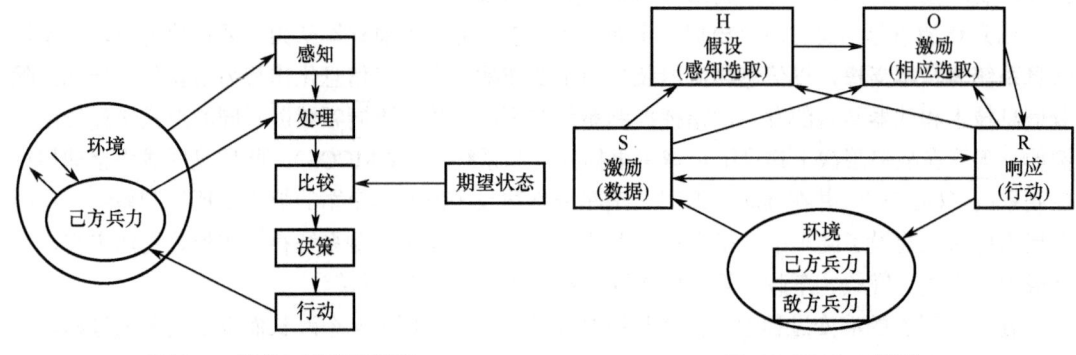

图 7.1 劳森－摩斯环模型　　图 7.2 SHOR 模型

- 激励（Stimulus）：决策过程的开始，提供当前态势的信息和当前态势的不确定性；
- 假设（Hypothesis）：一组感觉的备选方案，用来解释真实世界的态势；
- 选择（Option）：决策者响应备选方案；
- 响应（Response）：采取所选择的行动。

SHOR 过程模型从指挥人员感受到外在的情况变化（激励）出发，获取新信息，针对新信息（激励）和可选的认识提出假设（感知选取），然后从可选的反应中产生出若干针对处理假设的可行行动选择（响应选取），最后对以上选择做出反应，即采取行动。在不断变化的战场环境中，指挥控制过程处在困难环境和有时间限制的条件下，从外部环境获取的信息也在不断变化，这就要求指挥人员具备随时随地做出适时决策的能力，以达到指挥控制的目的。

该模型描述军事问题的求解和进行判断的数据驱动和响应方法，而不是目标驱动的方法，突出了对指挥控制过程中认知活动的解释，但对控制过程的特点反映不足。

3. OODA 模型

为了研究飞行员在战术级决策分析中如何获得竞争优势，美国空军上校约翰·博伊德（John R. Boyd）于 1987 提出了 OODA（Observe- Orient-Decide-Act）环经典指挥控制模型，也称指挥控制环。OODA 环模型克服了 SHOR 模型对控制过程的特点反映不充分和 Lawson 模型对人的作用描述不够等方面的不足，得到了广泛应用。该模型以指挥控制为核心描述了"观察－判断－决策－行动"的作战过程环路，如图 7.3 所示。

观察是从所在的战场空间收集信息和数据，形成战场态势感知；判断是利用知识和经验来理解获取的信息，对战场态势进行评估，并对与当前态势有关的数据进行处理，形成战场态势认知；决策是根据任务目标和作战原则，制定或选择一个行动方案；行动是实施选中的行动方案。OODA 模型是一个不断循环的过程，此次行动的效果通过新一轮的"观察—判断—决策"成为下一次行动的依据。

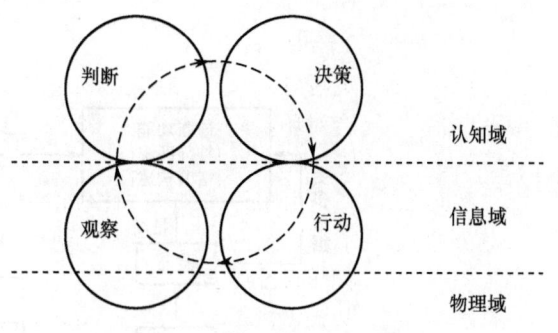

图 7.3 OODA 指挥控制模型

OODA 模型的观察始于物理域，可以通过融合其他观察信息，将注意力贯穿整个信息域；判断过程发生在认知域，吸收观察信息的内容，并置于先前的知识、经验及训练的背景环境之中。判断过程为决策提供依据，而决策也是认知域的行为。最后，为了成为行动基础，决策自身（如飞机控制、指挥官指令）也必须通过信息域传达给行动单元，并通过行动环节作用于物理域。

在传统的作战模式中，指挥员对其下属参战部队实施集中指挥。OODA 模型以嵌套的形式关联，整个作战过程呈现阶梯状。如在舰艇作战系统中，最小的 OODA 环是近距武器系统的火力闭环控制环；在单舰层级上有 OODA 环，即舰艇指挥控制环，在编队层次同样有 OODA 环。这些指挥控制环相互嵌套，内环周期短，外环周期长。下级部队负责收集并向指挥员提供战场态势信息，指挥员将各下级部队提供的战场态势信息加以综合，生成全局战场态势信息，并从全局的角度集中决策。各参战部队接到指挥员下达的协同作战决策后，依靠指挥员的命令从上到下指挥协同。指挥员在制定作战决策后，需要等待各参战部队提供战场态势的变化信息，才能对协作决策的有效性进行判断，并进一步修正。

OODA 模型的循环过程是在一种动态和复杂的环境中进行的，通过观察、判断、决策和行动四个过程，能够对己方和敌方的指挥控制过程周期进行简单和有效的描述，同时该模型强调影响指挥人员决策能力的两个重要因素是不确定性和时间。OODA 模型最适用于直接行动，也就是决策者采取的行动。在 OODA 环模型中，OODA 环具有周期性，周期的长短与作战的兵力规模、空间范围、作战样式等因素有关，一个周期的结束是另一个周期的开始。

然而，由于 OODA 模型严格的时序性和单一的过程，使其难以适应现实战场中存在的多任务环境。鉴于 OODA 模型存在诸多问题，先后有许多研究者提出了很多的改进模型。但所提出的模型描述起来较为复杂，直到 Breton 和 Rousseau 于 2004 年提出了模块型 OODA 模型，才克服了描述复杂的缺点。模块型 OODA 模型通过修改经典 OODA 模型，为更好地描述指挥控制过程动态复杂的本质提供了一种更好的方法。随后 Breton 又先后提出了认知型 OODA 模型和团队型 OODA 模型，对 OODA 模型从认知层面和团队决策层面进行了改进。

4．RPD 模型

指挥控制是一个相当复杂的过程，它受到许多因素的影响。研究表明，指挥控制过程中，指挥决策者在困难环境中和有时间限制的情况下，往往不会使用传统的方法进行决策。根据这一发现，Klein 于 1998 年提出了 RPD 识别决定指挥控制模型，如图 7.4 所示。

RPD 识别决定模型包括匹配、诊断和评估等功能阶段。匹配功能就是对当前的情境与记忆和经验存储中的某个情境进行简单直接的匹配，并做出反应。诊断功能多在对当前本质难以确定时启用，包括特征匹配和情节构建两种诊断策略。评估功能是通过心里模拟对行为过程进行有意识的评估，评估结果决定要么采用这一过程，要么选择一个新的过程，然后再进行评估。

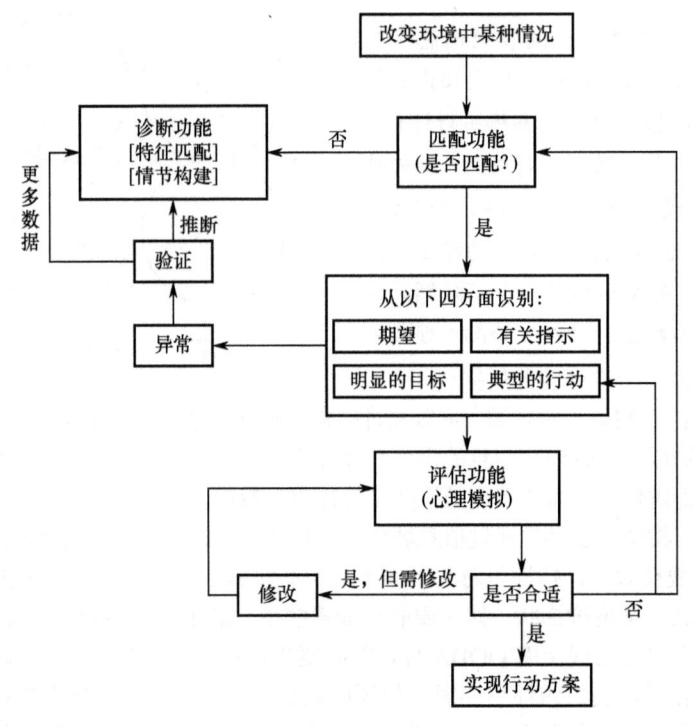

图 7.4 RPD 模型

RPD 识别决定模型表示,在指挥过程中指挥决策者会将当前遇到的问题与记忆中的某个情况相匹配,然后从记忆中获取一个存储的解决方案,最后在对该方案的适合性进行评估,如果合适,则采取这一方案,如果不合适,则进行改进或重新选择另一个存储的方案,然后再进行评估。

与 OODA 模型相比,RPD 识别决定模型强调现有态势与已知情况的匹配,使得指挥人员能够快速且正确地做出决策,但是缺少学习和适应新战场环境的能力。而 OODA 模型只强调新获取的态势信息,忽视了以往战斗经验的重要性,缺少对行动方案的有效模拟和评估,由此不能实时修订行动方案,降低了行动成功的概率。

5. HEAT 模型

HEAT（Headquarters Effectiveness Assessment Tool）模型是20世纪 90 年代由 Richard E.Hayes 博士提出的一种指挥控制过程模型。

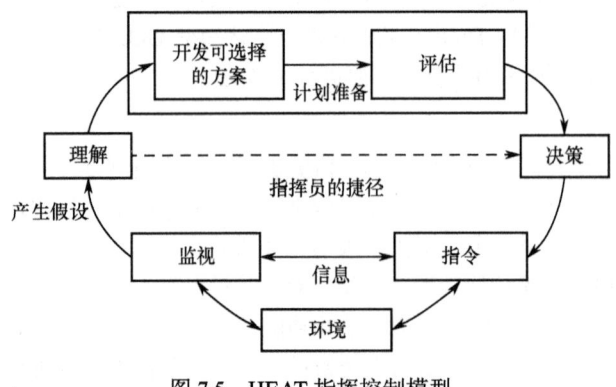

图 7.5 HEAT 指挥控制模型

HEAT 模型的基本思想是：指挥控制是在作战环境下的一种操作,指挥控制系统的目的是在作战环境中通过决策来选择一些希望的方案,这些方案随着冲突类型和军事目的变化而变化,决策过程中军队作战有效性的评估是一个重要的关键因素。模型是由监视、理解、制订方案、评估、决策、指令和环境等过程形成的循环,如图 7.5 所示。

● 监视：为了成功执行任务,指

挥控制系统必须首先监视环境，通过不同的技术和人工手段，包括来自于己方状态和活动的报告，也包括情报、天气和地理环境等；
- 理解：来自作战环境的数据和信息与环境的显著特点紧密相连，理解它们是形成决策的基础。它们表示指挥员知道什么，怎样预计未来一段时间内态势的变化；
- 制定可选择的方案：在给定的对作战环境的理解的条件下，指挥控制系统将产生可选择的行动路线，以完成作战使命；
- 评估：每个可选择的方案都必须评估，有时是正式评估，有时是指挥员个人的简单评估，预计方案的可行性和将产生希望的状态；
- 决策：基于一组可选择的行动计划，指挥员在多个选择方案中选择，制定决策；
- 指令：决策必须转化为计划或指令，包括目标、可利用的资源、时序等。指令必须分发到执行作战计划的作战单元，并影响作战环境；
- 环境：行动影响作战环境，使战场环境动态变化，指挥控制过程重新开始新的周期。

HEAT 模型将指挥控制过程视为一个自适应的系统。在系统中，指挥人员对所输入的信息做出反应，将系统转变成期望的状态，以达到控制战场环境的目的。系统负责监视战场环境，理解态势，提出行动方案并制订计划，预测方案的可行性，评估其是否具有达到期望状态和控制战场环境的可能性，从评估过的可选行动方案中做出决策，并形成作战命令和指示，下发到下级部门，然后为下级提供指导并监视下级的执行情况。当战场环境动态改变时，该自适应系统能够重新进行监视并循环上述过程。

与 OODA 模型相比，HEAT 模型的监视阶段较 OODA 模型的观察阶段更具隐蔽性、主动性和时效性；增加预测结果阶段，提高了行动成功的概率；HEAT 模型的行动是在上级的监督指导下完成的，因此上级能够实时掌握最新的战场态势，依据具体的情况及时调整行动方案。

6. 网络中心战指挥控制模型

基于 OODA 模型，David S. Albert 提出了网络中心战指挥控制模型的概念框架。网络中心战中的指挥控制过程仍然可用 OODA 概念描述，只是其具体过程不再是层层嵌套循环的 OODA 环，而是强调并发、连续和快速，如图 7.6 所示。

网络中心战指挥控制过程的关键在于实现共享的高质量战场感知、作战资源的优化配置、作战实体的有效协作和作战行动的同步。传感器网提高了部队的战场态势感知能力，同时部队知识水平的提高，使其自主协作决策的能力随之提高，这是网络中心战中作战部队的重要特性。

传统模式的指挥过程强调完整连续循环的 OODA 指挥周期，网络中心战的指挥过程强调在各个指挥层次上能够并行、连续地进行。并行是指在从上至下的指挥层次间和同层次中的不同作战单元都能够进行协作；连续则体现为在贯彻上级指挥意图的前

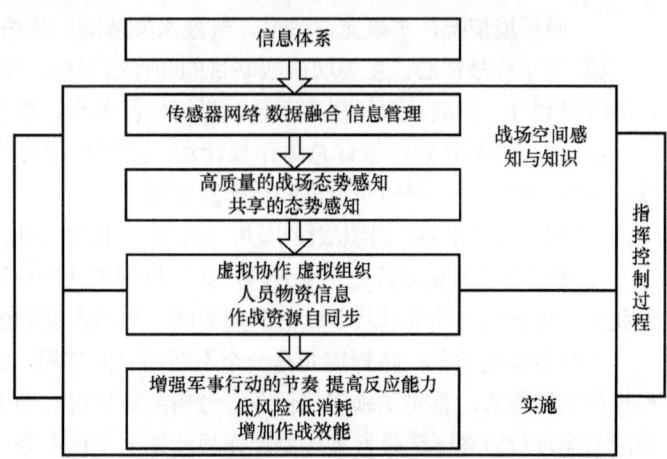

图 7.6 网络中心战指挥控制过程的概念框架

提下,各级指挥员根据实时获取战场的最新态势,可以自主地对其指挥决策加以相应调整,而不必按照先自下而上的报告,再接受自上而下的指令的流程进行协同作战,使作战依次循环行动转变成高速连续不间断执行的协作过程。这种连续不间断的决策和执行过程加快了部队的反应和行动速度,这样才能通过控制战场节奏,始终使敌人处于疲于奔命的被动状态。更快的速度,表现在更快地发现目标,更快地决策和更快地行动,这样才能始终占敌先机。

7.2.2 指挥控制过程

指挥控制作为作战过程的核心业务,可以进一步分解为更加详细的指挥控制过程。基于国内外指挥控制的实践经验,指挥控制过程可以根据作战进程分为三个阶段,即平时阶段、临战前准备阶段和战时阶段,不同阶段的指挥控制过程不同。一般情况下,前面分析的指挥控制模型都是指战时阶段的指挥控制模型,综合经典的指挥控制模型,形成战时作战实施阶段的典型指挥控制过程。

在平时阶段,指挥控制过程一般分为收集整理资料、研究作战问题、制定和评估作战方案/计划、组织演习、训练和教育以及制定作战法规等过程。

在临战前准备阶段,指挥控制过程一般分为受领和传达任务、分析判断情况、定下作战决心、修订作战计划以及组织临战准备等五个过程。

① 受领和传达作战任务:召开作战会议,下达预先号令。

② 分析判断情况:主要分析判断敌方情况、我方情况和战场环境等。

- 敌方情况,包括敌方政治企图、社会动向,敌主要兵力、兵器编组及部署(调整)情况,敌作战重心及强点和弱点,敌防御组织及防御能力,敌可能采取的反制行动,敌主要目标分布及特征,强敌可能采取的干预行动;
- 我方情况,包括参战兵力、兵器编组及部署,主要武器装备情况,综合作战能力分析,作战保障、政治工作、后勤保障、装备保障能力分析,重要保卫目标分布情况,我方的优势和不足;
- 战场环境,包括战场准备情况(阵地、港口、机场、指挥设施、防护工程等)、战场电磁环境情况,军事交通情况,气象水文情况,战场环境对作战任务的影响分析报告。

③ 定下作战决心:主要明确战略目的和作战目标、作战方针、作战任务、主要作战行动、作战阶段划分、参战兵力和任务区分、指挥协同关系、战役保障、作战准备完成时限。

④ 修订作战计划:修订总体作战计划,指导作战集团(群)制订行动计划,指导各中心修订各种保障计划,评估和审批联合作战计划。

⑤ 组织临战准备:组织战役机动,组织防卫作战行动,组织临战训练,检查临战准备情况。

上述五个过程又可以进一步分解,如分析判断情况可以进一步分为整理分析敌情、分析研究我情、分析战场环境以及形成情况判断结论等指挥控制过程。

在作战实施阶段,指挥控制是一个不断循环的过程。综合多种经典指挥控制模型,典型的指挥控制过程为:首先受领作战任务、分析判断情况、明确作战目标,然后进入"制定或修改作战方案评价方案—选择方案—制定作战计划—下达命令—监视并评估作战效果"的循环过程,直到实现预期的作战目标,如图7.7所示。

在典型的战时指挥控制过程中,主要作战过程包括受领作战任务、分析判断情况、制定作战方案、评估作战方案、下达作战命令及监控作战进程等过程。

（1）受领作战任务

受领作战任务主要是接收上级发布的作战命令，召开作战会议，理解首长意图，并向下级部队传达作战任务和下达预先号令。

（2）分析判断情况

在对战场情报信息进行了综合分析处理后，指挥所的指挥控制系统能在人工干预下得出结论，并将各种结论信息自动地在屏幕上显示出来。指挥人员在整个作战过程中都将不断地根据战场信息的分析结论确定和调整决心方案，同时，分析得出的各种态势信息也可实时显示在各级指挥人员和各种武器系统的战术终端上，便于其组织和实施作战行动。战场信息分析结论主要包括敌情态势图、战场综合态势图和战场环境状况影响等三个部分：

- 敌情态势图：即在电子地形图上准确标注敌兵力部署、重要武器系统的配置、指挥控制机构的位置、预备队的配置及可能行

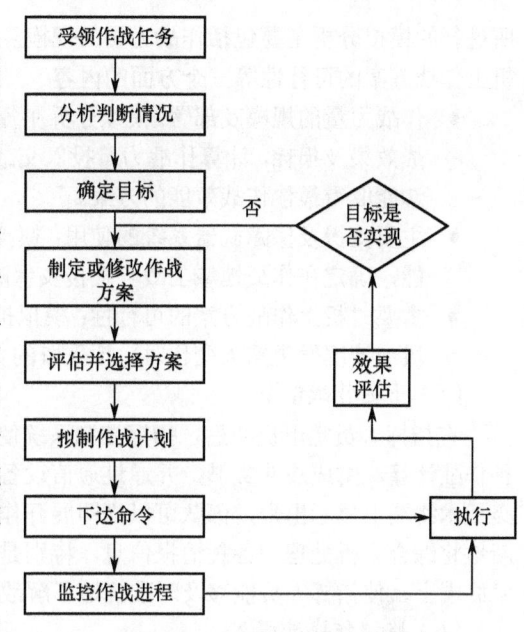

图7.7 典型的指挥控制过程

动等要素。对于不同的指挥级别和不同作战单元的指挥机构，标注的内容有所区别。一般来说，在营以下的分队和火力支援力量的敌情态势图上，要准确标明敌武器的具体位置，要能迅速确定各种目标的坐标，师团以上则要详细标明敌纵深力量的部署及可能的行动方向。敌情态势图是战场信息分析结论的重点，必须在战斗过程中不断依据新的信息加以补充完善，并能够利用数字化信息系统实时传输到每个战术终端。
- 战场综合态势图：即在标有敌情态势的同一电子地形图上，利用数字化信息系统，自动生成和标明己方部队的配置、机动路线及战斗队形等情况，使指挥人员不需等待下级的报告，就可掌握战场全局，能够根据变化情况迅速做出反应，积极主动地指挥控制部队，夺取战场上的主动权。
- 战场环境状况影响：利用数字化信息系统的电子地形分析系统和战场环境资料数据库，并结合对战场地形等作战环境的实地侦察所得到的有关数据信息，数字化部队的指挥控制系统可以准确地分析判断地形、气象等因素对作战行动的影响，并以图注式或文字式报告提出进行战斗保障的结论性意见。

（3）制定作战方案

研究制定作战方案是指挥控制的中心环节。数字化部队作战方案的研究制定，将大量运用计算机系统进行辅助。首先，在掌握大量情报信息并得出分析结论的基础上，利用计算机系统生成各种可能的作战方案；然后，由指挥人员和指挥机关研究确定主要的作战方案，再利用计算机系统对方案做进一步的分析计算，特别是进行各种方案的比较及大量的复杂运算；最后，指挥人员对初步完成的决心方案再次修改完善，并转入模拟分析。

（4）评估作战方案

利用作战模拟系统分析研究决心方案是指挥控制的重要环节。运用计算机模拟作战进程，不仅可以在短时间内对许多无法实际试验的内容进行大量的数据分析，全面、客观地得出结论，而且还能够利用其可控性强的特点，分析特定战场上各种作战因素的相互关系，找出在一定条件下影响作战进程和结局的最重要因素，从而有针对性地调整和完善决心方案。指挥控制系统

所进行的模拟分析主要包括作战力量的规模及部署、主要支援及保障武器系统的使用和重要时机上作战方案的可行性等三个方面的内容。

- 作战力量的规模及部署：模拟分析在各个作战地区所使用的兵力兵器数量及其部署与作战效果及损耗，计算作战力量投入交战的方式及战斗队形对作战进程与结局的影响，优选能取得最佳作战效能的方案。
- 主要支援及保障武器系统的使用：模拟分析支援火力、防空火力在不同作战条件下的效能，确定在作战地域上战斗支援及保障力量的使用，以便最有效地发挥整体作战能力。
- 重要时机上作战方案的可行性：模拟推演敌我双方的对抗行动，计算分析各主要作战阶段或情况发生重大变化时，拟采取的作战行动方案的利弊因素，检验计划的可行性。

（5）下达作战命令

在指挥人员定下决心后，指挥控制系统便能围绕指挥人员确定的作战方案，调整地进行各种作战计算，生成战斗文书，并通过通信设备近实时地将命令信息发送到各个部队，自动在各级战术终端上显示出来，部队可以立即展开作战行动。在战斗实施过程中，指挥控制系统能不断地将综合分析处理的各种情报信息，特别是敌情信息，自动改善并显示到各级指挥人员的战术终端上，使指挥人员能够及时准确地了解敌我态势及战场环境的变化。

（6）监控作战进程

利用指挥控制系统，指挥所可以实时收集各个部队和武器系统的作战信息，掌握作战进程及各兵种部队与作战单元的具体位置，并实时通报战场敌情和友邻情况，以实现对作战行动的有效监控。为有效实施监控，指挥所运用数字化信息系统，及时了解和掌握各个作战部队的任务执行情况，不断对机动、火力支援、防空及保障等作战行动进行协调，根据各个方向或地区的作战部队的需要，提供及时准确的作战与情报信息。

在作战过程中，特别是在第一作战阶段结束后，指挥所要根据指挥信息系统自动收集的数据和改正报告的情况，利用作战评估分析系统对部队的战斗损耗和战斗效能进行计算评估，以适时调整作战部署，展开作战支援和保障行动，组织投入预备力量及进行作战阶段的转换。

7.2.3 指挥控制系统与指挥控制过程的关系

指挥控制系统作为指挥控制的主要手段，用于支持指挥控制的各个业务过程，两者之间的关系如图 7.8 所示。指挥控制过程是指挥控制系统的功能基础和源泉，两者具有密切的对应关系。关于指挥和控制的区别，有学者认为，指挥是一门艺术，而控制是一门科学，也就是从理论上说，控制过程可以完全自动化，而指挥则不能完全自动化，必须有人的参与和主导。

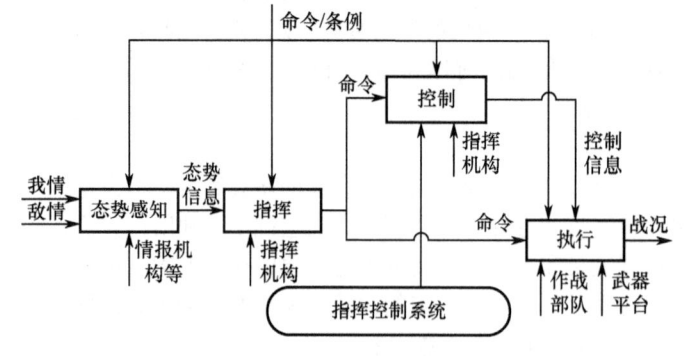

图 7.8 指挥控制系统与指挥控制过程的关系

作战实施过程中，主要包括态势感知、指挥、控制、执行等四个作战子过程。每个过程都有输入信息、输出信息、控制信息和机制信息。输入信息是作战活动加工处理的原始数据，输出信息是作战活动对输入信息的处理结果，控制信息是每个作战过程的约束条件，机制信息是每个活动执行需要的资源。

指挥和控制过程生成的决策命令导致执行。执行是作战部队在作战环境下使用各种武器平台实施并完成作战命令的过程。命令的执行过程在物理域发生,但直接或间接地在信息域、认知域或社会域产生各种影响。作战执行产生的影响和效果主要取决于四个因素:①执行活动的本身;②执行行动发生的时间和条件;③执行的质量;④其他相关的行动。执行质量是由执行个体作业的程度、个体行动的同步程度和执行的灵活性共同决定的。特定行动的执行质量是由参与的个体或机构的能力、专业技术和经验,信息质量及作战部队的执行灵活性共同决定的。

指挥控制系统在军队指挥体系中的地位至关重要。军队指挥体系是按军队指挥关系,自上而下形成的一个有机整体,由指挥主体(指挥机构)、指挥对象(下级指挥机构、部队、武器系统)和指挥手段(指挥控制系统)三部分组成的。其中,指挥机构是指挥人员实施作战指挥的具体组织工作部门,是完成作战指挥任务的中枢,处于核心地位;而指挥控制系统是各级指挥机构在信息化条件下最重要的指挥手段。在信息化战争时代,只有依托指挥控制系统的辅助决策功能,指挥机构才能全面、实时地掌握战场态势,才能准确、有效地形成一致的理解和判断,才能快速、合理地做出科学的决策和控制,从而保障作战任务胜利完成。

从指挥控制系统与指挥控制过程的关系可以看出,一旦指挥控制系统遭到破坏,不能完成指挥功能,则整个军队必将陷入混乱状态。正是因为战争中指挥控制系统的重要性,交战双方都将其作为摧毁和破坏的首要目标,而不是以最大限度地摧毁敌人的有生力量作为首要目标。在海湾战争、科索沃战争、伊拉克战争等历次局部战争中,指挥所的指挥控制系统都是敌我双方首要的打击对象。例如,在海湾战争中,以美国为首的多国部队空袭的首批目标就是伊拉克军队的指挥机构及其指挥系统。在空袭中,伊军的地面指挥机构有60%严重被毁,其中包括总统府、国防部、空军司令部、共和国卫队司令部等。战争的进程证明,伊拉克军队各级指挥系统和信息枢纽一旦遭到破坏,整个军队的指挥机构必然处于瘫痪状态。

7.3 指挥控制系统的组成与功能

指挥控制系统是支持作战指挥人员完成军事作战任务,而实施计划、管理、指挥、控制所需的各种软硬设施、器材、通信手段及各种操作人员的综合体。一般认为,指挥控制系统是部署在指挥所或指挥中心内提高作战指挥控制自动化水平的信息化手段。

师以下的指挥机构称为指挥所,军以上的指挥机构称为指挥中心。指挥所和指挥中心都是指挥控制系统部署的物理场所和载体,是指挥人员及指挥机关指挥军队作战的机构和场所,是收集、综合、处理作战信息的实体,是保障指挥人员做出决策与发布命令的地方。指挥所和指挥中心内除了部署指挥控制系统外,还可以部署其他的系统或软硬件设备,如网络设备、视频设备等,相同的指挥控制系统可部署在多个指挥所或指挥中心内。指挥控制系统和指挥所在概念和内涵上非常相似,容易混淆,在很多情况下,指挥控制系统也常称指挥所系统。

7.3.1 指挥控制系统结构

指挥控制系统的组成结构取决于军队的指挥体系、作战编成与作战指挥职能。单一指挥的所指挥控制系统的组成结构主要由其作战指挥职能决定,而建制系列的指挥控制系统组成结构则主要取决于该建制系列的指挥关系和作战编成。

指挥控制系统按军队指挥关系,自上而下形成一个整体。高中级(国家、战区、战役或战术军团)指挥控制系统的指挥控制对象是下一级的指挥机关或直属部队的指挥控制系统。战术级(师以下)指挥控制系统一般与部队及其武器结合紧密,基本上是一个小型的包含指挥、控制、通信和情报功能的指挥自动化系统。

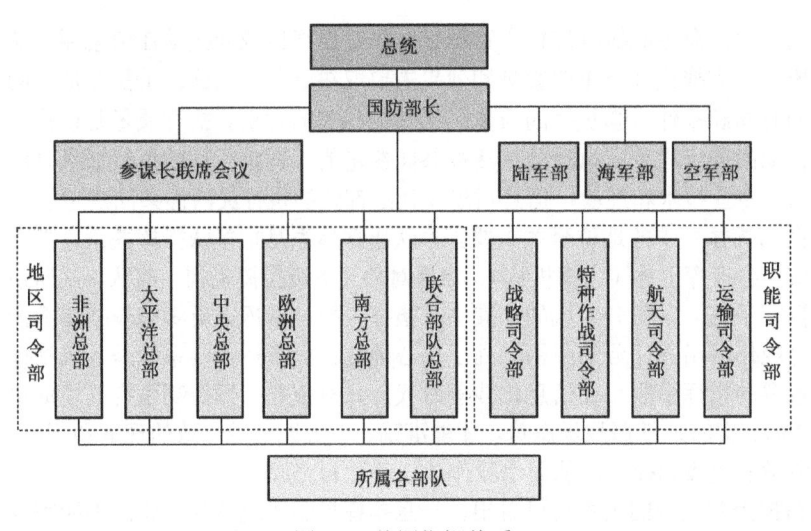

图 7.9 美军指挥体系

指挥体系是根据军队指挥关系由各级指挥人员及其指挥机关组成的具有一定结构的网络体系。军队的指挥体系视各国的情况而异，美军的指挥体系如图 7.9 所示。在海湾战争中，以美国为首的多国部队，运用了多种不同级别和不同类型的新、老指挥所，有固定式、机动式的，有空中、地面和海上的。这些指挥所构成了三个层次包括以美国本土的全球军事指挥控制系统为主体的战略指挥系统，由驻沙特阿拉伯的中央总部前线指挥部和陆、海、空、海军陆战队等司令机关指挥中心构成的战区指挥系统，由战术空军控制中心、旗舰指挥中心、陆军军师级指挥中心构成的战术指挥系统等，战争中一系列大规模作战行动均通过战区级乃至战术级指挥中心的指挥控制系统实施。

美国从 1962 年就开始建设全球军事指挥控制系统，该系统包括美国各军种独立建设的 C^3 系统，但是由于当时的技术所限，各军种的 C^3 系统间不能互联互通，资源和信息不能及时共享，缺乏统一的安全保密措施，整体作战效能低。为满足未来战争的需要，美国自 1995 年开始建设全球指挥控制系统（GCCS），如图 7.10 所示。全球指挥控制系统 GCCS 采用三层结构：最低层

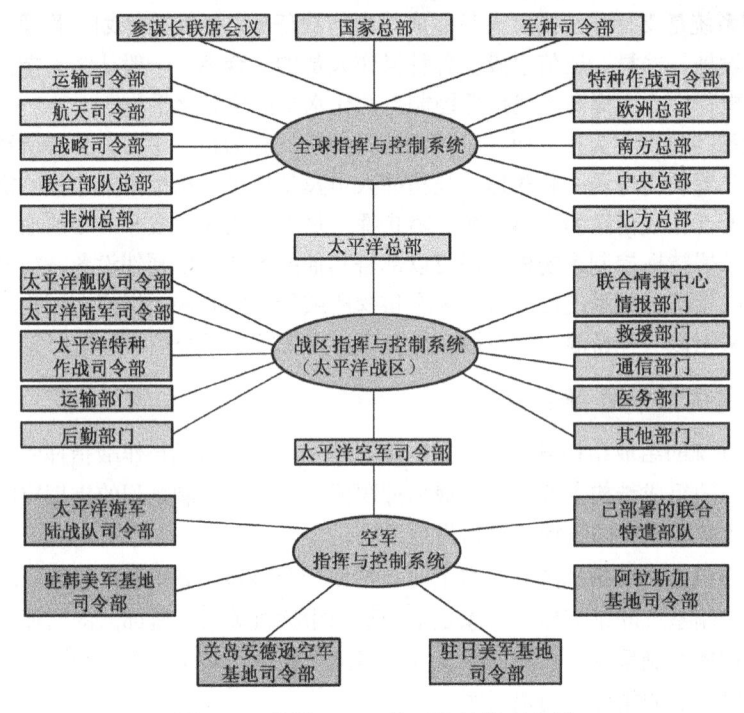

图 7.10 美国 GCCS 的系统结构示意图

是战术层,由战区军种所属各系统组成;中间层是战区和区域汇接层,主要由战区各军种司令部、特种/特遣部队司令部和各种作战保障部门指挥控制系统组成;最高层是国家汇接层,包括国家总部、参谋长联席会议、中央各总部、战区各总部等。

7.3.2 系统组成

对于单一指挥所或指挥中心,其指挥控制系统通常由信息接收与处理分系统、作战指挥分系统、作战保障分系统、技术支持分系统、系统管理分系统等组成,如图 7.11 所示。这些系统又由计算机、通信网络、信息终端、接口设备和显示设备等硬件设施以及各种指挥控制程序为核心的应用软件等组成。在设置"中心"的指挥所内,其他"中心"系统的组成与指挥中心大体相近。

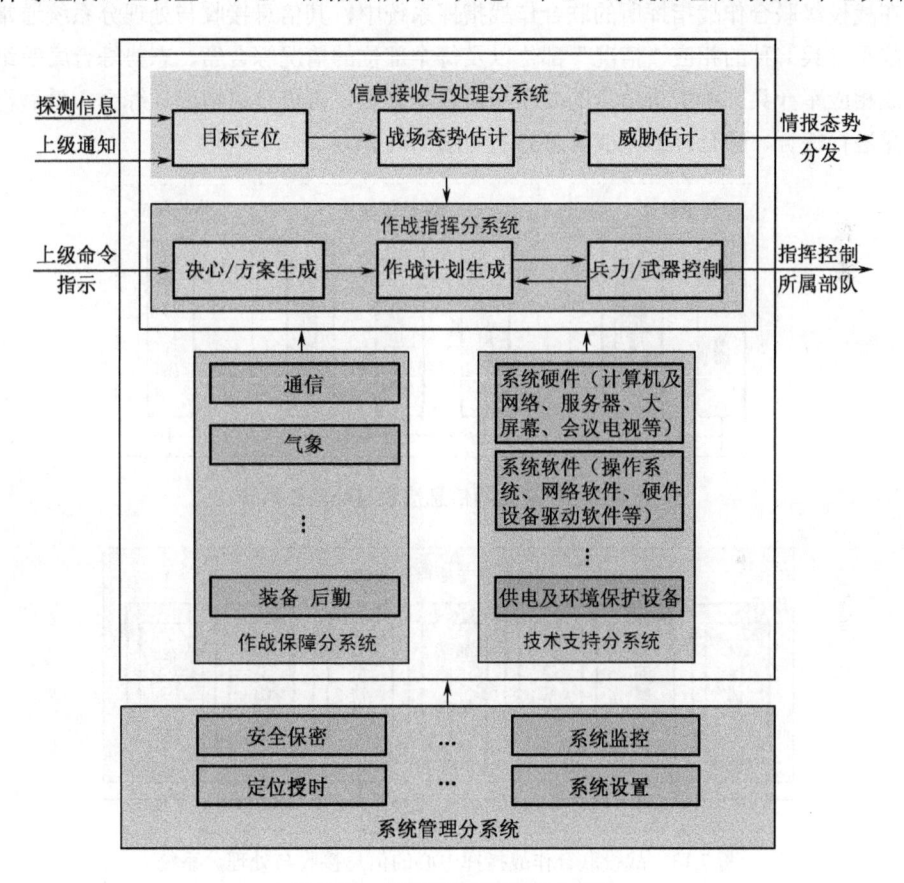

图 7.11 指挥控制系统组成结构

1. 信息接收与处理分系统

信息接收与处理分系统是以信息自动化处理为主、人员干预为辅的人机系统,为使用人员最终分析、判断、认定提供人机交互手段。分系统的主要任务是接收来自上级、下级、友邻指挥所系统的信息以及直属各种探测设备(包括电磁、红外、光、振动以及核辐射等探测设备)采集的各种信息,进行综合/融合处理、威胁判断后,形成战场态势报告,一方面提供给指挥控制分系统的指挥人员决策和作战指挥,另一方面用于上下级通报和分发。

信息接收与处理分系统除了安全、可靠、高效的硬设备外,还需要适应多种传输规程与信息交换标准的信息接收与处理软件,主要包括信息接收处理软件、信息综合/融合软件、信息分析软件、威胁评估与判断软件、战场态势综合处理软件等。

信息接收与处理分系统根据指挥所级别和类型的不同，设置不同的部位和席位。例如，态势处理席位典型设置通常由态势接收与分发席、态势融合席、态势标绘席和态势综合席等组成。其中态势接收与分发席的职责是负责态势信息的接收、分类和分发；态势融合席的职责是负责态势信息的格式统一、消除冗余冲突、去伪存真等整合处理；态势标绘席的职责是负责态势信息的标绘和展现；态势综合席的职责是负责态势信息的判断和评估。

航空兵师指挥控制系统的信息接收与处理分系统，可以设有总空情席和多个空情（方向）席以及总领航行席和多个领航席等，完成信息接收、处理、显示和人工判决的任务，如图 7.12 所示。在战役级联合作战指挥所的联合作战指挥系统中，其信息接收与处理分系统通常由参与联合作战军（兵）种的相应"情况"部位以及每个部位的情况综合席、态势综合席等组成，在分别完成相应军（兵）种情报信息的处理与监视基础上，再进行"情况"综合，最后再与其他有关信息进行综合、融合，形成战场态势，如图 7.13 所示。

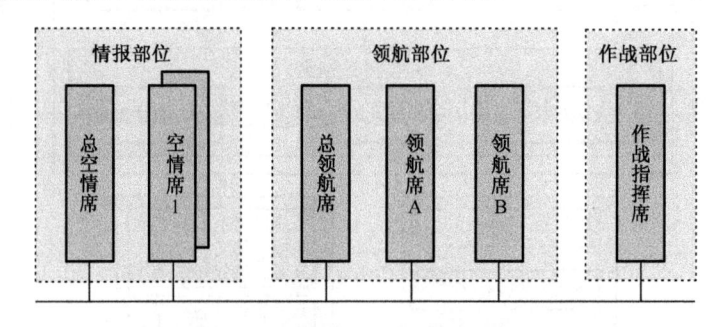

图 7.12 航空兵师信息接收与处理分系统

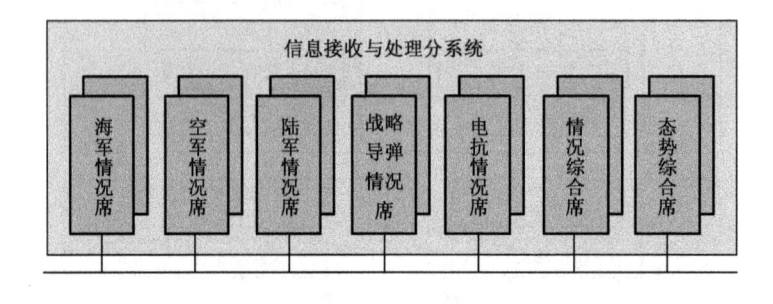

图 7.13 战役联合作战指挥中心的信息接收与处理分系统

2．作战指挥分系统

作战指挥分系统是指挥控制系统的核心，是指挥人员进行作战指挥和参谋人员进行参谋作业的重要部位。通过作战指挥分系统指挥人员的判断力、知识、智慧、忠诚和创造能力将借助于先进的信息技术装备得以充分发挥。

作战指挥分系统的主要任务包括：根据信息接收与处理分系统提供的战场综合态势和敌情判断结论，制定作战方案（预案），提出作战决心建议；将若干决心建议通过计算机模拟推演、优劣比较，供指挥人员选择最佳方案；根据指挥人员确定的决心方案，进行作战计算、拟制作战计划和作战命令，经指挥人员确认后下达到各执行单位；在计划实施过程中，系统需要紧密跟踪战场敌我双方态势的变化，适时提出计划调整建议和补充打击方案等，直至本次军事行动结束。

作战指挥分系统除了安全、可靠、高效的硬件处理设备、指挥所通信设备外，还需要满足作战应用的要求，安全、高效的指挥控制软件，主要包括作战方案辅助生成软件、兵力计算软件、辅助决策软件、作战计划/命令生成软件、模拟推演软件、效能评估软件、作战值班与参谋作业软件等。

作战指挥分系统根据所在指挥所级别、类型的不同而设置不同的部位和席位，通常包括综合席、方案计划席和评估席等。其中综合席的职责是负责指挥和协调指控系统各席位的工作、下达命令、传达首长指示、上报行动情况，同时实时监视行动计划的实施情况，及时调整行动方案和计划；方案计划席的主要职责是提出方案决心建议，进行业务计算，拟制详细的行动计划；评估席的主要职责是行动方案、计划及行动实施效果进行评估，为指挥员提供决策依据。

例如，单一航空兵师指挥所系统的作战指挥分系统，可能只设一个作战指挥席用以履行作战指挥的职责；而战役级联合作战指挥所的作战指挥分系统将可能包括参与联合作战军（兵）种的相应作战指挥部位，还可能包括每个部位的若干席位和联合作战计划席、联合作战指挥席等，如图 7.14 所示。

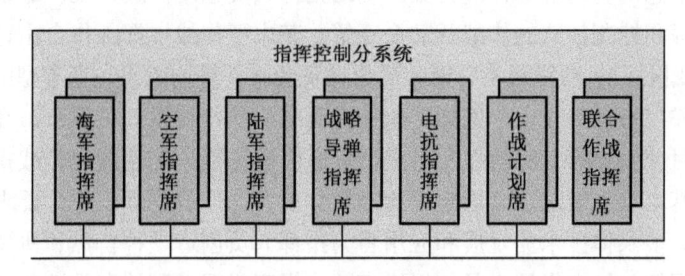

图 7.14　战役联合作战指挥中心的信息接收与处理分系统

3．作战保障分系统

在战役战术级以上指挥控制系统中通常还应该包括直接为作战指挥服务的通信、气象、装备、后勤等部位/席位，共同构成作战保障分系统。各保障部位/席位的主要任务是规划与掌握相关保障资源，拟定保障方案，实施保障指挥，组织战场保障。

4．技术支持分系统

技术支持分系统是指控系统的重要组成部分，它主要由技术人员使用，其主要任务是为指控系统的正常、安全运行提供必要的技术保障。技术支持分系统包括系统硬件平台和系统软件平台两大部分，此外还包括如供电、空调、防电磁干扰、防电磁泄漏等战场环境防护设施等。

（1）硬件平台

根据指挥所系统的级别和功能性能要求，指挥所系统的硬件平台设备通常包括：信息输入/输出控制设备，计算机网络及其控制设备，服务器（文电、数据库、情报等），首长指挥台和各业务工作台（情报、作战、侦察、电抗、航行、通信等），通信及其控制设备，大屏幕显示设备，会议电视设备等。这些设备通过计算机网络及其控制设备构成局域网，彼此之间进行信息传输和交换。

计算机是军事信息处理的核心，能高效地为战场指挥控制系统收集、分析和处理各种情报，辅助指挥人员迅速做出决策，与各种侦察、探测设备相配合可快速完成对战略武器的预警、识别、跟踪、拦截等任务。指挥控制系统中应用的电子计算机种类很多，分别完成不同的任务。例如：大型计算机能在极短的时间内完成拦截弹道导弹的各种信息处理；微型计算机广泛用于战术侦察、监视、通信、武器控制以及后勤等系统；体积更小的手持/便携式计算机便于使用与携带，在野外条件下使用，经过加固后，环境适应能力强，可在不同气候条件下使用，并具有防振、防电磁辐射能力。由于指挥控制、侦察监视以及电子对抗的大量传感器产生的数据量越来越大，要求计算机的处理速度越来越快，单台计算机不能满足指挥控制战术应用的需要，多处理器系统、并行系统或高性能计算平台，能有效提高计算机的运算需求。

指挥控制系统的通信设备主要包括计算机网络设备、通信系统设备和信息加/解密设备等。计算机网络设备包括网络交换机、路由器和与计算机接口设备等，指挥控制系统中借助计算机网络设备将不同类型的计算机系统集成为不同的计算机局域网系统，实现在指挥控制内部信息共享。通信系统设备，包括与国防通信系统的接口设备、移动通信设备和指挥控制系统内部通信设备等，为指挥人员提供话音、电话会议和数据通信等通信服务。信息加密/解密设备包括干线加密/解密设备、终端加密/解密设备以及加密/解密软件等，保障指挥控制过程的信息安全。

作战指挥工作台是指挥人员为计划、组织、指挥和控制部队作战活动的工具，是指挥人员与指挥控制系统间的交互设备。作战指挥工作台为指挥人员提供和显示各种与战场态势和作战指挥命令相关的信息，自动解算作战方案，辅助指挥人员拟制作战方案，进行方案的仿真模拟与评估，发布指挥和控制部队的作战行动命令等。基本型作战指挥工作台由计算机、显示屏、键盘、跟踪球（或鼠标）、网络设备、话音通信设备及软件等构成。在基本型配置的基础上，派生出不同应用的作战指挥工作台，例如，航空兵对空引导作战指挥工作台，在基本型作战指挥工作台上增加了对空引导的专用键盘和对空话音通信设备等；战略/战役作战指挥系统中的作战指挥工作台，在基本型上增加了会议电视等多媒体设备。作战指挥工作台要求人机交互设备操作简单、直观等。多媒体技术的发展和应用将为指挥人员创造一种自然和协调的工作环境，增强对各种信息的理解，扩大指挥人员的思维空间，提高指挥控制的有效性和适应虚拟现实环境应用的要求。

（2）软件平台

指挥控制信息系统软件平台主要由系统平台软件、操作系统、网络系统、物理环境服务软件、通用服务软件、应用支持软件、指挥控制软件以及模拟训练软件等组成。

系统平台软件提供应用软件执行所依赖的服务，系统平台软件通常以接口的方式提供服务，使平台特性的实现对应用软件尽可能地透明。系统平台软件包括系统支持服务软件、操作系统服务软件及物理环境服务软件等。系统支持服务软件主要包括编程语言软件、用户接口软件、数据库管理系统、网络通信软件、安全保障软件、分布式计算软件等基础服务软件。

操作系统服务软件，提供运行和管理计算机平台以支持应用软件使用所需的核心服务，主要包括操作系统、系统故障管理服务软件、外壳和实用程序、多媒体基础软件等。指挥控制系统中常用的操作系统包括 UNIX、Linux、DOS、Windows 等。由于受硬件环境的约束，在许多武器控制系统中都采用嵌入式操作系统，包括 Vxwork、嵌入式 Linux、QNX、Windows CE 等。

物理环境服务软件提供基于硬件设备的服务，主要指指挥控制系统的各种硬件设备驱动程序和接口服务软件等。

通用服务软件提供共享应用的基本能力，提供的服务可以用来开发应用支持软件或作战指挥软件，也可为用户直接使用。通用服务软件主要包括字处理、电子表格、图像处理、视频处理、音频处理、视频会议、计算机会议服务等相应软件系统。

应用支持软件是为跨领域的作战应用提供支持服务的软件，可在通用服务软件基础上进行二次开发或定制而形成，典型的指挥控制系统应用支持软件包括军用文电处理软件、军用文书处理软件、态势图形处理软件、军事地理信息处理软件、共享数据环境等。

指挥控制软件可分为战场态势处理、作战计划、作战指挥、武器控制、作战决策支持、作战指挥专家系统及作战计算等类型软件。战场态势处理软件是按照一定规则和过程对战场信息进行加工处理和分析判断，主要包括信息获取、数据检查、属性判断、统计计算、威胁估计等处理，以及分类、存储、检索、显示等信息使用服务，目的是形成一幅精确、及时的公共作战图，为作战指挥提供必要的战场情况支持。

作战计划软件提供计划编辑工具、计划模板工具，用于各种作战决心、作战计划和作战保障计划的制订。作战指挥软件是为执行军事行动计划而制定和发布作战命令的软件，负责监视战场实际情况并与行动计划进行比对，评估计划任务完成情况；控制战场态势的发展，指导计划的实施；根据战场态势变化及时调整作战行动计划；处理获取在任务执行过程中冲突各方部队及资源、目标、兵力与武器消耗数据以及各类设施等变化的情况；进行部队状态管理、目标状态管理，指挥所属作战力量的行动，以达到预期的作战目标。

武器控制软件是根据作战行动要求形成武器控制、操纵参数，将其传递到武器平台，控制武器的动作。

作战指挥专家系统软件提供基于作战知识、规则及推理机的人工智能的能力。

作战决策支持软件以人工智能的信息处理技术为工具，以数据库、数据仓库、专家系统、决策模型为基础，通过计算、推理等手段辅助指挥人员制定作战方案和作战保障方案。

作战计算软件主要是依据各种作战力量和作战武器的行动特点、活动规律及固有属性建立算法模型，在已知某些条件时得到其他未知参数的取值，包括陆上、海上、空中、空间、电子各战场空间作战兵力的作战行动模型，飞机、舰船、导弹、雷达、电子战等武器装备的作战活动模型等。

作战指挥模拟训练软件通常采用多种作战模型，利用一组数学关系和逻辑法则，按照一定的相互关系，详尽地描述作战的实际进程和信息过程，展现作战双方兵力兵器的运用及行动的规律性。模拟训练软件可用于作战指挥的发展研究，作战方法、作战预案的可行性研究，部队作战指挥训练水平检验，正确的作战指挥方法的示范性演示，以及辅助理解作战指挥条例、规则、方法的教育和训练。模拟训练软件一般由训练管理、模拟控制、情况设置和作战模型四部分组成。

5．系统管理分系统

该系统通常包括安全保密、定位授时、系统监控、系统安装与测试、系统运行调度控制、系统运行环境参数设置、信息发布与流向控制、系统动态配置管理等。

7.3.3 主要功能

指挥控制系统是指挥自动化系统的核心，是进行现代战争不可缺少的指挥手段和工具，是获得信息优势、决策优势、行动优势的关键因素。指挥控制系统的功能主要取决于系统的应用背景及应用需求，不同的系统功能也不尽相同，但指挥控制系统的基本功能主要包括：

① 情报接收与处理功能。主要是接收来自上级、下级、友邻指挥所系统的信息以及直属各种探测/侦察设备采集的信息，并进行归一化处理、过滤、关联分析、综合/融合、质量评估、威胁判断、形成战场态势，并存储、分发、显示等。

② 辅助决策功能。主要帮助指挥人员科学决策、定下决心，通过一系列的方案计算，给出辅助决策方案。

③ 作战业务计算功能。主要是根据作战业务的经典计算方法、模型、公式，使用一系列作战业务计算软件工具进行作战业务计算，如弹量计算、油量计算、装载计算、兵力计算等，以满足各种作战业务需要。

④ 作战模拟功能。主要是对拟制的各种作战方案、作战数据、判断决心效果和战斗行动效果等进行作战模拟，通过计算机模拟推演进行验证比较、修正择优。

⑤ 作战指挥功能。主要是根据指挥人员的决心方案，生成作战计划、命令、指示等作战文书，迅速、准确传达到部队和武器系统，并监督执行，跟踪作战进程，掌握打击效果，进行战损评估，调整作战方案，直到作战进程结束。

⑥ 指挥控制战功能。主要是指利用各种手段攻击和破坏敌方的指挥控制系统，使其陷入瘫痪或推迟决策过程；同时保护己方的指挥控制系统。指挥控制战具有破坏效果显著、作用时间持久、作用范围广泛和攻击隐蔽性强等特点，能够为掌握战场的主动权，夺取战役、战斗的胜利创造有利的条件。

⑦ 模拟训练功能。系统提供各种训练手段与案例，包括计算机模拟、模拟加实兵、模拟对抗等，对作战指挥人员熟练系统使用、深化系统功能理解、检验作战预案及训练作战协同等十分有效。

⑧ 防护功能。不仅防止敌人对系统进行物理破坏与摧毁，还要防止敌人对己方信息的获取、利用和干扰破坏。

7.3.4 系统分类

指挥控制系统可以分为多种类型，根据指挥所级别的不同，可分为战略级、战役级和战术级等指挥控制系统。战略和战役级指挥所系统根据其级别、作战编成和业务需要，划分为若干中心、分系统、部位或席位。例如，美国北美防空防天司令部（North American Aerospace Defense Command，NORAD）指挥控制系统包括指挥中心、防空作战中心、导弹预警中心、空间控制中心（由原空间监视中心和空间防御作战中心合并而成）、联合情报观察中心、系统中心、作战管理中心和气象支援单元等。其中，"中心"系统也是相应要素的指挥控制系统，负责相关作战业务的计划、协调、组织、指挥；但是，作战指挥中心是这些"中心"的中心，负责真正的作战指挥控制任务，其他各"中心"则主要实施作战保障和作战支持的任务。

根据指挥所类型的不同，指挥控制系统可分为单一军兵种指挥所系统、多兵种综合指挥所系统和多军（兵）/多国联合作战指挥所系统等；根据载体形态的不同，指挥控制系统也可分为地面固定式（含山洞、地下）、地面机动式（车载、可移动等）、机载、舰载等指挥控制系统。

美军指挥控制系统可分为战略指挥控制系统和战术指挥控制系统。战略指挥控制系统主要是 GCCS。美陆军战术指挥控制系统主要由军、师级以及旅和旅以下部队使用的二级作战指挥系统（含单兵 C^3I）组成；美海军战术指挥控制系统分为岸基战术指挥控制系统和海上战术指挥控制系统。岸基战术指挥控制系统主要包括舰队、基地、水警区、舰队航空兵、岸基反潜战等指挥控制系统；海上战术指挥控制系统主要包括编队旗舰指挥中心系统、各类舰载指挥系统和舰载武器控制系统，旗舰指挥中心系统是海上 C^4I 战术数据管理系统，由战术数据处理系统、综合通信系统和数据显示系统等组成。美空军战术指挥控制系统主要由战术空军控制系统、空军机载战场指挥控制中心、空中机动司令部指挥与控制信息处理系统组成。

通常指挥控制系统的构建与作战任务和作战规模等因素有关，典型指挥控制系统有国家作战指挥中心、军（兵）种级作战指挥中心、战区联合作战指挥系统、战役战术指挥系统等。

7.4 国家作战指挥中心

国家级作战指挥中心主要负责国家有关战略行动的规划和指挥,处理涉及全局性的紧急情况。战略范围覆盖领空、领海在内的整个国土防御,具有超越国界的预警能力,满足陆、海、空三军及特种部队的作战指挥要求,能够与公安、民防等指挥系统互联。

7.4.1 主要任务

国家作战指挥中心提供国家所有军事活动的总体规划与指挥控制,负责各军事指挥机构之间以及与有关民事部门之间的协调调度,根据情报信息进行威胁评估,必要时可迅速在全国范围内发出战时警报,平时对国防事务和武装部队进行有效管理。例如,美国的全国指挥中心,主要用于总统和参谋长联席会议进行军事策划和指挥,洲际导弹、战略空军、核潜艇的作战行动均由其直接控制或通过其下属的军种司令部指挥控制。国家作战指挥中心主要任务可概括为七个方面。

① 分析判断战争与战略形势。进行战略情报收集,全面了解敌我双方同战争有关的军事、政治、经济、科技、文化、地理、气候等情况,以及国际形势的发展变化,周边国家的内外政策和外交动向等,科学全面地分析战争的特点和规律,判明战争发生的可能和发展等重要问题。对现实和潜在的主要作战对象,爆发战争的时间、地点和规模,敌方发动战争的企图,主要战略方向,可能投入的作战力量,使用核武器的可能性,各自同盟国和可能得到的援助,双方的民心士气及支持战争的能力,战争的大致进程和结局等做出符合客观实际的判断。

② 战略决策。对整个战争和战争中某一战略阶段或不同战区作战的基本问题深入分析,正确决策以确定战役行动时间、战略目标、战略方针和作战原则,使用的力量,主要作战方向,作战的主要形式,基本战法等,作为指导战争行动的基本纲领。

③ 制定战略计划。制定战争的总计划、战略阶段计划,乃至一个战区或一个战役的计划,明确有关作战方面的重要事项。在实施过程中,随着战争的发展变化,及时修改或补充原计划,以适应新的情况变化。

④ 组织战略机动。负责从平时转入战时状态的战略部署,实施战略展开,开辟战场,适时组织军队机动。建立战略预备队,构成全面而有重点、大纵深、立体的战略作战体系。

⑤ 指导和协调战役行动。计划、组织、协调各战场、各战区、各军种兵种部队和其他力量之间的行动,并根据战争形势的发展变化,及时制定新的作战任务,提出目标要求、行动方针、作战重心(主要方向)以及基本行动方法,适时调整各个战场、各种战役的行动,加强战场之间、战役之间的联系。

⑥ 组织和指导战略后方工作。加强对战略后方各项建设和军工生产的领导,挖掘经济潜力,增强后力保障的实际能力,确保战略计划的实现。

⑦ 组织战略保障。周密组织战略侦察、通信、电子对抗、防化、伪装、水文气象、测绘和后勤等各项保障工作,保障作战任务的完成。

7.4.2 美国国家作战指挥中心的实例分析

因各国最高指挥机构的组成不同,国家作战指挥中的构成也各不相同。美国国家级作战指挥中心(NMCC)设在首都华盛顿近郊国防部五角大楼里,供美国总统、国防部长和参谋长联席会议主席在平时和战时指挥部队使用，还为政府其他部门如白宫的"秘密地下情况室"、中央情报局等提供有效的协同支援和通信联络。

该中心主要设有四个室：第一室是当前态势显示室，处理和显示各战区的情报实况；第二室是紧急会议室，当遇到危机时，最高当局领导人和参谋长联席会议成员进入指挥子系统，室内有大会议桌、指挥控制台、显示设备和通信设备；第三室是通信中心，通过参谋长联席会议警报网、自动电话会议系统、全球保密电话会议系统和紧急文电自动传输等通信线路保障国家指挥当局同联合司令部及特种司令部的通信联络，这里还有执行单一整体作战计划的特种通信设备和通往莫斯科的"热线"；第四室是电子计算机和大屏幕投影显示设备技术室，装有若干台大型电子计算机，用作数据处理。

除了国家级作战指挥中心外，为了战时单一指挥中心遭到打击时能够维持指挥控制的连续性，通常还设置国家地下作战指挥中心和国家机动指挥所等。

国家地下作战指挥中心是美国为提高国家作战指挥中心的抗毁与生存能力而建设的。美国地下国家指挥中心大约建于 1964 年，设在华盛顿以北 112km 马里兰州里奇堡的加固地下指挥所内。其指挥控制功能与全国军事指挥中心相类似，两个中心互连，平时集中了有关美军、盟军和敌军的一切必要情报在数据库中，还有进行核战争的各种行动方案，在紧急情况下（一般进入二级戒备后），它就立即接替全国军事指挥中心的工作。

为提高国家作战指挥中心的生存能力，设立了机动式（车载或机载）国家作战指挥所，以备应急时使用。美国国家紧急空中指挥所（NEACP）始建于 20 世纪 40 年代，1985 年全部改用 E-4B 型空中指挥所。在国家遇到紧急情况时或地面指挥控制被破坏时，为美国当局提供现代化的、高生存能力的指挥、控制、通信，执行紧急作战指挥控制任务，由美国空军管理和提供机组人员、维护、保密和通信支持。

第二次世界大战结束后，为了应对核大战，美国海军为总统准备了"北安普敦"号和"莱特忠"两艘战舰海上指挥所，分别于 1961 年 4 月和 1963 年 5 月服役。海上指挥所的主要任务是为总统提供全球军事指挥作战的通信服务，拥有超强安全保护手段，可以防止核、生、化的袭击，可以随时与全国任何军用和民用的电话网连接，与政府任何军政官员保持联系，与美军在世界任何地方的战舰和战机通信。海军指挥所设置了类似国防部的作战室，配备大屏幕和可以随时更新作战地图的配套系统。

7.5 军（兵）种级作战指挥中心

军（兵）种是按主要作战领域、使命和武器装备来划分的军队基本类别。现代军队通常分为陆军、海军、空军三个军种，有的国家还建有战略导弹部队、海军陆战队、防空军等。各军（兵）种以体现本军（兵）种特征的兵种为主体，有各自的编制、武器装备、作战特点和战略战术，具有独立作战和联合作战的能力。

军（兵）种作战指挥中心是国家级作战指挥体系的组成部分，在国家作战指挥中心的直接指挥下，与国家级指挥中心联合制定国家战略计划，并组织制定本军（兵）种所属武装力量的战略行动计划，组织和指挥所属武装力量的战略和战役作战行动，管理本军（兵）种有关业务和部队的建设。军（兵）种作战指挥中心具有情报收集、处理和传递的能力；辅助指挥人员制定作战决策方案、计划的能力；军事筹划和指挥控制所属部队或武器的能力；作战协同和战场保障的能力等。

军（兵）种内有多个兵种，都有其各自的指挥控制系统。各指挥控制系统通常根据分布式结构互连，构成一体化军（兵）种作战指挥控制系统，共同完成作战指挥任务。军（兵）种作战指挥中心系统结构与组成，与前面所述指挥控制系统的结构与组成基本一致，但由于各军（兵）种担负的作战任务不同，结构与组成也有所差别，作战应用软件差别较大。

7.5.1 空军作战指挥中心

空军主要是进行空中作战的军种。多数国家的空军由航空兵、地空导弹兵、高射炮兵和雷达兵等兵种组成，有的还编有地地战略导弹部队和空降兵。空军装备的机种，通常有歼击机、轰炸机、歼击轰炸机、强击机、侦察机、运输机、直升机及其他特种飞机。空军的基本任务是国土防空，并支援陆军、海军作战，对敌后实施空袭，进行空运和航空侦察。空军具有快速反应、高速机动、远程作战和猛烈突击的能力，既能协同其他军种作战，又能独立遂行战役和战略任务。空军是现代立体作战的重要力量，能对战争的进程和结局产生重大影响，在现代国防和现代战争中具有重要的地位和作用。

空军作战指挥中心系统一般由空中和空间监视、作战指挥（包括战略空军、战术空军、军事空运和航天部队的指挥控制系统）、电子对抗、航行管理、情报、气象以及通信等系统组成，通过计算机网络将上述系统连接成能执行国家级战略指挥任务的空军综合指挥中心。

空军作战指挥中心的主要功能包括：实时收集各类战略情报；实时监视所属空域和空间目标，对危及国家安全的事件及时做出反应；与国家级指挥中心联合制定国家战略计划和组织；参与制定空军所属武装力量的战略行动计划；组织和指挥所属武装力量的战略和战役作战行动；管理空军其他相关业务和部队建设等。

7.5.2 陆军作战指挥中心

陆军是以地面作战为主的军种，是军队的主要组成部分。通常，陆军由步兵（摩托化步兵、机械化步兵）、装甲兵（坦克兵）、炮兵、陆军防空兵、陆军航空兵、电子对抗兵、工程兵、防化兵（化学兵）、通信兵和侦察部队、气象部队、测绘部队等组成。现代陆军已经成为一个多兵种、多层次、多功能的合成军种。

陆军作战指挥中心主要任务是组织与指挥所属武装力量在陆地歼灭敌人，确保国家领土主权完整，不受侵犯。陆军既能遂行独立作战任务，又能与海军、空军实施联合作战指挥。

许多国家设立陆军部或陆军总司令部，作为陆军军种领导机关，由陆军部长或陆军总司令主管，通过陆军参谋长或军区负责作战指挥；有的不设陆军军种领导机构，只设兵种机关负责业务指导，而由统帅部通过军区、集团军、军进行领导和指挥。

陆军作战指挥中心系统一般由情报侦察、作战指挥、电子对抗、战场保证、气象以及通信等系统组成，经计算机网络与国家级战略作战指挥中心互联。为陆军战略指挥人员提供自动化的指挥与控制工具，以提高对陆军部队的作战指挥能力。

陆军作战指挥中心系统的主要功能包括：快速地为战略指挥员提供战略计划、兵力动员和部署信息；及时向指挥人员提供综合、可信、融合成公共作战图像（COP）和相关的警告状态信息；提供将作战计划转换为作战命令的工具；与其他军种指挥中心的联合与协同；战场监视与战况评估等。

7.5.3 海军作战指挥中心

海军主要是执行海洋作战的军种，根据国家最高军事机构赋予海军的作战使命，贯彻国家军事战略和海洋战略，保卫国家领海主权，保卫国家大陆架和专属经济区，维护国家海洋权益。

海军作战指挥中心的基本任务包括：从战略上制定和指挥海军部队消灭敌方舰艇部队或海上（岛屿）兵力集团；袭击敌方基地、港口和陆上重要目标；保护己方，并破坏敌方海上交通线，对敌方进行海上封锁，并打破敌方海上封锁；组织实施潜艇战、反潜战和水雷战等战略任务；担负日常战斗勤务，防备来自海上的突然袭击；保护己方海洋权益和海洋资源不受侵犯等。

海军作战指挥中心系统一般由海洋监视、作战指挥、电子对抗、航海保证、情报、气象以及通信等系统组成，通过计算机网络将上述系统连接成能执行国家级战略指挥任务的海军综合指挥中心。

海军作战指挥中心的主要功能包括：适时收集、处理各类战略情报；实时监视国家海域目标，对危及国家安全的事件及时做出反应；与国家级指挥中心联合制定国家战略计划并组织与制定海军所属武装力量的战略行动计划；组织和指挥所属武装力量的战略和战役作战行动（如战略威慑、海上控制、兵力投送等）；提供气象/海洋等环境保障；管理海军其他相关业务和部队建设等。

7.5.4 导弹部队作战指挥中心

导弹部队是遂行战略核突击任务的军种。战略火箭军与空军远程航空兵和海军战略导弹潜艇部队构成了国家的战略威慑力量。在遂行作战任务时，既可与其他军种的战略核兵器协同，也可以独立实施战略核突击。导弹部队的主要任务是，突击敌方导弹核武器、重兵集团、军事基地、交通枢纽、工业设施、国家和军事统率机关等战略目标；支援战术合成军队和海军舰队在战区的作战行动。有些国家的导弹部队平时还担负发射运载火箭、卫星和宇宙飞船等任务。

导弹部队指挥中心系统通常由作战指挥、武器控制、通信、情报、侦察等系统组成，它能及时接收最高统帅部的有关战略情报信息，保证统帅部对作战基地或发射单位的指挥与控制。

导弹部队指挥中心系统的主要功能包括：适时收集、处理各类战略情报；实时监视危及国家安全的事件并及时做出反应；与国家级指挥中心联合制定国家战略计划和组织与制定导弹部队的战略行动计划；组织和指挥导弹部队的战略和战役作战行动（如战略威慑、火力打击等）；监视与控制导弹飞行、评估打击效果、提出补充打击计划；管理导弹部队其他相关业务和部队建设等。

7.5.5 典型的军种级指挥控制系统

美国的北美防空防天司令部（NORAD）指挥控制系统是典型的军种级作战指挥控制系统。北美防空防天司令部由美国、加拿大两国联合组建使用，指挥中心建在美国中部的科罗拉多州海拔 2233m 的夏延山地下，俗称为夏延山地下指挥所。整个地下设施具有防核辐射、防轰炸、防化学武器的功能，能为战勤值班人员提供良好的工作和生活条件，如图 7.15 所示。

图 7.15 夏延山地下指挥所

北美防空防天司令部在地下综合体内共设有一个指挥中心和七个分中心。七个分中心包括防空作战分中心、导弹预警分中心、空间控制分中心、联合情报分中心、系统分中心、作战管理分中心和气象支援单元等，如图 7.16 所示，它们都设在彼此独立的建筑体内。

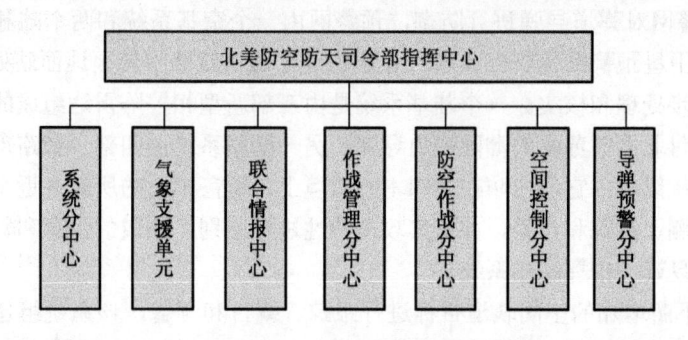

图 7.16 北美防空防天司令部系统构成

指挥中心设在地下建筑体的三层建筑内，如图 7.17 所示。大厅正面是一组大屏幕显示设备，用于显示导弹、卫星和重要飞机航迹和显示静态资料等。指挥中心设有北美防空防天司令部司令及副司令的席位和作战、后勤、情报、防空、空间等部门的主官席位以及通信控制席位和加密警报席。美防空防天司令部指挥中心值班状态分为没有、关注、中等、高级四级戒备。

整个地下指挥设施使用了 87 部霍里韦尔系列电子计算机，显示设备采用了休斯公司生产的 HMP-22 型综合动态显示器和 HDP-2000 液晶光阀投影大屏幕。整个

图 7.17 北美防空防天司令部指挥中心

地下综合体内，由光纤电缆将各个中心和各种技术设备连接起来，对外通信主要是租用商业电信公司的电缆电路和卫星、微波电路等。指挥中心的主要任务是监视和控制北美大陆责任区内的空中、空间目标动态，向最高统帅部（华盛顿五角大楼）提供警报和威胁的估计，并负责组织对任何威胁的反击，防空拦截指挥主要由各分区和阿拉斯加地区指挥中心组织实施。

北美防空防天司令部作战指挥中心的主要功能是，对北美大陆实施防空、弹道导弹防御、空间监视和控制。包括对各种威胁目标类型的判定，对来袭目标的识别和对弹道导弹的起、落点的估计及指挥作战等。主要包括：

① 监视和控制北美大陆责任区内的空中、空间目标动态；对大气层威胁的轰炸机、隐身飞机、导弹及巡航导弹进行防御，用 12 部后向散射超视距雷达形成 12 个扇面，覆盖美国东、南、西三个方向；北部地区用 13 部 FPS-117 雷达及 39 部无人值守补盲雷达组成北方预警系统；空中预警机弥补地面雷达系统不足。美国本土和加拿大的防空由联合监视系统（JSS）完成，可监视北美大陆和其边界外 320km 的空域；把北美大陆划分为 7 个防区（其中一个在夏威夷），每区设一个区域作战中心，美空军、联邦航空局和加拿大共 86 部雷达分别向 7 个中心提供数据，

实现了自动综合处理雷达情报、识别空情、计算并生成拦截方案、发布指令等功能。该系统军民两用，把军事防空与民航空中交通管制结合起来，平时用于对空监视、防空预警和跟踪，战时与机载预警和控制系统一起完成防空作战任务。

② 建立预警网对弹道导弹进行防御，预警网由一个空基系统和两个陆基系统组成。空基系统主要是通过卫星预警系统获得数据，由卫星/地面通信线路中转至地面站处理后，在指挥控制系统内作进一步处理和核实。一个陆基系统是由三部新型相控阵雷达组成的弹道导弹预警系统，主要用于对付北面前苏联的洲际弹道导弹；另一陆基系统由四部"铺路爪"相控阵雷达和环形搜索雷达系统组成，它们布防在美国本土边境上，覆盖本土的所有进近空域，负责对潜射弹道导弹进行探测、跟踪和预警，并对其攻击特性进行鉴别，获取的信息和数据，通过全球指挥控制系统送至夏延山指挥控制系统。

③ 为了对不断增加的空间轨道目标进行跟踪、编目和预警，该系统组建了空间监视网，为北美防空防天司令部提供空间目标的情报数据。包括来自空间监视系统和科学、军事兼用系统的各类传感器信息。这些信息被送入夏延山的空间监视中心，经处理和编目分类后存入计算机。利用上述情报执行空间监视、卫星保护和反卫星作战等任务。

7.6 战区联合作战指挥系统

在国家总体战略目标下，为达成战争的全局或局部目的，战区联合作战指挥系统帮助战区指挥人员及其指挥机关统一组织、计划、指挥全战区的武装力量，协调一致地进行联合战役行动。

7.6.1 系统任务

战区联合作战指挥系统的主要任务包括情报的收集和处理、确定战役方针和定下战役决心、制定战役计划、组织战役协同、组织战役保障、指挥战役行动等。

① 情报的收集、处理。根据国家总的战略意图，组织收集有关敌方的政治、经济、外交、军事等方面的情报，实时组织全战区所属部队的侦察设备以及战区直属的侦察部队，严密监视侦察战区所属范围的敌方活动情况，并将收集的情报进行整理、分析、评估，准确判明敌人的企图、兵力部署和可能的行动方式，将分析判断结论和相应的情报及时报告战区指挥人员和上级情报机关。

② 确定战役方针和定下战役决心。战区指挥人员在深刻理解上级意图和全面收集、分析、判断情况的基础上，提出达成一个或多个实现战役目的的基本方案，并经分析、评估后选择最佳方案。

③ 制定战役计划。战区指挥人员组织参与联合战役的各部门，根据决心方案制定联合战役计划，并重点就情况判断结论、战役方针、基本战法、战役部署、战役样式、战役阶段划分、对各阶段主要情况的预见与对策等重大问题，给予明确指示。

④ 组织战役协同。包括各军种战役军团之间的协同；各战场、各战役方向之间的协同；各种战役样式之间的协同；特殊杀伤破坏性武器的使用与其他战役行动之间的协同和特种作战行动的协同等。

⑤ 组织战役保障。战区联合指挥所组织战役作战保障，包括通信、气象、防化、后勤、装备技术等，特别是特种作战的各类装备器材和技术保障。

⑥ 指挥战役行动。包括：兵力的部署、机动、集结和展开；监控战场态势；控制协调战

区所属各军种战役军团行动；对涉及影响战役或战略任务的战术行动指挥与控制（如重点方向、地区、特种作战行动等）；掌握战役进展情况，组织战役阶段转换，明确各战役军团的后续任务，组织协同和保障；把握战场形势，适时控制结束战役。

7.6.2 系统组成

通常情况下，战区战略性（大型）联合战役可以建立三级指挥体系，包括联合战役指挥机构、军种高级战役军团指挥机构或者战区方向联合指挥机构、军种基本战役军团指挥机构等。战区方向（中型）联合战役可以建立两级指挥体系，建立联合战役指挥机构、军种基本战役军团指挥机构；集团军级（小型）联合战役，建立一级联合战役指挥机构，直接指挥各军种战术兵团。联合战役指挥机构通常建立基本指挥所、预备指挥所和后方指挥所。根据需要，派出前进指挥所。

各指挥所的构成，应当根据担负的任务和可能的条件合理地确定基本指挥所。通常由指挥中心、情报中心、通信组织与指挥中心、信息作战中心、火力计划与协调中心等构成。指挥中心是战役指挥的核心，各中心由若干部位构成，部位设置若干工作席位，如图 7.18 所示。

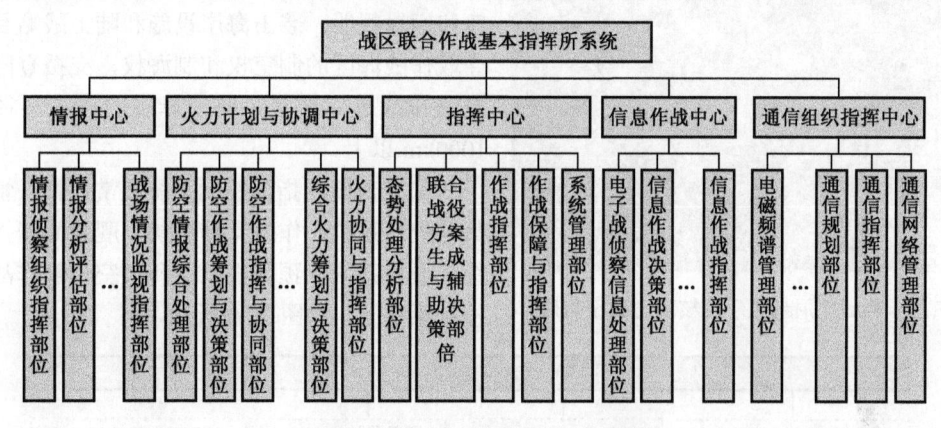

图 7.18　战区联合作战指挥中心系统

战区联合作战指挥中心系统通常由情报信息处理、指挥决策、联合作战指挥、作战保障、内部通信和系统管理等分系统构成。

情报信息处理分系统，负责接收上级的情况通报、情报中心上报的情报以及各集团的侦察设备所获取的情报、信息作战中心获取的电子战和信息情报等。经情报综合处理和态势分析评估获得战场态势分析情况，向指挥决策和联合作战指挥分系统和作战保障分系统通报。

指挥决策分系统，主要是依据上级的命令和由情报信息处理分系统上报的情况，由作战筹划部位提出决心建议，辅助决策部位对多个决心建议进行方案评估后选择优化方案。

联合作战指挥分系统的联合作战指挥部位，与其他部位根据指挥决策分系统得到的方案，编制联合作战计划的总体计划和各分支计划，由联合作战指挥分系统所属的各部位和作战保障分系统的各部位执行，并指挥控制下一级作战部队的作战行动。

7.7　战役战术级指挥控制系统

战术级指挥控制系统通常是集指挥、控制、通信和情报为一体的指挥自动化系统，不同于一般意义上的指挥控制系统。它包含许多战术和执行环节，涉及的内容既丰富，且重要。为便于对此类系统的理解。我们以美军的实现案例，来说明本系统的构成要素及实施细节。

美军为了提升战役战术级指挥自动化系统一体化水平，正在利用 COE 工具开发典型系统，包括陆军作战指挥系统（ABCS）、海军的联合海上指挥信息系统（JMCIS）、空军的战区作战管理控制系统（TBMCS）、海军陆战队的战术作战系统（TCS）等，并且 ABCS 已用于伊拉克战争。在此，主要通过航空母舰指挥控制系统、海上编队指挥控制系统、歼击航空兵师指挥控制系统、特种兵指挥控制系统为例简单介绍战役战术级指挥控制系统。

7.7.1 航空母舰指挥控制系统

航空母舰是以舰载飞机为主要武器并作为海上活动基地的大型水面战斗舰艇，舰上装有火炮和舰空、舰舰、舰潜导弹等防御武器。航空母舰通常与若干艘巡洋舰、驱逐舰、护卫舰等编成航空母舰编队，远离海岸机动作战，是最大的海上战术单位。航空母舰是海上作战武器（飞机、舰载防御武器）和 C4I 系统的综合性大型载体，如图 7.19 所示，主要用于攻击水面舰艇、潜艇和运输舰船，袭击海岸设施和陆上战略目标，夺取作战海区的制空权和制海权，支援登陆和抗登陆作战等。通常，航空母舰的作战半径可达 1000km 以上。

图 7.19 美国"尼米兹"级核动力航空母舰

航空母舰的指挥控制系统通常包括：情报采集与处理系统、作战支持系统、舰载武器控制系统、通信系统、预警机系统和航空母舰作战指挥控制系统等，如图 7.20 所示。

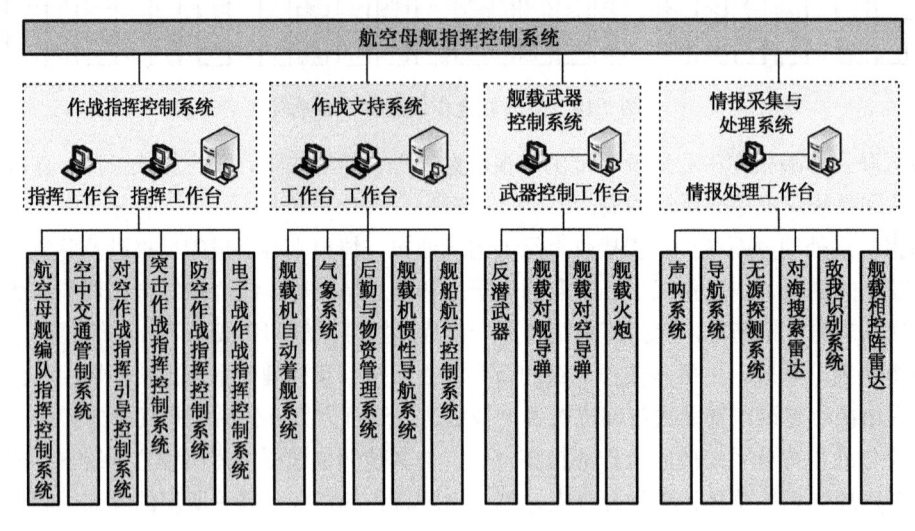

图 7.20 航空母舰指挥控制系统

供航空母舰指挥控制的情报信息主要包括：航空母舰上的情报采集传感器采集的目标信息、航空母舰编队的各战斗舰艇的监视侦察设备采集的情报信息和预警机系统的侦察信息等。航空母舰上情报采集设备有舰载相控阵雷达、对空/对海搜索雷达、无源探测系统、敌我识别系统、导航系统、声呐系统等。所有航空母舰情报采集设备和预警机监视采集的情报以及编队战斗舰艇上报的情报信息，经航空母舰上的情报处理系统进行融合处理，形成作战综合态势，供作战指挥控制系统中的指挥人员决策与进行舰载武器控制使用。

作战支持系统包括舰载机自动着舰系统、气象系统、后勤与物资管理系统、舰载机惯性导航系统及舰船航行控制系统等。航空母舰舰载机着舰系统是使用最多的系统，根据航空母舰空中交通管制系统（CATCS）产生的自动着舰系统控制报文指令数据，引导飞机安全着舰，通常可以控制两架飞机在相隔 30s 内相继在航空母舰上着陆。气象系统负责处理航空母舰作战区域内的气象信息，并为作战指挥控制系统提供气象信息保障。后勤与物资管理系统负责航空母舰上所有作战物资以及所有后勤的管理，及时向作战指挥控制系统提供后勤与物资保障情况信息。航空母舰惯性导航系统负责每架出航飞机在执行任务前的惯性导航系统校准，可以把机载惯性导航系统校准到舰载惯性导航系统一致的水平上。舰船航行控制系统是在指挥控制系统的控制下，控制航空母舰的海上航行。

航空母舰舰载武器控制系统通常有海、空导弹作战系统，海、空火炮作战控制系统和反潜武器作战控制系统等。

航空母舰的通信系统通常有卫星通信、HF/UHF/VHF 通信、战术数据链路和舰内部通信等。战术数据链路是航空母舰指挥控制系统与预警机、作战飞机及舰队的数据通信链路。

预警机系统是航空母舰为对付低空目标，具有情报采集和指挥控制能力的移动系统。美国海军的航空母舰通常装备 E-2 预警机，提供低空目标的情报信息，并在舰载指挥控制系统的指挥控制下，指挥航母舰载作战飞机进行作战行动。

航空母舰作战指挥控制系统包括：航母编队指挥控制系统，作为编队的旗舰，负责制定海上作战计划，实施对海上作战舰艇指挥与控制；对空作战指挥引导控制系统，是航空母舰及其编队的防空作战指挥中心，负责对敌方目标（如飞机或导弹等）进行空中拦截与摧毁行动实施指挥和控制；突击作战指挥控制系统，负责制定和评估突击作战计划，组织、指挥和控制舰载突击航空兵器对突击对象和目标实施作战，组织火力协同与联合作战协同，并对突击效果进行评估等；防空作战指挥控制系统，负责全方位空情监视、及早发现空中目标，进行威胁评估、制定作战方案，实施空舰协同、抗击敌空中袭击、火力袭击和电子干扰等，保障航空母舰和编队的安全；空中交通管制系统，负责对进出航母空域内的飞机进行管制，引导飞机安全、准确地进入作战区域并在返航时移交给舰载惯性导航系统，实现安全着舰；电子战作战指挥控制系统，负责汇集电子情报，形成敌方电子武器系统的分布图，生成电子作战方案，组织控制航空母舰编队内的电子战武器作战行动，保障航空母舰及其编队的安全。

7.7.2　海上编队指挥控制系统

海上编队是两艘以上舰艇或两艘以上舰艇战术群遂行任务时的舰船编队。根据规模的不同，可分为战术编队和战役编队；根据任务的不同，可分为作战编队、勤务编队和特种编队；根据兵力构成的不同，可分为舰种编队和混合（特混）编队。战术编队主要用于局部海区，独立遂行任务，如登陆战斗、海上袭击战斗、对岸攻击、布雷、扫雷、反潜、侦察、巡逻预警和护渔、护航等。战术编队还可作为战役编队的组成部分，在战役指挥人员的统一指挥下，与其他兵力共同遂行任务。战役编队，通常是多舰种组成的混合编队，用于海洋战区的重要方向上，独立地或在战役战术导弹部队、濒海方向陆军和空军的协同下遂行战役任务，如登陆、抗登陆、海上封锁、海上反封锁、海上交通线作战，袭击敌海军基地、港口、沿海城市等重要目标，以及同敌方争夺重要海区的制海权和制空权等。执行各种勤务的海上编队，如运输补给、海道测量、海洋水文气象调查、救生打捞、工程作业等编队。编队指挥人员所在的舰艇称指挥舰或旗舰,是编队的核心与灵魂。海上编队的指挥控制系统由编队指挥舰的指挥控制系统和若干大中型作战舰艇的指挥控制系统组成。

指挥舰的主要任务是,在战区海军的指挥下,遂行对海上编队及其舰艇、飞机、预警机、侦察巡逻机等兵力的作战指挥任务;统一协调编队内作战舰艇和其他作战兵器指挥控制系统的情报信息采集和处理、完成海上作战指挥控制。指挥舰指挥控制系统包括:作战指挥控制系统、情报侦察与处理系统、通信系统、舰载武器控制系统、作战支持系统等。作战指挥控制系统是全舰和全编队的核心,是编队指挥人员对编队内所有作战舰艇和作战兵器实施指挥控制的手段。作战指挥控制系统包括舰队防空作战指挥控制系统、编队指挥控制系统、电子战作战指挥控制系统等,如图 7.21 所示。

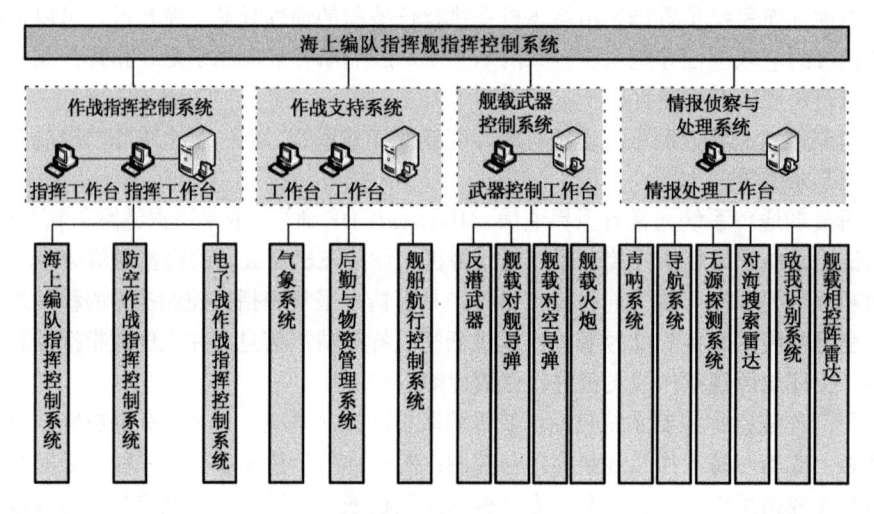

图 7.21 海上编队指挥舰指挥控制系统

"宙斯盾"作战系统是当今美国海军最先进的、最庞大的综合舰载作战指挥控制系统,将导弹发射系统、计算机系统、雷达系统和显示系统集成在一起,成为第一个能够全面防御空中、水面和水下威胁的综合作战、指挥系统。

7.7.3 歼击航空兵师指挥控制系统

歼击航空兵师指挥控制系统是国土防空的一个重要组成部分,一般包括航空兵师和若干个飞行团指挥控制系统,其主要任务是在上级指挥控制系统的统一指挥下,接收雷达情报和侦察、气象、航行等情报信息,综合分析空情;根据我方的兵力部署和敌机数量、机型及有关的空战条件,进行威胁估计和目标分配,指挥所属部队航空兵起飞,引导我机到指定空域,占据有利位置,针对敌机性质和当时的敌我机相对位置,实施不同的战术,对敌机进行拦截、突击作战和保障我机顺利返航。

歼击航空兵师指挥控制系统由歼击航空兵师指挥控制系统、航空兵(团)指挥引导站和机场指挥引导站组成,如图 7.22 所示。歼击航空兵师指挥所系统负责所在责任区域的防空作战任务,指挥所属若干航空兵团(引导站)引导己方歼击机与敌机进行作战行动。机场指挥引导站负责歼击机进出机场的飞行管理。歼击机在机场的起飞与降落由机场的指挥引导站负责,而歼击机起飞后的整个作战过程活动的指挥控制则由航空兵团引导站完成。歼击航空兵师指挥所系统是在上级作战意图和作战方案的统一指挥下,在师的作战范围内进行目标分配与作战任务区分,实时地指挥下属部队的作战行动。

```
                    ┌─────────────────────┐
                    │ 歼击航空兵师指挥控制系统 │
                    └──────────┬──────────┘
                               │
              ┌────────────────┼────────────┐
              │                             │
    ┌─────────────────┐              ┌─────────────┐
    │   航空兵（团）    │              │  雷达情报    │
    │   指挥引导站     │              │  处理系统    │
    └────────┬────────┘              └─────────────┘
             │
   ┌─────────┼─────────┐
   │         │         │
┌──────┐ ┌──────┐ ┌──────┐
│ 机场 │ │ 机场 │ │ 机场 │
│指挥  │ │指挥  │ │指挥  │
│引导站│ │引导站│ │引导站│
└──────┘ └──────┘ └──────┘
```

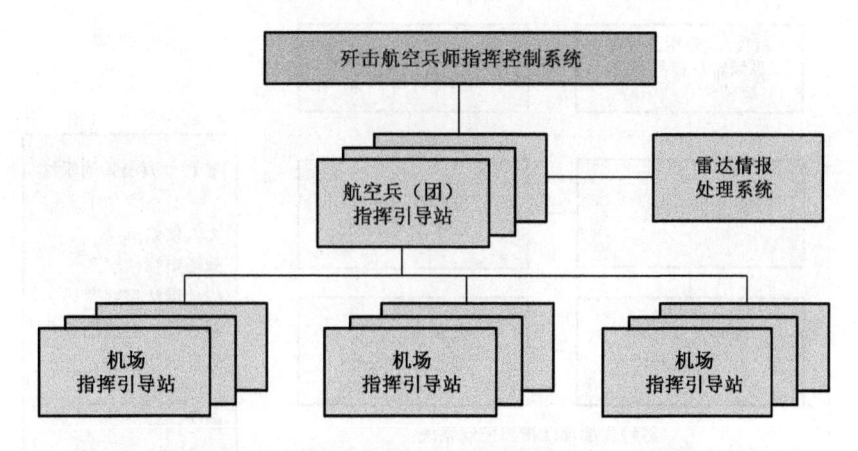

图 7.22　歼击航空兵指挥控制系统体系结构示意图

作为战术级指挥控制系统，歼击航空兵师指挥控制系统通常由情报采集与处理分系统、通信分系统和航空兵师指挥所系统组成。情报采集与处理分系统，负责接收航空兵师作战范围内若干部雷达侦察采集的各种飞行器（包括飞机、巡航导弹等）目标参数，包括目标距离、方位、发现时间和目标的其他属性等，并传送给航空兵师指挥所系统。通信分系统主要是保障进出歼击航空兵师指挥控制系统的各种信息传输。例如，空情信息和指挥命令、通信监控管理等，通信分系统必须满足信息传输的实时性要求。指挥所指挥控制系统是航空兵作战指挥的核心，由信息接收与处理子系统、决策支持子系统和作战指挥子系统等或若干相应部位/席位或若干指挥工作站组成，负责接受处理来自上级、友邻部队及情报采集与处理分系统的情报目标信息，形成综合情报；自动解算歼击航空兵作战方案，包括预警报告、兵力分配、歼击机起飞时间以及拦截区域等作战要素，供指挥人员决策并生成各种作战指挥指令，通过通信系统，指挥与控制航空兵的作战行动。

"鲁别日"系统是俄罗斯主要的歼击航空兵指挥控制系统，主要包括鲁别日-1、鲁别日-2、鲁别日-3三个部分。鲁别日-1是歼击航空兵师指挥控制系统，主要任务是接收上级作战指令、情报收集、威胁估计、制定作战方案、分配目标；同时，负责与防区内的导弹指挥控制系统、雷达情报指挥控制系统及与其他友邻部队进行情报交换、目标接替等协同任务。鲁别日-1能指挥下属三个鲁别日-2完成21批飞机的引导任务。鲁别日-2的主要任务是接收鲁别日-1分配的拦截目标及相关信息，可同时完成6～9批飞机的引导。鲁别日-3装备在机场塔台，也称机场终端，主要负责飞机的起飞、返航和降落安全。

7.7.4　特种兵指挥控制系统

特种兵是担负破坏袭击敌方重要的政治、经济、军事目标和遂行其他特殊任务的部队，主要任务是袭扰破坏、斩首捕俘、敌后侦察、窃取情报、心战宣传、特种警卫以及反颠覆、反特工、反偷袭和反劫持等。特种作战指挥的基本任务是围绕战役/战略目的统一筹划，组织特种作战行动，实施正确的作战指挥，发挥特种作战部队整体作战效能，圆满完成战役战略特种作战任务。特种作战高度集中的决策指挥形式，是区别于一般部队正规作战的重要特点。

特种作战指挥控制系统通常由战役/战略指挥控制系统中的特种作战部位或特种作战中心和特种作战部队指挥控制系统组成，如图7.23所示。特种作战部队指挥控制系统包括作战指挥中心系统、特种作战情报处理系统、特种作战分队指挥控制系统和特种部队单兵信息系统等组成。

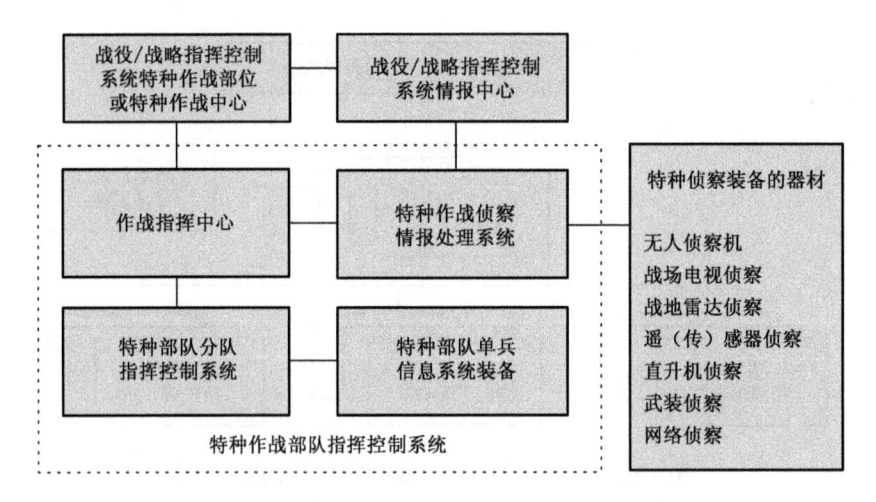

图 7.23　特种作战指挥控制系统结构示意图

作战指挥中心系统，负责接收上级特种作战命令、指示，落实和组织实施上级特种作战行动方案，指挥、监控和协调特种作战分队的作战行动。

特种作战侦察情报处理系统，负责接收、存储上级通报的情报信息和各种特种侦察器材所采集的侦察信息，特种侦察包括无人机侦察、战场电视侦察、战地雷达侦察、遥（传）感器侦察、直升机侦察、武装侦察和网络侦察等，并把情报信息上报战役/战略指挥所的情报中心和本级的作战指挥分系统。

特种作战分队指挥控制系统，负责接收上级（包括战役/战略指挥机构的特种作战部位、特种作战中心和特种作战部队指挥机构）的命令和情况信息，充分掌握战场态势，具体组织实施特种战术作战行动，随时向上级指挥机构报告分队的作战状态、位置和作战行动情况，实时掌握特种作战士兵的位置、战场环境情况和士兵上报的战场敌情变化情况等。

特种部队单兵装备除陆军单兵的数字化装备外，还应该根据特种作战任务配备特种作战器材。特种部队单兵信息系统负责随时接收上级作战命令、指示和战场环境信息，随时向上级报告位置、系统状态、战斗任务执行情况和侦察情况消息，显示执行任务环境的态势。

7.8　指挥控制系统的发展趋势

信息化战争是以系统化对抗为主要形态的战争，制信息权将成为首要而核心内容，指挥控制系统是夺取制信息权的重要手段。为适应 21 世纪高技术战争的需要，应付可能的局部战争和突发事件，建设先进的指挥控制系统，并将高新技术充分应用于指挥控制系统，是未来指挥控制系统的必然发展趋势。目前，指挥控制系统主要是以网络中心战为主线，向一体化、网络化、智能化的方向发展。

指挥控制系统一体化。主要是指战略、战役和战术信息系统一体化，以战役、战术为主；全军指挥自动化系统一体化，建设信息栅格服务；指控系统与武器平台一体化，实现从传感器到射手的快速摧毁或打击。美国空军以空天一体化及信息优势为目标，强调攻防兼备，注重系统集成，重点发展航空航天指控系统和空间武器、精确制导武器及隐身作战平台，逐步形成以卫星为核心，以无人机为主力，空天一体化的指控控制系统。

指挥控制系统网络化。美军充分利用信息栅格技术、计算机网络技术和数据库技术的最新成果，建设按需信息分发、按需信息服务、强化信息安全和支持即插即用的全球信息栅格，支持一体化指控系统的建设和应用，实现由以武器平台为中心向以网络为中心的转变。美军逐步把所有的武器装备系统、部队和指挥机关整合进入全球信息栅格，使所有的作战单元都集成为一个具有一体化互通能力的网络化有机整体，整合成为一个覆盖全球物理空间的巨型系统，从而建成一体化联合作战指挥控制系统。

指挥控制系统智能化。错综复杂的电子对抗和信息对抗环境，迫使军事电子信息装备朝着智能化方向发展。随着新型高性能计算机、专家系统、人工智能技术、智能结构技术、智能材料技术等的出现和广泛应用，指挥控制系统智能化将成为现实。指挥控制系统智能化主要表现在：态势感知快速、透明，增强了对战场态势的感知能力；指挥决策智能化，提高决策的正确性和指挥控制的准确性和灵活性，提高了作战效能；作战协同网络化，实现作战活动自我同步，提高兵力协同和武器装备协同作战能力。

第 8 章 综合保障信息系统

综合保障信息系统是为指挥机构、作战部队和武器平台提供信息保障能力，同时提供物资、装备、运输、工程保障能力和战场环境保障能力的军事信息系统，是指挥自动化系统的重要组成部分。各国军队由于编制、体制和管理方式的差异，其综合保障信息系统涵盖的内容也不尽相同。

8.1 概述

早期的综合保障信息系统提供的功能较为单一，往往作为子系统包含在各类信息系统中（如预警探测、情报侦察、指挥控制、军事通信等）。随着信息化战争的不断深入，作战部队和武器装备对保障信息的地域范围、信息粒度、精度、可信度、时效性和共享性要求越来越高，保障对象越来越多，保障的空间范围越来越大，其相对独立性也越来越强。因此，需要建设相对独立而又能打破军兵种条块分割的、全军一体化的、面向全军服务的综合保障信息系统体系，为战时和平时的部队提供多种保障能力。

8.1.1 地位和作用

综合保障信息系统，是近年来信息化条件下的作战需求和信息化技术发展的产物。在古代和近代虽然没有现代化的综合保障信息系统，但人工综合保障系统和保障信息在战争中发挥了重要作用。

在军事历史上，利用自然或人工改变的地形、地貌优势以及水文气象条件而取胜的战例不胜枚举。三国时期的赤壁之战，诸葛亮"借东风"并非能呼风唤雨，而是他通晓天文地理知识，掌握了气象变化的规律，气象保障信息成为赤壁之战以少胜多的关键。关羽"水淹七军"则是通过人工改变水文环境，从而在战争中取胜。在深山峡谷中进行火攻，则是充分利用地形、地貌等自然和气象条件的例证。自古以来军队作战时"兵马未动、粮草先行"的作战原则，也充分显示了后勤与装备保障在作战中的重要作用。

第二次世界大战期间，盟军在诺曼底登陆前，各级指挥机构和指挥官最关心的是气象条件是否符合登陆要求。德军进攻莫斯科和斯大林格勒时，由于对冬季寒冷的情况估计不足，使得后勤保障不力，部队作战能力急剧下降，最后全线失败，成为第二次世界大战的转折点。我军"百万雄师过大江"的壮举，是因准确掌握长江汛期而成功渡江因，但是，也曾有因潮汐信息掌握不准确而导致金门作战失利。

军事后勤保障是决定战争胜负的重要因素之一，是军队战斗力的重要组成部分。美军在越南战争中对后勤工作投入了大量的人力、物力和财力，作战人员和保障人员的比例达到了1:5，因此，当时有些美国军事专家甚至提出了"现代战争就是打后勤战"的理念。

现代战争进入信息化战争时代，没有明确的前方和后方，后勤保障的难度更大。海湾战争和伊拉克战争是世界公认的两次"不对称战争",即便如此,美军的后勤保障仍不尽人意。在海湾战争中,美军向前线运送了40000多个集装箱,70%以上的集装箱到达前线时不知装有何物,战争结束时,还有8000个集装箱尚未打开。在2003年伊拉克战争中,由于后勤车队配置了"跟踪终端",后勤可视化程度极大提高,但是,美军的后勤保障机构仍然是基层部队意见最大的部门,以至于"从将军到士兵没有一个人没有意见"。由此可见,后勤和装备保障的难度之大,以及军事作战对保障信息系统的迫切需求。在多军兵种(多国)联合作战中,保障信息系统提供的作战保障信息尤为重要,美国陆军提出的作战空间信息综合集成的概念,就包含综合保障信息的大部分内容。美军在《2020年联合构想》中指出:"本构想的重点是全谱优势,它通过交叉运用制敌机动、精确打击、聚焦式后勤和全维防护来实现。"同时又指出,"未来联合部队将使作战和后勤的联系大大加强,从而可以在精确的时限内使资产送到作战人员手中。"

在信息化战争中,信息化武器具有比机械化武器高得多的攻击距离、打击精度和作战效能,但是,信息化武器对环境保障条件和保障信息的要求也比机械化武器高得多,因此信息化武器比机械化武器"娇气",更需要精心呵护和保障,使之更好地发挥其优势。

在信息化战争时代,信息优势是取得指挥决策优势、部队行动优势、战争决胜优势的基础,掌握了信息主动权就相当于掌握了战场主动权。综合保障信息系统的建设,将扩大指挥信息系统的信息来源,增强对战场态势的感知度、对战场情况掌握的准确度和战场的透明度,从而提高决策的准确性、行动的快速性和作战的效果性。

总之,综合保障信息是整个战场信息中不可或缺的重要组成部分,是辅助指挥机构和指挥员进行战场决策和指挥作战部队与武器平台的关键信息,是作战部队和武器系统遂行作战行动的有力保障信息。在联合作战的需求下,保障物资和保障信息能够在全军各军兵种方便地共享,保障信息的规范化、格式化和保障物资通用化将成为信息化战争综合保障的关键。

8.1.2 基本任务

各类保障信息系统各有其业务特点,所提供的保障信息在整个作战过程中为作战意图、作战目标和作战任务服务。在作战准备阶段,需要提交各种专业保障决心建议,拟制各种保障计划,下达保障指示和命令,明确保障任务、保障兵力、保障重点、保障方法、完成时限等;在作战阶段,需要根据战场情况的发展变化,及时调整保障力量,监督、检查、控制各种专业保障的实施。各类保障信息系统的基本任务包括以下几个方面:

① 收集、分析、处理和管理保障信息:收集国家相关部门、上级业务部门、下级业务部门以及友邻部队的各类保障信息,对这些信息按照一定的专业准则进行分析、处理和管理。

② 及时并按需分发保障信息:在平时部队训练、演习及处理突发事件和战时能够向保障对象及时、按需分发保障信息,为各级指挥机构和指挥员提供决心建议和决策支持依据。

③ 指挥所属部(分)队实施作战行动保障:指挥所属部(分)队实施战场紧急测绘,后勤、装备物资的投送,建立战场救护体制和装备维修体制;及时准确地按需分发气象信息以及实施人工影响气象行动;组织核、生、化污染地区部队的防护和洗消;建设工程保障与布雷、排雷,隐真伪装和示假伪装,舟桥架设和道路交通保障;为实现制敌机动实施战略运输;进行战场频谱分配与管理等。

④ 提供辅助决策支持:为实施保障行动的指挥机构和指挥员提供信息、物资、装备、工程、防化保障等作战辅助决策支持。

⑤ 支持武器装备试验活动：为武器装备试验活动提供相关的信息保障、物资保障、装备保障和工程建设保障。

⑥ 支持平时业务管理：平时对配置的专业装备、器材及专业基础数据进行管理，通过规范化管理和规范化数据提升作战保障能力。

8.1.3 系统结构

综合保障信息系统是采用先进的数据处理技术、网络技术和数据库技术，为指挥机构、作战部队和武器平台提供信息保障能力，提供物资、装备、运输、工程保障能力和战场环境保障能力的军事信息系统。

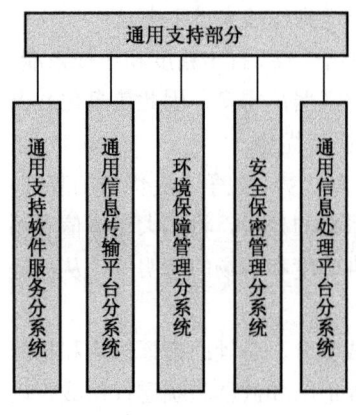

综合保障信息系统的体系结构应遵循全军统一军事信息系统的体系结构，与指挥信息系统、武器平台有机交联，面向作战业务和保障业务流程，以简单、方便、快捷的方式实现综合保障信息系统的保障功能和能力。各级综合保障信息系统包括专业领域功能系统和通用支持功能系统两部分。专业领域功能系统是根据各类、各级保障信息系统作战需求而设置的，能够反映系统功能、能力和特点的分系统。通用功能系统是各类、各级综合保障信息系统共用的技术服务系统，基于通用信息处理平台和通用信息传输平台技术，为专业领域功能系统的有效实现提供硬件、软件技术支持，如图 8.1 所示。

图 8.1 通用信息处理平台示意图

早期的综合保障信息系统包括气象保障信息系统、后勤保障信息系统、工程保障信息系统、防化保障信息系统，并且往往作为子系统包含在指挥自动化系统中。随着作战部队和武器装备对保障信息的要求越来越高，保障对象越来越多，保障的空间范围越来越大，其相对独立性也越来越强。因此，需要建设相对独立而又能打破军兵种条块分割的、全军一体化的、面向全军服务的综合保障信息系统体系。在这种情况下，综合保障信息系统的内容也逐渐扩大，增加了装备保障信息系统、测绘保障信息系统、运输保障信息系统和无线电频谱管理信息系统的等保障内容。因此，现代战争中的综合保障信息系统主要包括军事测绘保障信息系统、军事气象保障信息系统、后勤保障信息系统、装备保障信息系统、工程保障信息系统、防化保障信息系统、运输保障信息系统和无线电频谱管理等系统，如图 8.2 所示。

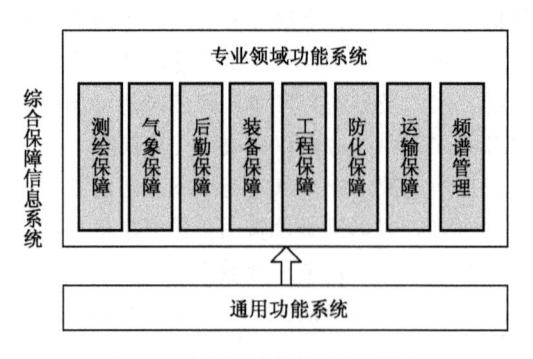

美国典型的综合保障系统是全球作战支援系统（Global Combat Support System，GCSS），负责采办、财政、人力资源管理、后勤、装备、运输、工程、防化等保障任务，由作战支援数据环境（Combat Support Data Envelopment，CSDE）、公共作战图像（Common Operational Picture，COP）、GCSS Web 入口等 3 部分组成。GCSS 目前包括战区总部/联合特遣部队 GCSS、空军 GCSS、陆军 GCSS、海军陆战队 GCSS、海军 GCSS、全球运输网（Global Transportation Network，GTN）、联合资源可视化系统（JTAV）、

图 8.2 综合保障信息系统结构图

国防后勤局 GCSS（GCSS Defense Logistics Agency，GCSS-DLA）、国防军事人力资源综合系统（Defense Integrated Military Human Resources System，DIMHRS）、战区医疗系统（Theater Medical Information Program，TMIP）、国防财政系统综合数据环境（Defense Finance and Accounting System Integrated Data Environment，DFASIDE）等系统。

8.1.4 系统组成

综合保障信息系统按其保障的级别、保障的范围、业务范围和决策能力可以分为战略级、战区级、战役/战术级。按照军兵种特殊的保障要求可分为空军、海军、导弹部队、海军陆战队、装甲兵、工程兵等专业综合保障信息系统。

综合保障信息系统受上级综合保障信息系统和同级指挥自动化系统的双重指挥，并为作战指挥、部队行动和武器平台提供信息、物资、装备和工程等方面的保障。通常从作战保障的需求，综合保障信息系统包括测绘保障、气象保障、后勤保障、装备保障、工程保障、防化保障、运输保障和无线电频谱管理等多种信息系统。测绘保障是为军事需要获取并提供地理、地形和地貌等信息的专业勤务；气象保障信息系统是综合保障信息系统的重要组成部分，也是建设最早的保障信息系统，为指挥信息系统提供水文气象保障信息；后勤保障信息系统利用信息技术实现后勤信息获取、后勤保障指挥控制、后勤保障辅助决策、后勤保障与作战指挥的密切协同，实现快速高效的信息互连、互通，以信息化手段支持各级后勤机构在平时和战时完成后勤保障任务；装备保障信息系统对部队装备的研制、试验、采购、配发、维护、维修、补充、延寿、报废等全寿命期进行管理；工程保障信息系统为军队工程保障提供信息支撑；防化保障信息系统获取核、生、化污染信息，发布核、生、化污染警报，根据污染性质和程度提出相应的应对、防范措施，并对核、生、化检测设备、洗消设备和防化兵部队实施有效的指挥、控制、组织和管理；运输保障信息系统对人员、武器装备、作战物资进行陆上、海上、空中远程战略、战役运输保障实施管理，对运载工具和支持部队实施指挥、控制；军用无线电频率管理对军用无线电频率实施统一划分、分配、指配、使用、管制、保护和处理，以维护空中电波频率秩序，有效利用无线电频率资源，保证各种合法无线电业务正常进行。下面对各种综合保障信息系统进行分析和阐述。

8.2 测绘保障信息系统

测绘保障是为军事需要获取并提供地理、地形和地貌等信息的专业勤务，是国防建设和军队指挥的保障之一。军事测绘保障信息系统利用信息技术实现测绘信息获取，测绘保障信息化产品的生产处理，以及为各种作战应用提供电子地理信息支援的信息系统，主要目的是在合适的时间、以合适的方式为作战或其他作战辅助业务提供全过程、准确的战场环境地理信息保障。

8.2.1 地位和作用

军事测绘保障是一种技术性很强（主要包括大地测量、摄影测量、地图制作、海洋测绘和工程测量等）的专业作战保障勤务，其职责是提供战场地理空间信息。战场地理空间信息对于各种军事行动不可替代的重要性，使军事测绘保障在军事作战中有着非常重要的地位。

当进军命令下达时，陆、海、空军作战人员最迫切需要的是地图、坐标和目标。在海湾战争中，美军指挥官每规划一次攻击，都要查阅上千张的纸质地图，然后把这些地图钉在墙壁或帐篷上，上面覆盖一层塑料膜，用彩色水笔醒目地标注关键道路、敌军宿营地位置等。海湾战争期间，美国国家测绘局8000多名工作人员取消了节假日，每天加班加点，赶制各类军用地图3500万张，重达1000余吨。在北约空袭南联盟的战争中，仅英国就向部队提供了600多万幅地图。

传统的测绘保障是在预想战区测绘几种比例尺的地形图，并提供地面点的坐标。随着信息时代的到来，军用地图的面貌也焕然一新，从依靠纸质、沙盘等军用形势图、态势图变成了使用快速、高效的电子信息图进行指挥。在这个过程中，军事测绘保障也随着改变了传统的模式，发展了测绘电子信息技术及测绘电子信息化产品。测绘保障信息在各项和各种军事电子信息系统中不可或缺的作用，决定了测绘保障信息系统在获取信息优势的作战中独特的重要地位。

在信息化战争中，军事测绘已成为提高战场感知能力的基础，地理信息为数字化战场和信息化战争支起了基础框架。有了准确、及时、可靠的军事测绘保障，才能正确地感知战场，拥有空间信息优势，才能更有效地运用作战力量，发挥作战效能。测绘保障已渗透到指挥、控制、协同、后勤保障等各个方面，特别是空间技术运用和远程精确打击更是离不开测绘保障。目前，地图数字化显示、电子地图显示、电子沙盘显示、计算机图标等技术，以及野战地形观测保障系统、数字地形信息系统、军事地理多媒体系统已经运用到军事测绘保障中，更加凸显了测绘保障在军事领域中的作用。

8.2.2 基本任务

由于测绘保障的内容越来越丰富，使电子地理空间信息已经在各方面大量应用，提供地理空间数据及其使用指南已是军事测绘主管部门的首要任务。军事测绘保障信息系统的基本任务包括：

① 保障指挥自动化系统高效运用：在指挥自动化系统中，军事测绘保障信息系统为指挥自动化系统提供战场地理环境信息，为系统运行提供地理空间信息支援。军事测绘保障信息系统不仅限于为各种作战应用提供一般的电子地理信息，随着战争信息化的深入，还需要一些原属战术级的高分辨力影像、战场卫星实时监控信息、军兵种特殊军事行动的专用地理信息等高级的测绘电子信息保障。

② 构建基本数字战场：地形、地貌等自然要素和道路、桥梁、街区等人文要素是构建数字战场的基础。军事测绘部门通过获取、处理、提供战场空间信息，构建基本的数字化战场。

③ 为信息化武器提供导航信息：武器平台的测绘保障当前主要体现在提高打击精度和加强制导能力。

当年地形图的测绘就是为了炮兵能在地图上量取发射诸元，法国以等角投影制作的地形图，使大炮的命中率大为提高。当前的军事测绘还在不遗余力地做这件事，只不过由大炮发展到弹道导弹和巡航导弹。远程战略导弹不但需要精确的地理坐标，还需要重力数据修正，巡航导弹需要地面高程数据的匹配或定位系统的修正，多种导弹或制导炸弹需要有末制导目标的影像识别能力，定位雷达的探测结果需要地理空间数据的定位等。

信息化武器实现精确打击需要目标点的准确三维坐标和精确制导技术。目标位置的三维坐标主要依靠军事测绘提供的遥感技术、卫星导航与定位技术，解决"是什么，在哪里"的问题；而导航定位技术通过定位、定向、制导技术，解决"怎样到达"的问题。通常导航技术只解决了第二个问题，针对第一个问题需要建立目标位置的精确数据库，制作高精度地图。据美国《新闻周刊》报道，在"沙漠盾牌"行动之初，多国部队司令施瓦茨•科普夫曾打电话给美国海军"威斯康星"号战列舰的舰长，询问用战斧式巡航导弹能打击伊拉克的哪些目标。舰长回答说，一个也不行,因为"战斧"式巡航导弹必须装备数字地图才能飞向要打击的目标。尽管国家测绘局紧急抽调3000多人加班赶制数字地图,并提供了所需要的数字地图,但施瓦茨·科普夫因为有海军"战斧"式导弹准备工作缓慢的深刻印象,曾想不让其参加首轮的空袭作战。

④ 战场环境仿真,构建虚拟战场:战场地形环境仿真以空间数据库为基础,在虚拟现实技术支撑下,构成一个让作战人员具有生理立体感觉、宛如身临其境的虚拟战场,并将虚拟化的技术兵器、人员、设施融入其中,提高作战人员战场认知的深度,也为各种武器的设计、检测、作战行动的验证提供了试验平台。

在伊拉克战争开战半年前,美国构建了巴格达城区虚拟战场,将所有的建筑物、街道、公共设施、树木等全部模拟出来。演练的士兵如身临其境,可以判定进攻方向、威胁强度、掩蔽位置,可以制定作战预案,进行战斗演练,在短短几个月的时间内帮助美军大大提高了进攻巴格达的巷战能力。在阿富汗战争之前,美国陆军装备司令部构建了逼真的阿富汗虚拟战场,模拟了从沙漠到丛林以及拥挤的街道等各种地形,并通过人工智能的方法设计塔利班"士兵",供参战人员模拟使用。为空军制作的实战模拟训练系统是一种战场可视化系统,它生成的影像十分清晰,可以分清大小街道,以及建筑物、车辆、门窗等。飞行员在演习训练中如同身临其境,并能帮助他们轰炸复杂地形条件下的指定目标。虚拟战场也为各种武器的设计、检测提供了试验平台。在虚拟战场环境中测试武器装备的准确射程、打击范围、损毁程度等指标,不仅精确度高,也大大节省了经费。

8.2.3 系统组成

从应用的角度看,测绘保障信息系统主要是按照测绘保障的范围和隶属关系建立各级系统,实现各级测绘保障部门之间、测绘部门与本级军事机关之间,以及测绘保障本部与所属测绘保障部(分)队之间的信息交换,实现测绘保障对应用层面的支撑,形成测绘保障应用体系,可分为全球级、区域级、战场级3个应用层次。全球级测绘保障信息系统包括测绘卫星系统、测绘侦察卫星系统、遥感图像全数字测绘系统、总部级测绘保障信息系统等,获取全球性的测绘数据,收集全球性的军事地理信息;区域级测绘保障信息系统包括战区测绘保障系统、战区地理信息中心、联合战役地理信息保障信息系统、野外地面测量信息系统、中低空测绘信息系统、专用地理信息支援电子信息系统等战区、区域测绘保障信息系统;战场级测绘保障信息系统包括各种伴随式测绘保障信息装备、野战地形测绘保障系统和野战综合测绘保障车等。

从功能的角度看,军事测绘保障信息系统主要针对测绘保障的功能层面建立各级系统,形成测绘保障功能和能力体系,可分为地理空间数据支援系统、测绘保障应用支援系统、战场环境仿真保障支援系统3部分。

地理空间数据支援包括各种地理空间信息数据库和地理空间信息支援基础设施,包含与各种军事行动有关的战场空间数据。地理空间信息数据库是生产一切测绘产品(地图、影像、坐标数据、重力数据等)的基础设施,它包括了长期积累的数字化测绘成果,也是军队指挥自动化建设和信息网络建设的地理平台;主要的地理空间信息数据库有大地基准数据库、数字正射影像图库、数字高程模型库及数字地形图库等。测绘保障应用支援系统主要包括数字制图与出版系统、地理信息支援系统和嵌入式地理信息系统等。战场环境仿真保障支援主要包括地形环境仿真系统、军事地理信息系统、野战地形测绘保障系统等。

8.2.4　发展趋势

在应用方式上，电子地图具备地理信息系统的基本功能，并且具有在电子媒体上应用各种不同的格式创建、存储、表达和显示空间信息的能力。目前，电子地图正在向多媒体、网络、三维和时态等方向发展，出现了多媒体电子地图、网络电子地图、三维电子地图和时态电子地图。基于三维虚拟场景的三维电子地图是电子地图发展的一个重要方向，也是人们认识和表达空间地理信息的有力工具。

近实时、全天候、高精度地获取战区乃至全球的地形、地理信息，为作战指挥决策、远程武器制导、打击效果评估和部队的训练与作战行动提供全方位的测绘保障信息，是军事测绘未来重要发展方向。

嵌入式地理信息应用具有极其广阔的前景，可广泛应用于军事、野外测绘、医疗、汽车导航等领域。个人汽车导航和个人数据助理或手机定位服务的出现与发展将嵌入式地理信息技术深入到人们的日常生活。

8.3　气象保障信息系统

军事气象保障信息系统主要是为军队提供及时、准确的气象、水文、天文、潮汐、空间天气等信息，保障我方部队正确利用气象条件，防范危险天气的危害，预测、削减敌军实施气象战对我方军事行动的影响，充分发挥武器装备的效能，提高部队的战斗力，以达成我方顺利遂行军事行动的信息系统。

气象保障信息系统是综合保障信息系统的重要组成部分，也是建设最早的保障信息系统，为指挥信息系统提供水文气象保障信息，并通过指挥信息系统向其他保障信息系统、武器控制系统、武器平台和作战部队、保障部队发布水文气象保障信息，接受指挥信息系统和上级气象保障信息系统的双重指挥。各级气象保障信息系统还要与地方气象部门及友邻气象保障信息系统保持密切的信息交流关系，具有对直属部队实施气象保障行动的指挥控制能力。此外，气象保障信息系统与防化保障信息系统关系密切，二者配合可以做出大气层污染潜势预报和放射性沉降预报，战场核、生、化污染趋势预报。

8.3.1　系统作用

在以冷兵器为主战武器的年代，人能够承受的恶劣水文气象环境，冷兵器也能够承受；在以机械化武器装备为主战武器的年代，人能够承受的恶劣水文气象环境，机械化武器装备就不一定能够承受；在以信息化武器装备为主战武器的年代，信息化武器装备对恶劣水文气象环境的适应能力不如操控信息化武器装备的人的适应能力。随着科学技术的发展，武器装备的威力直线上升，但对恶劣水文气象环境的适应能力却呈下降趋势，武器装备变得越来越"娇气"，随之而来的是对水文气象保障信息系统的要求越来越高，越来越不可忽视。现在，战区和战场的水文气象条件，已成为各级指挥机构和指挥员在进行决策和行动时必须考虑的因素之一。在和平时期进行武器装备试验时，也必须慎重考虑气象条件的影响。

军事气象保障信息系统对当前和历史相关水文、气象信息进行收集、整理、分析、处理，生成预报信息和警报信息等产品，并向有关部门、作战部队定时和实时分发，对指挥员下定作战决心，选择适当的作战时机、作战样式和投入部队的类型和规模、保障部队有效地遂行作战行动具有极为重要的作用。

军事气象保障信息系统包括对气象、水文、潮汐、天文信息的综合保障,各军兵种根据其作战使命、作战任务、作战规模、作战样式、作战特点、主战武器装备性能及能力、部队训练水平、自然地理条件的不同,对气象条件的要求也各有侧重和不同,一般技术兵种对气象保障条件求更高。

(1) 空军军事行动需要的气象保障信息

影响空军遂行作战行动和航空武器装备使用的主要气象因素包括:机场上空的风、雷、雨、电、雾、雹,气压、气温和空气密度,水平能见度和垂直能见度,日出、日落时间,月出、月落时间等影响飞机安全起飞和着陆的信息;飞行航路和作战空域的高空风信息,雷、电信息,云层高度和厚度等信息;飞机凝结尾迹层(7000~8000m)温度信息(当该层温度低于-40℃时,可能出现飞机废气尾迹,从而暴露飞机的位置、架数和行踪);空射武器和对空武器为校正射击/发射诸元所需的风向、风速、温度、强雷暴、暴风雨、沙尘暴等信息;地面雷达兵、通信兵、地面防空兵部队关心的大风、冰雹、暴雨、强雷暴等危险天气信息;空降兵部队集结地域、待运地域、出发机场、航路、空降场或空投场的天气情况;以及和平时期部队训练、演习和处理突发事件所需的气象保障信息等。

(2) 海军军事行动需要的气象保障信息

海军作战和航行关心的水文气象资料包括:海洋温度、盐度、深度、海流、水文、重力、地貌地质等海洋信息。影响舰艇操纵、航行和作战行动的主要水文气象因素包括登陆行动的潮汐信息;舰艇航行的风向、风速、风浪、海冰、洋流信息;舰载火炮/导弹射击/发射的风向、风速和温度信息;舰艇和潜艇航行的水温、水深及海底地形、地貌、地质信息;当前作战海域日落时间、日出时间、月出时间、月落时间等天文信息;影响舰载飞机起飞、降落的风向、风速信息和垂直、水平能见度信息;以及和平时期部队训练、演习和处理突发事件所需的水文气象保障信息等。

诺曼底的成功登陆过程中,海军气象水文保障发挥了重要作用。但是,在1944年12月太平洋战争中,美国海军第三舰队却因未能准确掌握菲律宾以东海域的天气情况,误入台风中心,致使3艘驱逐舰沉没,26艘舰艇受损,165架飞机被毁,800余人死亡。由此可见,气象、水文、天文、潮汐等保障信息在海军作战时的作用。

(3) 地面部队军事行动需要的气象保障信息

地面部队作战行动包括陆军、地地导弹部队、地空导弹部队、海军守备部队、海军陆战队、空降兵部队、雷达兵部队、电子对抗部队、通信保障部队、武警部队等遂行的作战行动。影响地面部队军事行动的主要水文气象因素包括:地面部队遂行军事行动的雾、雨、雪、冰冻信息;导弹发射和火炮射击的风向、风速、温度、雷、电等信息;当前作战地域日出时间、日落时间、月出时间、月落时间等天文信息;地面部队行动的季节性水系的水文信息;地面部队抢滩登陆行动的潮汐信息;空降场或空投场水平和垂直能见度、云层高度、风速、风向,以及空降或空投高度以下的合成风信息;影响雷达装备、电子对抗装备、通信装备效能的太阳黑子活动和磁暴等天文信息;以及和平时期部队训练、演习和处理突发事件所需的水文气象保障信息等。

(4) 武器装备试验活动需要的气象保障信息

武器装备试验活动范围包括空间、空中、地面、海上和水下。战略导弹试验、常规导弹试验,坦克、装甲车及火炮试验,飞机飞行试验,舰艇航行试验,地空导弹、空空导弹打靶试验等均需要相应的气象条件保障。为了保证试验的安全性、试验数据的准确性和验证武器装备的环境适应性,需要严格的气象条件保障。各种武器装备试验时,需要保障的气象条件的下限值

（最低气象保障条件）和最佳值（最佳气象保障条件）各不相同，试验时需要根据各种武器装备的战术技术指标确定。对于远程武器装备试验，不但需要试验场区的气象保障信息，而且需要大范围的地面、海洋和空间的气象保障信息。军事气象保障信息系统要向试验指挥机构和指挥员提供是否能够正常进行试验的决心建议，并在试验过程中及时、准确地提供气象保障信息。

8.3.2 系统分类

军事气象保障信息系统按其保障的级别、保障的空间范围、保障能力和决策能力可分为战略级、战区级、战役/战术级。

战略级系统是指总部级军事气象保障信息系统，战时用于向国家军队高层提供气象保障决心建议，对下属军事气象信息系统和直属部（分）队实施指挥控制，主动向保障对象发布气象信息和灾难气象情况警报；平时用于对全军各级军事气象保障信息系统实施气象保障指导，收集、处理、分析全国和周边地区的气象信息，向全军发布全国和周边地区宏观气象预报、灾害性气象警报信息和警报解除信息，同时对直属气象保障勤务部队实施有效的指挥和管理。该系统充分利用国家级气象系统的气象信息资源，具有掌握信息多、处理能力强、预报能力强的特点。该系统重点是提供中期气象预报（3～15 天）和长期气象预报（1～12 个月）。战略级军事气象保障信息系统可以是地下式系统或地面固定式系统，也可二者结合建成可部署系统。除此之外，战略级军事气象保障信息系统还具有支持全军气象保障规划、计划，配合总部制定气象保障条令、条例、标准、规范的能力。

战区级军事气象保障信息系统平时可依托于军区级军事气象保障信息系统，处理日常气象保障专业业务和管理业务，为部队训练、演习和武器装备试验提供气象保障服务；战时经过扩充和重新编成，负责向战区指挥机构和指挥员提供气象保障决心建议，重点负责向战区所属部队和单位发布整个战区和周边地区的短期气象预报（1～3 天）和中期气象预报（3～15 天），发布危险气象警报信息和警报解除信息。该系统接收战略级系统的指挥，并对下属军事气象保障信息系统和直属气象保障勤务部（分）队实施指挥控制。战区级军事气象保障信息系统可以是地下式系统或地面机动式系统，也可二者结合建成可部署系统。

战役/战术级系统是集团军及其以下级别部队建立的军事气象保障信息系统，负责本部队作战地区的微观气象保障，重点负责发布临近预报（未来 2h 以内）、甚短期预报（0～12h）、短期预报（1～3 天），以保障部队顺利遂行作战行动，并保障主战武器装备在最佳气象条件下有效发挥其作战效能。该系统更关注本部队局部地区精确气象信息的需要，按军兵种划分可分为空军、海军、导弹部队、炮兵、防化兵、装甲兵、空降兵、合成集团军、武警部队等军兵种气象保障信息系统。战役/战术级军事气象保障信息系统应适应野战环境的要求，可以是地面机动式系统或携行系统，也可二者结合建成可部署系统。

比较典型的战术级气象保障信息系统是美国 1991 年研制的综合气象保障系统，于 1994 年装备部队。该系统由 1 辆"悍马"多功能越野车作为运载平台，包括 1 台战术卫星气象信息接收机及相应的机动通信设备、1 套精确的战场气象预报模型系统及 1 套自动化气象效果作战辅助决策系统。为多梯队的指挥官提供接收、处理并分发气象观测信息服务，并发布气象预报及对战场环境的影响，有助于所有战场作战系统的决策。

军事气象保障信息系统按不同军兵种保障对象的特殊要求可分为空军、海军、导弹部队、装甲兵、炮兵、摩托化步兵、工程兵、防化兵、武警部队等气象保障信息系统；按任务和使命性质可分为作战气象保障、训练气象保障、后勤气象保障、装备气象保障、国防科研试验气象保障、军事航天气象保障、抢险救灾气象保障、反恐气象保障等气象保障信息系统；按遂行保障的场所可分为固定位置气象保障、机动气象保障和伴随气象保障等气象保障信息系统；按技术层面可分为地面固定式系统、地面机动式系统、地下式系统和可部署系统。可部署系统要求软件具有很高的可靠性、可移植性和稳定性，以保证软件在不同的平台上安装和运行。在伊拉克战争中，美军在卡塔尔多哈建立的战区指挥所就是可部署系统。

8.3.3 系统组成

各级军事气象保障信息系统均由气象专业分系统和通用支持分系统组成，其气象专业部分组成如图 8.3 所示。

气象专业功能分系统实现具体业务功能和专业保障能力，它由以下分系统组成：

① 水文气象信息收集、处理、分析分系统：接收上级军事气象保障信息系统、中央气象台、地方气象台站发布的相关气象信息；收集本级气象装备监测的气象信息，收集友邻气象保障信息系统和地方气象信息系统的相关气象数据，建立、维护管辖地区气象、水文、天文、潮汐历史情况数据库，建立、维护管辖地区当前情况数据库和气象系统专家数据库，用于对气象情况进行处理和分析，为发布气象预报、警报和解除警报提供依据。

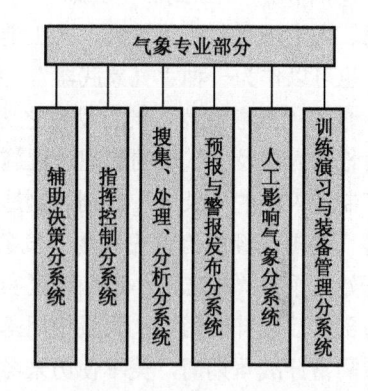

图 8.3 军事气象保障专业分系统功能组成图

② 预报与警报发布分系统：定时发布气象预报信息，随时接受气象信息查询；发布危险气象情况警报信息和警报解除信息。

③ 人工影响气象分系统：人工影响气象可能性、效果、作用分析，拟制人工影响气象方案上报；上级批准后拟制人工影响气象计划，报批后组织气象勤务部队实施；收集人工影响气象的自然效果及对部队作战行动支持的效果。

④ 指挥控制分系统：气象业务作战值班；接收上级保障指示和命令，明确作战目标和作战意图；明确气象保障部队编成和任务，提出气象保障决心建议；拟制气象保障计划并组织实施，下达保障指示和命令，实现对直属部队的指挥和控制。

⑤ 辅助决策分系统：作战条令、条例、标准、制度、气象专家数据库的管理与查询；辅助气象业务计算；预案管理、查询与调整，预案评估与选优；决策效果评估与评定。支持低风险决策（有作战条令、条例、标准、制度为依据）、中风险决策（有历史事件先验概率依据），为高风险决策（无依据）提供有限的支持信息。

⑥ 训练、演习与装备管理分系统：对部队训练、演习提供气象保障信息支持，拟制气象保障计划并组织实施；训练成绩管理；建立气象装备管理数据库，实现自动化/半自动化管理。

8.3.4 发展趋势

根据气象保障技术的发展，军事气象保障信息系统主要的发展趋势包括以下几个方面：

① 提高一体化程度，实现与指挥信息系统及其他综合保障信息系统的一体化建设，提高纵向同类系统间互连、互通、互操作能力，横向异类系统间互连、互通能力。加强各军种气象

保障信息系统横向联系和信息交换，逐步建立全军高效能气象保障网络。

② 改进气象探测设备，完善气象勤务体制。野战设备要向功能智能化、操作简单化、体积小型化、质量轻型化、供电节能化方向发展；普及气象知识，使气象保障信息更好地为军事行动服务。

③ 提高空间危险天气预报能力。空间危险天气对空间探测平台、武器平台和通信平台的正常运行，对地面通信设备、导航设备的正常运行将产生不利的影响，这种预报在信息化战争中的作用显得格外重要。

④ 利用"气象武器"实施"气象战"。军用人工影响天气是一门新兴学科，主要包括人工增雨、人工防雹、人工消云、人工消雾、人工削弱和引导台风等。人工改变气象可以为民众造福，也可以作为一种"气象武器"，使之有利于己方遂行作战行动。

使用"气象武器"的行动称之为"气象战"。俄罗斯的军事专家将"气象武器"归类为可以对地球内部及大气层的物理过程施加影响的"地球物理武器"。美国在第二次世界大战后即开始了制造闪电的"天火"计划、制造地震的"阿尔戈斯"计划、制造飓风和海啸的"烈风"计划等。美国已经成为首先利用"气象武器"协助军事行动的国家。在越南战争期间，从1966年开始美军在"胡志明小道"地区实施长达7年的人工降雨，致使运输量下降90%，造成越南南方部队后勤补给困难；大量使用落叶剂，形成了臭氧层空洞，对自然环境造成的损害是长期的。阿富汗战争期间，美军使历来冬季风雪不断的阿富汗晴空万里，高能见度有利于美国空军对地面塔利班部队实施攻击，但是德国当年冬季却降下1.2m深的暴雪。

美军提出2025年以前掌握气候，实际上是在准备继续实施"气象战"。很多国家支持趋利避害、利国利民的人工局部改变气象的行动，反对使用"气象武器"，反对"气象战"，因为它可能使大量无辜的平民受到极大的伤害。2005年4月27日，我国人大常委会批准加入于1976年12月10日经第三十一届联合国大会通过的《禁止为军事或其他敌对目的使用改变环境的技术的公约》，向世界庄严承诺人工改变环境不用于军事目的和敌对目的。

8.4 后勤保障信息系统

后勤保障就是筹划和运用人力、物力、财力，从经费、物资、卫生、交通运输、基建营房等方面，保障部队建设、作战和其他活动的需要。后勤保障的具体工作包括保障体制、经费保障、物资保障、卫勤保障、交通运输保障、基建营房保障等。后勤保障实行统一组织下的建制保障与计划保障相结合、统供与分供相结合的体制，在扩大通用物资相互代供、通用装备相互代修的基础上，逐步实行军兵种联勤保障。实行联勤旨在避免诸军种后勤在职能、机构、设施等方面不必要的重复，合理调节人力、物力、财力的供求，发挥整体效能，就近保障，方便部队，最大限度地提高经济效益和军事效益，保障军队建设、联合作战和其他联合行动的需要。

目前世界各国军队普遍采用联勤保障，但其规模和范围有所不同。美国国防部后勤局负责全军通用物资供应，该局下设6个国防补给中心：人员保障中心（给养、被装和卫勤物资）、国防燃料补给中心、国防工业品补给中心、国防电子器材补给中心、国防建筑器材补给中心、国防一般物资补给中心。

后勤保障信息系统的主要任务是利用信息技术实现后勤信息获取、后勤保障指挥控制、后勤保障辅助决策、后勤保障与作战指挥的密切协同，实现快速高效的信息互连、互通，以信息化手段支持各级后勤机构在平时和战时完成后勤保障任务。通过后勤保障信息系统提供战局的可能发展趋势及其对后勤保障的影响信息，后勤保障的目标、要求信息，后勤后方储备、生产和供应形势信息，以及专业勤务方面的信息支援等。后勤保障信息系统能够使作战信息和后勤信息在指挥对象中高效流通，提高保障效率，并能依据战场情况的变化，迅速做出灵敏反应，保证后勤保障信息系统适时、适地、适量地完成后勤保障任务。

8.4.1 地位和作用

随着军事科学技术的发展，军队现代化程度越高，对后勤的依赖性越大，后勤的地位和作用就越重要。能在最短的时间内，以最快的速度将人员和物资运送到作战所需的地方，成为战争取得胜利的关键。信息技术的运用，使后勤保障可以随时了解作战部队的需求，后勤指挥人员可以准确掌握后勤自身的物资储备情况和后勤部队的部署情况，并对后勤保障全过程实施监控，根据不断变化的情况，及时修订保障方案，最大限度地避免盲目性，使后勤实时指挥监控、快速及时投送、最大限度节约物资真正成为了现实。

后勤保障信息系统的应用将大大缩短拟定运输计划、调度运载平台和运输物资的时间，全面、可靠地提供有关物资的需要量、现存量、运交量等信息，因而将减少补给层次和物资在各补给层次中的周转量，以及减少战场物资储备。

后勤保障信息系统是对战场技术支援的主要手段。根据未来战争需要，后勤保障信息系统支持扩大化的后勤保障活动空间，与以往主要是在前线修理所进行维修保障相比，信息化后勤保障将在更大的空间范围展开。利用信息技术可以进行战场武器装备的"虚拟维修"，现场的维修人员可以和后方专家建立面对面热线联系；在战场医疗救护上，新的信息设备可以将每一个士兵的医疗记录等信息完整地储存在个人身份识别卡上，便于及时可靠地展开各种战场救护工作；在物资器材补给上，数字化信息系统可以提供整个战区，甚至更大范围内的储存、运输和使用情况，合理、高效地进行各种保障工作。

例如，美军防空自动化指挥系统的一个供应器材仓库建立物资自动化补给系统后，库存量减少到原来的75%，物资器材的品种减少为原来的57%；美国陆军第7集团军在采用自动化物资补给系统后，部队的库存量减少到原来的1/10，物资器材的品种减少到原来的1/8。海湾战争中，美军为了既保障部队作战物资补给需要，又尽量减少战场上的物资库存量，使用了先进的信息管理手段，尽量减少库存，根据"产量"的需要"订购零件"，这不仅使战场仓库和本土仓库库存物资量降低到最低点，而且还做到了95%的物资补给行动是无人操纵的，从而大大节省了人力，避免因战场物资库存过多而造成的损失浪费。美军的"全物资可视跟踪系统"是管理军需物资的后勤保障信息系统，该系统覆盖海、陆、空三军军需物资采购、收发、储存、运送等所有环节，以自动化手段对物资品种、数量、位置、承运工具和单位实施动态监控与自动跟踪，准确显示实时数据，使整个后勤补给一目了然。该系统运行后，物资库存减少近50%，而物资供应效率却提高了数十倍。

8.4.2 系统的组成

从功能上，后勤保障信息系统主要由军需物资供应保障网、运输保障支援网、医疗卫生保障网、技术保障网和后勤信息保障网等五部分组成。其中，军需物资供应保障网，包括军需物资基地仓库管理信息系统、在运物资管理信息系统、军需物资采购信息系统、陆地军需物资配送信息系统、海上军需物资供应保障信息系统、机场后勤保障信息系统等。运输保障支援网，包括运输基地管理信息系统、空中运输指挥控制信息系统、海上运输指挥控制信息系统、陆上运输指挥控制信息系统、运输保障信息系统等。医疗卫生保障网，包括战地医院管理信息系统、医疗技术支援信息系统、伤病员状况信息保障系统等。技术保障网，包括技术支援管理信息系统和技术人员管理信息系统等。后勤信息保障网，包括后勤指挥决策系统、后勤信息管理系统、后勤共享信息支援系统等。如图 8.4 所示。

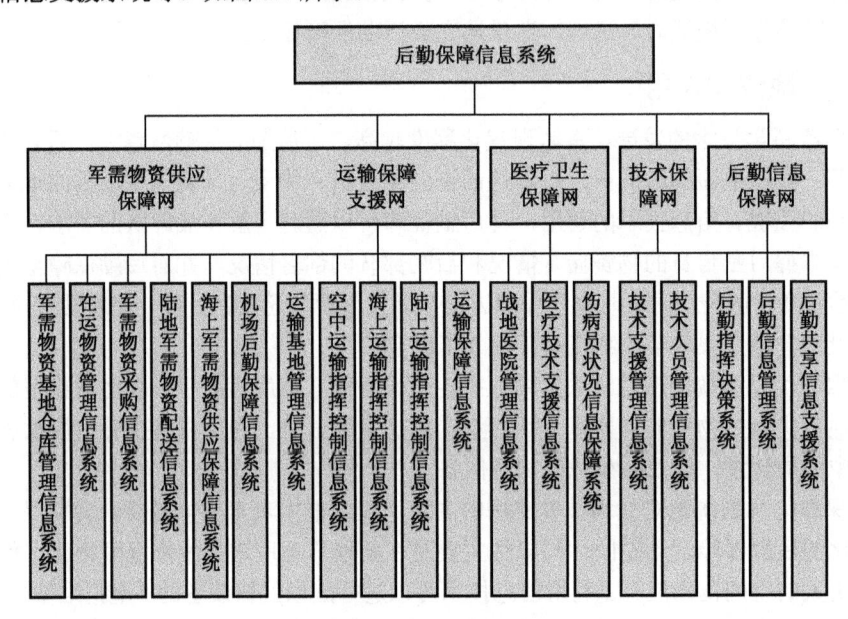

图 8.4　后勤保障信息系统组成结构

后勤保障信息系统的主要功能包括后期保障信息获取、辅助决策、指挥控制、数据处理和分析、保障指挥模拟训练以及各种辅助功能等。

- 后勤保障信息获取功能：利用各种后勤保障装备或传感器，获取后勤保障辅助决策和指挥控制需要的后勤保障信息，主要包括后勤保障运输兵力的信息、各级各地军需物资保障状况信息、医疗保障状况信息、技术支援状况信息、作战的有关信息、战斗勤务保障任务的有关信息、战场情况的有关信息、后勤保障力量以及后勤保障要素状况的有关信息等。
- 后勤保障辅助决策功能：根据作战目标、后勤保障对象的需求和后勤保障兵力及后勤保障支援能力，提供后勤保障决心建议；提供各种战役、战斗的合理后勤保障方案；提供实施联合作战的各军兵种统一规划的后勤保障方案；应急机动后勤保障部队的保障行动方案；与后勤保障对象（如作战部队）、装备保障、地方保障力量等友邻单位协同方案等。
- 后勤指挥控制功能：根据获取的各种后勤保障需求信息和战场态势信息，指挥所属后勤保障兵力遂行后勤保障任务。
- 数据处理和分析功能：对获得的后勤保障信息进行相应的处理和分析，使其转变为后勤保障辅助决策和指挥控制的依据数据。
- 后勤保障指挥模拟训练功能：辅助生成后勤保障指挥过程的模拟训练剧本，并根据剧本利用进行后勤保障指挥模拟训练。
- 各种辅助功能：利用信息技术，提供电子标图、多媒体标注、文书拟制、自动生图等多项辅助功能。

军事后勤保障信息系统可分为多种类型，按其保障的级别、保障的空间范围和保障能力可分为战略级、战区级、战役/战术级 3 类。战略级后勤信息系统是总部级系统，规划、指挥全军的后勤保障事务。战区级后勤保障信息系统主要包括战区后勤保障系统、应急机动后勤保障信息系统、海军后勤保障信息系统、空军后勤保障信息系统、导弹部队后勤保障信息系统等战区和军兵种级的后勤保障信息系统。战役/战术级后勤保障信息系统，主要包括各军兵种的军、师（旅）、团等后勤保障机构的信息系统或装备，战术级应急机动后勤保障信息系统、舰艇海上后勤保障信息系统以及专用后勤保障部（分）队的后勤保障信息系统或装备。

8.4.3 发展趋势

美军借鉴沃尔玛超市的物流管理经验，在《2010 年联合构想》中提出了"聚焦后勤"的概念，就是将信息、后勤和运输技术融合起来，提供快速危机反应，跟踪和转移，以及按战略级、战役级和战术级行动标准，直接投送相应的后勤和支援物资。《2020 年联合构想》进一步指出，聚焦式后勤是在所有军事行动中，在适当的地点和适当的时间向联合部队指挥官提供适当数量的人员、装备和补给的能力，以保障作战任务的顺利进行。

"聚焦"包括两层含义，一是各级部队的需求信息通过网络聚焦到总部，由总部统一订货；二是物资聚焦到生产厂家，由生产厂家直接向用户配送。"聚焦后勤"避免了总部发货带来的物资集散地的保护、物资的管理以及二次甚至多次运输问题，实现运行机制"联勤、联储、联供"，实现物资管理控制"即时、准确、直观"，实现补给投送"随机、跨越、直达"。

"精确后勤"理念是在高技术战争中应运而生的，将在世界军事后勤领域引发一场深刻的变革。当前，除美、英之外，日本、法国、俄罗斯、澳大利亚等许多国家都在积极调整军事后勤发展战略，凭借先进的科学技术加速推进军事后勤变革，按照"合理够用"的原则，构架后勤建设模式，逐步由人力密集和数量规模型后勤向科技密集和质量效能型后勤转变。"精确后勤"将成为世界军事后勤发展的主流模式，后勤保障信息系统是"精确后勤"的基础，没有后勤保障信息系统的支持，将无法完成"精确后勤"需要的大量及时的后勤信息获取，后勤保障决策的各种复杂的计算分析，以及快速准确的后勤保障指挥控制。

总起来说，下一代后勤保障信息系统的发展趋势包括以下几个方面：

① 平台后勤保障能力：支持复杂的军事信息系统，能够与部队共同作战，具备战场智能化维修和拼装维修支持能力。

② 供应链管理和全球运输可视化：利用多种复杂的供应链，保证物资可以运送到固定基地和需要配送的部队，对保障力量、保障对象、保障物资的数量和品种、保障地点等实现全过程监控。美军正在加快研制和装备的"全资产可见性系统"，正在整合的"单一储备基金"、"总部维修管理"、"陆军全球战斗保障系统"、"后勤综合数据库"和"总部级后勤现代化计划"等系统，便是实现可视化物流的具体措施。

③ "储备式后勤"向"配送式后勤"转变：目前的军事后勤保障主要是基于仓库管理的"储备式后勤"，在信息化社会，基于采办网络、信息网络和物流网络支持的军事后勤保障将逐渐转变成为"配送式后勤"。

④ 后勤保障体系网络化：信息化战争的后勤保障方式将不再是单纯的线性保障、平面保障，或主要依靠军队自身的后勤力量实施保障，而是充分利用信息技术的最新成果，构建全军、全国甚至全球的保障网络，快速聚集整个国家、社会的人力、财力、物力资源，对作战力量实

施全方位的、立体的保障。物资保障网络以信息网络、配送网络、采购筹措网络等为基础，实现信息和实物的有序流动，提高保障能力，降低保障成本。未来的网络化保障体系将是军、政、民、天、地、空、时为一体；保障结构将由覆盖范围广、功能全，持续和再生能力强的节点，功能综合、结构灵活的保障模块，复式连通线路等组成；将具有反应快，持续保障能力强，可实现伴随保障、直接补给、个性化服务、按需保障和联合保障的特点。

8.5 装备保障信息系统

世界各国根据国情和军队结构的不同，采取了不同的装备保障方式。有些国家把装备保障纳入后勤保障体系，有些国家采取了独立的装备保障体系。有些国家采用装备指挥与装备保障分离的指挥管理体制，有些国家则采用集装备指挥与装备编制于一体的指挥管理体制。无论采取什么的装备保障方式，支持军队作战都需要装备保障信息系统。

装备保障信息系统是对部队装备的研制、试验、采购、配发、维护、维修、补充、延寿、报废等全寿命期进行管理的系统。装备保障信息系统通过与指挥信息系统交互信息，为指挥机构和指挥员提供装备保障信息，为部队作战行动提供装备保障支持，接受同级指挥信息系统和上级装备保障信息系统的双重指挥。各级装备保障信息系统还要与友邻装备保障信息系统保持密切的信息交流关系，和国家有关装备研制、生产部门、交通运输部门保持密切装备供应关系和维修保障关系。同时，各级装备保障信息系统还应具有对直属部（分）队遂行装备保障行动的指挥控制能力。

8.5.1 系统分类

装备保障信息系统按照装备保障级别、保障范围、保障决策能力和保障业务要求，可将装备保障信息系统分为战略级、战区级、战役/战术级。

战略级装备保障信息系统是配置于全军最高装备保障管理机构的信息系统，负责全局性管理和保障，包括通用装备和专用装备的发展规划、预先研究、装备发展计划、制定装备管理条令和条例、制定装备管理制度和标准、实施装备试验、定型、采办、训练、维修、延寿等全过程管理和保障。

战区级装备保障信息系统是和平时期依托于各军区装备保障机构的保障信息系统，处理日常业务，支持部队训练、演习和武器装备试验。战时通过扩充和重新编成，组成战区级装备保障信息系统。该系统能够向指挥机构和指挥员提供装备保障决心建议，拟制战区通用装备与专用装备保障计划并组织实施，进行装备的配发、维修和补充，实现装备及备件自动化库存管理。

战役/战术级装备保障信息系统是指不同军兵种的军及军以下装备保障信息系统，对通用装备与专用装备实施作战保障，但重点是各军兵种专用装备的保障。该系统在平时可实现装备库存自动化管理，支持部队训练、演习和武器装备试验；战前可向指挥机构和指挥员提交装备保障决心建议；战时可指挥控制所属部（分）队实施战场装备及备件补充保障和战场装备维修保障。

除此之外，装备保障信息系统还可按军兵种专用装备保障特殊性要求，可分为空军、海军、导弹部队、特种部队、空降兵、装甲兵、炮兵、摩托化步兵、工程兵、防化兵、武警部队等装备保障信息系统等。

8.5.2 系统组成

装备保障信息系统主要是为指挥机构和指挥员提供装备保障信息，为部队作战行动提供装备保障支持，具有装备需求信息和供应能力信息收集和处理、库存控制和管理、运输控制和管理、训练和演习保障、组织新型装备试验、装备经费管理以及指挥控制和辅助决策等功能。

根据装备信息系统的功能，各级装备保障信息系统通常由装备保障专业分系统和通用支持分系统组成，装备保障专业分系统组成如图 8.5 所示。

装备保障专业功能分系统包括装备需求信息收集和处理分系统、装备及备件库存控制和管理分系统、运输控制和管理分系统、指挥控制分系统以及辅助决策分系统等。

- 装备需求信息收集、处理分系统：负责收集装备及备件需求信息、库存信息、生产信息，拟制、上报装备及备件采购计划；根据上级指示、作战基数和部队使命、任务需求，拟制装备及备件分配方案；收集新装备需求信息，制定新型装备发展规划和计划，制定新型装备预先研究规划和计划。

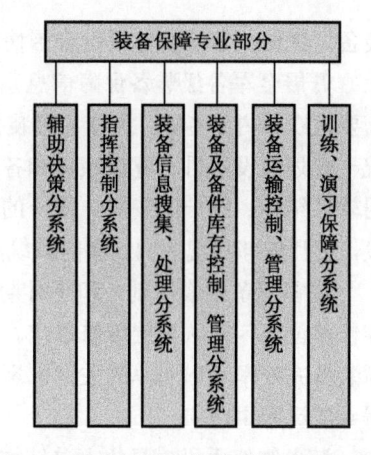

图 8.5　装备保障专业分系统功能组成图

- 装备及备件库存控制和管理分系统：负责根据部队需求计划和装备保障能力，科学合理地控制装备和备件库存，拟制库存储备方案；拟制库存装备及备件管理制度；建立装备及备件库存管理数据库；按管理时限动态提示对库存装备及备件进行检查、维护和保养；在线动态提出增加某种装备及备件库存量建议；按分配方案配发装备及备件；装备及备件入库、出库时，实时更新库存管理数据库。
- 运输控制和管理分系统：负责拟制装备及备件进库、出库运输计划，合理选择运输路线；跟踪、指挥、控制运输路径上的运输承载平台；建立装备及备件运输承载平台规范化管理数据库，对运输承载平台实施定期维护与管理，实时反映运输承载平台的技术状态。
- 指挥控制分系统：战前，负责向指挥机构和指挥员提出装备保障决心建议；根据装备及备件入库、出库运输计划，制定装载计划；按照优选路径指挥运输部队执行运输任务；跟踪、指挥、控制在途运输承载平台；拟制平时和战时装备维修计划，合理配置装备维修站点，科学调度、使用装备维修资源，指挥装备维修部（分）队执行装备平时维修任务和战场维修任务；拟制新型武器装备试验保障计划，指挥所属部（分）队执行新型武器装备试验保障任务；拟制部队训练、演习装备保障计划，指挥所属部队执行训练、演习保障任务。
- 辅助决策分系统：战前，负责生成装备及备件保障决心建议，支持指挥机构和指挥员下定作战决心；对战场突发事件提供装备保障辅助决策支持；平时依据部队需求和经费支撑能力确定合理库存。
- 训练、演习保障分系统：负责拟制训练、演习装备保障计划、运输保障计划和装备维修保障计划，指挥所属部队执行训练、演习装备保障任务。

通用功能分系统包括通用信息处理平台分系统、通用信息传输平台分系统、通用支持软件服务分系统、安全保密管理分系统、环境保障管理分系统。主要提供信息传输服务、文电处理服务、态势感知与处理服务、位置报告和时统服务、系统技术状态管理服务、安全保密服务、系统环境保障和战场空间信息集成服务等。

8.5.3　发展趋势

根据后勤与装备分开指挥、管理的特点，从"聚焦后勤"延伸到"聚焦装备"将成为未来主要发展方向。第一步从"联勤"向"联装"、"联供"延伸；第二步从"聚焦后勤"向"聚焦装备"延伸；第三步建设符合国情和军情的全军一体化的各级装备保障信息系统。

开展全军各级装备保障信息系统一体化顶层设计和规划工作。在信息化战争条件下，迫切需要组织军内外专家，进行各级装备保障信息系统一体化顶层设计和规划工作。根据轻重缓急，统一规划建设项目、建设经费和各阶段建设目标。在统一的体系结构、统一的平台、统一的应用软件结构、统一的编码、统一的通信体制约束下，进行各军兵种、各级装备保障信息系统建设，使其能够实现纵向、横向系统间的无缝互连、互通，以适应信息化条件下联合作战的需要。

完善装备维修体制。和平时期装备维修可以主要依赖于一级维修单位——生产厂家、二级维修单位——军队高层维修单位。但是，在战时装备维修必须主要依赖于战场级维修，这是保障装备完好率和出动率的关键因素。在和平时期不敢采用或不允许采用的"拼装"维修方式将得到广泛应用。

装备维修手段信息化。总结维修部门的维修经验，纳入装备设计部门专家经验的装备维修专家数据库，形成了装备维修信息化手段。战场维修人员通过专用装备维修终端与武器装备联机，可以快速对装备故障部位、性质、故障程度进行定位和检测，专用装备维修终端还应给出具体的维修指导意见。

美国海军对航空母舰上的舰载机要求着舰后 15min 能够再次升空作战。在这 15min 内要完成飞机检修、加油、武器挂载等一系列装备保障任务，仅靠人工维修方式已经很难完成任务，配置维修人员手持终端后，维修情况得到明显改善。

8.6 工程保障信息系统

20 世纪 80 年代中期，工程保障学从军事工程学中分离出来，成为独立的学科。工程保障主要是综合运用各种工程措施，保障军事行动的顺利遂行。各级工程保障通过指挥控制所属专业勤务部队，征用、组织、管理民用工程保障资源，利用工程器材和装备，战时为军事行动，和平时期为军事斗争准备提供铁路和公路工程、桥梁和舟桥工程、军队渡河工程、军用水中工程、军港工程、军用机场工程、阵地和工事工程、布雷和排雷工程、军事爆破工程、伪装示假工程、军用输油管线工程、军队供水工程、营房工程以及为国民经济建设服务的民用工程等保障支持能力。

工程保障信息系统为军队工程保障提供信息支撑。各级工程保障信息系统接受业务上级和同级指挥信息系统的双重指挥；同级综合保障信息系统之间通过指挥信息系统进行业务协同；在战时动员地方类似系统和部门提供作战支援；对下属工程保障信息系统和直属工程保障勤务部（分）队实施指挥、指导、管理和控制。

8.6.1 系统分类

工程保障信息系统按指挥层次、保障级别、保障范围和保障能力可分为战略级、战区级、战役/战术级三类工程保障信息系统。有些国家没有独立的战略级、战区级和战役/战术级工程保障信息系统，而是在战略级、战区级和战役/战术级指挥信息系统中配置相应的工程保障信息分系统，实现工程保障任务。

战略级工程保障信息系统可以是固定式系统、地下式系统、可搬移系统或可部署系统。平时该系统在固定位置运行，战时可快速、方便地部署到总部前进指挥所附近地区运行。该系统一般作为战略级指挥信息系统的工程保障分系统运行。

战区级工程保障信息系统在平时依托军区工程保障信息系统，战时通过扩充和重新编成，形成战区级工程保障信息系统。根据战区工程保障机构的具体编成情况，该系统一般作为战区级指挥信息系统的工程保障分系统运行。

战役/战术级工程保障信息系统通常是机动式系统或可搬移系统，战时可以快速跟随部队前进和转移。该系统一般作为战役/战术级指挥信息系统的工程保障分系统运行。

8.6.2 系统组成

工程保障信息系统主要是为指挥机构和指挥员提供工程保障信息，为部队作战行动提供工程保障支持，具有道路和桥梁作业、伪装作业、雷场作业和爆破作业等计划、组织与实施功能，指挥控制功能和辅助决策功能等。

根据工程保障信息系统功能，各级工程保障信息系统均由工程保障专业分系统和通用支持分系统组成，工程保障专业分系统组成如图8.6所示。

工程专业功能系统包括道路和桥梁保障分系统、布雷和排雷保障分系统、伪装和示假保障分系统、工程爆破作业保障分系统、指挥控制分系统、辅助决策分系统以及训练、演习、武器装备试验支持及工程设备、器材管理分系统等。

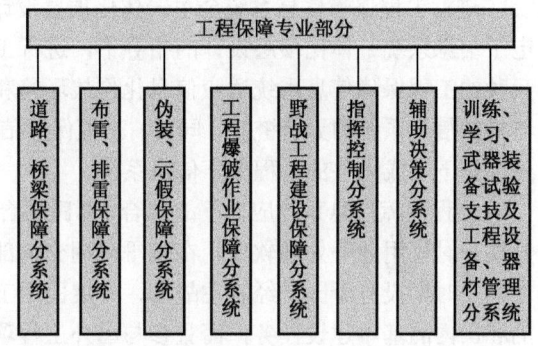

图8.6 工程保障专业分系统组成示意图

- 道路和桥梁保障分系统：根据上级指示、命令和部队工程保障装备能力，拟制铁路、公路、桥梁、舟桥保障计划和方案，并组织所属部（分）队实施。
- 布雷和排雷保障分系统：根据上级指示、命令和部队装备及器材能力，拟制布雷、排雷保障计划和方案，并组织所属部（分）队实施。
- 伪装和示假保障分系统：根据上级指示、命令和部队能力，拟制伪装、示假保障计划和方案，并组织所属部（分）队实施。按使用的器材和伪装方法分类，可分为植物伪装、迷彩伪装、人工遮障伪装、假目标伪装、灯火伪装和音响伪装等。按应对敌方侦察器材分类，可分为防光学伪装、防红外伪装、防雷达伪装、防声测伪装等。
- 工程爆破作业保障分系统：根据上级指示、命令和部队爆破作业能力，拟制工程爆破作业、破障作业保障计划和方案，并组织所属部（分）队实施。
- 野战工程建设保障分系统：根据上级指示、命令和部队工程保障装备能力，拟制野战工程建设保障计划和方案，并组织所属部（分）队实施。
- 指挥控制分系统：战前向指挥机构和指挥员提交工程保障决心建议；接受上级指示和命令；拟制工程保障计划和方案，下达保障指示和命令；组织、控制所属部（分）队实施各种战场工程保障作业。
- 辅助决策分系统：根据作战目标、上级意图、作战条令、管理条例、制度、标准和规范自动/半自动生成决心建议；保障方案选优与评估；对战场突发情况提供决策支持；确定不同工程保障装备和器材的维修时限并及时告警等。
- 训练、演习、武器装备试验支持及工程设备、器材管理分系统：为部队训练、演习、武器装备试验提供工程保障；建立工程装备、器材管理数据库，实现自动化/半自动化台账管理。

通用功能分系统包括通用信息处理平台分系统、通用信息传输平台分系统、通用支持软件服务分系统、安全保密管理分系统和环境保障管理分系统,提供信息传输服务功能、文电处理服务功能、态势感知与处理服务功能、位置报告和时统服务功能、系统技术状态管理服务功能、安全保密服务功能、系统环境保障功能、战场空间信息集成服务功能等。

8.6.3 发展趋势

制定相关工程保障条令、条例,提高战时决策质量。应该加强条令、条例建设,使战时决策有充分的依据,从而提高战时决策速度和质量,使决策规范化。美军各级指挥官基本上是依据条令、条例、上级作战意图和作战目标进行决策,决策规范的,并非因人而异。

进行工程保障信息系统全军一体化顶层设计,使之适应信息化作战环境。应该在全军综合电子信息系统一体化顶层设计的指导下,进行工程保障信息系统全军一体化顶层设计,使各军兵种的工程保障信息系统适应信息化作战环境和联合作战环境的要求,实现工程保障信息系统与指挥信息系统的无缝链接。同时,工程保障信息系统将从各级司令部延伸到所属部(分)队,从上到下形成完整的工程保障信息系统。

工程保障信息系统应向平战结合、军民结合方向发展,使之不断增强其工程作业保障能力。开发平时民用业务处理软件,在和平时期支持部队开展民用工程业务,支持工程兵部(分)队在和平时期投身于国民经济主战场,开展民用工程项目建设。韩国的工程兵不但承担军队内部的和国内的基本建设任务,而且参与国外工程项目投标,使部队的工程作业水平和工程作业能力获得很大提高。

8.7 防化保障信息系统

防化保障的目的在于避免或减轻核、生、化武器的毁伤效应。核、生、化武器的毁伤效应各不相同,对其袭击的发现报警、检测、防护、洗消和救治要采用不同的措施。防化保障信息系统主要是获取核、生、化污染信息,发布核、生、化污染警报,根据污染性质和程度提出相应的应对、防范措施,并对核、生、化检测设备、洗消设备和防化兵部队实施有效的指挥、控制、组织和管理。

各级防化保障信息系统接受业务上级和同级指挥自动化系统的双重指挥;同级防化保障信息系统之间进行业务协同;在必要时动员地方相应系统和部门提供支援;对下属防化保障信息系统和直属防化保障勤务部队实施指挥、指导、管理和控制。在和平时期,防化保障信息系统也具有处理突发核、生、化事故的能力。

防化保障信息系统与气象保障信息系统密切相关,进行洗消作业时,必须密切关注气象情况的变化,根据气象情况的变化确定作业方法和手段,二者配合做出大气层污染潜势预报和放射性沉降预报。

8.7.1 系统分类

防化保障信息系统按指挥级别和保障级别可分为战略级、战区级、战役/战术级不同级别的系统;按系统技术结构形式可分为地面固定式系统、地下式系统、机动式系统、可搬移系统、可部署系统等。

战略级防化保障信息系统平时支持全军防化领导机构对全军防化部队实施指导和管理,支持全军防化领导机构制定规划、计划、条令、制度、规范;战时向最高军事当局提供防化保障决心建议和对直属防化部队实施指挥控制。系统可以是固定式系统或可部署系统，平时在固定位置运行，战时可快速、方便地部署到总部前进指挥所附近地区运行。根据总部编制体制，该系统一般纳入战略级指挥信息系统，作为防化保障分系统运行。

战区级防化保障信息系统平时依托于军区防化保障信息系统，对下级系统和直属勤务部队实施指挥、指导和管理，处理军区范围内的日常业务，为军区指挥信息系统处理突发事件提供保障；战时经过扩充和重新编成，组成战区级防化保障信息系统，负责向战区指挥机构和指挥员提供防化保障决心建议，制定战区防化保障计划并组织实施。根据战区和军区编制特点，一般作为战区或军区级指挥信息系统的防化保障分系统运行。战区级防化保障信息系统可以是地下式系统或地面机动式系统，也可二者结合建成可部署系统。

战役/战术级防化保障信息系统是集团军及其以下级别的系统。考虑野战环境的要求，必须是机动式系统或可搬移系统、可部署系统，战时可以快速跟随部队前进和转移，系统自身应该具有在核、生、化污染环境下的生存能力。

俄罗斯的防化保障信息系统采用嵌入指挥自动化系统的体制，在机动式指挥自动化系统中嵌入核、生、化检测传感器，直接检测战场核、生、化污染情况，并配置通风过滤装置防范核、生、化污染。

美军和北约采用核、生、化侦察车的独立防化检测体制。目前美军和北约装备最多的核、生、化侦察车是德国莱茵公司生产的轮式装甲车型"狐"式侦察车，已装备400余辆。美军为了与新装备的"斯特瑞克"轮式装甲车配套，采用"斯特瑞克"轮式装甲车改装为核、生、化侦察车，并将逐步取代"狐"式侦察车。美军的核、生、化侦察车的检测设备多于"狐"式侦察车，性能也更加优异。据报道，台军利用"云豹"P1样车参照美军"斯特瑞克"轮式装甲车改装核、生、化侦察车模式，也改装了"云豹"核、生、化侦察车。

8.7.2 系统组成

防化保障信息系统主要是为指挥机构和指挥员提供防化保障信息，为部队作战行动提供防化保障支持，具有核、生、化污染信息的收集和处理、警报发布、指挥控制、辅助决策，以及支持训练、演习和突发事件处理与防化装备维护管理等功能。

根据防化保障信息系统功能，各级工程保障信息系统均由防化专业分系统和通用支持分系统组成，防化专业分系统功能组成如图8.7所示。

防化专业分系统包括核、生、化污染信息探测和处理分系统、预报与警报信息发布分系统、指挥控制分系统、辅助决策分系统以及训练、演习与装备管理分系统等。

- 核、生、化污染信息探测、处理分系统：通过直属分队和其他核、生、化污染探测设备，收集战场核、生、化污染信息，进行分类处理，分析并确定污染等级。
- 预报与警报信息发布分系统：向指挥信息系统和战区所属部队和部门发布不同地域核、生、化污染等级警报信息，并提供在不同的气象条件和地

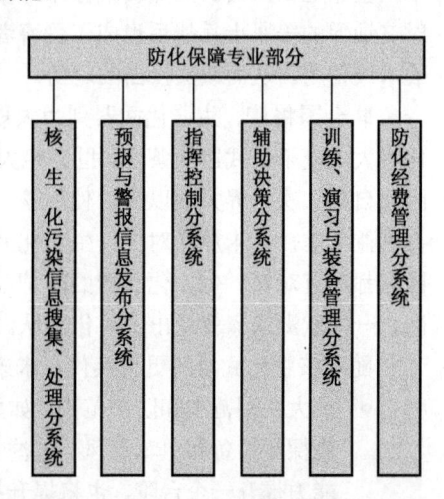

图8.7 防化专业分系统功能组成示意图

（防化保障专业部分：核、生、化污染信息搜集、处理分系统；预报与警报信息发布分系统；指挥控制分系统；辅助决策分系统；训练、演习与装备管理分系统；防化经费管理分系统）

形条件下的相应指导性应对措施。
- 指挥控制分系统：向指挥机构和指挥员提交防核、生、化污染决心建议；拟制探测和洗消计划，组织所属部队实施洗消作业；组织实施作战值班；拟制探测设备、洗消设备和器材的申请配发或采购计划。
- 辅助决策分系统：建立敌方各种核、生、化武器污染程度和伤害效果数据库；在不同污染等级下防核、生、化污染的应对措施和决策；在不同气象条件和不同地形条件下防核、生、化污染的应对措施和决策；根据以往案例进行防核、生、化污染的应对措施和决策；根据部队使命、任务和消耗量，进行合理库存决策。
- 训练、演习与装备管理分系统。在部队进行训练、演习和处理突发事件时提供有效的防化保障计划和措施；建立专业防化数据库；实现对核、生、化污染探测设备、洗消设备和器材的自动化台账管理；实现对核、生、化污染探测设备、洗消设备和器材的定期检查、维护、更换提示管理；库存告警管理。
- 防化经费管理分系统。防化装备采购经费管理；防化装备维修经费管理；防化部队维持日常运转经费管理。

通用功能分系统包括通用信息处理平台分系统、通用信息传输平台分系统、通用支持软件服务分系统、安全保密管理分系统、环境保障管理分系统，提供信息传输服务功能、文电处理服务功能、态势感知与处理服务功能、位置报告和时统服务功能、系统技术状态管理服务功能、安全保密服务功能、系统环境保障功能和战场空间信息集成服务功能等。

8.7.3 发展趋势

核武器的发展经历了四代，第一代核武器是原子弹，第二代核武器是氢弹，第三代核武器是中子弹，第四代核武器是"热弹"。日本是世界上唯一受原子弹攻击的国家，两次核爆炸释放的能量（光辐射、热辐射、核辐射及冲击波）先后造成数十万人死亡，其核污染致使几代人深受其害。第二代、第三代核武器氢弹和中子弹未在战争中使用。第四代核武器的代表性产品是美军在科索沃战争和伊拉克战争中使用的高热贫铀穿甲弹和美军准备研制用于攻击地下设施的小当量穿地核武器。高热贫铀穿甲弹不仅使科索沃和伊拉克平民受到核污染伤害，而且致使发射贫铀弹的美军士兵战后也成了受害者。当前，核武器和化学武器都有通过减少当量和剂量在战术级使用，从而改头换面的趋势。

联合国将核、生、化武器列为大规模杀伤武器，当今世界上拥有为数不少的禁止核、生、化等大规模杀伤武器的条约。世界绝大多数国家和人民坚决反对在战争中使用核、生、化武器，因此自第二次世界大战以来，使用核、生、化武器的战例极少。但是，各国从军队和平民的自身利益考虑，并未放松对核、生、化武器可能造成的污染、破坏进行监测和防范的研究，许多国家都拥有对核、生、化武器的防护部队。在伊拉克战争之后，美国要求欧盟向伊拉克派驻军队，一些欧洲国家就派出了防化部队。

随着核生化武器的更新换代，未来防化保障信息系统的发展趋势主要包括以下几个方面：
- 扩大探测范围和防护范围：如果每套指挥信息系统都能像俄罗斯那样加装核、生、化污染探测设备和单车通风、过滤、超压防护设备，将使防化保障信息系统的功能、性能和能力提升一个台阶，也将提升指挥自动化系统的防护能力。除了对核、生、化武器的防护外，还要考虑对新型燃烧武器、定向能武器、使士兵失去作战能力的非致命武器等特殊杀伤破坏性武器的防护。
- 研制新型、高效、长效探测传感器：核、生、化污染探测传感器的成本高，使用寿命短，平时试验环境难以满足战时要求的局面应该得到改变。
- 与其他保障信息系统综合集成：防化保障信息系统与气象、工程、装备、后勤、测绘、机要等保障信息系统的综合集成，并向这些保障信息系统提出防护建议和要求。

8.8 运输保障信息系统

运输保障信息系统是对人员、武器装备、作战物资进行陆上、海上、空中远程战略、战役运输保障实施管理，对运载工具和支持部队实施指挥、控制，从而有效实现部队快速集结，显示力量存在，实现"制敌机动"作战思想的保障信息系统。

8.8.1 系统功能

兵力投送是一项组织性、计划性、管理性要求很强，时间要求很紧迫的任务，与此相应战略、战役运输保障信息系统具备基本功能：
- 情报收集、处理和分析功能：对己方和友方基地情况、运载工具情况、乘载部队情况、与运输航路途经国家外交协商情况、运输航路水文气象情况、运输航路周边敌情的收集和处理，并进行运输可行性分析，提出对运输实施军事能力保障的要求。
- 模式装载计划功能：根据部队承担的作战使命、任务和军事行动时限以及在运输航路上自我保护能力等因素，分析运载工具的不同装载模式和部队人员、装备、物资编配情况，自动生成模式装载计划并组织实施。
- 航路规划功能：依据获运输情报、到达时间要求、运载工具的性能和能力，进行航路规划和制定航路保护协同计划。
- 调配、管理、指挥、控制功能：对己方基地进行管理，与友方基地进行协商，对运载工具进行调配，对航路上的运载工具实施指挥、控制。
- 卸载计划功能：根据目的地的局势、战场环境和部队使命任务，制定卸载计划并组织实施，制定后续任务衔接计划，以便及时执行后续任务。

战略、战役运输保障信息系统通过行动前对乘载部队和运载工具的周密筹划，行动中对运载工具实施精确的可视化指挥控制，行动间隔对运载工具的有效调度，保障机动能力目标的实现。

美国为了同时打赢2场海湾战争规模的局部战争，要求海军有能力在冲突爆发后7～10天内派遣3个航母战斗群赶赴地中海、北阿拉伯海/波斯湾和东北亚等地区。在30～60天内再派遣3个航母战斗群到达战区。同时要求海军综合利用军事海运和预置舰船等战略海运手段在30～60天内将2个陆战远征部队的人员、装备以及陆军、空军90%以上的作战物资运送到战区。美军制定今后部队的快速部署能力指标为：从第一架运输机起飞后起算，旅级部队的部署时间为96h，并在到达降落机场后立即投入作战；师级部队的部署时间为120h，并在到达降落机场后立即投入作战；军级部队的部署时间为30天，并在到达降落机场后立即投入作战。

8.8.2 美军运输保障系统组成

美军专门配置了用于在世界范围内快速进行兵力投送的运输司令部，通过空运和海运快速投送作战力量。美国运输司令部统一指挥下设的空军机动司令部、海军海运司令部和军事交通管理司令部。美国运输司令部的使命是：在战时和平时为国防部提供空中、陆地和海上运输能力。空军机动司令部的使命是，提供战略空运、民用后备机群、战区空运、气象侦察、空中加油等；军事海运司令部的使命是，提供普通用户海运、干货海运、坦克海运、海上漂浮预置船、快速海运船等；军事交通管理司令部的使命是，提供一般用户淡水供应、节点间运输、北美大陆货运、交通管理、商业运输等。

（1）空中机动司令部

美国空军于 1992 年 6 月将战术空军司令部、战略空军司令部和军事空运司令部合并成空中机动司令部（Air Mobility Command，AMC）和空中作战司令部（Air Combat Command，ACC）。AMC 用于遂行空中机动性任务，实现美军"全球到达"、"全球力量"战略；ACC 重点执行威慑和空中战役作战使命，实现美军"全球作战"战略。

AMC 指挥、控制和管理三部分空运力量包括空军现役空运部队，编成内有 3 个运输航空队，拥有 500 多架战略运输机和大型运输机；空军后备役部队，拥有 300 多架运输机；民航后备队，战时可征用 400 余架运输机。

战略空运是美军实施全球战略的重要保障环节。海湾战争中 55.4 万人员和 15%的作战物资空运到中东前线；科索沃战争中 55 万人员和 50 多万吨作战物资空运到作战区域；伊拉克战争中 27.6 万人员和近 98 万吨作战物资空运到前线。目前，美军的战略空运力量主要由现役的 C-5 运输机、C-17 运输机、C-130 运输机组成，每种运输机均有各自完善的装载方案和装载基数，便于根据作战要求制定装载计划和实施装载作业。今后，"海象"飞艇将加入战略空运力量。"海象"飞艇运载能力可达 500~1000t，可连续飞行 12000 海里，一周内无须着陆，可在 3 天内运送 1800 名士兵或 500 多吨武器装备到达世界任何地点执行作战任务。

（2）军事海运司令部

美军军事海运司令部设在华盛顿，下设 4 个地区司令部，分别是：设在纽约的大西洋司令部，设在德国布莱梅的欧洲司令部，设在奥克兰的太平洋司令部和设在日本横滨的远东地区司令部。军事海运司令部平时承担危险物资运输和特种科研任务支援，战时直接参加海上部队投送和后勤支援，利用商船主要承担军事装备、油料和补给品运输。

美国海军陆战队组建的陆战远征部队是军一级特遣部队，编成中有陆战师，陆战航空联队，情报、监视、侦察（ISR）大队和勤务支援大队，员额约 43000 人。在战时，陆战远征部队可采用两栖舰船方式、军事海运方式和空运与预置舰船结合方式进行投送。

美军陆战远征部队目前采用三种装载方式，分别是：战斗装载法，按登陆部队战斗序列进行人员和装备、作战物资装载，装载效率低，但是部队登陆后立即可投入作战；②分类装载法，按照装备、作战物资的类别进行装载，装载效率高，但是需要装备和作战物资的分发过程，登陆后部队不能立即投入作战；③综合装载法，吸取战斗装载法和分类装载法各自优点、弥补其各自缺陷的一种装载方法，常用于坦克登陆舰、两栖攻击货船等舰船装载。

（3）军事交通管理司令部

军事交通管理司令部为了满足在世界范围内快速进行兵力投送的要求，美国陆军和海军陆战队对装甲车和火炮等重型装备进行轻装化改进，在不降低或提高装备作战能力的要求下，减轻装备质量，使之能够最大限度地满足现役运输机、两栖舰船的装载要求与承载能力，同时研制大装载量两栖船坞运输舰，提供运输服务，替代海军原有的、基本到退役期的大型两栖攻击舰。

第一艘编号为 LPD-17 的圣·安东尼奥号两栖船坞运输舰已于 2006 年 1 月在得克萨斯州英格尔赛德海军基地正式服役。美国海军已经订购 9 艘两栖船坞运输舰，编号为 LPD-17～LPD-25，最终准备装备 12 艘两栖船坞运输舰。在美国逐渐缩减海外基地的形势下和军事转型的要求下，两栖船坞运输舰非常适合预置舰船投送方式，以实现美国参谋长联席会议颁发的《2020 年联合构想》中提出的"制敌机动"、"精确打击"、"聚焦后勤"和"全维防护"的作战理念。

8.8.3　美军运输保障信息系统

美军的运输保障信息系统主要包括：全球传输网络、运输司令部调整与指挥控制撤离系统、国防运输跟踪系统、运输财政管理系统、运输管理系统、运输报告与查询系统，以及自动化运输协同指挥控制信息系统等。

- 全球传输网络（Global Transportation Network，GTN）支持美国运输司令部和分部对全球运输实施管理。GTN 提供综合后的运输数据，并且完成战时和平时的运输计划制定、指挥控制和实现运输可视化。GTN 的主要子系统包括伤病员转送子系统、当前战况掌握子系统、战况发展分析和预测子系统、运输过程可视化支持子系统、机动性平台分析子系统、司令部管理子系统、C^2 撤离子系统等。GTN 包括硬件、软件、远程通信，支持在地理上分散的多个运输管理数据库之间进行有效的远程访问和数据传输。

- 运输司令部调整与指挥控制撤离系统（Transportation Command Regulating and C^2 Evacuation System，TRAC^{2}ES）是与 GTN 并行开发的系统，支持 GCCS 对伤病员进行管理和撤离转运。

- 国防运输跟踪系统（Defense Transportation Track System，DTTS）是美国本土使用的自动化运输数据处理系统，用于跟踪和监视军用货物的交付。

- 运输财政管理系统（Transportation Financial Management System，TFMS）是一个综合集成系统，可处理所有国防业务经费。TFMS 包括私产信息管理功能和账单结算信息管理功能，保证美国运输司令部对作战、财政和管理的要求，处理来自空中机动司令部、军事海运司令部、军事交通管理司令部的详细信息。TFMS 允许国防安全办公室、美国运输司令部和分部定时访问其相关信息。

- 运输管理系统（Transportation Management System，TMS）能够增强对货物运送的认知和控制，提供跟踪、审计、认证功能，运费账单处理功能。TMS 是在运输环境下的在线事务处理应用系统，使用电子数据交换技术，能够和运载平台、管理机构、供方、支付中心以完全自动的方式进行通信，完成预支付审计、担保人证书审查和电子经费转让（EFT）能力整个流程周期的业务。

- 运输报告与查询系统（Transportation Reporting and Inquiry System，TRAIS）是空中机动司令部（AMC）的管理信息系统，处理来自世界各地货港的运输数据，提供运输管理信息，用于司令部进行资源计划、分配和系统分析。

- 自动化运输协同指挥控制信息系统（Transportation Coordinator-Automated Command and Control Information System，TC-ACCIS）是美国陆军军事设施运输办公室选用的陆军版本的运输管理系统，具有对现役装备运输数据维护、一般铁路运输计划、通用装货账单的管理能力。

8.8.4 发展趋势

研发和装备大型空运、海运运载工具，支持"制敌机动"作战思想的实现。美国空军正在实施运载能力可达 500～1000t 的"海象"飞艇研发计划；美国海军正在实施满载排水量 25000t "圣·安东尼奥"两栖船坞运输舰装备计划。这些计划的目的是支持《2020 年联合构想》中提出的"制敌机动"作战思想的实现。

战时征用民用运载工具，保障足够的运能。军事动员要按最高当局的要求有组织、有计划地进行。平时与战前要进行针对性训练，以保证征用的民用运载工具和人员能够适应战时环境要求；战时征用的民用运载工具应纳入军事运输保障信息系统指挥，并尽量与军用运载工具混合编队，以全程及时获取军队的保护，并且保障拥有足够的运能。

加强信息化建设，提升运输保障信息系统的能力。战略战役空运、海运运输保障信息系统应该实现战略、战役运输保障计划和决策的智能化；运输过程可视化；兵员、装备、作战物资投送快速化；保护兵力协同精准化的要求。

8.9 军用无线电频谱管理系统

电磁频谱作为一种自然资源其特殊性表现在电磁频谱资源有限，目前国际上只划分出 9kHz～400GHz 的范围，而实际上能使用的部分集中在 40GHz 以下，军用通信设备主要工作在 3GHz 以下；频谱资源极易受污染，各种无线电设备，高压输电线和工业、科技、医疗电子设备等非无线电设备，以及宇宙射线都可能对正常的无线电业务产生干扰；频谱资源的可重复使用，频谱是一种非消耗性资源，其使用不受地域、空域、时域限制，也不受行政区域、国家边界的限制，不充分利用、使用不当或管理不善，都是一种浪费。

军用无线电频率管理是无线电管理机构对军用无线电频率实施统一划分、分配、指配、使用、管制、保护和处理，以维护空中电波频率秩序，有效利用无线电频率资源，保证各种合法无线电业务正常进行等管理事宜的总称。

战场频谱管理是通过采取强制性管理措施，阻止敌方有效地利用电磁频谱；同时通过严格科学的频谱管理，保护己方有效地使用频谱。主要体现在：通过对电磁频谱的变化情况进行监测分析，及时调整我方各层次通信、指挥和控制系统的使用频率，保证作战指挥顺畅；根据电磁环境变化，及时准确地捕捉敌方电磁信息，为我方实施电磁攻击提供支持；通过实时动态管理，掌握作战全过程的电磁频谱使用情况，提出获取信息优势的方案。

8.9.1 军用无线电管理

军用无线电频率管理是无线电管理机构对军用无线电频率实施统一划分、分配、指配、使用、管制、保护和处理，以维护空中电波频率秩序，有效利用无线电频率资源。

频率划分是指规划某一频带供一种或多种无线电业务在规定的条件下使用。国家及其地区的无线电管理机构规定每个频带中的若干频段供国家（含军队）及其地区使用，用于通信、导航、定位以及业余无线电活动等为频率划分。国家和地区的频率划分尽可能与国际电信联盟的频率划分相一致。

频率分配是将无线电频率或频道规定由一个部门或几个部门，在指定的区域内供地面或空间无线电业务在规定的条件下使用。国家无线电管理机构，对军用无线电产品的频率进行分配。

军队各种无线电业务使用的频率，必须实行统一划分、分配和管理。军队无线电管理机构向各军区、各军兵种和总部各部门分配无线电频率。

频率指配是授权机构通过一定程序将无线电频率或频道批准给无线电设备在规定条件下使用。分配给各军区的无线电频率，由各军区无线电管理机构进行指配。分配给各军兵种的无线电频率，由各军兵种无线电管理机构进行指配。分配给总部各部门的无线电频率由各总部无线电管理机构进行指配。按编制装备的无线电通信电台和雷达使用的频率，由通信和雷达主管部门负责指配。

除上述规定以外的无线电台站所使用的频率，由使用单位向本系统的无线电管理机构提出申请，报全军无线电管理机构指配。未经全军无线电管理机构分配或核准的频率，任何单位不得自行指配和使用。在指配和使用时，应保护国家规定的安全、遇险频率、避免造成有害干扰。使用期满时，如需继续使用，应提前办理手续。任何单位和个人未经相应无线电管理机构批准，不得转让频率。禁止出租或变相出租频率。

无线电管理的基本任务主要体现在以下 3 个方面：
- 严格管理无线电台站的设置、使用。众多无线电设备的应用已经出现了频率拥挤、干扰日增的现象。因此，坚持对无线电台站的设置、使用实施科学严格的管理，对无线电台站更快、更好、更健康地发展具有重要的作用。
- 科学利用电磁频谱资源。保证正常设置使用的台站不被干扰，提高频谱资源的使用效率，使之更好地为新时期军队建设和作战指挥服务，是军事无线电管理的一项重要任务。
- 保障各种无线电业务正常运行。军队的无线电业务涉及通信、导航、雷达、气象、侦察、侦测、电子对抗、武器制导和空间等领域，设备种类多，数量大，占用频带宽。严格执行条例的各项规定，避免各种无线电业务间产生有害干扰，保证军事无线电业务的正常进行，是战场频谱管理的主要目的。

8.9.2 战场频谱管理系统

从 20 世纪 60 年代开始，频谱管理系统技术研究受到各军事大国的高度重视，美军开发了短波通信频率管理系统、战术频率工程系统、改进型战场电子作业指令生成系统以及联合视窗频率管理系统等多个应用系统，先后于 80 年代初、中期分别装备了第一代和第二代战术频率管理系统。

从 20 世纪 90 年代中后期开始，美军逐步强化了频谱管理与 C^4ISR 系统综合和嵌入技术研究，相继开发出面向作战部队以及适用于通信网系、电子战、雷达等业务系统的嵌入式频率工程系统和管理模块，不断提高对战场频谱的动态分配和实时管控能力。如美军的陆军预测评价系统，海军陆战队规划、设计、评估系统，通信电子战评价系统，雷达频率工程系统，战术决策辅助工具，全球地形装载器，战场电子设备数据库和共址分析等。海湾战争中，装有智能频谱管理系统软件的武器系统的实战生存率提高了 10%～70%。

美军为了获取信息优势，提出了夺取全频谱优势的目标。目前，美军从统帅部到野战师都设有专门的频谱管理机构和人员，从国防部、联合参谋部到诸军兵种，建立了一套完整的联合作战频谱管理体系，形成了成熟的管理机制。在伊拉克战争中，使用了 57 颗各类卫星，其中侦察卫星就有 34 颗；使用了 150 多架侦察、预警机，30 架无人机，7500 多部高频电台，1200 多部极高频电台，7000 多部超高频电台；建置了 118 个地面机动卫星通信终端机，12 个商业卫星终端机,使卫星通信的总容量达到 68Mb/s;作战高峰期,每天保持 70 多万次电话呼叫,传递 15.2 万次电文,每天管理 3.5 万多个频率。美军正是凭借完善的频谱管理机制和强大的频谱管理力量,每天处理数万个频率,确保了美英联军不同体制电子设备相互兼容,使超过 1.5 万部电台构成的无线电网保持正常运作。

8.9.3 战场频谱管理系统的体系及分类

战场频谱管理系统一般由频谱管理控制系统、频谱监测和频谱探测系统构成。电磁频谱信息流程主要由频谱信息获取、频谱信息传输、频谱信息处理、频谱信息利用 4 个环节构成。在频谱资源共享环境的支撑下,从频谱应用系统实时获取动态的频谱使用信息,经过频谱信息融合过程,得到清晰的频谱态势信息,在此基础上,采用智能分析,生成频谱使用策略,通过频谱管理控制系统或手段,应用于频谱应用系统,从而完成了频谱信息的流转流程。其电磁频谱信息流程如图 8.8 所示。

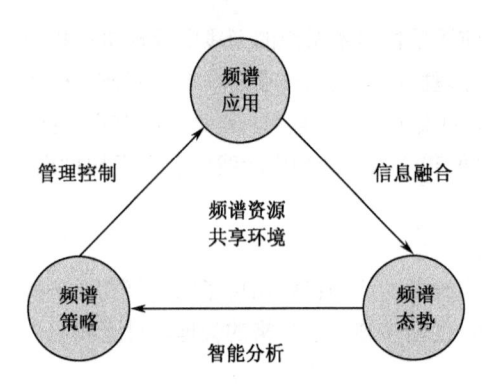

图 8.8 战场电磁频谱信息流程

- 系统整体规划与管理。其包括:频率规划与指配范围;采用有效的变分隔频谱使用为复用频谱资源的方法,充分考虑在尽可能大的范围为无线电导航、定位、雷达、遥测、通信、武器控制系统等提供有效地频谱资源;采用频谱复用接入等技术,保证足够的电磁频谱,实现有效的频谱接入,对战场上诸多电子信息系统进行统一的频谱管理;自动生成军事信息系统和无线电设备所需的无线电联络文件;动态管理战场上军事电子信息系统和无线设备所需频率。
- 电磁环境监测。其包括:频谱监测范围;频谱探测范围;实现对干扰源的监测,给出必要的预防方法或反干扰措施建议。
- 战场频谱管理基础数据。建立较为完整的频谱管理数据库,主要包括:频谱使用规则数据库;固定无线电台站数据库;无线电设备技术性能和电磁兼容指标数据库;电磁环境和无线电信号监测与统计数据库;无线电频谱使用数据库;频谱资源数据库;电波环境数据库;传播模型数据库;地理信息数据库等。
- 管理体制。目前流行的是分级管理和分布式管理相结合的管理体制。

8.9.4 发展趋势

认知无线电与动态频谱管理技术。认知无线电与动态频谱管理技术的规则将频谱分配使用,用户在使用结束后释放频谱。

基于 Web/自动化的频谱管理技术。战场频谱管理系统是以监测测向为基础,以计算机辅助决策为手段,集无线电监测、定位、分析和频率分配、实时指配、动态调整为一体的系统。采用基于 Web 的信息服务技术,实现频谱信息的全域服务。

频谱复用技术。在相同或邻近的地理位置,多个用户同时使用相同的频率,通过限制信号传播的交叉区域,或采用不同的信号形式,达到在邻近地域多个用户同时使用相同频率的目的。复用技术利用定向天线、扩频、信号极化和智能天线等技术控制信号传播。同时,这些技术对于军事应用还具有其优越性,可减少被截获、被检测或被人为干扰的概率。

智能频谱管理技术。随着人工智能技术的发展，专家系统、模糊推理、神经网络推理等智能化辅助决策技术在频谱管理功能领域的运用逐步得到重视，利用基于策略的频谱管理基础框架提供的规则引擎、模糊推理等智能机制，实现对战场频谱的规划、分配、指配和干扰的分析与协调等管理过程智能化，也是频谱管理技术发展的一个新亮点。

1999年，美军在"联合频谱构想"（JSV 2010）中提出全方位、全频段频率管理，要求为无线电导航、定位系统、雷达系统、遥测系统、通信系统、多谱传感器系统、定向能武器系统等提供有效的频谱接入。2002年，在"有效频谱接入"构想的基础上，美国防部提出"电磁频谱管理战略计划"（ESMSP），提出了增强军事频谱管理能力的四大战略措施，重点描述了美国防部努力实现JSV2010的方法，确保为实现JSV 2020提供有效的电磁频谱接入。其中两个重要的措施是改进频谱管理业务过程和通过技术革新改进频谱利用，其目标是开发综合的电磁频谱管理体系结构，以支持联合作战环境对电磁频谱的需求，提升动态环境下电磁频谱管理决策支持的能力，提高电磁频谱管理的效率和自动化能力等。

美军提出的"网络中心战"（NCW）的作战概念，对部队网络化和信息共享及协作的高度依赖，使得在恶劣的战场电磁环境中对电磁频谱的有效利用和控制成为成功实施NCW的前提条件，同时也导致战场频谱管理面临前所未有的挑战，传统的静态、集中式的频谱管理模式已不能适应NCW的需要。在此背景下，美军提出了网络中心频谱管理（NCSM）的新思路。NCSM强调在频谱信息充分共享和协作的基础上，通过网络自动实施战场频谱的规划、协调和管控，以适应信息化战争对战场频谱管理的实时性、全频性、动态自适应性等需求。通过物理域的可靠网络化和信息域的频谱信息共享与协作，解决战场频谱管理的实时性、有效性和规划复杂性等问题，最终实现自同步的频谱管控，确保作战部队对频谱的动态需求和防止战场上的电磁干扰。NCSM引领着战场频谱管理系统的未来发展，其探索和实践将是长期的，为此而开发的国防频谱管理体系结构（DSMA）给出了频谱管理的新范例，给出了网络中心环境下频谱管理的未来视图，详细描述了目前和未来的业务过程及期望的频谱管理能力。

频谱管理系统在美军的信息化武器系统建设中占据重要的位置，频谱管理系统技术呈现出如下四个特点和发展趋势：从单一功能向多功能、从单一频段向全频段、从满足某一特殊需求向面向联合作战全维频谱管理发展。注重应用于作战部队和通信网元、雷达、电子战以及武器系统平台等嵌入式频谱管理工程系统和模块的研制，提高战场频谱动态管控能力，实现战场频谱的全域服务。加强战场频谱网络化管理和智能化辅助决策技术研究，提升频谱管理的随遇入网、即插即用、频谱的按需分配和自适应共享能力。开发综合的国防电磁频谱体系结构，注重提高各系统的协同工作能力，改进以往"烟囱"式的管理状态。

信息技术的发展和运用，导致战场频谱管理呈现出许多崭新的特点：

① 业务种类繁多，组织管理复杂。在联合作战环境下，战场频谱管理部门既要组织管理诸军兵种通信、电子设备的频率，又要组织管理诸军兵种信息化武器系统的频率，还要组织管理军用非作战类频率，组织管理十分复杂。

② 电子装备高度密集，管理控制异常困难。目前，一个集团军的作战地域内，敌我双方的无线电通信设备装备达万余部，再加上导航、雷达、制导、电子对抗系统的无线电装备和民用通信设备，其配置密度通常为 $40\sim50$ 个$/km^2$，在重要的作战方向、地区和时节，电磁发射源有时高达 $130\sim140$ 个$/km^2$。美国空军一个远程作战部队超过1400个无线电发射源，美国陆军一个重型师超过10700个无线电发射源，美国一个航母战斗编队的无线电发射源超过2400个。

海湾战争期间，美军在海湾地区 90 天内建立的无线通信网络比欧洲 40 年的建设还要多。频谱管理要对 7500 多个高频网络、1200 多个甚高频网络和 7000 多个特高频网络进行管理。在"沙漠风暴"作战阶段，每天要接转 70 万次电话呼叫和传递 15.2 万份报文，并要对 3 万多个无线电频率进行管理，致使战场频谱管理控制异常困难。

③ 电磁频谱争夺激烈，管理任务极为艰巨。在信息化战争中，交战双方围绕电磁频谱的使用权和控制权进行激烈争夺，同时将"软杀伤"、"硬摧毁"贯穿于作战全过程，破坏对方对电磁频谱的正常使用。频谱管理既要保证我方各种无线电业务的正常运行，又要防止我方电子攻击对自己部队信息系统产生的有害干扰，还要掌握敌方电磁频谱的配置情况，引导我方电子干扰压制敌方频谱使用，任务极其艰巨。

④ 电磁频谱军民交融，管理协调任务繁重。我国的电子通信设备的种类、数量每年以 30%以上的速度增加，广播电视，民用移动通信，无线电寻呼以及航空、公安、交通等特殊行业开展的 40 余种无线电通信业务使无线电信号几乎覆盖了全国各个角落。一旦爆发战争，民用通信信号将与诸多新增的军用无线电信号交织在一起。军民协调涉及众多地方部门和生产、销售、进出口、建设、运用、管理等环节，并与经济、政治和外交斗争直接关联，任务极为繁重。

第 9 章 军事信息系统主要关键技术

军事信息系统是应用在军事领域中的一类信息系统，系统的建设使用了多种关键技术，既包括信息系统的共用技术，又包括相关的军事领域专业技术。信息系统的共用技术包括计算机技术、软件技术、通信技术、网络技术、数据库技术、多媒体技术、系统综合集成技术、信息安全技术和辅助决策技术等；军事信息系统相关军事领域专业技术包括侦察监视技术、军事通信技术、信息对抗技术、信息融合技术、运筹决策技术以及信息安全技术等。在此，主要是对各类军事信息系统（包括预警探测系统、情报侦察系统、导航定位系统、军事通信系统、指挥控制系统和综合保障系统等）所涉及的相关军事领域专业技术进行分析和阐述。

9.1 侦察监视技术

侦察与监视是获取军事情报的重要手段，主要是利用机械波和电磁波特性，获取从目标发射或反射的机械波和电磁波，通过信号分析和数据处理获得军事情报相关的对象信息。侦察监视技术就是利用多种传感器，探测来自目标的电磁波、机械波以及应力等物理特征信息，从而获取需要的目标信息的技术。各种侦察与监视传感器搭载不同的作战平台，就形成了不同的侦察监视手段。

随着科学技术的发展，侦察监视技术越来越多，获取情报的手段也越来越现代化，但总体上可以根据侦察监视的技术途径将侦察监视技术分为：雷达技术、信号情报侦察技术、声学探测技术、微波辐射技术、光电侦察技术、遥感技术和地面战场传感器技术等。

9.1.1 雷达技术

雷达的英文名称为 Radar（Radio Detection and Ranging），其含义是无线电探测和测距。雷达的主要任务一是发现目标的存在，二是测量目标的参数，前者称为雷达检测，后者称为雷达参数提取或参数估值。雷达发现目标的过程为：雷达发射机向空间发射电磁波，电磁波遇到目标时，一小部分能量被反射回接收机，接收机接收到从目标反射回来的回波信号，如果它超过一定的门限电压值，就发现了目标，通过传播过程中的电磁波参数可获得目标的距离等参数信息。

1. 基本工作原理

雷达主要由天线、发射机、接收机、收/发转换开关、信号处理机、天线伺服系统、定时器、显示器和电源等部分组成，如图 9.1 所示。

定时器产生定时触发脉冲，送到发射机、显示器等各雷达分系统，控制雷达全机同步工作。发射机是在触发脉冲控制下产生脉冲信号，对于高性能相参雷达，发射机实际上是一个雷达信号的功率放大链，将来自高稳定频率合成器的信号进行调制和放大，使信号功率达到需要的电

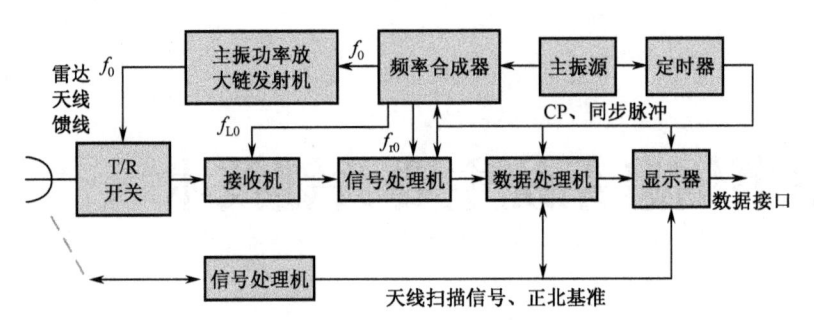

图 9.1　现代雷达原理结构图

平。收/发转换开关是在发射期间将发射机与天线接通，断开接收机，而在其余时间将天线与接收机接通，断开发射机，对于收、发共用一副天线的雷达来说，必须具有收/发转换开关。天线是将发射机输出的电磁波形成波束，实现定向辐射和接收自目标反射回来的电磁波。接收机将回波信号放大、滤波，并变换成视频回波脉冲，然后送入显示器。伺服系统主要控制天线转动，使雷达的机械扫描天线波束按照一定的方式在空间扫描。

雷达发射机产生足够的电磁能量，经过收发转换开关传送给天线。天线将这些电磁能量辐射至大气中，集中在某一个很窄的方向上形成波束，向前传播。电磁波遇到波束内的目标后，将沿着各个方向产生反射，其中的一部分电磁能量反射回雷达的方向，被雷达天线获取。天线获取的能量经过收发转换开关送到接收机，形成雷达的回波信号。由于在传播过程中电磁波随着传播距离而衰减，雷达回波信号非常微弱，几乎被噪声所淹没。接收机放大微弱的回波信号，经过信号处理机处理，提取出包含在回波中的信息，送到显示器，显示出目标的距离、方向、速度等参数信息。

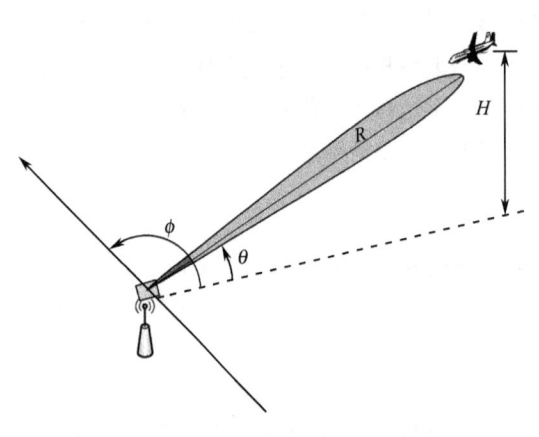

图 9.2　雷达探测目标的位置参数示意图

目标的位置由目标的斜距 R、方位角 ϕ 和俯仰角 θ 三个坐标参数决定，如图 9.2 所示。对两坐标雷达而言，它只能测量方位角和目标距离。对三坐标雷达而言，它可以测量目标的方位角、俯仰角（目标高度）和距离等三个参数。

（1）目标距离测量

雷达到目标的距离是由电磁波从发射到接收所需的时间来确定的。如果这个来回传播时间为 $t(\text{s})$，假定电磁波以恒定的光速 $c=3\times 10^8$ m/s 传播，则雷达到目标的距离 R（m）为

$$R=\frac{1}{2}ct$$

若雷达发射脉冲信号，利用发射的同步脉冲、时钟脉冲 CP 和目标回波脉冲器可直接测量目标距离 R（m）为

$$R=\frac{1}{2}c(nT_{\text{cp}})$$

如图 9.3 所示，其中 n 为从发射同步脉冲到目标回波之间的 CP 脉冲计数值，T_{cp} 为 CP 脉冲重复周期。

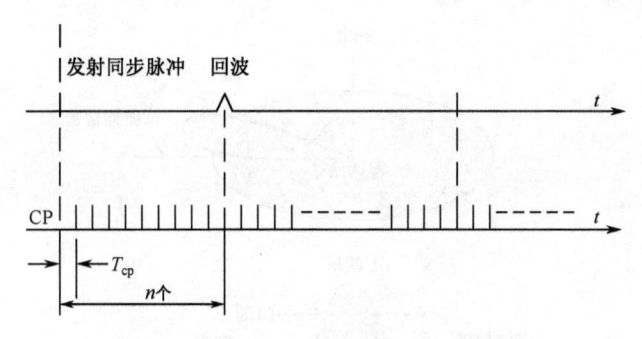

图 9.3 利用同步脉冲测量目标距离原理图

（2）目标角度测量

雷达对目标角度的测量，是利用雷达天线波束的定向性完成。显然，雷达天线方位波束宽度越窄，则测量方位角精度越高；俯仰波束宽度越窄，测量俯仰角精度越高。对于两坐标雷达而言，雷达天线的方位波束宽度很窄，而俯仰波束较宽，因此它只能测方位角，如图 9.4 所示。

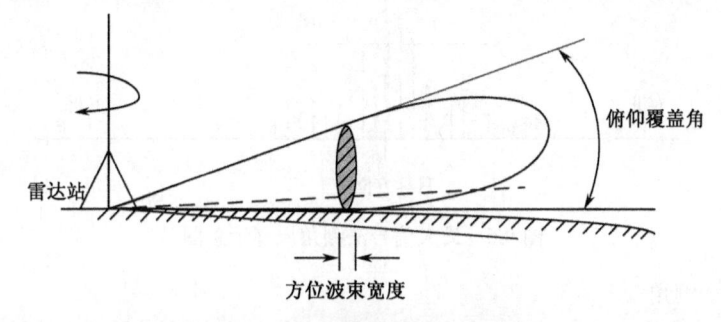

图 9.4 雷达测量目标角度示意图

对于三坐标雷达而言，雷达天线波束为针状波束，方位和俯仰波束宽度都很窄，能精确测量目标的方位和俯仰角。为了达到一定的俯仰空域覆盖，在俯仰方向上可进行一维波束扫描和多波束堆积，如图 9.5 所示。

雷达可以通过振幅法和相位法获取角度参数信息。其中，振幅法测角又可以采用最大信号法、等信号法和最小信号法等。对空情报雷达多采用最大信号法，等信号法多用在精确跟踪雷达中，最小信号法已很少使用。相位法测角多在相控阵雷达中使用。

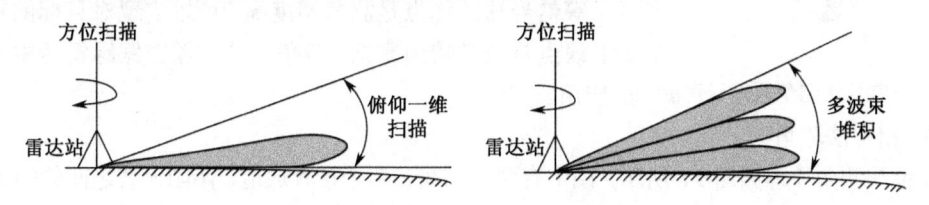

图 9.5 三坐标雷达天线方向图示意图

① 最大信号法测角

以两坐标雷达 0°～360°圆周扫描为例，雷达天线方位波束宽度较窄，俯仰覆盖较宽。雷达天线方位方向性函数，如图 9.6 所示。经过门限处理后，再从通过门限的目标回波信号中找出信号幅度最大处所对应的角度，亦即雷达天线波束中心指向目标的时刻，它就是目标的方位角度。这就是最大信号法测角原理。

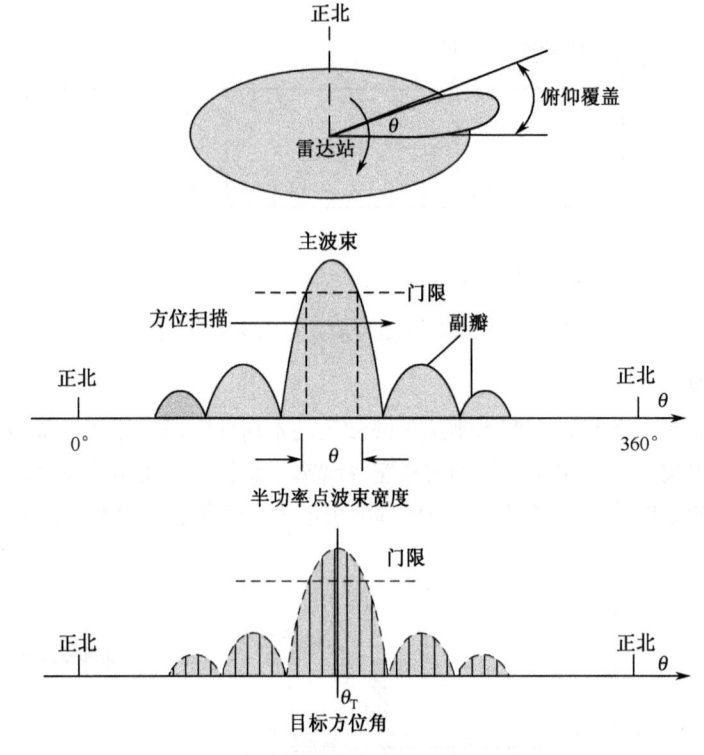

图 9.6 最大信号法测角原理示意图

② 等信号法测角

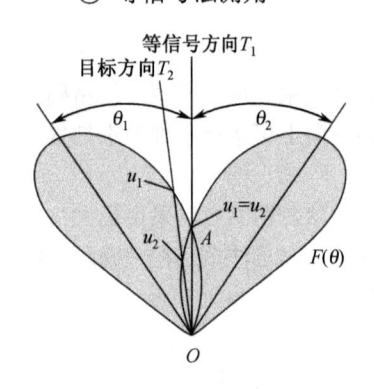

等信号法采用两个彼此部分重叠的天线波束,左右交替扫描照射目标,如图 9.7 所示。两波束的相交点与原点的连线 OA 称为等信号线,每个波束有一个接收通道。如果目标处在等信号线上(如目标 T_1),则两个接收通道接收到的目标回波幅度相等($u_1 = u_2$),这便是目标的角度值。反之则不相等(如目标 T_2,则 $u_1 > u_2$),由两个接收通道接收到的目标回波幅度的大小,采用内插方法也可得到目标偏离等信号线的角度的大小。等信号法的优点是测角精度高,可以实现对目标的精密跟踪;缺点是设备较为复杂。等信号法在精密跟踪雷达中有广泛的应用。

图 9.7 等信号法测角原理示意图

③ 相位法测角

相位法测角原理如图 9.8 所示,图中有两副天线和两个接收通道,两副天线之间的间隔为 d。当目标与雷达天线法线之间的夹角为 θ,两副天线接收到的目标回波信号波程差为

$$\Delta R = d \sin \theta$$

将波程差转换为相位差 $\Delta \varphi$,由相位比较器测得 $\Delta \varphi$ 为

$$\Delta \varphi = 2\pi \Delta R / \lambda = 2\pi d \sin \theta / \lambda$$

式中,雷达工作波长 λ 和两天线之间的间隔 d 是已知的。由相位比较器测出相位差 $\Delta \varphi$ 后,根据上式就可以求出目标的角度 θ。在使用相位法测角时,要避免多值性问题。

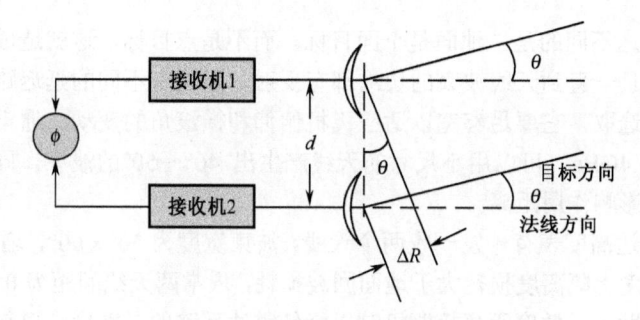

图 9.8　相位法测角原理示意图

上述方法都是对应于方位角的测量，实际上波束在垂直方向扫描，采用振幅法和相位法同样可以测定目标的俯仰角。

（3）高度测量

目标高度可以在测距和测角的基础上进行计算得到，如图 9.9 所示。目标高度 H、斜距 R 和仰角 θ 之间的关系为

$$H = R\sin\theta$$

测出目标的斜距和仰角就可计算出目标的高度。不过，由于地球曲率的影响，计算出的高度还要进行修正。这时高度 H 应表示为

$$H = h + R\sin\theta + h_{修正} = h + R\sin\theta + R^2/(2\rho)$$

式中，h 是雷达天线高度，ρ 为地球曲率半径。

除了上述通过计算得到目标的高度信息，也可用通过专门的测高雷达进行目标高度的测量，这种测高雷达也称为雷达高度表。

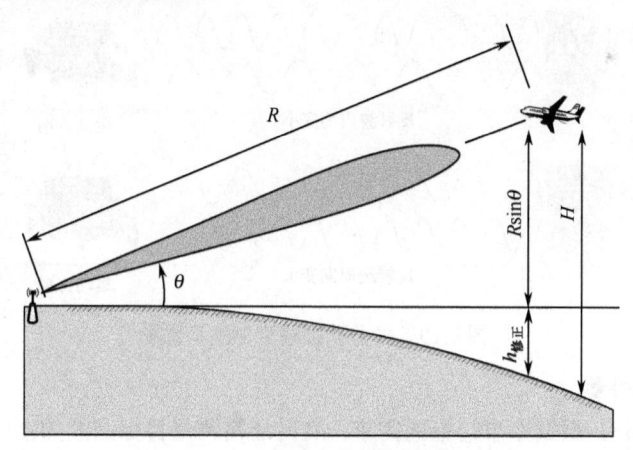

图 9.9　目标高度测量原理示意图

装在飞机上的高度表向地面发射经调制的信号，调制提供时间基准，然后接收地面的反射信号并测量反射信号的延时，以测出飞机离正下方的高度。不同的应用对高度表有不同的要求，高性能低飞的军用飞机和巡航导弹不但需要有精确的高度信息，而且要求高度表在运载体以 600m/s 的垂直速度爬升或俯冲时能够保持跟踪，以及具有高的隐蔽性和抗干扰能力。为地形辅助导航设计的雷达高度表要求具有很窄的照射波束，使地面照射点有小的尺寸，从而提供所需要的对高度的分辨力。

与一般测距雷达不同的是，地面是个面目标，而不是点目标，这就造成电波不仅从飞机正下方的点反射，而且一直到天线波束的边沿都有反射，因而有不同的延迟路径。此外，雷达波束的宽度不能任意选取，它要足够宽以适应飞机俯仰和横滚角的变动。通常为雷达高度表所分配的频段是 4.2~4.4GHz，可以用小尺寸的天线产生出 40°~50°的波束，同时又可以使雨衰和雨的反向散射不致影响作用距离。

典型情况下雷达高度表有一发一收两个天线，波束宽度为 50°×60°，增益为 10dB。天线间距要设置成在低高度上隔离度损耗大于地面回波损耗，通常两天线间距为 0.76m，有 85dB 隔离度。在低高度上借助于灵敏度距离控制机制以降低雷达环路的灵敏度，以使高度表检测到地面回波，而不是天线的泄漏信号。

（4）速度测量

对于运动目标，通过多次测量目标的距离、角度等参数，可以描绘出目标的运动轨迹，计算出目标的速度和加速度等轨迹参数。利用目标的轨迹参数，雷达能够预测下一个时刻目标所在的位置。对于弹道目标，可以据此预测弹着点、弹着时间和发射点等信息。

由于电磁波的多普勒效应，从运动目标反射的回波信号频率与发射信号频率相比，存在多普勒频率偏移成分。通过测量回波信号的多普勒频移，也可得到目标径向速度信息，如图 9.10 所示。

如果目标径向速度为 v，雷达信号工作波长为 λ，θ 为目标运动方向和雷达视线之间的夹角，则运动目标对电磁波产生的多普勒频移 f_d 为

$$f_d = \frac{2v}{\lambda}\cos\theta$$

根据测量的多普勒频移 f_d，目标运动方向和雷达视线之间的夹角 θ，在雷达信号波长 λ 已知的情况下，根据上式计算出运动目标的速度 v。

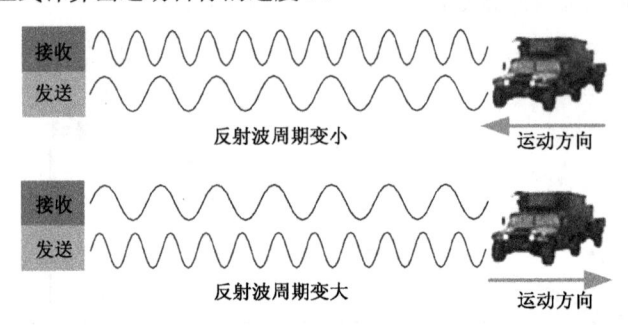

图 9.10 多普勒频移测速度示意图

（5）其他参数测量

除了上述参数外，根据军事情报的需求，有时还需测量目标回波的幅度起伏、极化特性、目标的自旋频率以及目标弹体分离事件等信息，解决雷达目标的分类、识别等问题。

目标回波起伏特性的测量对于判定目标属性有重要意义。例如，在定向目标监视雷达中，利用目标起伏特性可区分该目标是否为稳定目标（自旋稳定或非自旋稳定目标）。通过测量目标回波频谱中的两个边带频谱分量，可判断目标是否为自旋目标或是否存在运动。

根据雷达测量得到的极化散射矩阵，在一定程度上可获得雷达目标的构成及属性的信息。

在一些特殊用途的雷达中，需要测量目标事件（例如，目标分离、目标爆炸等）。卫星与导弹发射过程中的星弹分离、空空导弹发射过程中的机弹分离等均属于这类要观测的目标事件。为了实现这类测量，往往要求雷达具有高的分辨力和多目标跟踪能力。

2. 雷达方程

雷达的天线孔径、天线增益、波瓣宽度、极化形式、馈线损耗、信号频率、信号带宽、脉冲宽度、脉冲重复频率、发射机功率、脉宽功率放大链总增益、接收机噪声系数、接收机动态范围、雷达信号处理方式以及数据处理能力等技术指标对雷达作用距离、测量精度、分辨力以及抗干扰能力等战术指标的影响可以很方便地用雷达方程表示。雷达方程是雷达的基本关系式，它将战术与技术指标直接或间接地联系在一起。

雷达通过接收目标的反射波获得目标信息，目标的大小和性质不同，对雷达波的散射特性也不同，雷达所能接收到的反射能量也不一样，因此雷达的探测距离与目标的大小和性质密切相关。通常，为了讨论问题的方便，采用目标的等效反射面积统一表征目标的散射特性，估算雷达作用距离。等效反射面积是把实际目标等效为一垂直于电波入射方向的截面积，而这个截面积所接收的电磁波向各个方向均匀散射时，在雷达处产生的功率密度与实际目标所产生的功率密度相同，这个等效面积也称为雷达截面积。

如果将雷达最大作用距离 $R_{\max}$ 定义为：在该距离上，雷达发射信号经等效反射面积为 σ 的目标反射后，被雷达接收天线接收到的信号功率 P_r，等于接收设备最小可检测信号功率 $S_{\min}$，那么这时的雷达方程为

$$R_{\max}^4 = \frac{P_t G_t \sigma A_r}{(4\pi)^2 L S_{\min}}$$

式中，P_t 为雷达发射机的峰值功率；G_t 为雷达发射天线的增益；σ 为目标的有效反射面积（雷达截面积）；A_r 为雷达接收天线有效面积；L 为损耗因子，包括发射传输线、接收传输线和电波双程传播损耗等。最小可检测信号功率 $S_{\min}$ 又可表示为

$$S_{\min} = kT_e \Delta f (S/N)$$

式中，T_e 为接收系统的等效噪声温度；Δf 为信号带宽；S/N 为雷达检测需要的信噪比；$k = 1.38 \times 10^{-23}$ J/K 为玻耳兹曼常数。若考虑到接收天线有效面积与接收天线增益 G_r 的关系，则有

$$G_r = \frac{4\pi}{\lambda^2} A_r$$

于是雷达方程可改写为

$$R_{\max}^4 = \frac{P_t G_t G_r \sigma \lambda^2}{(4\pi)^3 L k T_e \Delta f (S/N)}$$

从这一常用的雷达方程出发，很容易得出雷达发射机输出功率、天线增益、系统损耗和接收机灵敏度等对雷达作用距离的影响。

3. 雷达的分类

由于雷达应用的广泛性，经常会遇到各种各样的雷达，在此根据雷达的功能用途、工作体制、工作波长以及测量目标参数等进行分类。

按雷达功能用途，可分为警戒雷达（远程、中程、补盲）、引导雷达、测高雷达、炮瞄雷达、盲目着陆雷达、制导雷达、机载火控雷达、机载轰炸雷达、护尾雷达、地形回避雷达、地形跟随雷达、成像雷达、气象雷达等。

按雷达工作体制，可分为圆锥扫描雷达、单脉冲雷达、无源相控阵雷达、有源相控阵雷达、脉冲压缩雷达、频率捷变雷达、频率分集雷达、MTI 雷达、自适应 MTI 雷达、MTD 雷达、PD 雷达、边扫描边跟踪雷达、合成孔径雷达（SAR）、逆合成孔径雷达（ISAR）、噪声雷达、谐波

雷达、冲击雷达、双/多基地雷达、天/地波超视距雷达等。

按雷达测量目标坐标参数，可分为两坐标雷达、三坐标雷达、测速雷达、测高雷达等。

按雷达工作波长，可分为米波雷达、分米波雷达、厘米波雷达、毫米波雷达、激光/红外雷达等。

从本质上讲，雷达的工作频率是不应该有什么限制的。不管工作频率是多少，只要是通过辐射电磁波能量和利用目标后向散射回波对目标进行探测和定位的，都属于雷达的频率工作范围。现有雷达的工作频率还是很宽的，不管工作在哪个频率，其基本工作原理是相同的，但是具体的实现方法却有很大的差异。通常，地面雷达多工作在米波段、分米波段和厘米波段；舰载雷达多工作在分米波段和厘米波段；机载雷达多工作在厘米波段、毫米波段和激光频段。每一种频率范围，都具有各自的特性。

早期的雷达多为米波雷达，工作在该频段的设备具有简单可靠、容易获得高辐射功率、容易制造、动目标显示性能好、不受大气回波和大气衰减的影响、造价低等优点，因此在对空警戒引导雷达、电离层探测器、超视距雷达中有广泛的应用；它的主要缺点是目标的角分辨低。

分米波段（包括 L 和 S 波段）雷达与米波频段雷达相比，具有较好的角度分辨力、外部噪声干扰小、天线和设备适中等优点，因此在对空监视雷达中被广泛使用。c 波段是介于米波和分米波段之间的一种折中波段，可以成功地实现对目标的监视和跟踪，广泛使用于舰载雷达。该波段辐射功率不如米波的高，大气回波和大气衰减对其有一定的影响。

厘米波段（包括 X、Ku、K 和 Ka 波段雷达）主要用于武器火力控制系统，它具有体积重量小、跟踪精度高、可以得到足够的信号带宽等优点，因此在机载火控雷达、机载气象雷达、机载多普勒导航雷达、地面炮瞄雷达、民用测速雷达中被广泛使用。该波段的主要缺点，是辐射功率不高、探测距离较近、大气回波和大气衰减影响较大、外部噪声干扰大（尤其是气象杂波，对气象雷达来说，就是要探测气象杂波，因此气象雷达多工作在该波段）等。

毫米波段雷达具有天线尺寸小、目标定位精度高、分辨力高、信号频带宽、抗电磁波干扰性能良好等优点。但由于毫米波段雷达具有辐射功率更小、机内噪声高、外部噪声干扰大（气象杂波）、大气衰减随频率增高而迅速增加等缺点，又几乎掩盖了其优点。由于大气衰减随频率的增高并不是单调的增加，存在着一些窗口，在这些窗口上，大气衰减小，因此，毫米波雷达仅限于工作在这些窗口上。但是，由于毫米波雷达工作在目前隐身技术所能对抗的波段之外，因此它能探测隐身目标。

工作在红外和可见光波段的雷达称为激光雷达，具有良好的距离和角度分辨力等优点，在测距和测绘系统中被选用。隐身兵器通常是针对微波雷达的，因此激光雷达很容易"看穿"隐身目标所玩的"把戏"；再加上激光雷达波束窄、定向性好、测量精度高、分辨率高，因而它能有效地探测隐身目标。激光波段的缺点是辐射功率小、波束太窄、搜索空域周期长、不能在复杂气象条件下工作等。

4．现代雷达技术

雷达在现代战争中的作用和地位越来越高，现代雷达采用了多种先进技术和体制来提高雷达的主要战术性能，如作用距离、分辨力、定位精度、抗自然杂波和人为干扰能力、低截获概率性能等。这些技术体制包括：脉冲压缩、相控阵、合成孔径、超视距、双基地多基地、脉冲多普勒、频率捷变、连续波等，在此作简要介绍。

（1）脉冲压缩雷达技术

脉冲压缩雷达技术是为了解决雷达探测距离与距离分辨力之间的矛盾而提出的。距离分辨力是同一角度上，两个目标最小可区分的距离。对于给定的雷达系统，可达到的距离分辨力为

$$\delta_\mathrm{r} = \frac{c}{2B}$$

式中 $c = 3 \times 10^8$ m/s 为光速，$B = \Delta f$ 为发射波形带宽。对于简单的（未编码）脉冲雷达，$B = \Delta f = 1/\tau$ 为发射脉冲宽度。因此，对于简单的脉冲系统距离分辨力 δ_r 可表示为

$$\delta_\mathrm{r} = \frac{c\tau}{2}$$

从上式可以看出，增加脉冲宽度可以增加发射信号的能量，提高雷达的作用距离，但距离分辨力降低。距离分辨力取决于信号的频谱结构，大带宽对应高分辨力。因此，要提高雷达的作用距离，同时保证雷达的分辨力，只要对发射宽脉冲进行编码调制，使其具有大的频带宽度，同时对目标回波进行匹配处理输出窄脉冲，就能获得很好的分辨力。也就是说，采用宽脉冲发射以提高发射的平均功率，保证足够的最大作用距离；而在接收时则采用相应的脉冲压缩法获得窄脉冲，以提高距离分辨力，因而能较好地解决作用距离和分辨能力之间的矛盾。根据这一原理，发射脉冲宽度和带宽都足够大的信号，雷达就能同时具有大的作用距离和高的距离分辨力，还可以使单一脉冲具有较好的速度分辨力，这就是脉冲压缩雷达的基本原理。

因此，脉冲压缩雷达系统与其他体制雷达最大的区别，是在主振放大链发射机中多了一个脉冲压缩波形产生器，发射宽脉冲信号；在雷达接收机中多了一个脉冲压缩处理器，接收和处理回波后输出窄脉冲。为获得脉冲压缩的效果，发射的宽脉冲采取编码形式，并在接收机中经过匹配滤波器的处理。在脉冲压缩信号的产生和处理方面，数字方式和声表面波器件仍是最常用的两种方式。另外，20 世纪 70 年代出现的电荷耦合器件也在脉冲压缩技术中得到应用，但这种器件必须具有大的动态范围才能获得好的脉冲压缩效果。

脉冲压缩雷达的优点是能获得大的作用距离和具有很高的距离分辨力。通常，性能先进的雷达除采用脉冲压缩技术外，还兼用其他可提高性能的技术，诸如单脉冲测角、动目标显示、脉冲多普勒效应、相控阵天线等。从原理上说，脉冲压缩能够与这些技术完全兼容。但在实际设计时，必须使雷达频率有足够高的短期稳定度和接收机有足够大的线性动态范围。

（2）相控阵雷达技术

蜻蜓的每只眼睛由许许多多个小眼组成，每个小眼都能成完整的像，这样就使蜻蜓所看到的范围要比人眼大得多。与此类似，所谓相控阵，即"相位控制阵列"的简称，相控阵天线也是由许多辐射单元排列而成的阵列，而各个单元的馈电相位是由计算机灵活控制的。

改变波束方向的传统方法是转动天线，使波束扫过一定的空域、地面或海面，称为机械扫描。利用电磁波的相干原理，通过计算机控制输往天线各阵元电流相位的变化来改变波束的方向，同样可进行扫描，称为电扫描。接收单元将收到的雷达回波送入主机，完成雷达的搜索、跟踪和测量任务。这就是相控阵技术。与机械扫描雷达相比，相控阵雷达的天线无需转动，波扫描更灵活，能跟踪更多的目标，抗干扰性能好，还能发现隐形目标。

相位控制可采用相位法、实时法、频率法和电子馈电开关法。在一维上排列若干辐射单元即为线阵，在两维上排列若干辐射单元称为平面阵。辐射单元也可以排列在曲线上或曲面上，这种天线称为共形阵天线。共形阵天线可以克服线阵和平面阵扫描角小的缺点，能以一部天线实现全空域电扫。通常的共形阵天线有环形阵、圆面阵、圆锥面阵、圆柱面阵、半球面阵等。

为了说明相位扫描原理，讨论图 9.11 所示 N 个阵元的线性阵列的扫描情况，它由 N 个相距为 d 的阵元组成。假设各辐射元为无方向性的点辐射源，而且同相等幅馈电（以零号阵元为相位基准）。在相对于阵轴线的 θ 方向上，两个阵元之间波程差引起的相位差为

$$\phi = \frac{2\pi}{\lambda} d \sin \theta$$

如果阵元之间的相位差能够抵消波程差之间的影响,即通过相位控制技术弥补波程差带来的相位差,相当于雷达天线阵面转动了 θ 角度,从而实现了电扫描代替机械扫描。

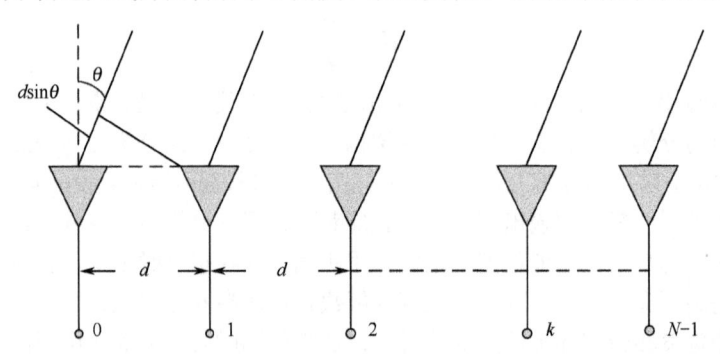

图 9.11 N 个阵元的线性阵列

相控阵雷达离不开控制计算机,控制计算机担负雷达搜索、跟踪、波束管理、功率管理、性能检测、故障定位、数据处理的运算和控制等繁重的任务,它通常由一部或几部通用计算机构成。波束指向控制计算机和信号处理机,通常设计成专用计算机,这主要是为了减轻控制计算机的负担。波束指向控制计算机和数据处理机作为雷达硬件的组成部分,受控制计算机的统一控制和管理,故控制计算机又称为中心计算机。

相控阵雷达分为无源相控阵和有源相控阵雷达。无源相控阵保留了中央大功率发射机和接收机系统,用一个天线阵取代机械扫描天线,阵列各辐射单元间的相位关系由移相器控制。有源相控阵每个辐射单元采用射频功率源发射和灵敏的射频接收放大器,每个 T/R 模块包括功率放大、低噪声放大器和相位、幅度控制装置,无需大功率发射机。如图 9.12 所示。有源相控阵雷达的每一个组件都能自己产生、接收电磁波,因此在频宽、信号处理和冗余度设计上都比无源相控阵雷达具有较大的优势。正因为如此,有源相控阵雷达的造价昂贵,工程化难度加大。但有源相控阵雷达在功能上有独特优点,大有取代无源相控阵雷达的趋势。

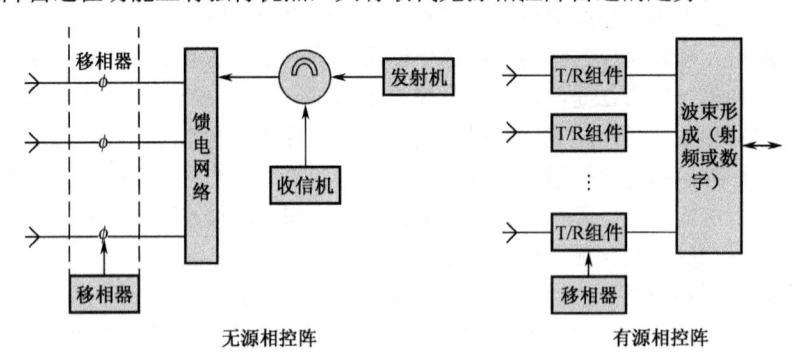

图 9.12 无源相控阵雷达和有源相控阵雷达结构示意图

(3) 合成孔径雷达技术

合成孔径雷达 (Synthetic Aperture Radar, SAR) 技术主要是为了改善雷达探索时的方位分辨力而提出来的。方位分辨力是在同一探测距离上能分辨两个目标的最小角度,包括方位角分辨力和俯仰角分辨力。

第二次世界大战时，普通雷达的距离分辨力可达 100m 量级，但方位线分辨力极差，而且随着目标距离的增加变得更差，远远不能满足军事目的的要求。根据天线理论，雷达真实波束地形测绘方位线分辨力 δ_a 可表示为

$$\delta_a = \frac{\lambda}{D} R$$

式中，λ 为雷达工作波长，D 为雷达天线孔径，R 为雷达与目标之间的距离。要想提高某个距离上的方位线分辨力，有两个技术途径：一是采用更短的雷达工作波长；二是设计大孔径的雷达天线。显然，这两个技术途径都是有限的。如果采用毫米波，则除个别"大气窗口"外，大气中的水蒸气、氧对它的吸收是很严重的，而且波长越短，吸收越大，电波衰减越大，将严重影响雷达的探测性能。如果增大雷达天线孔径，很难满足高方位分辨力需求，并且给设计制造带来困难，特别是机载和星载雷达，对天线孔径的限制更大。例如：星载雷达的工作频率为 1.276GHz，工作波长 $\lambda = 23.5$cm，若要求雷达在 $R = 850$km 处的方位线分辨力为 25m，则要求星载雷达的天线孔径为 $D = 8$km，显然这是不可能的。因此必须研究探索提高雷达方位线分辨力的新途径，合成孔径技术就是在这个背景下发展起来的。

合成孔径雷达通常安装在移动的空中或空间平台上，利用雷达与目标间的相对运动，将雷达在每个不同位置上接收到的目标回波信号进行相干处理，就相当于在空中安装了一个"大个"的雷达，这样小孔径天线就能获得大孔径天线的探测效果，具有很高的目标方位分辨率，再加上应用脉冲压缩技术又能获得很高的距离分辨率，因而能获得好的探测性能，如图 9.13 所示。

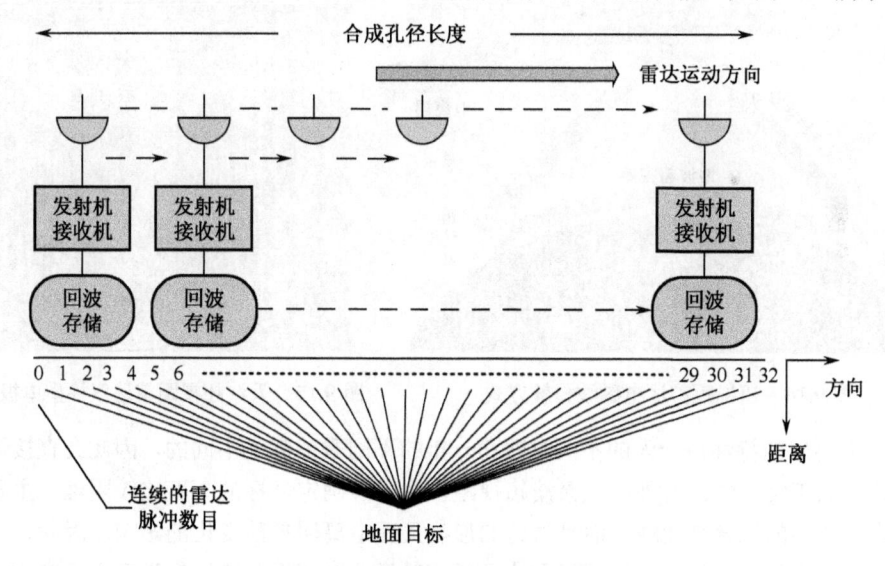

图 9.13 合成孔径雷达工作原理示意图

合成孔径雷达能够获得地面被测物的清晰图像，在军事上和民用领域都有广泛应用，如战场侦察、火控、制导、导航、资源勘测、地图测绘、海洋监视、环境遥感等。到 20 世纪 60 年代，人们根据合成孔径的实践，提出了在一定条件下雷达站固定不动，获得运动目标清晰图像的理论和方法，被称为逆合成孔径雷达，并在战场监视、侦察、目标识别等军事领域有广泛运用。当然，合成孔径雷达和逆合成孔径雷达均属于成像雷达范畴，其基本工作原理是相同的，但具体的工作方式、影响性能的因素、信息处理、图像生成等还是有区别的。

（4）超视距雷达技术

超视距雷达（Over-the-Horizon，OTH）与视距雷达不同，是不受地球曲率影响，能探测以雷达站为基准水平视线以下目标的新体制雷达。一般而言，是指雷达发射和接收的电磁波向地球表面弯曲、非直线传播的地（海）面雷达。

目前，得到应用的超视距雷达有三类，分别是高频天波超视距雷达（简称天波雷达或OTH-B）、高频地波超视距雷达（简称地波雷达、表面波雷达或HFSWR、OTH-G）及微波（SHF）大气波导超视距雷达。高频天波超视距雷达辐射和接收的电磁波经过电离层折射路径传播；地波超视距雷达辐射和接收的电磁波沿着地球表面以绕射方式传播；大气波导超视距雷达利用地（海）面和大气之间超折射效应，在有限高度沿地球表面传播。高频天波超视距雷达和大气波导超视距雷达的电磁波传播方式如图9.14所示。

虽然天波与地波在电波传播机理上有明显差别，但是同属于高频频段，它们在高频环境和目标散射特性方面大致相似，利用运动目标的多普勒频率检测目标，一般采用调频连续波体制，收发天线远距离分置。天波超视距雷达工作频段为3～30MHz，作用距离为800～3500km，地波超视距雷达，可采用长波、中波或短波，作用距离为300～400km。由于短波波段外部噪声较高，允许选用较简单的、失配的天线单元，如可由两个单极子组成的端射阵作为天线单元，而整个接收天线的口径要求很大，例如1～3km。如图9.15所示的天波超视距雷达1.2km长的接收天线阵，共128对双柱单极子有源天线。

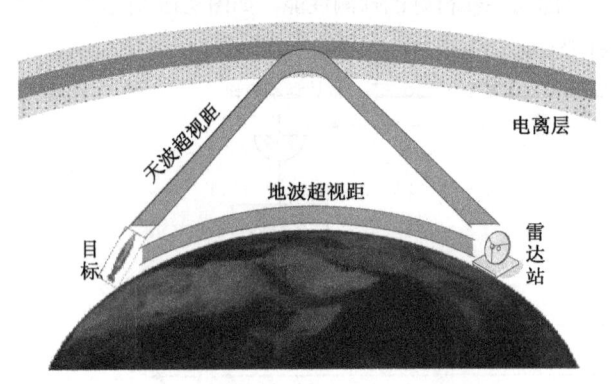

图9.14 超视距雷达电磁波传输方式　　图9.15 天波超视距雷达双柱型单极子天线阵

由于电离层的特性在一天的不同时间和一年的不同季节都是不同的，因此会直接影响天波超视距雷达的正常工作。另外，在天波超视距雷达中，确定目标的高度比较困难，主要原因是电波在电离层中的轨道是曲线，而且轨道的形状又受电离层参数变化的影响。因此，在目标参数测量中，超视距雷达的精度较视距雷达更低。对于地波超视距雷达来说，由于电磁波绕地球表面传播，不受电离层的影响，因而更容易探测目标，工作也较稳定。但由于地表面对电磁波的衰减较大，其探测距离较近，但它能监视天波超视距雷达不能覆盖的区域。

由于微波频段的电磁波波长较短，沿着地球表面绕射传播时损耗极大，因此一般情况下，只能探测到电磁波直线传播（也称为视距传播）范围内的目标。但在实际使用微波雷达进行目标探测的过程中，人们经常会观测到电磁波出现"超视距"（非直线）传播的"异常"现象。借助于这种异常传播途径，微波雷达在许多情况下可以探测到地平线以下的远超出电波直线传播范围的目标。这种情况通常被认为是出现了"大气波导"现象。在某个区域产生大气波导时，该区域上空的大气折射率随高度的变化正好满足了一些特定的条件,使雷达辐射出的电磁波陷落到某一层大气中,并在该层大气的上下两个层面之间向远处传播。由于大气波导是环绕地球表面的大气对流层的一部分,因此电磁波在大气波导中传播时,可以克服地球曲率的影响,以较小的损耗传播到很远的距离。大气波导现象可以出现在陆地上,但更常见于海上。出现在陆地上的大气波导大多属于"悬浮波导",一般距离地面较高,波导层较厚。海上较为常见且持续时间较长的大气波导现象,则属于海洋表面的"蒸发波导",这类大气波导通常紧贴海洋表面,比较容易利用。此外实现微波超视距传播的途径,还可以利用大气对流层中的非均匀结构对电磁波的前向散射效应。在入射角比较小的情况下,通过大气对流层散射的传播路径,陆上和海上的微波信号可以到达几百千米以外的地方。

微波雷达利用上述大气波导传播条件和大气对流层散射传播路径,可以有效地探测到远距离的超低空飞行和海上、目标,实现超视距探测。

超视距雷达主要用于早期预警和战术警戒,是探测地地导弹(特别是低弹道的洲际导弹和潜射导弹)、部分轨道武器(包括低轨道卫星)、战略轰炸机、隐身目标、低空目标、大型舰船等目标的主要手段。与微波视距雷达相比,超视距雷达对飞机的预警时间约可提高10倍,对舰船的预警时间可提高30~50倍。

(5)其他先进雷达技术

除了上述的几种雷达技术以外,还有多种雷达技术应用在各种军事信息系统中,包括双/多基地雷达、动目标显示与检测、脉冲多普勒、频率捷变、无源雷达、宽带/超宽带雷达等。

双/多基地雷达是将发射机和接收机分别安装在相距很远的两个或多个地点上,地点可以设在地面、空中平台或空间平台上。由于隐身飞行器外形的设计主要是不让入射的雷达波直接反射回雷达,这对于单基地雷达很有效。但入射的雷达波会朝各个方向反射,总有部分反射波会被双/多基地雷达中的一个接收机接收到。双基地雷达探测目标的几何关系如图9.16所示。图中,R_b为发站与收站之间的距离,R_t为发站与目标之间的距离,R_r为收站与目标之间的距离,ϕ_t为发站雷达天线波束指向角,ϕ_r为收站雷达天线波束指向角,ϕ_b为双基地角。由图可知,发站雷达的发射信号经两条途径到达收站,一条是从发站直接传输给接收站(称直达波),另一条是经目标散射后被收站雷达接收。双基地雷达所能测量的参数包括:发站雷达天线波束指向角ϕ_t;发站雷达发射电磁波传播路径总长度($R_t + R_r$),即收站雷达接收目标回波信号总延时;收站雷达天线接收目标散射信号波束指向角ϕ_r;直达波和目标散射回波信号频率等。收、发站之间的距离R_b是已知的,然后,经过简单的三角形几何关系,即可对目标探测定位。如果是多基地雷达系统,经数据交换、融合处理,能够实现对目标的精确探测定位。美国国防部从20世纪70年代就开始研制、试验双/多基地雷达,较著名的"圣殿"计划就是专门为研究双基地雷达而制定的,接收机和发射机可以都安装在地面上,也可以发射机安装在飞机上而接收机安装在地面上,或者发射机和接收机都安装在空中平台上。俄罗斯防空部队已应用双基地雷达探测具有一定隐身能力的飞机。英国已于20世纪70年代末80年代初开始研制双基地雷达,主要用于预警系统。

运动目标显示(Moving Target Indication,MTI)是利用运动目标回波与杂波的多普勒频率上存在的差异,采用带阻滤波器抑制杂波,提取目标信息的技术。MTI通常包括杂波抑制的对消处理(有时又称滤波处理)和保留目标多普勒信息的显示处理两个部分,固定的杂波回波和气象杂波相对于地面搜索雷达来说是静止不动或慢速运动的,而要探测的地面或空中目标是相对高速运动的,因此可以利用动目标回波和杂波回波在多普勒频率方面的差别,在处理时设计一种既能消除杂波,又能保留动目标信号的"对消器",这种雷达也称为动目标显示雷达,在地面搜索雷达中被广泛采用。

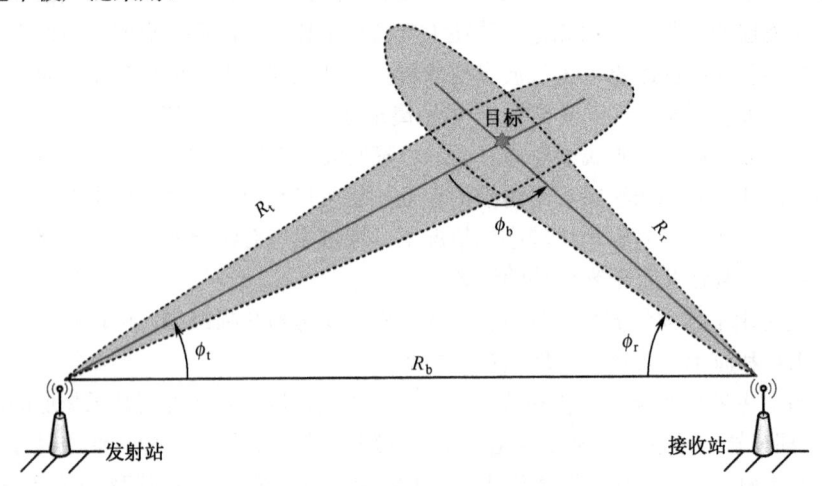

图 9.16　双基地雷达探测原理示意图

动目标显示方法实现简单,但是在地杂波条件下对动目标的检测没有考虑设计匹配滤波,目标谱的形状和滤波器的频率特性差异很大;对消器的频率响应在零频附近有太宽的抑制凹口,相对于雷达作近乎切向飞行的目标(径向速度很低)或慢速运动目标不能检测到。动目标检测(Moving Target Detection,MTD)技术是对 MTI 的改进频域处理技术,利用运动目标回波与杂波的多普勒频率差异,采用带通滤波器组分别滤出目标回波和杂波的信号进行检测。MTD 的核心是杂波抑制滤波加窄带多普勒滤波器组,完成目标谱匹配滤波。现代雷达中多采用快速傅里叶变换(FFT)和有限冲激响应(FIR)技术设计多普勒滤波器组,形成准最佳的目标匹配滤波器。采用自适应 FIR 滤波则可以完成最佳的目标匹配滤波,最大限度地提高目标检测性能。应用动目标检测技术的雷达包括天波和地波超视距雷达、地面预警和监视雷达、地面火控雷达和战场侦察雷达等。

脉冲多普勒(Pulse Doppler,PD)雷达是在动目标显示雷达基础上发展起来的一种新型雷达技术(体制),是对相参脉冲串回波信号频谱的离散谱线进行多普勒滤波的一种技术,采用窄带多普勒滤波器组或窄带跟踪滤波器滤出运动目标的谱线,和 MTD 的方法类似。PD 雷达具有高脉冲重复频率,对于杂波或目标没有速度模糊;能实现对脉冲串频谱单根谱线的滤波;由于采用高重复频率,通常对观测的目标产生距离模糊。这种雷达的距离分辨力决定于脉冲宽度,而速度分辨力取决于脉冲重复频率,可获得高目标速度分辨力,最初为解决机载雷达下视强地杂波干扰而研制,具有更强的杂波抑制能力,能在强杂波背景中分辨出动目标。PD 雷达在机载、星载以及弹载监视雷达中得到广泛的应用。

频率捷变雷达技术是指发射信号的频率以随机、程序控制或自适应方式作脉间或脉组变频的雷达技术,能够对抗固定或窄带干扰。通过频率捷变可以改变被检测目标和杂波背景的统计特性,降低检测目标需要的信噪比,等同地提高雷达作用距离,典型的距离增加可达 1.5 倍。采用频率捷变后,目标回波幅度随机起伏,可以改善角分辨力和距离分辨力。此外,频率捷变技术也可以提高雷达跟踪精度,提高对海杂波的抑制能力,改善雷达性能。频率捷变技术在岸基、空基的对海监视雷达、战场侦察雷达、空中目标监视和预警等雷达中得到广泛应用。

无源雷达利用目标辐射、转发和反射的电磁信号对目标进行探测、定位、跟踪及识别。一般地说，无源雷达具有两类工作方式：第一类工作方式是利用目标上辐射源发射的电磁信号，通过单站或多站测量完成目标定位。这类工作方式得到重点研究和广泛应用，这种无源雷达采用目标携带的雷达、通信机、应答机、有源干扰机、导航设备等辐射的信号进行目标定位。第二类工作方式是利用外辐射源（合作和非合作）通过目标反射的电磁信号定位目标。这类雷达常用的外辐射源的频率为100MHz左右的广播调频信号以及48~958MHz的电视信号。这类外辐射无源雷达采用广泛分布的外辐射源信号，测量发射台的辐射信号，得到目标到发射台和接收站的距离之和，利用接收站的方向性很强的天线波束完成对目标的无源定位。无源雷达具有隐蔽性好，生存能力强，抗干扰能力强的优点，同时无源雷达工作不受目标反射面积限制，且隐身飞机不可能长期地处于电磁静默状态，因此具有探测隐身飞机的能力和可能性。此外，无源雷达的工作频带一般设计得特别宽，从几百兆赫一直到18GHz，适应性非常强，可以对许多类型辐射源进行定位跟踪。无源雷达已经许多国家得到大力研究和开发，且许多系统已形成型号产品投入实际应用。捷克的VERA-E电子情报和无源空中监视系统，集侦察和雷达于一体的无源雷达探测工作系统。独联体的"卡拉丘塔"是早期的无源定位工作系统。美国洛克希德·马丁公司的"静默哨兵"外辐射源无源探测雷达、以色列的EL-L8300（和8388）无源定位系统、乌克兰的"铠甲"无源定位系统、意大利的MAPS工作系统、法国的DARR多基地无源探测雷达等都是已经形成装备的无源雷达工作系统。

工作频带很宽的雷达称为宽带/超宽带雷达。隐身兵器通常对付工作在某一波段的雷达是有效的，而面对覆盖波段很宽的雷达就无能为力了，它很可能被超宽带雷达波中的某一频率的电磁波探测到。另一方面，超宽带雷达发射的脉冲极窄，具有相当高的距离分辨率，可探测到小目标。

9.1.2 信号情报侦察技术

信号情报侦察是利用陆海空天平台的信号情报传感器，对敌方的电磁信号进行搜索、探测、截获、参数测量、测向、定位、解调、分析、侦听、处理，进而从中获取所需的战略战术情报的过程。

信号情报传感器通常包括通信情报侦察传感器、电子情报侦察传感器和测量信号情报侦察传感器等。通信情报传感器是指利用侦收、侦察及测向定位设备，搜索、截获敌方的射频无线电通信信号，分析辐射源的技术参数和特征，测定辐射源位置，解译通信信息。电子情报传感器是指利用非通信信号侦收、侦察、测向定位设备，搜索、截获敌方的雷达、敌我识别、导航等射频信号，分析其技术参数和特征。测量信号情报传感器是指利用无线电侦测设备截收、分析、记录来自遥测、信标、询问器、指挥控制系统和视频链路等的外部测量信号。

信号情报侦察技术是信号情报侦察测向定位技术的简称，其中"侦察"技术是指对信号进行搜索截获、参数测量分析和识别监听所运用的技术，"测向定位"技术是指对无线电信号辐射源所处的方向和位置进行测量所运用的技术。习惯上，常将信号情报侦测技术泛称为信号情报侦察技术，该技术涉及电子、通信、雷达、信息、数学、计算机、人工智能、语言等众多学科。

1. 信号情报侦察的基础技术

信号情报侦察专用技术可归纳为无线电侦察技术、无线电测向技术、信号分析技术、信息处理技术等。

信号情报侦察技术实现信号侦察和信息侦收。通信信号侦察系统常配置多种侦察接收天线适应宽频率范围的需求，天线接收到的信号经射频前端放大分路、共用、转接后，进入多通道多模式工作方式；利用全频段接收机对工作频率范围内的通信信号进行搜索，监视整个侦察频段内的通信电台分布情况；利用各频段的宽带或窄带的接收信道和接收机进行变频、放大，输出中频信号；利用各种解调和分路设备，对接收的各种信号进行解调，还原出调制信号。非通信信号侦察采用宽频带侦察接收天线，宽瞬时带宽的信道化接收机，利用信号处理技术，在密集的电磁环境中对雷达信号、敌我识别信号、导航信号等非通信信号进行搜索、截获、解调和参数测量，分选、识别各种类型的非通信信号。

无线电测向定位技术用于获得被侦察目标的方向和位置信息，具有重要的军事情报价值。无线电测向技术是利用无线电波在测向天线系统中感应产生的电压幅度差、相位差、到达时间差等特性，形成不同的测向体制，如旋转天线测向、多普勒法测向、干涉仪测向、时差法测向、空间谱估计测向等。无线电定位则是利用合理配置的多个测向站组成测向网，由测得的示向度交会确定无线电辐射源的位置。此外，也可用移动测向站在多个位置上获得的示向度数据进行交会定位，以及利用电离层反射特性的短波单站定位、时间差定位或其他单站无源定位等。

信号分析技术实现信号分选识别和参数测量。利用信号处理技术和计算机技术，对侦察接收的通信信号进行时域、频域分析，信道和信源的编码分析，测得其通信用频、工作参数、调制体制、编码方式、通信体制、电台属性、网台特性等。对侦察接收的非通信信号进行分析测量，分选识别出非通信信号，测得其载频、重复频率、脉冲宽度、天线扫描特性、脉内细微特征等。

运用信息处理技术和非协同目标识别技术，对信号的用频规律、通联情况、电台呼号、代字、战术运用、运动规律等进行存储提炼统计分析，对信号辐射源的目标平台载体进行初判，从而进一步掌握通信辐射源的网络组成体系、活动规律、装备型号、异情、动态等情报信息。

2．通信情报信号侦察技术

通信情报信号侦察是以敌方通信信号为被侦对象，在一定作用范围内对其进行非合作的信号搜索、截获，实现对目标通信信号的检测、参数测量、识别、解调、测向定位以及信息提取、解译和监听的综合电子技术。

通信情报信号侦察的类型较多，分类标准各不一样。按被侦察对象信号体制分，通信情报侦察可分为常规通信侦察、数据链通信侦察、跳频通信侦察、扩频通信侦察等。按侦察频段可分为短波通信侦察、超短波通信侦察、微波通信侦察等。按装载平台可分为地面通信侦察、车载通信侦察、舰载通信侦察、机载通信侦察、星载通信侦察等。

由于通信情报侦察是侦收敌方非协同的无线通信信号，这就从体制上决定了通信情报信号侦察的难度。通信情报侦察系统是在对被侦信号无所了解的情况下开始工作的，无论是信号发射频率、信号格式、调制方式、编码方式、信号参数都是未知的，通信情报信号侦察必须采用一定的技术方法获知这些信息，才能进一步实现对信号的解调、解码和信息还原，获取有价值的情报信息。

通信侦察的完成需要两级系统配合工作，前端是侦察传感器设备，直接侦收敌方通信信号，通过接收处理获取原始情报素材；各种传感器将侦察结果上传到情报综合处理中心进行信息还原、情报融合、关联，形成统一的综合情报态势，上报上级部门。

通信信号侦察传感器按照战术指标要求，根据被侦目标信号的复杂性、多样性，其系统构成可大可小、设备量可多可少。最简单的通信侦察传感器包括侦收天线、侦察接收机、信号处理终端、数据库及存储设备、信号分析设备、监控设备以及操作台位等。其组成框图如图9.17所示。各种通信信号侦察传感器是在最简通信侦察传感器的基础上，按功能要求进行组合、扩展。

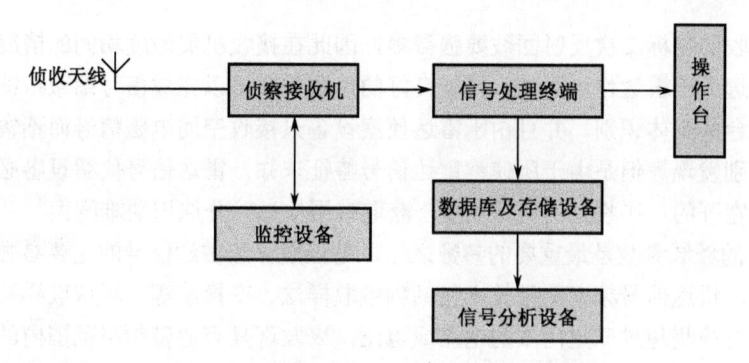

图 9.17 最简通信侦察传感器系统组成结构图

- 侦收天线按侦察频段分段或按侦察区域划分，由一副或多副天线组成。后端配置射频开关矩阵实现各副天线与侦察接收机的切换连接。侦收天线根据系统设计和测向的需要可以为全向天线、宽波束天线和定向旋转天线，天线形式可以为单极天线、对数周期天线、螺旋天线、喇叭天线等形式。
- 侦察接收机分为宽带搜索接收机、超外差接收机、信道化接收机、全景显示接收机、数字化接收机等，其功能各不相同，可按系统设计要求进行配置。
- 信号处理终端与侦察接收机相搭配，在对接收机输出的中频信号进行数字采样的基础上，实现全数字化信号处理，可配置信号检测、信号参数测量、测向、信号调制识别及解调、跳频拼接、扩频检测分析、属性识别以及细微特征分析等数字处理模块。
- 数据库及存储设备可由一台计算机及其他存储设备组成，安装数据库软件用于通信信号技术参数的存储、查询、检索，并由计算机配装存储器或其他存储设备，如磁带机、录音机、打印机等，完成声音、文字、图像以及复杂信号数据的记录存储。
- 信号分析设备主要配置各种信号分析软件，对信号进行非实时的分析处理。它主要包括两种功能，一是对存储的复杂信号数据在时域、频域、调制域上进行进一步的分析研究，如各种未知的调制样式信号和扩频信号等；二是对原始采样数据进行信号细微特征分析处理。
- 操作台根据任务需要可配置多个台位，每个台位与相应的接收机、处理终端一起配合工作，如全景谱显示台位、信号侦收处理台位等。
- 监控设备控制侦察系统设备的工作参数和工作模式，并监测设备的工作状态和运行状态。

情报综合处理中心由信息还原及转接设备和情报综合处理计算机台位组成。信息还原及转接设备实现各传感器解调后的基带码情报数据的解码、信息分类及信息格式转换。情报综合处理计算机台位包括原始情报数据整编台位、通信网台关联台位、内涵信息处理台位、目标信息处理台位、态势情报综合台位等。

3．电子情报侦察技术

电子情报侦察是指利用非通信信号侦察、测向定位设备，搜索、截获敌方的雷达、敌我识别、导航、制导等射频信号，分析其技术参数和特征，以查明辐射源及其载体的类型、用途、分布状态、配置变化、活动情况，进而判断其装备水平、作战能力、威胁等级以及行动企图。

（1）雷达信号侦察技术

雷达信号侦察是指对敌方雷达设备发射的电磁信号进行搜索、截获、测频、参数测量和测向定位等，并完成信号分选和目标识别。由于雷达侦察设备接收的是雷达机的直接辐射波，它比雷达设备接收的目标二次反射回波要强得多，因此在接收机灵敏度相同的情况下，雷达信号侦察距离一般远大于雷达作用距离，性能良好的侦察设备可以完成信号细微特征分析，实现雷达机和装载平台的个体识别。并且由于雷达侦察设备只接收空间电磁信号而不辐射信号，因此难以被敌方识别发现。但是由于所侦察雷达信号特征未知，雷达信号侦察设备必须在时域、频域和空域上是宽开的，接收到的信号很多，获取有用信息时分选识别难度大。

雷达信号的频域参数是最重要的参数之一，是识别分选雷达信号的主要参数，反映了雷达的功能和用途。雷达信号频率测量技术包括频域取样法、变换法等。频域取样法是直接在频域进行测量，通过检测超过一定门限的电流或电压，来发现具有通带频率范围内的载频频率的雷达信号。频率搜索接收机和信道化接收机都是采用频域取样法进行测频的。通过变换法进行频率测量都是采用宽开接收机，具有截获概率高、信号失真小等优点，但一般说来变换法测频设备较复杂，技术难度大；主要包括鉴频法、鉴相法、数字信号处理法、线性调频变换法以及声光衍射法等进行频率测量。

雷达信号时域参数测量技术包括脉冲到达时间、脉冲宽度、脉冲幅度等参数的测量技术雷达接收机接收到的射频信号经包络检波得到脉冲信号，它经视频放大后与某一检测门限进行比较，由时间计数器中读出脉冲波形幅度过门限瞬间的时刻值即可获得脉冲到达时间。在雷达脉冲信号幅度超过检测门限时启动脉宽计数器开始计数，当雷达脉冲信号低于检测门限时使脉宽计数器停止计数，由计数器的计数值即可得到脉冲宽度。对脉冲包络进行 A/D 变换，即可得到脉冲幅度值，一般在脉冲波形幅度超过检测门限并延迟一定时间后，在脉冲顶部时刻对信号进行采样，以保证脉冲幅度测量的准确性。

雷达侦察信号处理设备完成对信号的分选、分析和识别，以及信号的显示、存储和记录。雷达信号具有载频特性、时间调制特性、脉组特性、脉内特性等多方面的特性。用作信号分选的参数包括信号载频、信号到达方位角、脉冲到达时间、脉冲宽度、脉冲幅度和脉冲重复周期等。对于雷达信号识别，还需脉冲幅度调制、载频特性、脉冲重频、脉冲宽度的变化规律及范围、脉冲编码规律等参数。

（2）敌我识别信号侦察技术

分清敌我，是战争中首先需要解决的问题，对敌我识别信号进行侦测，是获取非通信信号情报资源的重要手段。

敌我识别器包含敌我识别询问器与敌我识别应答器。工作时，敌我识别询问器向被询问目标按不同工作模式发出敌我识别询问信号，被询问目标敌我识别应答器接收到询问信号后按相应工作模式发出应答信号，询问器收到相应的应答信号后，就可判定被询问目标为"我"方目标，否则为"敌"方目标。敌我识别询问信号工作于 1030MHz，应答信号工作于 1090MHz。世界上许多国家都采用 Mark X 和 Mark XII 敌我识别器进行敌我识别。

敌我识别器大多与雷达协同工作，识别的"敌"、"我"信息通常在雷达显示器的目标上进行标识。敌我识别询问器由发射机、编码调制器、接收机及收发共用天线等组成，如图 9.18 所示。敌我识别应答器由接收机、编译码器、激励器、发射机及收发共用天线等组成，如图 9.19 所示。

敌我识别应答器接收到询问器发射的询问脉冲后，其回答的相应的应答码由其随机的询问码所规定，当应答器接收到符合要求的 4 个同步脉冲组后才开始接收 32 位询问信息码。收到此码后首先对它进行解密处理，解密是加密的逆变换，按规定格式将 32 位信息码分解，以提取 4 位延迟时间数据和 12 位确认码，将提取的确认码与预定的确认码比较，只有两者一致时才打开

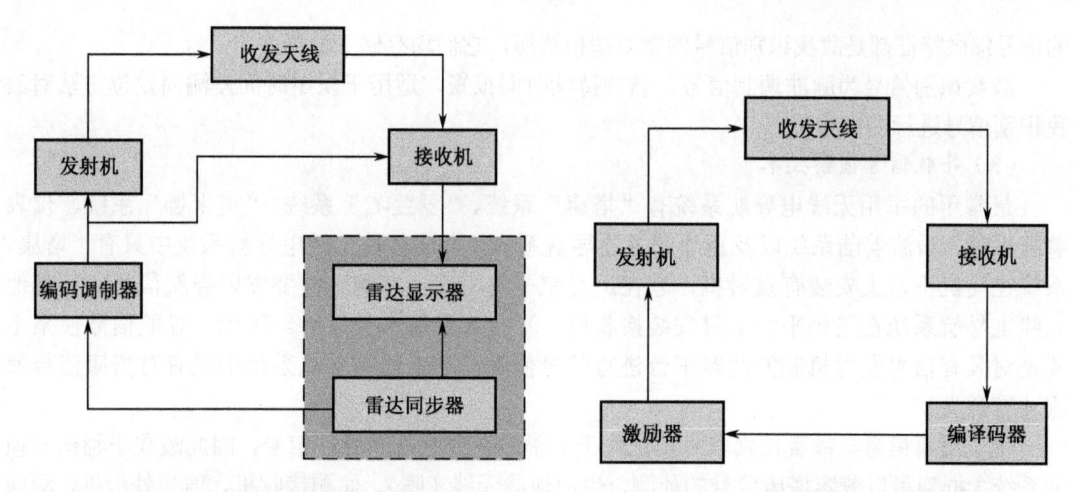

图 9.18　敌我识别询问器结构图

图 9.19　敌我识别应答器结构图

其应答器，并按询问码要求延迟后作应答。询问器收到应答后，对应答信号再进行延迟时间的判别，当延迟时间正确时才判此应答为友方的。此询问码及相应的应答码在每个询问应答周期都不相同。由此看出要对随机密码进行破译是很困难的。

敌我识别信号侦测系统由侦测天线（阵）、侦测接收机、信号处理机、测向定位处理机、数据库及监控设备组成，如图 9.20 所示。

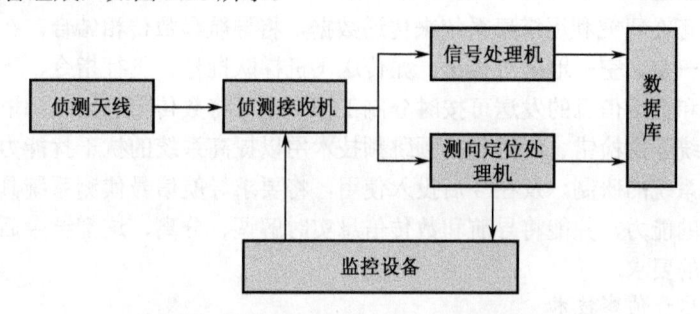

图 9.20　敌我识别信号侦测系统原理框图

敌我识别信号持续时间很短，为在侦察区域内全概率对其截获，一般采用宽波束侦测天线，甚至采用全向天线。由于敌我识别器采用固定点频（1030MHz/1090MHz）工作，因此侦测接收机可以采用固定频率超外差接收机，这样可以获得高的侦收灵敏度。接收到的敌我识别信号经变频、放大后得到敌我识别标准中频信号，同时对其进行检波，得到敌我识别视频信号。它们再经过 A/D 变换器转换成高速数字信号送给信号处理机和测向定位处理机。在信号处理机，对敌我识别视频数字信号进行敌我识别信号参数测量、分选、识别和关联，实时得到一组一组的敌我识别信号；对敌我识别中频数字信号进行敌我识别信号精确参数测量和细微特征提取。信号处理机获取的各种敌我识别信号的有用信息全部存入数据库。为了对敌我识别信号进行测向定位，需要多个侦测天线和多通道侦测接收机。测向定位处理机对多通道接收机送来的敌我识别数字信号进行测向定位处理，得到敌我识别信号的方向和位置信息，并将其存入数据库。数据库中存有各种模式敌我识别信号规格、历次侦收的敌我识别信号信息、特殊平台敌我识别信号的细微特征（该细微特征可用于平台个体识别）。监控设备用于对整个敌我识别信号侦测系统进行控制、监测管理。敌方辐射源位置、敌我识别信号内涵情报（身份编码、飞行高度、飞机状态等）及用于个体识别的信号细微特征都是敌我识别信号的重要情报资源，它们均存储于数据库中。

敌我识别信号为脉冲调制信号，脉冲持续时间很短，适用于采用时间差测向定位方法对敌我识别信号进行测向定位。

（3）导航信号侦察技术

最常用的军用无线电导航系统有"塔康"系统、"罗兰-C"系统、"奥米伽"系统、仪表着陆系统、微波着陆系统以及新型的卫星导航系统。上述各种无线电导航系统中只有"塔康"系统在飞机平台上安装有发射机，它在进行空－地、空－空测距时要发射导航信号，而其他无线电导航系统在飞机平台上只安装接收机，平台无导航信号发射。因此，导航信号侦察主要是对具有信号发射机制的武器平台进行信号侦察，在上述的导航系统中只有对塔康信号侦测才有意义。

由于塔康信号与敌我识别信号都工作于L波段，并且都是脉冲信号，因此敌我识别信号侦测系统大框架可以兼容塔康信号的侦测，也由侦测天线（阵）、侦测接收机、信号处理机、测向定位处理机、数据库及监控设备组成，塔康信号侦测系统与敌我识别信号侦测系统的天线（阵）完全兼容。塔康信号侦测系统的侦察频率范围为 962～1213MHz。侦察距离是塔康信号侦测系统的一项重要指标，它取决于目标辐射源辐射功率的大小和侦测接收机的灵敏度。一般要求塔康信号侦测系统侦察距离达 400km。为保证系统正常工作，再考虑到电子器件的发展水平，塔康信号侦测系统动态范围可做到 70dB 以上。测向精度为目标辐射源来波方向角的测量值与真实方向角之间的差值，一般用均方根误差来表示。对塔康信号测向精度可优于1°。

目前，国外正在研究利用塔康系统来传递数据，将导航和数传相结合，在不影响导航功能的前提下实现地－空、空－地信息传送，如传送飞机梯队批号、飞行指令、飞行状态、油量等信息。塔康信息和数传信息的发送可按时分制工作，也可将数传信息插入到塔康随机填充脉冲序列中发送。系统采用检错、纠错和扩频跳频技术用以提高系统的抗干扰能力。随着导航和数传相结合的塔康系统的研制，及在今后投入使用，将要求导航信号侦测系统具有侦收扩频跳频体制的导航信号的能力，并能将导航和数传信息实时解调、分离，这都给今后的导航信号侦测系统提出了更高的要求。

（4）JTIDS信号侦察技术

美军为适应三军联合作战，由空、海、陆三军统一研制了具有通信、导航和识别功能的联合战术信息分发系统（JTIDS）。JTIDS是由装备有 Link 16 数据通信标准和技术终端的各成员构成的系统。TIDS是指挥机构与各作战单位之间大量信息交换主要依赖的高速数据分发系统，是战术C^4ISR系统的重要组成部分。

JTIDS 采用时分多址通信工作方式，把时间轴划分为时元、时帧和时隙。时元是时间轴上时间长度相等的一个个时间段，在一个时元内又划分为一个个时间相等的更小的时间段，称为时帧，在每个时帧内又划分为一个个时间长度为 7.8125ms 的基本时间段，称为时隙。对系统内每个成员，根据其战术使命级别分配足够数量的时隙。系统内成员在分配给自己的时隙内发射数据，在其他时隙内则接收其他成员分发的各类信息。每个成员都有自己准确的时钟，为了实现系统时分多址同步通信工作方式，要以一个成员（时间基准承担者）的时钟为基准，其他成员的时钟与之同步，以形成统一的系统时。这种以时元、时帧和时隙为联系组成的多个通信成员的集合体，形成了JTIDS工作网。

JTIDS 采用直接序列扩频、跳频、跳时和纠检错编码等多种高性能的抗干扰、抗截获技术保证了系统信息传输的可靠性和安全保密性。JTIDS 也工作于 L 频段，工作频率范围为 960～

1215MHz，工作频率在该频率范围内伪随机变化，可供选择的频段宽度为 225MHz。为避开空中交通管制雷达信标系统和敌我识别器工作频率，实际上供选择的频段为 969～l008MHz、l053～1065MHz、1113～1206MHz 三个分频段，每隔 3MHz 一个频点，共有 51 个频点。

由于 JTIDS 信号与敌我识别信号、塔康信号都工作于 L 波段，并且都是脉冲信号，因此敌我识别信号侦测系统大框架可以兼容 JTIDS 信号的侦测。JTIDS 信号侦测系统也由侦测天线（阵）、侦测接收机、信号处理机、测向定位处理机、数据库及监控设备组成，JTIDS 信号侦测系统可以与敌我识别信号侦测系统、塔康信号侦测系统天线（阵）完全兼容。

JTIDS 采用跳频工作方式，跳频速率达 38461.5 跳/s（或 76923 跳/s），跳速非常高，但其跳频频率为固定的 51 个点频，因此对 JTIDS 跳频信号的侦收技术难度大大降低。侦测接收机采用一个信道化接收机就可以完成对跳频信号的侦收。信道化接收机可以是一个模拟信道化接收机，也可以是一个数字信道化接收机，或是一个上述两者相结合的信道化接收机。最简单的模拟信道化接收机采用 51 个模拟超外差接收通道，它们的工作频率分别对应于 JTIDS 信号的 51 工作频率，这样该信道化接收机就覆盖了 JTIDS 整个工作频段，各个模拟接收通道等待着 JTIDS 信号的到来。采用模拟信道化接收机方案时，电路简单，接收 JTIDS 信号响应时间快，但该方案设备量大。对于数字信道化接收机，接收部分为一个宽开接收通道，覆盖 960～1215MHz 频段，它将该频段 JTIDS 信号变频成宽带中频信号，其数字信道化接收工作在信号处理机中完成。在信号处理机中，宽带中频信号经过 A/D 变换器转换成高速数字信号，进行数字滤波，完成 51 通道数字信道化接收功能。960～1215MHz 频段包含了大量 1030MHz 及 1090MHz 敌我识别信号，因此一般采用模拟与数字相结合的信道化接收方案，首先进行 969～1008MHz、1053～1065MHz、1113～1206MHz，三个分频段的模拟信道化接收，再分别对上述三个分频段进行 14、5 和 32 通道数字信道化处理，这样得到一个 51 通道信道化接收机。由于侦测接收机采用了 51 路信道化接收机，并行同时处理 JTIDS 的所有信号，这样就可抵消 JTIDS 信号抗侦收的跳频增益，保证了对高速跳频的 JTIDS 信号的侦收。

对于 JTIDS 扩频信号，一般采用两路接收机同时对其进行接收，并进行相关处理，利用信号的自相关性，使相关器的输出信噪比得到提高，从而完成对 JTIDS 扩频信号的检测。对于 JTIDS 跳时信号，结合高速跳频信号截获技术，采用信道化接收机等待 JTIDS 信号的到来，同时采用高精度的随机抖动测量设备测量信号抖动时间，在接收信号的同时为跳时发射密码估计与预测技术的研究提供依据。

在信号处理机中，除完成前述的数字信道化接收功能外，还可完成 JTIDS 信号检测，并获得跳频图案，对接收到的 JTIDS 信号进行解调甚至还可以进行解扩，得到原始信码。随着电子技术的快速发展，今后甚至可以完成对 JTIDS 信号内涵的解译，从而获取敌方各成员位置、电子战情报、平台状况、武器协同、危险告警及控制和引导等信息及敌方对我目标的跟踪信息。

监控设备用于对整个 JTIDS 信号侦测系统进行控制、监测管理。与敌我识别信号、塔康信号一样，对 JTIDS 信号也可以采用时间差测向定位方法对其进行测向定位。

由于 JTIDS 采用了跳频、跳时、直接序列扩频、加密和码纠错等抗干扰、抗截获措施，这给 JTIDS 信号的侦察带来很大的技术难度。传统信号的侦测技术用于 JTIDS 信号都存在一定缺陷，开展高灵敏度低噪声宽带数字接收、直接序列扩频侦测、高速跳频信号侦测、跳时信号侦测、多址识别等技术的研究是 JTIDS 信号侦测技术的发展趋势和方向。

（5）测量信号情报侦察

测量信号情报侦察是指利用无线电侦测设备截获、侦收、分析、记录来自遥测、信标、应答机、跟踪、引信、引导、指挥控制系统和视频链路等的测量信号，以获取技术情报，所测量信号中，测控系统是主要的侦察监视对象。

对飞行器（包括航天器、无人航空器、导弹等）进行跟踪测量并实施控制的无线电设备，统称为无线电测控系统。通常，测量与控制信息是通过无线信道远距离传输的，即通过测控系统上下行测控信号对飞行器和导弹进行控制、测量。对下行测控信号侦察，通过解译遥测编码，就可以了解飞行器和导弹的工作状态、工作参数，从而了解其性能；对上行测控信号侦察，通过解译遥控编码，就可以了解如何控制飞行器和导弹的工作，进而可引导对抗设备破坏其工作。

测控系统由地面测控站和飞行器上测控设备两大部分组成，采用地面测控站和飞行器上应答机协同工作方式。应答机对接收到的地面测控站信号进行处理、频率变换和功率放大，再相干或非相干转发到地面测控站，提高返回信号的质量和功率，并且可根据不同要求进行调制方式的改变和编码、扩频等，这样就大大增加了测量、控制和数传的距离，可提高测量精度。飞行器上的设备通常具有外测应答、遥控接收、遥测发射、数传发射及监控、存储等功能。地面测控站具有无线电测轨、遥控、遥测等功能。早期测控系统采用分离设备组合而成，而现代先进无线电测控系统，采用将测轨站、遥控、遥测综合为一体的统一载波测控系统，相应地，飞行器上的应答机也是将测轨、遥控、遥测综合为一体。统一载波测控系统上行遥控信号首先经加密编码后调制在遥控副载波上，再将遥控副载波二次调制到统一载波上，然后传送给飞行器上的应答机；同样，飞行器的各种信息经加密编码后调制在遥测副载波上，再将遥测副载波二次调制到统一载波上，然后传送给地面测控站。

测控信号的侦测分为空/天基侦测和地基侦测，他们的侦察对象分别为地（海）面站上行信号和飞行器下行信号。测控信号侦察系统由侦测天线（阵）、侦测接收机、信号处理机、测向处理机、数据处理设备、记录设备、显示设备及监控设备组成，如图 9.21 所示。

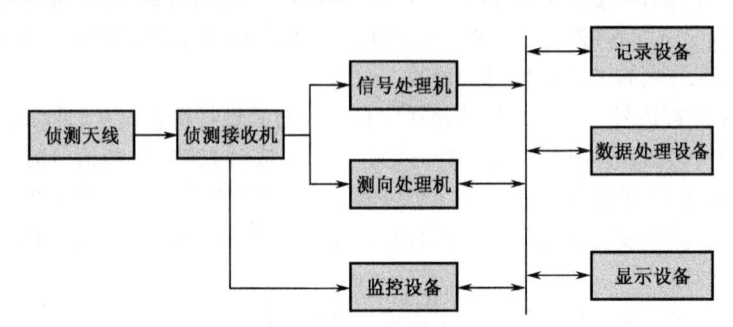

图 9.21　测控信号侦测系统原理框图

测控系统工作频段很宽，一般工作于 VHF、UHF、L、S、C、Ku 及 Ka 频段，因此侦测天线一般采用宽频段、宽波束天线，如对数周期天线、螺旋天线、喇叭天线，在某些场合，也采用抛物面天线或相控阵天线等。为适应多频段工作需要，测控信号侦测系统采用宽频段快速搜索接收机，该接收机快速搜索锁定到测控信号，并将其变频到标准中频信号。信号处理机将侦测接收机送来的中频测控信号经高速 A/D 数字化，变换成高速数字信号，再经解调、解码、破密得到遥控、遥测信息。测控信号侦测系统目前一般采用干涉仪体制对测控信号进行测向，干涉仪测向天线阵接收到的信号通过多通道侦测接收机变频到标准中频信号，再经信号处理机变换成高速数字信号，最后在测向处理机中进行干涉仪测向计算，得到测控信号方向信息。也可用单脉冲跟踪抛物面天线跟踪目标直接获得被测目标的角度信息。上述遥控、遥测信息和测控信号方向信息送数据处理设备进行进一步处理，并送记录设备和显示设备进行记录和显示。数据处理设备处理后生成的情报也送给记录设备和显示设备进行记录和显示。监控设备用于对整个测控信号侦测系统进行控制、监测管理。信号处理机、测向处理机、数据处理设备、记录设备、显示设备及监控设备通过数据总线进行信息交换。

4. 测向定位技术

无线电测向就是利用无线电波在均匀媒质中传播的匀速直线性,根据入射电波在接收天线中感应产生的电压幅度、相位或频率上的差别判定辐射源信号的来波方向。对测向机在不同物理位置的测向结果进行交会计算,则可确定被测目标的地理位置,实现定位。

无线电测向作为空中和海上的无线电导航工具早已用于航空和航海事业。在气象研究中,通过对气球上的发报机的测向定位来测定风向和风速;通过对雷电脉冲的测向来确定雷雨的位置。在航天研究中,无线电测向可用于对航天飞机和人造卫星的空间位置的测定,在天文学的研究中,无线电测向可用于测量天体的方向和天体本身的电磁辐射。此外,无线电测向还广泛用于测绘、电离层和电波传播的研究。

在军事上,无线电测向定位起着十分重要的作用,利用无线电测向定位可以测定陆上、海面和空中带有无线电辐射源的目标的方向和位置,实现对敌方设施的监测、截获情报或引导对敌台的干扰甚至火力摧毁,无线电测向定位是无线电侦察的重要组成部分。它能在现代密集、复杂多变的信号环境中为分选、识别信号提供信号重要的波达方向信息。

无线电测向设备主要由测向天线、接收机、信号处理器和监控显示器等部分组成。测向天线用于接收辐射源目标发射的电磁信号,产生感应电势,该感应电势包含来波的方向信息。接收机用于对天线送来的感应电势进行选择、放大和变频,将射频信号变为中频信号。信号处理器对接收机送来的中频信号进行采样,变为数字信号,并采用一定的测向算法从中提取来波方向。监控显示部分对测向系统进行监测和控制,并将信号处理机送来的方向信息以模拟或数字形式显示或打印输出。

无线电信号的来波方向信息可以从天线感应电势的幅度、相位、到达时间或到达频率等多种参数中获得,因此实现测向的方法很多,常用的测向方法主要包括幅度法测向、相位法测向、多普勒法测向、多普勒法测向、单脉冲法测向、时间差测向以及空间谱估计测向等。

幅度法测向是利用测向天线对不同来波方向的电磁波的幅度响应来测量辐射源方向的,根据天线系统方向图的最大值或最小值进行测向。通过转动天线,当天线输出达到一个极值时,由天线指向确定来波方向。也可利用特性完全相同的两副天线和接收系统,对接收到的信号幅度进行比较来判定来波方向。如旋转环角度计测向机、沃森—瓦特(Watson-Watt)交叉环测向机、乌兰韦伯(Wullenwever)测向机等。

用处于不同物理位置的天线接收同一个辐射源信号,由于电波到达各天线的时间不同,所以不同天线接收的信号之间有一定的相位差,相位差与信号来波方向有关,相位法测向就是通过测量并处理这些相位差来获取信号的方位信息的。由于可以把相位差误差折合成相对小得多的方向误差,因此相位法测向可以得到较高的测向精度。各天线接收信号之间的相位差与频率有关,因此相位法测向要求信号频率固定并能准确地知道信号频率,如信号频率迅速变化则不能完成测向。增大天线之间的距离可以增加天线接收信号之间的相位差值,减少相位差测量误差的影响,提高测向精度。但是,由于相位函数存在周期性,会出现测向模糊问题,需要通过采用多元天线阵和相应的测向算法加以解决。目前,在工程上常用的相位法测向就是干涉仪测向。

多普勒法测向根据多普勒效应对辐射源目标进行测向。为了能实现快速测向，天线的旋转速度应足够快，为减少多径效应引起的误差，天线旋转半径 R 应足够大，因此实际上并非是天线做机械运动，而是把一系列天线元固定在半径为 R 的圆周上，通过电子开关，以一定角频率轮流将每根天线接通到接收机，来模拟天线沿圆周的旋转。用这种方法获得等效多普勒频移叫准多普勒效应，相应的测向系统叫准多普勒测向系统。通过采用双信道补偿、梳状滤波器、正/反时针旋转、测向静噪、单信道频率补偿等技术，使多普勒测向机准确、灵敏、极化误差小、可测来波仰角等优点得到充分发挥，从而出现高性能的新一代多普勒测向机，并在无线电监测和无线电侦察中获得应用。

单脉冲法测向多用于对雷达等脉冲信号的测向，主要有幅度单脉冲法、相位单脉冲法和零点单脉冲法。幅度单脉冲法采用方向图中轴偏开一定角度的两副单波束天线，从两副天线感应电势的幅度比值中获得来波方位信息。相位单脉冲法采用方向图中轴平行但离开一定距离的两副单波束天线，从两副天线感应电势的相位差中提取来波方位信息。零点单脉冲法是从单波束天线与有一个零点的双波束天线感应电势的比值最小点确定来波方位。

时间差测向系统由两个通道组成，两天线之间的距离称为测向基线长度。当辐射源发射的平面波先后到达两个天线时产生一个时间差，在同一个平面上，到达两个侦测站的时间差为一个定值的辐射源位置轨迹是一条确定的双曲线。当目标距离到两个侦测站的距离远大于两个侦测站之间的距离时，双曲线的渐近线即为目标的方向线。时差测向误差的大小与来波方位角有关，当来波方位角与天线的基线方向一致时，测向误差非常大；当来波方位角与天线基线方向垂直时，测向误差最小，通常在工程设计上方位角测量范围约为±45°。测向精度主要取决于时间同步和时间测量精度以及侦测站之间的距离。测向的精度与基线长度成反比，基线越长，测向精度越高，机载设备的基线长度通常为 30～40m。时差测向对天线方向性要求不高，可以用全向天线，也可以用定向天线。此外时差法可对极窄的脉冲信号测向，也可对复杂调制的信号测向，时差法测向具有很大优越性。此外，测向时需要获取信号的载频、脉冲重复频率、脉宽和脉内调制信息等，以实现对复杂的空间信号分选、配对，从而保证是利用同一个辐射源的同一个脉冲的到达时间差进行方向计算的。

空间谱估计测向技术，是 20 世纪 70 年代末和 80 年代初出现并得到迅速发展的阵列信号处理技术，是目前国内外重点研究的课题。

经典的时域频谱分析或空域角度谱分析是一类线性谱估计，这种谱估计要受瑞利限度的约束。空域处理和时域处理的任务是截然不同的，传统的时域处理主要提取信号的包络信息，作为载体的载波在完成传输任务后就不再有用。而传统的空域处理则为了区别波达方向，主要利用载波在不同阵元间的相位差，包络反而不起作用，并利用窄带信号的复包络在各阵元的延迟可以忽略不计这一特点来简化计算。空间谱表示信号在空间各个方向上的能量分布。如果能得到信号的空间谱，就能得到信号的波达方向。因此，空间谱估计主要研究在系统处理带宽内空间信号波到达方向或其他参数的估计问题。

空间谱估计技术是近 30 年来发展起来的一门新兴的空域信号处理技术，是在自适应阵列处理技术和时域谱估计技术的基础上发展起来的一种新技术。这种技术突破了经典的时域（空域）谱估计受瑞利限度的约束，采用非线性处理实现了频率的超分辨，从分辨力上大大突破了瑞利限度的限制，能够分辨夹角远小于波束宽度的多个目标源。空间谱估计方法能为解决多径问题提供一条新的途径，理论上它几乎可以克服传统测向技术的一切不足，因而引起各国政府和军方的广泛关注和深入研究。空间谱估计技术主要研究在处理带宽内空间信号（包括独立、部分相关和相干）的到达方向（DOA）问题，主要目标是研究提高空间信号到达角的估计精度、角度分辨力和提高运算速度（即减少运算量）的各种算法及算法的稳健性。

9.1.3 声学探测技术

声学探测技术是一种以声学原理为基础，根据被探测目标在声波传播介质（大气或水）中发出的声频振动，利用电子装置处理获取的声波信息，以实现对目标的识别和定位的技术。

按声波传播介质的不同，声学探测技术可分为声探测技术和水声探测技术两大类：声探测技术是利用声音在大气中传播的物理特性而获取目标信息的技术，而水声探测技术是利用声音在水中传播的物理特性来获取信息的技术。由于声音在大气和水中的传播呈现出明显不同的特质，因此，声探测技术和水声探测技术也表现出鲜明的特征。

1. 声探测技术

在静止大气中，影响声速的主要气象要素是气温和湿度。气温为 0℃时，声速为 331m/s。气温每提高（降低）1℃，声速增加（减少）0.6m/s。湿度对声速影响很小，当水气压使水银柱增加（减少）10mm 时，声速增加（减少）0.6m/s。

声波在传播过程中，如果声速发生变化，则声线就会折射。声波在传播过程中遇到障碍物不能通过时，则产生反射。当声波的波长大于障碍物时，则声波能绕过障碍物而继续传播，这种现象叫绕射，此时在障碍物的背后有一段声影（即声波不能到达的地方）。目标产生的声波通常包含多个频谱，如火炮发射时有发射声波（炮口声波）、弹道声波、爆炸声波。这些声波由于炮弹弹径和爆炸方式的不同而有所区别，声测侦察可通过对不同炮声频谱的分析提取有用的战场信息。

炮兵声测侦察是声探测技术的主要军事应用领域，是侦察敌方炮兵的有效手段之一，尤其在夜间、雾天，以及对于设置在遮蔽物后的火炮具有独特的侦察能力。声测侦察探测的空中目标主要是直升机和低速飞机。雷达难以在强电子干扰环境中有效地探测空中目标，并难以探测超低空飞行的直升机和巡航导弹。而声探测系统却可以不受干扰地接收并识别飞机发动机、直升机旋翼产生的特征声信号，提供预警能力。随着声探测器的改进和新信息技术的应用，声学侦察有了更多的应用领域。美国研制的单兵操作的小型声测系统，可以用于监听和警戒，监听话音和其他声音，在敌人临近时发出报警信号。

声测侦察设备主要由收音器、声信息传输设备（线缆）、记录处理设备及主要配套的气象探测设备、测地设备组成。收音器用于感受声振动的压力，并将声振动转换为电信号。声信息传输设备（线缆）用于将各收音器收到的信号传递给记录处理设备的记录仪。记录处理设备用于记录或显示、处理声频信号、确定目标位置。气象探测设备用于测定气温、风向和风速，为确定目标位置提供修正量，以提高对目标的交会精度。测地设备用于测定收音器布设的精确位置，为精确测定目标的位置提供基准点。

声探测技术的工作原理与电磁波的测距差定位原理类似，假设声音以已知速度均匀地由声源向外传播，由声源 S 发出的声波的波前，先到达多个收音器，测量到达不同收音器的时间差。已知时间差后，根据两个收音器的距离（声测基线）就可算出一条双曲线，该双曲线必通过声源 S。在实际作业时，用直线代替双曲线，并进行一些修正，这样由 4~6 个收音器提供的数据，便得到组成每条基线的方向线，这些方向线的交点就是声源 S（目标）的位置。

2. 水声探测技术

水声探测技术在军事侦察中主要是保障对潜艇的侦察。自从潜艇问世以来，以水声探测技术为基础发展起来的声呐就成为反潜探测的重要工具。现代声呐技术已经具备了探测距离远、定位精度高、搜索速度快、监视目标多、敌我属性识别准、自动化处理能力强的特点，并进一步呈现出低频化、精确化、主动化、多样化、智能化发展趋势。在今后很长一段时期内，声波仍将是海洋中最有效的侦察与监视手段，而且随着反潜战和濒海作战概念的发展，水声探测技术在军事侦察上仍然有非常广阔的应用前景。

（1）水声探测基本知识

海洋是一个巨大的导电体，电磁波在水中很快会被吸收，传播的距离很近。而声波在水中的传播衰减较少，速度也比空气中高约 4.5 倍，大致为 1430～1550m/s，是已知唯一能够在水中传播的机械波。水中的声波称为水声。

在海洋中，声波的传播与海水的温度、盐度、深度以及海面和海底的声学特性有关。在实际海洋条件下，由于波阵面的几何扩展和海水对声波的吸收、海面和海底的存在，以及海水的不均匀性，会使声波发生折射、反射、散射、声强减弱、干涉、畸变和起伏等现象。

海洋作为水声传播的通道，是一种非常复杂多变的信道。当声波在海洋中传播时，若有海水中的声速分布在某一深度上有一个极小值，此极小值深度处的水平线称为声道轴。声道轴上方的负梯度和下方的正梯度使得从声道轴附近的声源发出来的部分声线向下或向上弯曲，但总是保持在声速相等的两个固定深度之间，一部分声能被限制在该海水层内而不逸出，该海水层称为声道，此两深度就是声道的上下边界。由于声道内传播的声波几何扩展损失较小，所以传播距离较远。

声道轴在海面处的声道称为表面声道，当海面水温低于下层水温时，声速分布呈现正梯度（声道轴在海表面），在海面附近的声源发出的声线在传播过程中向海面折射，声能被限制在表面层内而形成表面声道。表面声道常出现在高纬度海区或冬季。在中、低纬度海区，由于海洋湍流及风浪对表面海水的搅拌作用，往往在海水下面形成数十米厚的等温层。在等温层内声速随深度增加，也形成表面声道。声波在表面声道传播中受海面多次传播反射，永远到不了海底。可见海面状况对传播影响较大。

声道轴在在海面以下的称为水下声道。水下声道分浅海声道和深海声道。浅海声道的上下边界为海面和海底。在负梯度情况下，有很大一部分声能逸出声道进入海底，传播距离较短。在中、低纬度海区，海面温度总比深处高，声速迅速减小，但随着深度的增加到某一值时，声速开始增加，于是在海洋深处（数百米至一千多米）会出现一个稳定的极小值，即在深海中存在一个稳定的声道，称为声发（SOFAR）声道。声波在声发声道中传播既不被海面散射，又不被海底吸收，速度虽慢，但可以传播很远。在深海声道中，由声源发出的一部分声线，受声道声速分布的制约，经过多径传播，每隔一定的距离在海面附近交会而形成的局部高声强区称为会聚区。会聚区每隔数十海里出现一次，离声源越远的会聚区宽度越大。

当声源深度较浅（500m 内）时，声波可能有三种声线路径，即表面声道、海底反射和会聚区。当声源位于海洋深处时，会产生声发声线和折射—海面—反射声线。

水声主要应用于水声探测。水声探测是根据被探测目标在水中辐射或反射的声频振动而发现、识别目标并测定其位置参数的活动。在军事上，水声探测用来侦察水中兵器，如潜艇、水面舰艇、鱼雷、水雷和深水炸弹等。水声侦察的信息源包括目标本身产生的自噪声（机械噪声、螺旋桨噪声和水动力噪声等），以及主动式水声设备（声呐、识别器、武器控制系统）发出的声信号。利用水声侦察装备可以获得有关水中兵器及其运载工具的类型、位置、性能和运动状态的情报，是实施潜艇战、反潜战和水声对抗的支援措施。

（2）声呐技术

声呐（Sound Navigation And Ranging，SONAR）一词，是在第二次世界大战中形成的。在此以前，水声探测设备曾分别称为潜艇探测器、回声定位仪、水中听音器、噪声测向仪和回声测深仪等。声呐是利用水声传播特性对水中目标进行传感探测的技术设备。用于搜索、测定、识别和跟踪潜艇和其他水中目标，进行水声对抗、水下战术通信、导航和武器制导，保障舰艇、反潜飞机的战术机动和水中武器的使用等。声呐对目标的探测主要包括测距、测速和定位三种，探测原理与雷达使用电磁波的探测原理类似。

声呐装备于潜艇、水面舰艇、反潜飞机和海岸防潜警戒系统。声呐按基本工作方式，可分为主动式声呐和被动式声呐两种；按主要战术性能和技术特点可分为搜索声呐、攻击声呐、探雷声呐、识别声呐、通信声呐（水声通信机）、对抗声呐（水声侦察、干扰和伪装设备）、导航声呐（测深仪、测冰仪和多普勒声呐）和综合声呐等。

被动式声呐（也称为噪声声呐），主要由换能器基阵（由若干换能器以一定规律排列组合而成）、接收机、显示控制台和电源等组成，如图9.22所示。当水中、水面目标（潜艇、鱼雷、水面舰船等）在航行中，其推进器和其他机械运转产生的噪声，通过海水介质传播到声呐换能器基阵时，基阵将声波转换成电信号传送给接收机，经放大处理传送到显示控制台进行显示和提供听测定向。早期的噪声声呐搜索目标和测定目标方位，主要是转动换能器基阵对准目标，以最大定向法来完成；近代噪声声呐则由基阵和波束形成电路预成波束来自动完成。现代噪声声呐除完成对目标测向外，还能根据噪声目标的频谱特征等判明其性质和类型；噪声测距声呐还可对目标进行被动测距。

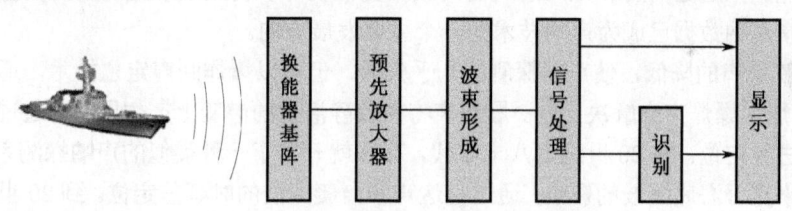

图 9.22　被动式声呐组成结构示意图

常规潜艇可以关闭发动机潜伏在海底不发出一点声响，采用新型不依赖空气动力装置（AIP）的潜艇甚至可以潜伏几星期，复杂的海底地貌也可以帮助常规潜艇躲避追踪。这些问题都可能会影响到被动声呐探测，使得被动声呐技术发展趋缓，但还远未到被淘汰的地步。只要水面舰艇依然产生噪声、核潜艇依然会发出规则的声信号，就会有被动声呐存在。目前几乎所有的潜艇都装备被动声呐，但是在搜索柴电潜艇时主动声呐仍必不可少。

主动式声呐（回声声呐），主要由换能器基阵、发射机、接收机、收发转换装置（用于收发合一的基阵）、终端显示设备、系统控制设备和电源等组成，如图 9.23 所示。在系统控制设备的控制下，发射机产生以某种形式调制的电信号，经收发转换装置送到换能器基阵，由换能器将其变换成声能向水中辐射；同时，信号的部分能量被耦合到接收机作为计时起始（距离零点）信号。当声波信号在传播途中遇到目标时，一部分声能被反射回换能器再转换成电信号，经收发转换装置送入接收机进行放大处理，送到终端显示设备供观察和听测。图9.24是直升机携带的主动声呐。

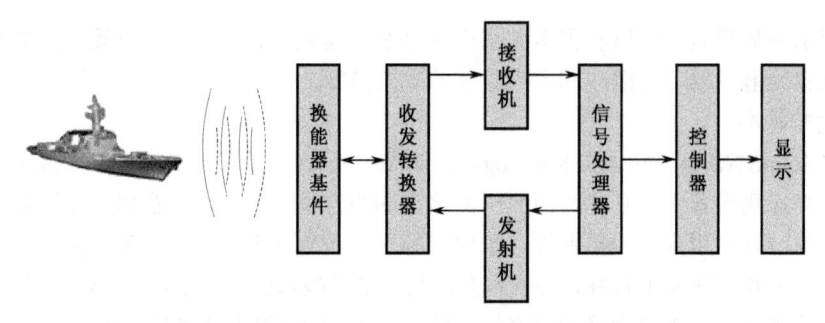

图 9.23　主动式声呐组成结构示意图

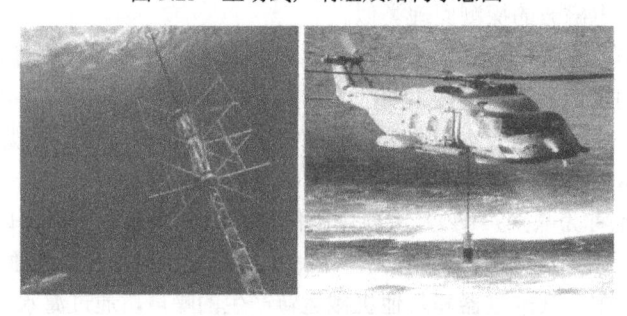

图 9.24　直升机携带的主动声呐

先进的信号处理技术显著提高了声呐系统的性能，使声呐除了完成潜艇探测的任务外，还可以进行远距离水声通信。现在的水声通信技术已经可以实现图像传输，通过编码技术可以进行大约 100b/s 的低速数据传输，今后可能提高到 1000b/s。水声通信技术使各种水下平台的数据交换成为可能，如通过潜艇和无人潜航器的数据交换就可以构成水下战场的声图像。各种水下平台之间共享声呐数据已成为声呐技术的一个主要发展方向。

现代潜艇噪声的降低，使声呐探测的几乎失效，但可以爆炸回声定位技术，通过增加一个"信号"深水炸弹爆炸声来解决问题。爆炸声将在寂静潜伏的潜艇上产生回波，通过被动声呐阵接收回波并进行定位。在 20 世纪七八十年代，苏联就开发了一种类似的声呐探测系统，并使用一组爆炸声来克服海底回波的影响，通过直达声和潜艇回波的时延差定位。到 20 世纪 90 年代，随着计算机的飞速发展，区分潜艇回波和海底反射波的问题得到了解决。通过采用这种技术的声呐系统可以探测到潜艇而不会暴露反潜舰艇的位置。美国国防先期研究计划局的"远方雷鸣"（Distant Thunder）工程，就是使用舰载声呐或声呐浮标接收爆炸引发的信号，由计算机处理接收到的信号、推演海底声图像绘制出潜艇的运动轨迹。

9.1.4　辐射计探测技术

辐射计是记录和接收目标和背景自身辐射的微弱随机噪声信号的高灵敏度接收系统。利用辐射计可以收集军事目标及地物背景在微波/毫米波波段内的电磁波辐射，形成目标区域"亮度温度"分布图，根据目标和背景的高亮温对比度，提取目标物体或现象的有用信息。

科索沃战争期间，在进行军事行动的 70%时间内，有 50%的区域被云层和烟雾所覆盖，从而大大影响了光电和红外传感器的有效使用，而微波/毫米波相对较长的波长使电磁波辐射信号较可见光、红外波段有更好的透过性，使微波/毫米波辐射计成为全天候、全天时对敌方目标侦察和监视的有效手段。大量的研究表明，微波/毫米波辐射计可在恶劣的气候状况下取得高对比度的自然图像。

现代高技术战争中，伪装技术保障和战场生存紧密相连，现在的伪装保障技术包括伪装遮障器材、伪装涂料、假目标、烟幕伪装和隐身技术等。这些措施对紫外、可见光、红外与雷达探测性能有较大影响，但对微波/毫米波辐射计影响较小。对于采用了吸波材料的隐身目标，由于其吸收外界辐射能量的能力大于未采用吸波材料的物体，其自身向外辐射的能量相应也大于未采用吸波材料的物体。利用这一特点，微波/毫米波辐射计是探测隐身目标的一种潜在手段。

常规侦察雷达设备执行侦察任务时，要向目标区域辐射电磁波，而微波/毫米波辐射计只是接收目标和背景自身的电磁波辐射，体积和重量较小，成本较低，执行侦察任务时不辐射电磁波，具有较高的战场生存能力。

（1）探测原理

典型的辐射计接收系统组成，如图9.25所示。从图中可以看出，辐射计接收的随机噪声信号功率中，除了目标的自身辐射功率，还包含了大量的其他物体辐射功率。

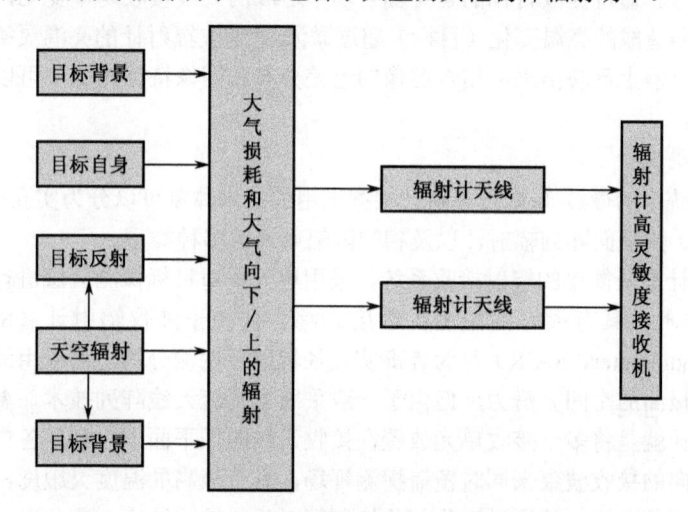

图 9.25 典型辐射计接收系统的组成

对于在自然背景下的目标探测，只要辐射计接收机的温度灵敏度高于目标造成的环境温度变化，原则上就可以探测出在侦察区域的目标，至于目标的探测概率则取决于辐射计温度灵敏度与环境温度变化的比值。当辐射计探测区域内存在军事目标且它们造成的亮度温度变化超过辐射计探测系统的温度灵敏度 ΔT 时，会在探测系统输出端产生特定的信号输出，结合目标和背景的辐射特性数据库并合理选择目标的判读门限，可准确、可靠地探测感兴趣的目标。

任何物理温度（T）高于热力学零度的自然界物体都要在整个电磁波谱上向外辐射电磁波，物体电磁波辐射强度由它的"亮度温度"（T_B）表示。在微波/毫米波波段上，物体自身向外辐射的功率表示为

$$P = k_b T_B B$$

式中，P 为辐射功率（W），B 为辐射噪声信号带宽（Hz），T_B 为物体亮度温度（K），k_b 为玻耳兹曼常数 1.38×10^{-23}（J/K）。而物体的物理温度和亮度温度存在关系：

$$T_B = \varepsilon T$$

式中，ε 为物体的表面发射率，T 为物体的物理温度（K）。如果被探测的目标处于热平衡状态，它辐射的能量等于它吸收的能量。对于完全的吸收体或辐射体，吸收的功率最大，辐射的功率也最大，这样理想的辐射体即称为"黑体"，表面发射率 $\varepsilon = 1$。理想的黑体在自然界是不存在的，

自然界的物体发射率都小于 1，物体的表面发射率随观测角、频率、极化方式、表面粗糙度、复介电常数而变化。

自然界物体除了自身向外辐射电磁波，还要反射天空对它的辐射，一般情况下，可认为自然界物体在微波/毫米波波段辐射发射率 ε、反射率 r 和透射率 ρ 满足关系：

$$\varepsilon + r + \rho = 1$$

一般的辐射计接收机温度灵敏度就是指辐射计的最小可分辨温差 $T_{\min}$ 可表示为

$$T_{\min} = k(T_A + T_R)\sqrt{(1/B\tau) + (\Delta G/G)^2}$$

式中，k 为辐射计调制系数（取值在 1~3 之间，与接收机设计有关），T_A 为天线噪声温度，T_R 为接收机噪声温度，B 为接收机中频带宽，τ 为系统积分时间，ΔG 为接收机增益漂移，G 为接收机增益。辐射计通过对观测区域的二维扫描或者对天线口径场强分布的二维测量，可以实现对观测区域的成像。通过提取目标的自身辐射功率造成的天线接收功率变化，当探测区域内存在军事目标且它们造成的亮温变化（目标）超过微波/毫米波辐射计的亮温灵敏度时，会在成像系统输出图像的色差上反映出来，结合图像的色差分布和图像特征轮廓，可以更准确、可靠地探测和识别目标。

（2）辐射计类型

军事信息系统中的微波/毫米波辐射计根据采用的技术体制可以分为实孔径辐射计、综合孔径干涉仪辐射计、焦平面阵列辐射计以及相控阵辐射计等多种类型。

实孔径辐射计是最简单的辐射接收系统，采用单天线对目标探测区域进行扫描探测，是目前采用最多的技术，具有很好的温度灵敏度。综合孔径干涉仪辐射计（Synthetic Aperture Interferometric Radiometer，SAIR）是为提高实孔径辐射计探测分辨力而采用的多天线接收信号相关系统，具有极高的空间分辨力，但由于一般采用了稀疏天线阵列技术，温度灵敏度较差。焦平面阵列辐射计就是将多个接收单元放置在接收天线的焦平面上，利用各馈源的偏焦不同，形成多个不同指向的接收波束来同时覆盖探测视场，具有极高的温度灵敏度，在成像辐射计中应用较为广泛。相控阵辐射计通过变化相位控制辐射计的接收波束，具备高速和灵活的波束指向选择，但设备量和成本太高，一般的应用较为少见。

综合孔径干涉仪辐射计的许多不同间距的天线对（基线）按一定规则排列，同时对准同一视场。每副天线接收场景辐射的微波/毫米波信号，经高频前端处理后变为多路中频信号，每路中频信号分别进行复相关器交叉互相关和自相关处理，得到复相关器输出信号。测得复相关器输出信号，经逆傅里叶变换可计算得到场景亮温的分布；而空间分辨力则取决于最大基线间隔长度。如图 9.26 所示。

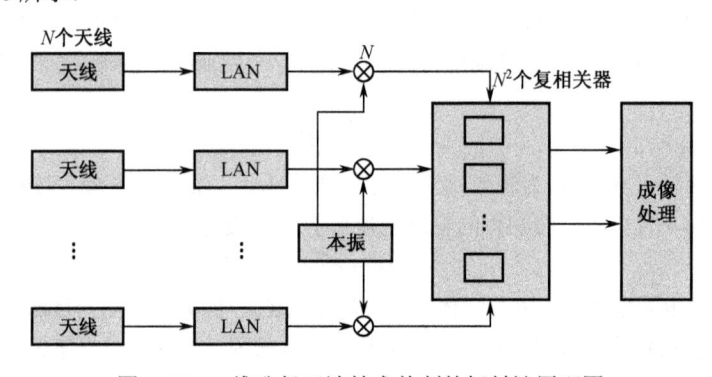

图 9.26 一维孔径干涉技术体制的辐射计原理图

目前国外微波/毫米波侦察探测的频率已达 200GHz 以上，非成像遥感正向更高频率、多频率、多极化探测方向发展，阵列成像技术正给微波/毫米波无源探测系统的性能带来革命性的变化。先进的微波/毫米波无源成像系统研究主要集中在焦平面阵列（MFPA）和综合孔径干涉仪（SAIR）两种技术体制的应用上，相控阵辐射计将成为未来辐射计新的发展方向。是必然的升级。可以预计，作为一种新兴的无源探测手段，未来的微波/毫米波辐射计将是传统的光学、红外以及雷达侦察传感器的有效补充，并具有良好的战场生存能力和战场环境适应性。

9.1.5 光电侦察技术

光电技术就是光波段的电子技术，是在电子技术基础上延伸发展起来的一个重要分支，它涉及电磁波谱的光波段，即红外线、可见光、紫外线和软 X 射线部分的电磁辐射，频率范围为 $3\times10^{11}\sim3\times10^{16}$Hz，亦即波长 10nm～1mm 的范围。光电侦察与监视技术是应用光电转换原理，利用目标反射或自身的辐射，通过转换和处理来获取目标信息的技术。

通常按工作原理和技术发展把光电侦察技术分为六大类：光学仪器、电视侦察技术、微光夜视技术、红外侦察技术、激光侦察技术、光电综合侦察与监视技术。

光学仪器工作于可见光波段范围内，一般不需要经过光电转换，在军事上运用最早，技术也比较成熟，具有扩大和延伸人的视觉、发现人眼看不清或看不见的目标、测定目标的位置和对目标瞄准等功能。主要有望远镜、炮队镜、方向盘、瞄准镜、测距仪、经纬仪、潜望镜、照相机、判读仪等。

电视侦察技术利用电子光学的方法，实时远距离传输人眼可见的正常光照条件下目标和景物图像。主要有可见光侦察电视、微光电视、红外侦察电视等。一般由摄像机、传输设备和监视器组成，其主要特点是目标显示形象直观，清晰度好，图像易于存储、处理和传输。摄像机可安置在阵地前沿，也可以由直升机、车辆和单兵携带深入敌方摄取目标图像，然后通过无线或有线实时传输到远距离的指挥所进行实时显示、录像。

微光夜视技术工作于可见光和近红外波段，将微弱的光辐射（包括月光、星光、银河系的亮光和大气辉光等）转变成人眼可见的图像，可以扩展人眼在低照度下的视觉能力。可以分为直接观察的微光夜视仪和间接观察的微光电视两大类。微光夜视仪由物镜、像增强器、目镜和电源、机械组件等组成，人眼通过目镜直接观察景物图像，已广泛应用于夜间侦察、瞄准、驾驶等。微光电视由微光电视摄像机、传输通道、接收显示装置三部分组成，通过无线或有线传输，在接收显示装置上显示微光电视摄像机获取的图像，可用于夜间侦察和火控系统等。微光夜视技术与红外侦察技术构成了夜视装备家族，它们从费效比以及功能上互为补充。

红外侦察技术工作于红外波段，利用目标和景物的红外辐射来探测和识别目标。分为主动式红外夜视仪和被动式的红外热像仪。主动式红外夜视仪一般由红外探照灯、成像光学系统、红外变像管、高压转换器和电池组成。由于主动式红外夜视仪需要用红外光源照射目标，易暴露自己，应用范围逐渐缩小，在军事应用上逐渐为被动式的微光夜视仪和红外热像仪所取代。红外热像仪一般由光学系统、扫描器、红外探测器、信号处理和显示器、电源等组成，直接接收目标自身的红外辐射，隐蔽性好，是军事应用主要的红外侦察系统。

激光侦察技术是利用激光束照射目标并接收目标反射回波的方法来获取目标信息。现已发现的激光工作物质已有几千种，波长范围从软 X 射线到远红外。分为激光测距机、激光测速仪、激光雷达、激光扫描相机、激光电视、激光目标指示器等。由于激光具有亮度高、方向性强、单色性好、相干性强等特点，所以应用激光侦察技术，侦察速度快、抗干扰能力强，所获得的目标信息丰富、精度高。缺点是作用距离受大气纯度和气象条件，如尘、烟、雾、雨、雪、云层等影响较大。

光电综合侦察技术是将上述侦察技术中的任意两种或两种以上组合在一起，它们相互之间取长补短、相辅相成，对目标的侦察能力将大大提高。例如，电视与红外相结合，获取的信息，可以互相补充、互为印证；电视、红外分别与激光测距相结合，可以实现对目标的定位和跟踪等。以色列YUVAL远程侦察观察系统是由电视摄像机、前视红外仪、激光测距机和计算机组合的侦察系统，供前线、海防和边境进行侦察和监视。而英国的"维斯塔" IM-400车载式监视系统是热成像与像增强技术相结合的战场监视系统。当然，若与微波雷达相结合，可以构成一个性能更强的综合侦察与监视系统。

9.1.6 遥感探测技术

所谓遥感就是不直接接触有关目标物或现象，在一定距离上利用传感器收集信息，并对其进行识别、分类、判读和分析的一种技术。这里"一定距离"原则上没有严格限制，地面遥感的距离可以是几百米，航空遥感的距离可以是几十千米，而航天遥感的距离，可以是几百甚至上千千米。从广义的角度说，遥感系统所收集的信息包括由目标物发射、反射或者散射的电磁波信息、声信息和物理场信息。从狭义的角度说，遥感信息只是指以电磁波为载体，经介质传输而由遥感器收集到的信息。一般所说的遥感指狭义的遥感。

遥感系统主要由遥感平台、遥感传感器、遥感数据接收和预处理系统、遥感资料分析与判读系统等四部分组成。传感器是遥感技术系统的核心，它与遥感平台一起，集中代表了现代遥感技术的水平。遥感采用的电磁波波段可以从紫外一直到微波波段。工作波长不同，使用的传感器也不同。通常使用的三种遥感系统为可见光系统、红外系统、微波遥感系统。除了微波遥感系统外，其余都采用被动工作方式，因而执行探测任务比较困难，但它们都对军事应用具有重要意义。

可见光系统工作于可见光谱的紫外光（$0.3\mu m$）至红光波段（$0.75\mu m$）。它们的工作波长短，因而可以达到很高的分辨力，但由于其工作需依靠阳光反射，因而只能在白天工作。常见的可见光遥感系统有两种：照相机和电视摄像机。

红外系统的工作波段是从$0.75\sim1.0\mu m$起（仍可使用胶片的波段），至$1.0\sim2.5\mu m$（电子光学遥感用的近红外波段），至$3.0\sim15.0\mu m$（中红外），直到$20.0\sim100.0\mu m$（远红外）。近、中、远红外的定义很不严格。红外遥感器昼夜都能工作，因为它们探测到的信号强度是被观测景物的发射率乘以景物测温（等效黑体）温度四次方的一个函数。虽然同一地面点白昼和夜晚的信号特征不同（因天空反射的能量不同），但图像质量基本相同。云和雨会使地面图像对比度减弱，但除非气候非常恶劣，仍能获得图像信息。红外遥感设备有红外辐射计、红外扫描仪、红外望远镜、红外相机、红外电视。

在海洋、陆地和大气微波遥感应用中，常用的微波遥感器包括下列五种：散射计、雷达高度计、无线电地下探测器、微波辐射计、侧视雷达。这五种遥感器中，只有微波辐射计和侧视雷达可用于成像，其他则不能。一般只要能精确测量目标信号强度的雷达，都可称为散射计。大多数雷达在校准之后，都能作为散射计使用。无线电地下探测器是测量地下层及其分界的一种装备，对于某些地物，采用低频率波束可以穿透其表面，探测器接收到的反射功率可以检测出来，实现足够的距离分辨力。辐射计主要工作于微波和毫米波段。它们可以被视为向下观察的射电望远镜，其分辨力比同样孔径的可见光遥感器低3~5个数量级，但可以对大面积的陆地和海域进行探测为了便于判别被观察景物，它们需要做大量地面实况的校准测量。

随着传感器技术、航空航天技术和数据通信技术的不断发展，现代遥感技术已经进入一个能动态、快速、多平台、多时相、高分辨力地提供对地观测数据的新阶段。现在，光学遥感包含可见光、近红外和短波红外区，热红外遥感的波长为 8~14μm，微波遥感的波长范围是 1mm~100cm。微波遥感的发展进一步体现为多极化技术、多波段技术和多工作模式。尤其是 SAR 雷达卫星，由于具有全天候全天时的特点，以及应用 InSAR 进行高精度三维地形测绘，得到全世界的广泛关注。

9.1.7 地面战场传感器技术

地面战场传感器是一种能适应各种环境、被动式、全天候、全天时工作的远距离侦察装备，是利用人员、车辆等通过某一区域引起的震动、声、响、压力、电磁场等特性的变化来探测目标的侦察器材。

地面战场传感器通常由探测器、信号处理电路、发射机和电源等四部分组成，可以通过人工埋设、飞机空投或用火炮发射等方式设置在计划监视的地域，是雷达、光学、夜视等直视侦察装备的有效补充手段。利用中继器转发信号及遥控指令，还可以对敌纵深地区进行侦察与监视，其全天候、不间断、实时、隐蔽的自动监测性能，扩大了交战双方战场监视的时空范围，给地面作战带来了一些新特点。目前大量使用的地面传感器包括震动传感器、声响传感器、磁性传感器、压力传感器和红外传感器等。

震动传感器是使用最普遍的一种传感器。它是利用震动换能器（也叫震动探头），即一种磁电转换器件，来拾取地震动信号，并通过处理来探测目标的。震动传感器的主要优点是探测距离远、灵敏度高，通常可探测到 30m 以内运动的人员和 300m 以内的车辆。

声响传感器是利用声电转换器件，将目标运动时所发出的声响转换为相应的电信号，再经放大、处理，确定目标的方向、位置和性质的设备。声响传感器的探测范围也较大，一般说来，其探测范围对人的正常对话可达 40m，对运动车辆可达数百米但其耗电量大，一节电池通常只能用一个半月左右。为延长其使用寿命，通常以人工指令控制其工作，或与耗电量小的震动传感器联用。即先由震动传感器探测到目标后再启动声响传感器进行探测。例如，美军现装备的一种声响传感器就是在小型震动传感器连续发送三个震动信号后启动声响传感器开始工作的。为使两者有机组合，通常制成震动—声响传感器，既兼有两者的优点，又弥补了两者的不足。声响传感器目前已在地面传感器侦察与监视系统中广泛应用，如美国陆军使用了一种可悬挂在树上的被称为"音响浮标"的装置，探测距离 300~400m，接近人的听觉范围。

磁性传感器的探测器为一个磁性探头，磁性探头工作时在其周围形成一个静磁场，当铁磁金属目标进入磁场就造成磁场扰动。由于磁场扰动的影响，传感器的指针产生偏转和摆动，并转换成电信号，发往监控中心。其探测范围依赖于磁场强度，由于受能源限制，通常监测范围较小，对武装人员为 5m 之内，对轮式车辆为 15m 以内，对履带车辆为 25m 以内。磁性传感器的主要优点是，鉴别目标性质的能力较强，能区别徒手人员、武装人员和各种车辆；同时，对目标探测的响应速度快，通常为 2.5s，能探测快速运动的目标。美国陆军装备的 AN/TRS-2 型排用早期预警系统配置有磁性传感器，可供远程侦察巡逻队使用，运输和操作都很方便。可用于加强警戒以及在伏击行动中用于向设伏人员发出早期预警信号，发射距离可达 1500m。

在战场传感器系统中，压力传感器是测量目标沿地面运动时对地面产生的压力的设备。使用最多的是应变钢丝传感器和平衡压力传感器。随着科学技术的发展，震动/磁性电缆传感器、驻极体电缆和光纤压力传感器等应运而生，作为一种侦察装备用于侦察地面运动目标的活动情况。震动/磁性电缆传感器是以磁性材料作为电缆的芯线，外面绕一对感应线圈，埋入地下，是一种能感应入侵者的压力及入侵者携带的铁磁体的传感器。驻极体电缆传感器是在电缆的内导体上敷以低损耗的电介质材料，此材料经处理后，带有一种永久性的静电荷，外层用金属编织的屏蔽套封闭着电介质，当电缆受压变形时，电缆便产生一模拟信号，经处理产生报告。光纤传感器是最有代表性的压力传感器。

红外传感器使用的是钽酸锂（$LiTaO_3$）材料制成的热释放探测器，利用热电效应进行探测，可在常温下工作，不需要制冷设备。因为钽酸锂是"铁电体"电介质，被电极化后，当吸收了目标辐射的红外线时，其表面温度升高，引起表面电荷减少，释放出一部分电荷，被放大器变成信号电压输出，从而实现对目标的探测。它能发现视角扇面内 20～50m 以内的目标。红外传感器的主要优点是：体积小、无源探测、隐蔽性好；响应速度快，能探测快速运动的目标，并能测定目标方位。不足之处是：必须人工布设，探测张角范围有限（只限于正对探测器的扇形地区），无辨别目标性质的能力。

要发挥传感器的优越性，就需要将不同类型和不同发射频率的传感器混合使用。如震动传感器和磁性传感器一起使用就是一种较好的混合使用方法。在这种情况下，震动传感器探测到地表面的震动后，再由磁性传感器探测到该区域内铁磁金属物体的运动，可起到进一步确定目标的作用。由于声响传感器能探测并发送可识别的声响信号，故能很快地鉴别外界的风、雨等声音。一种好的混合式传感器能探测和确定入侵的车辆或人员，并能确定车辆或人员的大致数量、纵队的长径、行进方向和运动速度等。

9.2 信息融合技术

人类可以通过多种感觉所获得的信息来准确地识别环境或物体的状况，并引导他们的下一步的运动或动作，这是因为人有信息融合的功能。通常，人通过至少 9 种感觉（视觉、听觉、触觉等）来认识外界事物。即使这些信息含有一定的不确定性、矛盾或错误的成分，人们也可以将各种信息综合起来，并使这些感觉信息相互补充、印证，实现由感觉器官所不能实现的识别功能。

军事信息融合是随着信息技术的发展而逐渐发展起来的。由于战略和战术军事行动在速度、复杂程度和地域范围方面大大增加，对军事信息融合技术提出了越来越高的要求。指挥人员在一个巨大的战场上，从许多来源得到大量的信息，必须对多个信息源的信息进行融合，获得完整的战场态势图，用于对作战人员和武器装备的指挥控制。

总起来说，信息融合技术是关于如何协同利用多源信息，以获得对同一事物或目标更客观、更本质认识的综合信息处理技术。军事信息系统中的信息融合是指对来自多个信息源的多级、多层面的数据处理过程，主要完成对来自多个信息源的数据进行自动检测、关联、相关、估计、组合和综合等处理，以达到精确的状态与身份估计，以及完整、及时的态势和威胁评估。

9.2.1 信息融合过程和方法

信息融合是发生在各级的一种连续的过程，包括传感器一级对信息进行低级预处理过程和数据融合过程。例如，用雷达跟踪目标需要对雷达脉冲进行预处理，使之变成雷达航迹，然后再将雷达航迹作为融合系统的输入信息。所以传感器数据必须经过预处理，使之至少达到航迹级（雷达）、方位级（电子支援措施）、图像以及文字报告（目视观察）的要求。

数据融合过程随着处理层次的不同，处理的细节是不同的，需要采用多种方法进行处理，主要包括多传感器数据的组合、综合、融合和相关。在实践中，通常将这几种方法组合起来综合使用。

表 9.1 传感器信息融合的分类（采用 Techno Japan, 1992）

分类	意义	两个传感器（A、B）之间的关系	处理的上的目的
组合	将两种或多种传感器组合起来	互补和附加处理，相互关系不考虑或完全独立	测量范围的简单扩展等
综合	产生控制	$f(A,B)$ 建立用于计算的函数 f	提高精度和可靠性，获得明确信息故障诊断等
融合	产生紧密结合的形式	C 协同式或竞争式处理，从相互关系中提取信息	双目融合、视觉、感觉融合（识别物体和空间）等
相关	构成相关	A+B A−B 相互处理，提取相互关系	预测、学习、记忆，建立模型，异常功能的检测等

（1）组合（多传感器）

"组合"是由组合成平行或互补方式的多个传感器的多组数据来获得输出的一种处理方法。这是一种非常基本的方式，涉及的问题有输出方式的协调、综合以及选择传感器。它通常主要应用在硬件这一级上，一个典型的例子是：使用视觉探测到物体的方位，再用激光测距机以便正确地测量物体的距离，之后，在视屏上同时显示出距离参数。

（2）综合

综合是信息处理中的一种获得明确信息的有效方法。典型例子是使用两个分开设置的摄像机同时拍摄到一个物体的不同侧面的两幅图像，综合这两幅图像可以复原出一个有立体感的物体的图像。

（3）融合

当将传感器数据组之间进行相关，或将传感器数据与系统内部的知识模型进行相关，产生感觉识别的一个新的表达时，这种处理就称为"融合"。这里所说的融合处理的定义是狭义的，其典型的实例是双目融合和视觉—感觉融合。这类融合可用于物体识别和空间识别，但是在定义形式中很少描述融合的计算结构。

（4）相关

通过处理传感器信息来获得某些结果，不仅需要单项信息处理，而且需要通过"相关"来进行处理，以便获悉传感器数据组之间的关系。"相关"处理的主要目的是识别物体，甚至还可以用来进行预测、学习和记忆等。如果通过相关处理与预测和记忆不一致，就认为是反常的。

9.2.2 数据融合模型

为了寻求容错性好、可在恶劣环境下生存，并且便于维护的多传感器数据融合技术以提高实时目标识别、跟踪、态势感知及威胁估计等方面的性能，美国国防部 C^3I 助理机构授权实验室数据融合小组联合指导委员会（Joint Directors of Laboratories Data Fusion Sub-panel，JDLDPS）对数据融合技术进行研究。在委员会的指导下建立的数据融合模型，随后 Waltz 和 Llinas 对数据融合模型进行了改进，增加了数据融合的检测功能，将仅对目标的位置估计改为对目标的状态估计以，包括更广意义下的动态状态（速度等高阶导数）以及其他行为状态（例如电子状态、燃料状态）等的估计。

模型将数据融合分为两层：低处理层和高处理层。低处理层包括直接数据处理，目标检测、分类与识别，目标跟踪等；高处理层包括态势估计及对融合结果的进一步调整。数据融合模型由四级处理层实现，其中处理层0（Level 0）处理层通常归到信号预处理功能模块中，不作为数据融合系统的内容，如图9.27所示。

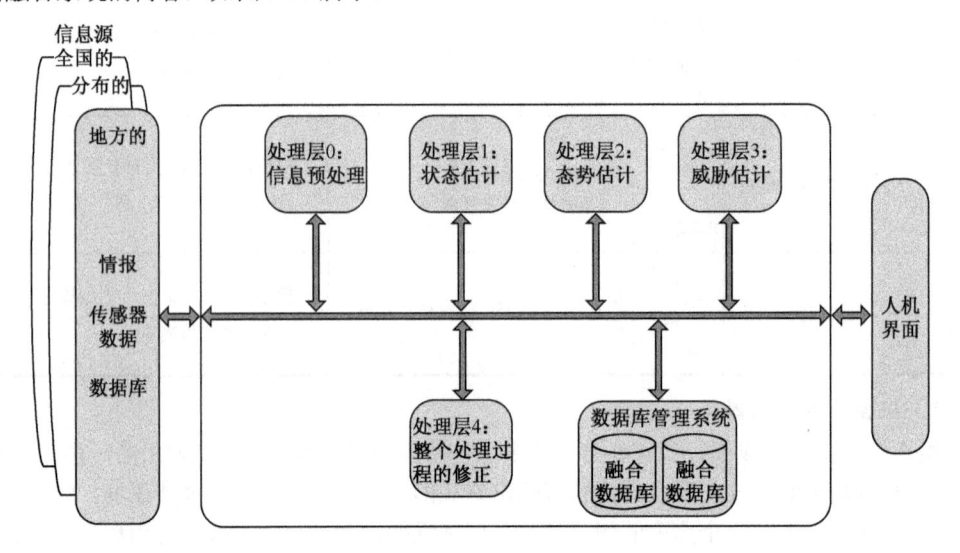

图9.27　包含了处理层0、1、2、3、4的数据融合模型

多层融合的信号处理过程如下：

- 处理层0（Level 0）：通过预先对输入数据进行标准化、格式化、次序化、批处理化、压缩等处理，来满足后续的估计及处理器对计算量和计算顺序的要求；
- 处理层1（Level 1）：通过对单个传感器获得的位置与身份类别的估计信息进行融合，获得更加精确的目标位置与身份类别的估计；
- 处理层2（Level 2）：辅助实时实现对敌方、我方军事的态势估计；
- 处理层3（Level 3）：辅助实时实现威胁估计；
- 处理层4（Level 4）：通过对上述估计的不断修正，不断评价是否需要其他信息的补充，以及是否需要修改处理过程本身的算法来获得更加精确可靠的结果。

根据数据融合模型，可以建立数据融合系统，多个信息源数据，都输入到融合系统进行处理，实现多个信息源的数据融合。信息源数据包括实时的传感器信息、情报机构信息、地图、天气预报、敌方和我方的目标状态、目标的威胁级别（如立即的、紧急的、潜在的等）、对威胁目标战略意图的预测以及来自其他数据库的信息等。这些信息有些需要经过预处理，有些则可以直接输入给相应级别的融合层。数据融合系统结构如图9.28所示。

1. 低处理层

处理层1属于低级别处理层，通过这一层可以得到目标的航迹估计与目标识别信息。对于识别具有不同的层次，从低到高包括检测、定位、分类和辨识。到底能达到识别的哪一层取决于传感器的分辨率和输入到传感器信号的信噪比。检测主要是确定目标是否存在；定位用于确定目标的位置；分类主要是确定目标是属于哪一类（如建筑物、卡车、坦克、人、树或田野等）；

辨识是把目标进一步限制在观察者的某种知识范围内（如汽车旅馆、敞篷小型载货卡车、坦克、榴弹炮或士兵等）。

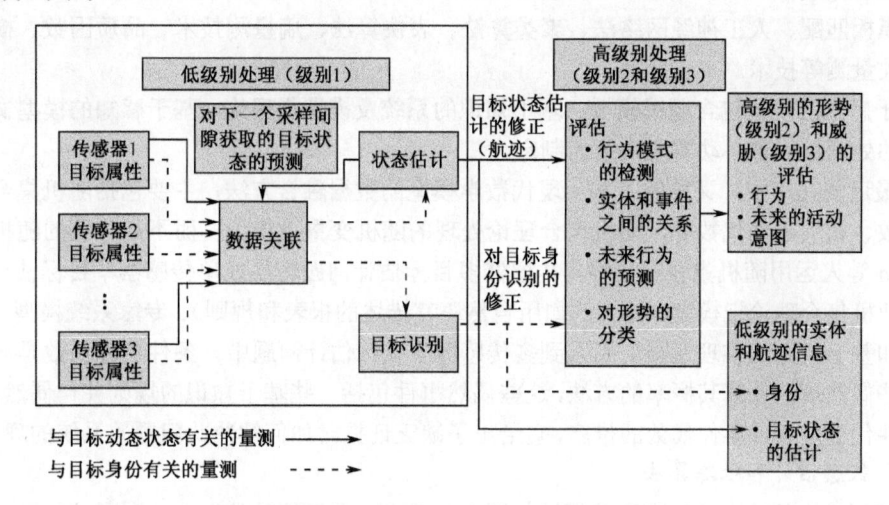

图 9.28　包含了级别 1、2、3 的数据融合结构

（1）检测、分类与识别算法

在处理层 1 中所用到的各种检测、分类与识别算法的分类情况，如图 9.29 所示。主要分为基于物理模型的算法、基于特征推理技术的算法和基于知识的算法。

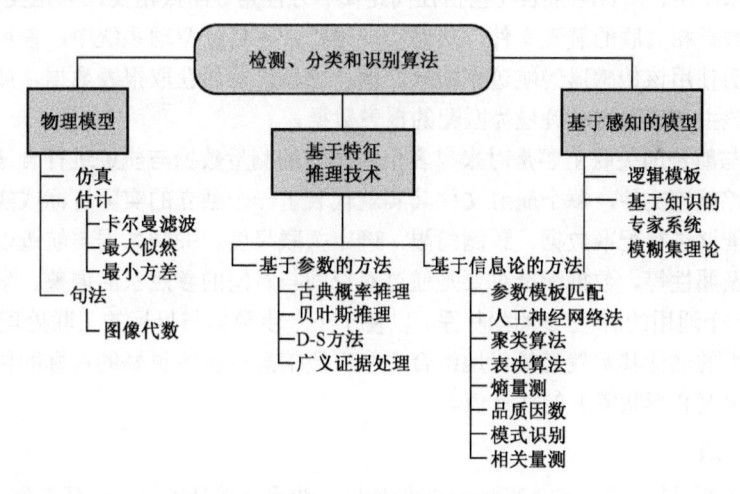

图 9.29　检测、分类和识别算法的分类

基于物理模型的目标分类与识别算法主要是通过匹配实际观测数据与各物理模型或预先存储的目标信号来实现的。中间用到的技术包括仿真、估计以及句法的方法。具体的估计方法如卡尔曼滤波、极大似然估计和最小方差逼近方法等。

基于特征的推理技术是通过把数据映射到识别空间中来实现的。这些数据包括物体的统计信息或者物体的特征数据等，基于特征的推理技术可以进一步划分为基于参数的方法和基于信息论技术的方法。基于参数的方法直接把参数数据（例如特征数据）映射到识别空间中，在此过程中并不用到物理模型。基于参数的方法包括古典概率推理、贝叶斯推理、D-S 方法和广义证据处理等。基于信息论技术的方法能把参数数据转换或映射到识别空间中。所有这些方法都有着相同的概念，即识别空间中的相似是通过观测空间中参数的相似来反映的，但是我们却不能直接对观测数据的某些方面建立明确的识别函数。在这一类方法中，我们可以采用的技术包括参数模板匹配、人工神经网络法、聚类算法、表决算法、熵量测技术、品质因数、模式识别以及相关量测等技术。

基于感知的模型包含逻辑模板、基于知识的系统及模糊集理论。基于感知的模型试图通过模拟人的处理过程来自动实现决策的制定。

在最近的几年中，又发展了基于现代数学模型的数据融合方法，主要包括随机集合理论、条件代数、相关事件代数等。随机集合理论处理的随机变量为集合，而不是传统的随机变量。Goodman 等人运用随机集合理论将多传感器多目标估计问题转换成单传感器单目标估计问题，还应用随机集合理论把模糊证据（例如用自然语言描述的报表和规则）、专家系统模型（例如模糊逻辑和基于规则的推理逻辑）引入到多传感器多目标估计问题中。条件事件代数是一种适合于对某些偶然事件计算其概率的方法，这些偶然事件包括一些基于知识的规则并作偶然决策等。相关事件代数是条件事件代数的推广，它给出了缺乏证据时如何解决此问题的系统的理论基础。

（2）状态估计和跟踪算法

处理层 1 中的状态估计和跟踪算法如图 9.30 所示。最顶层的状态估计和跟踪算法包括确定搜索方向、将量测数据与航迹进行关联两部分组成。关联处理将进一步分成三部分，即数据配准、数据和目标的关联以及位置、动态性能和属性的估计。

确定搜索方向过程中的方向跟踪系统可以是传感器（数据）驱动的，也可以是目标驱动的。在传感器驱动系统中，用目标报表（包括径向距离、方位角、高低角及径向距变化率测量数据）初始化与报表数据相关联的航迹文件，从而实现跟踪。在目标驱动系统中，使用一个主传感器进行跟踪，然后使用该传感器的航迹来指导其他传感器，从而获取报表数据，或者搜索整个数据库，找出与该主传感器的航迹最为匹配的报表数据。

测量数据与航迹的关联主要是对来自多个传感器的测量数据与航迹进行合适的关联，最终求得最优的跟踪航迹文件，每个航迹文件其实就代表了一个独立的实际目标或实体。关联实质上要求其算法能够进行配准数据，预测门限，确定关联尺度、关联数据与航迹以及估计目标位置，动态特性及属性等。数据配准主要是通过对空间与时间的参照系的调整、坐标系的选择与变换，建立起一个通用的时-空参照坐标系，以便于下一步数据与目标的关联处理。对目标位置、动态性能和属性的估计其实就是最优地组合多个观测信息以获得更好的目标的位置、速度和属性（如尺寸、温度和形状等）的估计值。

2. 高处理层

高处理层主要是指处理层 2、3 和 4。当处理层 1 或更低的处理层完成任务后，目标的身份及航迹将被输入到更高层融合，进行态势评价（处理层 2）和威胁估计（处理层 3）。对整个融合过程的调整（处理层 4）一直对整个融合过程进行评价和控制，还指导传感器怎样获取新的数据。

处理层 2 主要是由观测数据和一系列事件分析可能的态势。处理层 2 使用处理层 1 分析得到的数据，对指定事件、兵力部署及战争环境的综合因素进行处理生成战场态势。处理层 2 的数据处理主要包括目标聚类、事件聚类以及总体融合。目标聚类主要是建立各目标之间的关系，这些关系包括目标间的时间和空间上的联系，相互通信方式以及功能依赖关系等；事件聚类主要是建立各不同实体在时间上的相互关系，从而识别出有意义的事件；总体融合主要是分析在各种态势下的数据，包括天气、地形、海况、水下情况、敌情或社会政治因素等。

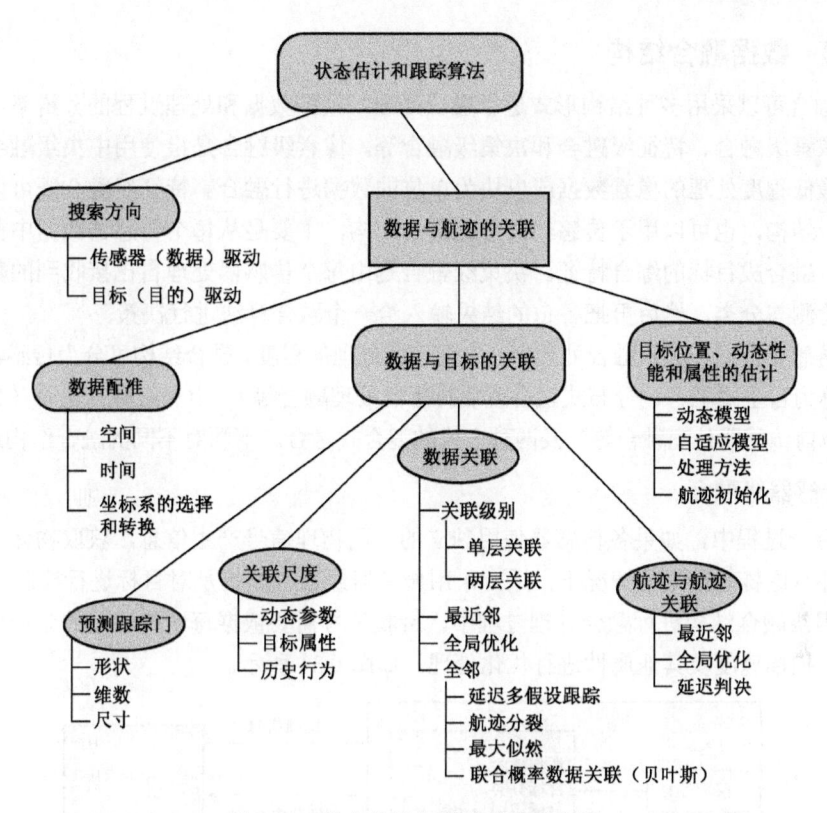

图 9.30　状态估计与跟踪算法示意图

处理层 3 主要用于威胁判断，包括估计敌方实力、辨识受威胁的机会大小、估计敌方意图和确定威胁等级等。威胁估计不同于态势估计，需要定量地对敌方火力进行分析，从而估计出敌人行动的进程和火力的杀伤力。威胁估计主要包括实力估计、预测敌方意图、威胁识别、多方面估计以及进攻与防御分析等。实力估计主要是对敌方火力的大小、位置及作战能力进行预测；预测敌方意图主要是依据敌方的行动、通信、教义、文化、历史、教育及政治结构进行预测；威胁识别是通过对敌方的行动的预测，我方要害部门的实际备战状态分析以及对环境条件的分析，识别出潜在威胁机会；多方面估计主要是对敌方、我方以及中立方的数据进行分析，包括兵力部署在时间及空间上的效果以及对敌方作战计划的估计；进攻与防御分析主要是根据交战的规则、敌方的教义以及武器类型模拟与敌方交战，并预测交战的最后的结果。

处理层 4 主要完成对融合过程的监控和评价，并且指导如何获取数据，从而可以达到最佳的融合效果。该处理层与其余各层、系统外部及系统操作人员都要发生联系。处理层 4 的主要包括评价、融合控制、对特殊信息源要求的处理以及任务管理等。评价是对融合过程的性能和效果进行评价，以建立融合的实时控制及改善性能；融合控制是识别出各功能处理模块的变化，进行自身调整，以便促进性能的改善；对特殊信息源要求的处理主要是确定特殊信息源数据的（特殊的传感器、特殊传感器数据、良好的数据及参考数据等）要求，改善多层融合结果；任务管理主要是合理部署各种资源（传感器、平台及通信等）以实现全局目标。

在高层融合处理过程中，常常用到大型数据库，并且要求这些大型数据库能实现数据的快速添加与检索。数据库管理系统对数据库进行维护，并且具有监视、赋值、添加、更新、检索、合并及删除数据的功能。

9.2.3 数据融合结构

数据融合可以采用多种结构形式进行融合处理。根据数据和处理过程的分辨率，融合结构可以分为像素级融合、特征级融合和决策级融合等。像素级融合是指使用中央级融合结构，把各传感器最低程度处理的像素数据或以块为单位的数据进行融合。特征级融合既可以用于中央级数据融合结构，也可以用于传感器级数据融合结构，主要是从每个传感器数据中提取出目标特征数据，融合成目标的综合特征。决策级融合是由每个传感器处理自己接收到的数据，实现对目标的检测与分类，然后再把各自的结果输入给一个融合算法进行决策。

根据传感器数据在送入融合处理中心之前已经处理的程度，融合结构可分为传感器级数据融合（也被称为自主式融合、分布式融合或后传感器处理融合等）、中央级数据融合（也被称为集中式融合或前传感器处理融合等）及两种方式的混合式融合。下面对不同的融合结构进行分析。

1. 传感器级融合

数据融合过程中，如果各传感器使用独立的不同物理信号产生信息，获取物体不同物理特性信号，并且虚警率较低的情况下，适合采用传感器级融合结构是对目标进行检测和分类。

传感器级融合结构进行融合处理过程中，接收信号需要依据每个传感器的分辨率、频率、扫描视野、扫描速度及其他属性进行优化处理。如图 9.31 所示。

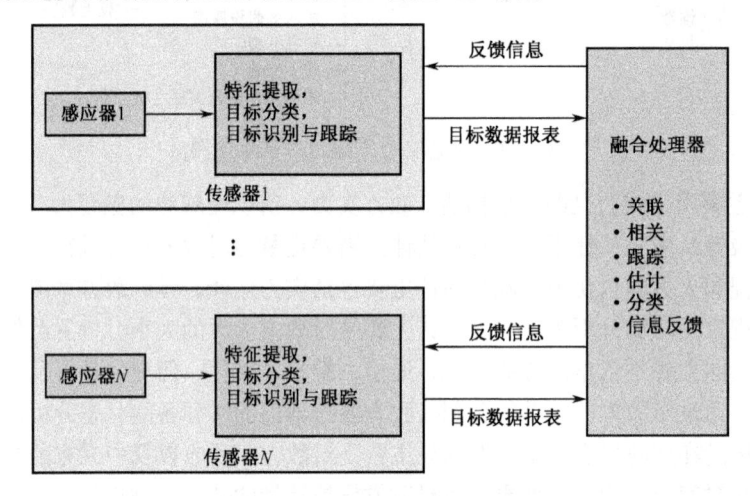

图 9.31 传感器级数据融合示意图

在检测、分类和识别融合中，每个传感器的输出信息需要提供检测、分类和识别的判决结果及其置信度。当要进行目标跟踪时，还需要提供目标及其航迹的定位信息。根据传感器输出的这三类信息，设计融合算法，将多个传感器的输入信息综合起来，得到比单个传感器更加准确的融合结果。常用的传感器级数据融合方法包括贝叶斯推理、D-S 推理和基于布尔代数的表决融合算法等。

2. 中央级融合

一般说来，中央级融合方法比传感器级融合方法复杂，对数据处理速度要求较高。在中央级融合过程中，传感器只需要对数据进行最低程度处理（如滤波处理和基线估计等），更多的数据处理由融合处理器完成，如图 9.32 所示。

在融合处理器中，中央级融合算法需要对输入的数据进行处理，以获得目标的特征与属性。在估计与预测目标的位置方面，中央级处理比传感器级处理器更加有效，可以有效地实现对目标的跟踪。Blackman 给出了中央级处理可以提高跟踪精度的原因：①在某个地方统一处理所有的数据；②依靠多个传感器获得的数据对航迹进行初始化，从而可以避免由那些单个传感器的部分数据而进行的航迹初始化；③直接处理由各个传感器得来的报表数据，从而可以消除由于要融合来自各传感器的航迹而带来的困难；④通过将所有数据都输入到一个中央处理器中处理，可以方便地实现多假设跟踪，减少了跟踪法中的多重假设。并且，通过中央级数据融合进行目标跟踪与识别可以允许个别传感器的数据丢失或缺省等情况的发生。而中央级融合处理的不足之处则是需要实时传输大量数据到融合处理器中，带来了系统瓶颈问题。

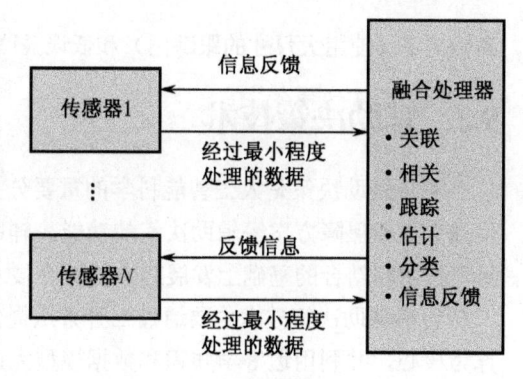

图 9.32　中央级融合示意图

3. 混合式融合结构

混合融合结构增加了各传感器信号处理算法作为中央级数据融合的补充，同时，中央级数据融合又作为传感器级数据融合的输入，如图 9.33 所示。如果各传感器的量测信号不能完全独立时，可以使用混合融合结构进行目标属性的分类。此时，最低程度处理数据直接送到中央处理器，使用某种算法进行融合，实现对传感器视野里的目标进行检测和分类。混合融合结构可以实现使用传感器的量测数据达到中央级数据融合的跟踪效果。另外也可以融合各传感器级的航迹和中央级的航迹等多条航迹，最终航迹在中央级处理器中形成。混合融合结构的不足之处是加大了数据处理的复杂程度，并且需要提高数据的传输速率。

在信息融合过程中，当多个传感器分布在不同地点，或者分布在同一平台的不同位置时，希望各传感器对目标检测空间的有效覆盖是相互重叠的，并且，来自每个传感器的数据需要在时间和空间上相互对齐和配准。传感器有效区域间的相互覆盖能保证一些时间相关的信号在同一时间能被多个传感器观测到，在效覆盖重叠的区域可以进行融合算法的最优化设计。如果某种融合算法需要来自重叠区域内所有传感器的数据，那么就要求在该重叠区域内的所有传感器必须都能工作在此范围内。

在空间配准过程中，需要考虑量测目标所在的坐标系和由于把量测坐标系转换成其他坐标系带来的误差。目标位置和速度的不确定性，往往反映在这些误差值上。在实现不同传感器的数据关联或在时间、空间上相关数据的关联过程中，往往需要建立跟踪门。跟踪门尺寸的选择上是在

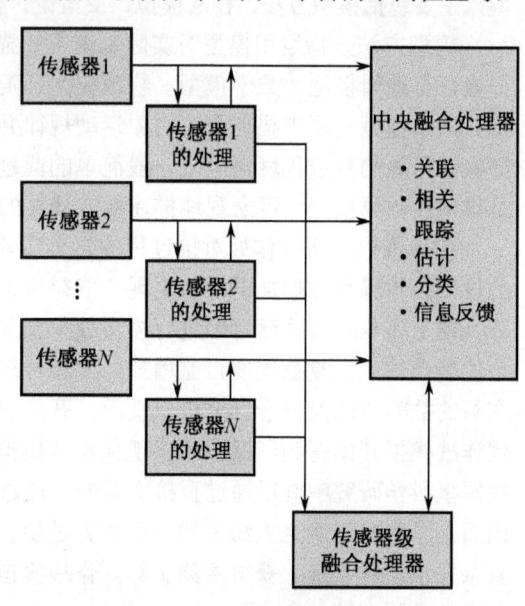

图 9.33　混合式数据融合结构示意图

高检测率（使用大尺寸的跟踪门）和低误关联率（使用小尺寸的跟踪门）之间的平衡折中过程。

9.3 辅助决策技术

军事辅助决策是人工智能科学的重要分支，为指挥员提供了拟制、评估、作战仿真、优选作战方案和保障方案等辅助决策的功能。辅助决策技术是在现代决策科学理论、方法与现代计算机技术相结合的基础上发展起来的综合技术。

目前辅助决策技术主要通过三种方法提供决策支持：一种是传统的运筹学方法，以战术计算为核心，并利用运筹学知识和数据模型完成规定任务；一种是人工智能方法，模拟军事指挥人员的决策思维过程，总结实战成功经验，建立以知识库为基础、以推理机为核心的军事专家系统来完成规定任务；再一种是决策者根据自己的判断和偏好，从多个备选方案中选择一个优先方案，称之为判断分析方法或预案检测方法。

9.3.1 军事运筹

解决信息化条件下国防建设和军事活动中一系列复杂的指挥控制问题，不但要有高度的指挥艺术，还必须有一整套进行高速计算分析的现代科学方法，军事运筹学就是这种科学方法。军事运筹是应用数学方法及现代计算技术研究军事活动中的数量关系，如武器装备、军队编制、人员训练、指挥决策等。运筹方法可以帮助指挥员处理数量大、内容复杂的情报，完成定下决心、组织协同所需的大量计算，加速战役、战斗计划的制订。

军事运筹学的基本理论，是依据战略、战役、战术的基本原则，运用现代数学和建立数学模型的理论和方法来研究军事问题中的数量关系，以求衡量目标的准则达到极值（极大或极小）的一整套择优化理论。它通过描述问题—提出假设—评估假设—使假设最优化，反映出假设条件下军事问题本质过程的规律。军事运筹学的各种典型方法，都是解决各类专门问题的独立的数学模型，主要包括模型方法、作战模拟、决策论、搜索论、线性规划、排队论、对策论、存储论等。

模型方法是指运用模型对实际系统进行描述和试验研究的方法。反映实际系统的模型方法很多，有逻辑模型、数学模型、物理模型、混合模型等，军事模拟活动中应用最多的是数学模型。数学模型是用来描述研究对象活动规律并反映其数量特性的一套公式或算法，其复杂程度随实际问题的复杂程度而定，一般简单的问题可用单一的数学方法解决。如兰彻斯特方程，就是确定性数学模型，可宏观地描述双方战斗的毁伤过程。

作战模拟是研究作战对抗过程的仿真实验，即对一个在特定态势下的作战过程，根据预定的规则、步骤和数据加以模仿复现，取得统计结果，为决策者提供数量依据。过去运用沙盘对阵、图上作业和实兵演习等进行模仿战争全部或部分活动的过程，都是作战模拟。由于现代战争的规模增大，复杂程度日益增加，上述传统的作战模拟方法已难以进行较精确的定量描述。在新的数学方法及电子计算机出现后，开始有可能对较大规模的复杂战斗过程作近似描述，现代作战模拟开始得到广泛应用。现代作战模拟可以看成是一种"作战实验"技术，可部分地解决军事科学研究中难以通过直接实验的手段进行反复检验的难题，还可节省时间和人力、物力，因而是军事科学研究方法上的一个重大进步。通过现代作战模拟，能对有关兵力、装备使用的复杂关系，从数量上获得深刻了解。作战模拟可用于作战训练、武器装备论证、后勤保障以及军事学术研究等各个方面。

决策论是研究如何选择最佳有效决策方案的理论和方法。无论是平时还是战时，指挥员的重要职责就是分析判断情况，选择可行的或满意的决策方案，定下决心进而组织实施，以完成上级赋予的各项任务。决策论可以引导指挥人员根据所获得的各种信息，按照一定的衡量标准进行综合研究，从而使指挥员的思维条理化，决策科学化。

搜索论是研究如何合理地使用人力、物力、资金及时间，以取得最佳效果的一种理论和方法。搜索论用在军事方面，主要是研究提高对某一区域内的目标进行侦察搜索的效果。在第二次世界大战中，英国为研究提高飞机对德国潜艇的搜索效率，首先运用并发展了这种理论。由于现代战争中搜索问题比较复杂，涉及的因素比较多，所以搜索理论尚在发展中，还难于建立统一的通用模式。

规划论是研究在军事行动中，如何适当地组织由人员武器装备、物资、资金和时间等要素构成的系统，以便有效地实现预定的军事目的。规划论可分为线性规划、非线性规划、整数规划和动态规划。线性规划是当约束条件及目标函数均为线性函数时的规划，可用于解决对目标或作战地域分配同类兵力、兵器问题等。非线性规划是当约束条件或目标函数为非线性方程的规划，可用来解决向目标或作战地域分配不同类型的兵力、兵器等问题。人们在实际应用中为计算方便，常把非线性问题近似地处理成多级线性规划问题。整数规划是规划论的特殊问题，要求变量和目标函数采用整数进行运算。因为有时人员、武器装备等只有整数才有意义。动态规划是解决多级决策过程最优化的一种数学方法，可把多级决策过程作为总体决策，构成决策空间，并对每个决策找出其定量评估优劣的准则函数，选出准则函数为最优值的决策方案。这即是决策过程的最优化。动态规划多用于多级指挥控制、计算使目标遭受最大损失的火力分配问题等。

排队论亦称"等待理论"、"公用服务系统理论"或"随机服务系统理论"，是研究系统的排队现象而使顾客获得最佳流通的一种科学方法。在军事系统中出现的排队现象很多，如指挥系统收发军事情报信息，反坦克武器对敌坦克的射击，防空系统对空中目标的射击，以及飞机的批次侦察轰炸，武器装备的修理等。这些军事活动在排队论中被称为"服务"，而服务系统则为指挥控制系统、反坦克系统、防空系统、侦察轰炸系统、修理系统等。其中"顾客"是被指挥的部队，被射击的坦克和飞机，被侦察轰炸的目标，以及需要修理的武器装备等。当顾客要求服务的数量超过服务系统的能力时，就会出现排队现象。排队论可以用来解决指挥系统的信息处理能力及反坦克武器射击效率的估计分析；对空中侦察及防空武器提出相应的要求，估计不同设施的防空系统效率；武器装备维修及后勤保障的合理安排；人员、物资、装备等按时间序列流动的组织安排等。

对策论是研究冲突局势下局中人如何选择最优策略的一种数学方法。对策论的基本思想是立足于最坏的情况，争取最好的结果。在军事斗争中，通常并不掌握对方如何打算和行动的充足情报，在这种不确定情况下应用对策论最为合宜。如在对方采用一系列不同战术条件下，选择己方的有效战术问题；受对方攻击情况下设置假情报和实施伪装的问题；以及选择与对方对抗的各种武器装备的合理配置问题等。随着科学技术和军事斗争的发展，航天技术中出现了机动追击的对策问题，原来的对策论就难以适应，于是美国兰德公司等在 20 世纪 60 年代开创了新的"微分对策"理论，从而使对策论的军事应用进入了一个新的发展阶段。

存储论亦称"库存论"，是研究在何时何地从什么来源保证必需的军用物资储备，并使库存物资及补充采购所需的总费用最少的理论和方法，它主要用于军队的后勤保障和物资管理方面。采用这种方法，可以确定维持军事系统的组织活动或经营管理正常运转所需的武器装备、备品备件、材料，及其他物资的最佳经济储备量。最佳经济储备量是由最佳经济采购量决定的，而采购量又与消耗量有关。

除上述各论外，军事运筹学常用的理论和方法还有网络法、火力运用理论、指挥控制理论、最优化理论、概率论和数理统计、信息论、控制论等。随着现代科学技术的迅速发展，军事运筹学的基本理论和方法也将进一步发展。其发展方向主要是，如何提高描述精度，如何通过直接和间接的数学方法以及其他科学方法，对目前难于用数量表示的那部分军事问题予以量化。以及如何通过人机联系的最新途径——人工智能等进行作战模拟。军事运筹学的应用范围将更加广泛，对研究解决作战、训练、武器装备、后勤管理等军事问题的作用将越来越大。

军事运筹方法可通过软件包的方式来实现。其框架结构基本上是由数据库管理系统、模型库管理系统和人机交互系统等三部分组成，如图 9.34 所示。

模型库中存放着各种作战模型；数据库中主要存放敌、我、友各方武器系统据、兵力编制数据、地形和气象数据等；人机交互系统是与计算机的接口。

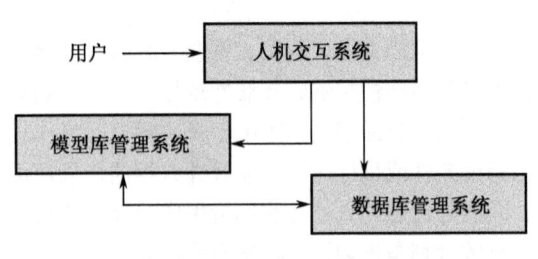

图 9.34　军事运筹软件包组成示意图

运用军事运筹学，可培养指挥员数学分析和逻辑思维的能力，善于对作战、训练和其他军事活动进行定量分析，从多方案中选优决策，以提高军事活动的效率，在客观条件下用最少的人力、物力消耗来达到预期的军事目的，或用一定的人力、物力消耗去获取最大的军事效果。但是，军事斗争实践中存在着许多难以定量的因素，诸如指挥员的才能，士兵的训练程度及士气等，因而军事运筹学的应用也有一定的局限性，指挥员必须结合其他各种难以定量的因素进行综合分析，才能正确地解决军事决策问题。

9.3.2　专家系统

专家系统是人工智能中最重要的也是最活跃的一个应用领域，它实现了人工智能从理论研究走向实际应用、从一般推理策略探讨转向运用专门知识的重大突破。20 世纪 60 年代初，出现了运用逻辑学和模拟心理活动的一些通用问题求解程序，它们可以证明定理和进行逻辑推理。但是这些通用方法无法解决大的实际问题，很难把实际问题改造成适合于计算机解决的形式，并且对于解题所需的巨大的搜索空间也难于处理。1965 年，费根鲍姆等人在总结通用问题求解系统的成功与失败经验教训的基础上，结合化学领域的专门知识，研制了世界上第一个专家系统 Dendral，可以推断化学分子结构。20 多年来，知识工程的研究，专家系统的理论和技术不断发展，应用渗透到几乎各个领域，包括化学、数学、物理、生物、医学、农业、气象、地质勘探、军事、工程技术、法律、商业、空间技术、自动控制、计算机设计和制造等众多领域，开发了几千个的专家系统，其中不少在功能上已达到，甚至超过同领域中人类专家的水平，并在实际应用中产生了巨大的经济效益。

专家系统的发展已经历了三个阶段，正向第四代过渡和发展。第一代专家系统（Dendral、Macsyma 等）以高度专业化、求解专门问题的能力强为特点。但在体系结构的完整性、可移植性等方面存在缺陷，求解问题的能力弱。第二代专家系统（Mycin、Casnet、Prospector、Hearsay 等）属单学科专业型、应用型系统，其体系结构较完整，移植性方面也有所改善，而且在系统的人机接口、解释机制、知识获取技术、不确定推理技术、增强专家系统的知识表示和推理方法的启发性、通用性等方面都有所改进。第三代专家系统属多学科综合型系统,采用多种人工智能语言,综合采用各种知识表示方法和多种推理机制及控制策略,并开始运用各种知识工程语言、骨架系统及专家系统开发工具和环境来研制大型综合专家系统。在总结前三代专家系统的设计方法和实现技术的基础上,已开始采用大型多专家协作系统、多种知识表示、综合知识库、自组织解题机制、多学科协同解题与并行推理、专家系统工具与环境、人工神经网络知识获取及学习机制等最新人工智能技术来实现具有多知识库、多主体的第四代专家系统。

专家系统与传统的计算机程序系统有着完全不同的体系结构,通常它由知识库、推理机、综合数据库、知识获取机制、解释机制和人机接口等几个基本的、独立的部分所组成,其中尤以知识库与推理机相互分离而别具特色,如图 9.35 所示。专家系统的体系结构随专家系统的类型、功能和规模的不同,而有所差异。专家系统利用大量的专家知识,对所研究的作战情况反复进行解释、预测、核实,通过一系列计算和推理,做出决策建议,实现辅助决策。知识库中包括了军事决策使用的各种知识,知识获取把专家的知识经过知识工程师将专家的知识以特定的形式固化在知识库中,人机接口将用户的咨询和专家系统提出的建议、结论进行人机间的翻译和转换。推理机是专家系统的核心之一,利用知识库中的知识进行推理和计算,回答用户的咨询,提出建议和结论。

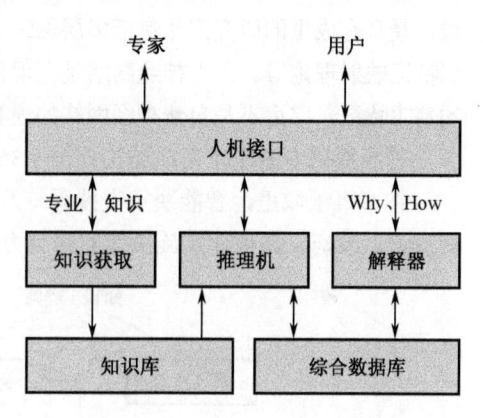

图 9.35 专家系统基本结构图

为了使计算机能运用专家的领域知识,必须要采用一定的方式表示知识。目前常用的知识表示方式有产生式规则、语义网络、框架、状态空间、逻辑模式、脚本、过程、面向对象等。基于规则的产生式系统是目前实现知识运用最基本的方法。产生式系统由综合数据库、知识库和推理机三个主要部分组成,综合数据库包含求解问题的世界范围内的事实和断言。知识库包含所有用"如果:〈前提〉,于是:〈结果〉"形式表达的知识规则。推理机(又称规则解释器)的任务是运用控制策略找到可以应用的规则。正向链的策略是寻找出前提可以同数据库中的事实或断言相匹配的那些规则,并运用冲突的消除策略,从这些都可满足的规则中挑选出一个执行,从而改变原来数据库的内容。这样反复地进行寻找,直到数据库的事实与目标一致即找到解答,或者到没有规则可以与之匹配时才停止。逆向链的策略是从选定的目标出发,寻找执行后果可以达到目标的规则;如果这条规则的前提与数据库中的事实相匹配,问题就得到解决;否则把这条规则的前提作为新的子目标,并对新的子目标寻找可以运用的规则,执行逆向序列的前提,直到最后运用的规则的前提可以与数据库中的事实相匹配,或者直到没有规则再可以应用时,系统便以对话形式请求用户回答并输入必需的事实。

9.3.3 神经网络

专家系统的知识主要集中在规则形式、谓词逻辑、语义网络、框架、过程性知识几种形式,难以满足军事辅助决策系统模式识别、自动控制、组合优化、联想记忆方面的需要。

人工神经网络(Artificial Neural Networks,ANN)也简称为神经网络(NN),是由大量类似于神经元的处理单元相互连接而成的非线性复杂网络系统,试图通过模拟大脑的神经网络处理、记忆信息的方式完成类似于人脑的信息处理功能,可采用分布式存储方式,具有成熟的学习算法（典型的有：无导师的 Hebb 规则、有导师的 Delta 规则、Hopfield 能量最小准则、广义 Delta 规则、Boltzmamn 规则等），具有良好的容错性等特点，弥补了专家系统在知识表示、获取、优化计算、并行推理方面的不足。

人工神经网络的研究，可以追溯到 1957 年 Rosenblatt 提出的感知器模型（Perceptron）。它几乎与人工智能（Artificial Intelligence，AI）同时起步，但 30 余年来却并未取得人工智能那样巨大的成功，中间经历了一段长时间的萧条。直到 80 年代，获得了关于人工神经网络切实可行的算法，以及以冯·诺伊曼体系为依托的传统算法在知识处理方面日益显露出其力不从心后，人们才重新对人工神经网络发生了兴趣，导致神经网络的复兴。目前在神经网络研究方法上已形成多个流派，最富有成果的研究工作包括多层网络 BP 算法，Hopfield 网络模型，自适应共振理论，自组织特征映射理论等。人工神经网络是在现代神经科学的基础上提出来的。它虽然反映了人脑功能的基本特征，但远不是自然神经网络的逼真描写，而只是它的某种简化抽象和模拟。

神经网络专家系统组成结构如图 9.36 所示。

在军事领域里，智能决策支持系统及技术具有很强的生命力，它将是指控系统中辅助指挥员快速、准确、高效地实施决策的强有力的工具和手段。

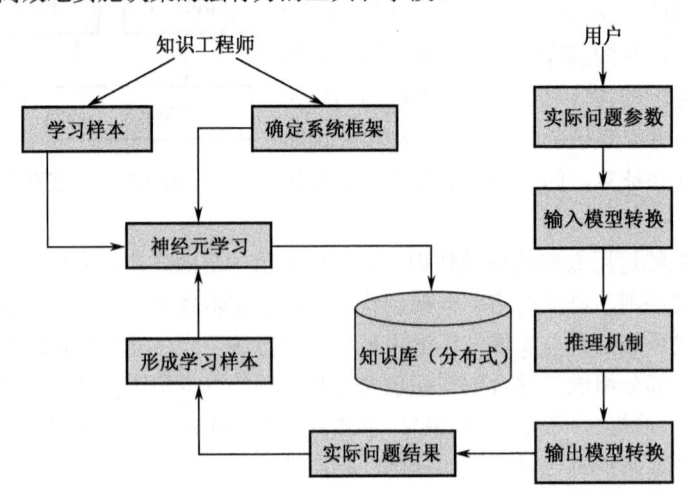

图 9.36 神经网络专家系统组成结构图

指挥控制系统中的决策支持技术是建立在人工智能和专家系统基础之上的。人工智能是一种高级软件与功能很强的计算机组合，是把类似人脑的智能融进计算机装置，可使计算机具有人的智能功能。人工智能系统将对操作人员提供决策辅助能力。在快速变化的战场上，智能机器将为军事情报数据分析、战斗管理、实时决策、方案生成和评估等提供有效的工具，并通过分布式计算机的数据库提高指挥控制系统的决策支持能力。

指挥决策领域中的专家系统（ES）是把专家的知识预先输入计算机，向指挥员提供专家级的咨询答案。构成专家系统的核心是知识库和推理机。知识库把专门领域问题所需的知识，变换成计算机可理解的信息形式并加以存储。推理机可将存储在知识库中的知识组合在一起，对指挥员或用户提出的问题推导出解决方案。基于知识的系统与结构化系统不同之处在于不确定性，包括采用的处理机制/方法的不确定性、知识表示的不确定性、测量/条件的不确定性、推理结论的不确定性等。

指挥决策领域中知识表示一般采用产生式规则，知识库的建立包含：①基本（知识）规则的提取与分类；②元规则（元知识）的建立；③规则的录入与解释；④知识库的管理（增、删、改等）与知识调用。指挥决策领域的推理机，有正向推理、逆向推理和混合式推理。

指挥控制系统使用决策支持技术形成的决策支持系统（DSS），可在指挥、控制、通信和情报等各个领域用于解决所遇到的决策问题，并可提前预测问题和解决其中的部分问题。

人工智能技术引入决策支持系统，产生了智能决策支持系统（IDSS）。IDSS 的核心思想是将人工智能技术和其他相关学科的成果及其技术相结合，能够充分地利用人类的知识。它发挥了传统决策支持系统中数值分析的优势，又发挥了专家系统中知识及知识处理的特长。

许多决策需要集中更多人的经验、智慧共同研究解决，同时，由于计算机网络和网络数据库的成熟，为群体决策支持系统提供强有力的工具，促进了全球决策支持系统（GDSS）的开发、应用和发展。

数据仓库作为决策支持系统的一种有效、可行的体系化解决方案，包括数据仓库技术、联机分析技术、数据挖掘技术三个方面。数据仓库技术的发展为解决决策支持系统提供了可能，以数据仓库为基础，联机分析和数据挖掘工具是可实施的解决方案。

9.4 信息安全技术

信息安全包含两层含义，第一层是指运行系统安全，包括法律、政策的保护，如用户是否有合法权利，政策是否允许等；物理控制安全，如机房加锁等；硬件运行安全；操作系统安全，如数据文件是否保护等；灾害、故障恢复；死锁的避免和解除；防止电磁信息泄漏等。第二层是指系统信息安全，包括用户口令鉴别；用户存取权限控制；数据存取权限、方式控制；审计跟踪；数据加密等。

9.4.1 信息安全面临的主要威胁

目前对军事信息安全系统的威胁主要来自五个方面。

① 计算机病毒，它们平时潜伏在计算机中或武器系统内，在预定时间或是通过外部手段激活而爆发，从而使计算机系统整个瘫痪，进而导致秘密泄露、信息处理紊乱、指挥失灵、武器失控，部队失去战斗力。现在已发现能破坏计算机硬件设备的恶性病毒，有一种经过特殊培育的芯片细菌，可以通过某些特殊途径进入信息系统，嗜吃硅集成电路，破坏信息系统。

② 计算机黑客，他们使用网络攻击直接或间接与军事系统有关的计算机信息系统，达到侦察军事情报，或者破坏目标软件系统的目的。

③ 电磁脉冲炸弹，它既可在战时由飞机投掷，也可在平时由特工人员携带入境，在战略目标周围引爆后，可辐射出高能量的电磁脉冲，能使相当大范围内的计算机和通信系统包括其他电子设备遭到破坏。

④ 计算机辐射信息远距离获取设备。这种设备可以截获几十米甚至上百米以外计算机及其外围设备辐射的电磁波信号，并将其还原为原来的信息，从而达到窃取情报的目的。

⑤ 电磁波干扰，即敌方利用电磁干扰设备有目的地对我方信息系统实施干扰和破坏。美国研制的强力干扰机，有效干扰功率比现在的干扰机高出 3～6 个数量级，作用距离达 1000km 以上，发出的强大电磁波束能使系统过载停机和烧毁硬件。因此，研究出克服这些威胁的有效办法，加强国家信息安全建设，对于搞好国防信息安全动员特别重要。

9.4.2 主要安全保密技术

① 防电磁泄射。当交变的电信号在导体中流动时就会产生电磁辐射，这些辐射和发射会造成计算机系统的信息泄射。为了防止信号泄射，各国都在大力研究抑制电磁泄密的技术（也称 TEMPEST 技术）和设备。

② 系统访问控制技术。系统内访问控制采用的主要技术是"委托监控"。它的原理是把进行存取的实体，如用户、进程、批作业等作为主体；把被访问的对象，如文件、数据、程序、磁盘等作为客体。主体对客体的访问，必须通过委托监控器（也称安全控制程序），根据安全规则进行检查、核实。它从用户识别、用户验证、系统资源的使用限制和特权、文件的存取保护等几个方面，为系统提供安全的访问控制功能。

③ 防火墙技术。防火墙技术，最初是针对 Internet 网络不安全因素所采取的一种保护措施。顾名思义，防火墙就是用来阻挡外部不安全因素影响的内部网络屏障，其目的就是防止外部网络用户未经授权的访问。目前，防火墙采取的技术，主要是过滤、应用网关、子网屏蔽等。

④ 安全管理与审计。安全管理的主要工作是负责入网用户的审批、安全管理信息（用户授权等）的收集与分发、与安全有关的审计、控制等。主要内容是：对上网用户进行管理，分配上网证书，如口令或身份卡等；对用户注册的日期和时间进行管理；对使用系统的特权进行管理；设定危及系统安全的事件和告警方式；分析与安全有关的事件。安全审计跟踪的功能是：帮助安全人员审计系统的可靠性和安全性；把妨碍系统运行的明显企图及时报告给安全控制台，及时采取措施。一般要在网络系统中建立安全保密检测控制中心，负责对系统安全的监测、控制、处理和审计。所有的安全保密服务功能、网络中的所有层次都与审计跟踪系统有关。

⑤ 密钥管理。密钥管理包括从密钥的产生到密钥的销毁的各个方面。主要表现于管理体制、管理协议和密钥的产生、分配、更换和注入等。对于军用计算机网络系统，由于用户机动性强，隶属关系和协同作战指挥等方式复杂，因此，对密钥管理提出了更高的要求。

⑥ 数字签名技术。数字签名技术即进行身份认证的技术。在数字化文档上的数字签名类似于纸张上的手写签名，是不可伪造的。接收者能够验证文档确实来自签名者，并且签名后文档没有被修改过，从而保证信息的真实性和完整性。在军事信息系统中，数字签名技术可用于安全地传送作战指挥命令和文件。

⑦ 计算机病毒防治技术。目前抗病毒的方法主要有两种：管理和技术手段。在技术方面，目前单就病毒现象研究对抗病毒的方法不能根本解决问题，只有把病毒防治与系统的安全保密技术结合起来进行研究，才能达到有效的防治目的。

⑧ 计算机安全评估和测试。网络系统，尤其是军用计算机网络系统处理的大都是敏感信息，必须要求系统安全、保密、可靠。判定一个军用计算机网络系统是否安全，必须有比较统一的评价标准。美国很早就开始制订这方面的标准，如 DOD5200.28-STD《可信计算机系统安全评估准则》（TCSEC，也称橘皮书，军用标准）、《可信网络评估准则》、《可信数据库评估准则》等，并成立了信息系统安全评估中心。英国、法国、德国、荷兰、加拿大、美国 NIST 和 NSA 六国七方组成 CC 工作组，制定了国际通用的评估准则——CC。该标准是目前最全面的信息技术安全评估准则。我国目前已有的评估准则有安全保护等级划分准则（GB-17859）和 IT 安全性评估准则（GB/T-18336）以及评估方法、评估认证体系等。但是，由于我国信息安全技术与发达国家存在着很大差距，因此，必须加强这方面的研究，才能使安全保密措施真正发挥作用。

第 10 章
外军及台军的典型军事信息系统

为了适应信息化战争的需要,各个国家都对军事信息系统的发展极为重视。美国和俄罗斯等国家从 20 世纪 50 年代就开始研究建设军事信息系统,经过多年的发展历程,已经建成了多个指挥层次、多种用途、多种规模的军事信息系统。特别是海湾战争以来的几次高技术战争,从实战的角度证明了军事信息系统在战争的重要作用,更进一步促进了各个国家军事信息系统的发展。除了这些军事强国以外,日本、印度以及我国的台湾地区在军事信息系统的建设方面也取得了很大的进展。

10.1 美军军事信息系统

美军认为,建设信息化军队是一项极其艰巨而复杂的系统工程,需要发展相应的理论,进行通盘筹划和指导,而且需要经过长期不懈的努力才能完成。2000 年 5 月和 2001 年 9 月美军又分别推出了以《2020 年联合构想》、《四年防务审查报告》为代表的第二代信息化建设纲领性文件。在此基础上,各军种又相继制定了适合本军种特点和要求的信息化发展策略,如陆军的《2010 年陆军构想》和《后天的陆军》;海军的《后天的海军——对未来技术的构想》和《2010 年海军构想》;空军的《全球作战——21 世纪空军构想》和《全球参与——21 世纪空军构想》等。这种总目标和分目标相结合的方法,自上而下地将美军装备发展规划纳入一个完整的体系,使其装备信息化建设得以有计划、有步骤地进行。

目前,美国军队拥有世界上最庞大、技术最先进的综合军事信息系统。按美军的指挥体系,可分为战略指挥自动化系统和战术指挥自动化系统,如图 10.1 所示。

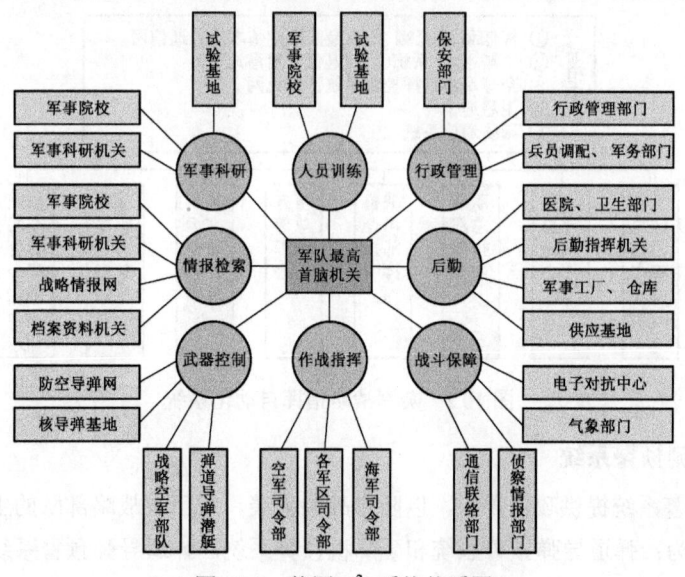

图 10.1 美军 C^3I 系统体系图

10.1.1 战略指挥自动化系统

美军战略指挥自动化系统，即全球军事指挥控制系统（Worldwide Military Command and Control System，WWMCCS），是用来指挥控制其战略部队的信息系统。该系统从1962年开始建设，20世纪70年代初投入使用，多年来一直是美国最重要的绝密级指控系统，该系统连接美国分布在全世界的军事指挥中心，包括五角大楼国防军事指挥中心、欧洲战区和太平洋战区等，处理绝密级、秘密级和非密级信息。WWMCCS由40部大型计算机组成，工程庞大，建设费用和使用费用都十分昂贵。

系统包括多个指挥层次，规模庞大，部署在全球各地，而且延伸到外层空间，在国家危机时能为各军种之间的联合作战提供所需要的各种能力。美国总统利用该系统逐级向第一线作战部队下达命令，最快只需3min。如采用越级指挥，向核部队下达命令，最快只需1min。

WWMCCS包括战略探测预警系统、指挥中心（国家级指挥中心和各联合司令部及特种司令部、各军种所属主要司令部的指挥中心）和战略通信系统。美国战略指挥网的组成如图10.2所示。

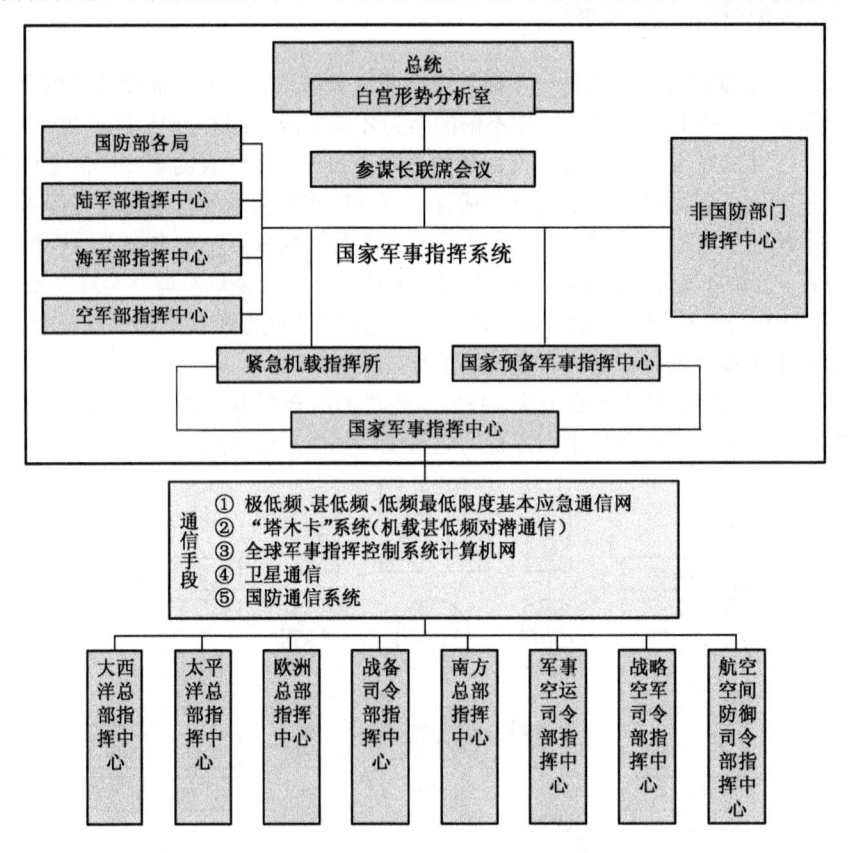

图 10.2 美军战略指挥自动化系统

1. 战略探测预警系统

战略探测预警系统提供攻击警报，以防止战略突袭，对己方战略部队的生存至关重要。探测预警系统可分为：弹道导弹预警系统和轰炸机预警系统。弹道导弹预警系统，由预警卫星、弹道导弹预警、潜射弹道导弹预警、空间探测和跟踪系统等组成。其中"674"预警卫星系统，是美国战略预警的主要手段，它能在导弹发射 30s 后探测到目标并进行跟踪，与大型相控阵雷达为主的陆基雷达系统互相配合，实现对发射区域和来袭方向的全面覆盖，整个系统对陆基洲际弹道导弹可提供 25min 的预警时间，对潜地弹道导弹可提供 15min 的预警时间。战略轰炸机预警系统，由远程警戒系统、超视距后向散射雷达、机载预警与控制系统、联合监视系统等组成。其中远程警戒系统由"远程预警线"的 31 个雷达站和 34 架 E-3A 预警飞机组成，远程预警线可提供 5h 的预警时间，E-3A 预警飞机探测距离可达 400km，1 次扫描可探测显示 600 个目标，同时可引导 100 架飞机进行拦截。

2. 指挥中心

指挥中心是 WWMCCS 的核心，美军拥有 30 多个主要的指挥中心，分布在世界各地，其中国家军事指挥中心、国家预备军事指挥中心、国家紧急空中指挥中心构成 WWMCCS 的"神经中枢"。

① 国家军事指挥中心。国家军事指挥中心建于 1962 年，设在美国国防部五角大楼内。国家军事指挥中心供美国总统、国防部长和参谋长联席会议在平时和战时条件下指挥部队。该指挥中心内存储有 10 多个战争总计划和 60 多个战斗行动方案，设有当前态势显示室、参谋长联席会议室、通信和技术室。参谋长联席会议通过该指挥中心，用 40s 时间就可与国外任何一个或全部联合司令部进行联系或召开电视电话会议。美国中央情报局、国家保密局、国防部、国防通信局以及联合侦察中心等有关部门和有关办公室都在国家军事指挥中心设有部位和席位。

② 国家预备军事指挥中心。该中心设在马里兰州里奇堡的一个地下加固的设施内。它与国家军事指挥中心相连，有较完善的情报收集、处理与显示设备，其功能大体上与国家军事指挥中心相似。它设有国家军事指挥中心的重要数据库，并且存放有进行常规战争和核战争的各种方案，可根据美军战备情况，迅速增加人员，当美军进入二级战备后，它可立即承接全部军事指挥控制任务。

③ 国家紧急空中指挥中心。该中心是国家军事指挥系统的指挥机构，具有最低限度应急通信功能。指挥所中心可设在 E-4 飞机上，平时不参与指挥，只了解情况。当美军处于临战状态时，升空待命。总统首次下达核攻击时，可用于取代陆地指挥中心行使对战略部队的指挥权。由于它在空中机动，是 WWMCCS 中生存能力最强的部分。20 世纪 70 年代中期以前，国家紧急空中指挥中心由 EC-135 型飞机承担，70 年代中期开始改用 E-4A 型飞机，1985 年全部改用 E-4B 型。这些飞机始终有一架在空中执勤，机上配有一位将军领班，另有一架处于战备状态，15min 之内即可起飞，其通信结构如图 10.3 所示。

④ 国家舰载预备指挥中心。该中心设在两艘战略指挥舰上，一艘是诺思安普顿号，一艘是赖特号。平时不参加指挥，只了解情况，当美军处于临战状态时，它出航待命。根据需要接替国家指挥中心行使对战略部队的指挥权。由于它在海上机动，所以它们和国家机载指挥中心一样，具有较强的生存能力。

3. 战略通信系统

战略通信系统，主要用于把战略预警探测系统和战略指挥中心连接起来，并在各指挥中心之间传递信息。战略通信系统包括通用和专用两部分，通用通信系统包括国防通信系统、国防卫星通信系统和最低限度紧急通信网。

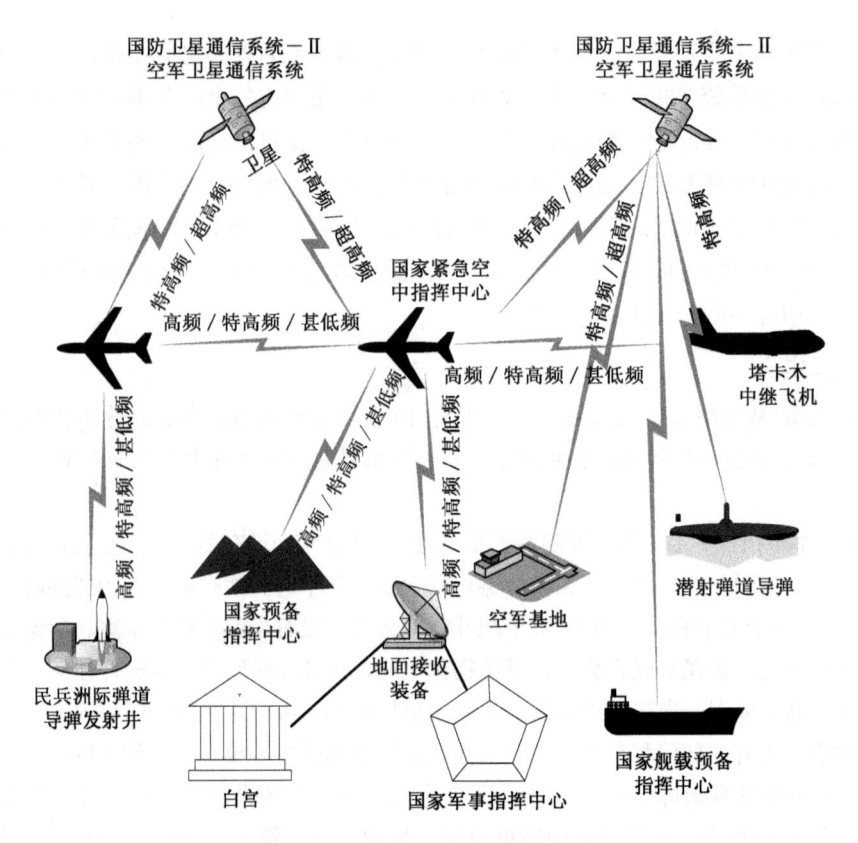

图 10.3 国家紧急空中指挥所通信结构

国防通信系统,由自动电话网、自动密话网和国防数据库组成,线路总长达 6720 万千米,能把世界上 100 多个地区的 3000 多个指挥所连接起来,主要用于保障美国总统与国防部长、参谋长联席会议主席、情报机关和战略部队的通信联系,也可以为战术通信提供通信枢纽。

国防卫星通信系统,是美国战略、战术共用的卫星通信系统,通常由 6 颗卫星和 70 多个地面站组成,承担美国战略通信 70%的通信量,用于传递战略指挥信息情报数据、高度优先的战略预警信息和特种信息等,是 WWMCCS 远程战略通信的支柱。

最低限度紧急通信网,专供国家最高军事指挥当局在核条件下把美国核战争计划的命令传送给美国在全球的核部队,并接受核部队回报执行命令的情况,它采用甚低频到特高频的所有通信手段,以保障通信的可靠性和生存能力。

专用通信系统,主要包括:空军卫星通信系统,极低频对潜通信系统,机载甚低频中继机通信系统,战略空军司令部通信系统,以及数据链等。

4. 全球指挥控制系统

随着信息技术的飞速发展,信息化战争进程的推进,WWMCCS 越来越不能满足美军的作战需求,必须进行改造升级。WWMCCS 由于没有多层安全措施,因而它把所有信息都按绝密级信息处理,因而对计算机的安全需求要求更高;系统的互操作性较差,信息不能及时共享;系统是战略级的指挥控制系统,不适合低级别部队的联合作战使用。并且系统的使用的各种信息技术已经落伍,大多数新研发的下级指控系统都能超过 WWMCCS 能力,致使该系统不能满足用户的需求。

从 20 世纪 80 年代早期开始，美军开始不断地对 WWMCCS 进行现代化改造。但是，直到 90 年代中期，美国国防部联合参谋部在沙漠风暴行动中，深刻认识到其指控能力的不足，决定有必要推动 WWMCCS 转型。1992 年 6 月，美国参谋长联席会议颁布了美军下个世纪通信和协同作战总体规划的框架性文件"勇士 C^4I"（又称勇士 C^4I 计划），这是美军进行一体化 C^4I 系统建设的指南。美军于 1992 年提出研制用以取代 WWMCCS 的"全球指挥控制系统"（Global Command and Control System，GCCS），就是根据这一指南设计的。1995 年 6 月提出全球指挥控制系统任务需求说明。

GCCS 是支持美军全球联合作战的指挥控制系统，可以提供有效执行核、常规和特种作战的指挥控制手段，其核心功能是应急计划、兵力使用、兵力状态、空中作战和情报等。GCCS 是美军一体化 C^4ISR 系统的指挥控制部分，是一种先进的、集中管理的联合作战指挥控制系统，也是美国的指挥控制基础结构，是国防信息基础设施（DII）的重要组成部分。GCCS 可将国防部所有信息系统数据库与数据汇集中心连接起来，使 C^4I 诸环节无缝隙集成，实现战略与战术 C^4I 系统一体化。

GCCS 采用扁平式三层客户机/服务器结构：最低层是战术层，包括联合特遣部队、联合特遣部队分部和士兵；中间层是战区和区域汇接层，包括战区司令和军种部队；最高层是国家汇接层，包括国家指挥当局、国家军事指挥中心和军种总部。通过卫星、无线电、有线通信与遍及全球的 50 多个指挥中心连接。GCCS 减少了指挥层次，强化全系统的互通和互操作，支持各种级别的联合作战。

GCCS 是在传统的 WWMCCS 基础上发展而来的。建设中，许多陈旧系统将转变成用于支援联合作战的系列化的通用系统，有些设备将被逐步淘汰，余下的部分将被综合集成起来，并纳入新的全球指挥控制系统之中，但它基本上将沿用全球军事指挥控制系统的预警探测系统、指挥中心和通信设备。通过上述改造，全球指挥控制系统将把美军现有的指挥功能连为一体，并使之现代化，从而提供综合的信息处理和传输能力，保障各种战斗功能和任务。GCCS 计划 2010 年建成，实现所有指挥、控制、通信、计算机系统和情报网之间最大程度的互联互通，并将美陆军"战术指挥控制系统"、海军"哥白尼 C^4I 体系结构"中的联合海上指挥信息系统、空军"战区战斗管理系统"和海军陆战队"海龙"计划中"战术指挥控制系统"完全集成在一起，建立全球的信息管理和控制体系，能够在任何时间、任何地点向作战人员提供实时融合的战斗空间信息。GCCS 的计算能力将是 WWMCCS 的 100 倍，传递信息更加迅速、准确，灵活性更强，使用更加方便。

虽然 GCCS 计划 2010 年完全建成，但是，1997 年 6 月，GCCS 已达到完全作战能力；1997 年 9 月，已经可以完全取代全球军事指挥控制系统。通过保密信道，全球指挥控制系统为美国军事当局提供向世界上任何地方的作战部队传送作战信息的手段。该系统基地几乎遍及所有指挥层，包括国家指挥当局、国家安全局、参联会、军种司令部、战区总司令、各下属司令、主要作战部队以及政府部门，如中央情报局、联邦调查局等。此外，全球指挥控制系统还与北约的指挥控制系统相连，从而实现了各军种系统的互通，以及与盟军系统的互通。

GCCS 系统按其用途可分为供海军/海军陆战队使用的 GCCS-M、供联合部队使用的 GCCS-J、供陆军使用的 GCCS-A 和供空军使用的 GCCS-AF。目前，GCCS 有三个一体化的配置系统：基本保密版本（GCCS）、绝密版本（GCCS-T）和北美太空防御版本（GCCS-N）。GCCS-N 是保密版本的子集，但经过剪裁以便符合北美太空防御的需求；GCCS-T 的主体是保密版本的子集，另外增加几个附加部件。GCCS-T 提供绝密级信息基础设施，实现部队的指挥与控制。GCCS-T 新增添了单一合成作战计划核心能力，以及包括专用情报在内的绝密级通用作战图（Common Operational Picture，COP）。

GCCS 的建设还包括各军种的一些专用支撑计划，诸如陆军"企业"（Enterprise）计划、海军"奏鸣曲"（Sonata）计划和空军"地平线"（Horizon）计划等。"企业"计划最终将建成一个战略、战术一体化的"陆军作战指挥系统"。该系统包括战略级（军以上梯队用）的"陆军全球指挥控制系统"、战术级（军师级用）的"陆军战术指挥控制系统"和"21 世纪部队"旅和旅以下作战指挥系统（Force XXI Battle Command Below Brigade，FBCB^2）。"奏鸣曲"计划的核心是建立"哥白尼"C^{4}I 体系结构，目标是使海军的 C^{4}I 系统在联合作战环境中达到更高程度的综合和互通，使战斗部队获得信息优势。未来海军 C^{4}I 体系结构将由"全球信息交换系统"、岸基"中央总部指挥中心"、"战术数据信息交换系统"和舰上"战术指挥中心"组成。"地平线"计划主要包括空军 C^{4}I 系统战略规划、体系结构规划、总体计划和 2000 年通信中队计划等。"地平线"计划重点是把新的信息技术融入 C^{4}I 系统基础设施，最终建成一个可互操作的空军战场信息系统，提高联合作战能力。GCCS 的支撑计划如图 10.4 所示。

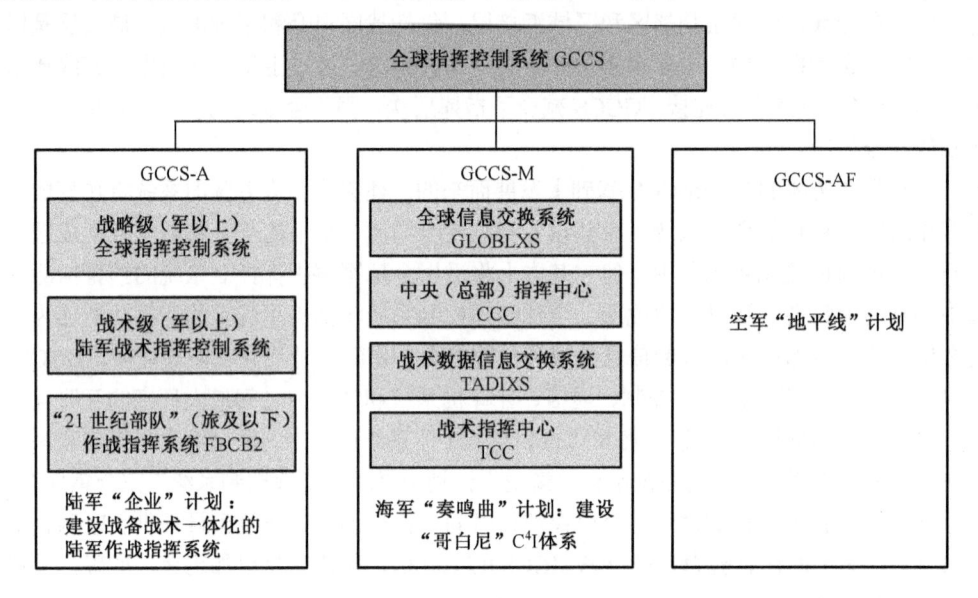

图 10.4 "全球指挥控制系统"（GCCS）支撑计划

尽管 GCCS 在 20 世纪已达到完全作战能力，但对它的升级工作一直在进行之中。2003 年 3 月发生的伊拉克战争，美军已使用了最新版本的 GCCS，联合了所有军兵种的指挥控制系统，并使无人机、地面和卫星传感器的数据互相关联。目前，综合图像情报应用组件已装备了目标瞄准和电子战模拟功能，它能把"捕食者"和"全球鹰"等无人机拍摄到的视频图像传送到指挥员的网络上。该应用组件可协助指挥员规划任务，分析作战情报数据；协助指挥员管理并生成目标数据，使情报和图像信息更加无缝融合。

10.1.2 战术指挥自动化系统

美军的战术指挥自动化系统，一般是指军以下单位使用的指挥自动化系统，也称战区级军事信息系统。按编制可划分为陆、海、空军战术指挥自动化系统。

1. 陆军战术指挥控制系统

陆军战术指挥控制系统（Army Tactics Command and Control System，ATCCS）是美国陆军的重要发展项目，使陆军在提高现有通信能力的基础上，拥有高速战术信息处理和分发能力。ATCCS 包括五个独立的指挥控制分系统和三个通信系统，五个分系统分别为：机动控制系统（Move Command System，MCS）、前进地域防空指挥控制和情报系统（Front Area Aerial Defense System of Command Control and Intelligence，FAADS C^2I）、高级野战炮兵战术数据系统（Advanced Field Artillery Tactical Data System，AFATDS）、全源信息分析系统（All Source Analyses System，ASAS）、作战勤务支援控制系统（Combat Service Support Control System，CSSCS）；三个通信系统分别为：移动用户设备系统（Mobile Subscriber Equipment，MSE）、战斗无线电网系统（Combat Wireless Network System，CWNS）、陆军数据分发系统（Army Data Distribution System，ADDS）。移动用户设备在海湾战争中表现非常出色，它实现了把蜂窝电话机安装在每辆吉普车、装甲运兵车上的设想。单信道地面与机载无线电系统是海湾战争中美军使用的唯一能在干扰环境中工作的电台。陆军数据分发系统则是定位报告系统和联合战术信息分发系统两类终端构成的混合系统，能近乎实时地显示部队的精确位置和导航数据。

使用过程中，通过通信系统将各个指挥控制分系统互连起来，形成从陆军战术最高指挥官到前线单兵的作战指挥和控制网络，如图 10.5 所示。ATCCS 编制从军开始，通过师、旅、营级向下扩展至排、分队和小分队，每个指挥控制系统用于一个或多个陆军兵种。陆军各兵种的指挥控制系统包括：与步兵、装甲兵、航空兵及工兵相关的机动控制系统；与野战炮兵相关的高级野战炮兵战术数据系统；与军事情报部门相关的全信息源分析系统；与财务、医务、军械、军需以及运输相关的作战勤务控制系统。

（1）机动控制系统

机动控制系统，是美陆军配属在营至军各级指挥机关的战术计算机系统及其终端的总称，为营至军级指挥人员提供计算机辅助决策，收集、处理和传送战场信息、报告、计划和命令，自动火力控制以及后勤支援等，通过强有力的相关数据库，以文字和图形两种方式不间断地向指挥官们展示关键性战场信息，如任务、作战方案、机动计划、预警和作战命令、优先权的变化，以及情报、火力支援、补给状况、空中作战行动的请求等。根据需要，系统可迅速把数据传给 35 个预编地址，从军到旅传输作战信息只需几分钟。

该系统使战场指挥官能够在恰当的时间和地点进行火力打击，对瞬息万变的战场情况做出准确反应，先发制人地控制和感知战场态势。系统主要的设备包括 AN/UYQ-30 战术计算机终端、AN/UYQ-43（V1）战术计算机和 AN/UYQ-43（V2）分析控制台。系统的通信网络由联合区域防空联合战术信息分配系统网络、营级联合战术信息分配系统网络和增强型定位报告系统网络构成，实现指挥控制、传感器和武器系统互联。

（2）前进地域防空指挥控制和情报系统

美国陆军重点发展用于防空的前进地域防空指挥控制和情报系统 FFADS C^2I，用于师和师以下部队防空武器的指挥控制，为机动部队、重要指挥所、战斗支援和战斗勤务支援分队提供低空防护。在军一级，该系统会与"爱国者"、"霍克"和中程拦截防空导弹以及与它们相关的指挥控制系统，构成综合的空中飞行目标和导弹的一体化防御系统。

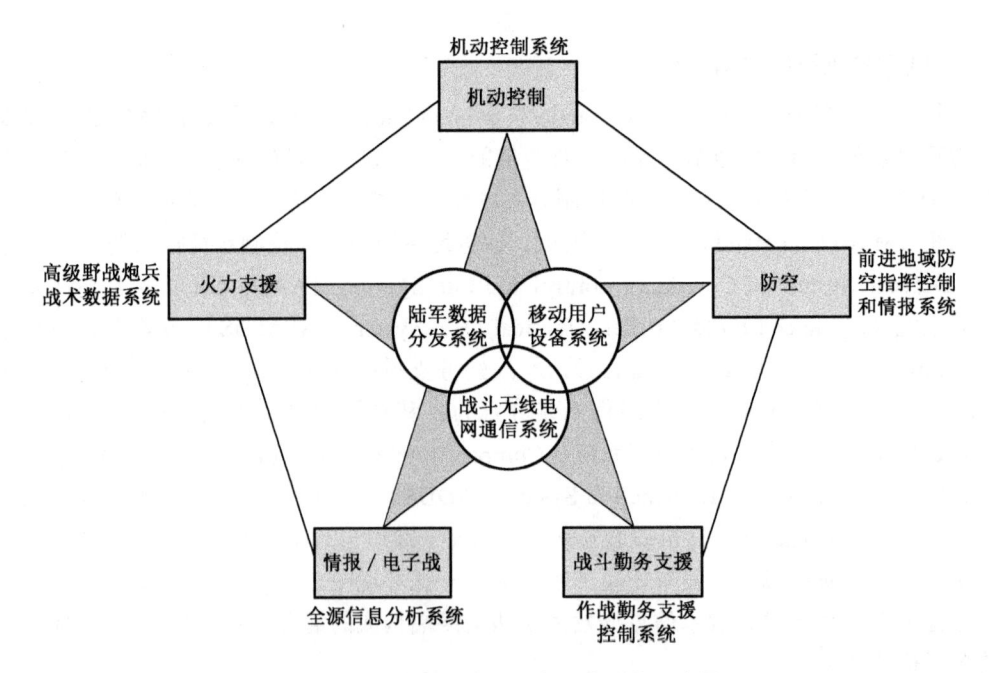

图 10.5 美陆军战术指挥自动化系统示意图

FFADS C²I 主要由指挥和控制设备、监视传感器和敌我识别器等组成，通过联合区域防空 JTIDS（Joint Tactical Information Distribution System）网络、FFAD 营级 JTIDS 网络和 FFAD 营级增强型定位报告系统（Enhancement Position Location Reporting System，EPLRS）网络等三个通信网络互连，分发空中航迹数据。在联合区域防空 JTIDS 网络中，包括空军、海军、海军陆战队的指挥控制系统以及"爱国者"、"霍克"导弹和空战管理作战中心等作战单位。FFAD 营级 JTIDS 网络包括空战管理中心、空中管理分队联络设备和监视传感器等。

FFADS C²I 将 FAAD 系统各部分连接在一起，能够在跟踪截获目标后，12s 内为 FAAD 火力单位报警和指示目标，并在 60s 内将武器命令传送给火力单位。

（3）高级野战炮兵战术数据系统

炮兵是以火炮和导弹为基本装备的战斗兵种，是合成军队的重要组成部分，也是陆军火力突击的骨干力量。高级野战炮兵战术数据系统是一个一体化的火力支援指挥控制系统，旨在取代战术火力中心，处理火力支援任务和其他有关的协调信息，以便最佳地使用所有的火力支援资源，包括迫击炮、野战炮、加农炮、战术导弹、攻击直升机、空中支援火力以及舰炮火力。系统向从军到排的火力协调中心提供信息处理能力，使火力支援的计划和实施更加自动化、更加便利。

系统包括炮兵火力支援指挥控制系统和战术导弹指挥控制系统，采用分布式结构，能在最短的时间内控制火力支援部队实现战术机动并做出火力计划、完成火力任务。系统具备分布式信息处理能力，可以确定使用最合适的部队、最有效的武器系统去攻击目标以完成火力支援的任务。此外，还具备物资管理、人事管理、情报收发、军需管理、系统维修以及其他后勤等方面的管理功能。

（4）全源信息分析系统

全源信息分析系统是一种地基移动式自动化情报处理和分发系统。该系统能接收并处理来自几十个战术系统的情报信号、电子情报、图像情报和人工情报等，通过威胁综合，产生地面作战情况分析，提供地面战斗情况显示、分发情报信息、推荐攻击目标、帮助处理建制的情报电子战资源，使指挥官和参谋人员能够及时获得敌方部队部署、作战能力，对可能的作战方案进行综合判断并做出最佳决策。

全源信息分析系统实现各战场功能区域及与其他军种、盟军部队、战区及国家情报源之间的信息交换，是所有情报源的情报融合网，及时、准确并全面地了解敌方的部署、作战能力、薄弱环节及可能会采取的一切军事行动。

（5）作战勤务支援控制系统

作战勤务支援控制系统能迅速收集、存储、分析和分发关键的后勤、医疗、财务和人员等保障支援信息，为各级战术指挥官提供及时而关键的有关弹药、油料补给、医疗和人员状况、运输、维修勤务、通用补给以及其他野战勤务方面的信息，确定支援当前和未来作战能力所必需的数据，帮助计划、实施后勤保障行动。

旅一级的作战勤务支援控制系统单元是前方地域支援营，它将为每一个旅提供专门的后勤保障，使师支援司令部指挥官能得到旅的关键信息。师一级的支援司令部指挥所与师物资管理中心之间相距 500m 左右，通过电缆连接。军一级有军支援司令部及其功能控制中心和移动控制中心。为了使该系统在现代战场上具有较好的抗毁性，师和军的勤务支援指挥所必须是分散的或网络化配置。

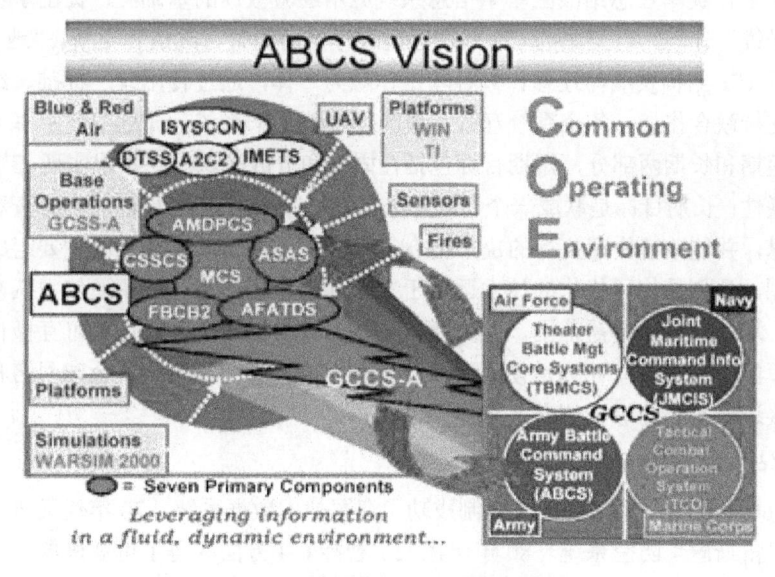

图 10.6 陆军作战指挥系统示意图

美国陆军从 1994 年起对 C^4I 体系结构进行了大规模调整，把陆军全球指挥控制系统（GCCS-A）、陆军战术指挥控制系统（ATCCS）和 21 世纪旅及旅以下部队作战指挥系统（Force XXI Battle Command Below Brigade，FBCB2）等 3 个不同时期开发的 C^3I 系统整合成一体化的陆军作战指挥系统（Army Battle Command System，ABCS），如图 10.6 所示。ABCS 中的战术级指挥控制系统主要包括 GCCS-A 中的陆军全球信息系统（Army World Intelligence System，AWIS）、战略战区指挥与控制分系统（Strategic Theater Command and Control System，STCCS）、军以上部队战斗勤务支援控制系统、机动控制系统（MCS）、全信源分析系统（ASAS）、陆军空中指挥控制系统（Army Air Command Control System，A^2C^2S）、防空反导计划控制系统（Air and Missile Defense Planning and Control System，AMDPCS）、战术空域综合系统（Tactical Airspace Integrated System，TAIS）、先进的野战炮兵战术数据系统（AFATDS）、前方地域防空 C3I 系统（FAADS C^2I）、战斗勤务支援控制系统（CSSCS）、综合系统控制（Integrated System Control，ISYSCON）、综合气象系统（Integrated Meteo System，IMETS）和 $FBCB^2$ 等。

多年来，美国非常重视陆军战术指挥控制系统的建设和经费投入。美军在 21 世纪部队的建设规划中，将实现战场数字化作为一个主要组成部分。在 2003 年 3 月美对伊拉克"自由伊拉克行动"的陆军作战中应用了"21 世纪战斗指挥系统"，也称"21 世纪旅及旅以下部队作战指挥系统"（$FBCB^2$）。这是一个实时战场态势感知数字化战斗指挥系统，通过指挥控制和传感器融合网络，使得战术部队在数字化战场空间的纵向和横向综合中共享信息。

2. 空军战术指挥自动化系统

美空军战术指挥自动化系统领域的发展重点是电子战系统和侦察系统。美空军认为，在 C^3I 方面，战略上要加强联通能力，战术上要取得电子战的明显优势；未来的战术飞机在执行空地一体战任务时，将依赖各种电子对抗、目标探测和武器监视系统的支援。主要包括：战术空军控制系统、战术空军控制中心、敌情相关单元、空军战术通信系统、综合电子战系统、联合监视与目标攻击雷达系统、机载自卫干扰机、精确定位和攻击系统等。

海湾战争后，美军在总结战区军事信息系统应用经验教训的基础上，提出了重建空军信息系统的"地平线"计划，对空军的 C^4I 系统建设进行全面调整、改造和更新。"地平线"计划，主要是将空军 C^4I 结构发展与迁移计划各项工作融为一体，通过使用统一标准、组件和数据定义，建成能支持联合作战、各个系统互联互通的无缝隙 C^4I 系统。计划中的空军 C^4I 系统总体规划，分为短期和长期两部分，短期目标包括在固定和分散区域内，集中实现 C^4I 的能力和有关的通信互联性；长期目标是联成一个"信息球"，允许每一个战斗员都能实时查看自己的空中态势图像信息，并能改善快速执行的决策指令。空军 C^4I 系统总体规划的主要组成部分是"通信中队"计划，计划是将现代化的技术运用于支持远程作战，通过协调通信中队在前线和后方基地的工作、增强网络的覆盖范围，并为通信部队配备重量轻、模块化和可互操作的系统来实现。美国空军的"地平线"计划是使战斗飞行员更加依赖于信息系统、全球网络和分散的数据终端来获得接近于实时的综合信息。

3. 海军战术指挥自动化系统

20 世纪 60 年代初，美国海军就研制成功了海军战术数据系统。70 年代又研制了海军指挥控制系统和"宙斯盾"防空系统。80 年代在人工智能 C^3I 方面取得了可观进展，并对原有的一些 C^3I 系统作了改进。美海军战术指挥自动化系统分为战术指挥系统、通信系统和作战支援系统三大类，共 35 个项目。80 年代初，美海军陆战队开始建设指挥自动化系统，共分 8 个分系统，包括：空地情报系统、综合火力与空中支援系统、战术作战系统、战术空战中心、位置标定报告系统、综合人事系统、评价与分析系统、综合后勤系统等。海岸警卫队和平时期隶属于运输部，战时划归海军部，执行海军舰队司令部分配的任务。因此，海岸警卫队战术指挥自动化系统也是美军战术指挥自动化系统的一部分。1982 年海岸警卫队成立了 C^3I 办公室，负责战术 C3I 的建设与管理工作。

1990 年，美国海军为了重新调整未来 10 年的海军指挥、控制和通信的能力和任务，满足

2000 年以后的海军作战要求,提出了一项管理和发展海军 C^4I 系统的"哥白尼体系(结构)"计划。该计划的总体目标是使美国海军的 C^4I 系统在联合作战环境下更充分地利用全球侦察信息,实现更高综合程度的互通,满足 21 世纪的战略发展需求。

"哥白尼体系"功能示意图,如图 10.7 所示。系统首先通过对态势的精确反应提供一种有效的潜在作战能力,使其产生混乱和不确定性,以延缓其决策过程,最终导致无法采取有效的行动。系统还提供有效的安全性、保密性、对病毒的防护能力以及作战欺骗和电子进攻能力。

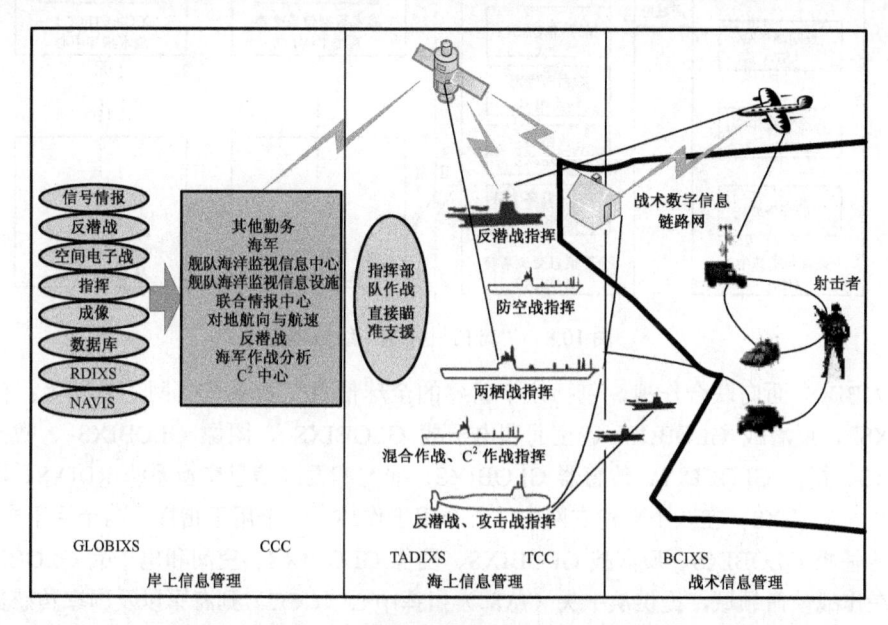

图 10.7 "哥白尼体系"功能示意图

"哥白尼体系"是一个基于全球信息交换系统(Global Information Exchange System,GLOBIXS)、中央(总部)指挥中心(Central Command Center,CCC)、战术数据信息交换系统(Tactical Date Information Exchange System,TADIXS)和战术指挥中心(Tactical Command Center,TCC)的军事信息系统,所有这些系统互联互通一起支持海上的各种战术指挥控制行动。其中两个设置在岸上,另两个设置在舰上,"哥白尼体系"组成如图 10.8 所示。

"哥白尼体系"的信息流程为:GLOBIXS 把来自全球和战区范围的传感器和通信系统的信息注入 CCC,CCC 使信息进一步分流到 TADIXS 的战术网。TADIXS 把 CCC 连接到由装在旗舰和航母上的综合指挥控制系统组成的 TCC。TCC 为战斗群指挥官(OTC)提供与联合任务力量和海上空地任务力量的互联互通,TCC 进一步把需要的特别使命信息分流到"射手"。CCC 可借助于 GLOBIXS 与外部通信,TCC 通过 TADIXS 与总司令指挥综合系统和其他战术指挥中心通信。CCC 通过 GLOBIXS 获得的数据更新它的数据库,TCC 能够借助于 TADIXS 提供的虚拟网访问 CCC 数据库中的可用信息。

(1)全球信息交换系统

全球信息交换系统(GLOBIXS)设置在岸上,将美国海军在全球各地设置的舰队以上的高级指挥机构联系在一起。该系统作为岸基通信的网络,可高速、集中传输来自全球和各战区的情报信息,可以使接收单位建立和管理作战信息优先处理次序,从而通信畅通无阻。该系统可以传送话音、文本、图像、视频、实时数据和交互信息。

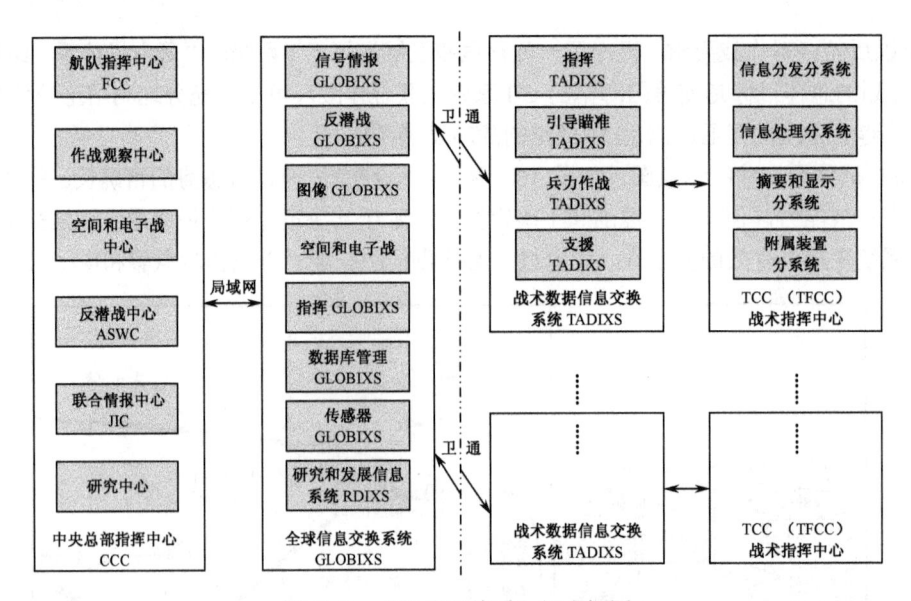

图 10.8 "哥白尼体系"组成框图

GLOBIXS 面向联合作战,包括八个新建的全球信息交换系统支网,分别为:信号情报 GLOBIXS、反潜战 GLOBIXS、空间和电子战 GLOBIXS、图像 GLOBIXS、数据库管理 GLOBIXS、指挥 GLOBIXS、传感器 GLOBIXS、研究和发展信息交换系统 RDIXS、海军信息交换系统 NA-VIXS。在八个新建支网中,五个用于作战、一个用于指挥、两个用于支援。

信号情报 GLOBIXS、反潜战 GLOBIXS、图像 GLOBIXS、空间和电子战 GLOBIXS 的功能是:在作战使命领域,提供从中央(总部)指挥中心(CCC)到海军以及国家传感器的海军岸基分析通道;通过中央(总部)指挥中心的收集管理,使国家传感器能够最大限度地用于战术应用;由传感器和其他设备的数据输入,提供海上使命领域内的技术分析经验和专门知识;发展和保持历史的区域数据库以及标准化的建模、分析、决策软件工具;提供一个与其他军种、国防部机构、使命领域联盟的一个岸基交汇点;为中央(总部)指挥中心提供通用格式的图像和 OPNOTE 产品。传感器 GLOBIXS 的功能是:收集传输传感器数据,在 GLOBIXS 支持的使命领域内分析这些数据并加以使用,把数据以标准格式有效地分发到中央(总部)指挥中心中,以便进而分发到舰队。

GLOBIXS 提供来自任何地点的信息通路,通过广域国防通信系统网实现,是一个采用开放系统结构、模块化技术、商用流行技术的虚拟网。

(2)中央(总部)指挥中心

中央(总部)指挥中心(CCC)是信息从全球信息交换系统经由战术数据交换系统(TADIXS)传送到部署在前沿的作战单位的入口。CCC 通过局域网把全球信息交换系统与岸基指挥中心联系起来,使信息能迅速地在网络计算机之间传输,并完成指挥控制的相关功能和融合功能。CCC 主要包括六个功能模块:舰队指挥中心、作战观察中心、空间和电子战中心、研究中心、联合情报中心和反潜战中心等。CCC 具有司令官决策支持能力,把焦点对准作战原则和作战意图,而战场的决策由战术指挥官和射手做出。

(3)战术数据信息交换系统

中央(总部)指挥中心(CCC)通过全球信息交换系统(GLOBIXS)和战术数据信息交换

系统（TADIXS）与战术指挥中心（TCC）传输信息。TADIXS 也是一个虚拟网，与海上的舰队战术指挥中心连接在一起，供各战斗群指挥官使用。TADIXS 是根据战术指挥官的要求而建立的网络，建网持续时间的长短取决于信息的负荷，各战斗群战术指挥官可以从中选择指挥控制所需要的情报。

TADIXS 主要是保证中央（总部）指挥中心（CCC）和战术指挥中心（TCC）共享通用战术图像。根据用途，TADIXS 可分为：指挥 TADIXS、支援 TADIXS、引导瞄准 TADIXS、兵力作战 TADIXS 等四类。

（4）战术指挥中心

战术指挥中心（TCC）设在舰上（旗舰和航母），为战斗群战术指挥官（OTC）提供对本舰队的水面舰艇、潜艇和战术飞机等战斗单位的指挥、战术显示和战术通信等功能。TCC 向作战者发送信息，可以是任何前沿布置的指挥中心——岸上的或海上的、机动的或固定的，并且包括单个单元的战术中心。TCC 是 TADIXS 和射手以及使用战术数据链的武器之间信息流的通路。TCC 可由战斗群指挥官战术中心、下属单元的指挥中心、岸上或舰上以及空中兵力指挥官的指挥中心组成，具有所有成员的互通能力，TCC 按照一个使命的作战计划而被分级确定。

TCC 主要由信息分发分系统、信息处理分系统、摘要和显示分系统和附属装置分系统等四个分系统组成。信息分发分系统将设置在各旗舰上的 TCC 信息处理分系统相互连接，并且使其与设置在指挥中心的摘要和显示分系统连接。

从体系结构上看，TCC 类似于岸上的中央（总部）指挥中心（CCC），两者将共享一致的战术图像，可以将海军和盟军连接在一起，在战术级和战区级为海军提供各种信息服务。

4. 海军陆战队空地特遣部队 C^4I 系统

海军陆战队空地特遣部队 C^4I 系统为海军陆战队空地特遣部队各级指挥员及其参谋提供发送、接收、处理、过滤和显示数据并进行辅助决策，并通过通用战场空间图像提供一致的共享态势感知。海军陆战队空地特遣部队 C^4I 系统主要由地面机动系统、情报系统、空中作战系统、火力支援系统、后勤信息系统等组成，通过海军陆战队空地特遣部队战术通信网连接成为一个整体。

地面机动系统，通过对战场空间的综合显示，为指挥官和参谋人员提供共享的态势感知，支持作战计划的制定和实施，包括战区作战行动系统和海上联合指挥信息系统。

情报系统主要用于对所有情报信息源的适时计划、收集、处理、生产和分发，支持对侦察、监视和目标搜索资源的有效部署，包括情报分析系统、海军陆战队空地特遣部队二次图像分发系统、战术控制与分析中心产品改进系统、联合监视目标攻击雷达系统、机动电子战支援系统、产品改进系统、战术电子侦察处理与评估系统等。

空中作战系统支持海军陆战队空地特遣部队空中作战指挥的计划、协调和控制，并且与海军、联合作战部队空中作战系统、火力支援系统互联，包括空中战术指挥系统、空中战术作战中心、直接空中支援中心等。

火力支援系统支持炮兵、航空兵和海军炮火的计划、协调和控制，主要包括火力支援指挥与控制系统、高级野战炮兵战术数据系统等。

后勤信息系统主要用于后勤保障的计划和指挥控制，支持部队部署、使用和重组的全部后勤功能，在海军陆战部队中目前有 100 多个后勤信息系统用于支持部队部署计划和执行、维持与分发。后勤信息系统主要包括支持作战的系统和支持装备的系统两类，支持作战的系统包括：标准计算/预算报告系统、海军陆战队空地特遣部队 II/后勤自动化信息系统、运输协调员自动化信息调度系统、战区医疗信息计划系统、海军陆战队空地特遣部队数据库等；支持装备准备的系统包括：全球资源状况与训练系统、设备跟踪后勤与供给系统、海军战术指挥支援系统、舰用非战术自动数据处理计划 III 系统、海军航空兵后勤司令部管理信息系统、舰用制式自动数据处理系统、常规弹药综合管理系统、部队部署计划系统等。

海军陆战队主要侧重于沿海作战，使之能作为联合特遣部队的一部分执行先期部署任务。21 世纪的海军陆战队将建成一支规模更小、负重更轻、机动性更高和更加灵活的战斗部队，为此，美军提出了海军陆战队的"海龙"计划。"海龙"的主要特点是：后勤保障、医疗救护和近距离支持都将着重利用无人飞行器；地面战斗单元将转变成一支编制精简、训练有素、装备精良、便于执行小规模独立作战的轻型部队；从轻步兵营抽调的快速攻击中队将在指定的地区独立行动；战斗勤务支援单位编成从舰上控制覆盖范围不大于岸上有限的覆盖范围。"海龙"将着重依靠海上的火力支持、后勤供应和 C^2 资源。

5. 陆军未来作战系统

未来作战系统（Future Combat System，FCS）是美国陆军下一代陆战核心系统，将是世界上第一个真正的网络化系统，能够实现数据和传感器信息的共享，为整个战场提供态势感知能力。FCS 的目标是用重量更轻、机动性更好、组网能力更强的车辆装备美国陆军，计划利用无人机、地面车辆以及智能弹药大幅度提高部队的态势感知能力及攻击效果。

FCS 的车辆信息系统主要包括车上导航、通信和武器控制等信息系统。这些独立的车辆信息系统集成在一起，形成一个车辆综合信息系统，能够实现相邻车辆间，甚至与附近的士兵和远方指挥官的信息共享。士兵、车辆、海上舰船以及航天器上等遍布战场的分散传感器将连接到该网络中，为每名士兵提供相同的态势感知。此外，每部车辆还可以连续不断地向指挥员报告诸如燃料、水以及弹药补给之类的信息。FCS 将成为第一个部队部署的完全网络化系统，每辆战车和每个士兵都可以作为该网络中的一个节点，即使有的节点出现问题，数据仍然能够照常流动。

美国陆军迫切想把 FCS 系统投入到战场中，计划到 2014 年，美国陆军将拥有一支装备全部 18 个核心系统（加网络）以及其他模块单元的陆军作战行动部队，包括三个装备 FCS 的合成兵种营、一个非瞄准线加农炮营、一个侦察监视和目标捕获空军中队、一个前方支援营、一个旅情报和通信连以及一个司令部连等。

但是由于 FCS 的规模太大、复杂性太高，研制过程困难很大，而且美国陆军可能无法全部换装 FCS，2009 年 6 月花费了 1600 亿美元的 FCS 载人车项目被取消，其余部分转入"旅级作战分队现代化策略"（Brigade Combat Team Modernization Strategy）计划，继续建设。

6. 单兵 C^3I 系统

20 世纪 80 年代末，美国陆军提出"士兵现代化计划"，研制"士兵综合防护系统"。美陆军投资 1200 万美元，从 1990 年开始技术预研，1992 年 9 月至 11 月进行了"士兵综合防护系统"的技术演示。这是有史以来第一次把士兵作为一个系统来看待，同时，美国实施了一项"增强型士兵系统"计划，其目的是完善"士兵综合防护系统"并装备作战部队。1993 年，美陆军将"增强型士兵系统"计划更名为"21 世纪地面勇士"计划，把士兵系统作为一个节点纳入 C^3I 网络中，这时的士兵系统的也被称为"第二代士兵系统"。1996 年美国陆军响应国会要求，将"21 世纪地面勇士"计划和"第二代士兵系统"计划合并成统一的系统研究计划，简称为"地面勇士"（Land Warrior）计划。

"地面勇士"系统计划于 1999 年开始生产，2000 财年将首批"地面勇士"系统装备一个营，到 2011 年将有 34000 名士兵装备"地面勇士"系统。"地面勇士"系统由计算机/电台子系统、防护服和单兵装备子系统、软件子系统、综合头盔子系统、武器子系统等五个子系统组成，如图 10.9 所示。

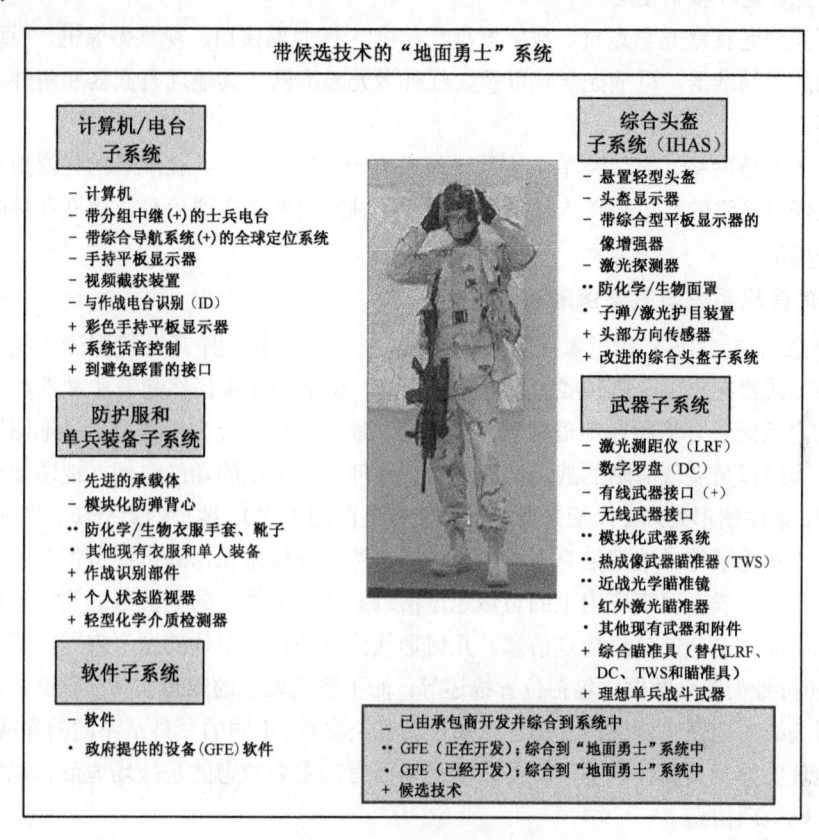

```
带候选技术的"地面勇士"系统

计算机/电台                          综合头盔
子系统                              子系统（IHAS）
 - 计算机                             - 悬置轻型头盔
 - 带分组中继(+)的士兵电台              - 头盔显示器
 - 带综合导航系统(+)的全球定位系统      - 带综合型平板显示器的
 - 手持平板显示器                        像增强器
 - 视频截获装置                        - 激光探测器
 - 与作战电台识别（ID）              ·· 防化学/生物面罩
 + 彩色手持平板显示器                  · 子弹/激光护目装置
 + 系统话音控制                        · 头部方向传感器
 + 到避免踩雷的接口                    + 改进的综合头盔子系统

防护服和                             武器子系统
单兵装备子系统
 - 先进的承载体                        - 激光测距仪（LRF）
 - 模块化防弹背心                      - 数字罗盘（DC）
 · 防化学/生物衣服手套、靴子           - 有线武器接口（+）
 · 其他现有衣服和单人装备              - 无线武器接口
 + 作战识别部件                        · 模块化武器系统
 + 个人状态监视器                      · 热成像武器瞄准器（TWS）
 + 轻型化学介质检测器                  · 近战光学瞄准镜
                                       · 红外激光瞄准器
软件子系统                             · 其他现有武器和附件
 - 软件                                + 综合瞄准具（替代LRF、
 · 政府提供的设备(GFE)软件                DC、TWS和瞄准具）
                                       + 理想单兵战斗武器

  _  已由承包商开发并综合到系统中
  ·· GFE（正在开发）；综合到"地面勇士"系统中
  · GFE（已经开发）；综合到"地面勇士"系统中
  + 候选技术
```

图 10.9 "地面勇士"系统

计算机/电台子系统是士兵系统的指挥、控制、通信、计算机与情报子系统，是士兵系统的核心，完成战场信息的采集、传输、处理、显示和决策、控制功能，是体现 21 世纪单兵装备信息化的重要系统，包括计算机、士兵电台、班组电台、带综合导航系统的全球定位系统、手持平板显示器、视频截获装置、与作战电台识别相兼容的接口等。

防护服和单兵装备子系统包括先进的承载体、模块化防弹背心、防化学、防生物衣服、手套、靴子及其他现有衣服和单人装备。背装具的背架柔软，适合人体尺寸，框架及承载装置也是放置金属导线的地方。背架不仅是计算机/电台的承载体，而且是放置与保护导线的载体。计算机及电台部件易于迅速、方便地替换。背包系统能快速重组，适应不同使命的需要。

软件子系统包括战术软件和任务支援软件，通过灵活的用户界面使士兵系统与数字化 C^4I 系统联网，大大提高士兵执行任务的效率和作战能力。战术软件的核心功能包括了解作战环境（定位/导航、数字地图显示、位置数据、激光探测及报警）、指挥与控制（指挥与控制信息、图表显示处理）、火力计划与控制（部队火力计划、粗略的防护雷区、火力探测控制界面）。此外还具有通信管理、装备管理、工作站管理、数据服务、显示管理/用户界面、任务支援及训练管理等功能。

综合头盔子系统包括悬置轻型头盔、头盔显示器、像增强视频放大装置、激光探测器、防化学/生物面罩、防弹/防激光护目装置、头部方向传感器等，可以作为士兵与数字化战场上其他系统的接口，可以为士兵提供防弹功能和高保真的视觉与声觉的战场信息，并且可以在白天、黑夜及核、生、化环境下使用。

武器子系统包括激光测距仪、数字罗盘、有线/无线武器接口、视频摄像机、模块化武器系统、热成像武器瞄准器、近战光学瞄准镜、红外激光瞄准器、其他现有武器和附件、理想单兵战斗武器等。

通过个人通信网络，可以将单个士兵连接成为一个整体。士兵在战场的任意地点、任意时间均能通过任何网络的入口点接入通信网，使用单独固定的个人通信号码建立和接收呼叫，进行各种业务通信。

7．地理信息系统与气象保障系统

地理信息系统（GIS）和气象保障系统（WSS）是作战过程中场环境保障系统。现代战争中，尽管各类武器在作用距离和威力上有很大提高，但战场环境仍然起着非常重要的作用。

地理信息系统包含地图和地理信息两大部分。地理信息系统为指挥员提供地图图形显示和地理信息，为指挥员展现清晰的战场地理环境。地理信息系统的功能包括：地图和地理信息数据及其管理；地图图形处理（包括矢量地图和像素地图的生成）；地理信息分析；坐标数据转换；人机界面操作和显示等。地理信息系统主要包括自然地理信息和作战指挥所需要的专题军事地理信息两部分。一般在军事应用上的自然地理信息系统主要关心的是图形的几何形状信息和地理属性信息，而不是全部自然地理信息。几何形状信息是地理实体的图形表现，即点、线、面（多边形）和符号类图形数据，包括位置描述等，而不管它表示的地理实体是什么。地理属性信息则给出所关心的地理实体属性及描述该属性的各类参数。不同的军种从不同的作战目的出发，所关心的地理实体及其属性也不同。如以陆战场而言，主要考虑的是战场地形、地貌、交通网和水系等基础地理信息。

气象对陆、海、空军作战部队的集结、机动和作战行动的影响既包括不利的方面，也包括可以利用的有利方面，可以利用自然条件进行伪装、隐秘和欺骗，以麻痹对手，产生对己有利的作战行动和效果。对不同的军兵种，作战行动对气象保障要求的内容也不相同，气象保障系统主要包括：气象资料数据库、实时气象情况资料采集和分发、气象信息处理和填图、气象对作战行动的影响分析、危险天气告警、气象报告和决心保障建议生成、气象业务管理、气象资料和科研管理等。

10.2 俄军军事信息系统

前苏联的军事信息系统建设几乎与美国同时起步，20世纪50年代研制了"天空一号"半自动化防空指挥系统，60年代中期又推出了改进型"天空二号"防空指挥系统。到80年代中期，前苏联已拥有十分接近美国的战略指挥自动化能力，并且建设了一系列适应机动作战的战役、战术指挥自动化系统。前苏联解体后，俄罗斯继承了前苏联的大部分指挥自动化系统。俄军在大幅度削减军费的情况下，仍把发展指挥自动化作为重点。特别是在科索沃战争结束后，随着军事理论和建军方针的调整，俄军在重点发展战略火箭军指挥自动化系统、战略通信和空

间预警系统等战略级系统的同时，积极发展战术指挥自动化系统，如新型预警机、地空导弹旅指挥自动化系统、航空兵指挥引导系统等。

俄军的军事信息系统，在某些技术上不如美国先进，但就其建设总体思想、建设方法、建设经验、系统集成技术及主要设备性能，与美国等西方国家相比各有所长。例如，系统的研制和部署更多地考虑抗毁性，主张通过隐蔽、分散、加固、机动、冗余备份和通信保密等手段，来提高其指挥自动化系统的生存能力，系统机动性、抗毁性和可靠性强；注重采用标准化、模块化、通用化的系统结构，各级指挥自动化系统均可由标准的模块组合而成；注重采用简单实用的措施，加强系统的安全、保密、电磁兼容与电子对抗能力；系统能够兼容新研发设备和在役设备，注重采用成熟技术不断追求单项设备的先进性等。

10.2.1 战略指挥自动化系统

俄军战略指挥自动化系统的主要任务是保证俄罗斯国家最高当局对战略核部队实施不间断的指挥控制。战略军事信息系统主要由探测预警系统、指挥中心和通信系统组成。

1. 预警探测系统

前苏联建立了预警卫星、地面雷达、机载预警与控制系统组成的战略预警系统，对来自各个方向的导弹攻击，可提供 15～30min 的预警时间。前苏联解体后俄罗斯仍继续不断改进这些预警系统。

俄罗斯已经发展了两代导弹预警卫星，目前以第二代为主，第一代为辅。第一代大椭圆轨道型系统称为"眼睛"，第二代"宇宙"系列预警卫星载有红外探测器和摄像机，对战略导弹的预警时间可达 30min。仅 1993 年，俄罗斯就发射了 36 颗"宇宙"系列卫星。俄罗斯已发展了四代电子侦察卫星，目前使用的是第三代和第四代星，卫星以星座方式工作，可截获通信、雷达和电子信号，通过信号分析确定其通信站、雷达站的位置，并将侦察数据传回俄国国内地面站。电子型海洋监视卫星系统载有被动式电子侦察接收机，搜索海上、海岸雷达与通信信号，对舰只进行定位并了解海岸雷达的部署情况，彩虹-3M 气象卫星能为船只和飞机选择最佳航道（线）等。

俄空军已装备以伊尔-76 为载机的预警飞机 20 多架，该预警机装备了高性能雷达、新型敌我识别系统和先进的电子战设备，能探测陆地、海面上空目标，探测距离为 620km，并能指挥引导米格-31 飞机和苏-27 等飞机攻击来袭目标，对付低空飞行的巡航导弹。

俄罗斯部署了一个全国规模的陆基防空雷达网，包括一万多部雷达，这个雷达网覆盖了前苏联各加盟共和国。远程预警雷达系统包括多部后向散射超视距雷达、远程预警雷达和大型相控阵雷达，这些大型预警雷达大都部署在西部和东部边境一带，主要执行弹道导弹预警任务，并为莫斯科反导预警系统提供拦截所需的信息数据。

2. 指挥控制中心

战略指挥控制系统主要包括莫斯科指挥控制中心、空中空间防御系统、机动指挥所和备用指挥所。

莫斯科指挥控制中心为总统和国家军政首脑、各军兵种司令部提供信息。在指挥中心，作战值班员和计算机专家以及分析研究军官时刻监视和获取核袭击信息，并可直接向国防部长和总参谋长通话报告情况。显示屏幕上分别显示作战态势、空间目标运动情况和各地面跟踪站状态及工作情况，跟踪站负责跟踪低轨道卫星和运载火箭的发射情况。这些情况自动进入名为"报春花"的专用处理装置，并可启动总统的"黑匣子"报告总统。前苏联十分重视战略指挥中心的建设，尤其是地下加固式指挥中心的建设。仅莫斯科市就建有 75 个地下指挥所。有的指挥所建在数百米深的地下，每平方厘米能够承受 70kg 爆炸冲击波的压力。前苏军统帅部指挥中心就建在地下 200 米深处，并有核防护措施。此外，前苏联还建有机载和舰载指挥中心，以满足战略指挥需要。地下指挥中心在战争爆发时，确保使国家领导集团在核攻击下的生存，并能保持对军事力量的控制。俄目前仍在继续修建供国家领导集团使用的地下指挥所，其中包括扩大和加强莫斯科周围的主要地下设施，其中一个最大的、抗毁能力最强的地下指挥设施可容纳 1 万人。所有地下指挥所可提供 18 万名指挥人员使用。

俄空中空间防御系统是在现有防空体系基础上建立的，以防空军为基础，并把各军种和军事航天力量的兵器合在一起，采取区域部署原则，在各防空地域内，根据统一的目标和计划，统一使用防空兵力兵器，综合利用各军种的空中空间侦察机构和防空系统。俄空中和空间防空体系分为外环和内环。外环距莫斯科 100~130km，内环距莫斯科 50~70km，主要装备是各种型号的 S-300 导弹防御系统。

为了增强指挥所的战时生存能力，俄军继续采用机动指挥所。俄军的机动指挥所分为：车载指挥所，机载指挥所和舰载指挥所等三种。车载指挥所是指苏联研制的铁路导弹综合作战系统，包括：预警车厢（警戒和防御系统）、发射车厢（操作员时刻控制着的发射装置和火箭系统）、指挥车厢（作战系统的控制中心）、通信车厢（配备现代化的通信技术装备）等，保证系统与高级指挥所的不间断通信联络，装备的导弹为苏式 PC-22 洲际导弹（西方称为 SS-24）。

俄军继续使用苏联的机载和舰载指挥所。机载指挥所有国家级和军区级两种，国家级供国家指挥当局、国防部和总参谋部以及各军种总部使用，由伊尔-76 运输机改装而成。舰载指挥所供各军种的下属部队和各战区、各军区司令部等使用，由两艘巡洋舰作为指挥舰，有支援国家一级指挥控制和备用能力。

俄军的备用指挥所通常配置有各种主要指挥设施和通信设备，并存有当前的情报信息。俄政府领导和指挥人员都有远离城市中心的备用加固指挥所。某些备用指挥所及其有关通信系统只有经过最高当局批准，并由总参谋部下令方可使用。

3．战略通信系统

俄军的战略通信系统是在前苏军的通信系统基础上发展起来的，继承了前苏军军民共用通信系统的特点，同时把政府的通信设备也综合进去，国家通信系统的大部分可直接用于保障军事目标通信需求。战略通信系统主要包括战略话音通信网、卫星通信网和极低频对潜通信系统等，通信手段多、覆盖范围较广。

俄军的战略话音通信网大量采用地下电缆并辅以微波和卫星线路，短程通信主要采用地下电缆和光缆。战略话音通信网主要由国家公用电话网及各军种、战区专用通信系统构成，冗余程度相当高。国家公用电话网平时和战时都可充分使用，各交换中心之间的传输干线也就是战略话音通信网的主干线。

俄军的战略通信主要依赖于卫星，卫星通信网中的军用通信卫星分布近地低轨、大椭圆准同步和同步三种轨道上，形成一个三层通信网。第一层主要担负对舰和对潜通信任务；第二层主要担负战略通信任务，重点用于军事指挥、控制和通信；第三层主要担负军事通信任务。通信广播卫星包括战略通信卫星、战术通信卫星和数据中继卫星等，是俄军战略战术通信的重要手段。俄通信广播卫星的型号较多，其中，"闪电"型用于战略通信；"宇宙"型包含战术通信型和转储型两种；"急流"型卫星用于为俄侦察卫星提供数据中继通信。

对潜通信是俄军战略通信的重要组成部分，为了对导弹和潜艇进行控制，海军总部乃至最高指挥当局必须能与潜艇部队保持联系。潜对岸通信是利用"闪电"卫星转发潜艇信息。岸对潜通信主要采用高频、特高频、低频、甚低频和极低频，在岸对潜和潜对岸之间建立双向通信线路。

10.2.2 战术指挥自动化系统

苏联解体后，俄罗斯继续研究和改进战术指挥自动化系统，先后推出了各种不同用途的战术指挥自动化系统，主要包括 S-300PMU 地空导弹和 S-300V 反战术弹道导弹系统、自动化防空系统、自动化指挥控制系统等，形成了一个防御能力很强的 C^3I 系统防空网。俄军的战术指挥自动化系统在技术上明显落后于西方。近年来采取很多措施来提高其战术军事信息系统的能力。一是装备现代化器材，提高指挥自动化程度，实现了局部指挥自动化，要求指挥人员用计算机拟制作战计划，优选作战方案，传递作战文书，并通过计算机对部分武器系统实施控制，从而提高了导弹和火炮的射击精度；二是在司令部工作中，推广采用平行法、合并法和统筹法等科学工作方法，提高指挥效率；三是通过多备份、多手段、分散隐蔽等措施，提高 C^3I 设施的战场生存能力；四是重视发挥电子战的作用，以瘫痪敌方的指挥中枢，保护己方的 C^3I 系统的能力。

俄军经过 40 多年的努力，建成了"国境线"、"田野"、"贝加尔"、"希涅诗-改 1Э"等一批战术防空指挥自动化系统。"希涅诗-改 1Э"是俄罗斯的新一代机动式战术防空指挥自动化系统，可以指挥控制 S-75（SA-2）、S-125SA-3）、S-200（SA-5）、S-300PMU（SA-10）防空导弹武器系统，及米格-21、米格-29 和苏-27 等歼击机。该系统可以接收防空部队任何雷达设备送来的信息，包括上级指挥所、雷达分队、雷达站、测高雷达、普通雷达、导弹营自主搜索雷达提供的信息，还可以接收友邻指挥所提供的信息。能够自动接收上级指挥所的命令、指示，及时向上级指挥所报告战斗准备和战斗情况；接收各信息源提供的雷达信息，并进行处理；进行目标分配，并给出目标分配方案，包括对干扰机的目标分配；还能够以半自动方式引导己方歼击机拦截空中目标，向雷达信息处理中心发送指令，以便在干扰条件下提高信息质量。系统空情显示半径为 1600km，可同时处理 120 个目标，最多可同时指挥 17 个导弹营共 77 个目标通道，即同时指挥 12 个多通道防空导弹武器系统 S-300PMU 和 5 个单通道防空导弹武器系统 S-75、S-125、S-200。根据完成的任务量不同，"希涅诗-改 1Э"防空指挥自动化系统有全配制和简配制两种不同的组成方式。在简配制的组成中，省去了辅助战斗指挥车和通信中继站等设备，只有机动式战斗指挥车用于指挥各导弹营和己方歼击机的作战，由于装备简化，从而大大提高了系统的机动能力。

俄军的战术防空指挥自动化系统还有许多需要改进的方面，如低空防御能力差，抗干扰能力较弱；计算机和通信电子设备技术落后，自动化程度较低，有的基本上还是人工操作；作战指挥不够灵活，很大程度上依赖详细计划和集中控制，难以适应电子战环境。为此，俄罗斯采取了一系列措施，在设法提高对低空目标的监视能力的同时，努力提高防空系统的电子战能力。目前正在研制新型的防空雷达，并对现有的防空雷达进行改进。此外，俄罗斯将继续改进其对空监视的数据网，以提高整个监视网与地空导弹阵地和各级控制中心的数据交换能力，其中包括利用数据链路使战略防空和部分战术防空系统实现一体化，改善对付巡航导弹等低空威胁的能力。

10.3 日军军事信息系统

日军 C^4ISR 建设始于20世纪60年代，80年代以来发展较快。目前，日本已初步建立了以三军自卫队 C^3I 系统为基础，以防卫厅 C^4ISR 系统为核心的指挥控制体系。随着日本自卫队建设的指导思想由对付前苏联的进攻转向"周边事态"，日军正在积极加强其 C^4ISR 建设，努力向军事强国的方向发展。

10.3.1 日本防卫厅 C^4ISR 系统

防卫厅 C^4ISR 系统能与日本首相府、政府有关部门、陆军各军区、海军联合舰队、空军航空总队联网，并与空军"巴其"战术防空系统和海军联合舰队支援系统联网，以及驻日美军司令部连通。在日本及其周边发生战事、灾害或参加联合国维和行动等时，能够将三军自卫队的情报实时汇总并实现统一指挥。

1981—1984年，日本防卫厅共耗资近7000万美元修建了作为防卫厅 C^4ISR 系统核心的中央指挥所，其重要部分嵌入地下，但该指挥所对核战争的抗毁能力差，此后，防卫厅又建设了一个更具现代化和抗毁能力强的新的中央指挥所，1997年1月正式启用。日本防卫厅1977—1984年共耗资2.5亿美元修建了防卫厅微波线路，总长4300km。为了确保军事通信的可靠性和抗毁性，日本防卫厅还决定实施综合防卫数字网（IDDN）计划，最终将使防卫厅专用的防卫微波线路复式化，建成综合防卫数字通信网。

目前，日本已装备EP-3电子侦察机、RF-4E侦察机、RF-4EJ侦察机。为了提高防空预警能力，日本在已有的13架E-2C预警机的基础上，1993年初又从美国订购了4架E-767预警机，这些飞机已分别于1998年3月和1999年1月交付日本航空自卫队。

近年来，日本大力开发航天项目，以摆脱缺乏航天预警和情报能力、依赖美国第二手情报的困窘。1998年，日本政府决定研制侦察卫星系统，其空间部分由4颗侦察卫星组成，其中2颗为光学成像侦察卫星，2颗为合成孔径雷达成像侦察卫星，分别可以分辨地面上直径为1m和1~3m的物体。此外，日本还计划建立卫星定位系统，2008年投入使用，新一代定位系统将包括多颗卫星，其中一颗常年覆盖日本上空，成为高精度定位和移动通信的中心。日本的卫星定位系统是对美国GPS系统的补充，要实现这一计划，技术上须与美国合作。

10.3.2 陆上自卫队 C^3I 系统

日本陆上自卫队 C^3I 系统大致包括战斗领域 C^3I 系统和师级或方面队级 C^3I 系统。战斗领域 C^3I 系统主要包括野战炮兵数据处理系统和防空数据处理系统，用于防空指令控制、野战炮兵射击指挥控制和部分战术火控。师级防空数据处理系统类似于美国的师防空系统和近距离防空系统，通过计算机处理各种数据，自动快速传输空情信息，指挥对空作战，能准确获取空中目标信息，有效地保卫己方部队不受敌机攻击。方面队级 C^3I 系统属最高一级，主要担负支援大规模战斗任务，可以更好地处理所有信息，并提供给师以上指挥官使用。

陆上自卫队的通信系统包括固定通信系统和野战通信系统。固定通信系统可保障陆上自卫队参谋部同前线部队的通信联络。野战通信系统与防卫微波线路相连，其他机动部队和直升机都可利用携带的无线电台接入防卫微波线路，与全日本任一驻地进行通信联络。目前，日本陆军军与师、师与团指挥所之间用超短波多路通信机通联，团与连之间用车载超短波通信机，排以下装备数种便携式短波通信机。此外，还设有野战通信交换台、野战无线电交换机，使野战无线电通信器材、各种终端装置有机地连接在一起。

为了提高侦察能力，陆上自卫队在师、旅的侦察部队装备了配有战场监视雷达、红外侦察装置、雷达测距仪的高性能装甲侦察车辆。空中机动旅装备有 UH-60JA 多用途直升机、OH-1 侦察机、AH-64A 武装直升机、RAH-66 侦察/攻击直升机和无人侦察机。为进一步增强战场态势感知能力，陆上自卫队还研制了用于战场的传感器，并结合这种新的传感器开发 GPS 终端、小型无人侦察机、图像监视器、侦察用地面雷达及夜视装置。

10.3.3　海上自卫队 C^3I 系统

日本海上自卫队典型的指挥控制系统有联合舰队指挥支援系统和"宙斯盾"舰艇指挥控制系统。联合舰队指挥支援系统于 1975 年投入使用，系统配备了计算机和大屏幕彩色显示设备，可以随时显示舰艇司令部的指挥支援系统内存储的情报，或与其他部队交流的情报，包括敌对双方兵力部署和行动状况、防空情报、己方飞机飞行状况、海上警备船和商船的活动情况等。同时，也负责向中央指挥所、空军通报双方舰艇和飞机展开情况、行动方向以及向各舰队提供水文气象资料。"宙斯盾"舰艇指挥控制系统舰载雷达（AN/SPY-1D）具有自动搜索、跟踪多个目标的能力，同时具有制导多枚导弹攻击多个目标的能力。

自 20 世纪 80 年代以来，日本已建立了两个类似于美国水声监视系统的海洋监视设施，此外，还拥有监视水下目标的音响探测器（声呐浮标、水下测音阵）、音响测定舰和 P-3C 反潜巡逻机。

10.3.4　防空指挥自动化系统

日本的国土防空指挥自动化系统主要是"巴其"系统，1969 年在美国休斯公司的帮助下建成，是一个全自动的战术防空预警系统。1982—1988 年，日本又对该系统进行了改进，提高了系统的监视、指挥功能和自动化水平。改进后的"巴其"系统又称为"新巴其"系统，由固定雷达站、机动雷达站、E-2C 预警机、E-767 预警机以及各级指挥所（航空总队指挥所、防空扇区指挥所、防空监视所等）等组成。系统将中央指挥所、E-2C 预警机及作战飞行部队和防空导弹部队的指挥系统连为一体，实现了情报、通信、控制等的全自动实时处理，不仅能沟通高射炮火力群和航空团以上各级防空部队，而且在反应速度、信息传输准确性和对付多目标能力等方面均有显著提高。

地面固定雷达站主要使用日本自行研制的 J/FPS-1、2、3 型三坐标雷达，探测距离达 650km。J/FPS-3 型三坐标雷达采用具有世界先进水平的有源相控阵雷达技术，有较强的远程高空和近程低空目标探测与跟踪能力。地面固定雷达站与机动雷达站沿海岸、岛屿实施环岛部署，对周围海域实施 24h 昼夜警戒监视。2003 年 9 月，日本决定研制探测性能更高的新型雷达，可望捕捉到比飞机速度更快且反射面更小的弹道导弹的踪迹，通过与"宙斯盾"舰和"爱国者"导弹配合，形成导弹防御系统。日本还引进美国的后向散射超视距雷达（OTH），探测距离可达 3700km，对超、亚音速来袭飞机可分别提供 1.5~3h 的预警时间。

E-767 预警指挥控制飞机与美军的 E-3 预警机大体相当，但机体空间更加宽阔，飞行性能也更好，在预警时间、留空时间、引导能力等方面明显优于 E-2C。由于 E-767 飞机装备有先进的 AN/APY-2 雷达和通信与情报系统，所以，能直接与"新巴其"的地面自动化指挥控制系统、战斗机和 E-2C 预警机联网，可连续 24h 实施大范围的空中警戒，能够有效地探测到日本列岛周边 600km 范围内的高、中、低空飞行目标。

随着系统的不断的升级和设备的不断更新，日本已经建成由超视距雷达、E-2C 和 E-767 预警机等组成，覆盖日本本土及周围广大空域的现代化防空预警系统。

10.4 印军军事信息系统

印度军队从 20 世纪 70 年代开始建设指挥、控制、通信与情报等军事信息系统，经过 30 多年的发展，目前已拥有技术较先进、功能较齐全、规模较庞大的 C^4ISR 系统。

10.4.1 情报预警系统

印度拥有空间、空中、地面、海上等多种情报侦察手段，基本建成全方位、大纵深的情报预警系统。

1985 年以来，印度空军和陆军实施了"防空报警和探测系统"与"防空地面设施系统"计划，努力建立以多功能雷达为主体的预警系统，以提高对空中目标的探测跟踪和快速反应能力。目前，印度已建成由指挥中心、预警雷达站、引导雷达站和机动观察分队组成的雷达情报网。近程雷达有英迪拉-I 超低空监视雷达和英迪拉-II 三坐标多普勒雷达；中程雷达有 PSM-33 对空警戒雷达；远程雷达有 TRS-2215 防空雷达。这些雷达大都装备在陆军师以上部队和空军地空导弹基地。英迪拉-I 雷达于 1988 年开始投入使用，装备陆军部队。为加强对低空目标的探测预警，印军于 1989 年开始在空军部队装备自行研制的英迪拉-II 型多普勒雷达，该雷达为移动式监视雷达，可探测 40km 距离上 30~50m 低空飞行目标，同时跟踪 40 个目标，可与 12 个武器系统配合工作。PSM-33 改进型中程对空警戒雷达和 TRS-2215 远程防空雷达于 20 世纪 90 年代初，分别装备陆军师以上部队和空军地空导弹基地，这两种雷达最大有效探测距离分别为 240km 和 510km。

在地面侦察装备方面，印军还装备有改进型"姆法"和 PIF-518 野战炮兵雷达。为能够进行中程战场监视，印度于 20 世纪 90 年代末，向以色列购买了数十部 EL/M-2129 型战场监视雷达和数百部便携式侦察雷达。

印军目前装备有多种型号的预警机，除从英国进口了"猎迷"预警机和从意大利进口了 G-222 型预警机外，印度还于 1987 年向前苏联购买了 3 架以伊尔-76 为载机的 A-50 预警机。依靠引进技术设备，印度自 1985 年开始自行研制预警机，载机由从英国引进、印度生产的 Bae748 运输机改装，机上的雷达天线罩为德国宇航公司设计制造，航空电子设备由印度电子与雷达研究院设计、巴拉特电子公司生产。该机可对海面和地面上空目标进行 360°全方位探测，探测距离达 350km。1990 年 11 月国产预警机首次进行飞行试验，1999 年 1 月进行试验时坠毁。由于预警机的坠毁，使印度自行研制预警机的计划遭受严重挫折，随后开始走与国外合作的路子，以加快发展预警机。2002 年 9 月，印度与以色列就"费尔康"预警雷达交易达成协议，计划购买以色列的 2~3 台"费尔康"雷达，装在印空军的伊尔-76 飞机上，使之成为预警指挥飞机，性能将远远超过 A-50 预警机，从而极大地提高印军的侦察和监视能力。

长期以来，印军一直是利用有人侦察机和无人侦察机，采用目视、照相、雷达和红外等侦察方式进行空中侦察，以获取战略和战术情报。目前，印军装备有米格-25R 有人侦察机、图-42M 反潜侦察机、伊尔-38 海上侦察机。此外，印度还装备"豹"、"猎豹"、米-8、米-17、米-24 和米-26 等通用直升机和武装直升机，担负空中巡逻和侦察任务。为了加强情报侦察能力，印度于 20 世纪 90 年代初自行研制了"尼栅特"无人侦察机,已陆续装备部队使用。由于该机的活动半径只有 32km,不能满足部队的作战需要,印度又从以色列购买了 100 多架"搜索者-I/II"和"猎人"无人侦察机,作为以色列现役的第三代无人侦察机,活动半径分别为 120km、200km 和 300km。为了执行战略侦察任务,能进行全天候侦察,印度还从以色列购买了 30 多架性能更先进的"苍鹭"中高空、长航时无人侦察机。

印度没有专用的军事侦察卫星,主要依靠国内遥感卫星获取军事情报。印度的遥感卫星应用技术已达到或接近国际先进水平,卫星的分辨率可达 5.8m,具有夜间拍摄能力,可侦察到机场、海港、舰船、导弹基地、交通枢纽和其他军事设施。2001 年 10 月 22 日印度发射的第一颗试验侦察卫星,能够以 1 米的分辨率采集图像。

10.4.2 指挥与控制系统

目前,印度各军种总部至军区一级的自动化指挥网已近基本建成。指挥网采用从美国进口的超级计算机,陆、海、空三军总部均建立了功能齐全的微机网络和软件中心。随着计算机的逐步联网,三军还都建立了进行数据交换与传输的局域网和广域网。战区指挥控制系统的数据可近实时地传输,指挥员可在显示屏上看到远方战场上的最新态势。军、师之间已建立了自动化数据网,各级指挥所和连队都配置了与上级联网的计算机系统,营以上战术指挥所装备了机动指挥车。但陆、海、空三军的指挥控制系统之间还缺乏横向连通,无法实现信息的有效共享。

20 世纪 80 年代以来,印度陆军为了使指挥管理与通信逐步实现自动化,采取了一系列切实可行的措施。例如,在陆军司令部建立了功能齐全的微机网络,更新数据库,建立软件中心并在此基础上进行纵横联网,使办公信息传递网络化;在陆军司令部和各大军区建立大型计算机中心,并与各地区系统联网,使陆军司令部和各大军区一级的作战计划、人事管理、物资控制、财务预算、数据统计、武器论证等工作初步实现计算机化;在陆军司令部内建立了固定的通信中心,实现计算机为基础的通信自动化,其主要措施是在电报、密码和声像传输等中心安装了第四代电子计算机,实现了通信过程中各个环节的自动化;逐步实现野战指挥自动化。

为了进一步提高指挥控制能力,印度空军司令部各主要局、各地区司令部、各部队普遍安装了印度国产的计算机系统,并通过广域网相连。另外,通过直接引进一些先进的航空电子设备,改装原有机载电子设备,逐步使机载电子系统现代化。印空军防空地面设施系统是一个具有数据处理功能的分布式雷达系统,而且与可靠的快速反应的通信网综合,能够探测和识别入侵飞机的威胁,处理所获得的信息,把重要的信息发往防空指挥和控制中心、空军基地、导弹基地、高炮部队和无源防空中心。防空地面设施系统的通信网由固定的散射/视距系统和移动散射系统组成。

印海军非常重视指挥与控制系统的自动化建设,为了提高海上舰艇的电子化水平,引进了多种型号的电子设备。1990 年印海军已经建立了 7 个国产超级微机网络系统,每个系统有 16 个终端,基本覆盖了所属各大单位。目前,所有现役舰船均装备了各种类型的电子计算机,大大提高了导航、通信和水下控制等系统的自动化程度。其中戈达瓦里级护卫舰上装备了从多个国家进口的传感器,这些传感器与作战指挥系统联网,有效地提高了舰艇的作战能力。

近年来,印度三军都在积极进行信息系统建设,空军发展了"综合地面环境系统",该系统由雷达和通信网组成,为各防空部队提供监视服务,并可提供近距离空中支援。陆军发展了"管理信息系统"和"陆军战略信息系统",前者专门用于行政管理,后者主要用于陆军作战信息管理。海军已实现了主要指挥控制中心、后勤基地、给养机构和舰艇间的联网，还通过联合后勤管理系统，把主要后勤基地连接起来。印度国防部还实施了一项耗资 5 亿美元的发展计划，向三军提供新的 C^4ISR 系统，并集成陆、海、空军的电子战系统，"陆军无线电工程网"以及遥感卫星系列的低地球轨道卫星也将纳入新的系统中。

10.4.3 通信系统

印军的通信系统是在大量引进国外通信装备的基础上建立起来的。为了保障野战指挥，印军采用有线、无线、卫星等多种手段，形成多个配套的通信网络，以沟通上下之间、前沿与纵深之间、友邻之间以及军兵种之间的联系。

印度从 20 世纪 70 年代起开始建设重大的通信工程项目——"陆军无线电工程网络"，并于 90 年代初全面开通，使陆军司令部与前方指挥所实现了通信现代化。陆军还建有专用于陆、空联合作战的指挥通信网、地面联络官通信网以及空中支援通信网。固定的野战通信系统可覆盖西部和北部战场及机动部队，卫星通信系统已投入使用，对流层散射通信系统则作为备份系统。

卫星通信是印军的主要通信手段之一。20 世纪 80 年代，印度借助外国技术已研制出自己的第一代通信卫星，目前已经部署数颗，并建立了数十个地面站。1987 年后，印军开始在前沿地区配备应急卫星终端设备，使前沿部队的师、旅、营单位都具有卫星通信手段。1994 年印军利用通信卫星，开通了东部地区军以上单位的卫星通信线路，此后又开通了边境地区驻军与陆军总部及东部军区部队之间的野战通信线路。此外，还建有舰对舰/舰对岸通信和防空作战指挥中心对各机场通信的卫星通信设施。

印度军方 2007 年 3 月称，要在两个月内面向全球招标以获得战术通信系统（Tactics Communication System，TCS），把战场指挥区域与已部署的部队连接起来。战术通信系统是印度陆军寻求建立的网络中心战系统的一部分，也是未来印度陆军数字化战场通信网络的骨干。该项目将使用各种通信设备，包括支持语音、视频、数据、传真和其他附加业务的有线或无线设备。战术通信系统的体系结构有保密无线电、卫星终端系统和光缆连接组成，并使用现代化保护系统对抗电子干扰威胁。该系统将与智能集成系统，包括飞行器雷达和几种无人机。

印度国防军还不断引入各种最新的通信网络，如空中综合指挥控制和通信系统及德里地区防御中心。这些网络中心战系统使用光纤和卫星链路把战场中的印度陆海空三军指挥中心有效连接在一起，集成指挥控制和通信系统，使用光纤介质、先进雷达和图形系统使现有的防空地面环境系统的通信网络现代化。

10.5 台军军事信息系统

20 世纪 80 年代以来，我国台湾地区当局陆续投入巨资用于其军事信息系统的建设，将大量高新技术运用于军事信息系统，并按照"平战结合、战略战术指挥结合"，"情报资源共享、系统之间互通"的原则，规划和发展指挥自动化系统，使三军自动化建设既自成体系，又互相融通。已经初步建成了较为先进的 C^3I 系统，可以联合支援空地、空海以及三军协同作战。台军的 C^3I 系统主要包括国防部的"衡山"系统、"陆资"系统、"大成"系统以及"强网"系统等，具有较强的联合作战指挥、快速反应、兵力兵器的指挥控制等能力，系统相互连接关系如图 10.10 所示。

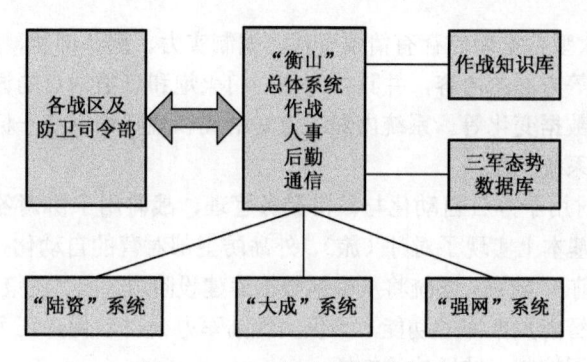

图 10.10 台军 C^3I 系统连接图

其中，国防部的"衡山"系统作为战略性指挥中枢，是台军整体 C^3I 系统的核心，同时也是情报汇集与联合作战指挥的中心；陆军的"陆资"系统、海军的"大成"系统和空军的"强网"系统既是相对独立的指挥自动化系统，分别担负着本军种情报信息传递、部队指挥控制等任务，又是互相统一的有机整体，可与友邻沟通信息、协调作战指挥等。

10.5.1 "衡山"系统

台湾所谓的国防部的"衡山"系统，即"衡山战情资讯管理系统"，是台军战略指挥控制中心。它主要用于汇集"强网"、"大成"与"陆资"系统传来的数据，辅助参谋本部实施指挥决策；平时用于对诸军种部队进行日常的指挥管理，战时根据作战态势，拟定最佳方案，对三军联合作战实施指挥控制。

该系统于 20 世纪 80 年代初期开始建造，1992 年 4 月完工启用。"衡山"系统主要由作战、人事、后勤和通信等四个子系统，以及一个用于存储各种实时与非实时性战术信息的"国防数据库"组成。该系统通过专用通信网络、计算机、数据处理和显示设备，与各军兵种、各战区和防卫部等单位相连接，基本实现了信息传输与指挥协调自动化，以辅助决策机构加强对各军、兵种和战区、防卫司令部的指挥与控制。系统内的"国防数据库"（国防资讯库，也称为"战情资讯管理系统"）是一个智能数据库，由作战知识库和三军态势数据库两个主要部分组成。作战知识库中输入有台岛地区的作战预案、武器装备、兵力部署、通信网络诸元、后勤保障和各种军事数据、图表、图形；三军态势数据库则包括台湾周边（含金、马）地区的海情、空情、气象情况和陆、海、空三军的实时动态，具有与各军种 C^3I 系统的联机接口，能实时汇集状况数据、信息报告、部队动态等。台军十分重视卫星在军事上的应用，已建立了卫星监测设施，利用国外的地球资源卫星资料，对我军纵深地区进行动态监测，以扩大情报来源。

"衡山"系统还将建立海上指挥船队，并将其部署在台湾东部海区，以提高系统的生存能力。海上指挥船队机动性强，容量大，具有对陆地、空中、海上和太空卫星的联合通信能力，战时一旦陆上指挥中心被摧毁，军方高级指挥人员将可以在该船队上继续指挥作战执行指挥任务。

10.5.2 "陆资"系统

"陆资"系统又称"陆军战情资讯自动化系统"，是台湾陆军以大型数据资料库为基础的管理信息系统。1989 年 5 月，台陆军总部制定了"战情信息整体规划"，确定以陆军总部、军团与防卫部为体系建立自动化信息系统，1990 年开始建设，1994 年建成并投入使用。"陆资"系统采取统分结合的方式，陆军总部"信息中心"有 130 多个子系统，军团与防卫部通信有战情信息系统，陆军师及旅以上单位均建有子系统，将来拟进一步扩展到营一级。

"陆资"系统的大型数据库储存有情报资料、编制实力、部队部署、武器装备、作战预案、后勤保障、战场设施等方面的内容,并具体到每一门火炮和班哨据点的详细数据,以及各单位每日情况报告和基本数据变化等。系统内部的报文格式和规程均有统一标准,便于各项数据的存储、更新、调用及系统互通。

"陆资"系统平时用于办公自动化与日常勤务管理,战时用于协调各级指挥机构对部队实施自动化指挥控制,基本上实现了对师(旅)、外岛防卫部对营的自动化指挥,基本实现了作战信息的高效共享。目前,"陆资"系统将从资料数据库建设阶段,向"决策支援全面作业自动化"方面发展,使其具备智能数据库的功能,不仅实现陆军办公自动化,还可以传递情报信息、拟制各种预案、进行协调控制、辅助决策指挥。

10.5.3 "大成"系统

"大成"系统是台湾海军大型综合性指挥控制信息系统,1976年开始建设,1990年建成并投入使用。该系统中心设在台北"海军总部"作战中心内,由海情侦收、指挥控制、数据传输等三部分组成。"大成"系统构成了海军总部作战中心至战区作战中心、海军联络组、雷达站、侦察系统、岸基导弹和各主要作战舰艇的自动化网络,并向上连接"衡山"系统。台湾海军能通过"大成"系统实时组织部队实施防空、反舰、反潜作战。

"大成"系统可将台湾岛和金门、马祖等地的雷达站、各通信监测侦察站、驱逐舰舰载雷达与电子支援侦察系统所获得的数据,传输到位于台北的"海军总部"作战中心统一处理,监控台湾周边海域的目标动态,迅速下达作战命令,管制海上舰艇,统一指挥协调海上作战。由于"大成"系统运用数据链实现了舰队编队情报共享,再加上陆基观测通信系统、指挥中心对舰艇的实时指挥和战术情报传递,以及计算机与数据传输设备的应用,所以,它可对海上目标的方位、距离、航向、航速、性质等参数进行自动处理,并可支援舰载指挥控制系统对舰载武器的控制,未来还可整合反潜作战系统,将海底声呐监听系统、舰艇声呐、反潜机以数据链连接。

10.5.4 "强网"系统

台湾空军的"强网"系统,又名"空中作战管制中心",是在原"天网"系统的基础上发展而来的。1979年,台湾空军建成了半自动化的"天网"防空作战指挥系统,但该系统自动化程度低,低空目标探测能力差,预警时间短,联网能力弱。为解决"天网"系统存在的不足,台湾当局从1988年开始投资10亿美元,由美国洛克希德公司设计制造了全自动化防空作战指挥控制系统,即"强网"系统。该系统于2002年建成,通过管制指挥仪将空军作战中心、地区管制报告中心与各雷达站、机场、防空导弹和高炮部队联成一体,统一指挥三军防空作战,形成了较为完善的全自动防空体系。

"强网"的预警探测系统由雷达站和E-2T预警机组成,防空预警能力较之原"天网"系统有很大提高,使"强网"的防空预警时间成倍增长,同时也提高了系统对低空突袭目标的探测能力。E-2T可执行空中预警、拦截管制、电子战支援、地(海)面侦察、空域管理、协助搜救及通信中继等任务,执行任务巡航速度每小时496km,对中、高空目标的探测距离为648km,对掠海飞行的巡航导弹探测距离270km。

"强网"系统的通信网络全部采用微波、光缆,提高了信息传输的实效性和可靠性。通信网络分为四层,第一层为军民共用光缆网;第二层为军民共用数字微波通信网;第三层为国防通信网,主要承担战略通信任务,具有容量大、保密性好、手段齐全等特点;第四层为空军专用网。

"强网"系统的主要特点是探测能力强、范围广；预警时间长，反应速度快；空情显示容量大，引导拦截目标多；为避免由于地域狭窄而造成的相对集中部署而受攻击，"强网"系统的指挥中心、大型雷达等主要设备全部地下坑道化，其隐蔽性、抗毁性明显提高；自动化程度高，融通性强。"强网"系统具备全天候、全方位空情侦测能力，能与"衡山"、"陆资"和"大成"系统联网，迅速进行海陆空协同，简化了作战管制程序，实现了"三军防空一体化"。目前，"强网"系统已构成了高、中、低空和远、中、近程相结合的防空体系，在未来作战中将发挥远程预警、快速反应、争夺制空权等重要作用。

10.5.5　通信系统

台军的通信系统可以分为两大部分：一是民用通信系统，平时由政、警、民、军共用，以民用为主，战时可重点保障军用；二是军、警单位共用的专用系统，又可分为陆、海、空三军通用与军种专用两大类。其中三军通用系统是军队通信的主干，具有通信容量大、保密性能好、通信手段齐全、设备先进等特点，主要承担高层次、战略性、地区性通信任务，由参谋本部军事统一通信指挥部具体负责组织实施，下设 5 个通信指挥部和 12 个通信中心。军种专用系统是台军战役战术通信系统，由各军种通信电子署（处）负责，通过各所属部队的通信部门构成各军种内部的共用和专向通信网络。

台军的通信系统采用有线通信和无线通信（包括无线电、微波和卫星通信等）两种通信方式。平时，以有线通信为主，无线通信为辅，有线与无线通信系统互为备份，互相接替；战时，以无线通信为主来保障对各级部队不间断的指挥，在部队需保持无线电静默时，则主要使用有线通信。

台军的有线通信主要依靠军用有线干线，为了提高有线通信系统的生存能力，保障战时不间断的指挥通信，台军十分重视保证通信安全方面的建设，主要通信设施均部署在浅近纵深地区和纵深地区，各级通信枢纽、通信台站均构筑有以坑道为主体的永备工事，顶部一般可承受 500 磅炸弹的直接命中。有线通信网主要由同轴电缆干线、光纤通信干线等组成，平时基本可以满足台军对陆、海、空三军各级部队、分队指挥和日常通信的需要；战时，民用有线通信系统至少还可提供 3.5 万路保障军用。由于台军在线路的建设和台站的分布上坚持平战结合的原则，加上民用通信系统分布广泛、质量较高，因此，战时有线通信系统可有效保障参谋本部和三军总部对陆军旅、空军联队以及海军岸勤机构的指挥通信；可基本保障陆军总部对作战旅和营一级部队、分队的指挥通信，重点方向和即设要点、要塞阵地等可保障到连；加上旅以下部队战时临时建立的野战有线通信系统，基本可以满足台军抗登陆作战中指挥通信的需要。

台军现有多套微波通信系统，并有 60 多套超短波通信网路和 260 余套短波通信网路作为有线和微波通信的补充。台军的陆、海、空三军旅以上部队主要利用微波系统进行通信，其中海、空军的指挥、管制和情报传递等主要采用模拟式微波通信；陆军以及海军陆战队等，主要采用数字加密微波通信。陆、海、空三军的战术通信，主要利用超短波单路话报网台实施，如军兵种近距离战术协同、作战指挥、地空与海空联络、海防观通与雷达情报传递等均以超短波为主要通信手段。短波主要为海军及军事情报局等单位使用，陆、空军则将短波通信网作为备份通信手段使用。战时，旅以上部队除继续使用微波通信系统外，将利用备份的短波单边带设备，按"区域性"组网原则建立各种短波通信网。旅以下部队除使用以小型人工交换机和电话机为主的有线通信外，还将使用超短波调频无线电台，建立以话音通信为主、电报通信为辅的射状通信系统。

台军主要使用 2 套卫星通信系统。一是利用国际卫星组织的 IS-VF8 卫星组成的外岛通信系统，一是利用国际海事卫星组织的卫星电话系统。由于卫星通信具有可靠、稳定和覆盖面广等特点，可与地缆、光缆、地面微波以及短波等各种有线、无线通信手段一起，组成多手段、多网络的立体战略、战役通信系统，相互间可自动转换，战时一旦局部通信手段被摧毁，即可利用卫星通信手段开通新的网络实施指挥通信，能够充分保障参谋本部及三军总部对旅以上部队实施不间断的指挥。

近年来，台军根据军民兼用、平战结合的原则，不断加强通信手段的现代化建设，现已基本实现了参谋本部与三军以及各作战区防卫部间信息传输与指挥通信的自动化，形成了以综合数字传输为主体的多种通信系统并存的通信体系，具有较强的通信保障能力。

10.5.6 "博胜"专案

所谓"博胜"专案，就是由美国协助台湾建立的台军"指管通资情监侦"（C^4ISR）系统计划，通过 16 号数据链，实现台军 C^4ISR 系统的网络化，以提高台军的联合作战能力。目前，台军已建成了"衡山"、"陆资"、"大成"以及"强网"等作战指挥系统，但由于各军种 C^3I 系统的建设进度不一，且规划时各自为政，系统之间尚不能完全沟通，无法构成统一的指挥机构。为此，台湾当局制定了整合各军种 C^3I 系统的"台军 C^4ISR 系统筹建案"，即"博胜"专案。

"博胜"专案的预期目标是，以衡山指挥所为核心，建立自动化指挥作业系统；整合区域作战管制中心、空中预警机、陆军作战中心、海军作战中心及重要武器平台，建立地面、空中及海上的指挥体系。据报道，"博胜"专案共分三期实施，计划 2011 年完成建设，花费金额可达 21.5 亿美元。

"博胜"专案中计划包括建设 16 号数据链（Link 16）和"指管通资情监侦"两个系统。自 1997 年起，台军的"整合制作小组"与美军"数据链路专案小组"开始共同筹划台军的数据链建设，其中联合战术信息分发系统（JTIDS）/16 号数据链部分称为"博胜一号"；台军"指管通资情监侦"系统则为"博胜二号"。"博胜"专案计划在实际的数据链装备购置方面，最引人注目的是美国于 2001 年 7 月宣布，向台军出售 50 套总值 7.25 亿美元的 JTIDS 终端机，包括零件、支援测试设备、软件等。台湾现役的 F-16、幻影 2000-5 战斗机和 E-2T 预警机之间，第二代战舰的不同舰种之间，都不能直接进行通信联络，在战斗力的整合上困难重重。台湾军队装备 JTIDS 后，不但可以整合其三军作战通信联络，而且有利于大幅度提高联合作战能力。JTIDS 除了使台军能够建立通用的数据交换链路外，必要时也可与美军配备 JTIDS 的装备或作战单元互联互通。

为了加强空间预警能力，台湾还将目光盯向了预警卫星。但由于其地理位置不在赤道地区，所以不能用一颗卫星持续不断地为其提供预警信息，需要发射多颗卫星才能使卫星轮流通过台湾上空完成预警任务，而台湾航天工业尚处于起步阶段，还不具备这个能力。美国已经同意台湾通过正在实施的"博胜"专案，有条件地实时分享美国的预警信息。美国的"国防支援计划"预警卫星，可为台军提供 15min 以上的预警时间。为此，台湾将耗时 5 年、投资 5 亿元新台币建造卫星接收地面站和数据分配接口。

"博胜"专案计划完成后，台军各军种 C^3I 系统将得到扩容升级，构成三军一体化的 C^4ISR 系统。空军"强网"系统将装备 JTIDS 等新型数据链，建立区域卫星通信网和海上通信网，大幅更新雷达；海军"大成"系统将能综合处理来自 E-2T 预警机、反潜巡逻机的信息，提高系统的容量、合成度和反应速度，换装新型舰基和岸基预警探测系统，加装新型电子战系统，并与其他军用网络系统互联互通。

参 考 文 献

[1] 魏玉福，赵小松．军事信息优势论．北京：国防大学出版社，2008．
[2] 蓝羽石，丁峰，王珩．信息时代的军事信息基础设施．北京：军事科学出版社，2012．
[3] Dorothy E. Denning．信息战与信息安全．北京：电子工业出版社，2003．
[4] 肖兵，金宏斌等．C^{4}ISR 系统分析、设计与评估．武汉：武汉大学出版社，2010．
[5] 刘兴堂．信息化作战与高技术战场．北京：国防工业出版社，2011．
[6] Ralph M. Stair, George W. Reynolds．信息系统原理．北京：机械工业出版社，2005．
[7] 卫红春，朱欣娟．信息系统分析与设计（第 3 版）．西安：电子科技大学出版社，2013．
[8] 左美云，邝孔武．信息系统的开发与管理教程（第 2 版）．北京：清华大学出版社，2013．
[9] 高俊．数字化战场的基础建设．北京：解放军出版社，2004．
[10] 李德毅，曾占平．发展中的指挥自动化．北京：解放军出版社，2004．
[11] 陈勇，姚有志．面向信息化的军事理论创新 北京：解放军出版社，2004．
[12] Edward Waltz．信息战原理与实战．北京：电子工业出版社，2004．
[13] 童志鹏，刘兴．综合电子信息系统（第 2 版）．北京：国防工业出版社，2008．
[14] 李恒劭，秦立富．战场信息系统．北京：国防工业出版社，2003．
[15] 封锦昌．现代电子信息系统与技术．北京：电子工业出版社，2004．
[16] 周启煌，侯朝帧等．陆战平台电子信息系统．北京：国防工业出版社，2006．
[17] 尤晓航．国外海军典型 C^{4}I 及武器系统．北京：国防工业出版社，2008．
[18] Daniel Ventre．信息战．北京：国防工业出版社，2013．
[19] 许国志．系统科学．上海：上海科技教育出版社，2000．
[20] 高鹏，李雷，王鹏．世界著名信息作战点评．北京：长征出版社，2012．
[21] 刘桂芳，张健，陈凤滨．高技术条件下的 C^{4}ISR：军队指挥自动化．北京：国防大学出版社，2002．
[22] 杨晖．网络中心战（美国国防部呈国会报告）．北京：军事谊文出版社，2005．
[23] 许金裕．军事通信网络基础教程．北京：北京航空航天大学出版社，2001．
[24] 傅祖芸．信息论：基础理论与应用（第 2 版）．北京：电子工业出版社，2008．
[25] 樊昌信，曹立娜．通信原理（第 6 版）．北京：国防工业出版社，2008．
[26] 潘爱民（译）．计算机网络（第 5 版）．北京：清华大学出版社，2012．
[27] 吴汉平等译．电子战基本原理．北京：电子工业出版社，2004．
[28] David Alberts, John Garstka．网络中心战行动的基本原理及其度量．北京：国防工业出版社，2007．
[29] David Alberts, James Moffat．网络中心战与复杂性理论．北京：电子工业出版社，2004．
[30] Stephen D. Burd．系统体系结构（第 5 版）．北京：清华大学出版社，2007．
[31] Mary Shaw, David Garlan．软件体系结构．北京：清华大学出版社，2007．
[32] 罗雪山，罗爱民，张耀鸿等．军事信息系统体系结构技术．北京：国防工业出版社，2010．
[33] 张维明．体系作战与军事运筹学研究．长沙：国防科技大学出版社．2014．
[34] DoD Architecture Framework Working Group. DoD Architecture Framework Version 1.0 Volume I: Definitions and Guidelines. February, 9 2004
[35] DoD Architecture Framework Working Group. DoD Architecture Framework Version 1.5 Volume I: Definitions and Guidelines. April, 23 2007
[36] DoD Architecture Framework Working Group. DoD Architecture Framework Version 2.0 Volume 2: Architectural Data and Models Architect's Guide. May, 28 2009
[37] 雷厉．侦察与监视．北京：国防工业出版社，2008．
[38] 王小谟，张光义．雷达与探测（第 2 版）．北京：国防工业出版社，2008．
[39] 熊群力．综合电子战．北京：国防工业出版社，2008．
[40] 戴志平，梅进杰等．战略预警信息传递技术．北京：北京邮电大学出版社，2012．
[41] 朱和平，沈齐．现代预警探测与监视系统．北京：电子工业出版社，2008．
[42] 高德庆．军事情报模型构建．北京：军事科学出版社，2010．

[43] 赵志勇，毛忠阳．军事卫星通信与侦察．北京：电子工业出版社，2013．
[44] 马忠元（译）．情报分析：以目标为中心的方法．北京：金城出版社，2013．
[45] 李跃，邱致和．导航与定位．北京：国防工业出版社，2008．
[46] 张伟．导航定位装备．北京：航空工业出版社，2010．
[47] 刘建业，曾庆化等．导航系统理论与应用．西安：西北工业大学出版社，2010．
[48] 陈秀万等．伽利略导航卫星系统．北京：北京大学出版社，2005．
[49] 王新龙．惯性导航基础．西安：西北工业大学出版社，2013．
[50] 高钟毓．惯性导航系统技术．北京：清华大学出版社，2012．
[51] 高宪军．航空无线电导航系统．长春：吉林科学技术出版社，2007．
[52] 宫经宽．航空机载惯性导航系统．北京：航空工业出版社，2010．
[53] 杨晓东，赵琳．舰船导航概论．哈尔滨：哈尔滨工程大学出版社，2010．
[54] 赵琳，程建华，赵玉新．船舶导航定位系统．北京：科学出版社，2009．
[55] 谢钢．全球导航卫星系统原理：GPS、格洛纳斯和伽利略系统．北京：电子工业出版社，2013．
[56] 罗建军，马卫华等．组合导航原理与应用．西安：西北工业大学出版社，2012．
[57] Jean-Marie Zogg．GPS 卫星导航基础．北京：航空工业出版社，2011．
[58] 龚少军．船舶定位与导航．哈尔滨：哈尔滨工程大学出版社，2010．
[59] 赵琳，丁继成，马雪飞等．卫星导航原理及应用．西安：西北工业大学出版社，2011．
[60] 藏和发，裴承山．直升机多普勒导航雷达原理．北京：北京航空航天大学出版社，2012．
[61] Brent A. Renfro, Jessica Rosenquest, Audric Terry, Nicholas Boeker. An Analysis of Global Positioning System (GPS) Standard Positioning System (SPS) Performance for 2015. http://www.gps.gov/technical/ps/, 2017.3
[62] 中国卫星导航系统管理办公室．北斗卫星导航公开服务性能规范（1.0 版）．2013.12
[63] 中华人民共和国国务院新闻办公室．中国北斗卫星导航系统．北京：人民出版社，2016．
[64] 中国卫星导航系统管理办公室．北斗卫星导航系统空间信号接口控制文件：公开服务信号（2.1 版）．2016．
[65] 孟维晓，韩帅，迟永刚．卫星定位导航原理．哈尔滨：哈尔滨工程大学出版社，2013．
[66] 周绍荣．军事通信学．北京：解放军出版社，2009．
[67] 尤增录．军事通信网管理系统．北京：解放军出版社，2010．
[68] Dale Stacey．航空无线电通信系统与网络．北京：电子工业出版社，2011．
[69] 胡庆，刘鸿等．光纤通信系统与网络．北京：电子工业出版社，2014．
[70] 尤增录．军事综合信息网．北京：解放军出版社，2010．
[71] 孙强，周虚．光纤通信系统及网络．北京：科学出版社，2011．
[72] 戴军．21 世纪现代国内外军事通信技术百科全书．北京：军事文献出版社，2008．
[73] 陈兆海．应急通信系统．北京：电子工业出版社，2012．
[74] 尤增录．战术互联网．北京：解放军出版社，2010．
[75] 朱立东，吴廷勇等．卫星通信导论．北京：电子工业出版社，2009．
[76] 司徒梦天．军事无线电地下通信原理．北京：军事科学出版社，2005．
[77] 尤增录．军事卫星通信系统．北京：解放军出版社，2010．
[78] 赵利．现代通信网络及其关键技术．北京：国防工业出版社，2011．
[79] 张冬辰，周吉．军事通信（第 2 版）．北京：国防工业出版社，2008．
[80] 骆光明．数据链．北京：国防工业出版社，2008．
[81] 孙义明，杨丽萍．信息化战争中的战术数据链．北京：北京邮电大学出版社，2005．
[82] 梅文华，蔡善法．JTIDS/Link 16 数据链．北京：电子工业出版社，2007．
[83] 张未平．指挥信息系统体系作战结构研究．北京：国防大学出版社，2011．
[84] 曹雷．指挥信息系统．北京：国防工业出版社，2012．
[85] 尤增录．指挥控制系统．北京：解放军出版社，2010．
[86] 潘冠华．舰艇综合指挥控制系统原理．西安：西北工业大学出版社，2010．
[87] David S. Alberts, Richard E. Hayes．理解指挥与控制．北京：电子工业出版社，2009．
[88] Neville A. Stanton．指挥与控制建模：系统协作事件分析．北京：电子工业出版社，2014．